云南铝土矿地质与勘查

崔银亮　豆　松　晏建国　郭远生
严　健　陈书富　梁秋原　程云茂　等　著

科学出版社
北　京

内 容 简 介

本书在区域地质背景研究的基础上，系统地总结云南铝土矿时空分布特点、勘查开发现状，划分矿床类型、成矿区，阐述地质背景及典型矿床地质特征。重点揭示岩相古地理与成矿的内在联系；对典型铝土矿开展岩石学、矿物学、地球化学研究，探讨成矿物质来源、成矿时代、成矿机制及矿床成因；系统总结成矿规律、找矿标志，建立云南铝土矿综合成矿模式。最后，对云南铝土矿资源潜力进行分析，提出铝土矿勘查评价方法技术组合和评价指标体系，并以勘查实例佐证评价方法的合理性和有效性。

本书可供从事矿床学研究和矿产勘查的人员参考使用。

审图号：云S（2018）008号

图书在版编目（CIP）数据

云南铝土矿地质与勘查 / 崔银亮等著. —北京：科学出版社，2018.3

ISBN 978-7-03-056834-2

Ⅰ. ①云…　Ⅱ. ①崔…　Ⅲ. ①铝土矿–地质构造–云南 ②铝土矿–地质勘探–云南　Ⅳ. ①P578.4

中国版本图书馆 CIP 数据核字（2018）第 048855 号

责任编辑：罗　莉 / 责任校对：彭　映

责任印制：罗　科 / 封面设计：墨创文化

科 学 出 版 社 出版

北京东黄城根北街 16 号

邮政编码：100717

http：//www.sciencep.com

四川煤田地质制图印刷厂 印刷

科学出版社发行　各地新华书店经销

*

2018 年 3 月第　一　版　　开本：890×1240　1/16

2018 年 3 月第一次印刷　　印张：18 1/4　插页：5

字数：628 000

定价：198.00 元

（如有印装质量问题，我社负责调换）

《云南铝土矿地质与勘查》作者名单

崔银亮　豆　松　晏建国　郭远生

严　健　陈书富　梁秋原　程云茂

徐　恒　普传杰　王根厚　王训练

陈明伟　姜永果　刘文佳　王　艳

序

云南铝土矿自20世纪80年代初开展过地质普查后，一直再未做过系统勘查，其工作程度低，研究程度也低。铝土矿是铝工业建设和发展的决定因素，原来云南铝厂所需要的原料均从省外购进或从国外进口。铝土矿资源特别是优质富矿资源的保证程度，对云南矿业经济的发展举足轻重，争取更多的铝土矿自给和储备至关重要。

2009年云南省有色地质局启动了全省铝土矿找矿行动计划，对全省铝土矿开展了科学研究和调查评价。2010～2013年云南省实施省3年地质找矿行动，云南省有色地质局承担了首批国家整装勘查和云南省整装勘查项目——《云南广南—丘北—砚山地区铝土矿整装勘查》。通过8年来产学研创新驱动、理论研究和勘查实践共同攻关，地质找矿取得了重大突破，新发现2个大型铝土矿、5个中型铝土矿，新增332＋333＋334类铝土矿资源量2.03亿t（其中333类以上资源量1.06亿t），为云南文山铝业有限公司已投产的140万t/年氧化铝厂提供了资源保障，改变了云南铝工业原料几乎全部依赖从省外购进、国外进口的局面。同时积累了丰富的找矿技术和勘查经验。提出了以堆积型铝土矿寻找沉积型铝土矿的新认识，在滇东南地区发现了文山天生桥大型沉积型铝土矿，填补了云南缺少大型沉积型铝土矿的空白。

该书在深入分析云南省铝土矿区域成矿背景的基础上，全面地划分了云南铝土矿成矿区带、矿床类型，系统总结了典型铝土矿基本特征、成矿规律及找矿标志。首次运用精确岩相古地理研究方法，构建了滇东南地区含矿岩系的地层时代格架和沉积层序，详细划分了沉积相模式，确定了铝土矿有利成矿环境。通过典型矿床岩石学、矿物学和地球化学特征研究，揭示了铝土矿成因机制。率先建立了云南铝土矿综合成矿模式，指出了云南铝土矿找矿远景及资源潜力。该书列举了云南各类各式典型矿床勘查实例，首次建立了云南铝土矿的综合找矿模型和勘查方法技术组合体系。

该书内容丰富，资料翔实，具有较强的综合性、实用性和创新性，是集体智慧的结晶，它是第一部全面反映云南铝土矿理论研究和找矿实践的力作。该书的出版充实和丰富了铝土矿成矿理论，对铝土矿找矿部署、勘查评价及科学研究具有重要指导作用。我谨对该书的出版致以衷心的祝贺，并期望本书的出版能进一步推动地质找矿工作和矿床学的发展。

裴荣富

2017年5月25日

前　言

铝是仅次于铁的第二大工业金属，主要用于电力、电气通信、交通运输、包装、建筑、机械制造业及民用器具等。云南已探明的铝土矿集中分布在滇东南和昆明周边地区，而分布于滇西、滇中和滇东北等地的矿床（点）都没有进行过系统勘查，工作程度低，铝土矿找矿潜力大。当前，云南省的铝厂所需原料均从省外购进或从国外进口，铝土矿资源特别是优质富矿资源的保证程度，对云南矿业经济的发展举足轻重，争取更多的自给和储备至关重要。

2009年初，云南省有色地质局经广泛调研和综合研究，启动了云南省铝土矿找矿行动计划的编制工作，6月初完成了《云南省铝土矿找矿行动计划勘查工作方案》。该方案的主要内容是“在云南省范围内划定4个片区，主攻4种矿床成因类型，提出铝土矿找矿远景区23个，其中规划勘查项目17个，科研专项3个；明确了工作原则和进度安排，拟定了工作思路，并成立了铝土矿找矿项目领导小组”。为了加快项目工作推进，2009年8月17日云南省有色地质局以文件（云色地局字〔2009〕96号）正式向云南省人民政府、云南省国土资源厅上报了关于实施《云南省铝土矿找矿行动计划勘查工作方案》的请示，建议由云南省国土资源厅直接领导，云南省有色地质局承担项目，组织实施全省铝土矿找矿行动计划。其任务是：在野外地质勘查和室内综合研究的基础上，运用新理念、新思维、新方法，在三年内，筹（投）入勘查资金1亿～1.5亿元，开展铝土矿专项找矿工作，力争在地质科研和找矿成果方面取得新突破，新增铝土矿资源量3亿t以上，在云南省建立3～5个铝土矿资源基地；着力搭建地方政府与地勘单位合作勘查开发的新模式、新空间、新平台；努力实现把矿产资源发现权转变为经济发展权。之后，在野外调研的基础上，经前期充分论证和精心选区，提出了《云南广南—丘北—砚山地区铝土矿整装勘查》项目，2010年6月该项目被云南省3年找矿办公室列为云南省3年地质找矿行动计划第一批整装勘查项目，同年10月被国土资源部列为首批全国47个整装勘查项目之一。

2010～2012年，云南省有色地质局和云南冶金集团股份有限公司作为勘查实施主体，完成了《云南广南—丘北—砚山地区铝土矿整装勘查》项目，取得了可喜的找矿成果和经济效益。文山地区堆积型铝土矿找矿取得重大进展、沉积型铝土矿找矿获得重要发现。累计新增332 + 333 + 334类铝土矿资源量2.03亿t，其中333类以上铝土矿资源量1.06亿t，新发现了2个大型、5个中型铝土矿，实现了云南省铝土矿找矿的历史性突破，为云南文山铝业有限公司已建成并投产的140万t/年氧化铝厂提供了可靠的资源保证。与此同时，云南省有色地质局在滇西鹤庆地区也全面开展了铝土矿勘查，在滇东北鲁甸—巧家一带进行了铝土矿专项野外调查，均取得了显著成效。

在铝土矿整装勘查期间，云南省有色地质局专门设立了《云南省铝土矿成矿规律与找矿选区研究》课题，与中国地质大学（北京）联合完成了《云南省铝土矿成矿规律与成矿预测研究》《云南省铝土矿主要成矿期岩相古地理和构造环境研究》《滇东南主要铝土矿矿床构造地质和成矿作用研究》和《滇东南主要铝土矿矿区精确岩相古地理和成矿作用研究》4个项目，云南省有色地质局310队与昆明理工大学联合完成了《云南省鹤庆地区铝土矿成矿规律及找矿选区研究》专题报告。以上研究成果提升了云南铝土矿成矿理论和找矿预测等方面的认识。

为了总结云南铝土矿找矿方法和勘查经验，云南省有色地质局决定编写《云南铝土矿地质与勘查》专著。该专著在充分吸收前人勘查和研究成果基础上，侧重对云南铝土矿地质特征、成矿规律、勘查评价方法进行了系统总结和深入研究，并对云南铝土矿资源潜力进行了评价。

研究成果是集体智慧结晶，其特色是理论与实践相结合、生产与科研相结合、典型矿床实例与勘查技术方法相结合。本书填补了云南省铝土矿专著的空白，对铝土矿找矿勘查工作具有重要指导意义。本书由第一章绪论，第二章区域地质背景，第三章铝土矿成矿区基本特征，第四章矿床类型及特征，第五章典型矿床地质特征，第六章岩石学，矿物学及地球化学特征，第七章矿床成因及成矿模式，第八章成矿规律与找矿标志，第九章找矿远景及资源潜力，第十章找矿勘查方法及实例组成。

本书各章编写分工是：第一章，崔银亮；第二章，梁秋原、陈明伟；第三章，陈书富、普传杰、豆松；

第四章，郭远生、程云茂；第五章，豆松、程云茂；第六章，徐恒、王根厚、王训练；第七章，崔银亮、晏建国；第八章，崔银亮、姜永果；第九章，严健、梁秋原；第十章，晏建国、豆松；结语，崔银亮。全书由晏建国、豆松初审，最终由崔银亮统稿、定稿。全书图件由姜永果、刘文佳、王艳等同志编制完成。

此外，参加铝土矿科研的人员还有：云南省有色地质局李光斗、李志群、张道红、杨学善、陈百友、邹云达等，云南省有色地质局勘测设计院李伟中、李伟清、杨宁等，云南省有色地质局306队蒙光志、徐自斌、任运华等，云南省有色地质局310队陈梁、雷阳艾等，中国地质大学（北京）周洪瑞、王行军、高金汉、焦扬、毛志芳、于蕾、周洁、吴春娇、张文婷、刘加强等，昆明理工大学薛传东、杨海林、董旭光等。参加野外勘查的人员有：陈春、刀俊山、董帅、董学山、董玉国、杜兵盈、段必飞、范良军、高泽培、龚洪波、和巨宾、侯恩刚、靳纪娟、李彬、李小清、李真冲、李智初、廖剑锋、刘文勇、马能、彭红晶、普米仓、戚林坤、邵熠、田茂军、王洪、王列、韦晓、熊磊、徐金祥、杨昌华、杨枝斌、尹超、尹静、张晨、张红英、张玉兰、郑国龙、郑克祥、郑楠、钟桂芬等。

特别感谢云南文山铝业有限公司总经理郝红杰教授级高级工程师、万多稳教授级高级工程师、丁吉林教授级高级工程师、陈纶勇高级工程师等领导和专家在野外工作期间给予的支持和帮助；十分感谢《云南广南—丘北—砚山地区铝土矿整装勘查》项目行政总监、文山州国土资源局副局长李仕标同志在项目执行过程中给予的精心指导和大力协调。

感谢昆明理工大学高建国教授、云南大学谈树成教授、云南省地质调查局施玉北教授级高级工程师对本书提出了宝贵意见。特别感谢年近期颐、德高望重的中国工程院院士裴荣富教授为该书题词作序，这是对作者们无比的关爱和莫大的鞭策和鼓励。

本书中引用了国内外专家、学者及有关单位的文献资料，在此表示衷心感谢。同时，受著者工作能力、研究水平及研究条件制约，书中某些观点可能有失偏颇，不足之处敬请批评指正。

目　录

第一章 绪 论

第一节 铝土矿资源概况

铝（Al）元素是 1825 年由丹麦物理学家奥尔斯德使用钾汞齐与氯化铝交互作用获得铝汞齐，后用蒸馏法去除汞，得到金属铝而被发现的（金中国等，2013a）。铝金属呈银白色，具金属光泽，密度 $2.7g/cm^3$，熔点 660.37℃，沸点 2467℃。铝金属质地坚韧而轻，具良好的导电性、导热性、延展性、反光性和抗蚀性。铝在地壳中的含量仅次于氧和硅，位列第三，是地壳中含量最丰富的金属元素，占 7%以上，主要以铝硅酸盐矿石形式存在。铝常以化合态形式存在于各种岩石或矿石中，如长石、云母、高岭石、铝土矿、明矾石等，常见铝的化合物有 Al_2O_3、$AlCl_3$、Al_2S_3、$NaAlO_2$、$Al_2(SO_4)_3$、$Al(OH)_3$ 等。

铝是一种消费量很大的轻金属，在电力、电气通信、包装、建筑、交通运输、机械制造业及民用器具等工业部门中被广泛应用（徐天仇等，1999；申慧，2003；周汝国，2005）。据国际铝业协会（International Aluminum Institute，IAI）统计，西方各国铝的消费结构为：运输业占 30%，建筑业占 17.7%，易拉罐占 12.20%，机械设备制造占 8.40%，电子业占 8.6%，商品包装占 5.3%，耐用品占 5.9%，其他 11.9%。铝及其合金粉末因能迅速燃烧放出强光，而被用作燃烧弹、信号弹、火箭等。因铝和氧的亲和力较大，铝还可用作炼钢的脱氧剂和一些高熔点金属氧化物的还原剂。铝土矿作为提取铝金属的主要原料最早由 Berthier 于 1821 年在法国的阿尔卑斯山的 Les Baux 发现，英文“Bauxite”即由此而来（崔滔，2013）。铝土矿是指工业上能利用的，以三水铝石、一水软铝石或一水硬铝石为主要矿物所组成的矿石（黄智龙等，2014），其用途除生产金属铝的主要原料外，在制取高级研磨料、高铝水泥、耐火材料、水泥、陶瓷材料、化工和医药方面也有广泛应用。

一、世界铝资源

世界铝土矿资源丰富，资源分布相对集中，主要分布于非洲（33%）、大洋洲（24%）、南美洲与加勒比海地区（22%）和亚洲（15%）。据美国地质调查局（United States Geological Survey，USGS）公布的数据显示世界铝土矿总资源量（探明储量＋次经济资源＋推测资源）约为 550 亿～750 亿 t，基础储量 380 亿 t（高兰等，2014）。世界铝土矿资源分布相对集中，据 USGS（2015）统计，截至 2014 年底全球探明铝土矿储量为 280 亿 t，排名第一的几内亚铝土矿储量 74 亿 t，占世界总量的 26.4%；排名第二至第七的国家分别是澳大利亚、巴西、越南、牙买加、印度尼西亚和圭亚那，其铝土矿储量分别为 65 亿 t、26 亿 t、21 亿 t、20 亿 t、10 亿 t 和 8.5 亿 t，分别约占世界铝土矿总量 23.2%、9.3%、7.5%、7.1%、3.6%和 3.0%。中国铝土矿储量 8.3 亿 t，仅占世界总量的 3.0%，位居世界第八。

目前，世界上普遍采用 Bárdossy 和 Aleva（1990）的铝土矿分类方案，按照铝土矿下伏母岩类型的不同，将其划分为红土型、岩溶型（喀斯特型）和沉积型（齐赫文型）三类。

红土型铝土矿，是由下伏铝硅酸盐岩（如玄武岩、花岗岩、粒玄岩、长石砂岩、麻粒岩等），在热带和亚热带气候条件下，经深度化学风化（即红土化）作用而形成的与基岩呈渐变过渡关系的残积矿床（包括就近搬移沉积的铝土矿）。该类型铝土矿约占全球总储量的 86%，主要分布于赤道两侧的热带、亚热带地区，南纬 30°至北纬 30°之间（图 1-1），世界上最大的红土型铝土矿就位于几内亚、澳大利亚、巴西和印度等赤道附近的国家（高兰等，2014；杨卉芃等，2016）。

岩溶型铝土矿，是覆盖在灰岩、白云岩等碳酸盐岩凹凸不平岩溶面上的铝土矿。此类铝土矿与基岩呈不整合或假整合关系，其矿体系古红土风化壳被剥蚀、长距离（30～40km）搬运、沉积于岩溶地形中的产物。该类型铝土矿约占全球总储量的 13%，主要分布在南欧和加勒比海地区，北纬 30°至北纬 60°间及附近的温带地区，中国大部分铝土矿属于这一类型，分属于东亚成矿带（世界矿产资源年评，2015）。

沉积型（齐赫文型）铝土矿，是指覆盖在铝硅酸盐岩剥蚀面上的碎屑沉积铝土矿。其与下伏基岩一般呈不整合接触，没有直接成因关系，成矿物质是从远方红土风化壳搬运来的。该类铝土矿仅占全球总储量的 1%左右，主要分布在温带（图 1-1），典型的沉积型铝土矿产于俄罗斯齐赫文市附近，故由此而得名，常见于俄罗斯地台、乌拉尔山脉，中国、美国也有分布（Bárdossy and Aleva，1990；黄智龙等，2014；杨卉芃等，2016）。

世界铝土矿床赋存时代，自晚元古代以来的各地史时期都有产出，但主要在晚古生代、中生代和新生代三个成矿期。红土型铝土矿主要产于新生代，多为近代地表红土风化壳矿床；沉积型（齐赫文型）铝土矿，绝大多数为古生代隐伏矿；岩溶型铝土矿，在三个成矿期均有产出，且地表浅部矿约占此类矿床储量的 40%，多半矿体处于隐伏状态（中国产业研究报告网，2014）。

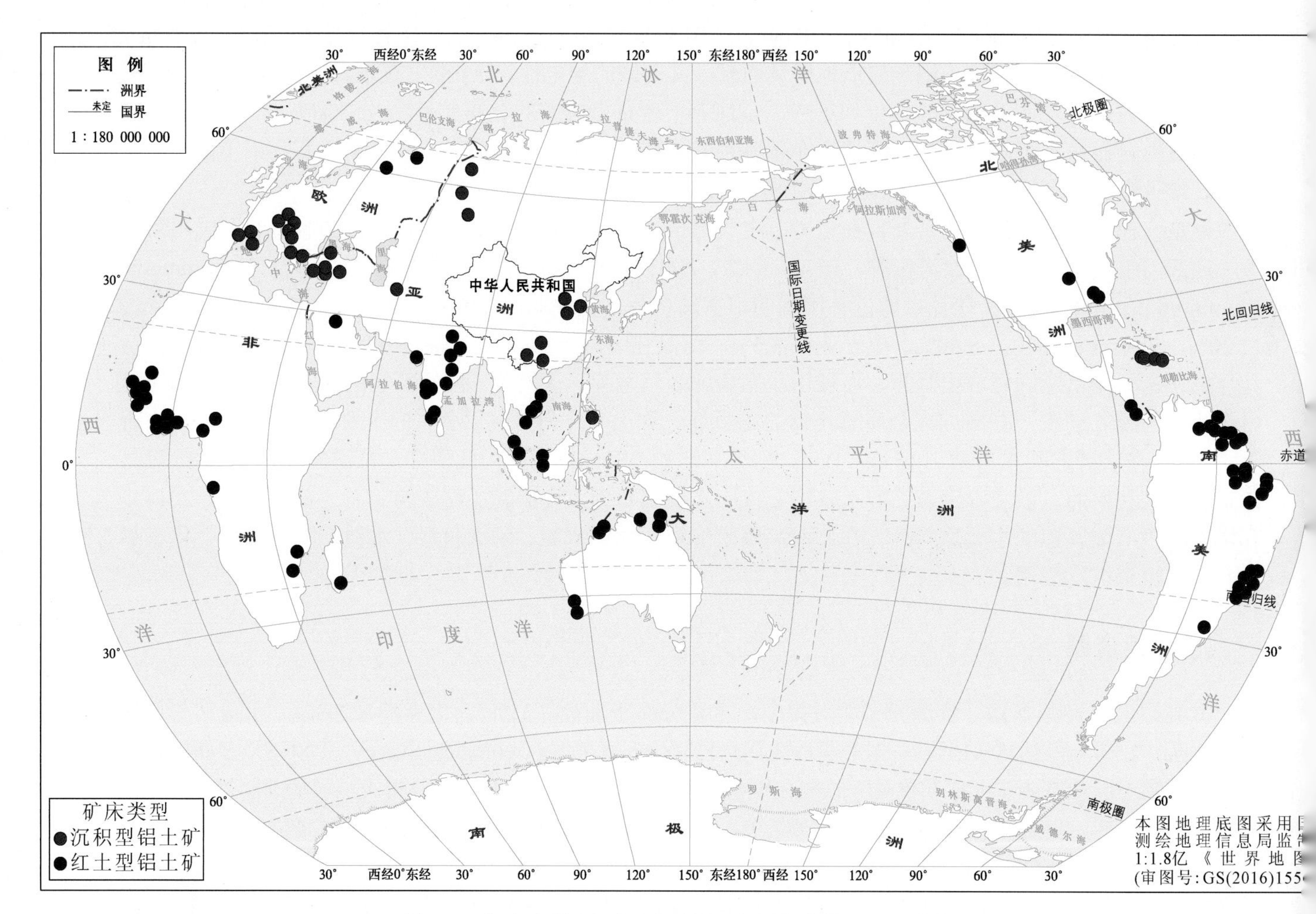

图 1-1　全球重要铝土矿分布略图（据杨卉芃等，2016 修编）

二、中国铝资源

中国铝土矿资源较为丰富，全国 31 个省（自治区、直辖市）中有 19 个省（自治区、直辖市）探明有铝土矿资源（图 1-2）。根据全国矿产资源储量通报公布的数据（2014 年），截至 2013 年底，全国保有铝土矿矿区 487 处，保有资源储量 40.23 亿 t，基础储量 9.83 亿 t（其中储量 4.84 亿 t），资源量 30.40 亿 t（高兰等，2015）。中国铝土矿资源分布依然相对集中，与世界铝土矿资源分布特点类似。我国华北陆块和扬子陆块的铝土矿成矿地质条件最好，铝土矿资源也最丰富，其中山西、广西、贵州和河南 4 省区铝土矿资源储量和矿区数均位居全国前列，排名依次为山西、广西、贵州和河南四省区铝土矿保有资源储量合计超过全国保有资源量的 90%，其中山西约占 37%，是中国第一铝土矿资源大省，广西、贵州和河南分别以 20%、18%和 17%比例位居第二、第三和第四位。此外，云南、重庆、山东等省市也探明有一定的铝土矿储量，但矿区数量和资源储量均不占重要地位（高兰等，2014，2015）。中国铝土矿资源虽然丰富，但人均占有储量较低，约为 460kg，是国外人均储量的 1/11。尽管全球铝土矿资源保障程度很高，可采储量静态保障年限在 100 年以上，但在我国优质铝土矿总体尚属紧缺资源（高兰等，2014）。

中国铝土矿矿床主要类型为古风化壳沉积型，其广泛分布于除海南外的全国有铝土矿分布的区域，矿床规模较大，分布广，以一水硬铝石为主，中低铝硅比，探明资源储量约占全国铝土矿资源储量的 78%；堆积型铝土矿主要分布于广西和云南，矿床规模大，以高铁型一水硬铝石和一水软铝石的混合矿为主，易采易选，中高铝硅比，探明资源储量约占全国铝土矿资源储量的 21%；红土型铝土矿主要分布于海南、广西和广东，分布比较局限，以高铁型三水铝石为主，含有少量的一水软铝石，高铝硅比，探明资源储量不足全国铝土矿资源储量的 1%（高兰等，2014）。

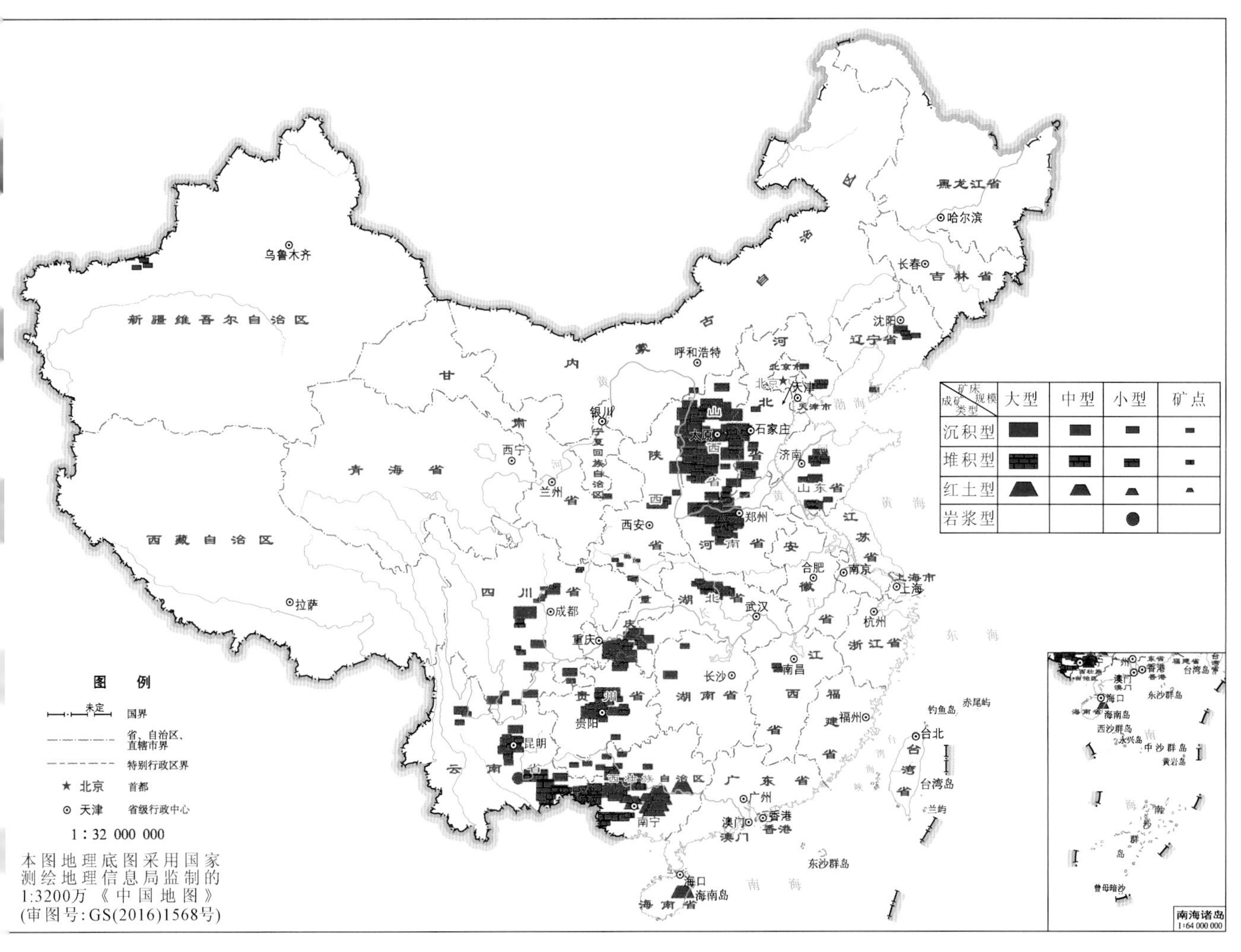

图 1-2 中国铝土矿分布图（高兰等，2015）

国外铝土矿以红土型矿床和三水铝石为主，覆盖层薄，适于露采，矿石质量较好。中国铝土矿资源则以古风化壳沉积型一水硬铝石为主，适于露采比例小，加工难度大，能耗高的一水硬铝石资源储量占比高达 90%以上，缺少易采易选的红土型三水软铝石。统计表明，截至 2009 年底，中国铝土矿矿石平均品位 Al_2O_3 以 40%～60%为主，平均铝硅比（A/S）为 4～6，其中铝硅比大于 7 的铝土矿资源储量占全国比例不足 30%，铝硅比 4～7 的铝土矿资源储量占比超过 60%，因此，中国铝土矿矿石多属中低硅铝比，开采利用成本较高，资源禀赋不佳。因此，与世界铝土矿资源大国相比，我国铝土矿资源不仅储量较少，类型品质也不具优势（高兰等，2015）。

中国铝土矿矿床主要形成于晚古生代，华北地台和扬子地台石炭纪铝土矿储量居全国之冠，占全国铝土矿查明资源储量的 77%以上，是中国和世界的重要石炭纪铝土矿成矿带。从矿床类型上讲，中国古风化壳沉积型铝土矿主要形成于晚古生代的石炭纪—二叠纪，部分出现于中生代的中晚三叠世；红土型铝土矿主要发育于古近纪—新近纪，堆积型铝土矿形成于第四纪。统计显示我国铝土矿矿床集中分布在 7 个主成矿期，最重要的是石炭纪，其次是二叠纪。我国古风化壳沉积型铝土矿中，石炭纪约占 64%，二叠纪约占 14%（高兰等，2014）。

第二节　铝土矿研究现状及存在问题

一、国内外研究进展

国外铝土矿以欧洲、苏联研究起步较早，始于 20 世纪初期，在近一个世纪的研究中，各国专家学者从地质特征、成因类型、物质组成、物质来源与成因理论等多个方面对铝土矿床进行了全面系统研究，深入揭示了铝土矿成矿环境与成矿过程，成果丰硕，其中较具有代表性的专著有布中斯基 1975 年出版的《铝土矿地质学》和巴多西 1982 与 1990 年分别出版的《岩溶型铝土矿》与《红土型铝土矿》（崔滔，2013）。与国外相比，我国铝土矿研究起步相对较晚，但经过几代研究者的持续工作，在上述各方面依然取得较大进展。

（一）矿床类型

目前，铝土矿尚未有统一的分类标准和命名方案，国内外专家学者从物质组成、矿体形态、地质产状、基岩类型、矿床成因及大地构造位置等方面进行过分类（黄智龙等，2014）。

国外铝土矿以三水铝石与软水铝石为主，针对其特点不同学者提出了不同划分方案。主要有：①化学成分法：以铁含量和 Al/Si 比值（铝硅比）的大小作为划分依据，该方法已弃用，而 Al/Si 作为高品位与低品位铝土矿划分标准依然被广泛使用（Lapparent et al.，1930）；②矿物划分法：将铝土矿分为硬水铝石铝土矿、软水铝石铝土矿和三水铝石铝土矿；③三角图解分类法：以氧化铝矿物、铁矿物、黏土矿物作为三个顶点对铝土矿进行分类（Konta，1958）；④高程分类法：按新形成的矿床或未遭受垂直构造运动影响矿床的高程，分为高海拔型与低海拔型（Grubb，1973）；⑤大地构造位置分类法：按照铝土矿床所处的构造位置分为地槽区矿床与地台区矿床（Peive，1947；殷子明和陈国达，1989）；⑥母岩类型划分法：按照母岩类型不同将铝土矿分为红土型铝土矿、岩溶型铝土矿、沉积型铝土矿（齐赫文型），红土型铝土矿为下伏铝硅酸盐岩风化形成的残余矿床，岩溶型铝土矿指覆盖在碳酸盐岩表面的铝土矿，沉积型铝土矿指红土型铝土矿经剥蚀搬运较长距离后堆积形成的铝土矿（Fox，1932；Weisse，1932，1963，1976；Hardee，1952；Bushinsky，1971；Valeton，1972；Bárdossy and Aleva，1990；Laskou，2003；Horbe and Costa，1999；Mameli et al.，2007；D'Argenio and Mindszenty，1995；刘中凡，2001）。上述铝土矿矿床类型划分方法众多，经实践检验或多或少存在局限与不确定性（崔滔，2013），唯有以母岩类型基础的划分方法被世界广泛接受。

国内铝土矿类型划分依据与国外大致相同。如：刘长龄（1988）将中国铝土矿分为地槽区、地台区 11 种类型，18 个亚类，29 个准类型。廖士范和梁同荣（1991）将中国铝土矿划分为古风化壳型铝土矿和红土型铝土矿两大类，古风化壳型铝土矿又细分为 4 个亚类，即贵州修文式、贵州遵义式、广西平果式和河南新安式，红土型主要为福建漳浦式。高兰等（2014）将中国铝土矿矿床类型划分为古风化壳沉积型、（近代风化壳）堆积型和红土型 3 个类型 5 个亚类，对应修文式、王村式、平果式、贵港式和蓬莱式 5 个矿床式。章柏盛（1984）将我国铝土矿分为沉积型、堆积型、古风化壳型、红土型。刘长龄（1991）将我国铝土矿为残余型（红土型）、沉积型（岩溶型）、其他类型。李启津（1987）将我国铝土矿分为红土—沉积—红土型、红土—沉积型、钙红土型、岩溶堆积型与红土型五大类。陈旺（2009）认为我国铝土矿主要为岩溶型铝土矿，其可进一步分为沉积型铝土矿与堆积型铝土矿。国土资源部 2003 年发布实施的《铝土矿、冶镁菱镁矿地质勘资规范》（DZ/T 0202—2003）以规范形式将我国铝土矿划分为沉积型、堆积型、红土型三类。其中沉积型又分为产于碳酸盐岩侵蚀面上的一水硬铝石铝土矿矿床和产于砂岩、页岩、泥灰岩、玄武岩侵蚀面或由这些岩石组成的岩系中的一水硬铝石铝土矿矿床两个亚类；堆积型铝土矿由原生沉积铝土矿在适宜的构造条件下经风化淋滤，就地残积或在岩溶洼地（或坡地）中重新堆积而成的铝土矿；红土型铝土矿（即风化残余型或玄武岩风化壳型）产于玄武岩风化壳中，由玄武岩风化淋滤而形成的铝土矿。目前该规范划分方案为我国铝土矿矿床类型划分的主要依据和准则。

综上可见，国内外铝土矿分类命名略有差异，基本可以进行对比，部分互为包含关系（表 1-1）。国外红土型指由下伏铝硅酸盐岩石演变而成的（红土风化）残余矿床，只相当于我国红土型铝土矿的一个亚类；岩溶型指覆盖在碳酸盐岩的岩溶侵蚀表面上（钙红土或岩溶堆积）铝土矿；涵盖了我国铝土矿 3 大类型或其中一个亚类；沉积型（齐赫文型）是产于铝硅酸盐岩中或侵蚀面上的碎屑（沉积）铝土矿，只相当于中国古风化壳沉积型的一个亚类（高兰等，2015）。

表 1-1 国内外铝土矿矿床类型对比

<table>
<tr><th colspan="2">我国划分方案</th><th>占比/%</th><th>国外划分方案</th><th>占比/%</th></tr>
<tr><td rowspan="2">古风化壳沉积型</td><td>以硅酸岩为基底</td><td>5</td><td>沉积型（齐赫文型）</td><td>1</td></tr>
<tr><td>以碳酸盐岩为基底</td><td>74</td><td rowspan="3">岩溶型</td><td rowspan="3">13</td></tr>
<tr><td>堆积型</td><td>以沉积型铝土矿或碳酸盐岩为基底</td><td>20</td></tr>
<tr><td rowspan="2">红土型</td><td>以碳酸盐岩为基底</td><td><1</td></tr>
<tr><td>以硅酸岩为基底</td><td><1</td><td>红土型</td><td>86</td></tr>
</table>

注：据黄智龙等，2014；高兰等，2015。

（二）成矿物质来源

揭示成矿物质来源真谛对全面深入认识铝土矿成矿作用过程具有重要实际意义。Bárdossy（1983）通过对铝土矿母岩类型与铝土矿储量之间关系的研究认为花岗岩、粒玄岩、玄武岩、麻粒岩、页岩、板岩、高岭石砂质黏土岩、长石砂岩、碳酸盐岩为铝土矿最重要的母岩；最常见的铝土矿母岩，是地表大规模出露且渗透性较高的岩石，这些易风化的岩石形成的铝土矿较多且质量较好。通常红土型铝土矿成矿物质来源相对较为简单，可根据铝土矿物质组成和矿石结构揭示与潜在母岩间的关系（Bárdossy，1982；Bárdossy and Aleva，1990；Horbe and Costa，1999；黄智龙等，2014）；岩溶型铝土矿母岩识别较红土型铝土矿困难，多认为岩溶型铝土矿的母岩为下伏的碳酸盐岩（崔滔，2013）。沉积型铝土矿母岩因具“多源性”特征而最难确定。

目前，国外对铝土矿成矿物源的追踪方法主要有：重矿物分析、微量元素和稀土元素示踪等，并且取得了良好的应用效果（Haberfelner，1951；Jurkovic and Sakac，1963；Nemecz and Varju，1967；Boldizsar，1981）。重矿物分析示踪主要是运用比对铝土矿与可能母岩的重矿物特征方法来确定二者的亲缘关系（Bárdossy，1982）。微量元素物源示踪在铝土矿研究中被广泛使用，主要包括微量元素蛛网图、Zr-Cr-Ga 三角图解（Ozlu et al.，2002）、Cr-Ni（Schroll and Sauer，1968；Kurtz et al.，2000）及高场强元素比值（Zr/Hf 和 Nb/Ta 比值等）等（Kurtz et al.，2000；Panahi et al.，2000；Valeton et al.，1987；Calagari and Abedinif，2007），主要是利用微量元素的曲线趋势、铝土矿样品分布区域和元素比值特征与地层相关特征来进行比对以示踪其亲缘性。

国内铝土矿成矿物质来源的整体研究水平与国外相差不大，重矿物分析、微量元素蛛网图与富集系数、Cr-Ni 图解、稳定元素比率、Zr-Cr-Ga 三角图解、稀土元素配分模式等各种物源研究的方法都被广泛用于国内铝土矿的研究（崔滔，2013）。国内铝土矿成矿物质来源主要有下伏碳酸盐岩物源（李启津，1987；范法明，1989；贺淑琴等，2007）、下伏或研究区周边铝硅酸盐岩物（姬茗生，1987；徐丽杰等，1987；刘平，1993；）和多种岩石混合物源（陈平和刘凯，1992；Liu，1988；王绍龙，1992）三种观点。我国学者通过对华北地台石炭系铝土矿的成矿物质来源研究主要存有以下三种观点，即：下伏碳酸盐岩（范法明，1989；吴国炎，1997；赵运发和柴东浩，2002；孟祥化等，1987；丰凯，1992；郭连红等，2003）；成矿区边缘铝硅酸盐岩（刘长龄，1985；徐丽杰等，1987；卢静文等，1997；崔滔，2013）；碳酸盐岩＋硅酸盐岩（孟祥化等，1987；刘长龄，1988，1992；范忠仁，1989；施和生等，1989；王绍龙，1992；杜大年，1995；吴国炎，1997；温同想，1996；刘长龄和覃志安，1999）。前人对桂西喀斯特型铝土矿物质来源的长期探索，也存有三种观点：①基底来源（范法明，1989；张起钻，1999；王力等，2004）。多数学者通过对比铝土矿与下部碳酸盐岩中的稳定元素比值得出矿体下部的碳酸盐岩是主要的成矿母岩；②铁镁质岩来源（罗强，1989；陈其英和兰文波，1991）。部分学者以铝土矿微量元素和铁镁质岩石中微量元素比值类似为依据，认为二叠系中的铁镁质岩为成矿提供了部分成矿物质；③古陆来源（李启津等，1996），少部分学者认为古陆中的变质岩系列是成矿母岩，理论依据是铝土矿围绕古陆分布。孙思磊（2011）运用 Eu/Eu*-TiO_2 图解、稳定元素比值、微量稀土元素配分模式等分析指示山西宁武先宽草坪村铝土矿成矿物质主要来源于上地壳，下伏碳酸盐岩是重要物源。对广西铝土矿运用高场强元素比率（Nb、Ta、Zr、Hf）、Cr-Ni 图解稀土元素配分模式、锆石年龄等方法分析，研究结果显示成矿物质来源既有下伏的碳酸盐，亦有与峨眉山玄武岩喷发作用有关的铁镁质岩贡献（张起钻，1999；邓军，2006；Deng et al.，2009，2010）。对黔北务正道地区铝土矿床运用 SiO_2-Al_2O_3-TFeO 图解、Cr-Ni 图解、主微量元素相关系分析、微量元素配分模式等分析方法研究其成矿物质来源，显示该区铝土矿成矿物质直接来源为基底层韩家店组砂页岩，最终来源为上地壳硅酸盐岩类物质（金中国等，2013a；黄智龙等，2014；韩英等，2016；韩忠华等，2016）。除上述方法外，国内外学者也尝试运用氧同位素方法对铝土矿进行研究，如鲍尔谢夫斯基（1976）研究认为全球红土型铝土矿床的铝矿物的 $\delta^{18}O$‰值为 +8.2～+13，平均为 +10.8；廖士范和梁同荣（1991）对中国贵州、广西、福建、四川、湖南、河南、山西、山东、辽宁等地 64 件铝土矿矿物氢氧同位素组成研究，认为我国红土型铝土矿物（三水铝石）$\delta^{18}O$‰值平均是 +13.3，古风化壳 5 种亚类的总平均值是 +10.58，与全球红土型铝土矿床的铝土矿物的 $\delta^{18}O$‰值基本相同，都是红土化作用形成的；殷子明和陈国达（1989）对黔中、豫西等地铝土矿的氢氧同位素地球化学研究结果表明，古生代铝土矿的高岭石多数是出自古风化壳的陆源碎屑，$\delta^{18}O$、δD 值的含 Ti、Fe 泥微晶硬铝石基本继承了初始矿物形成时的古大气降水的同位素组成；刘平（2001）对黔中—渝南沉积型铝土矿中 19 件硬水铝石氢氧同位素测定，$\delta^{18}O$ 为 +11.9‰～+13.6‰（SMOW）与规模巨大的几内亚红土型铝土矿中三水铝石的 $\delta^{18}O$ 平均为 12.6‰对比，认为沉积铝土矿是基底岩石经风化作用先形成红土风化壳，再经短距离搬运，就近沉积—堆积在附近的洼地中。

综上可见，随着对铝土矿床研究的深入，对铝土矿成矿物质来源的认识已从“单源论”转向“多源论”，并为广大专家学者所接受。

（三）成矿环境

近年，国外对铝土矿的研究主要集中在地球化学特征、成矿过程、成矿规律等方面，成矿环境的研究未有明显进展。国外大多矿床因缺乏沉积构造和古生物化石直接证据，成矿环境认识争议较大。但普遍认为铝土矿形成于陆地环境（原地风化、湖泊或沼泽）与海陆过渡环境中的这一观点，在一定范围已有共识（崔滔，2013）。部分铝土矿因具有特殊标志而能明确其沉积环境。如：希腊埃利孔山凯法涅德斯矿床由潟湖相石灰岩基岩向上连续发育，反映铝土矿形成于微咸水的潟湖环境（Bárdossy，1982）；甘特铝土矿中因找到的 *Osmundacea* 种的包子囊和在奥利茨法附近的含铝土矿黏土中发现的鳄鱼牙齿碎片，指示淡水沼泽环境（Bárdossy，1982）等。国外对铝土矿成矿环境研究主要采用地球化学方法。如：利用变价元素 Ce 对氧化—还原环境反应敏感特性（Braun et al.，1990；Mongelli，1997）和高场强元素 Th、U、Ba、Sr 在沉积作用过程中的稳定地球化学行为特征计算出的 Th/U 和 Sr/Ba 比值（Laukas，1983）等。

与国外相比，国内对铝土矿成矿环境的研究较全面，传统沉积学方法与地球化学分析、岩石矿物学特征分析相结合，已达到国际先进水平，部分地区的研究高于国际水平。虽然铝土矿中缺乏沉积构造与古生物化石，但传统沉积学方法依然是铝土矿沉积环境研究不可或缺的手段（崔滔，2013）。如运用沉积相研究方法通过沉积相的研究，认为黔中铝土矿形成于湾湖或海湾环境（章柏盛，1984），认为山西与河南西部石炭系铝土矿形成于湾湖—海湾与滨岸沼泽环境（甄秉钱和柴东浩，1986）。国内对铝土矿成矿环境的研究方法大致与国外相同，主要也采用地球化学方法，如同位素方法与微量元素的古盐度意义等。同位素方法主要运用不同环境的 $^{32}S/^{34}S$ 值的差异进行判别，重硫富集指示海相环境，轻硫富集指示陆相环境。古盐度指示意义主要运用 B、Sr、Sr/Ba、Ga、V/Zr 等微量元素来判别（崔滔，2013）。如金中国等（2013a）和黄智龙等（2014）运用 Sr/Ba、V/Zr、$^{32}S/^{34}S$ 分析方法综合判定黔北务正道地区铝土矿形成于内陆河湖沼泽环境。李海光（1998）运用 B、Sr/Ba、Ga 等判别指标，对比铝土矿与海水硫酸盐 $^{32}S/^{34}S$，得到山西孝义—霍州一带石炭系铝土矿形成于潟湖或海湾环境。俞缙等（2009）通过分析 B、Sr、Ba、Ga 特征认为靖西三合铝土矿为陆相沉积环境。李中明等（2009）利用 B 及 B-Ga-Rb 图解判定豫西郁山铝土矿形成于海相环境。范忠仁（1989）通过 Sr/Ba、V/Zr、B/Ga 分析认为河南中西部铝土矿主要为海相沉积，局部地段可能有淡水作用。

（四）成矿时代

成矿时代研究是矿床成因研究的重要方面。红土型铝土矿矿化的时间约数百万年至数十百万年（洪金益，1994；Retallack，2010），远则自古近纪、近则自新近纪开始矿化即可形成相当规模的矿床（于蕾等，

2011）。国外红土型铝土矿成矿期多为始新世。我国南方地处较高纬度，信风洋流和暖流难以到达，有利于红土化作用的气候出现较晚，成矿时代基本为晚古近纪—新近纪（李启津等，1994；陈世益等，1994）。目前，国内外对铝土矿的成矿时代追踪主要采用 Rb-Sr、^{40}Ar-^{39}Ar、碎屑锆石 U-Pb、Hf 等放射性同位素及氢、氧稳定同位素测量等方法。如赵社生等（2001）采用 Rb-Sr 全岩同位素年龄测年及 $^{40}Ar/^{39}Ar$ 快中子定年成功地解决了山西地块 G 层铝土矿成矿时代问题。金中国等（2013a，2013b）和黄智龙等（2014）采用碎屑锆石 U-Pb 法，成功解决了黔北务正道地区铝土矿长期以来的时代争论问题，认为其形成于早二叠世更为确切。红土型铝土矿的形成受二氧化碳温室气体效应和伴随的土壤的碳酸化影响，如陨击、火山喷发事件等，可采用事件地层学法确定其形成时代（Retallack，2010）。堆积型铝土矿可采用裂变径迹法测定含矿红土层中分布的玻璃陨石年龄作为成矿年龄（林最近，2007）。此外，对沉积型铝土矿还可用古地磁法确定其形成时代（于蕾等，2011）。

（五）矿床成因

铝土矿矿床成因研究，大致历经了 20 世纪 30～40 年代的“铝土矿是水体中一般的沉积矿床”观点，到 20 世纪 50 年代的“铝土矿为胶体化学沉积”观点，再到 20 世纪 60 年代的“红土化成矿”的观点，至今已有百年历史（于蕾等，2011；黄智龙等，2014）。有关铝土矿矿床成因理论在很长的一段时间内处于争议之中。如国外铝土矿成矿理论观点主要有：①红土学说（Ahmad and Jones，1969），铝土矿由母岩经红土化作用演化而来；②红土—粗碎屑沉积学说（ГИ 布申斯基，1984），铝土矿由母岩红土化后的物质经搬运沉积形成；③化学学说，铝土矿是湖泊等环境中化学沉淀形成；④硫酸学说，铝土矿中的黄铁矿氧化形成硫酸，硫酸将铝溶解后再中和沉淀，形成铝土矿；⑤热液假说—火山沉积说，热液作用与火山喷发为铝土矿提供物源；⑥喀斯特成因说，铝土矿由碳酸盐岩风化后堆积形成，因含钙高而称钙红土。国内铝土矿矿床成因的观点主要有：①红土原地残积成矿，母岩红土化的残余物质堆积成矿，包括碳酸盐岩的弱红土化成矿；②铝胶体化学沉淀成矿，铝土矿以胶体溶液的形式搬运在湖泊、海湾、潟湖等环境成矿；③红土化后的残余物质经远距离搬运后成矿，类似于布申斯基提出的红土—粗碎屑沉积成矿学说（崔滔，2013；侯莹玲等，2014）。现今，随着新矿床、新类型的不断发现和深入研究，逐渐认识到铝土矿的形成为多阶段、多环境和多因素的产物（Bárdossy and Kovacs，1995；Maclean et al.，1997；Liaghat et al.，2003；Calagari and Abedini，2007；Taylor et al.，2008；Zarasvandi et al.，2008；Muzaffer Karadag et al.，2009；Dariush Esmaeily et al.，2010；Liu et al.，2010；Zarasvandi et al.，2010；于蕾等，2011；黄智龙等，2014）。

廖士范和梁同荣（1991）将我国铝土矿矿床的形成划为 3 个阶段：①红土化作用阶段，即元素残积、堆积或异地堆积，为铝土矿提供丰富的物源（王恩孚，1985；范法明，1989；马既民，1988，1991；丰恺，1992）；②迁移阶段，富铝红土层被海水（或湖水）浸没，逐渐埋深地下，经后生成岩作用改造形成原始铝土矿层，被后期沉积岩层覆盖（张源有，1982；李启津，1985；陈廷臻，1985；刘长龄，1985，1988；吴国炎，1996；陈平等，1997）；③表生富集阶段，即原始铝土矿层随地壳抬升至地表，受地表水或地下水的后期改造作用，去硅、铁富铝，品质变好（黄智龙等，2014）。刘长龄（2005）和张源有（1982）研究认为中国铝土矿床属红土—粗碎屑与胶体溶液搬运混合成因，其形成具有“多源、多相、多因素”的成因特点。刘巽锋等（1990）将黔北铝土矿的形成划为 5 个阶段，即：①剥蚀期，铝土矿母岩被抬升暴露地表，接受风化剥蚀，并形成岩溶洼地；②铝土矿化期，铝土矿主要成矿阶段，在此阶段铝土矿完成主要的脱硅去铁过程；③早期成岩阶段，相当于沉积岩的早期成岩阶段，铝土矿被梁山组覆盖后即进入早期成岩阶段，此阶段使铝土矿固结成岩；④成岩期，此阶段铝土矿改造较微弱；⑤后生表生期，铝土矿经构造运动隆起至地表，使近地表铝土矿铁含量进一步降低，形成低铁的高品位铝土矿（崔滔，2013）。黄苑龄等（2013）和金中国等（2013a）通过镜下观察和电子探针分析，将黔北务正道地区铝土矿的形成分为 3 个阶段：①相对富铝矿物（原始矿物）脱硅、富铁形成黏土矿物阶段；②黏土矿物脱硅、脱铁、富铝形成三水铝石阶段；③三水铝石脱水形成一水铝石阶段。黄智龙等（2014）对黔北务正道地区铝土矿研究，通过电子探针也认为铝矿物形成经历了富铝硅酸盐矿物→黏土矿→铝土岩和（或）铝土矿过程，根据铝土矿中矿物组合和地球化学成分，将铝矿物的形成分为 2 个阶段：即①韩家店组砂页岩富铝矿物（原始矿物）脱硅、富铁阶段，形成黏土矿物；②黏土矿物脱硅、脱铁矿物，形成铝矿物。

二、云南研究现状及存在问题

（一）研究现状

云南铝土矿主要集中分布于滇东南（文山地区）和滇中（昆明—玉溪地区）两地，分属华南成矿省和上扬子成矿省（滇中隆起）。两地矿床（点）数占全省总数的 93%，查明资源储量占全省总量的 93.5%，其他地区有零星分布，如滇西鹤庆，滇东北鲁甸、巧家会泽。资源特点总体表现为矿床规模以中小型为主，大型矿床较少，矿石类型以一水硬铝石型为主、矿石品位总体偏低、铝硅比亦较低。截至 2009 年底，云南省累计查明铝土矿资源储量 1.02 亿 t。云南铝土矿矿床类型分为风化堆积型和古风化壳沉积型两类，其中堆积型铝土矿资源储量 0.46 亿 t，占总量的 45.10%；沉积型铝土矿资源储量 0.56 亿 t，占总量的 54.90%（图 1-3）（云南省国土资源厅，2011）。

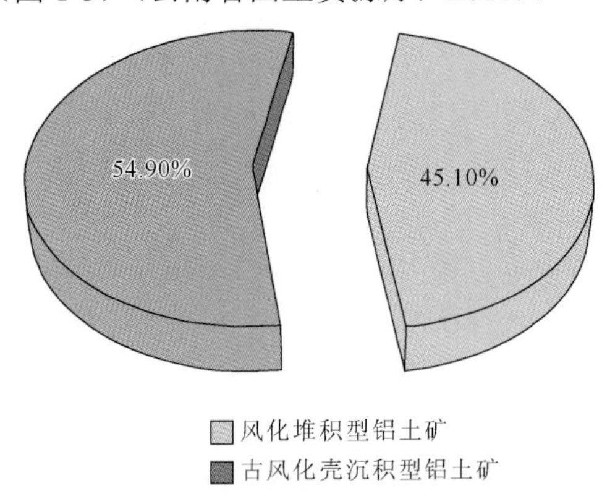

图 1-3　云南省铝土矿不同矿床类型累计探明资源储量分布图（云南省国土资源厅，2011）

1. 勘查现状

云南铝土矿于 20 世纪 40 年代初期发现。其勘查工作总体分为 5 个阶段。

（1）早期调查发现阶段（1939～1943 年）：南延宗、许德佑、边兆祥、王鸿祯等地质界前辈沿昆明附近的滇越铁路沿线开展调查，发现了温泉、马头山、大板桥等一批铝土矿床，提出该区铝土矿属下石炭统维宪阶（Visean），发了滇东石炭系与二叠系间的沉积间断，并称为“云南运动”、首次估算昆明附近的铝土矿储量 706.1 万 t（云南省地质矿产局，1993）。

（2）全省普查阶段（1958～1963 年）：以云南省地质局系统为主体，全面开展了全省铝土矿的普查与勘探工作，勘探评价了昆明地区的铝土矿及其共生的烟煤和耐火黏土，发现和评价了滇东南及鹤庆一带的部分铝土矿，初步评价了白云山霞石矿。这一阶段工作，共探明铝土矿储量 1694.1 万 t、霞石矿 2.82 亿 t，基本查明了全省铝矿产资源的类型和分布。

（3）新一轮堆积型铝土矿全面勘查阶段（1980～2002 年）：由云南省地矿局第二地质大队全面开展了滇东南地区以堆积型铝土矿为主的远景调查和评价，找到并评价了几个中、小型矿床。1984 年以来中国有色金属总公司所属科研单位，对个旧霞石矿的综合开发利用进行了研究，取得了较好的初步成果。

（4）铝土矿资源开发储备及潜力评价、勘查阶段（2006～2011 年）：2006～2007 年，云南冶金集团股份有限公司与文山州人民政府签署了《关于开发文山州铝土矿资源的合作协议书》，并组建成立云南文山铝业有限公司，为了保障该公司一期设计产能 80 万 t/年氧化铝厂铝土矿资源的可持续供应，云南文山铝业有限公司委托云南省有色地质局局属单位等对滇东南红舍克、飞尺角等铝土矿开展了资源潜力调查和评估工作，并设立研究专题对滇东南地区开展铝土矿成矿规律研究和地质勘查工作。截至 2007 年 6 月，取得了显著找矿效果，合计新增 Al_2O_3 资源量 6688.80 万 t，其中 332＋333 类资源量 4370.79 万 t，334 类资源量 2318.01 万 t；新增伴生 Ga 金属资源量 2606.573t；新增 Fe_2O_3 资源量 3412.57 万 t。以上成果进一步提升了滇东南地区铝土矿资源基地的地位。2007～2011 年，云南省国土资源厅、云南省地质调查局和云南省有色地质局等单位开展了云南省矿产资源潜力评价工作，应用现代矿产资源预测评价的理论方法和 GIS 评价技术，以成矿地质理论为指导，深入开展了云南省铝土矿区域成矿地质构造环境及成矿规律研究，并充分利用地、物、化、遥和矿产勘查等综合成矿信息，圈定出滇中和滇东南铝土矿成矿远景区和找矿靶区，并编制了云南省铝土矿区域成矿规律与预测成果图等。

（5）整装勘查阶段（2010～2012 年）：云南省有色地质局在滇东南地区实施了“广南—丘北—砚山地区铝土矿”整装勘查项目，该项目被列入全国 45 个整装勘查项目。对 4 个片区 15 个矿区开展了调查评价、普查至勘探不同程度的地质工作。投入资金近亿元。新增 332＋333＋334 类别铝土矿资源量 2.03 亿 t，其中 333 类以上铝土矿资源量 1.06 亿 t，新发现了 2 个大型（丘北大铁和文山杨柳井）、5

个中型铝土矿（砚山永和、文山天生桥、文山大石盆、文山铳卡和西畴木者—铁厂）。堆积型铝土矿找矿有较大增长、沉积型铝土矿找矿有新发现并取得较大突破，找矿成果显著，为云南文山铝业有限公司已建成并投产的 140 万 t/年氧化铝厂提供了可靠的资源保证，推动了地方经济发展。同时在这一阶段，云南省冶金集团所属云南文山铝业有限公司，为了保障和储备文山 140 万 t/年氧化铝厂的铝土矿资源，委托云南省有色地质局在滇东南文山地区及滇西鹤庆地区全面开展了铝土矿勘查，使云南铝土矿资源储量大幅提升。

目前，云南省已勘查的 67 个铝土矿矿床（点）（截至 2014 年 12 月）中，勘探有 6 个，占总矿床数的 9%；详查有 19 个，占总矿区数的 28%；普查有 12 个，占总矿区数的 18%；预查有 30 个，占总矿区数的 45%，普查—预查阶段占比达到 63%。总体而言，云南铝土矿勘查程度总体较低。

2. 研究现状

云南铝土矿资源地质勘查工作较早，受矿石质量影响，大多矿床还未开发利用，导致其研究工作也相对滞后。近年来，随着云南文山铝业有限公司利用滇东南铝土矿生产氧化铝的成功，铝土矿资源需求加大和铝金属价格的上涨，分布在滇东南、滇中地区的铝土矿床引起了众多专家学者关注，并在矿床类型、成矿物质来源、成矿环境、矿床成因等方面开展了深入研究，取得了一系列丰硕成果。

1）矿床类型

黄仁新（1992）以文山天生桥和麻栗坡铁厂堆积型铝土矿为代表，开展了铝土矿石含铝矿系剖面特征、矿石结构构造、矿石化学成分、氧同位素和成矿条件方面的系统研究，按成矿方式的不同将滇东南地区铝土矿矿床类型划分为古风化壳型、碎屑沉积型和堆积型三个大类，红土化、碎屑沉积、残坡积型、洪坡积型、坠积型和坠残积型六个亚类。云南省区域矿产总结（1993）通过对云南省典型铝土矿的矿床地质特征和成矿地质条件的系统总结，提出了将云南省铝土矿分为三大类八亚型，即古风化壳型、碎屑沉积型和堆积型 3 个大类，钙红土化型、红土化型、异地堆积型、碎屑沉积型、残坡积型、洪坡积型、坠积型和坠残型 8 个亚型。可见云南省境内除缺少红土型三水铝石外，其余类型均较齐全。杨艳飞等（2011）通过对砚山红舍克、西畴卖酒坪、西畴木者 3 个矿床（点）的研究，将滇东南铝土矿分为原生沉积型和堆积型两类。

2）成矿物质来源

云南铝土矿成矿物质来源研究程度以滇东南地区最为深入，然而不同学者存有不同认识，至今争议较大。目前滇东南铝土矿成矿物质来源主要存有 3 种观点，即：①下伏灰岩说，认为下伏灰岩为铝土矿提供了主要成矿物质来源（刘长岭，1989；刘汉和，2007；仕竹焕等，2007；缪鹰，2009；成功等，2010；杨艳飞等，2011）；②峨眉山玄武岩说，认为铝土矿的成矿物质主要来自下伏峨眉山玄武岩（冯晓宏等，2009；焦扬等，2014）；③下伏灰岩 + 峨眉山玄武岩混合源说，认为下伏灰岩和峨眉山玄武岩对铝土矿的成矿物质来源均有较大贡献（黄仁新，1992；高泽培等，2012；张启明等，2015）。此外，云南文山铝业有限公司（2008）对滇东南地区铝土矿物来源研究认为，滇东南地区的沉积型铝土矿的成矿物质来源主要为：①大陆碎屑物质；②大陆真溶液及胶体溶液物质；③海底火山物质和已有矿体再次搬运的物质来源。王正江等（2016）通过综合运用稳定元素相关性、微量元素及稀土元素标准化图解、LgNi-LgCr 二元图解等分析方法对会泽县新街乡朱家村大黑山铝土矿的成矿物质来源进行了系统探讨，认为其成矿物质来源主要来自峨眉山玄武岩。吴春娇等（2014）通过对滇西鹤庆松桂铝土矿床的主量元素钛率（Al_2O_3/TiO_2）、微量元素和稀土元素分析，认为其成矿物质来源具多源性特点，下伏基底砂页岩、碳酸盐岩以及峨眉山玄武岩对物源均有贡献。

3）成矿环境

王鸿祯等（1985）在《中国古地理图集》中，将二叠世时期滇东南地区划为上扬子浅海区，其西侧邻近康滇古陆一带，认为该时期铝土矿属陆相和滨海沼泽相沉积产物。刘宝珺等（1994）和王立亭等（1994）在研究中国南方晚二叠世吴家坪期岩相古地理时，在华南地区划分了川滇古陆、华夏古陆和云开古陆，其间为川黔冲积平原、川黔海岸平原、上扬子浅海、黔桂次深海区和湘桂次深海区，在这些浅海和次深海中分布有大新古陆，并发育了多个碳酸盐台地，滇东南地区属于川黔海岸平原带、上扬子浅海和黔桂次深海区。刘长龄（1994）通过研究认为滇东南地区在晚二叠世吴家坪早期前处于浅海环境，铝土岩向海方向相变为灰岩，转为沉积型铝土矿。梅冥相等（2004，2007）对滇黔桂地区的层序地层和古地理背景进行了研究，认为晚二叠世吴家坪期滇黔桂海盆西有康滇古陆，东南有云开古陆，海盆总体为受断裂控制的台地与海盆相间的格局，南部发育有隆安古陆，滇东南为滇黔桂海盆东南的滨岸平原和台地区。

4）矿床成因

刘汉和（2007）和仕竹焕等（2007）对滇东南砚山红舍克铝土矿矿床地质特征研究，认为沉积型铝土矿的形成是长期地质历史演化的产物，其成矿作用有机械搬迁、红土风化壳溶滤改造、水域中化学分解、胶体化学和生物作用等，具多期、多因素、多阶段成矿特点，成矿过程大致经历了三个阶段：①基岩升隆、剥蚀阶段，该阶段形成含铝矿物风化堆积；②切割、夷平、喀斯特化，含铝矿物迁移、脱硅阶段，该阶段形成红土化堆积；③沉积、海解、去硅作用阶段，该阶段形成铝土富集；堆积型铝土矿是在潮湿炎热气候条件下，由原生沉积铝土矿在长期岩溶过程中遭到强烈剥蚀，已具淋滤空隙格架的原生铝土矿，在构造、重力作用下，发生崩落，脱离母体，堆积于稳定的缓坡、坡脚等喀斯特低洼地带，在地表水和基底碳酸盐泄水的循环作用下，矿石中硫和碳质不断流失，铝相对富集，最终形成质量较好的堆积型铝土矿。

（二）存在问题

综上，尽管上述单位和个人在云南省铝土矿矿床类型、成矿物质来源、成矿环境、矿床成因等方面取得了丰硕成果，为云南省铝土矿床找矿勘探工作提供了积极指导作用，然而不难发现对云南省铝土矿成矿类型、矿床成因以及成矿规律等方面的研究依然存在诸多科学问题尚需解决，主要体现在以下几个方面。

1. 矿床类型

矿床类型的划分是确定矿床潜在价值、矿床规模、矿床产状、矿石品级的主要法宝。纵观前人对铝土矿矿床类型的划分，要么是片面强调下伏基岩类型（Fox，1932；Weisse，1932，1963，1976；Hardee，1952；Bushinsky，1971；Valeton，1972；Bárdossy，1990；Laskou，2003；Horbe and Costa，1999；Mameli et al.，2007；D’Argenio and Mindszenty，1995；刘中凡，2001；云南省地质矿产局，1993；章柏盛，1984），将其分为喀斯特型和红土型，要么片面强调成因环境（章柏盛，1984；廖士范等，1991；黄仁新，1992；云南省地质矿产局，1993；李启津等，1987；高兰等，2014），将其分为古风化壳型和风化壳型。对于云南省铝土矿矿床类型划分而言，前人多以滇东南地区铝土矿床为样本进行重点研究，缺少对滇中、滇西北和滇东北地区铝土矿矿床（点）的研究和总结，研究范围相对较小，代表性不强，缺乏对整个云南省铝土矿矿床类型全面性、系统性的认识。

2. 成矿物质来源

成矿物质来源是铝土矿形成的基础，对成矿规模及找矿方向有决定性作用（黄智龙等，2014）。前人对云南省铝土矿成矿物质来源的研究成果依然集中于滇东南地区，并且认识成果众说纷纭，争议较大，目前主要存有 3 种观点，即：下伏灰岩说（仕竹焕等，2007；缪鹰，2009；成功等，2010；杨艳飞等，2011）、峨眉山玄武岩说（冯晓宏等，2009）和下伏灰岩＋峨眉山玄武岩混合说（黄仁新，1992；高泽培等，2012；张启明等，2015）3 种观点。综合上述研究成果，不难看出前人研究成果多通过含铝岩系剖面、矿床地质特征等方面来确定其成矿物质来源。而铝土矿床形成过程中，其元素活动行为常受母岩成分、元素在母岩中赋存形式、元素化学性质、成矿物理化学条件、成岩和后期改造等诸多因素影响（Mordberg，1996；黄智龙等，2014）。因此，宏观地质特征不足以真实地反映其最终物源特征，需运用较直接、有效的综合方法来进行约束。

3. 成矿环境

成矿环境对铝土矿形成至关重要，是重要的控矿因素和找矿标志之一（黄智龙等，2014）。前人（王鸿祯等，1985；刘宝珺等，1994；王立亭等，1994；梅冥相等，2004，2007）对云南铝土矿的成矿环境认识多通过研究其岩相古地理研究来确定，认为滇东南地区铝土矿主要形成于滨海—浅海沼泽相环境，而对滇中、滇西北和滇东北地区铝土矿成矿环境尚未见有报道。岩相古地理的研究主要通过运用层序地层学和矿物学等方面的研究来确定的，缺少系统的地球化学定量数据证据支撑。目前，运用地球化学总结出的多种判别指标来研究成矿环境，已被广大专家学者证实为一种高效、可靠的研究手段。因此，运用地球化学手段开展对云南铝土矿成矿环境研究已显得尤为必要。

4. 成矿作用过程

铝土矿的形成是长期地质历史演化的产物，其成矿作用涉及诸多内外动力地质作用。其所经历的地质作用基本顺序为：基岩隆升剥蚀、切割夷平和岩溶化、钙红土化沉积成矿、风化壳溶滤、机械搬迁、水化学分解、真溶液及胶体化学搬迁、生物作用、滨海沉积等成岩成矿等，具有多期、多因素的成矿特点（崔银亮等，2009）。前人（刘汉和，2007；仕竹焕等，2007）以滇东南砚山红舍克铝土矿为典型矿床，对其地质特征开展了详细研究，将沉积型铝土矿的形成划分为3阶段：①基岩升隆、剥蚀阶段，形成含铝矿物风化堆积；②切割、夷平、喀斯特化，含铝矿物迁移、脱硅阶段，形成红土化堆积；③沉积、海解、去硅作用阶段，形成铝土富集。这些成矿阶段多是据单个矿床地质特征而划分出的，是否准确？是否全面？尚需与区域同类型矿床进行对比，开展更为深入的研究，也需要更全面、更系统的矿物学、矿床地球化学资料支持。

第三节 研究意义及研究内容

一、研究意义

铝是世界上应用最为广泛的金属之一，仅次于铁，铝土矿是生产金属铝的主要原料。据美国地质调查局公布的数据，2011年全球铝土矿资源量为550亿～750亿t，中国铝土矿储量居第7位，约占2.86%。2011年中国首次超过澳大利亚成为全球第一大铝土矿消费国，由于国内优质铝土矿资源短缺，2012年中国铝土矿对外依存度高达 50%，资源供应能力面临较大压力（高兰等，2015）。目前，云南省铝厂所需原料依然需从省外购进和国外进口，铝土矿资源特别是优质富矿资源的保证程度，对云南矿业经济的发展举足轻重，争取更多的自给和储备至关重要。因此，开展云南铝土矿成矿规律与找矿选区研究工作，不仅有利于保证云南铝工业持续发展和了解铝土矿资源现状，还可以缓解我国铝土矿资源过分依靠进口的被动局面，具有十分重要的战略意义。

云南铝土矿资源较为丰富，已探明的铝土矿集中分布在滇东南和昆明周边两地，其中滇东南文山地区已发展成为我国重要的铝土矿产地和资源开发基地之一。尽管在2010～2012年云南省通过实施3年找矿行动计划之云南铝土矿整装勘查项目，在滇东南文山地区新发现2个大型（丘北大铁和文山杨柳井）、5个中型（砚山永和、文山天生桥、文山大石盆、文山铳卡和西畴木者—铁厂）铝土矿，新增铝土矿资源量2.03亿t，取得显著的找矿成效（崔银亮等，2017），然而与全国其他地区（山西、贵州和广西）铝土矿相比，云南省的铝土矿勘查、研究程度依然相对较低。因此，切实开展云南铝土矿成矿规律、成矿模式和找矿勘查示范研究工作已显现得尤为必要，其不仅可以提升云南省铝土矿成矿理论研究水平，还可为云南省产业布局规划、铝土矿的勘查工作，圈定有利找矿靶区，扩大矿产资源潜力等方面提供指导，具有重要的理论与实际意义。

二、研究内容

针对前述存在问题，本书在前人已有工作基础上，结合2010～2013年云南省有色地质局在实施3年找矿行动计划之云南铝土矿整装勘查项目时取得的新的勘查、科研成果资料和数据，综合运用区域构造学、岩石矿物学、地球化学等学科原理与方法，以典型矿床（点）为主要研究对象，开展云南省铝土矿成矿条件、成矿作用和找矿勘查体系等方面的研究工作。主要研究内容如下。

（一）云南省铝土矿主要成矿期岩相古地理和构造环境研究

研究要点：

（1）主要成矿期综合地层学与地层格架研究（重点从生物地层学、岩石地层学和露头层序地层学的角度对所研究的地层特别是主要含矿层进行划分对比研究）。

（2）主要成矿期岩相古地理研究与系列编图，恢复主要成矿期大地构造发展史，为铝土矿的成矿预测提供更为详细翔实的岩相古地理资料。

（3）主要铝土矿成矿区沉积特征分析与构造古地理特征研究（沉积层序划分、地层沉积型类型及特征、沉积环境、沉积发育模式、沉积古地理特征及演化、古环境、构造运动与古地理演化)。

（4）开展铝土矿找矿远景初步评价，提出找矿远景区。

（二）云南省铝土矿成矿规律与成矿预测研究

研究要点：

（1）云南铝土矿资源现状、大地构造背景、地域和时空分布规律研究。

（2）云南典型铝土矿区域地质背景和矿床地质特征剖析。

（3）云南主要成矿期铝土矿形成的地质条件与控矿规律研究，并与贵州、广西等毗邻省区典型铝土矿床进行对比研究。

（4）云南典型铝土矿成矿特征、成因为类型划分、成矿作用、成矿时代、形成机制、矿床成因研究。

（5）重点研究云南典型铝土矿成矿规律与成矿机制（大地构造单元、含矿岩系剖面特征及其变化、含矿岩系时代、顶底板特征、矿体特征、矿床规模、矿床在氧化条件下的变化特征和富集规律等）。

（三）云南铝土矿勘查选区和找矿实践

研究要点：

（1）云南铝土矿勘查选区的基本原则。

（2）云南铝土矿勘查选区主要依据。

（3）地质勘查与找矿靶区选择。

（4）找矿实践与典型勘查实例。

第四节　主 要 成 果

一、理论成果

（1）在前人研究基础上，结合现有规范，较系统、较全面地划分了云南铝土矿矿床类型。参照相关规范和前人研究成果，结合近年勘查实践，根据成矿时代、成矿环境和基底特点将云南铝土矿划分为沉积型和堆积型两大类。其中，沉积型铝土矿又分为产于碳酸盐岩侵蚀面上的铝土矿和产于玄武岩侵蚀面上的铝土矿 2 个亚类，老煤山式、铁厂式、中窝式和朱家村式 4 种矿床式；堆积型铝土矿划分为 1 个矿床式，即卖酒坪式铝土矿。

（2）首次运用精确岩相古地理研究方法，确定了滇东南地区和主要矿区的地层时代格架和沉积层序特征，建立了详细地沉积相模式，提出了铝土矿有利成矿环境。在细致的野外工作和对前人资料分析整理的基础上，对滇东南地区吴家坪阶下部开展了仔细的剖面沉积相分析，同时采用点—线—面和定性定量分析研究相结合的沉积学、古地理学理论方法，对滇东南区及主要矿区开展了精确岩相古地理研究，确定了该区主要铝土矿区的地层时代格架和层序，建立了低能泥质海岸缓坡模式、具凹陷的低能泥质海岸模式和具隆起的低能泥质海岸模式 3 种沉积相模式；认为滇东南地区晚二叠世吴家坪早期属泥质海岸—局限浅海的沉积环境，其发育沼泽、潮坪和浅海 3 种亚相类型，其中潮下带—局限浅海顶部和潟湖相为铝土矿形成有利环境。

（3）基本查明了云南铝土矿的成矿条件和控矿因素，揭示了两大类铝土矿的成因机制，首次构建了云南铝土矿综合成矿模式。通过区域构造演化分析、岩相古地理研究和矿床地球化学研究，认为云南铝土矿成矿作用与石炭纪末期扬子陆块升降构造运动密切相关，主要形成于海相沉积环境和内陆河湖沼泽环境，物源为强烈红土化作用的产物，并经过长期的风化和较远搬运，揭示了滇中、滇东北地区铝土矿成矿物质主要来源于以碳酸盐岩为主的古陆红土化风化壳和沉积古侵蚀基底碳酸盐岩，部分源自下伏峨眉山玄武岩及古陆，滇西、滇东南地区铝土矿成矿物质主要来源于古陆变质岩与玄武岩，灰岩贡献量少；提出了沉积型铝土矿成矿作用主要受层位（层控）、沉积相（相控）、成矿物质来源（源控）和古构造环境等主要因素控制。最后，在上述研究成果基础上，首次构建了较为切合实际的综合成矿模式。

（4）较全面地总结了云南铝土矿成矿规律及找矿标志，并首次提出了运用堆积型铝土矿寻找沉积型铝土矿的新认识。通过对铝土矿矿床地质特征、空间位置展布特点、成矿机制、成矿物质来源和控矿因素的分析，较全面地总结了云南铝土矿成矿规律，认为沉积型铝土矿受下伏地层、古地理、沉积环境和沉积相的控制，而堆积型铝土矿不但与现代地形地貌关系密切，而且与沉积型铝土矿具有亲缘因果联系；总结出了沉积型铝土矿的时代、地层、区域性角度不整合（古侵蚀）面、褶皱构造、矿化露头、矿物和化探异常等找矿标志，堆积型铝土矿的含矿地层及沉积型铝土矿、褶皱构造、地形地貌和物、化探等找矿标志。云南铝土矿矿石以一水硬铝石为主，铝硅比偏低，长期以来人们找矿只重视铝硅比较高，易开采的堆积型矿床，而忽视了沉积型矿床，因此本着就矿找矿原则，结合两者亲缘关系，首次提出了运用堆积型矿寻找沉积型矿的新认识。

（5）对将成矿理论应用于找矿勘查实践而取得显著找矿成效的实际案例分析，首次提出了适合于云南铝土矿的综合找矿方法技术组合体系及找矿勘查模型，为进一步找矿勘查提供技术指导。对在研究取得成矿理论指导下，找矿取得重大突破的实际矿床案例进行分析，首次提出了云南铝土矿的综合找矿方法技术组合体系。云南铝土矿主要为沉积成因，堆积型铝土矿与沉积型相伴，成矿时代集中在中二叠世、晚二叠世、晚三叠世和第四纪更新世。因此，找矿方法重点是围绕“找层、定相、寻貌”，找矿模型为：利用1∶20万及1∶5万区调及矿产远景调查的地物化遥等资料开展综合成矿预测圈定找矿远景区→综合含矿层、矿点、化学异常分布及古沉积环境圈定勘查靶区→地质填图、浅井、钻探取样→圈定矿体、评价规模、质量及估算资源量。

二、找矿效果

在取得的成矿理论指导下，在滇东南、滇中、滇西和滇东北4个铝土矿找矿远景区，预测云南省铝土矿可新增资源潜力约5.7亿t，云南探明＋预测铝土矿资源量总计约7.7亿t。其中，依托云南省三年（2010～2012年）找矿行动计划在滇东南开展的《云南广南—丘北—砚山地区铝土矿整装勘查》项目，新增332＋333＋334类别铝土矿资源量2.03亿t，其中333类以上铝土矿资源量1.06亿t，新发现了2个大型（丘北大铁和文山杨柳井）、5个中型（砚山永和、文山天生桥、文山大石盆、文山铳卡和西畴木者—铁厂）铝土矿。其中，堆积型铝土矿找矿有较大进展、沉积型铝土矿找矿有新发现并取得较大突破，找矿成果显著。

三、人才成果

云南铝土矿综合研究取得显著成效。提交了5份专题研究报告，在国内外专业核心期刊上发表了一批高质量论文，有效提升了云南铝土矿成矿理论研究水平，为整装勘查和今后区域找矿及科研提供了技术支撑。同时，也为国家培养了一批优秀专业技术人才，其中累计培养博士11名，培养硕士29名；云南省有色地质局依托项目已有36人晋升为高级工程师、6人晋升为教授级高级工程师。

四、经济社会效益

云南省铝土矿资源丰富，以滇东南地区为例，2010～2012年，依托云南省三年找矿行动计划，云南省有色地质局实施的《云南广南—丘北—砚山地区铝土矿整装勘查》项目，对滇东南地区4个片区15个矿区开展了调查评价、普查至勘探不同程度的地质工作，投入资金近1亿元，新增332＋333＋334类别铝土矿资源量2.03亿t，Al_2O_3平均品位44.68%，A/S平均比值为5.91，其中333类以上铝土矿资源量1.06亿t，Al_2O_3平均品位44.55%，A/S平均比值为6.30。若按目前3170元/t的氧化铝价来估算（长江有色金属网，2017年3月31日报价），其潜在价值超过2800亿元。新增资源量不仅为云南文山铝业有限公司已建成并投产的140万t/年氧化铝厂提供了可靠的资源保证，解决了云南省铝工业原料几乎全部依赖进口的困难局面，推动了地方和产业经济发展，同时，也带动了地方就业工作。

第二章　区域地质背景

云南地处冈瓦纳古陆与古欧亚大陆的拼合部位，受地史时期的板块裂离、陆内汇聚、碰撞隆升及大规模走滑、推覆等作用影响，区内各地质构造作用复杂，不仅具有显著的长期性、多期性活动特点，而且表现形式也多种多样，一系列深大断裂及其控制的构造—岩浆—变质带因与成矿作用密切相关，而尤为引人关注。不同级别断裂构造在不同时期有不同的活动方式，对云南地壳发展演化产生了深远影响，并形成了各具特色的构造单元边界，其所形成矿产的矿种、矿床类型、规模和空间展布等也表现出了明显的区带特征，与其所处的地质构造环境紧密相关，成矿作用突显多样性、复杂性及集中性、规模性等特点。

第一节　构造单元划分及其特征

一、构造单元划分

云南的地壳发展、演化经历了古元古代—新元古代青白口纪的基底形成、演化阶段，新元古代南华纪—中三叠世的洋—陆转化阶段和晚三叠世至今的陆内发展演化阶段 3 个重要阶段。成矿作用作为一种特殊地质作用，其总体特点与其附属的地壳演化阶段相对应。三阶段中以洋—陆转化阶段显得尤为重要，对云南地壳发展、演化具有承前启后的作用，该演化阶段留下来的丰富多彩及各具特色的沉积、岩浆、变质建造和构造形迹，是云南省大地构造单元划分研究的基础和依据（图 2-1）。

按照全国大地构造划分方案，云南省大地构造划分为4个Ⅰ级构造单元[冈底斯—喜马拉雅造山系(Ⅸ)、班公湖—双河—怒江—昌宁—孟连对接带（Ⅷ)、羌塘—三江造山系（Ⅶ)、扬子陆块区（Ⅵ)]，10 个Ⅱ级构造单元和 30 个Ⅲ级构造单元（图 2-2），以及若干的Ⅳ级、Ⅴ级构造单元（即岩石构造组合）（表 2-1）。云南铝土矿主要分布区的大地构造位置一级构造单元位于扬子陆块区（Ⅵ)，二级构造单元位于上扬子古陆块（Ⅵ-2），三级构造单元位于富宁—那坡被动陆缘（Ⅵ-2-9）、泸西被动陆缘（Ⅵ-2-8）、滇东被动陆缘（Ⅵ-2-4）、康滇基底断隆（Ⅵ-2-11）和盐源—丽江被动陆缘（Ⅵ-2-13）。

表 2-1　云南省大地构造分区表

一级	二级	三级	四级
Ⅵ扬子陆块区	Ⅵ-2 上扬子古陆块	Ⅵ-2-4 滇东被动陆缘（Pz）	Ⅵ-2-4-1 昭通碳酸盐岩台地（Pz）
			Ⅵ-2-4-2 巧家陆内裂谷（P_{2-3}）
			Ⅵ-2-4-3 曲靖陆表海（Pz）
			Ⅵ-2-4-4 水富拗陷盆地（T−J）
		Ⅵ-2-8 泸西被动陆缘（T）	Ⅵ-2-8-1 罗平外陆棚（T_{1-3}）
			Ⅵ-2-8-2 丘北陆缘斜坡（T_{1-3}）
			Ⅵ-2-8-3 个旧台地（T_{1-3}）
			Ⅵ-2-8-4 瑶山早元古代变质杂岩（Pt_1）
		Ⅵ-2-9 富宁—那坡被动陆缘（Pz）	Ⅵ-2-9-1 砚山断陷盆地（D_1−P）
			Ⅵ-2-9-2 西畴陆棚（Z−P）
			Ⅵ-2-9-3 八布蛇绿岩（P_2）
		Ⅵ-2-10 都龙变质核杂岩（J）	Ⅵ-2-10-1 南秧田核部变质杂岩（Pt_1−Pz）
			Ⅵ-2-10-2 老君山后碰撞—后造山岩浆杂岩（J）
		Ⅵ-2-11 康滇基底断隆（Pt_2）	Ⅵ-2-11-1 滇中元古代陆棚—台地（Pt_{2-3}）
			Ⅵ-2-11-2 华宁陆表海（Nh−P）
			Ⅵ-2-11-3 转龙陆内裂谷（P_{2-3}）
			Ⅵ-2-11-4 禄丰拗陷盆地（T_3−E）

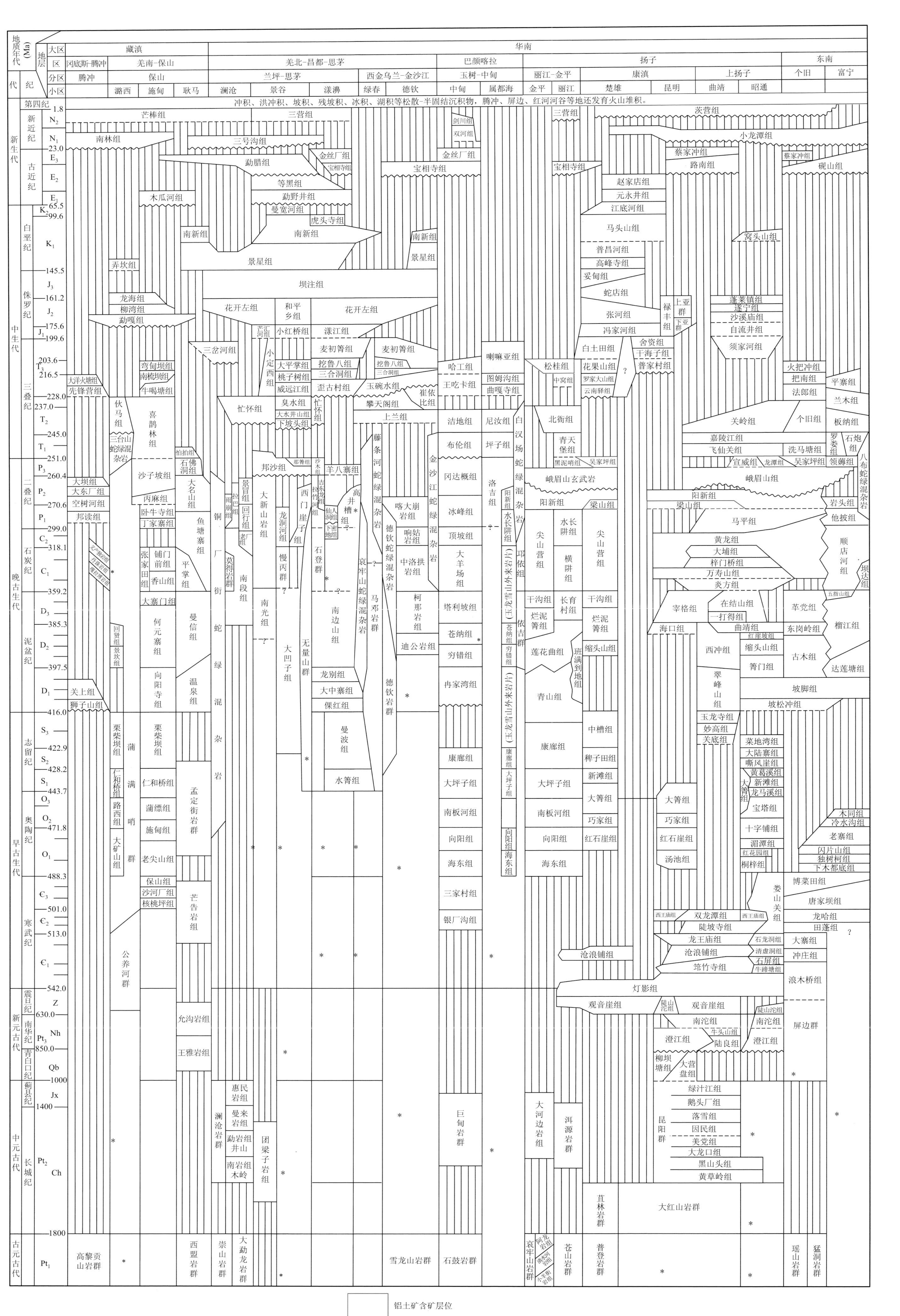

图 2-1　云南省岩石地层单位（据云南省地质矿产局，1996 修编）

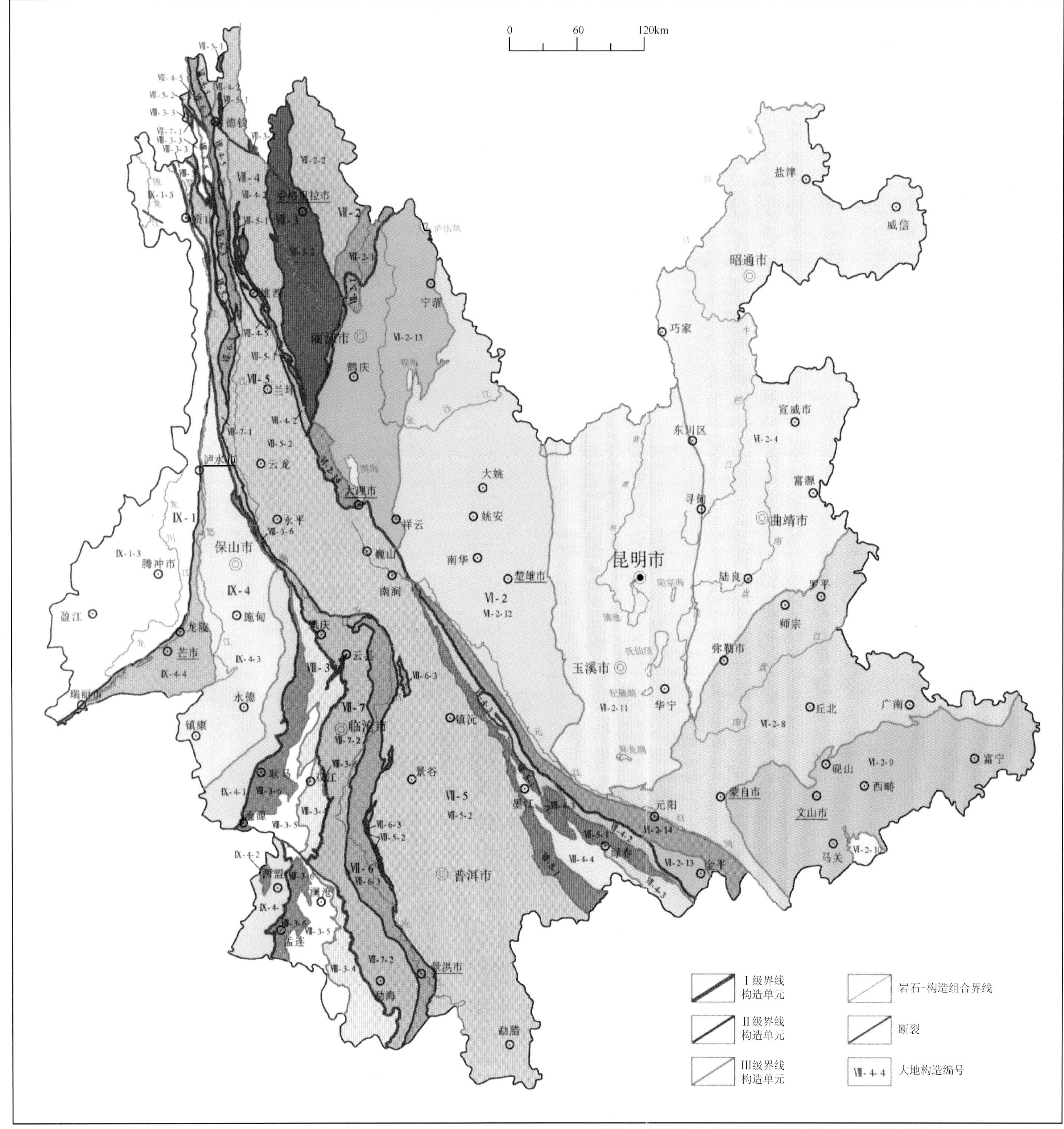

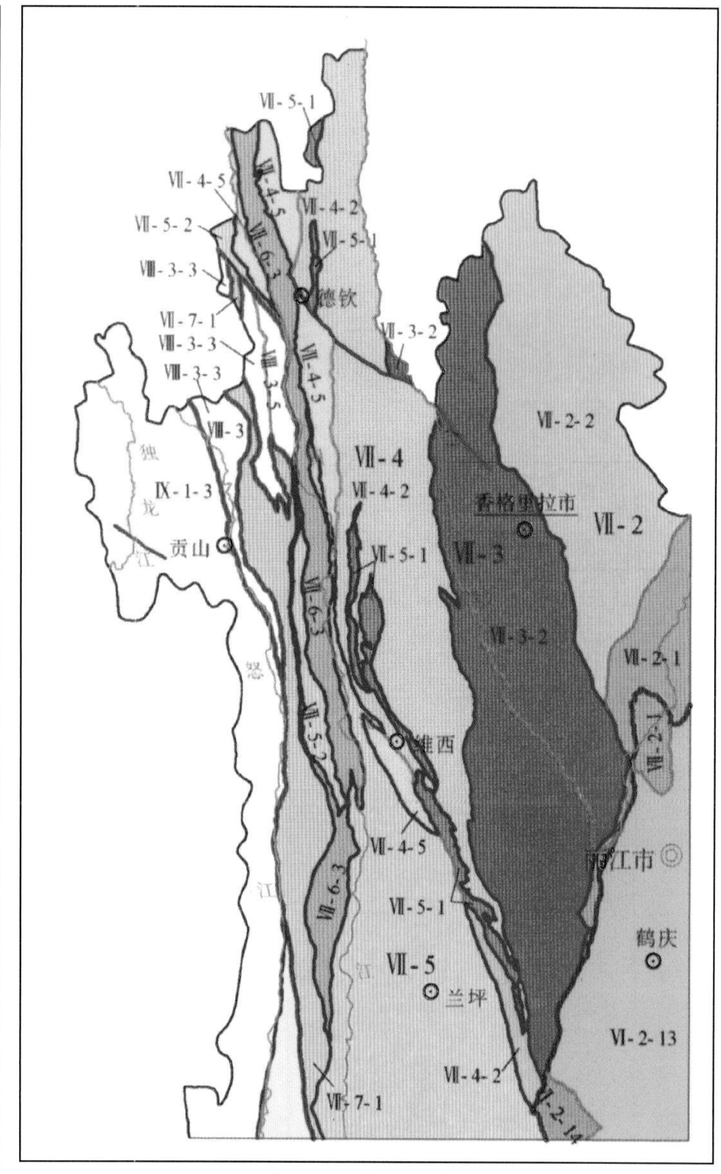

云南“三江”北段大地构造图

云南省大地构造划分表

Ⅰ级	Ⅱ级	Ⅲ级
Ⅵ扬子陆块区	Ⅵ-2上扬子古陆块	Ⅵ-2-4滇东被动陆缘(Pz)
		Ⅵ-2-8泸西被动陆缘(T)
		Ⅵ-2-9富宁-那坡被动陆缘(Pz)
		Ⅵ-2-10都龙变质核杂岩(J)
		Ⅵ-2-11康滇基底断隆带(Pt_2)
		Ⅵ-2-12楚雄陆内盆地(T_3-E)
		Ⅵ-2-13盐源-丽江被动陆缘(Pz_1)
		Ⅵ-2-14哀牢山变质基底杂岩(Pt_1)
Ⅶ羌塘-三江造山系	Ⅶ-2甘孜—理塘弧盆系	Ⅶ-2-1甘孜-石鼓蛇绿混杂岩(P_2-T_1)
		Ⅶ-2-2义敦-沙鲁里岛弧(T_3)
	Ⅶ-3中咱—中甸地块	Ⅶ-3-2中甸地块(T)
	Ⅶ-4西金乌兰湖—金沙江—哀牢山结合带	Ⅶ-4-2金沙江蛇绿混杂岩(C-T)
		Ⅶ-4-3哀牢山蛇绿混杂岩(C-P)
		Ⅶ-4-4墨江被动陆缘(S-P)
		Ⅶ-4-5德钦蛇绿混杂岩(C-P)

Ⅰ级	Ⅱ级	Ⅲ级
Ⅶ羌塘—三江造山系	Ⅶ-5昌都—兰坪—普洱地块	Ⅶ-5-1江达-维西-绿春陆缘弧(P_2-T)
		Ⅶ-5-2昌都-兰坪-普洱地块(S-T)
	Ⅶ-6乌兰乌拉—澜沧江结合带	Ⅶ-6-3澜沧江俯冲增生杂岩(Pt_2-T)
	Ⅶ-7崇山—临沧地块	Ⅶ-7-1碧罗雪山-崇山变质基底杂岩(T-K)
		Ⅶ-7-2临沧岩浆弧(P-T)
Ⅷ班公湖—双湖—怒江—昌宁—孟连对接带	Ⅷ-3班公湖—怒江结合带	Ⅷ-3-3怒江蛇绿混杂岩(Pz_1)
		Ⅷ-3-4双江-西定陆壳残片(Pt_2)
		Ⅷ-3-5澜沧俯冲增生杂岩(C-P)
		Ⅷ-3-6昌宁孟连蛇绿混杂岩(Pz_1)
Ⅸ冈底斯—喜马拉雅造山系	Ⅸ-1冈底斯—察隅弧盆系	Ⅸ-1-3斑戈-腾冲岩浆弧(J-K-Q)
	Ⅸ-4保山地块	Ⅸ-4-1耿马被动陆缘(Pt_3-Pz_1)
		Ⅸ-4-2西盟基底变质杂岩(Pt_1)
		Ⅸ-4-3保山陆表海(∈-T_2)
		Ⅸ-4-4潞西被动陆缘(Z-T_2)

图 2-2 云南省Ⅰ-Ⅲ级构造分区图（据云南省地质调查院，2013）

续表

一级	二级	三级	四级
Ⅵ扬子陆块区	Ⅵ-2 上扬子古陆块	Ⅵ-2-12 楚雄陆内盆地（T_3－E）	Ⅵ-2-12-1 元谋—大红山古裂谷（Pt_2）
			Ⅵ-2-12-2 华坪陆表海（Pz）
			Ⅵ-2-12-3 云南驿断陷盆地（T_3）
			Ⅵ-2-12-4 大姚拗陷盆地（T_3－E）
		Ⅵ-2-13 盐源—丽江被动陆缘（Pz_2）	Ⅵ-2-13-1 金平—海东陆棚（O－P）
			Ⅵ-2-13-2 丽江陆缘裂谷（P_{2-3}）
			Ⅵ-2-13-3 鹤庆台地（T_{2-3}）
			Ⅵ-2-13-4 松桂断陷盆地（T_3）
		Ⅵ-2-14 哀牢山变质基底杂岩（Pt_1）	Ⅵ-2-14-1 点苍山元古代变质杂岩（Pt）
			Ⅵ-2-14-2 哀牢山元古代变质杂岩（Pt）
Ⅶ羌塘—三江造山系	Ⅶ-2 甘孜—理塘弧盆系	Ⅶ-2-1 甘孜—石鼓蛇绿混杂岩（P_2－T_3）	Ⅶ-2-1-1 依吉外来岩块（D—C）
			Ⅶ-2-1-2 白汉场蛇绿（混杂）岩（P—T）
			Ⅶ-2-1-3 玉龙雪山外来岩块亚相（S—P）
		Ⅶ-2-2 义敦—沙鲁里岛弧相（T_3）	Ⅶ-2-2-1 东旺—日丁弧后盆地（T_3）
			Ⅶ-2-2-2 普朗陆缘弧（T_3）
	Ⅶ-3 中咱—中甸地块	Ⅶ-3-2 中甸地块（Pz－T）	Ⅶ-3-2-1 拖顶碳酸盐岩台地（Pz）
			Ⅶ-3-2-2 中甸碳酸盐岩台地（P—T）
			Ⅶ-3-2-3 益站陆内裂谷（P_{2-3}）
			Ⅶ-3-2-4 石鼓中元古代变质杂岩（Pt_2）
			Ⅶ-3-2-5 剑川后造山岩浆杂岩带（E）
	Ⅶ-4 西金乌兰—金沙江—哀牢山结合带	Ⅶ-4-2 金沙江蛇绿混杂岩（C－T）	Ⅶ-4-2-1 金沙江蛇绿（混杂）岩（C—T）
			Ⅶ-4-2-2 塔城洋岛—海山（D—P）
			Ⅶ-4-2-3 鲁甸同碰撞岩浆杂岩（P—T）
			Ⅶ-4-2-4 崔依比碰撞后裂谷盆地（T_3）
			Ⅶ-4-2-5 上兰—藤条河残余盆地（T_2）
	Ⅶ-4 西金乌兰—金沙江—哀牢山结合带	Ⅶ-4-3 哀牢山蛇绿混杂岩（C－P）	Ⅶ-4-3-1 双沟蛇绿岩（C—P）
			Ⅶ-4-3-2 南溪前陆冲断带（Pz）
		Ⅶ-4-4 墨江被动陆缘（S-P）	Ⅶ-4-4-1 碧溪陆棚（D－P）
			Ⅶ-4-4-2 骑马坝陆缘斜坡（S－P）
		Ⅶ-4-5 德钦蛇绿混杂岩相（C－P）	Ⅶ-4-5-1 德钦—雪龙山蛇绿（混杂）岩（C－P）
			Ⅶ-4-5-2 斯农压陷盆地（T_3）
			Ⅶ-4-5-3 雪龙山基底残块（Pt_1）
		Ⅶ-4-1-江达—维西—绿春陆缘弧（P_2－T）	Ⅶ-4-1-1 攀天阁同碰撞火山弧（T_2）
			Ⅶ-4-1-2 太忠火山弧（P）
			Ⅶ-4-1-3 李仙江弧后盆地（P_2）
			Ⅶ-4-1-4 五素陆缘裂谷（C）
			Ⅶ-4-1-5 一碗水压陷（楔顶）盆地（T_3）
Ⅶ羌塘—三江造山系	Ⅶ-5 昌都—兰坪—普洱地块	Ⅶ-5-2 昌都—兰坪—普洱地块（S－T）	Ⅶ-5-2-1 兰坪（陆相）拗陷盆地（J_2—K）
			Ⅶ-5-2-2 北斗压陷（前渊）盆地（T_3）
			Ⅶ-5-2-3 鲁史压陷盆地（T_3）
			Ⅶ-5-2-4 无量山弧后前陆冲断带（P—T）
			Ⅶ-5-2-5 普洱（海陆交互相）拗陷盆地（J_1—K）
			Ⅶ-5-2-6 邦沙陆缘火山弧（P—T）
			Ⅶ-5-2-7 南光陆缘斜坡（D）

续表

一级	二级	三级	四级
Ⅶ羌塘—三江造山系	Ⅶ-5 昌都—兰坪—普洱地块	Ⅶ-5-2 昌都—兰坪—普洱地块（S—T）	Ⅶ-5-2-8 大平掌陆缘裂谷（S—C_2）
			Ⅶ-5-2-9 云仙弧后前陆（楔顶）盆地（T_{2-3}）
	Ⅶ-6 乌兰乌拉澜沧江结合带	Ⅶ-6-3 澜沧江弧陆碰撞带（Pt_2—T）	Ⅶ-6-3-1 吉岔火山弧（P）
			Ⅶ-6-3-2 吉东龙弧后盆地（P）
			Ⅶ-6-3-3 大朝山陆缘火山弧（P—T）
			Ⅶ-6-3-4 景洪基底残块（Pt_2）
			Ⅶ-6-3-5 民乐碰撞后裂谷（J_1）
	Ⅶ-7 崇山—临沧地块	Ⅶ-7-1 碧罗雪山—崇山变质基底杂岩（T—K）	Ⅶ-7-1-1 碧罗雪山同碰撞岩浆杂岩（T—K）
			Ⅶ-7-1-2 崇山古元古代变质杂岩（Pt_1）
		Ⅶ-7-2 临沧岩浆弧（P—T）	Ⅶ-7-2-1 临沧同碰撞岩浆杂岩（P—T）
			Ⅶ-7-2-2 大勐龙基底残块（Pt_1）
Ⅷ班公湖—双湖—怒江—昌宁—孟连—对接带	Ⅷ-3 怒江—昌宁—孟连结合带	Ⅷ-3-3 怒江蛇绿混杂岩（Pz_2）	Ⅷ-3-3-1 普拉底陆缘斜坡（C—P）
			Ⅷ-3-3-2 丙中洛蛇绿（混杂）岩（Pz_2）
		Ⅷ-3-4 双江—西定陆壳残片（Pt_2）	Ⅷ-3-4-1 西定基底残块（Pt_2）
			Ⅷ-3-4-2 粟义兰闪石高压变质带（C—P）
		Ⅷ-3-5 澜沧俯冲增生杂岩（C—P）	Ⅷ-3-5-1 南段陆缘斜坡（C）
			Ⅷ-3-5-2 拉巴无蛇绿岩碎片浊积岩（P）
		Ⅷ-3-6 昌宁—孟连蛇绿混杂岩（Pz_2）	Ⅷ-3-6-1 温泉陆缘斜坡（D）
			Ⅷ-3-6-2 曼信深海平原（D—C）
			Ⅷ-3-6-3 铜厂街—牛井山—孟连蛇绿混杂岩（C）
			Ⅷ-3-6-4 四排山—景信洋岛—海山（D_3—P）
Ⅸ冈底斯—喜马拉雅造山系	Ⅸ-1 冈底斯—察隅弧盆系	Ⅸ-1-3 班戈—腾冲岩浆弧（J—K—Q）	Ⅸ-1-3-1 贡山陆缘斜坡（C）
			Ⅸ-1-3-2 高黎贡山基底残块（Pt_1）
			Ⅸ-1-3-3 泸水俯冲期—同碰撞岩浆杂岩（Pt_2）
			Ⅸ-1-3-4 盈江陆棚（Pz_2）
			Ⅸ-1-3-5 梁河俯冲期—同碰撞岩浆杂岩（T）
			Ⅸ-1-3-6 片马后碰撞岩—后造山浆杂岩（J—K）
			Ⅸ-1-3-7 槟榔江碰撞后裂谷（E）
			Ⅸ-1-3-8 腾冲火山弧（Q）
Ⅸ冈底斯—喜马拉雅造山系	Ⅸ-4 保山地块	Ⅸ-4-1 耿马被动陆缘（Pt_3—Pz_1）	Ⅸ-4-1-1 勐统陆缘斜坡（Pt_3）
			Ⅸ-4-1-2 孟定陆缘斜坡（Є—O）
			Ⅸ-4-1-3 耿马同碰撞岩浆杂岩（T、E）
			Ⅸ-4-1-4 富岩拗陷盆地（J）
		Ⅸ-4-2 西盟变质基底杂岩（Pt_1）	Ⅸ-4-2-1 勐卡元古代变质杂岩（Pt_1）
		Ⅸ-4-3 保山陆表海Є（—T_2）	Ⅸ-4-3-1 施甸陆表海（Є—C）
			Ⅸ-4-3-2 永德陆表海（Є—D）
			Ⅸ-4-3-3 卧牛寺陆内裂谷（P）
			Ⅸ-4-3-4 镇康陆表海（T）
			Ⅸ-4-3-5 等子铺拗陷盆地（J）
		Ⅸ-4-4 潞西被动陆缘（Z—T_2）	Ⅸ-4-4-1 芒海陆缘斜坡（Z—Є）
			Ⅸ-4-4-2 普满哨陆缘斜坡（Pz）
			Ⅸ-4-4-3 三台山蛇绿（混杂）岩（T）
			Ⅸ-4-4-4 平河同碰撞岩浆杂岩（O）
			Ⅸ-4-4-5 德宏陆源碎屑—碳酸盐岩台地

二、构造单元地质特征

（一）冈底斯—喜马拉雅造山系（Ⅸ）

冈底斯—喜马拉雅造山系指怒江—昌宁—孟连结合带以西地区，进一步划分为冈底斯—察隅弧盆系（Ⅸ-1）、保山地块（Ⅸ-2）两个Ⅱ级构造单元。

1. 冈底斯—察隅弧盆系（Ⅸ-1）

冈底斯—察隅弧盆系东以怒江—瑞丽断裂为界，西延入缅甸。区内花岗岩广泛出露，地层记录较为稀缺；第四纪火山岩颇具特色，划为班戈—腾冲岩浆弧（Ⅸ-1-3）。

区内主要出露古元古界高黎贡山岩群、石炭纪陆缘斜坡沉积、晚古生代浅海陆棚沉积、晚三叠世残留海盆沉积、新近纪—第四纪火山—断陷盆地沉积等5套沉积记录。其中，高黎贡山岩群片岩类、片麻岩及变粒岩类岩性组合分布最广，构成本区结晶基底。晚古生代浅海—半深海陆棚沉积含砾岩屑石英砂岩、含砾长石石英杂砂岩、粉砂岩、粉砂质灰岩、变质含砾板岩（冰筏沉积）夹大理岩、变质基性—酸性火山岩组合。产鱼类、腕足类、介形类、腹足类、轮藻、竹节石、苔藓虫及少量䗴、有孔虫、珊瑚、双壳类、腹足类、三叶虫等化石，厚度大于4993m，有喷流沉积型的铅、锌、锰矿产出，大理岩中赋存有小—大型硅灰石矿。晚三叠世残留海盆沉积仅零星出露于同东镇附近，为厚层状灰岩、中厚层状泥质灰岩，粉砂质钙质泥岩、大理岩；产珊瑚、菊石、双壳、有孔虫等化石，厚度大于752m。新近纪—第四纪断陷盆地沉积主要呈北东向—南北向展布，较大的盆地主要有盈江盆地、陇川盆地、项姐盆地、芒东盆地、瑞丽盆地、梁河—腾冲盆地、芒棒盆地、界头街盆地、固东街盆地等，并常常表现为上新世—第四纪的继承性发展、演化；以河流相为主，局部出现滨湖沼泽相的厚度可达几千米碎屑沉积，为云南省新近纪主要含煤层位之一，硅藻土矿床的赋存层位之一。在腾冲市芒棒、五合、团田、香柏河、龙陵县龙江、梁河县蔺家寨等地可见厚逾百米的玄武岩、熔结凝灰岩，熔结角砾凝灰岩等，是腾冲新生代火山岩中最早的喷发物。第四纪火山盆地沉积，主要集中分布于腾冲盆地、芒棒盆地，另外在古永—芒章—关上一线、下甲—五岔路一带，为一套中性—基性—中酸性岩类组合。

区内侵入岩十分发育，主要分属古元古代、三叠纪、侏罗纪—早白垩世、晚白垩世4个地史时期，以花岗岩类为主。

（1）古元古代花岗岩，主要岩性为片麻状二长花岗岩、花岗闪长岩、英云闪长岩、石英闪长岩、闪长岩等，总体上显示其源区以壳源物质为主，形成于火山弧花岗岩区—同碰撞花岗岩区，具有地壳演化早期常见的TTG岩系的演化特征。按张旗等（2006）的Sr-Yb花岗岩分类，主要属常见的低Sr高Yb花岗岩类，其源区可能涉及软流圈地幔+消减组分、大陆下岩石圈地幔、造山带、极度亏损放射成因铅的下地壳基性麻粒岩等组分。

（2）二叠纪板内花岗岩，主要为花岗斑岩。岩体侵入到空树河组中，被早白垩世花岗岩切穿，获Rb-Sr全岩等时线年龄269.91Ma。本期花岗岩具有“高硅、富碱、铝过饱和”的特征，属典型的过铝花岗岩；地球化学特征显示了板内花岗岩的特点。

（3）三叠纪俯冲—同碰撞岩浆杂岩，由西向东依次可划分为支那—盈江花岗岩带、梁河—户撒花岗岩带、勐养—南京里花岗岩带，其间常为规模较大的韧性剪切带所分隔。本期花岗岩总体上也具有“高硅、富碱、铝过饱和”的特征，类似于Barbarin（1996）分类中的含堇青石过铝花岗岩（CPG），属于火山弧、同碰撞、碰撞后花岗岩区。近年来许志琴等（2008）在梁河、芒东一带的三叠纪花岗岩中获得的锆石LA-ICP-MS年龄为206Ma、209Ma、219Ma，与昌宁—孟连洋盆闭合时间相比略有滞后。矿化主要为离子吸附型的稀土元素矿床。

（4）侏罗纪—早白垩世后碰撞岩浆杂岩，主要岩性为花岗闪长岩—二长花岗岩，全岩Rb-Sr、U-Pb同位素年龄为160～110.7Ma。花岗岩的地球化学特征较为复杂，属碰撞造山之后的应力调整阶段，岩浆的形成可能与俯冲板片的断离引起的拆沉作用相关，后碰撞阶段深部壳—幔物质相互作用的产物。矿化主要有晚侏罗世—早白垩世的铁、铅、锌等。

（5）晚白垩世后造山岩浆杂岩，主要岩性为中细粒黑云二长花岗岩、似斑状黑云二长花岗岩，全岩Rb-Sr同位素年龄多为86～71Ma（李静，2008），花岗岩的岩石化学成分变化不大，总体上具有“高硅、富碱、过铝、低钙、低镁”的特点，属于经过侏罗纪—早白垩世的应力调整，在晚白垩世区域地壳演化进入造山带山根的伸展、塌陷时期的产物。相关的矿化主要有与本期花岗岩有关的钨、锡等。

（6）古近纪碰撞后裂谷岩浆杂岩，主要岩石类型为二长花岗岩、正长花岗岩、花岗斑岩，且具有“高硅、富碱、过铝、低钙、低镁”的特点，总体上与晚白垩世的花岗岩较为类似。花岗岩年龄为66～41Ma；代表了挤压作用主期、松弛期、快速伸展塌陷期的时限。此期花岗岩主要与钨、锡矿化作用相关。

区内构造是多期构造活动的最终产物，构造线呈北东向—南北向的弧形变化，其东部边界怒江—瑞丽断裂带就是一条区域性的南北向弧形断裂带。从侏罗纪—白垩纪花岗岩的分布明显受构造控制来看，这些构造在晚三叠世的印支运动中就已形成；又从新近纪—第四纪的盆地形成以及第四纪火山岩的喷发均受区域构造线的控制来看，这些构造在新近纪—第四纪地史时期仍有较为强烈的活动。此外，在高黎贡山岩群、古元古代花岗岩中保留了大量中深层次韧性变形的构造行迹；晚古生代沉积物中保留了一些中浅层次脆—韧性变形的构造行迹；侏罗纪—白垩纪的花岗岩中主要保留了一些脆性变形的构造形迹。

2. 保山地块（Ⅸ-4）

保山地块位于高黎贡山—瑞丽断裂带以东、怒江—孟连结合带以西、碧福桥以南地区。含耿马被动陆缘（Ⅸ-4-1）、西盟变质基底杂岩（Ⅸ-4-2）、保山陆表海（Ⅸ-4-3）、潞西被动陆缘（Ⅸ-4-4）4个Ⅲ级单元。

古元古代西盟岩群构成该区结晶基底岩系。之上变质不整合覆盖的新元古界王雅岩组、允沟岩组及早古生界芒告岩组、孟定街岩群，属被动大陆边缘的斜坡相沉积。保山一带的震旦系—下、中寒武统公养河群，潞西的寒武系—奥陶系蒲满哨群为被动大陆边缘的斜坡相沉积，上寒武统—中、上三叠统均为一套陆表海或陆源碎屑岩—碳酸盐岩台地沉积。施甸地区和镇康地区早二叠世丁家寨组中的冷水动物群、冰筏沉积的存在，显示其与冈瓦纳大陆的密切关系；而早二叠世晚期卧牛寺组裂谷型玄武岩的喷发，明显是其与冈瓦纳大陆裂解的记录。至早三叠世，该区三台山一带发育有一小洋盆，沉积了一套含蛇绿岩的浊积岩组合。南部富岩一带，侏罗纪时大面积拗陷，形成富岩拗陷盆地；北部勐统一带，在上新世—更新世形成了南北向断陷盆地。

蒲满哨群中夹基性、酸性火山岩系，龙陵县杨广寨铅锌多金属矿就产于该套火山岩中。因此，保山地块上的晚寒武世火山岩可能是区内许多铅锌矿化的重要矿源层。

侵入岩主要分属奥陶纪、二叠纪、三叠纪、侏罗纪、晚白垩世、古近纪、新近纪7个地史时期。

奥陶纪侵入岩属同碰撞过铝花岗岩组合，以平河岩体为代表，属于区域上泛非造山运动在外围地区形成的同碰撞黑云二长花岗岩类组合。

二叠纪侵入岩分布于保山镇康一带，为陆内裂谷拉斑玄武岩系列的基性—超基性岩组合，规模较小，但常成群、成带分布，岩性以辉绿岩为主，少量辉长岩、辉橄岩、橄榄玢岩，风化残坡积层中赋存有大型的钛砂矿；雪蒙山岩体中具铜、镍矿化现象。

三叠纪侵入岩中规模较大的有中—晚三叠世的耿马大山花岗岩体、云岭岩体等，与大量的小岩体构成一条北起昌宁、经云岭、耿马大山，南至勐马镇的花岗闪长岩—二长花岗岩带，显示了火山弧花岗岩、板内花岗岩、地幔分异花岗岩的特点。保山一带三叠纪侵入岩为板内碱性—过碱性花岗岩组合，以木厂岩体为代表，有铌、钽矿化现象。潞西地区还分布有三叠纪三台山蛇绿混杂岩，由基质三叠纪含基性火山岩、碳酸盐岩复理石建造，10个超基性岩片、1个巨大的奥陶纪花岗岩岩块、大致同一时代的台地碳酸盐岩片外来岩块组成。超基性岩片风化壳型中产有硅酸镍矿床。

侏罗纪侵入岩广泛分布于核桃坪、沙河厂、芦子园等矿区，主要岩石类型有辉绿岩、辉长岩、石英闪长岩、花岗斑岩等，属后碰撞环境的岩石构造组合，产出铅—锌—铁—铜多金属矿床。潞西地区以蚌渺岩体为代表的出露岩体，属后碰撞高钾钙碱性花岗岩组合，为高Sr低Yb花岗岩类。

晚白垩世花岗岩主要有柯街岩体、新街岩体，潞西地区也有少量分布，属于区域性的伸展背景下形成的黑云母花岗岩、二长花岗岩类，具有高硅、富碱、富铝、贫镁铁的特点。围岩蚀变有矽卡岩化、大理岩化、硅化、角岩化和黄铁矿化，少量褐铁矿化、电气石化，局部出现云英岩化等。

古近纪始新世花岗岩集中分布于耿马大山南端及南腊一带，构成东、西两个岩带，呈大小不等的岩株、岩瘤、岩脉、岩枝状产出，部分地段集中集聚出露，属火山弧较为常见的低 Sr 高 Yb 花岗岩类。在潞西地区有属陆内俯冲—同碰撞—碰撞后裂谷二长花岗岩类组合岩体出露，其中有少量含铍—铌—钽的花岗伟晶岩脉。

西盟地区的新近纪花岗伟晶岩—黑云母花岗岩与锡矿化关系密切（王蔚等，2016）。

（二）班公湖—双河—怒江—昌宁—孟连对接带（Ⅷ）

班公湖—双河—怒江—昌宁—孟连对接带（Ⅷ）进一步划分为怒江蛇绿混杂岩（Ⅷ-3-3）、双江—西定陆壳残片（Ⅷ-3-4）、澜沧俯冲增生杂岩（Ⅷ-3-5）、昌宁—孟连蛇绿混杂岩（Ⅷ-3-6）。

1. 怒江蛇绿混杂岩（Ⅷ-3-3）

怒江蛇绿混杂岩位于滇西北贡山县一带，是区域上昌宁—孟连蛇绿混杂岩的北西自然延伸，后期构造改造被肢解。其与西藏境内的石炭纪—二叠纪荣中岩组相当，为一套遭受高压绿片岩相变质的含基性火山岩的远洋细碎屑沉积，并混杂了一些台地碳酸盐岩岩片、基性岩岩片、奥陶纪花岗岩岩片等。

2. 双江-西定陆壳残片（Ⅷ-3-4）

双江-西定陆壳残片主要由中元古代澜沧岩群组成，其原岩为一套经历了多期变形—变质作用改造、含火山岩的陆缘斜坡沉积；其为中元古代以来哥伦比亚超大陆裂解，经历了早期的高压绿片岩相变质，上部层位卷入了二叠纪以来与古特提斯洋俯冲消减作用相关的蓝片岩相变质残片。其中赋存有惠民式铁矿。

3. 澜沧俯冲增生杂岩（Ⅷ-3-5）

澜沧俯冲增生杂岩主要由泥盆系—石炭系南段组被动—主动大陆边缘的复理石建造、二叠纪海沟环境下沉积的拉巴组，以及石炭系老厂组，二叠系回行组、景冒组等洋内弧环境的海山—台地碳酸盐岩建造组合构成，前者并卷入了二叠纪以来与古特提斯洋俯冲消减作用相关的高压绿片岩相—蓝片岩相的变质。这一岩石构造组合构成了俯冲增生杂岩的主体，其中赋存的老厂式铅锌银矿属典型的火山喷流—沉积矿床。

4. 昌宁-孟连蛇绿混杂岩（Ⅷ-3-6）

昌宁-孟连蛇绿混杂岩主要由铜厂街蛇绿岩，泥盆系温泉组、曼信组，石炭系平掌组，二叠系鱼塘寨组、大明山组、石佛洞组，三叠系怕拍组组成。

铜厂街蛇绿岩代表了古特提斯洋盆洋中脊—洋盆环境的岩石构造组合，基质以强烈变形的远洋细碎屑岩、洋底拉斑玄武岩为主，岩片有经历洋底变质作用的镁铁质堆晶岩片、变质橄榄岩岩片、外来基底岩性岩片等。

温泉组、曼信组为被动陆缘斜坡—盆地边缘的沉积记录；平掌组为典型的洋岛拉斑玄武岩（王蔚等，2016）。

（三）羌塘—三江造山系（Ⅶ）

羌塘—三江造山系位于扬子陆块区与班公湖—双湖—怒江—昌宁—孟连对接带之间，进一步划分为 6 个Ⅱ级构造单元、12 个Ⅲ级构造单元。

1. 甘孜—理塘弧盆系（Ⅶ-2）

甘孜—理塘弧盆系由甘孜—石鼓蛇绿混杂岩（Ⅶ-2-1）、义敦—沙鲁里岛弧（Ⅶ-2-2）组成。

蛇绿混杂岩的基质由薄层状粉砂岩、板岩、薄层状泥晶灰岩和少量玄武岩组成，为次深海盆沉积。构造块体包括石炭纪玄武岩岩片和辉绿辉长岩岩片等，泥盆纪碳酸盐岩滑覆岩片及时代不明的超基性岩岩片、辉长辉绿岩岩片、火山碎屑岩岩片等，在早石炭世已经初具规模，二叠纪为鼎盛时期，早三叠世发生构造混杂。沿该蛇绿混杂岩的西部边缘洛吉—瓦厂等多地发现有蓝闪石、3T 型多硅白云母等低温—高压特征矿物，暗示了俯冲、消减作用的存在。

与之配套的岛弧由二叠系洛吉组，三叠系坪子组、尼汝组、曲嘎寺组、图姆沟组、喇嘛亚组组成。其中，二叠系洛吉组属陆缘裂谷火山岩组合，三叠系是一套火山弧及弧间盆地火山—沉积建造组合。上部喇嘛亚组浅水含煤建造的出现，说明此时该裂谷盆地已封闭成陆。

侵入岩主要有中—晚三叠世的石英闪长玢（斑）岩组合、晚白垩世的二长花岗岩组合，另有少量的三叠纪基性—超基性岩组合，发生了大规模的斑岩—矽卡岩—大脉型铜多金属成矿作用。

晚白垩世的二长花岗岩属后造山环境的过碱性—钙碱性花岗岩组合，具有“高硅、高铝、富碱”的地球化学特征，主要分布于休瓦促、日丁等地，是“休瓦促式”铜钼矿的主要载体。

2. 中咱—中甸地块（Ⅶ-3）

中咱—中甸地块由古元古代石鼓岩群中深变质岩系组成结晶基底，以金沙江断裂带为界与金沙江蛇绿混杂岩相邻，出露长度72km、宽1～12km，其上被古近纪宝相寺组不整合覆盖，是Rodinia超大陆裂解事件过程中从扬子陆块区裂解出来的碎片。中元古代巨甸岩群覆于石鼓岩群之上，由一套绿片岩相变质岩构成褶皱基底，与上扬子陆块区中元古代昆阳群、大红山岩群等相似，也是在Rodinia超大陆裂解事件中从扬子陆块区裂解出来的碎片。

寒武纪—石炭纪发育了次深海浊积岩建造，是该地块的盖层沉积；志留纪—石炭纪为浅海陆棚碳酸盐岩台地环境的沉积建造组合。

二叠系冰峰组、冈达概组为陆内裂谷环境的火山岩—陆源碎屑岩—碳酸盐岩组合，主要岩性为玄武岩、安山岩夹粉砂质板岩、凝灰岩、灰岩、变质砂岩，显示出是一套受裂谷环境控制的火山—沉积建造序列。

三叠系布伦组、洁地组、王吃卡组、哈工组是一套陆棚碳酸盐岩台地沉积，为金沙江洋盆俯冲消亡之后的残留海盆沉积。

3. 西金乌兰湖—金沙江—哀牢山结合带（Ⅶ-4）

西金乌兰湖—金沙江—哀牢山结合带又划分为金沙江蛇绿混杂岩（Ⅶ-4-2）、哀牢山蛇绿混杂岩（Ⅶ-4-3）、德钦蛇绿混杂岩相（Ⅶ-4-5）、墨江被动陆缘（Ⅶ-4-4）、江达—维西—绿春陆缘弧（Ⅶ-4-1）；总体由西侧为德钦—双沟洋盆，东侧为金沙江—藤条河洋盆，中部为上述两洋盆相向俯冲形成的共用岩浆弧三部分组成。

德钦—双沟（西侧）蛇绿混杂岩：基质为一套含绿片岩的远洋细碎屑岩、变质砂岩，岩石强烈变形，并遭受了高压绿片岩相的变质作用，相当于前人划分的新元古界德钦岩群下岩段，其中的绿片岩表现为低钾、中钛洋脊—洋底拉斑玄武岩的地球化学特点。岩块中包括22个规模不等的基性—超基性岩岩片，多数具有变质橄榄岩的地球化学特征。由于后期构造的强烈改造及花岗岩的吞噬，在德钦以北，其呈孤岛状分布于中—晚三叠世的花岗岩中，在维西县雪龙山一带与古元古界结晶基底共同构成长条状的北西向构造透镜体。南部新平县双沟等地为绿片岩、变基性火山岩、硅泥质岩，夹大量的辉长岩岩片、蛇纹岩岩片，相对保留完整，辉长岩岩片中发育有良好的火成堆积层理。

金沙江—哀牢山（东侧）蛇绿混杂岩：北部包括西渠河岩组、嘎金雪山蛇绿混杂岩、额啊钦岩组、奔子栏岩组，并将喀大崩岩组、响姑岩组、申洛贡岩组，以及属洋内弧的玄武岩—流纹岩、凝灰质浊积岩系组成的三叠系人支雪山组也并入其中，亦有超基性岩岩片、堆晶辉长岩岩片、辉长辉绿岩岩片、枕状熔岩岩片等混入。其发育羊拉洋内弧，羊拉铜矿就是产于洋内弧火山岩中的VMS型矿床，并在后期的花岗岩侵入过程进一步改造、富集成矿。近年来在东竹林堆晶辉长岩中获得了锆石年龄354Ma（王冬兵等，2012）。南部哀牢山主体部分为一套浅变质和强变形的含绿片岩、变基性火山岩的硅泥质—泥质—粉砂质岩系，夹大量的辉长岩岩片、蛇纹岩岩片。董云鹏等（2000）认为景东附近的蛇绿混杂岩中的变基性火山岩属富集型洋中脊玄武岩。沈上越等（1998）认为其中的变质橄榄岩主要由二辉橄榄岩和方辉橄榄岩组成，前者具有原始地幔岩特征，后者具有亏损（残留）地幔岩特征。超基性岩中有大型的风化型镍矿，蛇绿混杂岩中赋存剪切带型金矿。

江达—维西—绿春（墨江）陆缘弧，西侧由志留系水箐组、漫波组，泥盆系大中寨组、龙别组构成，为半深海硅泥质浊积岩组合，双沟洋盆很可能就是这一被动陆缘持续拉张的结果。其中，以大量出露中—晚三叠世的花岗岩为特点。东侧以志留纪—石炭纪的马邓岩群为代表，是一套斜坡—盆地边缘相的陆缘碎屑沉积建造，该套地层发生了强烈的剪切变形，并伴有高压绿片岩相的变质；中三叠统上兰组、攀天阁组分别为残余海盆和同碰撞火山沉积盆地，上三叠统玉碗水组属山前磨拉石建造。其中的侵入岩多显示了火山弧花岗岩的特点，喷出岩是洋盆关闭后弧—弧碰撞的产物。

4. 昌都—兰坪—普洱地块（Ⅶ-5）

昌都—兰坪—普洱地块北东侧以阿墨江断裂与维西—绿春活动陆缘分界，南西侧以吉岔断裂带、忙怀—酒房断裂带与澜沧江活动陆中缘相邻。区内沉积了巨厚的晚三叠世—古近纪红色陆源碎屑沉积；下伏出露较为零星的中—下三叠统、二叠系、石炭系、泥盆系、志留系等，多具有弧后火山—陆源碎屑盆地沉积特点。以无量山断裂带、中轴断裂带为界，将盆地一分为二，沿断裂有低温热液蚀变。区内勐野井组是云南石盐、钾盐的主要产出层位；南新组和虎头寺组是滇南砂岩型铜矿的产出层位。

5. 乌兰乌拉—澜沧江结合带（Ⅶ-6）

乌兰乌拉—澜沧江结合带大致呈南北向S状延伸，由基底残块、弧后盆地、岩浆弧、火山弧、后碰撞—后造山裂谷盆地等组成，是澜沧江断裂带向东仰冲、兰坪—普洱地块向西俯冲形成的一个结构十分复杂的构造单元，局部可能发育深水盆地或小洋盆。

基底残块以团梁子岩组为代表，沿澜沧江断裂带以东、酒房—忙怀断裂以西之间广泛出露，主要岩性为一套绿片岩系，锆石年龄1671～1630Ma（李静，2013），是三江多岛洋的褶皱基底。

弧后盆地沉积以二叠系吉东龙组、沙木组为代表，分布于德钦县吉东龙、沙木和维西县康普等地，是一套火山碎屑浊积岩夹中基性火山岩的活动陆缘沉积。

火山弧以中三叠统忙怀组为代表，见于贡山县利沙底东侧及碧罗雪山及云县漫湾及忙怀等地，是一套以流纹岩为主的碰撞型火山岩。云县傈树、澜沧县谦六、景洪市戛栋等地分布有上三叠统小定西组、下侏罗统忙汇河组组成的一套后碰撞—后造山裂谷环境的基性—酸性火山岩组合。

岩浆弧以澜沧江构造岩浆岩带的二叠纪高镁闪长岩—辉长岩—橄榄岩组合为代表，著名岩体包括吉岔岩体、半坡岩体、南林山岩体、怕冷岩体、旧街岩体、大谷地岩体等。张旗等（1988）学者认为可能属“阿拉斯加”型岩体，并称为橄榄岩—闪长岩型杂岩体。

6. 崇山—临沧地块（Ⅶ-7）

崇山—临沧地块指澜沧江断裂带以西、双江—西定陆壳残片以东的地区，以大面积出露二叠纪—三叠纪花岗岩、中元古界澜沧岩群、古元古界大勐龙岩群和崇山岩群为特征。由于后期构造肢解，可分为北部的崇山地块，南部的临沧地块，二者最近处相距约16km。

崇山岩群分布于贡山县嘎拉博、福贡县子里甲、云龙县漕涧、三崇山等地，两侧为断层所夹持，是一套变质强度达角闪岩相的中深变质岩系，其中的古元古代花岗岩多显示明显的片麻状构造。大勐龙岩群多以捕虏体的形式散布于临沧花岗岩基中，为一套角闪岩相的区域变质岩，其中的古元古代花岗岩多显示明显的片麻状构造，并与副变质岩一同经历了变形—变质作用改造。澜沧岩群分布于临沧花岗岩基南端，为一套高绿片岩相、高压绿片岩相的区域变质岩系。

侵入岩属碧罗雪山—临沧同碰撞构造岩浆岩带，主要发育二叠纪—三叠纪的俯冲—同碰撞花岗岩组合；另有少量古元古代和奥陶纪的片麻状花岗岩类（王蔚等，2016）。

（四）扬子陆块区（Ⅵ）

扬子陆块区含8个Ⅲ级构造单元。

1. 滇东被动陆缘（Ⅵ-2-4）

滇东被动陆缘位于云南省东部，被小江断裂带与弥勒—师宗断裂带所围限。北侧进入四川，向东延入贵州，其范围涉及昭通和曲靖地区。其呈近南北向展布，是一个在中、新元古代褶皱基底上长期发育的陆表海沉积，局部出现晚三叠世—白垩纪的红色盆地沉积。其中，二叠纪峨眉山玄武岩浆的广泛喷发显示了这一时期地壳的裂解作用，在小江断裂带东、西两侧厚度变化明显，由数百米至 1900m 以上。玄武岩具有明显的“高钛、低镁、低铝”的特点，属大陆溢流玄武岩区，或地幔柱玄武岩。

构造单元内，在石炭二叠纪陆表海沉积间断面上的梁山组产有沉积铝土矿床。

2. 泸西被动陆缘（Ⅵ-2-8）

泸西被动陆缘位于个旧、开远、泸西、罗平、河口等地，大致由弥勒—师宗断裂带、红河断裂带、滇东南逆冲推覆构造所围限。其由一套三叠纪浅海陆棚碳酸盐岩台地沉积（西部）、被动陆缘环境的半深海陆坡—陆隆沉积（东部）组成，西南角出露少量古元古界瑶山岩群结晶基底。二叠纪峨眉山玄武岩广泛发育，其出露区域大致可分为红河—建水—弥勒、丘北、文山 3 个片区。

区内侵入岩以个旧复式岩体为代表，主要分属侏罗纪—早白垩世、晚白垩世两个地史时期。早期为后碰撞环境的岩石构造组合，岩石类型多样，基性岩、酸性岩均有，以个旧贾沙岩体、龙岔河岩体为代表。主要岩石类型为辉长岩，由于后期花岗岩的侵入、同化混染强烈，具有明显的“富铝、富碱、低钛、低镁”的特点。全岩 Rb-Sr 同位素年龄为（147±3）Ma（李静，2012），晚期为后造山环境的岩石构造组合，且多与侏罗纪—早白垩世花岗岩呈同心环带状、偏心环带状分布，规模明显较前者小。主要岩性为二长花岗岩—正长花岗岩、霞石正长岩等，具有高硅、富碱特征，属钾质富碱花岗岩。

构造单元内，在二叠纪浅海陆棚碳酸盐岩台地沉积间断面上的龙潭组或吴家坪组产有沉积铝土矿床。

3. 富宁—那坡被动陆缘（Ⅵ-2-19）

富宁—那坡被动陆缘位于滇东南之屏边、河口、文山、马关、西畴、砚山、广南、富宁等地，相当于滇东南逆冲推覆构造与屏边断裂所围限地区，由一套被动陆缘环境的次深海陆坡—陆隆、浅海陆棚陆源碎屑岩—碳酸盐岩台地、碳酸盐岩台地为主的沉积组成，东侧还发育陆缘裂谷深水沉积和局部的残余海盆沉积。

区内普遍发育二叠纪峨眉山玄武岩。

构造单元内，在二叠纪浅海陆棚碳酸盐岩台地沉积间断面上的吴家坪组产有沉积铝土矿床。

4. 都龙变质核杂岩（Ⅵ-2-10）

都龙变质核杂岩出露于滇东南马关县都龙南秧田一带，由古元古界猛洞岩群一套变质程度达低角闪岩相的变质岩围岩，以及出露于中心的正片麻岩—南捞片麻岩组成。其片麻理、片理呈环状分布，该变质核杂岩的形成与强烈的剪切变形有关。

5. 康滇基底断隆带（Ⅵ-2-11）

康滇基底断隆带也称“康滇古陆”或“康滇地轴”，分布于小江断裂带与元谋—绿汁江断裂带之间，以大面积发育中元古界昆阳群、新元古界浅变质基底岩系为特点，赋存有丰富的铁、铜矿产资源。部分地区在显生宙以来形成局部拗陷盆地、断陷盆地，保留了相应的沉积物。

区内二叠纪峨眉山玄武岩主要集中出露于转龙陆内裂谷内，其岩石组合、岩石地球化学特征与滇东被动陆缘较为类似。

岩浆侵入作用强烈，主要有青白口纪岛弧钙碱性系列的基性—超基性岩组合、同碰撞的花岗闪长岩—花岗岩组合。前一种组合在东川、峨山等地广泛出露，与铁、铜、金等矿化作用关系密切；后一种组合仅在峨山一带见及。南华纪—震旦纪陆内裂谷双峰式侵入岩组合分布广泛，岩石组合有碱性基性—超基性岩—基性岩、闪长岩—英云闪长岩—二长花岗岩—碱长花岗岩组合，具有典型的板内裂谷双峰式侵入岩特点。典型的岩体有元江牛尾巴冲岩体、晋宁九道湾岩体、马官营碱长花岗岩体、鸡街碱性基性—超基性岩体、峨山玉河寨基性—超碱性杂岩体、元江阿不都超基性—基性岩体群以及大量规模不等的辉绿岩、辉长岩岩墙、岩脉、岩株等。在九道湾岩体中有钨、锡矿化，牛尾巴冲岩体中有铅、金矿化。

构造单元内，在局部拗陷盆地、断陷盆地的石炭二叠纪湖沼相的梁山组和海陆交互相的宣威组产有沉积铝土矿床。

6. 楚雄陆内盆地（Ⅵ-2-12）

楚雄陆内盆地位于华坪、永仁、元谋、大姚、牟定、南华、楚雄、双柏、新平等地区，大致为绿汁江断裂带与程海—宾川断裂带围限区块。扬子陆块的结晶基底、褶皱基底形成后长期处于剥蚀状态，直到晚三叠世全区才开始大规模拗陷，发育了大面积的沉积厚度逾万米的大姚红色拗陷盆地。

元谋—大红山古裂谷，分布于楚雄陆内盆地之东部边缘，是在古元古代普登岩群基底之上发育的古裂谷，总的沉积层序为陆相石英砂岩。海相陆源细碎屑岩。火山岩、碳酸盐岩，明显是一套陆内裂谷环境的沉积，为与铁、铜矿化关系较为密切的一个层位。云南驿断陷盆地，发育于晚三叠世卡尼期的夭折裂谷，进入诺利期很快转变为滨海沼泽含煤沉积（花果山组），是滇西地区褐煤的主要层位。

岩浆侵入活动强烈。古元古代侵入于普登岩群中的片麻状花岗岩属较为典型的 TTG 岩系，其中赋存有离子吸附型的稀土元素矿床；青白口纪基性—超基性岩组合属岛弧钙碱性系列的基性—超基性岩组合，赋存有丰富的铁、铜矿，以冷水箐岩体最为典型；新平县大红山地区的红山组也有学者认为属 900Ma 左右侵位的次火山岩体；南华纪的陆内裂谷双峰式侵入岩组合分布广泛，典型岩体包括物茂花岗岩。晚古生代的“异源”双峰式侵入岩组合分布广泛：酸性端元主要出露于元谋金沙滩、成街一带，为花岗岩—二长花岗岩—花岗斑岩；基性—超基性端元分布广泛，著名的有元谋朱布和弥渡金宝山岩体等，赋存有铜、镍、铂、钯等矿床。

7. 盐源—丽江被动陆缘（Ⅵ-2-13）

盐源—丽江被动陆缘由奥陶系—三叠系组成，东以程海断裂带与楚雄陆内盆地分界，西以三江口—白汉场断裂为界与羌塘—三江多岛洋为邻。由于后期构造破坏，呈现南北两段分布：北部为主体，呈近南北向之长条状见于丽江、鹤庆、洱源、大理、永胜、弥渡一带；南段出露于金平县一带。

二叠纪峨眉山玄武岩分布广泛，其中伴生有少量的碱性火山岩，与滇东北地区峨眉山玄武岩类似。

岩浆侵入作用十分强烈，主要有南华纪的双峰式侵入岩组合、二叠纪的陆内裂谷型基性—超基性—碱性岩组合；金平发育有二叠纪—三叠纪（高）镁闪长岩组合，侏罗纪—早白垩世与拆沉作用相关的后碰撞闪长岩—二长花岗岩组合；并有少量古近纪与陆内碰撞作用相关的花岗岩—花岗斑岩组合。

构造单元内，在三叠纪浅海碳酸盐岩台地沉积间断面上的中窝组产有沉积铝土矿床。

8. 哀牢山变质基底杂岩（Ⅵ-2-14）

哀牢山变质基底杂岩为哀牢山断裂带和红河断裂带所限定，分布于点苍山山脉、哀牢山山脉一带，呈北西向长条状展布，由点苍山变质基底杂岩（Ⅵ-2-14-1）、哀牢山变质基底杂岩（Ⅵ-2-14-2）构成。点苍山变质基底杂岩由古元古界中—深变质杂岩苍山岩群与中元古界浅变质岩系洱源岩群组成。前者构成上扬子古陆块的结晶基底，洱源岩群构成其褶皱基底；哀牢山变质基底杂岩是一套变质程度达角闪岩相的中深变质岩系，是扬子古陆块的结晶基底。在印支期—喜马拉雅期的陆内造山过程中，这些结晶基底、褶皱基底岩系再次遭受了强烈的构造改造，造成了复杂的面理置换、褶皱叠加现象。

岩浆侵入作用十分强烈：出露于金平县阿德博一带的古元古代花岗岩类具有较为典型的 TTG 岩系的特点，并赋存有离子吸附型的稀土元素矿床；苍山一带古元古代片麻状花岗岩，有向过铝花岗岩演化的趋势。青白口纪的岛弧钙碱性系列的基性—超基性岩组合也较为发育：在苍山陆家村一带发育变辉绿岩、变辉长岩、斜长角闪片岩、角闪岩、橄辉岩等；在金平棉花地一带为层状的斜长角闪片岩、角闪岩、辉石岩，并有磁铁矿赋存其中。中—晚三叠世的过铝花岗岩分布较为零星，属古特提斯洋盆闭合后陆—陆碰撞作用的产物。在哀牢山地区分布有大量的侏罗纪—早白垩世的花岗闪长岩、二长花岗岩，属后碰撞高钾钙碱性花岗岩组合（王蔚等，2016）。

第二节　岩相古地理特征

岩相古地理环境对沉积型铝土矿的形成具有重要的控制作用。云南沉积型铝土矿主要形成于中二叠世梁山期、晚二叠世龙潭期和晚三叠世卡尼期，三个成矿时期的岩相古地理环境基本一致，均为局限浅海的半闭塞台地相或开阔台地相沉积环境（云南省地质矿产局，1993，1995），其周边分布的滇中古陆，康定高地、越北古陆等主要为沉积盆地的物源供应区，不仅为盆地沉积物提供了大量的陆源碎屑物质，也为铝土矿的形成提供了丰富的成矿物质（王鸿祯等，1985；刘宝珺等，1994；王立亭等，1994；梅冥相等，2004，2007；刘长龄，1994）。

一、中二叠世梁山期

云南省地质矿产局（1995）编制的《云南岩相古地理图集》显示梁山期扬子稳定区海陆分布格局略有变化，滇东海域中除牛头山古岛外，其南东侧沿南盘江在开远与师宗间又有泸西古岛露出水面，据露头及钻孔资料显示该区未接受梁山期沉积（图 2-3）。与铝土矿分布有关的中二叠世梁山期扬子区的滇东、滇西北沉积区岩相古地理特征如下。

（一）滨海平原沼泽相沉积

滨海平原沼泽相沉积分布于滇中古陆以东至东川—宜良小江断裂一线。主要由灰色、紫红色石英砂岩、粉砂岩、泥（页）岩、铝土质岩石或铝土矿等构成，含植物及海相生物等化石，向上常变为含煤沼泽相。总体沉积组合虽然如此，但相带在纵横向上的变化各地有所不同，大致可以按地区归纳为 4 种沉积组合类型。

昆明蛇山—海口区：下部是铝土质页岩或铝土岩，上部为含煤沼泽沉积。

昆明大青山—阿子营区：下部由铝土质页岩组成，上部由砂岩、泥岩组成。

嵩明梁王山—麦地冲区：以铝土矿、铝土质页岩为主，夹少量砂岩、泥岩及煤线。

东川法者白泥井区：全由中—粗粒石英砂岩组成。

这 4 种沉积组合类型大致反映了梁山期沉积的纵横向变化特点。矿层在空间分布方面大致是铝土矿以相带中、北段发育较好，而煤矿以中、南段发育较好。此类沉积形成于滨海带低平丘陵和平原环境。

（二）滨海沼泽相沉积

滨海沼泽相沉积分布于上述相带以东，泸西古岛以北地区。主要由灰、灰绿、深灰色细粒石英砂岩、粉砂岩、碳质泥（页）岩、煤层或煤线夹少量菱铁矿组成，含植物及海相生物等化石。相带底部常见铝土质泥岩或滨岸砂岩或砾岩，局部地方，相带的中、上部夹碳酸盐岩。

（三）滨海陆屑滩相沉积

滨海陆屑滩相沉积位于程海断裂以东，康滇古陆西北缘。以粗粒石英砂岩为主，下部含砾，往上变细，上部层位见杂色页岩、铝土质页岩及豆状铝土矿，厚 7～58m。横向变化大，部分地区仅见页岩及铝土矿层，但后者不稳定。相带总体为滨海陆屑滩相，局部具有沿岸滩坝特点。含海相化石，相带仅分布于宁蒗—永胜以东。

（四）开阔台地相沉积

开阔台地相沉积分布于滇东南泸西古岛和屏马古陆之间，滇西北宁蒗—大理及中甸以西亦属开阔台地相。滇东南区主要由亮晶生物碎屑灰岩、亮晶砾屑灰岩、泥晶灰岩组成，含蜓等生物。相带中部蒙自—砂坝一带夹有少量硅质岩，砚山以东的局部地区则出现含劣质煤和硅质岩的沼泽沉积，西部的石屏—牛街—普洱一带则由灰白、灰红色白云岩夹生物碎屑灰岩组成潮坪相沉积。厚度变化较大，一般为十余米至几十米，但蒙自砂坝一带厚达 200 余米。宁蒗—大理则由灰色、厚层状粉屑、骨屑灰岩，夹生物灰岩及部分鲕粒灰岩组成，中夹不稳定的玄武岩层（3m）。属低能局部中能环境，富含蜓、珊瑚化石，厚 65～101m。

滇东南富宁以东尚有台盆相及台盆边缘滩相发育，前者由灰岩夹硅质组成，后者则以生屑灰岩为主。

中二叠世梁山期岩相古地理图（图 2-3）显示，分布在滇中和滇东北地区的二叠世中期沉积型铝土矿（老煤山式铝土矿）相带总体为滨海平原沼泽相（砂岩、黏土岩、铝土岩）和滨海陆屑滩相（砂岩、页岩、铝土质页岩），属海相稳定沉积环境，处于海侵早期阶段。

二、晚二叠世龙潭期

晚二叠世龙潭期扬子稳定区分布有滇东沉积区和滇东南—滇西北沉积区两大区域（云南省地质矿产

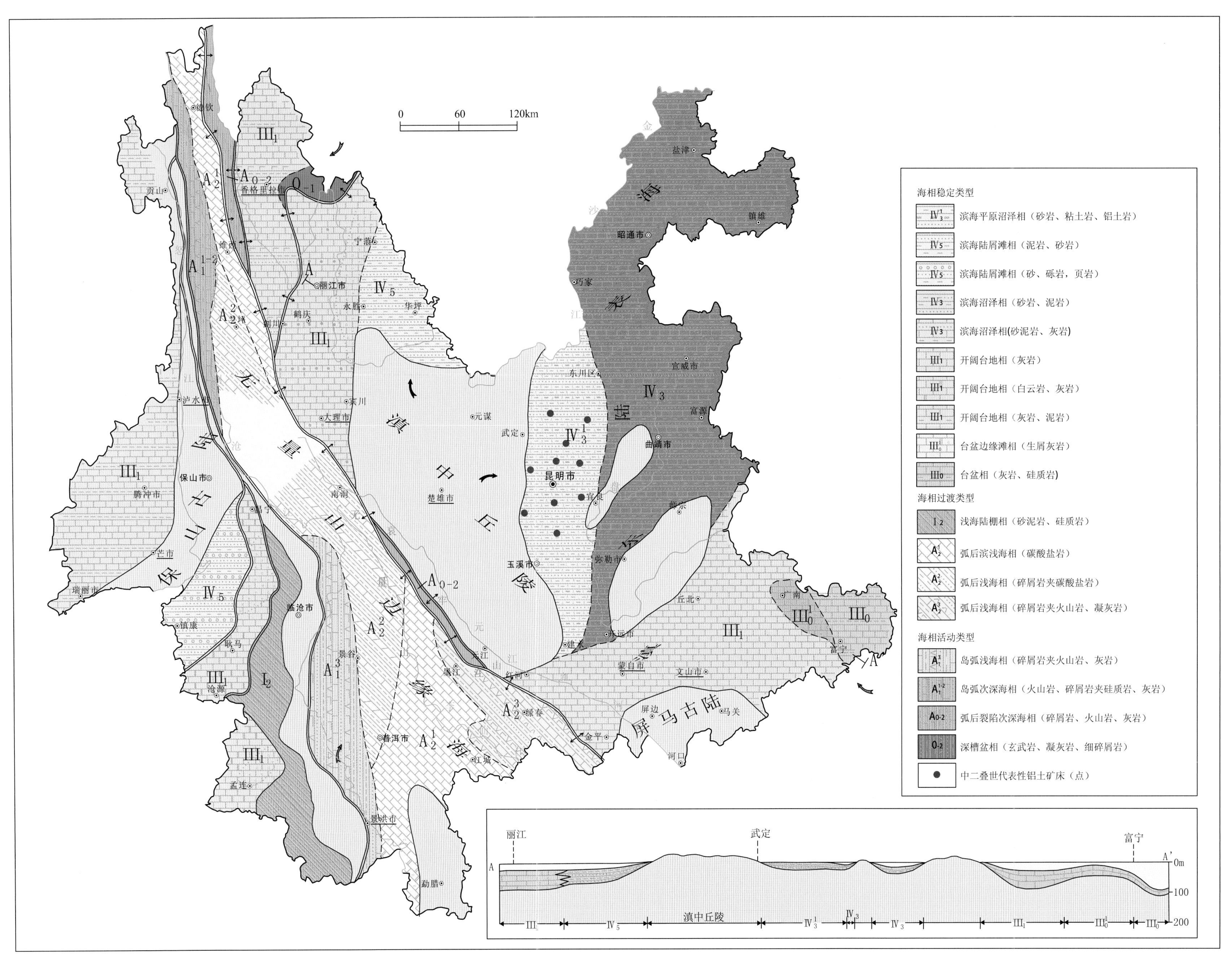

图 2-3 云南中二叠世梁山期岩相古地理图（据云南省地质矿产局，1995 修编）

局，1995）（图 2-4）。两区域分别有朱家村式铝土矿和铁厂式铝土矿产出，其岩相古地理特征与铝土矿形成密切相关。现将两沉积区岩相古地理特征分述如下。

（一）滇东沉积区

滇东沉积区指东川—宜良一线以东至弥勒—师宗之间的地区，为主要含煤盆地分布区。

1. 冲积扇—辫状河相沉积

冲积扇—辫状河相沉积沿滇中古陆东部边缘昭通、东川一带发育，宽 60～90km，其中以寻甸冲积扇规模大，发育好，延续时间从龙潭晚期至早三叠世，为一套较厚的砾岩沉积，砾石几乎全为玄武岩质，呈滚圆状，不定向或略具定向排列，多呈块状构造，见强烈的冲刷面。由于气候、构造等因素的变化，常使冲积扇退积或进积，粗、细沉积层形成多个旋回。其发展后期或在其前缘带，多形成辫状河相，故合称冲积扇—辫状河相。

扇体和辫状河河道间的广大地区，如会泽、昭通等地，经常发育湖泊、漫滩沉积的细砂岩、粉砂岩、泥页岩，具微波状，水平纹层状层理，沼泽发育程度差或不发育，该相区中仅见少量植物根、茎化石。至长兴期，冲积扇已不发育，转为辫状河相，保留下来的寻甸冲积扇沉积厚仅 21m。河道相较为发育，且向下游分叉明显。河道之间或与冲积扇体之间仍为沼泽发育差的漫滩、小湖泊环境。

经对该区砾岩中砾石最大扁平面产状及砂岩斜层理产状的统计所做的古流向玫瑰花图，结合沉积环境的平面配置和岩相展布分析后认为：海岸线为北北东方向延伸，古流向在滇东北为北东东（85°左右），滇东及滇东南则垂直海岸线为南东向（110°～125°）。

2. 低能量辫状河相沉积

低能量辫状河相沉积分布于盐津、宣威地区。河流体系为具有多变弯度、穿过大片湿地的几条相互连通河道的低能量河流复合体系。由于河道坡度小、弯度变化大，常导致频繁的溢岸泛滥和在湿地中粉砂和黏土的堆积，其上发育的泥岩沼泽、岸后沼泽占据了该河流体系的最广大地段，与典型辫状河和曲流河均有较大的区别。据统计，该相区中，具水平层理的粉砂级以下的细碎屑岩占 67%～75%，而细砂级以上的粗碎屑仅占 17%～23%，且多以几米左右具小型斜层理及缓波状层理的小砂体出现，少见曲流河的具大型板状、槽状交错层理的砂体，显示了该区河流能量之低，故以“低能量辫状河”称之。这种大片漫滩湿地，对植物生长、沼泽发育很有利，为成煤提供了良好环境。

该相区生物主要为华夏植物群及少量陆生介形类，无海相动物。至长兴期随着海侵、滨海相的扩大而范围缩小，在河漫滩湿地中仍为植物茂盛，沼泽成片的景观，其中仍以宣威地区沼泽发育较好，盐津次之，沉积物仍以较细的粉砂、泥质夹煤为主，细砂次之。此种环境的形成原因，主要是基底地形平缓，气候湿润，来自滇中古陆的河流，在长期发展中，因填平补齐使曲流河等下游河流不发育，而利于上述河流的发育。

该相带是本区陆相环境中聚煤的最好环境，仅次于滨海沼泽相，由于未受海水影响，硫分特低，但受河流影响灰分较高。

3. 滨海沼泽相沉积

滨海沼泽相沉积属陆地边缘相区，沿岸线呈带状展布，主要为受海水、河流共同作用影响的滨海沼泽、滨海陆屑滩、潮坪潟湖相。由于海水进退频繁，沉积物在垂向层序上表现为海陆交互变化，以较细的陆源碎屑岩为主，夹薄层状、透镜状灰岩、泥灰岩等海相层，所占比例小于 20%。具水平层理、板状层理、楔状层理、波状层理、平行层理及潮汐作用形成的透镜状、脉状层理。生物为海、陆相混生或交替产出。属本相的有两个聚煤区。

镇雄—威信区：海水曾经到达威信新街上、镇雄初都沟一线、沼泽发育较好，煤层硫分较高，生物除大量植物外，有海相半咸水至咸水双壳类、腕足类。

恩洪—老厂—圭山区：海水曾经到达富源庆云—恩洪—圭山—大庄一线，形成沿岸线分布的宽 30～50km 的长条形地带。龙潭晚期煤系沉积之初由于海侵，局部地区（如老厂）为潮坪—潟湖环境，沼泽发育差，但稍后则主要发育滨海沼泽相。本区处于与滇东南浅海沉积区的边缘交接地带，河流经此入海，海水进退频繁，早先形成的地貌曾受冲刷改造，趋于平坦，适宜沼泽发育；入海河流和海水带来的大量养分，适于植物繁殖使之成为最好聚煤地带，构成晚二叠世聚煤中心，除植物外尚有腕足类、头足类、双壳类、䗴等共生。该区煤的硫分由低硫向中高硫变化，灰分为中灰—富灰。

长兴期滇东北地区由于海岸线向内陆方向迁移，使镇雄田坎—杉树一带成为滨海沼泽相，沉积物为钙质粉砂岩、泥岩、细砂岩夹煤层，并含少量灰岩。原镇雄—威信滨海沼泽此时成为潮坪—潟湖相带，以泥质灰岩、钙质粉砂岩为主，夹煤层、细砂岩及瘤状灰岩。恩洪—圭山区沉积物基本无大的变化，由于海侵，滨海相缩小，沼泽发育程度较龙潭期差，但就长兴期而言，仍以该相带的沼泽发育最好，仍为聚煤中心所在。

（二）滇东南、滇西北沉积区

1. 滨海陆屑滩相沉积

滨海陆屑滩相沉积沿康滇古陆南部边缘开远—个旧一带分布，宽几千米至十几千米，由于地势高差较大，河流径直入海，不利于沼泽发育。沉积物为砾岩、中细砂岩、粉砂岩等，常含钙质结核。

2. 半闭塞台地相沉积（局限浅海）

半闭塞台地相沉积（局限浅海）分布于文山一带。外侧为开阔台地，内侧为滨海带，北与罗平台盆相邻，宽30～70km。仅局部地区发育小规模沼泽。海水与外海不甚畅通，循环受一定限制，水体能量较弱，沉积物以泥质灰岩、白云质灰岩、页岩为主，少量泥质粉砂岩、硅质岩，底部吴家坪组含铝土矿层。化石种类单一，含较多小个体腕足类及少量有孔虫、䗴、苔藓虫、介形虫等。

3. 开阔台地相沉积（局限浅海）

开阔台地相沉积（局限浅海）砚山—富宁地区海水与外海畅通，水体能量中等，灰岩占岩石总量的80%以上，主要由灰色泥晶灰岩、微晶灰岩、生物屑灰岩、骨屑灰岩、鲕粒灰岩组成，底部吴家坪组为粉砂质泥岩，铁铝质泥岩及铝土岩。以大量正常海相化石䗴类、有孔虫、腕足类、海绵、珊瑚、双壳类、腹足类、藻类等为特征，沼泽基本不发育，仅个别点（如砚山干河）形成小规模沼泽，所形成的煤层薄、分布范围小。

4. 台盆边缘礁滩相沉积

台盆边缘礁滩相沉积广南一带由大量的藻屑、藻结核、海绵、珊瑚等聚集成生物礁灰岩、块滩灰岩、层滩灰岩形成一带状礁、滩，对那梭台盆起一定的障壁作用。

5. 台盆（凹槽台地）相沉积

台盆（凹槽台地）相沉积罗平台盆为一北东向长条形裂陷凹槽，为罗平—师宗断裂与南盘江断裂之间不断下沉的断块。陆源物质及沿断裂溢出的火山物质大量供给形成厚大的碎屑岩沉积，最厚达178m（罗平构造一号井），属均衡补偿型台盆。以凝灰质粉砂岩、凝灰质泥岩、生物碎屑灰岩、灰岩组成。

广南那梭台盆和富宁以东的台盆，水体滞流，沉积物供给不充分，厚度一般50m，最厚达200m，以凝灰岩、硅质泥岩、放射虫硅质岩、粉砂岩为主，富宁以东局部夹结晶灰岩和玄武岩，为补偿不足型台盆。

台盆中多以浮游生物为主，边缘局部浅水区有底栖生物，如有孔虫、䗴类、棘皮类、介形虫、腕足类、藻类等。

6. 滨海沼泽相沉积

滨海沼泽相沉积位于滇中古陆北西侧永胜地区。龙潭期沉积底部均可见零至几十米厚的滨海相细砂岩、页岩，夹不稳定藻煤层，含腕足动物化石；上部为厚几十米至几百米（团街657m）之致密状、杏仁状玄武岩、玄武质凝灰岩、角砾岩，为峨眉山玄武岩喷发之延续，属滨岸火山岩。长兴期转为滨海沼泽相，

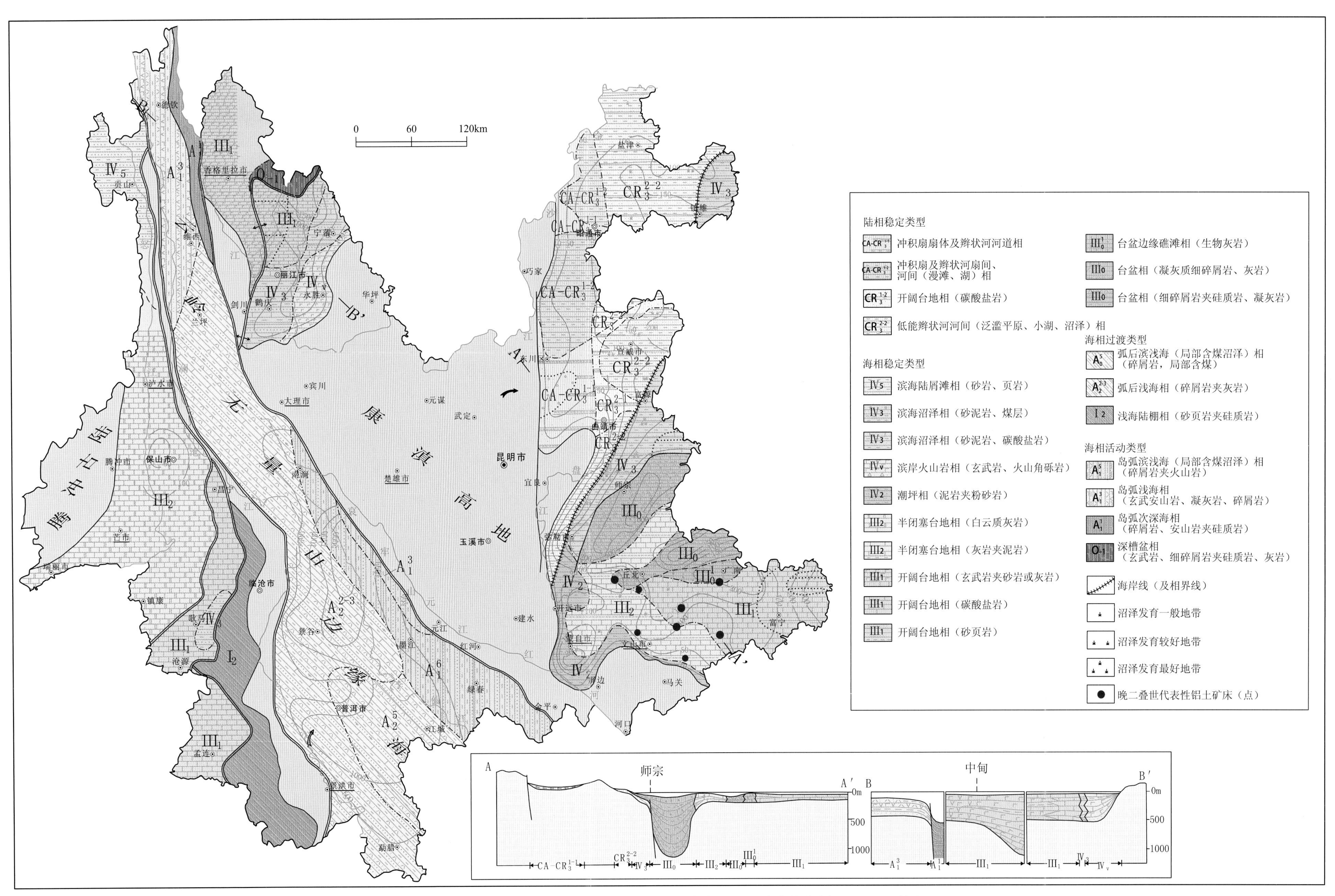

图 2-4　云南晚二叠世龙潭期岩相古地理（据云南省地质矿产局，1995，简略）

沉积物为泥岩、粉砂岩、含海绿石砂岩，局部地带发育沼泽，生物主要为蜓类、腕足类、双壳类、头足类、腹足类、植物等。该相区沼泽发育较滇东区差。

7. 潮坪相沉积

潮坪相带外侧由于海水经常浸漫，对沼泽发育不利，仅局部地带如丽江窝木古、宁蒗许家坪、鹤庆黑泥哨等有小规模的沼泽发育。此外，火山喷发带来大量的铜等有用组分，在有机质沉积的同时，被吸附形成含铜的页岩、泥质灰岩等，形成该区火山—沉积铜矿（如永胜米厘厂）。除铜外，该相带尚含有锰矿。含双壳类、头足类、腹足类及植物等化石。

8. 开阔台地相沉积

开阔台地相沉积分布于宁蒗宜底及西侧的石鼓地区。海底地形均向三江口地区倾斜。沉积了几百米至上千米厚的碳酸盐岩、碎屑岩及部分火山凝灰岩，石鼓地区玄武质火山碎屑岩占量较大。靠近三江口区尚有浅海火山熔岩相分布，范围较小，仅在中甸东坎附近发育，由玄武岩夹灰岩、砂岩组成，厚度为1000～2000m，灰岩中含蜓类、腕足类等正常浅海生物化石，暂以开阔台地相示之。

9. 深槽盆相沉积

深槽盆相沉积沿三江口—剑川断裂分布，为当时的扩张活动中心。以特殊的沉积组合区别于丽江和石鼓地区，沉积物为泥、粉砂、细砂，以及火山碎屑、凝灰质、玄武质（熔岩）、碳酸盐组成。相区北延部分，晚二叠世玄武岩具大洋拉斑玄武岩特征。局部地区含腕足类、蜓类、海百合等正常浅海相生物。

晚二叠世龙潭期岩相古地理图（图 2-4）显示，分布在滇东南地区的二叠世晚期的沉积型铝土矿（铁厂式铝土矿）相带总体具有开阔台地相（碳酸盐岩、砂页岩）特点，属局限浅海稳定沉积环境，分布在滇东北地区的沉积型铝土矿（朱家村式铝土矿），处于河（湖）相沉积中，属陆相稳定沉积环境。其中，铝土矿形成的最有利沉积环境为潮下带—浅海顶部和潟湖相。

三、晚三叠世卡尼期

晚三叠世卡尼期扬子沉积区主要由滇东南沉积区和滇西北沉积区两区块组成（云南省地质矿产局，1995）。其中，尤以滇西北沉积区产出的“中窝式”铝土矿较为典型（图 2-5）。现将两大区块岩相古地理特征简述如下。

（一）滇东南沉积区

卡尼期屏马古陆向东扩展到富宁、广南，沉积范围缩小，沉积中心西移至南盘江一带，相带较窄，两侧对称分布。

1. 滨海陆屑滩相沉积

滨海陆屑滩相沉积分别展布于滇中古陆、屏马古陆边缘，为砾、砂、泥质沉积，由中厚层状细—中粒砾岩、含砾粗砂岩、细砂岩、粉砂岩、泥岩组成。厚逾181m。砾岩、含砾砂岩占一半，仅含植物化石碎片。

2. 浅海陆棚—陆棚边缘盆地相沉积

浅海陆棚—陆棚边缘盆地相沉积包括罗平、个旧、丘北一带，环绕浅槽盆分布。沉积物以砂泥质为主兼有碳酸盐（八盘寨组）。系粉砂岩、泥岩夹细—中粒石英砂岩、含长石石英细砂岩，局部不等厚互层，偶夹泥晶灰岩，常组成由粗到细的韵律旋回，厚365～1244m。水平层理较发育，偶见低角度斜层理，局部砂岩显正粒序层，底面具重荷模。生物以菊石、薄壳双壳类为主。上述特征反映处于浅海陆棚—陆棚边缘盆地环境。晚期海水变浅。相带北西侧与滨海陆屑滩相之间为突变接触，可能与同沉积断裂活动有关。

3. 浅槽盆相沉积

浅槽盆相沉积沿南盘江分布，北东延伸约140km，宽10～30km，系一套陆源碎屑浊积岩（平寨组），连续沉积于三叠系中统之上，厚逾1500m。以石英细砂岩为主夹泥岩，局部互层。沉积初期基底局部抬升，有时出现数米至数十米藻灰岩、沥青质灰岩夹海绵骨针硅质岩和砂页岩。浊积岩韵律层厚8～30cm，鲍马序列a—d、d—e、a—b—e组合，a段底面具清晰的槽模、重荷模等。由于粒度一般偏粗，砂、泥比率高，沙纹层理少见，槽模屡见不鲜，属近源浊积岩。从槽模指向判断古流水大致由东向西。生物群丰富，有菊石、双壳类等。

（二）滇西北沉积区（含祥云地区）

1. 潮坪相沉积

潮坪相沉积指紧靠滇中古陆西北缘的永胜等地。沉积物为灰泥及砂质。以泥灰岩为主及泥质灰岩、微晶介壳灰岩，底部常为粗—中粒长石石英砂岩，局部含砾石，与下伏地层假整合接触，厚65～226m。含保存不佳之双壳类化石，局部有植物碎屑。似属能量较弱的泥砂、碳酸盐混合坪沉积。

属该相的尚有石鼓北侧中甸五境一带，由泥岩夹少量泥灰岩组成，厚200～500m，仅含双壳类化石。

2. 开阔台地相沉积

开阔台地相沉积分布于丽江、鹤庆一带。岩石组合（中窝组）以灰黑色灰岩、泥质灰岩为主，少量泥灰岩、页岩、粉砂岩，上部见燧石结核，底部具不稳定铝土矿层，厚190～230m。早期偶见相对高能环境的鲕粒及生物屑浅滩，但以泥晶灰岩占优势，偶见水平层理、微波状层理。生物门类众多，以双壳类为主，保存较差，系海水流畅、水体能量中等—弱的台地环境。

属该相的尚有中甸西北局部地区，由泥晶灰岩、角砾状灰岩夹砂泥岩及中基性凝灰岩、玄武岩组成，厚逾3000m，含牙形石、珊瑚等。似属台地—台地前缘斜坡相。

3. 台地边缘滩相沉积

台地边缘滩相沉积分布于泸沽湖至玉龙雪山一带，由淡色灰岩、生物碎屑灰岩、角砾状灰岩及不超过12%细—粗粒长石砂岩或钙质页岩组成，灰岩中常含燧石团块及结核，厚十余米至1284m，且东薄西厚。早期颗粒灰岩较普遍，以生物介屑为主及内碎屑，中、晚期颗粒成分减少，颗粒灰岩与细屑灰岩之比达0.31∶1。生物化石门类繁多，有双壳类、菊石、珊瑚等。显示台地过渡区较高能量沉积环境。

4. 凹槽台地相沉积

凹槽台地相沉积位于祥云小青坡至新平者龙一带，北西—南东延伸约180km，宽约20～50km。为滇中古陆西南缘局部发育的深水—半深水泥质、碳酸盐沉积（云南驿组）。早期为深色页岩夹少量粉砂岩，往上渐为砂—页岩韵律互层，页岩水平层理极发育，砂岩呈下细上粗逆粒序递变；中期为层纹泥晶灰岩、页岩、粉砂岩互层夹角砾状灰岩透镜体，中、上部为角砾状灰岩、暗色泥晶灰岩；晚期以钙质页岩为主，夹粉砂岩及泥灰岩透镜体。总厚逾1924m。所含生物有双壳类、头足类、腕足类、海百合、有孔虫、牙形石等。上述特征反映属水体能量较弱的凹槽台地沉积。

5. 岛弧次深海相沉积

岛弧次深海相沉积分布于中甸—剑川断裂与三江口—剑川断裂之间，包括三江口以北、中甸尼汝、翁上一带，为义敦岛弧带的南端。系砂泥质、碳酸盐岩及火山质堆积。岩石类型复杂，东、西部岩性有变化：西部（曲戛寺组和图姆沟组）主要由长石石英砂岩、板岩夹碳酸盐岩、硅质岩以及基、酸性火山岩，且火山岩主要发育在雪鸡坪及东侧省内长约60km范围内，厚6600～7300m及其以上；东部为（金门过卡组）砂质板岩，具复理石特征，夹玄武岩及中酸性火山角砾岩，厚逾2160m。生物化石以双壳类为主，少量放射虫等。所夹火山岩具岛弧型特征。属活动型浅海至半深海环境。

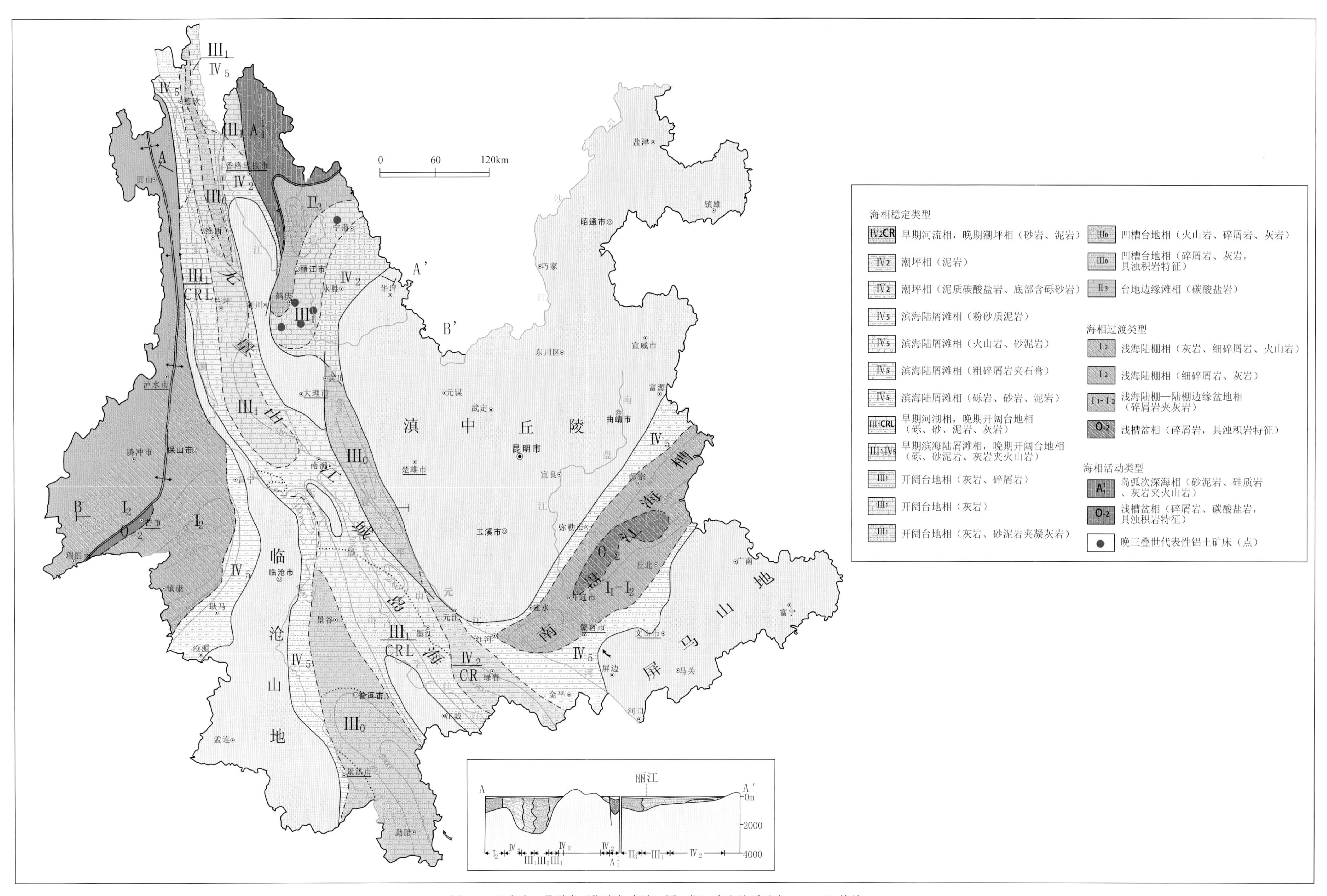

图 2-5 云南晚三叠世卡尼期岩相古地理图（据云南省地质矿产局，1995 修编）

晚三叠世卡尼期岩相古地理图（图 2-5）显示，分布在滇西鹤庆至宁蒗一带的三叠纪晚期的沉积型铝土矿（中窝式铝土矿）处于开阔台地相（灰岩）沉积环境中，属海相稳定沉积环境。

第三节 地球物理特征

一、重力异常

（一）布格重力异常概貌

《中华人民共和国 1°×1°平均布格重力异常图》（引自 1982 年《物化探研究报道》第 9 期）清楚表明，云南主要是在西昆仑山—祁连山—岷山—大雪山—喜马拉雅山重力异常梯级带南东段与龙门山—乌蒙山重力梯级带夹持之下，形成不同方向、不同幅值和不同形态的重力场面貌。区域内布格中立异常值全为负值，最低值出现在德钦以北的甲午雪山，最高值出现在富宁县甲村。布格重力异常值具有随地势升高而逐渐降低的宏观趋势。总体呈现出“南高北低”态势，场值由东、南东、南、南西向北西逐渐降低，且变化是不均匀的。滇东北威信、滇东富源、滇东南富宁、滇南景洪场、滇西南瑞丽均向滇西北降低至德钦，其平均变化率较大。

红河以西地区，重力场南高北低，沿北东方向呈高、低相间的起伏变化。区内布格重力异常等值线以向北、北西或南、南东、南西的同形扭曲呈北西（南北）向线状或弧形分布，个别地区叠加局部重力高、低异常，以平面延伸长度大、连续性好为主要特征。这些同形扭曲显示的相对重力高和重力低带相间排列，沿主构造线方向作线状分布，并向北逐渐收拢、汇合，向南则逐渐撒开、分支。整个滇西布格重力异常显示出比较典型的造山带重力场特征。

红河以东的滇中地区，重力场总趋势是由南向北逐渐降低，且沿东经 102°南北向巨大重力高带使其沿东西向呈起伏变化。区内布格重力异常等值线向南或向北同形扭曲并叠加强度较大的圈闭重力高和重力低，重力高（低）沿南北向呈宽长条状分布，且以东经 102°南北向重力高带为中轴，向东西两侧对称发育重力高（低）异常带。重力高和重力低异常带宽度比滇西大，但异常带数目比滇西少，这些异常带都逐渐中止于前述夹持云南的两个梯级带。

金沙江断裂和木里—丽江断裂夹持的滇西北地区，布格重力异常等值线密集，等值线同形扭曲叠加圈闭的重力高（低），重力异常带呈带状分布，由西向东异常带方向由北北西转变为南北向。

滇东地区（鲁甸、曲靖以东），布格重力异常以一条向东突出的弧形重力梯级带上叠加不同方向圈闭的重力高（低）异常为主要特征。重力梯级带即前述的乌蒙山重力梯级带，中心位置在盐津—水城—罗平一线。

滇东南地区（师宗—弥勒断裂南东和红河断裂北东），布格重力异常主要特征为：在巨大的近椭圆形重力低背景上叠加不同方向圈闭的局部重力低；其四周为相对重力高；师宗—弥勒一线为宽 20～30km 重力梯级带，其上叠加局部重力高和低。

（二）区域重力场特征

云南布格重力异常面貌虽然复杂多样，但区域重力场则简单清晰得多。除东西两重力梯级带和红河两侧地区的明显差异与布格重力异常特征基本一致外，其余则不尽相同。云南省区域重力场具有以下特征。

1. 显著的东、西两大梯级带

滇西北木里—丽江北东向重力梯级带和滇东乌蒙山弧形重力梯级带是云南区域重力场中最显著的要素，云南绝大部分地区是在这两条梯级带夹持之下，形成不同特点之重力场面貌。木里—丽江重力梯级带云南境内长 150km，宽 50km，梯级带沿走向有微小波状变化，往西过丽江后则变为北西走向，据趋势分析可与喜马拉雅梯级带相连，往北东方向则逐渐向龙门山梯级带靠拢，甚至合并；此梯级带可能反映了一条切穿莫霍面的超壳断裂带的存在，在云南具有重要的地质意义。滇东乌蒙山弧形重力梯级带，长 600km，宽 60～100km，梯级带北西段往北西方向延伸即与龙门山重力梯级带相连，往南西延出国境线后因资料不全而踪迹难定；此梯级带地质成因尚难确定，可能是一条深大断裂和莫霍面斜坡相结合的复杂构造带。

2. 滇中、滇东地区

红河以东的滇中、滇东地区，主要分布南北向元谋—新平区域重力高和东川—建水区域重力低及永胜—大姚—南华重力低。元谋—新平重力高沿东经 102°呈南北向展布，云南境内长 300km，宽 80km，南（新平）北（四川攀枝花）两端异常强度大，重力高可能是康滇地轴中轴地幔隆起带的反映。东侧的东川—建水南北向重力低，中间膨大，南北端缩小，云南境内长 400km，一般宽 80km，在东川出现低值中心，这个重力低可能是以东川为中心的地幔拗陷带的反映。西侧永胜—大姚—南华重力低亦近南北向展布，其强度和长度均比东侧重力低小，也可能是地幔拗陷的反映，只是拗陷幅度比东侧小。

3. 滇西地区

红河以西的滇西地区，北为维西鲁甸—南涧区域重力低，南由 3 个南北向平行排列的镇沅—普洱区域重力低、无量山—景洪区域重力高和临沧—勐海区域重力低组成。维西—南涧区域重力低呈北西向展布，长 220km，宽 60～70km，其等值线向南东同形扭曲并显示相对重力低，是地壳拗陷区的反映，与兰坪盆地基本对应。镇沅—普洱区域重力低呈北北西向展布，长 270km，南宽北窄，等值线亦向南东同形扭曲并显示相对重力低，也是地壳拗陷区的反映，与普洱盆地对应。无量山—景洪区域重力高呈反 S 形展布，云南境内长 420km，宽 80km，南部强度大，北部强度小，南端到国境线尚未终止，北端到澜沧江大拐弯处消失，可能是澜沧江断裂带东侧地壳隆起和浅部中酸性、中基性火山岩的综合反映。临沧—勐海区域重力低亦呈反 S 形展布，长 400km，宽 80km，等值线向南同形扭曲并显示相对重力低，北到澜沧江拐弯处消失，南到国境线尚未结束，除地壳拗陷是起因外，尚有地表临沧—勐海花岗岩基的叠加影响。

4. 滇东南地区

滇东南地区则显示为长轴呈东西走向的椭圆形区域重力低，长 200km，宽 120km，强度不大，其上部叠加有局部重力高和重力低，它可能是壳拗陷的反映。

（三）布格重力异常空间展布规律

云南布格重力异常空间展布特征具如下规律。

（1）布格重力异常带展布方向差异性较为显著。红河以西的滇西地区，异常带展布以北西向为主，局部呈北东及南北向；红河以东的滇中地区，异常带呈南北向展布；滇西北地区，异常带展布由北北西向逐渐近南北向过渡；滇东地区，异常带展布特征表现为由南北向逐渐过渡为北两—北东向弧形；滇东南地区，异常带以东西向展布特征为主。

（2）区内重力高和重力低以狭长带状为特征，平面上相间排列，交替出现，并基本沿区内构造方向展布，垂直走向之横向变化很大。

（3）滇西地区 13 个重力高和重力低异常带的平面展布呈向南及南西之撒开状，南部异常带数目多，往北逐渐合并，数目逐渐减少。同时，这些重力高、低带合并处在平面上沿北西向具有等距性特征，似乎是受一组北东向隐伏断裂（或构造）控制。

（4）滇中、滇东地区重力异常带呈南北向展布，总体上呈“三低夹两高”格局。这些异常带北端止于东、西两梯级带，南端止于红河断裂带以北，与区内构造特征一致。

（5）滇东南地区布格重力异常则较简单，主体是东西向大规模的重力低异常区，其北西部由北东向弥勒—师宗重力梯级带构成重力低的北西边界，南西部则是以北西向为主的重力高异常带，东部是向东凸起的环形梯级带，与区内构造特征一致（李建伟等，2016）。

二、磁异常

（一）航磁异常概貌

云南不同地区或不同构造单元具有不同的磁场特征；在同一区域内，磁场又是由许多各具特征的异常带组成。大致可将云南磁场分为特征各异的 6 大块。

（1）红河以西地区，在北负、南正之背景场上叠加几条醒目的北西或北两南北向弧形串珠状、线性异常带，中间以平静的负（或正）磁场区相隔，形成不同特征的磁场条块。线性异常带一般宽十几千米，长几十千米至数百千米不等。展布方向往往与断裂构造岩浆岩带—变质岩带平行，或者就分布其上；异常带往北收敛，向南撒开，平面上呈“扫帚”状展布；异常带除北西向及北西—南北向弧形外，往西部尚有北东向异常带，并往往与南北向异常带相接形成弧形异常带；大致以漾濞—永平为界，南北背景场符号截然相反，北负南正，形成不同磁场面貌的鲜明对比。

（2）红河以东的滇中地区，磁场面貌复杂多变，线性特征不明显，异常主体走向近南北，除红河北东侧有北西向串珠状异常带与红河平行分布外，其余则表现为几个大的异常区，异常强度亦较大。

（3）丽江北西的滇西北地区，以几条平行的近南北向异常带为主要特征，其中局部地段异常范围较大，强度亦较大。

（4）丽江—华坪—大理夹持的区域，以负磁场为背景，叠加两条不同特征的异常带。沿木里—丽江分布的串珠状异常带宽度小，异常范围亦小；宁蒗—宾川异常带宽度大，异常范围、强度大，变化亦较大，主要是云南宾川、程海地区峨眉山组玄武岩的反映。

（5）华宁—建水断裂与弥勒—师宗断裂夹持的滇东地区，磁异常主要表现为负背景场上叠加不同方向的串珠状异常带，异常带多数呈近南北向弧形展布，滇东北地区则呈北东向，异常亦主要是滇东地区玄武岩的反映。

（6）弥勒—师宗断裂与红河断裂夹持的滇东南地区，大致以东经105°25′为界，东西两侧磁场背景截然相反。东侧为平静的负背景场，其上叠加一些弱小的正异常；西侧为正背景场，其上叠加北东向异常带和范围较大的正磁异常带（东南侧）。

（二）区域磁场特征

云南磁场面貌复杂多变，不同地域特征各异，但反映深部变化的区域磁场则面貌简单，明显醒目。云南省区域磁场图显示，除永胜、宾川一带地表玄武岩仍有异常反映外，滇东玄武岩则无异常反映；以沿东经102°分布的正磁异常为中轴，东、西两侧磁异常近乎对称分布。全省可分为：滇西北香格里拉正磁异常区、兰坪—丽江负磁异常区、永仁—双柏正磁异常区、滇东北昭通正磁异常区、巧家—宣威—弥勒负磁异常区、永平—普洱正磁异常区、滇东南正磁异常区。

1. 滇西北香格里拉正磁异常区

滇西北香格里拉正磁异常区位于丽江以北和金沙江以东的滇西北地区，中心在香格里拉，呈大范围正磁异常，中心最大强度达25nT，南侧梯度大，北侧梯度小。正磁异常反映的深部磁性体应为三叠系之下的石鼓群及晚古生代变质基底。

2. 兰坪—丽江负磁异常区

兰坪—丽江负磁异常区与重力资料显示的木里—丽江梯级带基本一致，东侧负异常呈北东东向圈闭，负极值亦在–25nT以上，西侧负异常呈近南北向展布，负极值稍小（–20nT）。此负异常区与地质构造极不一致，显然是深部磁场的表现，推测可能是木里—丽江超壳断裂的磁场反映，即超壳断裂使磁场降低的表现。

3. 永仁—双柏正磁异常区

永仁—双柏正磁异常区处于滇中地区，以沿东经101°～102°分布的南北向正磁异常为主，向两侧呈正低磁场显示，对称分布；永仁一带正磁异常中心正极值达60nT以上，往南逐步降低，再往南又升高至60nT，即呈现出南、北两端高而中间低的“马鞍状”。异常区与康滇地轴长期隆起带对应，由于地轴长期上隆，地幔物质上涌，致使大量基性、超基性岩侵位于上地壳及硅镁层，这就是磁异常区的深部磁性结构模型，与重力资料反映的结果一致。

4. 滇东北昭通正磁异常区

滇东北昭通正磁异常区位于北纬 27°20′以北的滇东北地区，为无圈闭正异常的弱磁异常区，由南往北场值逐渐升高，至省界最高可达 25nT。磁异常区与地表地质构造差异极大，但处于四川盆地南部边缘，故推测其具有与四川盆地相同的磁性基底。

5. 巧家—宣威—弥勒负异常区

巧家—宣威—弥勒负异常区位于滇东北昭通正磁异常区以南，西界为小江断裂，南界为师宗—弥勒断裂，总体呈南北向负磁异常，北端显示东西走向之负异常中心，负极大值达–45nT；区内均为盖层分布，是一个古生代拗陷。虽与西侧的昆明拗陷构造一致，但基底性质却不一样，昆明拗陷的基底为具磁性的昆阳群，本区应为无磁性的塑性基底。

6. 永平—普洱正磁异常区

永平—普洱正磁异常区主要分布于红河以西、永平以南的广大滇西地区，以南强北弱、北西向正异常为主要特征。除紧邻红河的哀牢山有基性、超基性岩以及哀牢山群等磁性体分布外，区内（滇西南除外）地表大量分布中生代碎屑岩沉积，未见磁性体分布。推测普洱盆地（含兰坪盆地南端）具磁性基底，与中南半岛古老变质结晶基底具有相似性；而澜沧江以西的滇西南地区，同为一个正磁异常区，推测亦具有相同的磁性基底。

7. 滇东南正磁异常区

滇东南正磁异常区分布于师宗—弥勒断裂以南，红河以东的滇东南地区，是由南向北场值逐渐降低的平缓正磁场区，无圈闭异常。本区位于越北古陆与上扬子古陆之间的震旦纪以来的海槽，巨大的区域重力低反映的是地壳及上叠拗陷；据区域正磁场推测，滇东南拗陷区的基底应是瑶山群，除边缘出露外，其余则具较大的埋深而显示为正磁异常（李建伟等，2016）。

（三）磁场区（带）分布特征

根据磁异常的形态、符号、轴向、长度、梯度及异常带组合等特点，云南磁场可划分为 6 大磁场区、37 个异常带或区，各磁场区（带）空间分布具有如下特征。

（1）磁异常的展布方向主要有三大不同方向。红河以西的滇西和滇西北地区，异常带均以北西向延伸为主，弧形及局部北东向为辅；红河以东的广大地区，异常带整体呈南北向分布，丽江—永胜及滇东北昭通地区为北东向分布；滇东南地区则为北东向及北东向弧形分布。三大不同方向异常展布区，基本上反映了不同构造单元的不同性质和特征。

（2）无论何种方向异常展布区，异常带总是平行排列，垂直于走向之横向变化较大，异常带唯一差别是宽窄、长度不一致。

（3）滇西的 17 个异常带，平面展布往北收敛，数量减少，向南则呈撒开的“帚”状，数量增多；异常带基本均与断裂—变质—岩浆岩带吻合，且由东向西反映变质—岩浆岩带的时代逐渐变新。如哀牢山深变质岩带属元古代，浅变质岩带属早古生代；澜沧江异常带主要反映的是中生代中酸性火山岩；怒江以西的异常带则主要反映的是新生代玄武岩喷发。

（4）滇中地区异常呈南北向宽长条状展布，以西昌—元谋正异常为中心，向东西两侧磁场符号呈对称性变化，显示出地垒式异常特征。

（5）滇东地区是在明显、平静的负磁场背景上叠加南北向及北东向串珠状异常带，显示地台区沉积特点。

（6）滇东南地区显示出了东负、西正的不同背景磁场。西部正背景场四周叠加不同方向的异常（带），中间部分磁场平静，无明显的局部异常；东部负背景磁场则更加平静，仅有几个小范围局部正异常叠加于其上（李建伟等，2016）。

第四节　地球化学特征

一、景观地球化学

景观地球化学受物理、化学风化两大作用制约。化学风化作用通常是元素形成两极分化的主因，如热带雨林区化学风化就占据主导地位，易溶元素 Na、Ca、Sr 等易贫化，而难溶元素 Sn、Zr 表现富集；高寒山区常以物理风化作用为主，因此贫化元素常多于富集元素。

地球化学景观是气候、地形、地貌、表层物质、生物、地质作用综合因素的产物，也是影响地球化学元素空间分布的重要因素。母岩经物理风化、化学风化形成母质，继而形成水系沉积物和水系沉积物异常，地球化学景观不同，表生地球化学作用环境、条件及程度各不相同，元素在地表迁移、分散富集程度也各不相同，通常只有同一景观区地球化学异常才具备对比基础。

（一）景观地球化学分区

云南省处于北纬 21°～29°，由南至北可分为热带、亚热带雨林区，岩溶石山区、高山峡谷区。若考虑海拔，还存有高寒山区（但范围较小）。热带雨林区和岩溶石山区分界线大致位于北回归线附近，由于云南省为立体气候，存在沟谷雨林区，所以分界线并非一条直线。岩溶石山区和高山峡谷区大致以北纬 24°30′分界，岩溶石山区以上扬子和华南区为主，三江区发育程度较差。综合地质、地形、地貌、气候、土壤、植被、矿产、表生地球化学作用等诸多因素考虑，云南省景观地球化学分区划分如下。

（1）腾冲、福贡高山峡谷区。

（2）三江热带雨林区。

（3）三江高山峡谷区。

（4）上扬子季节性雨林区。

（5）上扬子岩溶石山区。

（6）上扬子高山峡谷区。

（7）华南亚热带雨林区。

（8）华南岩溶石山区。

表 2-2 显示，不同景观区元素分配特征差异较大，造成不同景观区间对比困难，然而若掌握了基本规律依然可进行地质背景和地球化学景观区校正。云南省地球化学景观具有以下 4 点特征。

（1）热带雨林区：元素分配特征明显两极分化，即一部分元素特别富集，而另一部分元素特别贫化。且多数元素对景观地球化学不敏感。

（2）岩溶石山区：元素分配特征两极分化严重，约三分之一元素对景观地球化学不敏感。

（3）高山峡谷区：元素两极分化不明显，多数元素对景观地球化学不敏感。

（4）高寒山区：贫化元素多于富集元素。

表 2-2　云南省不同景观地球化学区元素分配特征表

分配特征	景观分区			
	热带雨林区	岩溶石山区	高山峡谷区	高寒山区
特别富集元素	Sn（2.93）	Sn（2.43）、Hg（2.06）、Cd（2.01）	/	/
富集元素	/	Sb（1.92）	/	/
一般富集元素	Zr（1.32）	Au、As、B、Cr、Cu、Li、Mn、Mo、Nb、Ni、V、Ti、La、Y、P、Zn、TFe_2O_3（17 种）	Au、As、Mo、MgO	MgO（1.25）CaO（1.26）
一般贫化元素	Ba、Cd、Cu、F、Hg、Li、Mo、P（8 种）	Ba、K_2O、MgO	Cd、Cu、Hg、Ni、Pb、Na_2O、CaO（7 种）	Ag、Cr、Cu、Co、F、Mn、Mo、Nb、Ni、Pb、Sb、Sn、Th、Ti、U、V、W、Zn、Zr（19 种）

续表

分配特征	景观分区			
	热带雨林区	岩溶石山区	高山峡谷区	高寒山区
贫化元素	Sr（0.37）、Sb（0.49）	Sr（0.36）	Sb（0.31）	Cd（0.49）
特别贫化元素	CaO（0.18）、Na_2O（0.26）	Na_2O（0.13）、CaO（0.26）	/ /	Hg（0.24）
景观地球化学不敏感元素	25 种	12 种	27 种	16 种
贫化元素	12	6	8	21
富集元素	2	21	4	2
元素分配特征	严重的两极分化	两极分化	两极分化不明显，多数元素对地球化学景观不敏感	贫化多于富集

注：特别富集元素富集系数＞2.0；富集元素富集系数 1.5～2.0；一般富集元素富集系数 1.2～1.5；一般贫化元素富集系数 0.5～0.8；贫化元素富集系数 0.3～0.5；特别贫化元素富集系数＜0.3。

（二）铝土矿地球化学景观特征

云南省铝矿资源集中分布于滇东岩溶景观区、滇中中低山景观区和滇东北中高山景观区三大区域。

1. 滇东岩溶景观区

滇东岩溶景观区内分布岩石以碳酸盐岩为主，次为基性火山岩、碎屑岩和少量酸性侵入岩，母岩经侵蚀、风化后形成中低山岩溶地貌和丘陵地貌。

景观区内母岩以化学风化为主，基岩中的主要元素 Ca、Mg 绝大部分被风化作用带入水溶液中呈 $Ca(HCO_3)_2$ 和 $Mg(HCO_3)_2$ 形式搬运，仅有极少量转变为次生碳酸盐矿物进入黏土而呈现贫化现象；Na、K、Ba、Sr 等易溶元素因在地表淋失殆尽，出现极贫化现象。而 Si、Al、Fe、Mn、U、Th、La、Y 等由于红土化作用残留在疏松层中，Si、Al 主要进入黏土矿物，Fe、Mn 通过水解呈氢氧化物沉淀，故 Si、Al、Fe、Mn 在水系沉积物中形成强烈次生富集。

滇东南地区高铝基岩、原生沉积型铝土矿经过风化、淋滤作用，铝元素充分富集，其他元素被淋滤流失，形成了具有工业价值的矿床，如：西畴卖酒坪、广南板茂、丘北飞尺角等矿床（点）。

2. 滇中中低山景观区

滇中中低山景观区中部以红层碎屑岩为主，东、西两部分有碳酸盐岩、基性火山岩、碎屑岩，其经风化作用形成中低山地貌景观特征。该区母岩以化学风化为主，物理风化为辅，基岩中的 Ca、Mg、Na、K 等易溶元素大部分被溶解带走，次生富集差。而 Si、Al、Fe、Mn 等由于其在外生环境下比较稳定，残留在疏松层中，Si、Al 主要进入黏土矿物，Fe、Mn 通过水解呈氢氧化物沉淀，故 Si、Al、Fe、Mn 在水系沉积物中形成次生富集。

在东部石屏—玉溪—昆明—禄劝一带，高铝岩石、含矿岩系经风化作用形成一些堆积铝土矿床和次生铝异常，如老煤山、马头山等地。西部鹤庆—华坪地区含矿岩系经风化作用在地表常形成高铝风化壳及次生异常。

3. 滇东北中高山景观区

滇东北中高山景观区内基性火山岩、碳酸盐岩和碎屑岩并存，母岩风化以物理风化为主，辅以化学风化。元素次生富集程度差异较小，难溶的 Si、Al、Fe、Mn 在水系沉积物中有次生富集。局部地段含铝岩系风化后形成矿点、矿化点及铝异常，如会泽朱家村。

4. 滇西北横断山深切割景观区

滇西北横断山深切割景观区山高坡陡，水系切割急剧，岩石风化以物理风化为主，在水系发育的河谷地区辅以化学风化；岩石风化后多以机械形式长距离搬运，异常不甚发育，Al、Fe 等易次生富集元素也不例外。

5. 滇西南热带雨林区

滇西南热带雨林区气候温湿，地表酸度高，化学风化异常强烈，易溶元素运移较远，异常分散，在地表易次生富集的 Al、Fe 等难溶元素最容易形成异常，但红土化作用强烈，高铝岩系虽常形成较好异常，但不易识别。

6. 滇西季节性雨林区

滇西季节性雨林区物理、化学风化均强烈，难溶元素易富集、易溶元素相对分散，铝异常显示较好。

二、地球化学场分区

目前，我国地球化学场划分区方案与成矿区（带）的划分方案相对应，均采用五分法。具体如下：

（1）地球化学域→成矿域（Ⅰ级成矿带）。

（2）地球化学省→成矿省（Ⅱ级成矿省）。

（3）地球化学区带→成矿区带（Ⅲ级成矿带）。

（4）地球化学亚带→成矿亚带（Ⅳ级成矿带）。

（5）地球化学异常区→矿田（Ⅴ级成矿带）。

依据云南省成矿区（带）的划分准则，云南省地球化学场包括 2 个地球化学域和 4 个地球化学省。具体为：①Ⅰ$_1$特提斯地球化学域（Ⅱ$_1$改则—那曲—腾冲地球化学省；Ⅱ$_2$喀喇昆仑—三江成矿省）；②Ⅰ$_2$滨太平洋地球化学域（Ⅱ$_3$上扬子地球化学省；Ⅱ$_4$华南地球化学省）。其中，云南省地球化学省又可进一步划分为若干地球化学区带、地球化学亚带和地球化学异常区，详细划分方案见表 2-3。

表 2-3　云南省地球化学（区带、亚带、区）划分方案

地球化学区带	地球化学亚带	地球化学异常区
Ⅲ$_{31}$德格、香格里拉 Au、Ag、Cu、Pb、Zn、Sn、Mo、Be	Ⅳ$_{31}$香格里拉 Pb、Zn、Ag、Cu、Au、W、Bi、Mo、Be	Ⅴ$_{31\text{-}1}$红山、普朗 Cu 多金属
		Ⅴ$_{31\text{-}2}$休瓦促、热林 W、Mo、Be、Sb、Au
		Ⅴ$_{31\text{-}3}$阿热、甭多 Au
		Ⅴ$_{31\text{-}4}$小中甸东 Bi
Ⅲ$_{32}$金沙江	Ⅳ$_{32\text{-}1}$Fe、Cu、Au	Ⅴ$_{32}$
Ⅲ$_{33}$维西、绿春 Cu、Pb、Zn、Ag、Fe、Mn、Au	Ⅳ$_{33\text{-}1}$云岭 Cu、Pb、Zn、Ag、Fe、Mn、Au（P、T）	Ⅴ$_{33\text{-}1}$羊拉、绒得贡 Cu、Au
		Ⅴ$_{33\text{-}2}$鲁春、南佐 Cu 多金属
		Ⅴ$_{33\text{-}3}$德钦、乔后 Cu、Fe、Mn、Pb、Zn
	Ⅳ$_{33\text{-}2}$墨江、绿春 Au（Pz-Kz）	Ⅴ$_{33\text{-}4}$哀牢山 Au
		Ⅴ$_{33\text{-}5}$绿春 Au
Ⅲ$_{35}$兰坪、普洱 Cu、Pb、Zn、Ag、Fe、Sb、Hg、Au、$CaSO_4$、$MgCO_3$	Ⅳ$_{35\text{-}1}$兰坪 Pb、Zn、Ag、Cu、Fe、Mn、Hg、Sb、As、Au	Ⅴ$_{33\text{-}1}$兰坪云龙 Pb、Zn、Ag、Sr
		Ⅴ$_{35\text{-}2}$河西 Ag、Pb、Zn、Cu
		Ⅴ$_{35\text{-}3}$紫金山 Hg、Sb、As、Au、W
		Ⅴ$_{35\text{-}4}$营盘 Cu、Co、Au
		Ⅴ$_{35\text{-}5}$云龙盐类
	Ⅳ$_{35\text{-}2}$普洱 Cu、Pb、Zn、Fe、Sb（Mz、Kz）	Ⅴ$_{35\text{-}6}$勐腊 Cu、Pb、Zn、Fe、Sb、Hg（T）
		Ⅴ$_{35\text{-}7}$普洱盐类
Ⅲ$_{37}$昌宁、澜沧 Fe、Cu、Pb、Zn、Ag、Sn、Sb、Hg、Au	Ⅳ$_{37\text{-}1}$云县、景洪 Cu 多金属	Ⅴ$_{37\text{-}1}$云县、景东 Cu 多金属（C、P、T）
		Ⅴ$_{37\text{-}2}$民乐 Cu 多金属（T_2）
		Ⅴ$_{37\text{-}3}$大平掌 Cu 多金属（C）
	Ⅳ$_{37\text{-}2}$澜沧、景洪 Fe、Sb、Au、（Pt）	惠民 Fe、Au
		大勐龙 Fe

续表

地球化学区带	地球化学亚带	地球化学异常区
Ⅲ$_{37}$昌宁、澜沧 Fe、Cu、Pb、Zn、Ag、Sn、Sb、Hg、Au	Ⅳ$_{37\text{-}3}$昌宁、孟连 Pb、Zn、Ag、Cu、Sb、Hg（Pt、C_1、T_3、Kz）	Ⅴ$_{37\text{-}4}$老厂 Pb、Zn、Ag、Cu、W、Sn
		Ⅴ$_{37\text{-}5}$铜厂街 Cu、Zn、黄铁矿
		Ⅴ$_{37\text{-}6}$昌宁、勐海 Sn
Ⅲ$_{38}$保山 Cu、Pb、Zn、Fe、Hg、As、Sb、Au	Ⅳ$_{38\text{-}1}$保山、镇康 Pb、Zn、Cu、Fe、Hg、Sb、As、Au	Ⅴ$_{38\text{-}1}$保山 Pb、Zn、Cu、Fe、Au
		Ⅴ$_{38\text{-}2}$镇康 Cu、Zn、Fe
		Ⅴ$_{38\text{-}3}$平和 Cu、Fe、Zn
Ⅲ$_{41}$腾冲 W、Sn、Be、Nb、Ta、Rb、Li、Fe、Pb、Zn	Ⅳ$_{41\text{-}1}$孟连、大硐厂 Cu、Pb、Zn、Sn	
	Ⅳ$_{41\text{-}2}$古永 W、Sn、Nb、Ta、Au、Fe	
	Ⅳ$_{41\text{-}3}$槟榔江 Be、Nb、Ta、Li、Rb、W、Sn、Au、Pb、Zn	
	Ⅳ$_{41\text{-}4}$陇川轻稀土	
	Ⅳ$_{41\text{-}5}$龙陵、瑞丽 Au、Sn、Fe	
Ⅲ$_{75}$盐源、丽江、金平 Au、Cu、Mo、Ni、Pt、Pd、Fe、Pb、Zn	Ⅳ$_{75\text{-}1}$丽江、永胜 Cu、Au（P_2）	
	Ⅳ$_{75\text{-}2}$丽江、鹤庆 Mn（P_2）	
	Ⅳ$_{75\text{-}3}$弥渡铂族（Pz_2）	
	Ⅳ$_{75\text{-}4}$宁蒗、大理 Au、Cu、Mo、Zn	
	Ⅳ$_{75\text{-}5}$红土坡、小水井 Au、Ag（Mz、Kz）	
Ⅲ$_{76}$康滇地轴 Fe、Cu、V、Ti、Sn、Ni、重稀土、Au、盐类（NaCl、Na_2SO_4、$MgCO_3$）	Ⅳ$_{76\text{-}1}$元谋、新平 Fe、Cu、Pt、Pd、重稀土	
	Ⅳ$_{76\text{-}2}$东川、易门 Cu、Fe（Pt）	
	Ⅳ$_{76\text{-}3}$大姚、牟定 Cu（Mz）	
	Ⅳ$_{76\text{-}4}$禄劝、富民、安宁盐类（J）	
	Ⅳ$_{76\text{-}5}$华坪、永胜菱镁矿、石膏（Zb）	
Ⅲ$_{77}$上扬子中东部 Pb、Zn、Cu、Ag、Fe、Mn、Sb、P、铝土矿、黄铁矿、重晶石	Ⅳ$_{77\text{-}1}$滇东北、滇东 Pb、Zn、Cu、Ag、重晶石（∈）	
	Ⅳ$_{77\text{-}2}$永善、东川、滇池 P、重晶石	
	Ⅳ$_{77\text{-}4}$镇雄硫铁矿（Pz）	
	Ⅳ$_{77\text{-}5}$彝良、武定 Fe（D）	
	Ⅳ$_{77\text{-}6}$宣威 Mn、Pb、Zn（P_1）	
Ⅲ$_{89}$滇东南 Sn、Ag、Pb、Zn、Au、W、Sb、Hg、Mn	Ⅳ$_{89\text{-}1}$个旧、薄竹山、都龙 Sn、W、Bi、Pb、Zn（Mz）	
	Ⅳ$_{89\text{-}1}$邱北、广南、富宁 Au、Sb（∈、D、T）	
	Ⅳ$_{89\text{-}3}$建水、石屏 Pb、Zn、Ag	

三、地球化学异常

（一）云南省地球化学异常

表 2-4 显示，云南省地球化学异常具有如下特征。

（1）与全国 1∶20 万水系沉积物测量元素平均值（A）相比，大部分元素丰度较高（$\bar{X}/A>1.0$），居全国中上等级。Sb 元素富集系数最大（3.15），可能与云南省所处纬度有关，其次为 Cu（2.24）和 As（1.97）。

（2）接近全国水平的元素有 W、Mo 等元素，富集系数 W 为 0.98、Mo 为 0.90、Bi 和 Li 为 0.97。

（3）低于全国水平的元素有 Ba 和 Sr，富集系数 Ba 为 0.76、Sr 为 0.59，也可能与云南省所处纬度有关。

（4）异常面积大于 5000km^2 的元素有 Pb（6904km^2）、Ag（6440km^2）、Zr（5652km^2）、W（5342km^2）、Cd（5068km^2）。

（5）异常面积小于 1000km^2 的元素有 Ti（324km^2）、Co（604km^2）、Cu（780km^2）、V（648km^2）。

（6）常量元素（含量＞1%）中，Na_2O、CaO 为贫化元素，富集系数 Na_2O 为 0.46、CaO 为 0.38，与云南省南部热带雨林区、岩溶石山区景观地球化特征有关。

表 2-4 地球化学特征一览表

元素	算术平均值（$\bar{X}$）	算术离差（δ）	变异系数（Cr）	异常面积/km^2	A	$\bar{X}/A$
Ag	0.09	0.05	0.56	6440	0.08	1.17
As	17.92	27.30	1.52	1136	9.09	1.97
Au	2.00×10^{-9}	1.67	0.84	3084	1.31×10.00^{-9}	1.53
B	56.32	38.36	0.68	1112	46.90	1.20
Ba	379.82	194.54	0.51	2924	499.00	0.76
Be	2.20	0.97	0.44	4256	2.19	1.00
Bi	0.46	0.45	0.97	3944	0.48	0.97
Cd	0.27	0.38	1.39	5068	0.15	1.82
Co	20.27	13.68	0.67	604	12.30	1.64
Cr	99.71	85.12	0.85	2312	58.50	1.70
Cu	48.45	51.23	1.06	780	21.60	2.24
F	575.43	317.22	0.55	1464	483.00	1.19
Hg	0.07	0.10	1.40	1608	0.04	1.64
Li	31.81	19.84	0.62	1472	32.70	0.97
La	43.33	1919.00	0.44	2080	39.80	1.09
Mn	983.72	591.55	0.60	2000	678.00	1.45
Mo	1.10	1.10	1.00	2344	1.23	0.90
Nb	20.88	11.62	0.56	1256	16.50	1.26
Ni	43.62	35.41	0.81	2240	24.40	1.79
P	748.17	450.57	0.60	1384	614.00	1.22
Pb	30.93	20.63	0.67	6904	26.00	1.19
Sb	2.33	5.03	2.16	2296	0.74	3.15
Sn	3.88	2.27	0.58	4844	3.43	1.13
Sr	90.07	80.45	0.89	3616	152.00	0.59
Th	13.49	6.86	0.51	4656	11.90	1.13
Ti	7163.30	5803.40	0.81	324	4155.00	1.72
U	3.35	2.34	0.70	1516	2.02	1.66
V	133.93	95.71	0.71	648	79.60	1.68
W	2.14	1.53	0.71	5342	2.20	0.98
Y	27.37	12.04	0.44	4820	24.60	1.11
Zn	89.80	56.17	0.62	3156	68.50	1.31
Zr	311.61	113.16	0.36	5652	292.00	1.07
SiO_2	61.96	12.57	0.20		65.23	0.95
TFe_2O_3	6.82	3.87	0.57		4.44	1.54
Al_2O_3	14.25	4.07	0.28		12.98	1.10
MgO	1.47	1.00	0.68		1.32	1.11
CaO	1.69	2.90	1.73		4.44	0.38
K_2O	2.25	0.97	0.43		2.35	0.96
Na_2O	0.54	0.54	1.00		1.19	0.46

注：A 为全国 1∶20 万水系沉积物平均值。氧化物质量分数单位为%；其余组分质量分数单位为 10^{-6}。

（二）铝土矿区域地球化学背景

云南省地处滨太平洋地球化学域之华南地球化学省、上扬子地球化学省和特提斯地球化学域之喀喇昆仑—三江地球化学省、改则—那曲—腾冲地球化学省结合部位，地球化学背景较复杂。

据云南省 1∶20 万水系沉积物地球化学测量统计结果（表 2-5），显示云南省铝元素均值为 14.18%，极大值为 70.07%，极小值为 0.40%，呈正态分布，变化系数为 0.29，分布较均匀，变化不大。云南省平均值（14.18%）与全国平均值 12.98%（鄢明才和迟清华，1997）比较，富集系数为 1.09；与全球地壳克拉克值（8.3%）（Taylor，1964）比较，富集系数为 1.71。以上数据对比显示，云南省铝元素相对全国处于中等水平，相对全球表现为富集。

前文分析显示，铝元素区域分布与其区域地质背景密切相关，不同的地质背景区域铝元素高低分布表现不同。已有研究认为控制铝元素高背景分布的因素有：①基性火山岩；②碱性、中酸性侵入岩及其引起的角岩化；③沉积间断面之上的铝矿床（点）及含矿岩系；④红土化作用的产物。如：滇东高背景区、云县—勐海高背景带、腾冲—潞西高背景区和鹤庆高背景区等因具备上述控制条件表现为高背景值区，而缺乏上述因素的地区（如：楚雄盆地低背景区、兰坪—普洱盆地低背景区和牛头山古陆区低背景区等），则多表现为低背景分布区。

表 2-5　云南省铝元素地球化学特征参数表

参数	样品数/个	中位数	算数均值	算术离差	变化系数	几何均值	几何离差	极大值/%	极小值/%	浓集系数
原始数据统计	108401	14.01	14.2	4.17	0.29	13.5	0.14	70.07	0.40	1.71
剔除特异值统计	107584	14.01	14.3	4.07	0.29	13.7	0.13			1.72

第五节　遥感影像特征

一、区域遥感影像总体特征

云南地处冈瓦纳古陆与古欧亚大陆的拼合带，在漫长的地史历程中，整个地区先后历经板块裂离—陆内汇聚—碰撞隆升，大规模走滑、推覆等作用过程，东部陆块相对稳定，西部造山带活动强烈，形成了东、西差异明显的独特构造地貌格局。

遥感影像显示，云南省域内影像特征鲜明，不同构造单元，影像特征各异。以木里—丽江断裂、红河断裂带为界，东、西两影像域特征差异明显。

木里—丽江断裂、红河断裂带以东地区为北西与北东向构造切割的菱形块体，块体内呈南北向新构造与北突及南突联合弧形新构造相叠加的格局，形成巨型团块状、环弧状断块影像特征构造域，显示出大陆板块稳定型构造地貌格局。以西地区影像色彩更为丰富、形迹多样，具活动型挤压抬升的北北西向"帚状"构造特征。以澜沧江断裂为界，西部向东突出，弧形菱形断块影像鲜明，影像特征与印度板块可比性强，应属印度板块北缘部分的冈瓦纳古陆壳碎块拼合带；以东的兰坪—普洱中间地块，形成多个条块状向南东撒开的反 S 型帚状构造影像特征区，是古特提斯造山带—三江特提斯构造域的重要组成部分。

省内线性构造发育，层次清晰。按展布形迹方向可分为南北向、北北东向、北东向、北东东向、北北西向、北西向、北西西向和东西向等 8 个方向组。其中以南北向、北西向、北东向及东西向为主，构成全区基本影像构造格架。线性构造常以束状（南北、东西向及部分北西、北东向）、线状（北西、北北西向及部分北江、北北东向）、断续线状（北东、北东东、北西西向及部分东西向）及弧形、联合弧状等形式出现。一般来说，束状或部分断续线状分布密集，延伸较远，线性构造带呈壳型—超壳型基底构造的影像特征；规模大，呈多弧形波状弯曲者常为深大断裂带或陆块拼合结合带的反映；线状线性构造多为壳型或浅层断裂；规模相对较小，常以直线状形式出现，形迹一般清楚者常是次级构造单元的分界线；断续线状线性构造除规模较大的线性构造密集带以外，多为地壳表层的大型节理带；线带影像粗宽、色调清晰为表层破裂构造的表征。在形态上除直线状以外，弧形线带发育，前者除被包容或跨单元分布外，也常被后期复合改造成联合弧形状。形态差异在某种程度上显示出这些线性构造的规模、形成时代、经历构造活动期次多寡、成因性质和强度等信息。

线性构造空间分布规律明显：木里—丽江断裂、红河断裂带以东地区，以南北向线性构造为主，典型的如小江断裂、绿汁江断裂等，并与影像特征不明显的东西向线性构造构成该区的基底构造格架，显现团块影像特征；其他方向组如北东、北西向线性组或弧形构造系等在影像区陆块边缘地带出现较多。以西地区，以北北东向、北西向构造线系为主，其次为南北向、北西西向、北东东向及东西向，金沙江、哀牢山、怒江、澜沧江断裂构造岩浆岩带，形成北北西向“川”字形影像形迹，总体向北收敛，向南撒开呈反 S 型帚状分布。

影像中出现众多的圆形、半圆形、椭圆形、多边形环形块状构造，它们由色调、水系、影纹结构标志显示出来。这些环形构造多由构造、岩浆侵入活动及热液作用形成，通常是短轴褶皱、构造穹窿，环状、弧形、涡轮状、放射状断裂，以及隐伏侵入岩体、混合岩化作用及火山机构等深源热动力作用的影像表现。环形构造规模大小悬殊，形态结构类型多样。由构造作用形成的环状构造规模较大，有的环块直径达数百千米，但形态结构组合较简单；而与岩浆侵入活动有关的环形构造，影像结构组合一般较复杂，常呈套叠环状，形成大环套小环、小环依大环、环外有环、环内叠环的组合特征；热液成因的环形影像一般较小，常沿断裂构造、岩浆岩带边缘成带分布，多成环链状、环斑状色调形式出现。

不同类型环形构造的分布，存在明显的地域差异：木里—丽江断裂、红河断裂带以东地区，以构造成因的环形构造为主，岩浆构造环形仅在局部地区出现；而以西地区，特别是澜沧江断裂带及其以西地带，岩浆环、岩浆热液环发育，并有沿澜沧江构造走滑带分布的多个旋扭构造环（王蔚等，2016）。

二、云南东部影像域特征

云南所处地理、地质区位独特，区内各地质构造单元经历了不同的地质发展阶段和演化历史，形成不同的沉积建造、岩浆活动和变质作用等特点，区域影像特征也展现出明显的差异。据此，归纳为域、区、带 3 级影像单元。全省划分了 2 域［西部影像域（Ⅰ）、东部影像域（Ⅱ）］、6 区［腾冲弧形条带状影像区（$Ⅰ_1$）、中部的保山—临沧断块状影像区（$Ⅰ_2$）、东部的兰坪—普洱条带状影像区（$Ⅰ_3$）、中甸团块状影像区（$Ⅰ_4$）、滇东团块状影像区（$Ⅱ_1$）、滇东南弧形条带状影像区（$Ⅱ_2$）］和 11 带的影像分区格局（图 2-6）。

鉴于云南省铝土矿矿床（点）主要分布于东部影像域内，故本书只着重对滇东影像域特征进行详述，云南西部影像域特征不再描述。云南省 ETM＋遥感影像图（王蔚等，2016）显示，云南东部影像域内巨型团块状、弧形条带状影像特征清晰；线性构造影像色带宽阔，色调分明，连续性好，不同方向组相对集中成带、成片区分布。所以，从影像总貌上看，显得比西部影像域开阔、简单、分明。

以小江断裂、绿汁江断裂为代表的南北向断裂向南延伸，与红河断裂成近乎直角相交，形成该影像域中部醒目的团块状、透镜状菱形块体影像特征；师宗—弥勒断裂以南，线性构造密集，弧形构造系特征比较突出，北西向、北东向及南北向等多方向断裂构造的切错，使块体内影像特征复杂化，构成形似荷花状的弧形条带状影像单元。

该影像域总体上地形起伏较西部影像域平缓，边界构造也不如西部影像域清晰，但色彩丰富，层次较多，表明影像地质单元多样。同时云南省主要湖泊也分布在该影像域内。

云南东部线性构造虽不如西部影像域清晰、醒目，但依然体现出规律性特征。滇中地区以南北向构造为主，构造形迹在北纬 25°以北比较清晰、连续，往南则断续出现，至红河断裂消失。同时还发育东西向线性构造，但形迹隐晦，部分呈断续分布，空间上呈现近等纬度分布特征。南北向与东西向线性构造组成了该区“井”字形构造格架。

就环形构造而言，东部影像域环形构造相对稍少，多以形态结构组合较简单、规模较大的构造成因环居多，岩浆构造环形则集中分布于师宗—弥勒断裂以南地区，个旧、都龙、薄竹山等环型构造极其醒目，且最具典型性特征。

云南东部影像域以师宗—弥勒断裂带为界，分为滇东团块状影像区（$Ⅱ_1$）和滇东南弧形条带状影像区（$Ⅱ_2$）等两个Ⅱ级影像区。

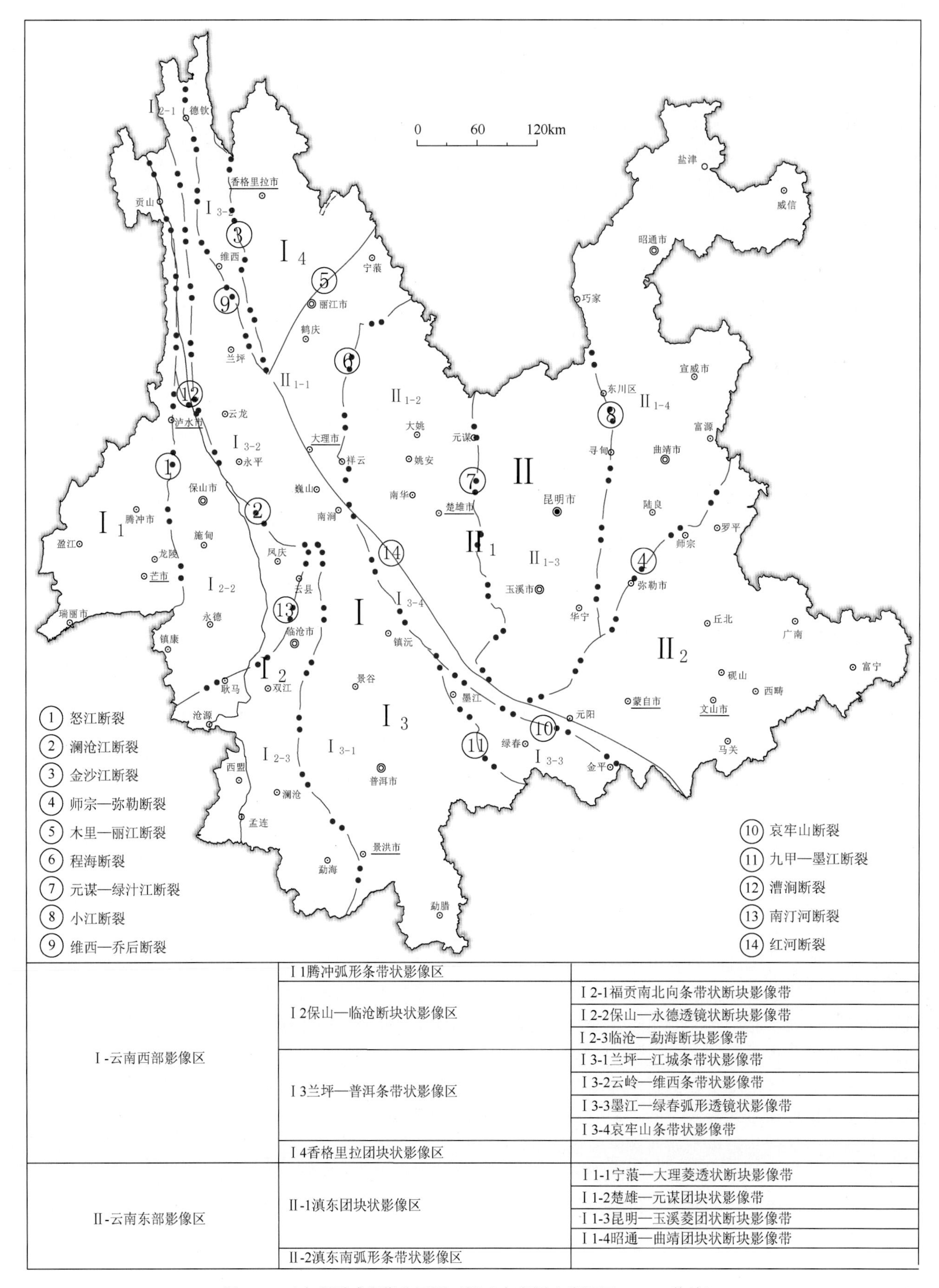

Ⅰ-云南西部影像区	Ⅰ1腾冲弧形条带状影像区	
	Ⅰ2保山—临沧断块状影像区	Ⅰ2-1福贡南北向条带状断块影像带
		Ⅰ2-2保山—永德透镜状断块影像带
		Ⅰ2-3临沧—勐海断块影像带
	Ⅰ3兰坪—普洱条带状影像区	Ⅰ3-1兰坪—江城条带状影像带
		Ⅰ3-2云岭—维西条带状影像带
		Ⅰ3-3墨江—绿春弧形透镜状影像带
		Ⅰ3-4哀牢山条带状影像带
	Ⅰ4香格里拉团块状影像区	
Ⅱ-云南东部影像区	Ⅱ-1滇东团块状影像区	Ⅰ1-1宁蒗—大理菱透状断块影像带
		Ⅰ1-2楚雄—元谋团块状影像带
		Ⅰ1-3昆明—玉溪菱团状断块影像带
		Ⅰ1-4昭通—曲靖团块状断块影像带
	Ⅱ-2滇东南弧形条带状影像区	

图 2-6　云南省遥感影像分区图（据云南省国土资源厅，2004 修编）

（一）滇东团块状影像区（Ⅱ$_1$）

滇东团块状影像区位于红河断裂带以北，木里—丽江断裂与师宗—弥勒断裂之间，属扬子陆块西南缘。

该区具典型的基底和盖层双层结构，昭通地区尤为明显。基底岩系为古—中元古界苴林群、古元古界大红山岩群和中元古界昆阳群；震旦系—新生界上覆盖层发育较齐全，为一套浅海相碳酸盐建造和陆相沉积，上新世末期发生的晚喜马拉雅运动，全区再度抬升，形成云贵高原。区内除大量二叠纪玄武岩外，还有燕山晚期—喜马拉雅中期酸性、碱性岩等各类小型侵入体出露。

区内断裂构造发育，构造线走向以南北向为主，北东向、北西向、东西向次之，不同方向的断裂将地壳切割成菱形、长条形块状影像单元。

全区影像总体成团块状、条块状影像区或影像带，反映了巨型条块状稳定型基底构造特征。在云南省ETM＋遥感影像图（7/R、4/G、2/B 波段组合）（王蔚等，2016）上，该区为浅绿色至深绿色不等，中间夹杂大小不一的灰白色至灰紫色斑块。块体内部南北向线性构造突显，自西向东有程海断裂、元谋—绿汁江断裂、罗茨—易门断裂、普渡河断裂、小江断裂及曲靖—大关断裂等。昭通地区发育三组北西向隐伏断裂，影像上表现为紫红色影像区与绿色影像区之间模糊、断续出现的隐晦线条，这 3 组隐伏断裂与该区北西向矿体（矿床）的空间展布关系十分密切，是遥感找矿预测的重要地带，应是未来找矿勘查中值得关注的找矿目标区。

块体内的东西向线性构造不如南北向构造清晰，但仔细观察影像，其表现出近直交切错山脊线或沟谷线的地貌解译标志，同时断续延伸，往东直抵省界，往西在红河断裂消失，表明其影响范围深远，并且表现出等纬度线排布的特征，在昆明附近形成“北向弧形突出的构造”形态。至新近纪时地块形变加剧，局部小范围沉降与拉张背景下，形成一系列断陷湖泊和断谷，并在第四纪形成山间盆地地貌景观。

（二）滇东南弧形条带状影像区（$Ⅱ_2$）

滇东南弧形条带状影像区位于红河断裂带北东，师宗—弥勒断裂以南，滇东稳定区与越北古陆之间的滇东南地区。

元古代瑶山岩群、勐洞河岩群构成本区的基底岩系。沿南盘江和广西右江形成巨厚的泥质碎屑岩、碳酸盐岩建造及火山岩建造，在个旧、文山、马关等地发育多期酸性、中酸性夹碱性岩浆侵入活动。区内褶皱、断裂发育，构造线以北西、北东向为主。

在云南省 ETM＋遥感影像图（7/R、4/G、2/B 波段组合）（王蔚等，2016）上，该区颜色以紫红色为主，往南过渡为浅绿至深绿色。紫红色影像区影纹平滑，内部色彩有变化（浅灰白色至紫红色），但边界不明显。紫红色与绿色影像区之间边界清晰，一般形成弧形边界线，极少为直线状边界线，同时色彩突变界线也是地形地貌分区界线。绿色影像区主要发育两类影纹，薄竹山—马关一带发育刀砍状影纹，往东则以龟背状、树枝状影纹为主。

该区线性构造影像特征显著，由一系列弧形线性构造束构成总体向北西突出的环形条块，围绕越北古陆呈半环弧状分布，形似莲花。西部薄竹山—马关一带发育北东向线性构造，线迹清晰、连续、密集。

除线性构造外，卫星影像上还见有许多环形、多边形构造形迹，规模悬殊，形态结构复杂。区内环形构造以岩浆构造环为主，多出现在影像区东南缘，推断有包括个旧、薄竹山、都龙等多个隐伏中酸性岩体存在。

第六节　区域铝土矿特征

一、时空分布

（一）空间分布特征

《云南省区域矿产总结》（1993）统计云南共有铝矿产地 109 处，截至 2014 年 12 月，达预查程度以上的铝土矿矿床（点）有 67 个（表 2-6），以中小型及矿点为主，其中大型矿床 4 个，中型 8 个，小型 22 个，矿点 33 个。《云南省铝土矿资源利用现状调查成果汇总报告》（2011）成果显示，云南省铝土矿上表矿区 29 个，其中大型 1 个，中型 5 个，小型 23 个，总计查明及保有铝土矿矿石资源储量 10284 万 t。据云南省铝矿资源潜力评价和云南省铝土矿整装勘查研究成果显示，云南省探明＋预测铝土矿资源量（沉积型＋堆积型铝土矿）总计约 7.7 亿 t 以上，初步探明约 1.94 亿 t，潜在资源约 5.7 亿 t 以上。据国土资源部 2014 年 5 月发布的《2013 年全国矿产资源储量通报》统计显示，云南省铝土矿保有查明资源储量位居全国第 6。

表 2-6　云南省铝土矿矿产地一览表

成矿区	序号	矿产地名称	矿床类型	成矿时代	规模	Al_2O_3/%	勘查程度	地质矿产简况
滇西成矿区	1	大理市挖色铝土矿	沉积型	晚三叠世	矿点		预查	透镜状、似层状，风化强烈，厚度变化大
	2	鹤庆县白水塘铝土矿	沉积型	晚三叠世	小型	55.44	普查	透镜状、串珠状
	3	鹤庆县吉地坪—大黑山铝土矿	沉积型	晚三叠世	小型	65.19	普查	长为 65～1310m，延伸 41～1722m，平均最小厚度 0.35m，最大厚度 3.20m，呈东西似层状分布
	4	鹤庆县中窝铝土矿	沉积型	晚三叠世	矿点	51.42	普查	层状、似层状
滇中成矿区	5	武定县恩泽河铝土矿	沉积型	中二叠世	矿点		预查	层状、似层状
	6	安宁市草铺铝土矿	沉积型	中二叠世	小型	55.48	详查	矿体为扁豆体状
	7	安宁市县街铝土矿	沉积型	中二叠世	小型	65.816	勘探	多呈透镜状、似层状赋存在矿系的中上部及顶部，一般长 100～300m，宽 75～225m，厚 0.55～3.38m
	8	安宁市温泉铝土矿	沉积型	中二叠世	小型	60.52	普查	呈大小不等的透镜体，位居含矿层系中上部层状、似层状。倾向北西，走向北东，倾角 8°～18°
	9	安宁市耳目村（下哨）铝土矿	沉积型	中二叠世	小型	60.50	详查	层状、似层状。已作为耐火材料开采
	10	富民县赤鹫铝土矿	沉积型	中二叠世	小型	52.00	详查	呈扁豆体状，铝土矿及耐火黏土矿有时互相参差，沿走向变化较大，在局部如赤鹫地区亦成为似层状
	11	晋宁区雨子雾区美女山铝土矿	沉积型	中二叠世	矿点		预查	矿体为层状、似层状
	12	富民县完家村铝土矿	沉积型	中二叠世	矿点		预查	矿体为层状、似层状
	13	晋宁区灵庙铝土矿	沉积型	中二叠世	矿点		预查	矿体为层状、似层状
	14	西山区法禄村、凤凰村铝土矿	沉积型	中二叠世	小型	56.60	详查	铝土矿以层状、凸镜状为主，但其厚度、品位均不稳定，夹有煤层
	15	富民县老煤山铝土矿	沉积型	中二叠世	小型	62.53	详查	矿体产于中二叠统梁山组地层中，呈层状。已作为耐火材料开采
	16	红塔区小石桥铝土矿	沉积型	中二叠世	小型	68.33	普查	矿体为扁豆体状
	17	西山区马街子铝土矿	沉积型	中二叠世	矿点		预查	矿体为层状、似层状
	18	西山区筇竹寺铝土矿	沉积型	中二叠世	小型	54.40	普查	赋存于二叠系灰岩底部，大多呈透镜状产出
	19	富民县上茨塘村老煤山铝土矿	沉积型	中二叠世	小型	62.50	勘探	南北长 1100m，宽 96～385m，平均厚度 2.56m，层状、似层状小型矿体。矿体底板围岩有铝土岩、铝质页岩及煤层等
	20	西山区大普吉铝土矿	沉积型	中二叠世	小型	58.84	详查	矿体以小凸镜体为主，个别稍大者成为规模不大的似层状矿体，矿体产状与地层走向、倾斜一致
	21	西山区沙朗铝土矿	沉积型	中二叠世	小型	62.10	详查	以小凸镜体为主，少量似层状矿体
	22	晋宁区牛恋村铝土矿	沉积型	中二叠世	矿点	57.08	详查	发现矿体 3 条，层状、似层状，均呈透镜状产出
	23	西山区铁峰庵铝土矿	沉积型	中二叠世	小型	62.74	详查	已揭露大小矿体 6 条，均呈扁豆状产出
	24	禄劝县甸尾铝土矿	沉积型	中二叠世	小型	57.82	预查	扁豆体状
	25	嵩明县阿子营铝土矿	沉积型	中二叠世	小型	57.87	普查	圈定大小矿体 12 个，矿体呈透镜状、囊状产出，厚 0.58～15.47m 不等，变化较大，矿体延长数十米至 800m
滇中成矿区	26	官渡区大板桥铝土矿	沉积型	中二叠世	小型	60.90	详查	层状、似层状
	27	呈贡区马头山铝土矿	沉积型	中二叠世	小型	67.17	详查	第一矿段：为一近似透镜状矿体；第二矿段：为南北向条带状，长达 600 余米，宽 150m 左右

续表

成矿区	序号	矿产地名称	矿床类型	成矿时代	规模	Al_2O_3/%	勘查程度	地质矿产简况
滇中成矿区	28	嵩明县梁王山，新发村铝土矿	沉积型	中二叠世	矿点		预查	矿体呈假整合覆盖于中上石炭系灰岩古喀斯特风化面上，呈层状、似层状产出
	29	丘北县席子塘铝土矿	沉积型	晚二叠世	小型	59.40	预查	矿体产于上二叠统龙潭组碎屑岩中，似层状
	30	砚山县永和铝土矿	沉积型	晚二叠世	小型	62.25	预查	矿体产于上二叠统吴家坪组碎屑岩中，似层状
	31	丘北县大铁（含小米冲）铝土矿	沉积＋堆积	晚二叠世＋更新世	**大型**	44.8	详查	铝土矿赋存于晚石炭世或二叠世古侵蚀面之上的上二叠统龙潭组或吴家坪组地层内。四个矿段按Ⅱ类型共圈出原生沉积型铝土矿体19个，堆积型铝土矿体16个
	32	丘北县飞尺角铝土矿	堆积	更新世（吴春娇，2013）	**大型**	46.42	详查	沉积型铝土矿呈似层状。堆积型铝土矿外形为薄饼状，产状随地形起伏有所变化，与第四系产出形态和谐一致，矿体形态比较简单
	33	丘北县白色姑铝土矿	堆积型	更新世	矿点	55.96	预查	矿体主要产于第四系岩溶洼地中
	34	文山市天生桥—瓦白冲铝土矿	沉积＋堆积	晚二叠世、更新世	**大型**	49.76	详查	沉积矿产于上二叠统吴家坪组碎屑岩中，堆积型矿体赋存于第四系残坡积地层
滇东南成矿区	35	文山市者五舍铝土矿	沉积＋堆积	晚二叠世、更新世	中型	54.00	普查	沉积矿产于上二叠统吴家坪组碎屑岩中，堆积型矿体赋存于第四系残坡积地层
	36	文山市清水塘铝土矿	堆积型	更新世	小型	41.55	普查	产于第四系坡残积层中，矿体平面形态呈不规则状及团块状，剖面上呈透镜状及似层状，少数为漏斗状
	37	文山市东山铝土矿	沉积型	晚二叠世	**大型**	54.31	普查	矿体产于上二叠统吴家坪组碎屑岩中，似层状
	38	砚山县红舍克铝土矿	沉积＋堆积	晚二叠世、更新世	中型	57.29	**勘探**	沉积矿产于上二叠统吴家坪组碎屑岩中，堆积型矿体赋存于第四系残坡积地层
	39	文山市大石盆铝土矿	堆积型	更新世	中型	49.70	**勘探**	矿体基本裸露地表，呈面型展布，富厚地段多位于各矿体中部，矿体带南北展布长约7.2km，东西宽0.2～1.2km
	40	文山市杨柳井铝土矿	沉积＋堆积	晚二叠世、更新世	中型	53.73	**勘探**	沉积矿产于上二叠统吴家坪组碎屑岩中，堆积型矿体赋存于第四系残坡积地层
	41	文山市南林河铝土矿	堆积型	更新世	矿点	47.19	预查	矿体主要产于第四系岩溶洼地中，矿体为似层状、松散状分布于岩溶缓坡
	42	西畴县大马路铝土矿	堆积型	更新世	矿点	55.39	预查	矿体主要产于第四系岩溶洼地中，矿体为似层状、松散状分布于岩溶缓坡
	43	西畴县木者铝土矿	堆积型	更新世	小型	54.84	详查	矿体严格受地形条件控制，形态极不规则，扇状、丘状、飘带状、被状及纺锤状
	44	西畴县长冲铝土矿	堆积型	更新世	小型	52.18	详查	矿体主要产于第四系岩溶洼地中
	45	西畴县大塘子—联营厂赁	堆积型	更新世	矿点	56.57	预查	矿体主要产于第四系岩溶洼地中，矿体为似层状、松散状分布于岩溶缓坡
	46	西畴县大吉厂铝土矿	堆积型	更新世	矿点	49.21	预查	矿体主要产于第四系岩溶洼地中，矿体为似层状、松散状分布于岩溶缓坡
	47	广南县新寨铝土矿	沉积型	晚二叠世	矿点	47.55	预查	矿体产于上二叠统吴家坪组碎屑岩中，似层状
滇东南成矿区	48	西畴县烈士墓—英代铝土矿	堆积型	更新世	小型	58.20	预查	矿体主要产于第四系岩溶洼地中，矿体为似层状、松散状分布于岩溶缓坡
	49	西畴县董有新发寨铝土矿	堆积型	更新世	矿点	48.99	预查	矿体主要产于第四系岩溶洼地中，矿体为似层状、松散状分布于岩溶缓坡
	50	西畴县追栗冲铝土矿	堆积型	更新世	矿点	63.67	预查	矿体主要产于第四系岩溶洼地中，矿体为似层状、松散状分布于岩溶缓坡
	51	西畴县大地—瓦厂铝土矿	堆积型	更新世	小型	58.84	预查	矿体主要产于第四系岩溶洼地中，矿体为似层状、松散状分布于岩溶缓坡
	52	西畴县转保铝土矿	堆积型	更新世	小型	55.04	预查	矿体主要产于第四系岩溶洼地中，矿体为似层状、松散状分布于岩溶缓坡
	53	西畴县卖酒坪铝土矿	堆积型	更新世	中型	65.32	详查	矿体主要产于第四系岩溶洼地中，堆积在石炭二叠系马平组灰岩的岩溶风化面之上
	54	西畴县芹菜塘铝土矿	沉积型	晚二叠世	小型	70.43	**勘探**	矿体主要赋存于上二叠统吴家坪组碎屑岩中，矿体为似层状

续表

成矿区	序号	矿产地名称	矿床类型	成矿时代	规模	Al_2O_3/%	勘查程度	地质矿产简况
滇东南成矿区	55	广南县板茂铝土矿	沉积＋堆积型	晚二叠世、更新世	中型	52.83	详查	矿体主要赋存于上二叠统吴家坪组碎屑岩中，矿体由鲕状—碎屑状铝土矿层或铝土岩组成，倾向南西，倾角32°～57°
	56	麻栗坡县太平街铝土矿	堆积型	更新世	矿点	57.97	预查	矿体主要产于第四系岩溶洼地中，矿体为似层状、松散状分布于岩溶缓坡
	57	麻栗坡县铁厂铝土矿	沉积＋堆积型	晚二叠世＋更新世	中型	47.88	详查	沉积型矿体：形成V1、V2、V3三个矿体，呈层状；堆积型矿体：类型均为残—坡积型，具有大小不一，厚薄不等，形态不规则，分布呈零星片状等特征
	58	富宁县木宗铝土矿	堆积型	更新世	矿点		预查	矿层为黏土与矿块的堆积层，松散状分布于岩溶缓坡
	59	富宁县木树铝土矿	堆积型	更新世	矿点		预查	矿层为黏土与矿块的堆积层，松散状分布于岩溶缓坡
	60	富宁县郎架铝土矿	沉积型	晚二叠世	小型	59.51	预查	矿体产于上二叠统吴家坪组碎屑岩中，似层状
滇东南成矿区	61	富宁县谷桃铝土矿	沉积型	晚二叠世	矿点		预查	矿体产于上二叠统吴家坪组碎屑岩中，似层状
	62	广南县甲坝铝土矿	堆积型	更新世	小型	47.62	预查	含堆积矿第四系地层呈条带状分布，底部地层为石炭—二叠系马平组
滇东北成矿区	63	巧家县阿白卡铝土矿	沉积型	中二叠世	矿点	58.70	预查	矿体产于中二叠统梁山组黏土岩中，似层状
	64	鲁甸县三合场铝土矿	沉积型	晚二叠世	小型	57.23	普查	矿体产于上二叠统宣威组页岩中，似层状
	65	鲁甸县海子垭口铝土矿	沉积型	晚二叠世	小型	69.62	预查	矿体产于上二叠统宣威组砂页岩中，似层状，顶板为第四系，底板为玄武岩。矿石三氧化二铝较高，铝硅比大，可达工业利用指标要求。已作为耐火材料开采
	66	会泽县朱家村铝土矿	沉积型	晚二叠世	小型	35.00	普查	矿体产于上二叠统宣威组碎屑岩中，呈似层状，底板为玄武岩
	67	沾益县菱角铝（钒）土矿	沉积型	中二叠世	中型	48.80	预查	铝矾矿赋存于中上石炭系古喀斯特风化面上，上覆泥岩、砂岩和煤层。矿体呈层状、似层状产出。矿石Al_2O_3%总体偏低，A/S值较小，已作为耐火材料开采

注：据云南省地质调查局，2015修改补充。

云南省铝土矿主要集中分布在滇东南成矿区和滇中成矿区，分属华南成矿省和上扬子成矿省（图2-7）。两地的矿床（点）数占云南省总数的90.9%，查明资源储量占云南省总量的93.5%，滇西和滇东北铝土矿成矿区也有一定分布，但所占比例相对较低。

云南省工业铝土矿体主要分布在滇中昆明周边和滇东南广南、丘北、文山、西畴、麻栗坡、富宁等地区。其中，以昆明附近的“老煤山式”沉积铝土矿及西畴“卖酒坪式”堆积型铝土矿、麻栗坡“铁厂式”沉积型铝土矿最为典型。云南铝土矿资源总体呈现出矿床规模以中小型为主，大型矿床较少，矿石以一水硬铝石型矿石为主、矿石品位总体偏低、铝硅比亦较低的特点。

云南省铝土矿主要伴生矿产为稀散元素镓，其次还有耐火黏土、煤和铁，少数矿区还伴生有铌、钽和硫铁矿及稀土矿等有益组分。如文山县者五舍铝土矿、西畴县芹菜塘铝土矿、广南县板茂铝土矿、西畴县卖酒坪铝土矿、麻栗坡县铁厂铝土矿、富民县老煤山铝土矿（同时伴生煤矿）、鹤庆县白水塘铝土矿等矿床都伴生有稀散元素镓（Ga），其品位为0.0022%～0.009%，已达到0.001%～0.002%的一般工业指标要求，可综合利用。

（二）时间分布特征

1. 云南构造—地层分区

《云南省成矿地质背景研究报告》（云南省国土资源厅，2011）将云南省划分为2个地层大区，6个地层区，10个地层分区和16个地层小区，共19个独立单元（表2-7），其空间分布关系见图2-8。

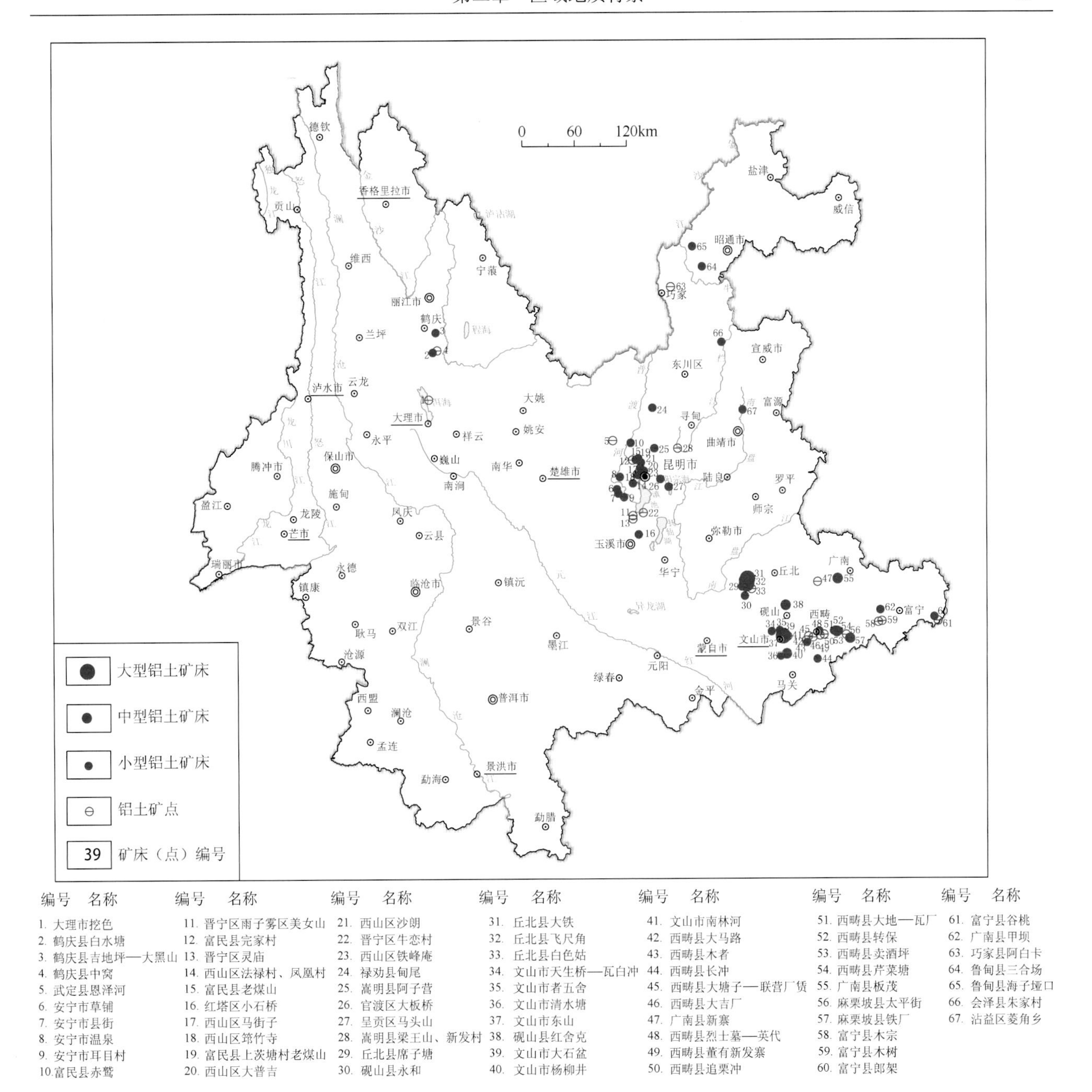

图 2-7　云南省铝土矿矿产地分布简图

表 2-7　云南省地层区划表

大区	区	分区	小区
藏滇地层大区（Ⅰ）	冈底斯—腾冲地层区（Ⅰ-1）	腾冲地层分区（Ⅰ-1-1）	
	羌南—保山地层区（Ⅰ-2）	保山地层分区（Ⅰ-2-1）	潞西地层小区（Ⅰ-2-1-1）
			施甸地层小区（Ⅰ-2-1-2）
			耿马地层小区（Ⅰ-2-1-3）
华南地层大区（Ⅱ）	羌北—昌都—普洱地层区（Ⅱ-1）	兰坪—普洱地层分区（Ⅱ-1-1）	澜沧地层小区（Ⅱ-1-1-1）
			景谷地层小区（Ⅱ-1-1-2）
			漾濞地层小区（Ⅱ-1-1-3）
		西金乌兰—金沙江地层分区（Ⅱ-1-2）	绿春地层小区（Ⅱ-1-2-1）
			德钦地层小区（Ⅱ-1-2-2）
	巴颜喀拉地层区（Ⅱ-2）	玉树—中甸地层分区（Ⅱ-2-1）	中甸地层小区（Ⅱ-2-1-1）
			属都海地层小区（Ⅱ-2-1-2）

续表

大区	区	分区	小区
华南地层大区（Ⅱ）	扬子地层区（Ⅱ-3）	丽江—金平地层分区（Ⅱ-3-1）	金平地层小区（Ⅱ-3-1-1）
			丽江地层小区（Ⅱ-3-1-2）
		康滇地层分区（Ⅱ-3-2）	楚雄地层小区（Ⅱ-3-2-1）
			昆明地层小区（Ⅱ-3-2-2）
		上扬子地层分区（Ⅱ-3-3）	曲靖地层小区（Ⅱ-3-3-1）
			昭通地层小区（Ⅱ-3-3-2）
	东南地层区（Ⅱ-4）	个旧地层分区（Ⅱ-4-1）	
		富宁地层分区（Ⅱ-4-2）	

注：据《云南省成矿地质背景研究报告》（云南省国土资源厅，2013）。

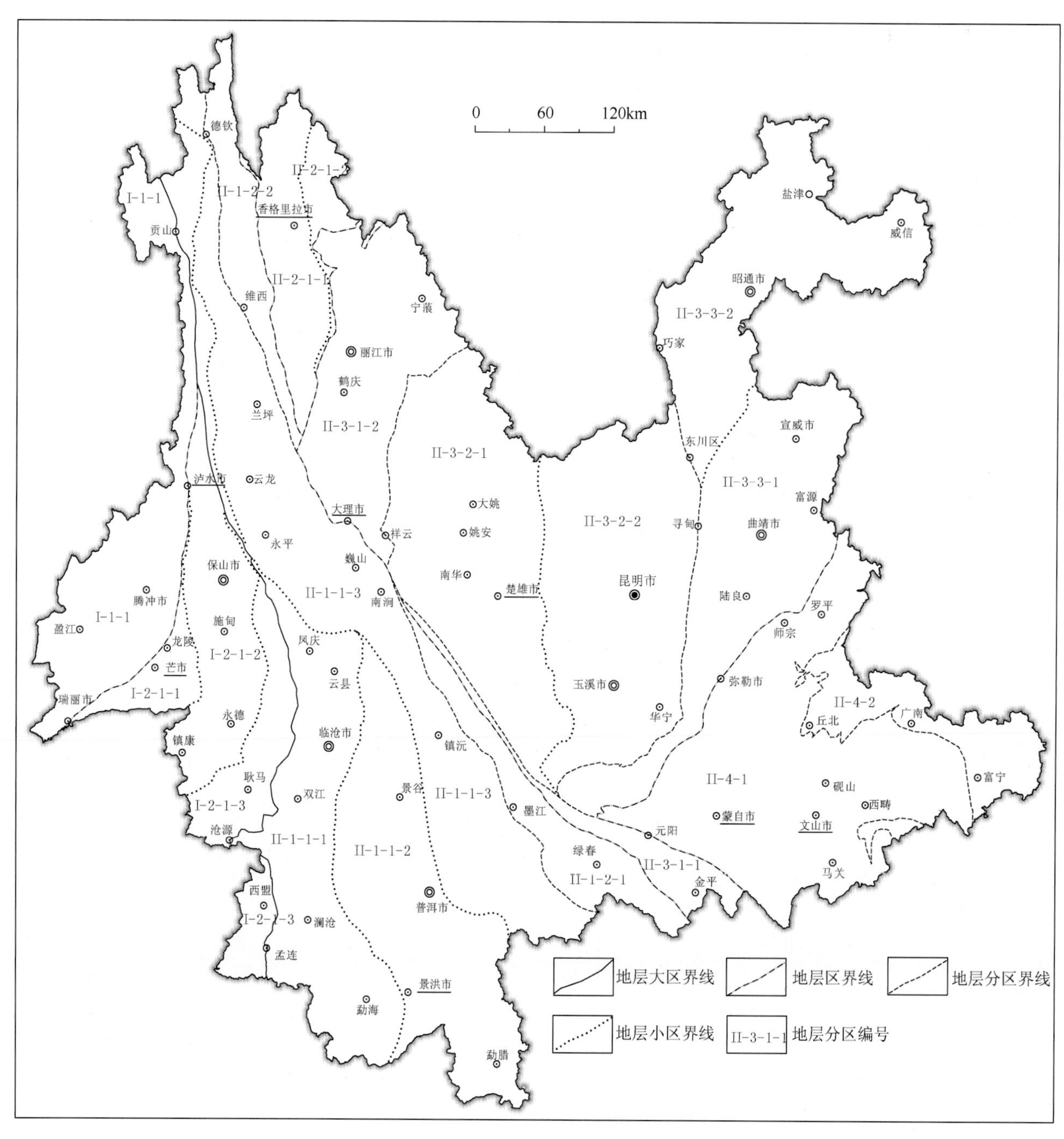

图 2-8　云南省地层区划图（云南省地质调查院，2013）

云南铝土矿的含矿地层全部分布在华南地层大区（Ⅱ）内，其地层分区和地层小区分别是：丽江地层小区（Ⅱ-3-1-2）、昆明地层小区（Ⅱ-3-2-2）、曲靖地层小区（Ⅱ-3-3-1）、昭通地层小区（Ⅱ-3-3-2）和个旧地层分区（Ⅱ-4-1）（图 2-8）。研究显示各小区铝土矿的成矿时代不同，分别集中在晚古生代的中二叠世、晚二叠世、中生代的晚三叠世和新生代第四纪的更新世 4 个时代。其中，前三个时代对应的时期分别为中二叠世梁山期、晚二叠世龙潭期（长兴期、吴家坪期）、晚三叠世卡尼期（云南省地质矿产局，1995）；4 个时代对应的岩石地层分别为上古生界二叠系中统梁山组、二叠系上统吴家坪组（宣威组、龙潭组）、中生界三叠系上统中窝组、新生界第四系更新统（图 2-1）。

2. 铝土矿成矿时代地层分区（小区）特点

1）丽江地层小区

丽江地层小区西以三江口—白汉场断裂带为界与属都海地层小区相邻，东以程海断裂为界与楚雄地层小区接壤。其地质特征与金平地层小区相似，以古元古界苍山岩群、中元古界洱源岩群变质杂岩为基底，其上覆地层奥陶系发育陆隆—陆坡环境的浊积岩，志留系—中三叠统为被动陆缘的碎屑岩—碳酸盐岩沉积。其地质发展演化史也与金平地层小区类似，只是受后期断裂构造作用影响，两者在空间上互不相连而已。该区岩石地层序列及特征，见表 2-8。

表 2-8　丽江地层小区岩石地层序列及特征

年代地层			岩石地层单位及代号			沉积岩建造组合类型	厚度/m	岩性岩相简述	含矿性	沉积相	沉积体系
界	系	统	群	组	代号						
新生界	第四系	全新统			Q_h	洪冲积砂砾石组合		现代河流沉积，砾石、砂黏土		河流相	河流
		更新统			Q_p	河流砂砾岩—粉砂岩、泥岩组合		现代河流高阶地砾石、砂黏土		河流相	河流
	新近系	上新统		三营组	N_2s	河湖相含煤碎屑岩组合	100～760	底部灰—深灰色砾岩，中及上部为灰—深灰色砂岩、泥岩夹砾岩、砂砾岩及褐煤	褐煤	淡水湖泊相	湖泊
	古近系	始新统		宝相寺组	E_2b	湖泊砂砾岩组合	817.4～1359.3	杂色砾岩、石英砂岩组成多个旋回，夹钙泥质粉砂岩、泥岩		冲积扇相	河流—湖泊
中生界	三叠系	上统		白土田组	T_3bt	河湖相含煤碎屑岩组合	811	浅灰、黄色长石石英砂岩、石英砂岩、粉砂岩夹泥岩与煤层	煤	湖泊相	湖泊
				松桂组	T_3sg	滨海沼泽含煤碎屑岩组合	620～1069	底部砂砾岩，其上灰、灰绿色细—粉砂岩、页岩夹煤层	煤	三角洲平原	三角洲
				中窝组	$T_3\hat{z}$	台地潮坪—局限台地组合	191～230	底部铝土矿层，下部灰黑色泥质灰岩、鲕状灰岩，上部灰黑色灰岩、泥质灰岩、含燧石结核灰岩	铝土矿	开阔台地	碳酸盐岩台地
		中统		北衙组	T_2b	台地潮坪—局限台地—碳酸盐岩组合	299～2217	下部灰黑色泥质灰岩夹少量粉砂岩、页岩，中部浅灰色白云质灰岩，上部浅灰色纯灰岩		台缘浅滩	碳酸盐岩台地
		下统		青天堡组	T_1q	远滨海砂岩粉砂岩泥岩组合	370～486	底部砾岩，下部灰绿色中粒岩屑砂岩、凝灰质砂岩与泥质砂岩互层，上部灰白灰绿色长石英岩屑砂岩与粉砂岩、页岩互层		前滨—临滨	陆源碎屑滨浅海
上古生界	二叠系	上统		黑泥哨组	P_3h	海陆交互含煤碎屑岩组合	309～658	灰绿色泥岩、粉砂岩、泥晶灰岩夹玄武岩、炭质页岩与煤层	煤	三角洲平原	三角洲
				峨眉山组	Pe	玄武质火山角砾—玄武岩建造组合	3688～5050	致密—杏仁状玄武岩，下部夹凝灰岩、碳岩、火山角砾岩，上部夹凝灰质页岩			
		中统		阳新组	P_2y	开阔台地碳酸盐岩组合	192～573	灰色块状灰岩夹同色生物碎屑灰岩与硅质岩		开阔台地	碳酸盐岩台地
		下统		水长阱组	$CP\hat{s}$	台地潮坪—局限台地碳酸盐岩组合	56.8～187.7	下部深灰色白云质灰岩、灰岩夹硅质岩，上部深灰色灰岩		台缘浅滩	
	石炭系	上统									
		下统		横阱组	C_1h	台盆深水碳酸盐岩组合	252.3～441.8	含硅质条带灰岩夹硅质岩		斜坡或缓斜坡	

续表

年代地层			岩石地层单位及代号			沉积岩建造组合类型	厚度/m	岩性岩相简述	含矿性	沉积相	沉积体系
界	系	统	群	组	代号						
上古生界	泥盆系	上统		长育村组	$D\hat{c}$	台盆硅泥质岩	676.3～739	黑、白条带状薄层硅质岩夹灰白色灰岩		陆架泥	陆源碎屑浅海
		中统		莲曲花组	Dl	台盆深水碳酸盐组合岩组合	488.5	灰黑色泥灰岩、黄灰色页岩为主，页岩、硅质页岩与鲕状灰岩夹薄层灰岩		广海陆盆—盆地	碳酸盐岩台地
				班满到地组	Db	陆源碎屑浊积岩组合	954	深灰色页岩、细砂岩夹灰岩、硅质岩钙质砾岩		斜坡扇	半深海
		下统		青山组	SDq	开阔台地碳酸盐岩组合	600～744	上部浅灰色灰岩、角砾状灰岩，中部浅灰色块状灰岩，下部深灰色灰岩夹薄层灰岩		开阔台地	碳酸盐岩台地
下古生界	志留系	上统									
		中统		康廊组	Sk	台地潮坪局限台地碳酸盐岩组合	1097	下部为硅质条带白云岩，中部为浅灰白云岩、白云质灰岩，上部为含硅质团块白云质灰岩、白云岩		开阔台地	碳酸盐岩台地
		下统		大坪子组	$OSdp$	滨浅海碳酸盐岩组合	123～720	含燧石条带灰岩、含砂泥质条带灰岩泥灰岩			
	奥陶系	上统									
		中统		南板河组	On	半深海浊积岩组合	136～230	灰色钙泥质粉砂岩、砂岩夹含砂泥质灰岩		斜坡扇	半深海
		下统		向阳组	O_1x	半深海浊积岩组合	714～1339	灰黑、灰绿色页岩与细粒石英砂岩不等厚互层，顶部为含砾不等粒砂岩夹页岩，沉积韵律发育			
				海东组	O_1h	海岸沙丘—后滨砂岩组合	390～1296	浅灰、灰色细中粒长石石英砂岩、细粒石英砂岩、含岩屑石英粉砂岩		陆架沙脊	陆源碎屑浅海
	寒武系	下统		沧浪铺组	ϵ_1c	陆表海泥岩粉砂岩组合	561	红色泥岩、粉砂岩，上部黄绿色细砂岩、泥岩、泥质灰岩		潮坪	障壁海岸
新元古界	震旦系	上统		灯影组	$Z\epsilon d$	陆表海白云岩组合	912	下部浅灰色白云质灰岩，上部浅灰色白云岩夹硅质条带	磷	开阔台地	碳酸盐岩台地
		下统		观音崖组	Z_1g	陆表海陆源碎屑—白云岩组合	200	紫红色砂岩、页岩夹白云岩		潮坪	障壁海岸
中元古界			洱源岩群		$Pt_2E.$	绢云千枚岩—绿帘阳起片岩—石英片岩组合	>790视厚度	下部绢云千枚岩、绢云石英千枚岩夹绿帘阳起片岩，中部石英片岩夹大理岩，上部片理化流纹岩、黑云绿泥片岩为主夹硅质岩		斜坡扇	半深海
古元古界			苍山岩群		$Pt_1C.$	斜长片麻岩—变粒岩—斜长角闪岩组合	>2681视厚度	黑云斜长片麻岩—变粒岩、角闪斜长片麻岩—变粒岩、云母片岩、云母石英片岩、斜长角闪岩			

注：据云南省国土资源厅，2013。

该区铝土矿含矿地层为三叠系上统中窝组（$T_3\hat{z}$），具有如下特征（云南省地质矿产局，1996）。

中窝组$T_3\hat{z}$

（1）创名及原始定义。创名于鹤庆县中窝（云南一区测队二分队，1966）。原始定义：以灰黑色中层灰岩、泥质灰岩为主，夹泥灰岩、页岩及砂岩，上部可见燧石结核，下部灰岩中常具鲕状构造，底部普遍具不稳定的铝土矿层。厚191～230m。

（2）沿革。Misch（1947）将该套地层归入白羊层或逢密灰岩的上部。赵金科（1962）单独分出命名为兰坪组。云南一区测队二分队（1966）创名中窝组，沿用至今。

（3）现在定义。下部为灰黑色泥质灰岩、鲕状灰岩；上部为灰黑色灰岩、泥质灰岩、含燧石结核灰岩。底部铝土矿层与下伏北衙组灰岩，顶部灰岩与上覆松桂组砂砾岩均呈平行不整合接触。

（4）层型。正层型为鹤庆县吉地坪剖面（100°17′，26°33′），由云南一区测队二分队（1966）测制。

（5）地质特征及区域变化。该组为一套灰黑色含砂、泥质的碳酸盐岩沉积。在鹤庆吉地坪、中窝一带，以灰黑色泥质灰岩、灰岩为主，夹鲕状灰岩、燧石灰岩。

由鹤庆吉地坪向北至丽江自山落可，底部未见铝土矿层，直接由砂泥质灰岩平行不整合于北衙组钙质白云岩和白云岩之上；下部为灰黑色灰岩、砂质和泥质灰岩、鲕状灰岩；上部为深灰、灰黑色灰岩、砂质灰岩，顶部夹含燧石结核灰岩。与上覆松桂组石英质砾岩呈平行不整合接触。厚 216m。东北至宁蒗永宁、四川盐源前所等地，未见底，顶部灰岩与上覆松桂组页岩呈平行不整合接触，主要由灰、深灰色灰岩夹介壳灰岩组成，厚仅几十米。

该组含双壳类 *Halobia superba*，*H. rugosoides*，*H. yunnanensis*，*H. bokoviensis*，*H.* cf. *rugosa*，*H. pluriradiata*，*H. subrugosa*，*Angustella cf. angusta*；菊石 *Rhasophyllites* sp.，*Anatomites* sp.，*Cyrtopleurites* sp.，*Thisbites* sp.，*Clionites* cf. *angulosus* 等及少量腕足类、腹足类、珊瑚、牙形石等化石。时代属晚三叠世 *Carnian* 期。沉积环境为海水流畅、水体能量弱至中等的台地沉积。

2）昆明地层小区

昆明地层小区属通常所谓的“康滇地轴”，西以绿汁江断裂与楚雄地层小区相邻，东以小江断裂与上扬子地层分区为邻。该地层小区以中元古界浅变质基底广泛发育为特征；在中元古界浅变质的基底之上，从震旦系—二叠系为分布广泛的陆表海沉积。三叠系上统—古近系则发育有分布局限的拗陷盆地红色沉积，表明其属稳定陆块区的一部分。该区岩石地层序列及特征，见表 2-9。

表 2-9　昆明地层小区岩石地层序列及特征

年代地层			岩石地层单位及代号			沉积岩建造组合类型	厚度/m	岩性岩相简述	含矿性	沉积相	沉积体系
界	系	统	群	组	代号						
新生界	第四系	全新统			Q_h	洪冲积砂、砾石、黏土组合		砂、砾石、亚黏土		河流相	河流
		更新统			Q_p	洪冲积、湖积砂、砾石、黏土组合		分布于湖泊边缘、河流高阶地上的砂、砾石、黏土		河流相、湖泊相	河流、湖泊
	新近系	上新统		茨营组	N_2c	河湖相含煤碎屑岩组合	90～446	褐灰色黏土岩、砂质黏土岩夹碳质泥岩、粉砂岩、褐煤层	煤、天然气	淡水湖相	湖泊
		中新统		小龙潭组	N_1x	河湖相含煤碎屑岩组合	104～505	上部浅灰色泥灰岩夹钙质泥岩与褐煤，下部灰白色泥岩、钙质泥岩夹褐煤	煤	淡水湖相	湖泊
新生界	古近系	渐新统		蔡家冲组	E_3c	湖泊泥灰岩—钙质泥岩组合	72.1～187	浅色泥灰岩、泥质灰岩夹泥岩、钙质泥岩、细砂岩及少量细砾岩		淡水湖相	湖泊
		渐新统—始新统		路南组	El	湖泊砂岩—粉砂岩组合	78～913	棕红色泥质砂岩、砂质泥岩为主夹灰黄、灰绿色钙质泥岩、泥灰岩与少量砾岩		淡水湖相	湖泊
		始新统		赵家店组	$E_2\hat{z}$	湖泊泥岩—粉砂岩组合	449.8～1387.3	夹同色细粒石英砂岩、粉砂岩		湖泊三角洲	湖泊
		古新统		元永井组	E_1y	湖泊含盐泥岩粉砂岩组合	530～1460	下部紫红、灰绿色泥岩、粉砂岩夹石盐泥砾岩，上部为紫红色粉砂岩泥岩夹细砂岩	石盐硝石膏钙芒	咸水湖相	湖泊
中生界	白垩系	上统		江底河组	K_2j	湖泊泥岩—粉砂岩组合	1200	下部紫红、黄绿色砂质泥岩、泥岩与泥质粉砂岩互层夹泥灰岩，俗称杂色层，上部为紫红色粉砂岩夹细粒石英砂岩		淡水湖相	湖泊
		下统		马头山组	K_1m	湖泊三角洲砂、砾岩组合	157～526	底部砾岩、砂砾岩，下部灰紫色细中粒长石石英砂岩、石英砂岩夹粉砂岩，上部紫红色钙质粉砂岩、粉砂状页岩	铜	湖泊三角洲	湖泊
	侏罗系	禄丰群		上亚群	JL^2	湖泊泥岩—粉砂岩组合	175	酒红、暗棕红色砂岩、泥岩杂以绿—黄色粉砂岩、泥岩夹泥灰岩，称杂色层	盐	咸水湖	湖泊
				下亚群	JL^1	湖泊泥岩—粉砂岩组合	1638	暗紫红色—深红色粉砂岩泥岩夹石英砂岩底部砾岩（5～20m）		淡水湖	湖泊

续表

年代地层			岩石地层单位及代号			沉积岩建造组合类型	厚度/m	岩性岩相简述	含矿性	沉积相	沉积体系
界	系	统	群	组	代号						
中生界	三叠系	上统		舍资组	$T_3\hat{s}$	湖泊砂岩—粉砂岩组合	423～1596	灰绿、黄绿色岩屑砂岩、长石石英砂岩夹粉砂岩、泥岩、碳质泥岩，上部夹紫红色泥岩		湖泊三角洲相	湖泊
				干海子组	T_3g	河湖相含煤碎屑岩组合	252～496	灰、灰黑、灰绿色砾岩、砂岩、页岩夹煤层组成的上细下粗的沉积旋回	煤		
				普家村组	T_3p	湖泊三角洲砂、砾岩组合	225～1133	灰绿色砾岩、含砾砂岩、砂岩、粉砂岩、页岩夹煤线组成的下粗上细沉积旋回			
上古生界	二叠系			峨眉山组	Pe	玄武质火山角砾岩—玄武岩建造组合	3688～5050	致密状、杏仁状玄武岩、火山角砾岩，上部夹凝灰质页岩			
		中统		阳新组	P_2y	陆表海灰岩组合	189～611	灰色厚层块状灰岩、虎斑状白云质灰岩夹白云岩		开阔台地	碳酸盐岩台地
				梁山组	P_2l	陆表海灰含煤碎屑岩组合	9～67	深灰、黄绿色砂岩、泥岩夹铝土岩与煤层	煤铝土矿	河口湾	河口湾
		下统		马平组	CPm	陆表海灰岩组合	32	浅灰色厚层块状灰岩、生物碎屑灰岩夹白云质灰岩		开阔台地	碳酸盐岩台地
	石炭系	上统		黄龙组	Ch	陆表海灰岩组合	24～75	灰白色—灰红色厚层块状灰岩、鲕粒、似鲕粒灰岩、生物碎屑灰岩			
		下统		大埔组	Cd	陆表海灰岩组合	12～122	灰白、灰色生物碎屑鲕状灰岩含燧石结核生物碎屑灰岩夹白云岩			
				万寿山组	C_1w	陆表海砂、泥岩组合	2～9	灰黄色粉砂岩、黑色页岩及灰岩		远滨	无障壁海岸
				炎方组	DCy	陆表海灰岩组合	44～70	浅灰—深灰色灰岩、假鲕状灰岩夹白云岩		开阔台地	碳酸盐岩浅海
	泥盆系	上统		宰格组	D_3z	陆表海白云岩组合	76～251	灰白、深灰色白云岩、角粒状白云岩夹钙质页岩与灰岩		局限台地	
		中统		海口组	D_2h	陆表海砂岩组合	43	黄白、灰绿色中厚层状细粒石英砂岩夹灰绿色砂质页岩		三角洲前缘	三角洲
下古生界	志留系	下统		大箐组	OSd	陆表海陆源碎屑—灰岩组合	56～211	白色、浅灰色白云质灰岩、夹灰岩与少量砂质页岩少量砂质页岩		局限台地	碳酸盐岩台地
	奥陶系	上统									
		中统		巧家组	Oq	陆表海砂、泥岩组合	120～266	灰绿色、白色细粒石英砂岩，杂色页岩、粉砂岩灰岩		潮坪	无障壁海岸
		下统		红石崖组	$O_1h\hat{s}$	陆表海砂、泥岩组合	189～389	杂色（紫红、灰绿等色）条带状互层的粉砂岩、页岩、细砂岩			
		下统		汤池组	O_1t	陆表海砂、泥岩组合	72～113	灰绿色页岩与褐黄、灰白色细粒石英砂岩互层			
	寒武系	中统		西王庙组	$€_2x$	陆表海泥岩、粉砂岩组合	77～104	紫红色粉砂岩、泥岩夹灰绿色粉砂岩、泥岩及灰岩、白云岩、石膏层	石膏	潮坪相	无障壁海岸
				双龙潭组	$€_2\hat{s}$	陆表海陆源碎屑—白云岩组合	176～216	灰、灰黄色中薄层白云岩、泥质白云岩夹钙质砂岩、页岩		局限台地	碳酸盐岩台地
				陡坡寺组	$€_2d$	陆表海陆源碎屑—灰岩组合	39～173	灰绿、黄绿色薄层砂岩、页岩与灰、黄灰色泥质白云岩、泥质灰岩互层			
		下统		龙王庙组	$€_1l$	陆表海陆源碎屑—灰岩组合	26～140	灰、深灰色中厚层状灰岩、泥质灰岩夹薄层砂岩、页岩			

续表

界	系	统	群	组	代号	沉积岩建造组合类型	厚度/m	岩性岩相简述	含矿性	沉积相	沉积体系
下古生界	寒武系	下统		沧浪铺组	ϵ_1c	陆表海砂泥岩组合	126～356	灰绿、紫红、黄绿色细—中粒砂岩、粉砂岩、页岩		潮坪相	无障壁海岸
				筇竹寺组	ϵ_1q	陆表海泥岩粉砂岩组合	126～251	灰黑、灰绿色页岩、粉砂质页岩、粉砂岩互层，下部为碳质粉砂岩			
新元古界	震旦系	上统		灯影组 中谊村段	$Z\epsilon\hat{z}$	陆表海硅质磷块岩—白云质磷块岩组合	11.6～49	蓝灰色薄—中层状鲕状、假鲕状硅质磷块岩、白云质磷块岩夹含磷砂质、黏土质页岩或含磷白云岩	磷矿	局限台地	碳酸盐岩台地
				灯影组	$Z\epsilon d$	陆表海白云岩组合	129～1048	下部灰白、浅灰色含硅质条纹粉晶白云岩，中部含燧石条带薄层白云岩，上部为含硅质条纹白云岩		开阔台地	碳酸盐岩台地
		下统		陡山沱组	Z_1d	陆表海白云岩组合	11.2	浅灰色薄层状泥质白云岩夹灰黑色薄层状碳泥质白云岩、底为0.2m厚的含砾砂岩		局限台地	碳酸盐岩台地
				观音崖组	Z_1g	陆表海砂泥岩组合	151～253	灰白、白色中粗粒石英砂岩夹浅灰色白云岩		三角洲前缘	三角洲
	南华系	上统		南沱组	Nh_2n	大陆冰川冰碛泥砾岩、冰水页岩组合	33～85	下部为褐红色冰碛泥砾岩，上部为紫红色冰水页岩		大陆冰川	冰川
		下统		澄江组	$Nh_1\hat{c}$	河流砂砾岩—砂岩夹火山岩组合	270～1890	底部为暗红色底砾岩，其上为暗紫红色、土黄色不等粒长石石英砂岩、岩屑砂岩夹黄绿色页岩、局部夹碱性玄武岩、粗安岩或酸性凝灰岩		辫状河相—淡水湖相	河流—湖泊
	青白口系			大营盘组 柳坝塘组	Qbd Qbl	碳质板岩—泥质板岩—白云岩组合 碳质板岩—泥质板岩—白云岩组合	2781.5 64-255.8	底部红色铁质砾岩夹赤铁矿，上部黑色碳质板岩中部黑色碳硅质板岩 底部暗紫红色砾岩夹铁矿，下部黑色碳质板岩夹白云岩，上部灰色粉砂质板岩夹硅质岩	铁	陆架泥	陆源碎屑浅海
中元古界	蓟县系		昆阳群	绿汁江组	$Pt_2l\hat{z}$	含硅质条带白云岩—结晶灰岩组合	1277～1971	灰、深灰色含硅质条纹白云岩夹灰岩、绢云板岩		开阔台地	碳酸盐岩台地
				鹅头厂组	Pt_2e	板岩—变质砂岩组合	861～1786	深灰、灰黑色板岩夹粉砂质板岩、灰岩、变质砂岩与硅质岩		陆架泥	陆源碎屑浅海
	长城系			落雪组	Pt_2l	白云岩夹硅质白云岩—泥质白云岩组合	105～506	灰白、肉红色藻白云岩夹硅质白云岩、泥沙质白云岩	铜	局限台地	碳酸盐岩台地
				因民组	Pt_2y	白云质砂质板岩—砂质白云岩—板岩组合	267.5～387.8	下部灰绿色火山质砾岩夹灰紫色白云质砂板岩，中上部紫红色砂质白云岩夹板岩与赤铁矿	铜、铁	局限台地	碳酸盐岩台地
				美党组	Pt_2m	绢云板岩—变质粉砂岩—钙质板岩组合	467～1085	绢云板岩、含泥灰岩透镜体钙质板岩夹变质粉砂岩与藻灰岩		陆架泥	陆棚碎屑浅海
				大龙口组	Pt_2d	蠕虫状灰岩—灰岩组合	650～2183	下部深灰色灰岩夹板岩，上部浅灰色蠕条状灰岩夹藻礁灰岩	铁	开阔台地	碳酸盐岩台地
				富良棚组	Pt_2f	板岩—变质砂岩—安山质凝灰岩组合	170.4	下部绢云板岩、钙质板岩夹石英粉砂岩、泥灰岩，上部安山质凝灰岩、层凝灰岩	铁	陆架砂坡	陆棚碎屑浅海
				黑山头组	$Pt_2h\hat{s}$	绢云板岩—变质石英粉砂岩—石英岩组合	2804～3508	发育粒序层理的石英粉砂岩与绢云板岩夹块状石英岩		斜坡扇	半深海
				黄草岭组	Pt_2h	绢云板岩—变质石英粉砂岩组合	＞661.3	绢云千枚状板岩、粉砂质千枚状板岩，下部夹泥质石英砂岩与砂质白云岩		陆架泥	半深海

注：本书地层归属暂做如下处理：①岩石地层序列中的马平组（CPm）相当于原1∶20万文山幅的上石炭统马平群（C_3m）、中石炭统威宁群（C_2w），昆明幅划分的中上石炭统（$C_{2\text{-}3}$）；②阳新组（P_2y）相当于原1∶20万昆明幅和文山幅划分的下二叠统阳新群［含栖霞组（P_1q）和上二叠统茅口组（P_1m）］。

该区铝土矿含矿地层为二叠系中统梁山组（P_2l），具有如下特征（云南省地质矿产局，1996）。

梁山组 P_2l（原 P_1l）

（1）创名及原始定义。创名于陕西省南郑县（原归汉中县）农丰乡梁山中梁寺（赵亚曾和黄汲清，1931 转引自云南省地质矿产局，1996）。黑色页岩，含劣质无烟煤及植物化石痕迹，直伏于含有 Tetraparara 的巫山石灰岩之下，而和志留纪笔石页岩直接接触。

（2）沿革。1965 年以前，谢家荣、陈根宝、金玉龙、盛金章等做过研究，称栖霞底部煤系、倒石头组、梁山组；贵州省地质局（1965）划为铜矿溪组；云南二区测队七分队、六分队（1969），云南二区调队一分队（1978），云南区调队八分队（1980），称为倒石头组、矿山组、梁山组；云南地矿局（1990）沿用梁山组。此次清理采用梁山组。

（3）现在定义。含煤碎屑岩。以黑色含铁质页岩为主，含劣质煤及泥岩、砂岩等。与上覆阳新组灰岩整合接触，界线分明。与下伏马平组灰岩呈平行不整合接触。

（4）层型。正层型为陕西省南郑县梁山中梁寺剖面。云南省次层型为沾益县天生坝剖面（103°48′，25°37′），由金玉龙 1963 年（转引自云南省地质矿产局，1996）测制。

（5）地质特征及区域变化。滨海—湖沼相沉积。灰色石英砂岩、灰黑色碳质泥质页岩夹煤层或煤线，上部夹灰岩或泥灰岩透镜体，下部夹铝土岩、铝土矿。与下伏上石炭统马平组或更老地层平行不整合接触。生物化石蜓：*Pisolina* sp.；珊瑚：*Protomichlinia siyangensis*；腕足类：*Spinomarginifera sintanensis*，*Spiriferella pentagonalis*；植物：*Sphenophyllum minor*，*Sphenopteris norinii*，*S. gothani*，*Lepidodendron vorium*，*ninghsiaense*，*Plagiozamites oblongifoeius*，*Pecopteris arcuata*，*P. yunnanensis* 等。

该地层分布于滇东昭通、宣威、曲靖、弥勒和滇中武定、玉溪、建水一带及华坪等地。自康滇古陆东侧往东，厚度增大，灰岩夹层增多。靠近古陆的禄劝恩泽河、嵩明黑营盘、玉溪凉水井、建水大寨一带为石英砂岩、页岩、铝土岩夹煤层或煤线，厚 4.3～14.17m。往东在昭通钻沟、会泽矿山厂、宣威热水大营、沾益老虎洞、富源三台坡一线，下部为石英砂岩、页岩、黏土岩；上部砂、页岩夹灰岩、泥质灰岩，局部夹煤层、煤线。厚度加大，达 21.4～41.5m，沾益老虎洞最厚为 224.8m。古陆西侧华坪龙洞河亦有零星出露，为铝土岩、页岩，底部有砾岩，厚 58m。

（6）其他。该组为含煤沉积，煤层一般位于中上部，呈透镜状，为烟煤或无烟煤，规模小，为民用煤和动力用煤。该组下部或上部含铝土矿，常与煤层互为消长关系，与劣质煤、耐火黏土共生，呈透镜状、似层状产出。矿石自然类型以一水硬铝石为主，次为胶铝石。该组还产硫铁矿，位于下部与劣质煤共生，呈透镜状，以黄铁矿为主，白铁矿次之，品位偏低。

3）昭通地层小区

昭通地层小区位于云南省东北部；西以小江断裂与昆明地层小区分界，南东以者海—待补一线为界与曲靖地层小区相邻。其地质发展与曲靖地层小区相似，在中元古界浅变质杂岩的基础上，从震旦系—三叠系中统也为一套陆表海沉积，但其特征更接近川南、黔北地区的同期沉积物。从晚三叠世晚期—早白垩世，则发育一套红色拗陷盆地沉积。该区岩石地层序列及特征，见表 2-10。

表 2-10　昭通地层小区岩石地层序列及特征

年代地层			岩石地层单位及代号			沉积岩建造组合类型	厚度/m	岩性岩相简述	含矿性	沉积相	沉积体系
界	系	统	群	组	代号						
新生界	第四系	全新统			Q_h			冲积、洪积层，现代河流旁侧、砾石、砂、黏土		河流相	河流
		更新统			Q_p			冲积高阶地沉积，棕色石砂层，砂砾层			
	新近系	上新统		茨营组	N_2c	河湖相含煤屑岩建造	181～366	灰、灰白色黏土，细砂，粉砂夹厚 1～95m 的褐煤层、砾岩	褐煤	淡水湖泊	湖泊
中生界	白垩系	下统		窝头山组	K_1w	湖泊三角洲砂砾岩	72～537	底部为红色砾岩，下部为红色含砾石英砂岩，上部为砖红色中—细粒长石石英砂岩，泥岩			
	侏罗系	上统		蓬莱镇组	Jp	湖泊泥岩—粉砂岩组合	159	灰绿、灰黄色含钙质泥岩、粉砂质黏土岩夹灰色灰岩、杂色泥质粉砂岩、粉砂质泥岩			
		中统									

续表

年代地层			岩石地层单位及代号			沉积岩建造组合类型	厚度/m	岩性岩相简述	含矿性	沉积相	沉积体系
界	系	统	群	组	代号						
中生界	侏罗系	中统		遂宁组	J_2s	湖泊泥岩—粉砂岩组合	303～412	砖红色泥岩、泥质粉砂岩夹紫红、灰黄色钙质泥岩、泥质灰岩		淡水湖泊	湖泊
				沙溪庙组	$J_2\hat{s}x$	湖泊泥岩—粉砂岩组合	475～786	下部紫红色细粒长石岩屑砂岩与同色粉砂质泥岩、泥质粉砂岩互层；上部为紫红色泥质粉砂岩夹灰紫色长石砂岩，钙质粉砂岩、灰绿色钙质泥岩、顶部为灰绿色钙质粉砂质泥岩夹紫红色泥岩及浅灰色灰岩			
		下统		自流井组	J_1z	湖泊泥岩—粉砂岩组合	93～270	紫红、暗红色粉砂质泥岩、泥岩粉砂岩紫红、灰绿色细粒石英砂岩、白云岩、泥质灰岩	石盐		
	三叠系	上统		须家河组	T_3x	河湖相含煤屑岩组合	141～552	灰黄、褐黄色厚层—块状细—中粒岩屑长石砂岩夹页岩、薄煤层，底部夹砾岩透镜体	煤	湖泊	湖泊
		中统		关岭组	T_2gl	陆表海陆源碎屑—灰岩组合	341～723	下部杂色长石岩屑砂岩、粉砂岩、泥岩夹灰岩、白云岩及不稳定的绿豆岩；中上部的浅灰、深灰色灰岩、白云岩夹少量蠕虫状灰岩、砂岩、泥岩		局限台地	碳酸盐岩台地
		下统		嘉陵江组	Tj	陆表海陆源碎屑—灰岩组合	71～190	浅灰色薄层状泥质灰岩、骨屑粉晶灰岩、蠕虫状灰岩夹白云质粉砂岩、泥岩		局限台地	碳酸盐岩台地
				飞仙关组	T_1f	陆表海泥岩粉砂岩夹砂岩组合	216～782	下部紫红色长石岩屑砂岩夹同色粉砂岩、粉砂质泥岩，上部紫红色泥质粉砂岩、粉砂质泥岩夹同色长石岩屑砂岩、灰色灰岩		潮坪	无障壁海岸
上古生界	二叠系	上统		龙潭组	P_3l	陆表海沼泽含煤碎屑岩组合	99～211	灰紫、黄绿色页岩、粉砂岩、砂岩夹煤层，上部夹灰岩、硅质岩	煤	三角洲平原	三角洲
		中统		峨眉山组	Pe	致密状玄武岩、杏仁状玄武岩、凝灰岩组合	745～1903	下部碱玄岩质火山集块岩、火山角砾岩。上部杏仁状玄武岩、致密状玄武岩夹凝灰岩	铜		
				阳新组	P_2y	陆表海灰岩组合	186～1071	上部深灰、灰白色灰岩、生物碎屑灰岩夹泥灰岩、虎斑状灰岩；下部浅灰、灰白色灰岩夹白云岩及假鲕状灰岩		开阔台地	碳酸盐岩台地
				梁山组	P_2l	陆表海沼泽含煤碎屑岩组合	27～228	浅灰色石英砂岩、灰黑色碳质泥岩页岩、泥质粉砂岩夹煤层、铝土矿及赤铁矿	煤铝土矿	三角洲平原	三角洲
		下统		马平组	CPm	陆表海灰岩组合	155	浅灰、灰色厚层块状灰岩夹白云质灰岩		开阔台地	碳酸盐岩台地
	石炭系	上统		黄龙组	Ch	陆表海灰岩组合	132～536	灰白、肉红色生物碎屑灰岩与鲕状灰岩互层夹白云质灰岩			
				大埔组	Cd	陆表海灰岩组合	163～186	灰白色生物碎屑灰岩、白云岩互层，夹白云质灰岩			
		下统		梓门桥组	Cz	陆表海灰岩组合	89～570	灰黑色灰岩、含燧石结核灰岩、白云岩互层夹白云质灰岩		开阔台地	碳酸盐岩台地
				万寿山组	C_1w	陆表海沼泽含煤碎屑岩组合	68～129	灰黑、褐黄色细粒石英砂岩、粉砂岩、页岩、碳质页岩夹煤层、泥灰岩	煤	临滨	无障壁海岸
				炎方组	DCy	陆表海灰岩组合	32～94	深灰色含燧石结核灰岩夹泥灰岩		开阔台地	碳酸盐岩台地
	泥盆系	上统		在结山组	D_3zj	陆表海灰岩组合	41～609	灰、灰黑色厚层块状白云岩、夹角砾状白云岩、灰岩			
		中统		曲靖组	D_2q	陆表海灰岩组合	52～289	上部黄绿、紫红色细砂岩、钙质页岩、灰岩，中部灰色灰岩，下部泥质灰岩、白云质灰岩，钙质页岩			

续表

年代地层			岩石地层单位及代号			沉积岩建造组合类型	厚度/m	岩性岩相简述	含矿性	沉积相	沉积体系
界	系	统	群	组	代号						
上古生界	泥盆系	中统		红崖坡组	D_2hy	陆表海泥岩组合	113～238	紫红色、黄绿色页岩、灰黑色白云质灰岩、石英细砂岩、粉砂岩互层		潮坪	无障壁海岸
				缩头山组	D_2st	陆表海砂泥岩组合	27～440	灰白、黄灰色细粒石英砂岩夹灰绿、灰黑色粉砂岩、砂岩互层	硅石	潮坪	无障壁海岸
		下统		箐门组	Dqm	陆表海泥岩粉砂岩组合	143～266	灰绿、黄绿色泥岩、粉砂质泥岩与黄灰色粉砂岩、灰色灰岩、泥质条带灰岩互层		潮坪	无障壁海岸
				坡脚组	D_1p	陆表海泥岩粉砂岩组合	160～350	灰绿、黄绿、灰黑色页岩夹灰岩或白云岩			
				坡松冲组	D_1ps	陆表海海陆交互相砂泥岩砾岩组合	8～165	灰白、灰黄色细粒石英砂岩夹薄层粉砂岩、粉砂质页岩		三角洲平原	三角洲
下古生界	志留系	上统		菜地湾组	S_3c	陆表海泥岩粉砂岩组合	58～211	紫红、暗紫红、灰绿色页岩、粉砂质页岩粉砂岩、上部夹砂泥质白云岩		陆架泥	陆源碎屑浅海
		中统		大路寨组	S_2d	陆表海泥岩粉砂岩组合	70～395	灰、灰绿色钙质泥岩、钙质粉砂岩夹泥灰岩、灰岩，下部夹一层笔石页岩			
				嘶风崖组	S_2s	陆表海泥岩粉砂岩组合	61～220	顶部为紫红色页岩、粉砂岩，中部为灰绿黄绿色页岩夹砂岩、灰岩			
		下统		黄葛溪组	S_1h	陆表海灰岩组合	72～167	上部灰色灰岩、鲕状灰岩，中部灰白色灰岩，下部深灰色灰岩、鲕状灰岩		开阔台地	碳酸盐岩台地
				新滩组	S_1x	陆表海泥岩粉砂岩组合	116	浅灰、绿、灰色页岩、粉砂岩夹细砂岩与泥灰岩		陆架泥	陆源碎屑浅海
				龙马溪组	OSl	陆表海泥岩粉砂岩组合	21～189	黑色碳质页岩、碳质硅质页岩夹硅质岩、泥灰岩透镜体			
	奥陶系	上统		大箐组	OSd	陆表海白云岩组合	85～369	灰—深灰色白云岩、泥质白云岩夹白云质灰岩、生物灰岩		开阔台地	碳酸盐岩台地
				宝塔组	Ob	陆表海灰岩组合	50	浅灰、深灰色中—厚层状龟裂纹灰岩、灰岩，顶部夹泥灰岩			
		中统		十字铺组	$O\hat{s}z$	陆表海陆源碎屑—灰岩组合	32～70	上部钙质粉砂岩夹泥灰岩，下部灰岩、鲕状灰岩夹页岩		台源浅滩	
		下统		湄潭组	O_1m	陆表海泥岩粉砂岩组合	166～262	灰绿，黄绿色页岩，砂质页岩、粉砂岩为主夹细砂岩与灰岩透镜体		潮坪	无障壁海岸
				红花园组	O_1hh	陆表海陆源碎屑—灰岩组合	18	灰、深灰色中—厚层灰岩、含燧石结核生物碎屑灰岩		开阔台地	碳酸盐岩台地
	寒武系	上统 中统		娄山关组	ϵOl	陆表海陆源碎屑—灰岩组合	117～578	灰—深灰色不等厚含燧石结核白云岩、泥质白云岩夹角砾状白云岩			
		下统		石龙洞组	$\epsilon_1\hat{s}l$	陆表海陆源碎屑—白云岩组合	67	灰色薄—厚层白云岩、泥质白云岩夹页岩		局限台地	碳酸盐岩台地
				清虚洞组	ϵ_1qx	陆表海陆源碎屑—灰岩组合	191	深灰色厚层泥质条带灰岩，厚层白云质灰岩夹粉砂岩和泥质泥质条带薄层			
				石牌组	$\epsilon_1\hat{s}$	陆表海砂泥岩组合	154～346	黄绿、灰绿及灰色中厚层细砂岩、薄层粉砂岩夹粉砂质泥岩、泥灰岩、灰岩		潮坪	无障壁海岸
				牛蹄塘组	ϵ_1n	陆表海泥岩粉砂组合	365	灰黑、黑色碳质页岩、碳质粉砂岩夹薄层细砂岩与灰岩透镜体			
中元古界	蓟县系		昆阳群	黑山头组	$Pt_2h\hat{s}$	绢云板岩变质石英粉砂岩夹石英岩组合	2804～3508	发育粒序层理的石英粉砂岩与绢云板岩夹块状石英岩	硅石	斜坡扇	半深海
				黄草岭组	Pt_2h	板岩—粉砂质板岩组合	>661.3	绢云千枚状板岩、粉砂质千枚状板岩，下部夹泥质石英砂岩与砂质白云岩		陆架泥	半深海

注：据云南省国土资源厅，2013。

该区铝土矿含矿地层为二叠系中统梁山组（P_2l）。鉴于二叠系中统梁山组（P_2l，原归为 P_1l）地层特征与前文昆明地层小区特征相同，此处不再赘述。

4）曲靖地层小区

曲靖地层小区西以小江断裂与昆明地层小区分界，南东以弥勒—师宗断裂带与个旧地层分区相邻，北以者海—待补一线为界与昭通地层小区分界。本小区的沉积作用在中元古界浅变质基底的基础上发展，从震旦系到三叠系中统均为一套陆表海沉积。从晚三叠世开始至早白垩世，则转入陆内拗陷盆地环境沉积。该小区岩石地层序列及特征，见表 2-11。

表 2-11 曲靖地层小区岩石地层序列及特征

年代地层			岩石地层单位及代号			沉积岩建造组合类型	厚度/m	岩性岩相简述	含矿性	沉积相	沉积体系
界	系	统	群	组	代号						
新生界	第四系	全新统			Q_h			现代河流河漫滩及Ⅰ、Ⅱ级阶地砾石、砂、黏土及现代湖泊沉积		河流相	河流
		更新统			Q_p			现代河流等阶地沉积之砾石、砂、黏土			
	新近系	上新统		茨营组	N_2c	河湖相含煤碎屑岩组合	279	灰、深灰色泥岩（黏土岩）、粉砂质泥岩、细粒长石石英砂岩、杂砂岩夹巨厚褐煤层	煤、天然气	淡水湖	湖泊
		中新统		小龙潭组	N_1x	河湖相含煤碎屑岩组合	104～505	上部浅灰色泥灰岩夹钙质泥岩与褐煤，下部灰白色泥岩、钙质泥岩夹褐煤	煤		
	古近系	渐新统		蔡家冲组	E_3c	湖泊泥灰岩—钙质72.1～187泥岩组合	72.1～186.94	浅色泥灰岩、泥质灰岩夹泥岩、钙质泥岩、细砂岩及少量砾岩			
		始新统		路南组	El	湖泊砂岩—粉砂岩组合	31.2～890.4	棕红色泥质砂岩、砂质泥岩夹灰黄、灰绿色钙质泥岩、泥灰岩与少量砾岩			
中生界	侏罗系	中统		遂宁组	J_2s	湖泊泥岩—粉砂岩组合	412	鲜红—紫红色泥岩为主，夹同色岩屑长石砂岩、粉砂岩		湖泊三角洲	湖泊
				沙溪庙组	$J_2\hat{s}x$	湖泊砂岩—粉砂岩组合	639～787	上部紫红色粉砂质泥岩、泥质粉砂岩夹紫红色细砂岩、灰绿色钙质泥岩、钙质粉砂岩；下部紫红色细砂岩与粉砂岩、粉砂质泥岩互层			
		下统		自流井组	J_1z	湖泊泥岩—粉砂岩组合	81～109	紫红、灰绿色粉砂质泥岩夹细粒岩屑砂岩、钙质粉砂岩生物碎屑灰岩	石盐	咸水湖	湖泊
	三叠系	上统		须家河组	T_3x	河湖相含煤碎屑岩组合	141	底部为黄灰长石岩屑砂岩、其上为灰黄色石英砂岩、粉砂岩夹粉砂质页岩、碳质页岩与烟煤层	煤	湖泊沼泽	湖泊
		中统		关岭组	T_2gl	陆表海陆源碎屑—灰岩组合	351～729	下部为杂色粉砂岩、泥岩夹灰岩，底部常有灰白色绿豆岩；中上部为灰岩、白云岩夹泥质灰岩及少量蠕虫状灰岩		局限台地	碳酸盐岩台地
		下统		嘉陵江组	Tj	陆表海陆源碎屑—灰岩组合	264～500	灰色灰岩、蠕虫状泥质灰岩、生物碎屑灰岩、泥灰岩夹黄绿色粉砂岩、粉砂质泥岩			
				飞仙关组	T_1f	远滨泥岩粉砂岩夹砂岩组合	216～782	紫红色粉砂质泥岩、泥质粉砂岩夹少量细砂岩		潮坪	障壁海岸
上古生界	二叠系	上统		宣威组	P_3x	陆表海沼泽含煤碎屑岩组合	260～321	底部砾岩、上为灰绿色细砂岩、粉砂岩、黏土岩及煤层	煤、菱铁矿	河口湾相	河口湾

续表

年代地层			岩石地层单位及代号			沉积岩建造组合类型	厚度/m	岩性岩相简述	含矿性	沉积相	沉积体系
界	系	统	群	组	代号						
上古生界	二叠系	上统		峨眉山组	Pe	致密状玄武岩、杏仁状玄武岩、凝灰岩组合	745～1903	下部碱玄岩质火山集块岩、火山角砾岩。上部杏仁状玄武岩、致密状玄武岩夹凝灰岩	铜		
		中统		阳新组	P_2y	陆表海灰岩组合	657	灰白色含燧石结核—条带生物碎屑灰岩、虎斑状白云质灰岩间互层		开阔台地	碳酸盐岩台地
				梁山组	P_2l	陆表海沼泽含煤碎屑岩组合	21.4～41.5	灰色石英砂岩、灰黑色碳质泥质页岩夹煤层，下部夹铝土矿	煤铝土矿	三角洲平原	三角洲
		下统		马平组	CPm	陆表海灰岩组合	23.9～67.5	浅灰、灰色厚层块状灰岩为主，夹白云质灰岩		开阔台地	碳酸盐岩台地
	石炭系	上统		黄龙组	Ch	陆表海灰岩组合	68～168	灰白色厚层块状灰岩、生物碎屑灰岩、鲕粒、似鲕粒灰岩			
				大埔组	Cd	陆表海灰岩组合	28～122	浅灰色、灰色灰岩、生物碎屑灰岩夹白云质灰岩、白云岩			
	石炭系	下统		梓门桥组	Cz	陆表海灰岩组合	45～320	含燧石结核或条带的深灰色中厚层泥质灰岩、生物碎屑灰岩夹白云质灰岩与白云岩			
				万寿山组	C_1w	陆表海沼泽含煤碎屑岩组合	45.4	灰色石英砂岩、粉砂岩、碳质页岩夹煤层及灰绿、紫红色铝土岩、灰岩、硅质岩	煤铝土矿	临滨	无障壁海岸
				炎方组	DCy	陆表海灰岩组合	73～170	深灰、灰黑色及中厚层灰岩、泥质灰岩、含燧石结核灰岩、夹白云质灰岩		开阔台地	碳酸盐岩台地
	泥盆系	上统		再结山组	D_3zj	陆表海灰岩组合	113～774	下部厚层状灰岩、夹白云岩，上部白云岩、灰岩、白云质灰岩互层			
				一打得组	D_3y	陆表海灰岩组合	160～250	灰色页岩与灰色泥灰岩或钙质页岩不等厚互层			
		中统		曲靖组	D_2q	陆表海灰岩组合	402	深灰、灰褐灰色中—厚层灰岩、泥质灰岩、泥灰岩夹白云岩、白云质灰岩、层孔虫珊瑚礁灰岩及页岩		开阔台地	碳酸盐岩台地
				西冲组	Dx	陆表海砂泥岩组合	200～546	下部粉砂质泥岩—砂岩，中部为白云岩，上部为细粉石英砂岩、泥质粉砂岩		三角洲前缘	三角洲
		下统		翠峰山组	D_1c	陆表海砂泥岩组合	1172～1951	底部细粒石英砂岩、页岩，中部钙质泥岩夹泥晶灰岩，上部泥岩泥质粉砂岩、石英砂岩		前三角洲	三角洲
下古生界	志留系	上统		玉龙寺组	S_3y	陆表海泥岩、粉砂岩组合	183～399	黑色、灰黑色易剥页岩为主，夹深灰、灰黑色灰岩及砂岩		潮坪	障壁海岸
				妙高组	S_3m	陆表海陆源碎屑—灰岩组合	243～1384	灰、灰绿色页岩与瘤状灰岩互层		局限台地	碳酸盐岩台地
				关底组	S_3g	陆表海砂泥岩组合	201～694	紫红、褐红、灰、灰绿等杂色页岩、粉砂岩夹少许灰岩、泥质灰岩及砂岩		潮坪	障壁海岸
	寒武系	中统		双龙潭组	€$_2$ŝ	陆表海陆源碎屑—白云岩组合	200～300	灰、灰黄色中—薄层状白云岩、泥质白云岩夹钙质砂岩、页岩		局限台地	碳酸盐岩台地
				陡坡寺组	€$_2d$	陆表海陆源碎屑—灰岩组合	29～95	灰、黄、黄绿色薄层砂岩、页岩、瘤状灰岩互层			
		下统		龙王庙组	€$_1l$	陆表海灰岩组合	35～208	灰、深灰色中—厚层灰岩、泥质灰岩夹少量、白云质灰岩、白云岩、细砂岩、页岩			

续表

年代地层			岩石地层单位及代号			沉积岩建造组合类型	厚度/m	岩性岩相简述	含矿性	沉积相	沉积体系
界	系	统	群	组	代号						
下古生界	寒武系	下统		沧浪铺组	ϵ_1c	陆表海砂泥岩组合	126～356	灰绿、紫红、黄绿等色砂岩、粉砂岩、页岩，下部岩石为灰绿、紫红色、细—中粒砂岩、粉砂岩、页岩，上部为黄绿色粉砂质页岩、粉砂岩		潮坪相	障壁海岸
下古生界	寒武系	下统		筇竹组	ϵ_1q	陆表海泥岩粉砂岩组合	200～462	下部黑色泥质粉砂岩夹泥质白云岩；上部黑色泥质页岩与粉砂岩			
下古生界	寒武系	下统		灯影组中谊村段	$Z\epsilon\hat{z}$	陆表海硅质磷块岩—白云质磷块岩组合	13～311	灰绿、深灰色泥质白云岩、磷块岩、含磷硅质岩、硅质岩、粉砂岩；底部紫红色页岩	磷块岩	局限台地相	碳酸盐岩台地
新元古界	震旦系	上统		灯影组	$Z\epsilon d$	陆表海白云岩组合	655～1256	下部灰白色内碎屑白云岩夹泥质白云岩；中部灰黑色含燧石条带或团块的薄白云岩；上部灰白色硅质白云岩夹紫红、灰绿色泥质粉砂岩		局限台地相	碳酸盐岩台地
新元古界	震旦系	下统		观音崖组	Z_1g	陆表海砂泥岩组合	72.4～183	底部为白色细砾岩或含砾石英砂岩，其上为浅色石英砂岩夹灰紫色钙质页岩、泥质粉砂岩、白云岩		三角洲平原	三角洲
新元古界	南华系	上统		南沱组	Nh_2n	大陆冰川冰碛砾岩冰水页岩组合	47～60	下部为褐红色冰碛泥砾岩，上部为紫红色冰水页岩		大陆冰川相	冰川
新元古界	南华系	下统		牛头山组	Nh_1nt	陆表海泥岩粉砂岩组合	496	灰绿、黄绿色杂以灰紫色泥岩、粉砂岩互层夹硅质岩、流纹质凝灰岩、细粒长石石英砂岩		潮坪	陆缘碎屑滨海
新元古界	南华系	下统		陆良组	Nh_1l	陆表海海陆交互砂泥岩夹砾岩组合	1391	下部灰、灰白色含砾岩屑砂岩、泥质粉砂岩夹灰紫色粉砂质泥岩；上部灰紫色岩屑砂岩夹灰绿色泥质粉砂岩、凝灰岩		三角洲前缘	三角洲
中元古界	蓟县系		昆阳群	鹅头厂组	Pt_2e	板岩—粉砂质板岩组合	861～1786	深灰、灰黑色板岩夹粉砂质板岩、灰岩、变质砂岩与硅质岩		陆架泥	浅海
中元古界	长城系		昆阳群	黑山头组	$Pt_2h\hat{s}$	绢云板岩—变质石英粉砂岩夹石英岩组合	2804～3508	发育粒序层理的石英粉砂岩与绢云板岩夹块状石英岩	硅石	斜坡扇	半深海
中元古界	长城系		昆阳群	黄草岭组	Pt_2h	板岩—粉砂质板岩组合	>661.3	绢云千枚状板岩、粉砂质千枚状板岩，下部夹泥质石英砂岩与砂质白云岩		陆架泥	浅海—半深海

注：据云南省国土资源厅，2013。

该区铝土矿含矿地层为二叠系中统梁山组（P_2l）和二叠系上统宣威组（P_2x）。二叠系中统梁山组（P_2l，原归为 P_1l）地层特征仍与前文昆明地层小区特征相同。二叠系上统宣威组（P_2x）描述，具有如下特征（云南省地质矿产局，1996）。

宣威组（P_2x）

（1）创名及原始定义。创名于宣威打锁坡，原称宣威煤系（谢家荣，1941）。原始定义：玄武岩之上，飞仙关组之下的黄绿色页岩、粗砂岩、煤层及砂质页岩。富含大羽羊齿植物群。

（2）沿革。贵州地质局（1965）将下部称宣威煤组，上部称卡以头组；贵州地质局 108 队（1973）将宣威煤组改称宣威群，据生物将卡以头组归入飞仙关组下段；云南二区测队六分队（1975）将下部含大羽羊齿植物群的含煤砂页岩称宣威组，上部黄绿色砂页岩过渡层划入飞仙关组 a 段；《西南地区区域地层表》（1978）和《云南省区域地质志》（1990）中采用上述划分。此次清理按岩性特征将过渡层划归宣威组，紫红色层出现开始划为飞仙关组。

（3）现在定义。含煤陆相沉积。黄、灰绿色细砂岩、粉砂岩、黏土岩、页岩及煤层，偶夹菱铁矿，富含大羽羊齿植物群。下以底砾岩与峨眉山玄武岩分界，呈平行不整合接触。上以紫红色泥质砂岩、砂岩夹页岩，含叶肢介等化石为飞仙关组，与其整合接触。

（4）层型。正层型为宣威县打锁坡煤田剖面，谢家荣等 1941 年测制。

（5）地质特征及区域变化。该组下部灰、黄绿色细砂岩、粉砂岩、粉砂质泥岩、泥岩，底部为砾岩。中部灰、黄绿色粉砂岩、泥质粉砂岩、粉砂质泥岩、碳质泥岩互层夹煤数层和少量细砂岩。上部黄绿、灰绿色细砂岩、粉砂岩、粉砂质泥岩。生物化石，植物：*Gigantopterisdictyophylloides*，*Gigantonoclea guizhouensis*，*Lobatannularia Cathaysiana*，*Lepidodendron*，*AnnuLaria pingleensis*；双肢介：*Lioestheria fuyutanensis*，*L.leibinensis*，*Palaeolimandia xuanweiensis*。时代为晚二叠世中期—早三叠世早期，为跨系岩石地层单位。

该地层分布于盐津—昭通、鲁甸—会泽、宣威—富源、师宗—弥勒一带，呈南北向展布。南北变化不大，东西变化明显，厚 72～384.5m。西部靠近康滇古陆会泽塘塘地，下部为玄武质砾岩，上部为黄绿色砂页岩，不含煤，厚 44.3m。往东至宣威打锁坡为灰、灰绿色砂页岩，中、上部含可采煤 3 层，厚 384.5m。东南部富源糯木、曲靖清水沟一带，见少量海相夹层，为粉砂岩、细砂岩、黏土岩、页岩夹菱铁矿、黄铁矿层，含煤 30 层，单层厚 0.2～5.37m，可采煤 10 余层，厚 260～321.46m。再往东南渐向龙潭组过渡。

（6）其他。为含煤沉积，煤层分布在滇东盐津—镇雄、宣威—富源、弥勒等地，蕴藏量十分丰富，是云南主要的富煤区。成煤环境为陆相和滨海沼泽相，可采煤层位于该组中上部，煤层稳定，厚度大，可采煤达十余层，煤种较全。

5）个旧地层分区

个旧地层分区位于东南地层区东部，北西以弥勒—师宗断裂为界与曲靖地层小区分界；南东以红河断裂带为界与金平地层小区为邻，以富宁—邱北—鲁布革一带的三叠纪相变线为界与富宁地层小区为邻。该分区在古元古界瑶山岩群、猛洞岩群中深变质杂岩的基底上发展，南华系—震旦系为一套陆缘斜坡半深海环境沉积（屏边群）；从寒武系—奥陶系发育陆源碎屑—碳酸盐岩台地；泥盆系—二叠系发育陆缘碳酸盐岩台地，从早泥盆世晚期开始出现浅水台地与半深水台沟间互分布的构造古地理格局，显示了区域性的地壳裂解作用，二叠纪八布洋盆的出现可能是这一裂解作用的最终产物；但这一洋盆很快在二叠纪末就闭合了，八布蛇绿混杂岩证明了这一洋盆闭合后的残迹。三叠纪开始，分区东南隅发育一被动陆缘，出现陆坡—陆隆环境与陆棚碳酸盐岩台地并存的环境，形成了半深海浊积岩与碳酸盐岩台地间互分布的特点。该分区岩石地层序列及特征，见表 2-12。

表 2-12　个旧地层分区岩石地层序列及特征

年代地层			岩石地层单位及代号			沉积岩建造组合类型	厚度/m	岩性岩相简述	含矿性	沉积相	沉积体系
界	系	统	群	组	代号						
新生界	第四系	全新统			Q_h			冲积、洪冲积、湖积砾石、砂、黏土堆积		河流相	河流
		更新统			Q_p			河流（现代）高阶地冲积、洪冲积砾石层夹不等粒砂层			
	新近系	上新统		茨营组	N_2c	河湖相含煤碎屑岩组合	100～145	黄白色、浅灰色砾岩、含砾粗砂岩、长石石英砂岩、粉砂岩、碳质页岩及煤层	褐煤	淡水湖泊	湖泊
		中新统		小龙潭组	N_1x	河湖相含煤碎屑岩组合	44.9～505	下部灰色砂砾岩，中部灰、灰白色泥岩、钙质泥岩及褐煤，上部浅灰、灰白色泥灰岩夹钙质泥岩及褐煤	褐煤		
	古近系	渐新统		蔡家冲组	E_3c	湖泊泥灰岩组合	72～187	浅灰色泥灰岩、泥质灰岩夹泥岩、钙质泥岩、细砂岩			
		始新统		砚山组	Ey	湖泊三角洲砂、砾岩组合	624～818.6	细砾岩、含砾砂岩夹砂岩、粉砂岩	膨润土 沸石	淡水湖泊	湖泊

续表

年代地层			岩石地层单位及代号			沉积岩建造组合类型	厚度/m	岩性岩相简述	含矿性	沉积相	沉积体系
界	系	统	群	组	代号						
中生界	三叠系	上统		火把冲组	T_3h	海陆交互含煤碎屑岩组合	921～1080	黄灰—灰黑色含砾石英砂岩、石英砂岩、粉砂岩、页岩夹碳质页岩、煤层及灰岩组成的多个沉积旋回	煤	三角洲平原	三角洲
				把南组	T_3b	远滨泥岩、粉砂岩夹砂岩组合	1130～1936	下部灰、黄色细粒岩屑石英砂岩、粉砂岩、泥岩互层；中部黄灰色页岩夹细砂岩，上部灰色粉砂质页岩、粉砂岩与细砂岩互层		陆棚	陆源碎屑浅海
		中统		法郎组	Tf	台地陆源碎屑—碳酸盐岩组合	650～1094	下部灰绿色粉砂岩夹灰岩，中部深灰色粉砂质泥岩、粉砂岩夹生物碎屑灰岩、鲕状岩及锰矿层，上部粉砂岩、鲕状灰岩、生物碎屑灰岩、含锰灰岩及锰矿层	锰	台缘浅滩	碳酸盐台地
				个旧组	T_2g	开阔台地碳酸盐岩组合	910～2500	底部灰岩与页岩互层，中下部以灰色白云岩为主，夹白云质灰岩及灰岩，上部为灰色灰岩夹白云质灰岩及白云岩		开阔台地	
		下统		嘉陵江组	Tj	台地陆源碎屑—碳酸盐岩组合	400～1200	深灰色隐晶质灰岩、蠕虫状泥质灰岩夹少量白云岩及砂、页岩		局限台地	
				洗马塘组	T_1x	前滨—临滨砂泥岩组合	150～297	黄、灰绿色为主，少量为紫红色的一套页岩、粉砂岩、细砂岩夹灰岩、泥质灰岩		临滨远滨	无障壁海岸
上古生界	二叠纪	上统		吴家坪组 / 龙潭组	P_3w / P_3l	台地潮坪—局限台地碳酸盐岩组合 / 海陆交互含煤碎屑岩组合	89.4～743.1 / 33.9～372	含燧石团块薄层灰岩、泥灰岩、生物碎屑灰岩夹白云质灰岩、白云岩，下部褐黄、棕红色铝土岩、铝土质泥岩 / 下部硅质岩夹凝灰质砂岩、粉砂岩、生物灰岩，上部黄、紫红色粉砂岩、硅质岩夹煤多层	铝土矿 / 煤	局限台地 / 三角洲平原	碳酸盐台地 / 三角洲
				峨眉山组	Pe	致密状玄武岩、杏仁状玄武岩、凝灰岩组合	745～1903	下部碱玄岩质火山集块岩、火山角砾岩。上部杏仁状玄武岩、致密状玄武岩夹凝灰岩	铜		
		中统		阳新组	P_2y	开阔台地碳酸盐岩组合	544～747	下部深灰色含燧石结核灰岩，上部浅灰色虎斑状灰岩、细晶灰岩夹白云岩		开阔台地	碳酸盐台地
		下统		马平组	CPm	开阔台地碳酸盐岩组合	114～313	浅灰色中厚层状生物碎屑灰岩夹白云质灰岩			
	石炭系	上统									
		下统		黄龙组	Ch	开阔台地碳酸盐岩组合	138～421	灰白色厚层状块状灰岩、生物碎屑灰岩、鲕粒、似鲕粒灰岩			
				炎方组	DCy	开阔台地碳酸盐岩组合	32～94	深灰色中厚层状泥质灰岩、含燧石团块灰岩、白云岩			
	泥盆系	上统		革当组	D_3g	开阔台地碳酸盐岩组合	201～732	浅灰色、红棕色结晶灰岩、鲕状灰岩夹灰岩、泥质灰岩、白云岩			
		中统		东岗岭组	D_2d	开阔台地碳酸盐岩组合	380～553	浅灰色、灰色结晶灰岩夹白云质灰岩、泥灰岩			
				古木组	Dg	开阔台地碳酸盐岩组合	192～1282	底部为白云岩夹少量泥灰岩，中部为灰色灰岩夹白云质灰岩，顶部为白云质灰岩、白云岩夹泥岩			
		下统									
		下统		坡脚组	D_1p	远滨泥岩粉砂岩组合	134～313	灰绿、灰黑色页岩、泥岩、粉砂质泥岩夹泥灰岩		远滨	无障壁海岸
				坡松冲组	D_1ps	陆表海海陆交互相砂泥岩砾岩组合	150～370	灰白、灰黄色细粒石英砂岩夹薄层粉砂岩、粉砂质页岩		三角洲前缘	三角洲

续表

年代地层			岩石地层单位及代号			沉积岩建造组合类型	厚度/m	岩性岩相简述	含矿性	沉积相	沉积体系
界	系	统	群	组	代号						
下古生界	奥陶系	中统		木同组	O_2m	开阔台地碳酸盐岩组合	287	灰色中厚层—厚层结晶灰岩、泥质灰岩		开阔台地	碳酸盐台地
				冷水沟组	O_2l	前滨—临滨砂泥岩组合	102～190	黄、黄绿色泥质砂岩、粉砂岩夹石英砂岩、页岩、泥灰岩		潮坪	陆源碎屑滨海
		下统		老寨组	O_1l	前滨—临滨砂泥岩组合	604～813	灰白、灰黄色中厚层细粒石英砂岩、含长石石英砂岩夹灰绿、黄绿色页岩、粉砂岩			
		下统		闪片山组	$O_1\hat{s}p$	开阔台地碳酸盐岩组合	260～380	灰—深灰色生物碎屑灰岩、鲕状灰岩、泥质灰岩、白云质灰岩		开阔台地	碳酸盐台地
				独树柯组	$O_1d\hat{s}$	前滨—临滨砂泥岩组合	55～355	灰白—灰绿色中厚层—块状石英砂岩夹灰绿色粉砂岩及页岩		潮坪	陆源碎屑滨海
				下木都底组	O_1xm	台地陆源碎屑—碳酸盐岩组合	88～391	灰色鲕状灰岩、生物碎屑灰岩、泥质灰岩夹少量白云质灰岩及泥页岩		台缘浅滩—潮坪	碳酸盐台地
	寒武系	上统		博莱田组	ЄOb	台地陆源碎屑—碳酸盐岩组合	248～1526	中下部浅灰、灰绿色砂质泥岩，泥质粉砂岩夹深灰色泥质灰岩、灰岩；上部灰白、浅灰色厚层灰岩、白云岩、白云质灰岩夹板岩、砂质泥岩			
				唐家坝组	Є$_3t$	台地陆源碎屑—碳酸盐岩组合	735～1521	灰、深灰色薄层泥质条带灰岩、灰岩与粉砂质泥岩、泥岩、泥质粉砂岩互层，夹白云质灰岩、白云岩			
		中统		龙哈组	Єl	台地陆源碎屑—碳酸盐岩组合	588～1956	深灰、浅灰色厚层白云岩、白云质灰岩夹少量薄层粉砂岩、粉砂质泥岩、页岩			
				田蓬组	Є$_2t$	台地陆源碎屑—碳酸盐岩组合	332～1259	浅灰、灰绿、灰黑色泥质条带灰岩、白云质灰岩与页岩、粉砂质泥岩互层			
		下统		大寨组	Єd	远滨泥岩粉砂岩组合	23～251	黄绿、黄、黄红色页岩、粉砂质页岩夹少量同色粉砂岩		陆架沙坡	陆源碎屑浅海
		下统		冲庄组	Є$_1\hat{c}\hat{z}$	远滨泥岩粉砂岩夹砂岩组合	143～446	灰白、黄白色细粒石英砂岩、长石石英砂岩、石英粉砂岩夹黄绿色粉砂岩、粉砂质页岩、页岩			
新元古界	震旦系			浪木桥组	ZЄl	远滨泥岩粉砂岩组合	78～695	灰黑色碳质页岩、泥质粉砂岩夹含磷粉砂岩、磷块岩透镜体、白云质灰岩，底部有砂砾岩	磷	陆架泥	
	南华系		屏边群		Nh—Zp	绢云板岩、粉砂质板岩夹板岩组合	＞4238	绢云板岩、绢云粉砂质板岩夹含砾板岩、变质粉砂岩		斜坡扇	半深海
古元古界			猛洞岩群		Pt_1M	变粒岩—片麻岩石英片岩组合		黑云斜长片麻岩、变粒岩夹二云片岩、斜长角闪岩			
			瑶山岩群		Pt_1Y	变粒岩—浅粒岩黑云斜长角闪岩组合	＞3743视厚度	黑云斜长变粒岩—片麻岩、角闪斜长变粒岩—片麻岩夹斜长角闪岩			

注：据云南省国土资源厅，2013。

该区铝土矿含矿地层为二叠系上统吴家坪组（P_3w）或龙潭组（P_3l），具有如下特征（云南省地质矿产局，1996）。

吴家坪组（P_2w）

（1）创名及原始定义。创名于陕西省南郑县吴家坪（卢衍豪，1956，转引自云南省地质矿产局，1996）。原始定义：代表陕西汉中梁山区上二叠统的中上部。上部主要为暗灰色厚层状及块状灰岩及灰色块状、积云状灰岩，下部除有厚层状及块状灰岩外，薄层灰岩亦极发育。富含燧石。

（2）沿革。广西地质局（1965）划为上二叠统；云南二区测队二分队（1976）引用吴家坪组、长兴组，后多沿用吴家坪组、长兴组。此次清理因吴家坪组、长兴组岩性难以划分，合并采用吴家坪组。

（3）现在定义。整合于阳新灰岩与大冶组泥灰岩之间的地层序列，为灰色中厚层—厚层、块状含燧石团块的泥晶灰岩、生物碎屑灰岩，底部稳定地发育一层厚度不大的含鲕粒的铁铝质泥质岩（王坡段），其底作为该组的底界。

（4）层型。本省次层型为麻栗坡县铁厂剖面（105°02′，23°22′）。由云南二区测队二分队1978年测制。

（5）地质特征及区域变化。滨海—浅海台地相沉积。下部褐黄、棕红色铝土岩、铝土质泥岩；中上部深灰、灰黑色中—薄层灰岩、泥灰岩、生物灰岩、白云质灰岩，局部夹硅质岩。下与峨眉山玄武岩平行不整合或超覆于阳新组、马平组之上。生物化石有腕足类：*Squamularia* cf. *wangsiana*，*Palaeofusulina cf. wangi*，*P. simplex*，*P. sinensis*，*Nankinella minor*；珊瑚：*Waagenophyllum*（*Liangshanophyllum*）*aff.lui*，*Waagenophyllum indicum*；菊石：*Tapashanites* sp.，*Xenaspis* sp.，*Sinoceltites cf. curvatus*，*Huananoceras* sp.；双壳类：*Pseudomonotis diana* 及有孔虫等。时代属晚二叠世中至晚期。

该地层分布于滇东南广南海尾、里洋、板茂及麻栗坡铁厂等地。另外在威信、丽江也有出露。各地岩性不一，变化较大，海尾、里洋及麻栗坡铁厂一带为灰岩、泥灰岩、生物碎屑灰岩夹白云质灰岩、白云岩，底部夹铝土岩、劣质煤、黄铁矿层，厚89.4～743.1m。威信、镇雄大乌峰山一带为泥质灰岩，生物碎屑灰岩夹页岩、粉砂岩，局部夹煤，与下伏龙潭组整合接触，厚15～30m。丽江泸沽湖、宜底、窝木古为泥灰岩、泥质灰岩、燧石团块灰岩、沥青灰岩夹粉砂质泥岩、粉砂岩及玄武岩、凝灰岩，厚503.4～1730.9m，与下伏峨眉山玄武岩整合接触。

龙潭组（P_3l）

（1）创名及原始定义。创名于南京附近之龙潭（丁文江，1919）。原始定义：在《扬子江下游之地质》中最后命名的一个地层单位，见于南京附近龙潭。为南京诸山中唯一已开采的煤矿。故用龙潭之名称，这一含煤地层为龙潭煤系，时代定为二叠纪。

（2）沿革。广西地质局（1965）划为上二叠统；云南二区测队二分队（1970）引用龙潭组，后被广泛采用。

（3）现在定义。下部深灰色砂、页岩互层为主，顶见含蜓灰岩；中部黄褐色厚层长石石英砂岩、铝土质泥岩、页岩夹煤层，含植物；上部黑色页岩为主夹薄层灰岩及细砂岩，含腕足类等。下与孤峰组硅质页岩、含钙含碳质页岩为界，上与长兴组灰岩出现为界，均为连续沉积。

（4）层型。选层型为江苏省江宁县淳化镇天宝山剖面（118°58′，32°58′），许汉奎1959年实测（转引自云南省地质矿产局，1996）。本省次层型为文山县者黑冲剖面（104°08′，23°23′），云南二区测队二分队1976年测制。

（5）地质特征及区域变化。云南境内为海陆交互相含煤沉积。灰紫、棕黄色粉砂质泥岩、泥质粉砂岩、泥岩、碳质页岩，中部夹煤层、煤线，顶、底部具硅质岩夹层，与下伏峨眉山玄武岩呈平行不整合接触，局部超覆于上石炭统之上。生物化石有植物：*Gigantopteris nicotianaefolia*，*Lobatannularia* sp.；腕足类：*Oldhamina decipiens*，*Leptodus nobilis*，*Waagentes soochowensis*；蜓：*Godonofusiella tenuissima*，*Reichelina media* 等。时代属晚二叠世中期。

该地层分布于丘北大铁、姑祖寨，文山者黑冲、焦煤厂，富源余家老厂和威信等地。呈北东向展布，北厚南薄，厚29.2～372.39m。南部靠近屏马古陆文山望城坡含煤较差，夹硅质岩，厚33.9m。丘北姑祖寨一带下部硅质岩夹凝灰质砂岩、粉砂岩和少量生物灰岩；上部黄、紫红色粉砂岩、硅质岩夹煤，厚262.7m。富源余家老厂下部块状灰岩、生物灰岩、白云质灰岩；上部黄绿、深灰色粉砂岩、细砂岩和砂质、碳质、泥质页岩、黏土岩夹灰岩、菱铁矿和煤26层，厚372.39m。

（6）其他。普遍含煤，一般煤层变化大，厚度小，唯有镇雄一带及富源余家老厂，煤层较好，形成煤田，并赋存具工业意义的硫铁矿。煤层位于该组中上部。在文山、砚山、丘北大铁等地，该组下部含铝土矿形成矿床，矿体呈似层状，透镜状，矿石自然类型以一水硬铝石为主。

二、成矿区划分

本书“成矿区”是指云南省铝土矿成矿作用相对集中、某些矿床类型特别发育、矿床或矿（化）点密集分布的区域。

云南省铝土矿主要集中分布于滇东南（文山）、滇中（昆明—玉溪一带）、滇东北（会泽—昭通一带）和滇西（鹤庆—宁蒗一带）4 个区域，以前 2 个区为主。对比云南省Ⅰ～Ⅳ级成矿带划分，上述 4 区分属华南成矿省和上扬子成矿省（表 2-13、图 2-1）。对云南省铝土矿的成矿区划分，前人从未开展过专门的研究工作。为此，本书以云南省铝土矿资源潜力评价成果为基础，结合全省铝土矿分布特征及勘查情况，重新划分云南省铝土矿成矿区。

对应云南Ⅳ级（矿带）特点，结合云南省铝土矿分布特点，本书将云南省铝土矿划分为 4 个成矿区，其中上扬子成矿省 3 个，即滇中成矿区、滇东北成矿区和滇西成矿区，华南成矿省 1 个，即滇东南成矿区（表 2-13、图 2-9）。

滇东南成矿区位于华南成矿省内，主要分布于文山—平远街以东，富宁以西，邱北—广南以南的广大区域内，此外在富宁以东谷拉地区尚有个别矿点存在。目前，云南省境内存在的大中型铝土矿均分布在该成矿内，其资源量占云南省铝土矿总资源量的 83%。沉积型和堆积型铝土矿均有分布，其中堆积型铝土矿资源量所占比例较大，约占该成矿区资源总量的 85%，Al_2O_3 平均品位为 40%～60%，A/S 比值为 5～10。

滇中成矿区、滇东北成矿区和滇西成矿区位于上扬子成矿省内，其内部分的铝土矿矿床（点）均为小型和矿点规模，总体工作程度较低。前人对分布在昆明滇池周边（梁秋原等，2013）及大理鹤庆地区的铝土矿矿床（点）（云南省有色地质局，2012；张玉兰等，2012；雷阳艾等，2013；吴春娇等，2014）开展过少量普查工作，研究成果显示铝土矿矿床（点）类型以沉积型铝土矿为主，产于中二叠统梁山组和上三叠统中窝组含铝岩段中，Al_2O_3 平均品位为 44%～68%，A/S 比值为 2.6～9.0。对分布在滇东北成矿区内会泽朱家村一带的含铝岩系开展研究，成果显示该区铝土矿化以沉积型为主，矿化层位为上二叠统宣威组，Al_2O_3 品位为 34.49%～53.56%，A/S 比值为 1.2～2.5（王正江等，2016）。

表 2-13　云南省Ⅰ-Ⅳ级成矿带及铝土矿成矿区划分表

<table>
<tr><th>Ⅰ级（成矿域）</th><th>Ⅱ级（成矿省）</th><th>Ⅲ级（成矿带）</th><th>Ⅳ级（矿带）</th><th>成矿区</th></tr>
<tr><td rowspan="12">Ⅰ1（全国编号Ⅰ-3）特提斯成矿域</td><td rowspan="3">Ⅱ1 腾冲（造山系）成矿省（全国编号：Ⅱ-10 改则—那曲—腾冲<造山系>成矿省）</td><td>Ⅲ1（全国编号：Ⅲ-43 拉萨地块<冈底斯岩浆弧>Cu-Au-Mo-Fe-Sb-Pb-Zn 成矿带）</td><td>Ⅳ1 独龙江<岩浆弧>Au-Pb-Zn 矿带</td><td></td></tr>
<tr><td rowspan="2">Ⅲ2 腾冲（岩浆弧）Sn-W-Be-Nb-Ta-Rb-Li-Fe-Pb-Zn-Au 成矿带（Mz；Kz）（全国编号：Ⅲ-42 班戈—腾冲<岩浆弧>Sn-W-Be-Li-Fe-Pb-Zn 成矿带）</td><td>Ⅳ2 槟榔江（喜山期岩浆弧）Be-Nb-Ta-Li-Rb-W-Sn-Au 矿带</td><td></td></tr>
<tr><td>Ⅳ3 勐弄—大硐厂（燕山期岩浆弧）Fe-Pb-Zn-Cu-Ag-Mn 矿带</td><td></td></tr>
<tr><td rowspan="9">Ⅱ2 三江（造山带）成矿省（全国编号：Ⅱ-9 喀喇昆仑—三江<造山带>成矿省）</td><td rowspan="2">Ⅲ3 保山（陆块）Pb-Zn-Ag-Fe-Au-Cu-Sn-Hg-Sb-As 成矿带（K_2-E；Q）（全国编号：Ⅲ-39 保山<地块>Pb-Zn-Sn-Hg 成矿带）</td><td>Ⅳ4 潞西（断块）Cu-Pb-Zn-Fe-Au-Sn-W 矿带</td><td></td></tr>
<tr><td>Ⅳ5 保山（地块）Pb-Zn-Cu-Fe-Hg-Sb-As-Au 矿带</td><td></td></tr>
<tr><td rowspan="3">Ⅲ4 昌宁—澜沧<造山带>Pb-Zn-Ag-Cu-S-Hg 成矿带（C）（全国编号：Ⅲ-38 昌宁—澜沧<造山带>Fe-Cu-Pb-Zn-Ag-Sn 成矿带<Pt_{2-3}；C^1；T^3；K_2>）</td><td>Ⅳ6 耿马（被动边缘褶冲带）Pb-Zn-Ag-Sn 矿带</td><td></td></tr>
<tr><td>Ⅳ7 昌宁—孟连（结合带/裂谷—洋盆 Pb-Zn-Ag-Cu-S-Hg）矿带（C）</td><td></td></tr>
<tr><td>Ⅳ8 临沧—勐海（岩浆弧）Fe-Pb-Zn-Au-Ag-Sn-Sb-Ge-REE 矿带</td><td></td></tr>
<tr><td rowspan="4">Ⅲ5 兰坪—普洱（陆块）Cu-Pb-Zn-Ag-Fe-Hg-Sb-As-Au-石膏—菱镁矿—盐类成矿带（Pz；Mz；K_2）（全国编号：Ⅲ-36 昌都—普洱<地块/造山带>Cu-Pb-Zn-Ag-Fe-Hg-Sb-石膏—菱镁矿—盐类成矿带）</td><td>Ⅳ9 碧罗雪山（岩浆弧）Fe-Pb-Zn-Ag-Sn 矿带</td><td></td></tr>
<tr><td>Ⅳ10 云县—景洪（火山弧）Cu 多金属矿带</td><td></td></tr>
<tr><td>Ⅳ11 兰坪—普洱（地块）Cu-Pb-Zn-Ag-Fe-Hg-Sb-As-Au 盐类矿带（全国编号：Ⅲ-36-②-b 兰坪—普洱<中生代盆地>Pb-Zn-Ag-Au-Sb-Hg-Cu 成矿小带）</td><td></td></tr>
<tr><td>Ⅳ12 德钦—维西（火山弧）Cu-Pb-Zn-Ag-Fe-Mn-Au 矿带（全国编号：Ⅲ-36-②-a 德钦—乔后<陆缘弧）>Cu-Fe-Mn-Pb-Zn 成矿小带）</td><td></td></tr>
</table>

续表

Ⅰ级（成矿域）	Ⅱ级（成矿省）	Ⅲ级（成矿带）	Ⅳ级（矿带）	成矿区
Ⅰ1（全国编号Ⅰ-3）特提斯成矿域	Ⅱ2 三江（造山带）成矿省（全国编号：Ⅱ-9 喀喇昆仑—三江＜造山带＞成矿省）	Ⅲ6 墨江—绿春（火山弧）Au-Cu-Mo-Pb-Zn 成矿带［全国编号：Ⅲ-34 墨江—绿春（小洋盆）Au-Cu-MO-Pb-Zn 成矿带 Yl-He＞］	Ⅳ13 墨江—绿春（火山弧）Au-Cu-Mo-Pb-Zn 矿带	
			Ⅳ14 哀牢山（结合带/小洋盆）Au-Cu-Mo-Cr 矿带	
		Ⅲ7 香格里拉（陆块）Cu-Pb-Zn-W-Mo-Au 成矿带（Mz；Kz）（全国编号：Ⅲ-32 义敦—香格里拉＜造山带/弧盆系＞Au-Ag-Pb-Zn-Cu-Sn-Hg-Sb-W-Be 成矿带）	Ⅳ15 金沙江（结合带/小洋盆）Cu-Fe-Pb-Zn-Au-Cr 矿带（Mz；Kz）	
			Ⅳ16 巨甸（地块）Cu-Pb-Zn-Au 矿带（全国编号：Ⅲ-32-③中咱—巨甸＜地块＞Pb-Zn-Cu-Au-Fe 成矿亚带）	
			Ⅳ17 香格里拉（岛弧）Cu-Pb-Zn-W-Mo-Au 矿带（全国编号：Ⅲ-32-②义敦—香格里拉＜岛弧＞Pb-Zn-Ag-Au-Cu-Sn-W-Mo-Be 成矿亚带）	
Ⅰ2（全国编号Ⅰ-4）滨太平洋成矿域	Ⅱ3 上扬子（陆块）成矿省（全国编号：Ⅱ-15B 上扬子＜陆块＞成矿亚省）	Ⅲ8 丽江—大理—金平（陆缘拗陷）Au-Cu-Ni-Pt-Pd Mo Mn-Fe-Pb-Zn 成矿带（Pz；Mz；Kz）（全国编号：Ⅲ-75 盐源—丽江—金平＜陆源拗陷＞Au-Cu-Mo-Mn-Ni-Fe-Pb-S 成矿带）	Ⅳ18 丽江（陆缘拗陷）Au-Cu-Pt-Pd-Mo-Mn-Fe-Pb-Zn 矿带［全国编号：Ⅲ-75-①盐源—丽江（陆缘拗陷）Cu-Mo-Mn-Fe-Pb-Au-S 成矿亚带］	A1 滇西成矿区
			Ⅳ19 金平（断块）Cu-Ni-Au-Mo 矿带［全国编号：Ⅲ-75-②金平（断块）Cu-Ni-Au-Mo 成矿亚带］	
			Ⅳ20 点苍山—哀牢山（逆冲推覆带）Cu-Fe-V-Ti-宝玉石矿带（全国编号：Ⅲ-75-③点苍山—哀牢山＜逆冲推覆带＞Cu-Fe-V-Ti-宝玉石成矿亚带）	
		Ⅲ9 滇中（基底隆起带）Fe-Cu-Pb-Zn-Ag-Au-Pt-Pd-Ni-Ti-Sn-W-REE-P-S-重晶石—蓝石棉—盐类—煤成矿带（Pt；Pz；Mz；Kz）（全国编号：Ⅲ-76 康滇隆起 Fe-Cu-V-Ti-Sn-Ni-REE-Au-蓝石棉—盐类成矿带）	Ⅳ21 楚雄（前陆盆地）Fe-Cu-Pb-Zn-Ag-Au-Pt-Pd-Ni-REE-蓝石棉—盐类—煤矿带（全国编号：Ⅲ-76-②楚雄盆地 Cu-钙芒硝—蓝石棉—石盐成矿亚带）	
			Ⅳ22 东川—易门（基底隆起带）Fe-Cu-Pb-Zn-Ti-Sn-Al-W-Mn-P-S-重晶石—盐类矿带（全国编号：Ⅲ-76-①康滇 Fe-Cu-V-Ti-Sn-Ni-REE-Au-蓝石棉成矿亚带）	A2 滇中成矿区
		Ⅲ10 昭通—曲靖（弧间盆地）Pb-Zn-Cu-Au-Ag-Fe-Mn-Hg-Sb-P-S-煤—煤层气成矿带（Pz-Kz）（全国编号：Ⅲ-77-①滇东—川南—黔西＜拗陷带＞Pb-Zn-Ag-Fe-Mn-P-Al-S-煤—煤层气成矿亚带）	Ⅳ23 镇雄—巧家—会泽（断褶带）Pb-Zn-Ag-Fe-REE-Al-P-煤—煤层气矿带	Ⅴ3 滇东北成矿区
			Ⅳ24 曲靖—石林（褶冲带）Au-Pb-Zn-Cu-Fe-P-重晶石—煤—煤层气矿带	
		Ⅲ11 四川盆地 Fe、煤、煤成气（全国编号：Ⅲ-74 四川盆地 Fe-Cu-Au-石油—天然气—石膏—钙芒硝—食盐—煤和煤层气成矿带）	Ⅳ25 绥江 Fe-煤成矿带	
	Ⅱ4 华南成矿省（全国编号：Ⅱ-16 华南成矿省）	Ⅲ12 罗平—开远（右江海槽）Pb-Zn-Au-Sb-Mn-S-煤成矿带（Mz；Kz）（全国编号：Ⅲ-88 桂西—黔西南—滇东南北部＜右江海槽＞Au-Sb-Hg-Ag-水晶—石膏成矿带）	Ⅳ26 弥勒—师宗—开远（前陆盆地）Cu-Al-Pb-Zn-Au-Mn-As 矿带	Ⅴ4 滇东南成矿区
			Ⅳ27 罗平—广南—富宁（右江海槽）Au-Al-Hg-Sb-Cu-Fe-Ti-Mn 矿带	
		Ⅲ13 个旧—文山—富宁 Sn-W-Ag-Pb-Zn-Au-Sb-Mn-Al 成矿带（Mz；Kz）（全国编号：Ⅲ-89 滇东南南部 Sn-Ag- Pb-Zn-W-Sb-Hg-Mn 成矿带）	Ⅳ28 个旧—河口（个旧断块）Sn-W-Bi-Al-Pb-Zn-Mn-Cu 矿带	
			Ⅳ29 薄竹山—马关（文山—麻栗坡褶皱带）Ag-Sn-Pb-Zn 矿带	
			Ⅳ30 文山—西畴（西畴拱凹）Au-Sb-Al-Cu-Pb-Zn 矿带	

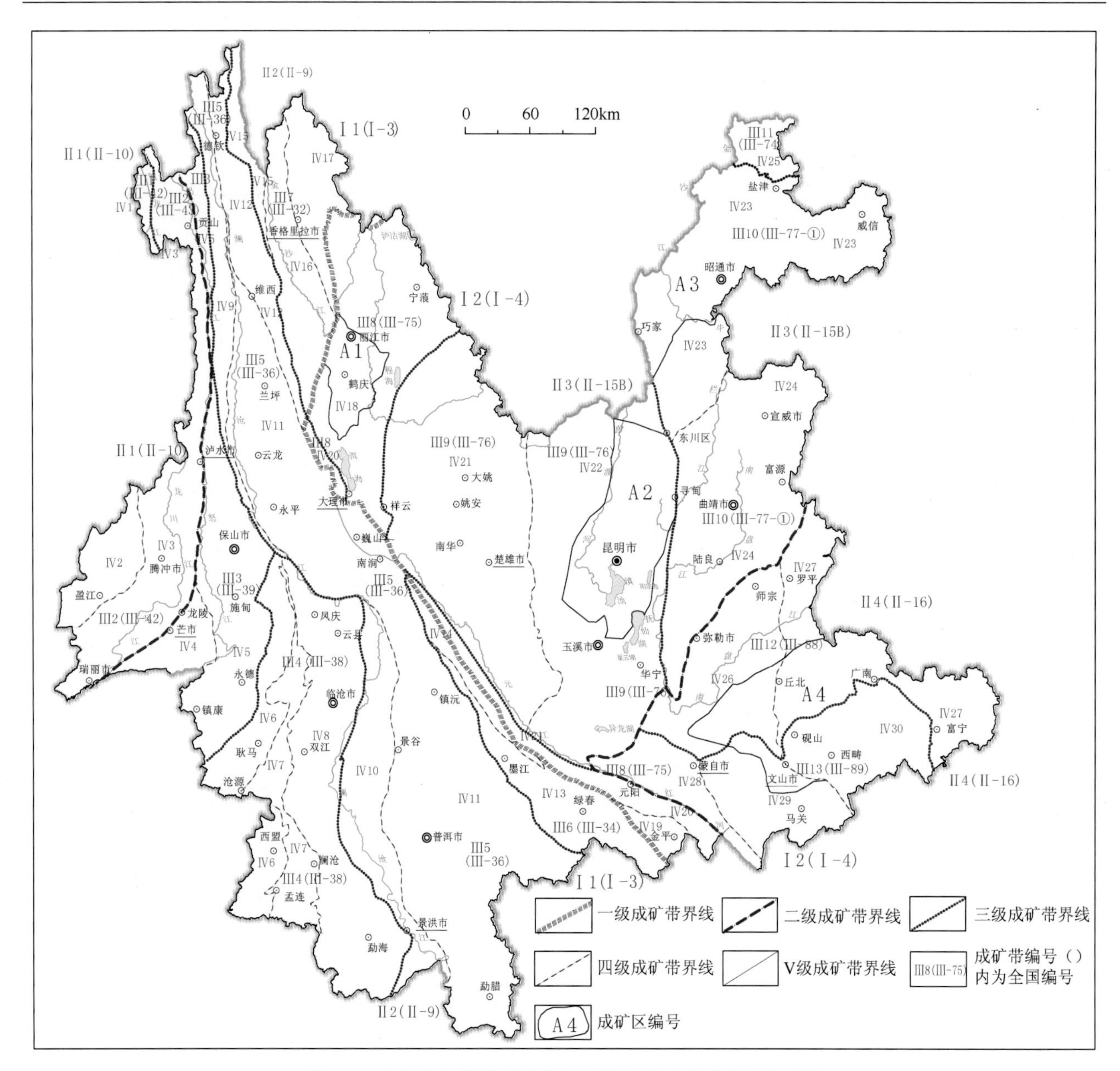

图 2-9 云南省Ⅰ-Ⅳ级成矿带划分图及铝土矿成矿区分布图

第三章　铝土矿成矿区基本特征

前文述及，云南省铝土矿集中分布于二级构造单元上扬子古陆块之三级构造单元盐源—丽江被动陆缘、康滇基底断隆带、泸西被动陆缘、富宁—那坡被动陆缘等构造单元内，分属上扬子成矿省和华南成矿省。按云南省铝土矿分布特点划分，可分为滇中、滇东北、滇西和滇东南4个成矿区，其中前3个位于上扬子成矿省，后者位于华南成矿省（图3-1、表3-1）。4个成矿区内分布的铝土矿矿床（点）在成矿背景和成矿特点方面既有联系，又有区别，详细特征分述如下。

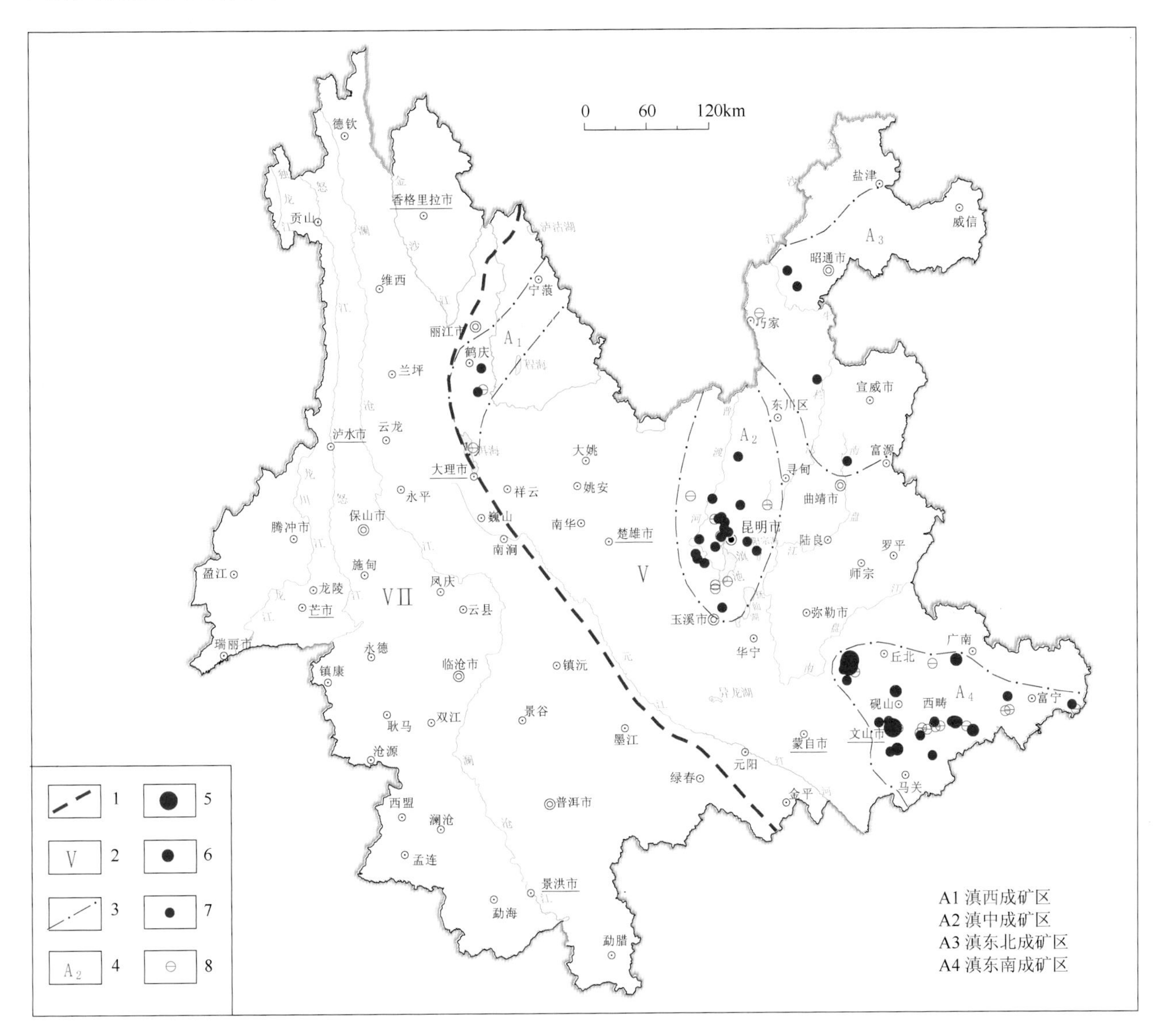

图3-1　云南省铝土矿成矿区分布图

1. 一级构造单元界线；2. 构造单元编号；3. 成矿区界线；4. 成矿区编号；5. 大型铝土矿；6. 中型铝土矿；7. 小型铝土矿；8. 铝土矿点

表3-1　云南省铝土矿成矿区分布特点

成矿单元	成矿区	主要分布地区	主要矿床类型	主要矿床式
上扬子成矿省	A_1滇西成矿区	鹤庆、松桂、宁蒗一带	沉积型	中窝式+少量老煤山式
	A_2滇中成矿区	主要分布昆明、安宁、玉溪、禄劝一带		老煤山式
	A_3滇东北成矿区	会泽、巧家、鲁甸、彝良、镇雄县一带		老煤山式+少量朱家村式
华南成矿省	A_4滇东南成矿区	广南、丘北、文山、西畴、麻栗坡、富宁一带	沉积型、堆积型	铁厂式+卖酒坪式

第一节 滇东南成矿区

一、地质背景

（一）地质特征

滇东南成矿区是云南省铝土矿（点）分布的主要聚集区，大地构造位置位于二级构造单元上扬子古陆块（Ⅵ-2），分属富宁—那坡被动陆缘（Ⅵ-2-9）和泸西被动陆缘（Ⅵ-2-8）两个三级构造单元（图 2-2，表 2-1）。该区地处不同构造单元的接壤地带，北为扬子陆块南部被动边缘褶—冲带，西南为哀牢山基底逆冲—推覆构造带，南为越北古陆。成矿区带划分上属华南成矿省（Ⅱ4）之罗平—开远（右江海槽）Pb-Zn-Au-Sb-Mn-S-煤成矿带（Ⅲ12）和个旧—文山—富宁 Sn-W-Ag-Pb-Zn-Au-Sb-Mn-Al 成矿带（Ⅲ13）（图 2-9，表 2-13）。地层归属上属华南地层大区之东南地层区的富宁地层分区（表 2-7）。

该区地层自古生代以来，受加里东运动和燕山运动影响，下古生界的奥陶系中统上部—志留系及侏罗系、白垩系缺失，泥盆系下统坡松冲组（D_1ps）至二叠系上统吴家坪组（P_3w）[或龙潭组（P_3l）] 地层出露相对完整（图 3-2）。铝土矿产在中二叠世末期东吴运动引发地壳抬升，灰岩（CP*m*）和峨眉山玄武（P*e*）遭受风化剥蚀而形成古侵蚀面上，与下伏地层呈不整合接触。下伏地层和周边古陆经长期风化剥蚀而形成堆积物，在古岩溶和风化作用下，经充分分解、运移、富集，形成红土化风化壳，为晚二叠世龙潭组（吴家坪组）形成厚薄不等、规模不一的原生沉积铝土矿提供了物源条件，也为第四系堆积型铝土矿形成奠定了物质基础。研究显示沉积间断时间越长，越有利于铝土矿的形成。目前，该区含矿岩系中已探明的铝土矿有丘北大铁、西畴县卖酒坪等 10 多个大中型铝土矿。

该区构造格架总体表现为环绕越北古陆呈同心环状展布的弧形构造，并有北西向断裂穿插其间。其中，弧形构造由一系列呈弧形弯曲的断裂和线状褶皱组成（图 3-2）。

该区岩浆活动具多期、多阶段性特点，从元古代到新生代各构造期内均有强度不等、类型差异的岩浆活动。滇东南地区海西期以前，岩浆活动以基性—超基性侵入为主；至印支期，基性—超基性和酸性岩浆两者均表现出较强烈的活动；燕山期则逐渐演化为以酸性岩浆的侵入活动为主，并开始出现碱性岩；喜马拉雅期主要以碱性岩浆活动为主。目前，该区岩浆岩主要为海西期与燕山期的酸性侵入岩，以酸性—基性的喷出岩和酸性侵入岩为主，次为超基性—基性侵入岩，碱性岩分布较少，分布在该区构造隆起部位及北西向断裂旁侧的个旧、建水、石屏、文山、马关一带及哀牢山地区等地，其中面积较大的岩体有文山薄竹山岩体、马关都龙岩体和南温河岩体。前文综述成果显示，滇东南成矿区分布的铝土矿矿床（点）与二叠世基性岩浆活动存有密切成因联系。区内二叠世基性岩浆岩存有多次喷发活动特点。基性玄武岩呈裂隙式喷发，主要由基性熔岩和火山碎屑岩组成，一般下部为巨厚的玄武岩屑火山角砾岩，或致密状及杏仁状玄武岩，中间夹有少量玄武质凝灰岩、中酸性熔岩及海相沉积层，向上凝灰质逐渐增多，总厚度与大断裂的控制有关，广泛分布于建水、开远、金平、绿春、蒙自、文山等地。其下界不整合超覆于石炭系中统或石炭系上统之上，与上伏地层二叠系龙潭组呈假整合接触。熔岩主要有致密状玄武岩、杏仁状玄武岩两类，二者呈过渡关系。火山碎屑岩常呈夹层出现在火山熔岩之中，主要有熔岩火山碎屑岩类、火山碎屑岩类、层火山碎屑岩类三类。区内基性喷出岩分为两个旋回：第一旋回仅有一个韵律，即半玻晶玄武岩—杏仁状半玻晶玄武岩，其特征为宁静溢出，其顶部见有“红顶”，与上覆第二旋回为喷发呈不整合接触；第二旋回有三个韵律，即玄武质熔火山角砾岩—半玻晶玄武岩、玄武质熔凝灰角砾岩—玄武岩、玄武质凝灰岩—熔凝灰岩—玄武质层凝灰岩，该旋回的火山碎屑物质均来自第一旋回的熔岩物质，其碎屑下部大，向上逐渐变小，顶部亦见“红顶”，与上覆二叠系上统龙潭组呈不整合接触。区内基性火山岩具间隙喷发特点。

区内变质作用按变质程度和变质时期可划分为两个区，即：①丘北—广南—富宁低绿片岩相带；②马关、麻栗坡低绿片岩相、高绿片岩相和低角闪岩相带。低绿片岩相带变质于印支期，绿片岩相、角闪岩相变质于海西期。如：浅变质的绿片岩相带主要分布于靠近文麻断裂附近的中寒武统（$€_2$）、下奥陶统（O_1）

及下泥盆统（D_1）等层位中，主要岩性有各类板岩、千枚岩及绢云片岩。动力变质作用以角砾岩等为主，常见于各断裂构造带中。

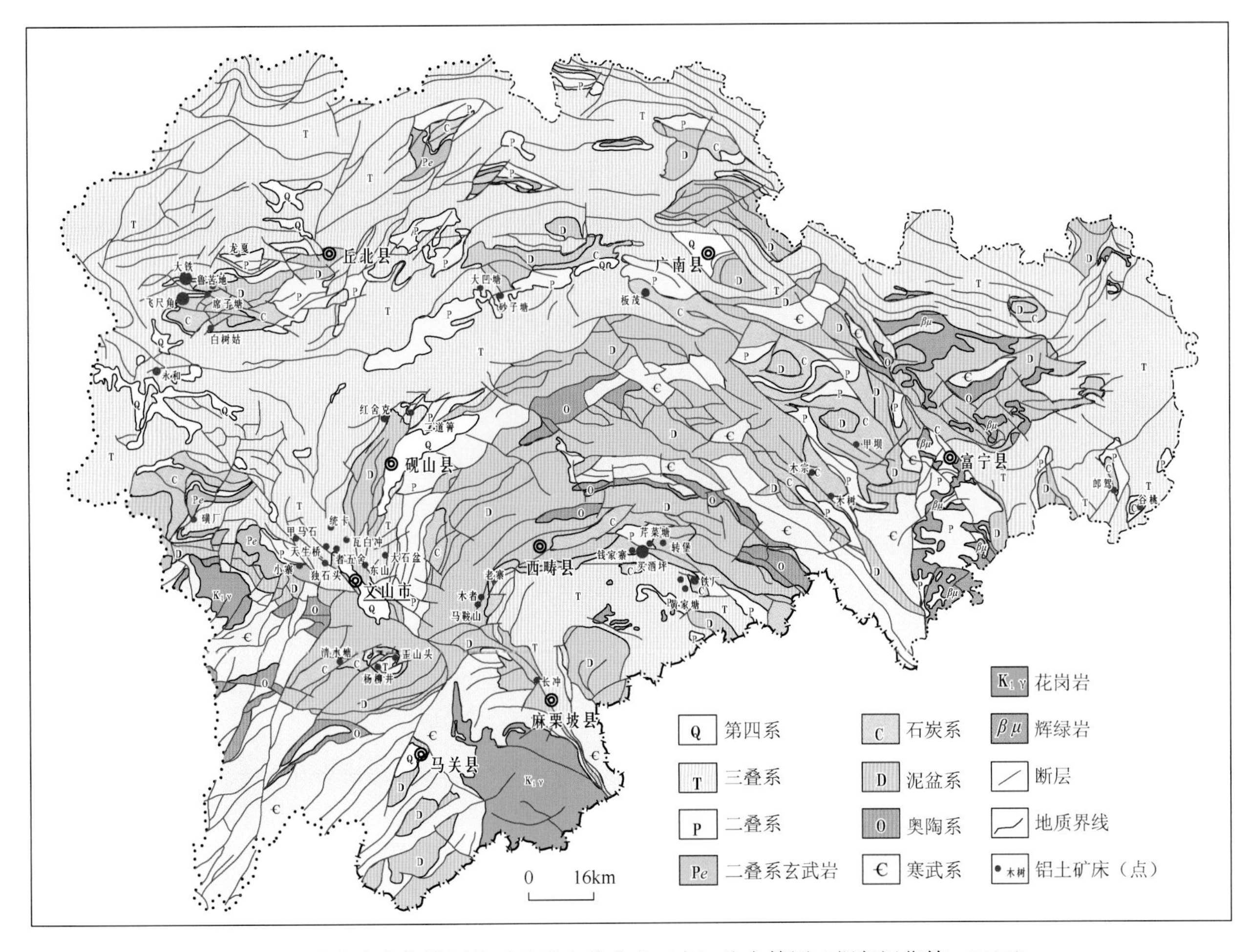

图 3-2　滇东南文山地区地质及铝土矿矿床（点）分布简图（据任运华等，2013）

（二）地球化学特征

滇东南成矿区受其本身的地质成矿背景及所处的温暖而潮湿的地理环境（红土化作用）影响，地球化学特征极为复杂。沉积型铝土矿本身无“晕”，水系沉积物中铝高含量物质通常来自暴露地表的矿体（残、堆积型）、含矿岩系（原生沉积型）、高背景地层以及经二次风化剥蚀后分散于其他地层、松散堆积物中的物质（次生富集）。因此，水系沉积物地球化学特征实质反映的是地表残、堆积型矿体及高铝岩系风化产物（次生富集）的地球化学特征，与堆积型矿床关系密切。图 3-3 显示，滇东南成矿区 Al_2O_3 地球化学背景、异常分布具有如下规律。

（1）铝地球化学高背景异常带主要沿上古生界泥盆系、石炭系地层（赋矿层位，矿体堆积岩溶地貌表面，而地层本身不含矿）、二叠系铝高背景地层（P*e*）、含矿岩系（P_3l）分布，形成了“三带一区”空间分布格局。其中，三带是指大铁—永和—阿舍、古木—干坝子—木央和麻栗坡—西畴—马崩高背景异常带；一区指龙灯—坡甫高背景异常区。此外，部分三叠系、第四系等地层受红土化作用影响，同样存有一些异常分布，常与“三带一区”相连形成值高、面广，形态复杂的高背景、异常带。

据高背景异常区参数统计结果显示 Al 与 Bi、Li、Th、Hg、W、Mn、Be、F、As、Sn、La、Y 等元素关系密切，而与铁族元素疏远；Al 异常与 Th 异常、La 异常、Y 异常比较吻合，在富宁、八布超基性岩及薄竹山花岗岩分布区见有 Ti 异常出现，反映出区内铝质源于火山活动，并经历了充分的风化、淋滤作用，具有显著风化淋集矿床地球化学特征，进而充分表明风化淋集作用对残堆积矿床的形成起主导作用。另外，该区铝高背景异常区还呈现了硅含量偏低，铁含量相对偏高的地球化学特点，表明本区不仅具有形成优质铝土矿的一系列成矿作用，还具有不可忽视的强烈红土化作用。

（2）铝地球化学低背景区与铝铁比值异常区对应，主要分布于寒武系、奥陶系、部分三叠系地层和超基性、酸性岩分布区，如期路白—阳文山、那洒—木央、广南—富宁、甲村—龙灯、八布等地。

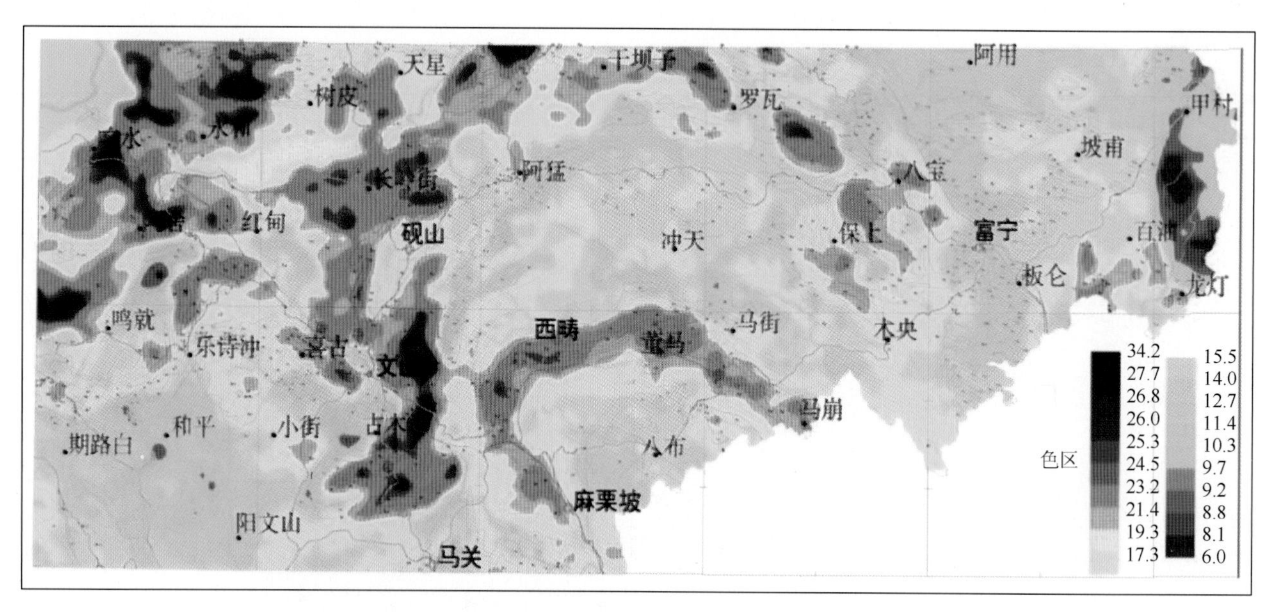

图 3-3　滇东南地区三氧化铝地球化学图（据陈元坤等，2015 修编）

（三）遥感解译特征

滇东南成矿区沉积型铝土矿遥感影像呈花生壳状影纹特征，与该区铝土矿多出露于第四系地层边部，位于石炭—二叠系碳酸盐岩岩溶 8°～15°的缓坡台地或 0°～−8°的岩溶凹地内的地貌条件有关。遥感影像显示区内地质构造总体以南北向断层与脆韧性构造变形带为主，并伴有北西向、北东向、弧形断层与脆韧性构造分布，铝土矿多富集分布于以上几组构造交汇部位。

综上认识，认为遥感影像上呈玫瑰粉色调，植被呈稀疏点状分布的碳酸盐岩分布区，线性构造交叉地段，环结（链，带）发育区，应属本区重要找矿有利地段。对比区内分布的蚀变异常和已知矿产，发现羟基蚀变异常和铁染蚀变异常与已知矿产吻合并不理想，关联性差，反映其找矿指示作用不明显。

二、成矿特点

滇东南成矿区铝土矿主要集中分布在丘北—广南—富宁一线以南，马关以北的文山州境内，已知矿床（点）沿带状集中展布于平远街—丘北、文山—阿猛、珠琳—八宝、西畴木者—麻栗坡铁厂及富宁谷拉等地区（图 3-2）。在文山州所辖的 8 个县中，除马关县外，丘北、砚山、文山、麻栗坡、西畴、广南和富宁等县境内均有铝土矿（点）分布，点多面广。已初步勘查的铝土矿矿床（点）共 33 个（表 1-1），其中大型矿床 4 处，中型矿床 8 处；勘查程度达到勘探的有 4 处，详查的有 8 处。沉积型和堆积型均有，主要类型为晚二叠世“铁厂式”沉积铝土矿和第四系“卖酒坪式”堆积型铝土矿。

目前，云南省境内所有的大中型铝土矿均分布于该成矿区。截至 2011 年底，滇东南成矿区已探明 11 个矿床，资源储量 8002.689 万 t，占云南省探明量的 78%，其中，以沉积型为主的矿床有 3 个，以堆积型为主的矿床有 8 个，堆积型铝土矿资源量占比较大，约为本区总资源量的 85%（云南省国土资源厅，2011）。成矿时期为晚二叠世和第四纪更新世，矿床类型有铁厂式和卖酒坪式 2 类。

（一）矿床地质特征

滇东南成矿区铝土矿主要有沉积型和堆积型 2 种矿床类型，两类矿床均沿晚二叠世形成的古陆边缘及与其毗邻的滨—浅海地带分布。

原生沉积型铝土矿严格受二叠系上统层位控制，多赋存于二叠系上统吴家坪组下段（P_3w^1）或龙潭组上段（P_3l^2）底部，呈不整合超覆于下伏二叠系中统阳新组或石炭二叠系马平组顶部碳酸盐岩的古侵蚀面（古风化壳）上，或呈复层状夹于碳酸盐岩中。含矿岩系自下而上形成砾岩层（与铝土矿层互为消长关系）、赤褐铁矿层（厚度极不稳定，与砾岩层位相当）、铝土矿层（偶夹薄层状劣质煤）、黄铁矿层（黄铁矿化砂岩、硅质岩，上部碳质页岩夹煤层）和页岩层。沉积铝土矿形成后，在后期构造运动影响下，经风化剥蚀、搬运和红土化作用，在岩溶洼地形成大量工业价值更高的次生堆积型铝土矿。

1. 沉积型铝土矿

滇东南成矿区沉积型矿体呈层状、似层状、透镜状产出，断续分布，长度数米至数十千米，单个矿体长度为100～500m。受其底界古侵蚀面控制，大多不平整，呈凹凸状，厚度不稳定，为0～20m，一般为1～8m。据板茂、铁厂、芹菜塘3个矿区10个工业矿体的统计结果显示，似层状矿体长400～1465m，宽100～400m，厚1.72～3.32m，单个矿体铝土矿资源储量为5.18万～181.70万t。矿石主要组分Al_2O_3含量为46.54%～58.27%，SiO_2含量为1.64%～13.29%，Fe_2O_3含量为5.80%～36.23%，S含量为0.14%～15%，A/S值为3.91～7.00。含铝矿系中常伴生镓（Ga）元素，可综合利用。近地表矿体已被氧化，矿石品位Al_2O_3为42.1%～60%、Fe_2O_3为30%～33%、SiO_2为3.9%～19.2%、A/S值＞3.1。深部矿体未被氧化，原生矿石中黄铁矿、硫、硅和磷含量较高，工业利用价值相对较低。

滇东南成矿区不同片区铝土矿矿石的矿物组成存有一定的差异（表3-2），暗示它们或与物质来源不同，或与矿床形成环境不同，或与成矿作用过程演化特征不同有关。滇东南地区地处峨眉山大火成岩省外带（He et al.，2006；Xu et al.，2008），在文山—丘北—广南—富宁一线以北的丘北水米冲、砚山平远街、文山者黑冲一带的含铝岩段中见有较多的凝灰岩、凝灰质黏土岩存在，综合分析认为基底玄武岩可能为该区铝土矿形成提供了主要成矿物质。

表3-2　滇东南成矿区铝土矿矿石的矿物组成一览表

矿区（片区）	矿物组成
红舍克（文山天生桥片区）	主要矿物为一水硬铝石、一水软铝石、高岭石、赤铁矿，次要矿物有针铁矿、黄铁矿、伊利石、锐钛矿、三水铝石、石英
广南板茂（砂子塘—板茂片区）	一水硬铝石、胶铝矿、三水铝石，另有少量的黄铁矿、褐铁矿、金红石、白钛矿及刚玉（局部）等
芹菜塘（西畴木者—铁厂片区）	一水硬铝石、三水铝石、叶蜡石、绿泥石、黑云母、霞石、氯黄晶、有机质、褐铁矿、黄铁矿、锐钛矿
麻栗坡铁厂（西畴木者—铁厂片区）	一水硬铝石、叶蜡石、高岭石、针铁矿、赤铁矿和锐钛矿占95%，其他还有胶铝石、伊利石、蒙脱石、绿泥石、方解石、黄铁矿及褐铁矿
大铁（丘北大铁片区）	主要矿物为一水硬铝石，其次是高岭石、伊利石、绢云母、绿泥石、锐钛矿、赤铁矿、针铁矿、金红石和玉髓等

滇东南成矿区铝土矿按矿石构造不同可将矿石自然类型可分为碎屑状、假鲕状矿石，致密块状矿石和孔状、砂状铝土矿石3类，详细特征如下。

（1）碎屑状、假鲕状矿石：呈青灰、灰黑色，块状、条带状构造，假鲕状、碎屑状结构。鲕粒直径0.2～1.2mm，由微—细粒状一水硬铝石镶嵌而成，不具环带，但有星点状黄铁矿在鲕粒中呈环状集中。鲕粒一般呈浑圆状，无陆屑鲕核，偶见塑性压凹和定向排列的磨圆碎屑。鲕粒间被一水硬铝石和其他黏土矿物所胶结。矿石中一水硬铝石可分出两个世代：一为微细污浊状，构成鲕粒和胶结物；另一为透明板柱状，主要分布在鲕粒之间或充填在孔洞中。矿石中矿物成分有一水硬铝石（47%～74%）、方解石（5%～8%）、叶蜡石、黄铁矿（5%～35%）、有机质（5%～20%）、绿泥石、高岭石、钠板石、铝凝胶等。矿石主要组分含量：Al_2O_3为38.97%～46.48%，SiO_2为9.30%～15.06%，Fe_2O_3为12.43%～13.93%，S为9.81%～10.75%，A/S值为2.6～5.0。按铁含量工业类型铝土矿可分为低铁型（Fe_2O_3＜3%）、含铁型（3%＜Fe_2O_3＜6%）、中铁型（6%＜Fe_2O_3＜15%）和高铁型（Fe_2O_3＞15%）矿石，按硫含量铝土矿又可分为低硫型（S＜0.3%）、中硫型（0.3%＜S＜0.8%）和高硫型（Fe_2O_3＞0.8%）矿石（黄智龙等，2014）。对比上述划分标准，该类型矿石主要为中铁、高硫型矿石。

（2）致密块状矿石：呈灰、灰白色，块状构造，团粒状、火山碎屑残余结构。团粒呈星圆形或椭圆状，大小不等，粒径为 0.05～2mm，由一水硬铝石和黏土矿物组成，占总矿石含量约 5%～60%，胶结物为黏土矿物和细—微粒一水硬铝石集合体。矿石主要组分含量：Al_2O_3 为 59.73%～72.70%，SiO_2 为 1.95%～4.15%，Fe_2O_3 为 1.76%～12.96%，A/S 值为 15.16～34.56。对比划分标准，该类型矿石属中铁、低硫型矿石。该类矿石仅见于古风化壳残积铝土矿中。

（3）孔状、砂状铝土矿石：呈浅灰、灰白色，多孔块状、砂状构造。矿石结构和矿物组成与第一种类型类似，唯黄铁矿、方解石多被氧化淋失而留下孔洞，风化者更甚，矿石中的鲕粒解离呈砂状，并出现氧化铁膜。矿石主要组分含量：Al_2O_3 为 62.70%，SiO_2 为 11.28%，Fe_2O_3 为 7.86%，S 为 0.14%，A/S 值为 5.56。对比划分标准，该类型矿石属中铁、低硫型矿石。

2. 堆积型铝土矿

滇东南成矿区堆积型铝土矿分布与地层、构造、第四系及地貌关系密切，均分布在二叠系中统及其下伏地层出露区的溶蚀洼地、坡地的第四系红土化坡残积层、岩溶堆积层及洞穴堆积物等中。堆积型铝土矿主要为岩溶堆积型，根据其赋存位置又可分为 2 个亚类：①古风化壳残积型矿床是指矿体位于含矿岩系剖面顶部的堆积型矿床；②异地堆积矿床的是指矿体经迁移多位于含矿系下部岩溶洼陷中的堆积型矿床。

堆积型矿体大部分直接裸露地表，其形态严格受岩溶基底形态的控制。平面上，矿体形态复杂，一般呈不规则状、带状、短轴状、岛状等；剖面上，多呈平缓的层状、似层状及透镜状，与原生矿体露头带形影相伴，关系密切。堆积型矿体通常自上而下具有典型的三层结构特征：上部为黄（红）褐色黏土层，厚度 0～15m；中部为铝土矿层，由黄褐色、土红色黏土与大小相差悬殊的铝土矿石组成，厚度 0～40m；下部为紫红色胶状黏土层，厚度 0～10m。铝土矿层一般与上、下部黏土层间界线较为清楚，然而大部地区上、下部黏土层缺失。赋矿有利地形之含矿洼地长度为 100～5000m，一般为 200～2000m；宽度为 50～2000m，一般为 100～500m。矿体厚 0.5～40m，一般为 1～10m，平均 3～8m，含矿率 300～1600kg/m^3，表层浮土平均厚 0.20～2.0m。堆积铝土矿原矿由大小不等的铝土矿石（净矿石）及黏土混杂堆积而成的，偶含少量泥岩、铝土质泥岩、褐铁矿、硅质岩等碎块。铝土矿石含量一般占 30%～50%，黏土（<1mm 粒级）一般占 50%～70%。

堆积型铝土矿系第四纪岩溶发育过程中，由沉积型铝土矿在表生条件下以岩溶化作用为主导的多种地质作用所形成的，包括地表水溶蚀作用、地下水溶蚀作用、重力崩塌作用、洞穴堆积作用等。地下水溶蚀作用带走 CaO、MgO、SiO_2、P_2O_5、S 等组分，直到最终形成主要由红土胶结的铝土矿、褐铁矿角砾组成的堆积型矿体。滇东南成矿区堆积型矿体与围岩接触关系有两种情况：一种是与顶底板界线清晰，顶、底板为亚黏土层，不含或仅含少量矿块；另一种是无清晰界线，顶、底板为含铝土矿块亚黏土，受较多非铝土矿类型的褐铁矿块、铝土质泥岩碎块的混入而使得该矿层品位较低。堆积矿顶板厚度变化较大，在坡地直接出露，在洼地覆盖较厚。

堆积型铝土矿净矿石矿物组分可分为铝矿物、铁矿物、硅矿物三大类。其中，铝矿物以一水硬铝石（50%～80%）为主，次为三水铝石、胶铝矿；铁矿物以褐铁矿、针铁矿、赤铁矿、水针铁矿（4%～30%）为主，极少量黄铁矿、菱铁矿；硅矿物以高岭石、铁绿泥石（1%～15%）为主，次为石英、伊利石。总体属一水硬铝石型矿石。堆积型铝土矿石主要组分 Al_2O_3 为 32.26%～52.02%，SiO_2 为 5.56%～14.45%，Fe_2O_3 为 23.16%～28.50%，LOI 为 10.86%～11.45%，A/S 值为 3.3～5.1，S 为 0.014%（组合分析结果）。总体矿石质量较好，属低硫、高铁型铝土矿石。

矿石结构主要有砾—砂屑结构、豆—鲕粒状结构、粒屑结构、隐晶—胶状结构、半自形—自形晶结构、它形晶结构、凝聚结构、交代结构等。矿石构造以豆状构造、鲕状构造、块状构造、层纹状构造、角砾构造较为常见，少量多孔状构造、蜂窝状构造、葡萄状—肾状构造等，个别呈层纹状和条带状构造。矿石自然类型属一水铝石型铝土矿；矿石工业类型属高铁、低硫型铝土矿，少量为中铁低硫型。本成矿区内堆积型铝土矿石的矿物组成、结构构造特征与沉积型铝土矿矿石特征大体相同，可与广西百色平果那豆等堆积型铝土矿对比。

（二）矿体厚度、品位变化特征

滇东南成矿区沉积型铝土矿矿床（点）厚度、Al_2O_3 含量统计结果（云南文山铝业有限公司，2008；云南省有色地质局，2009）（表 3-3）显示，该成矿区铝土矿矿体厚度总体呈现出“由西向东变厚，由南向北变薄”的变化特点。其中，位于潮间带的矿床（点）矿体平均厚度最大，位于潮下带的铝土矿矿（点）品位最好（图 3-4，图 3-5）。据样品分析结果（表 3-4）尚可看出，潮下带铝土矿品质较好，向局限浅海带或潮间带方向，Al_2O_3 品位呈下降趋势。

表 3-3　滇东南成矿区铝土矿品位（%）及矿体厚度（m）统计表

相带	矿床名称	Al_2O_3 平均品位	最低 Al_2O_3	最高 Al_2O_3	矿体厚度
局限浅海（4 个矿点）	丘北革书	32.52	-	-	4
	丘北龙戛	29.98	-	-	-
	丘北大铁	53.72	39.86	67.58	6.4
	广南板茂沉积型	53	50	55	5.18
局限浅海带平均品位：42.3；平均厚度：5.19					
潮下带（5 个矿点）	丘北飞尺角沉积型	47.1	43.25	48.56	9.79
	砚山红舍克沉积型	52.62	40.39	71.64	6.02
	西畴芹菜塘	61.15	-	-	7.19
	麻栗坡铁厂（三层矿）	57.58	-	-	19.91
	富宁县谷桃	62	-	-	-
潮下带平均品位：56.09；平均厚度：10.7					
潮间带（8 个矿点）	文山大石盆	50.7	-	-	2
	文山天生桥	54.28	49.94	58.61	25
	文山者五舍	47.31	40.81	54.02	6
	文山杨柳井	53.73	-	-	26
	文山歪头山	54.03	-	-	-
	砚山大舍姑	52.5	40	65	5
	砚山扯牛皮	52.5	40	65	7.3
	西畴木者	53.55	-	-	-
潮间带平均品位：52.3；平均厚度：11.9					

表 3-4　滇东南成矿区铝土矿 Al_2O_3 含量（%）统计表

相带	矿床名称	Al_2O_3 平均品位
局限浅海（2 个矿点）	丘北大铁	41.55
	富宁木树	48.34
局限浅海带平均 Al_2O_3 含量：44.94		
潮下带（4 个矿点）	丘北古城	43.00
	丘北架木格	49.82
	丘北飞尺角	52.34
	丘北白色姑	57.31
潮下带平均 Al_2O_3 含量：50.62		
潮间带（1 个矿点）	文山天生桥	38.07
潮间带平均 Al_2O_3 含量：38.07		

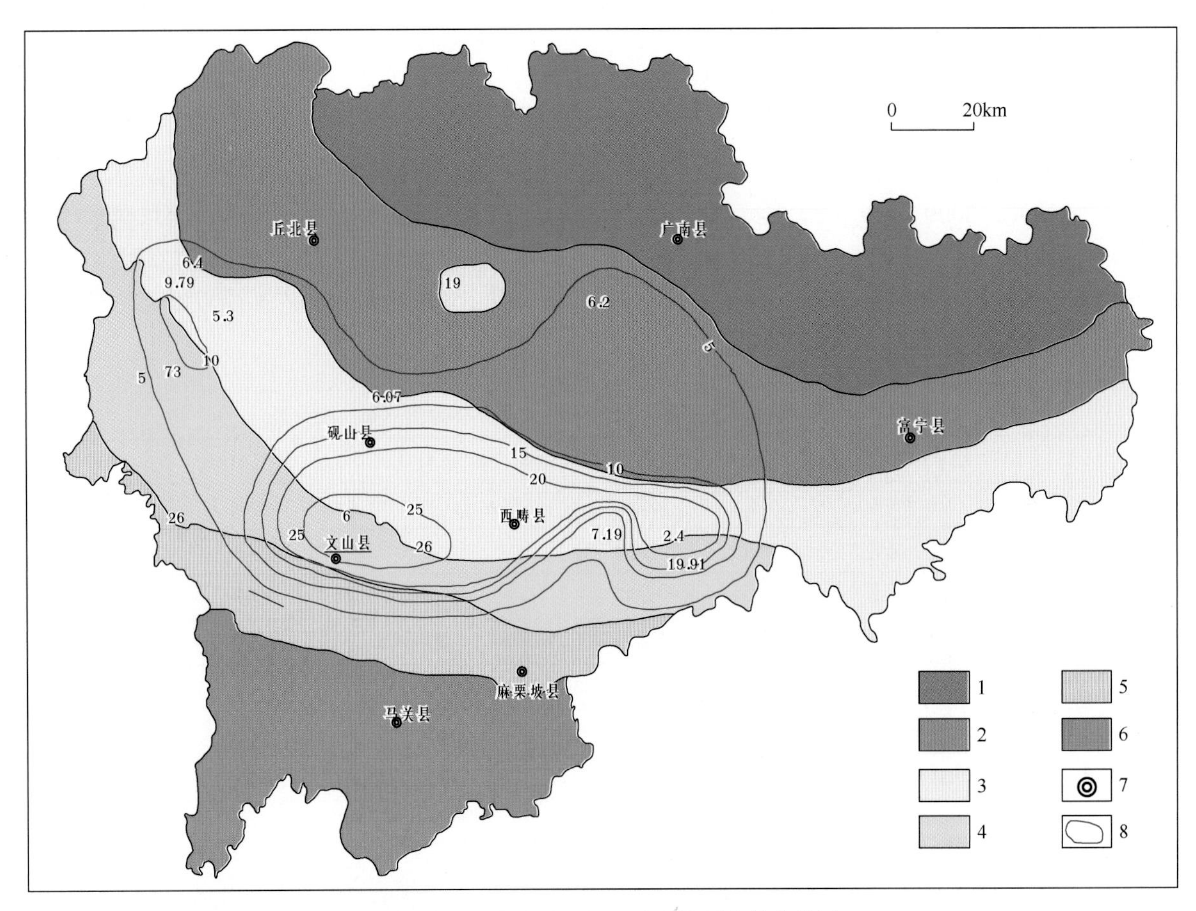

图 3-4　滇东南成矿区铝土矿矿体厚度等值线图

1. 浅海下部；2. 浅海上部；3. 潮下带；4. 潮间带；5. 潮上—沼泽；6. 古陆；7. 县级地名；8. 矿体厚度等值线

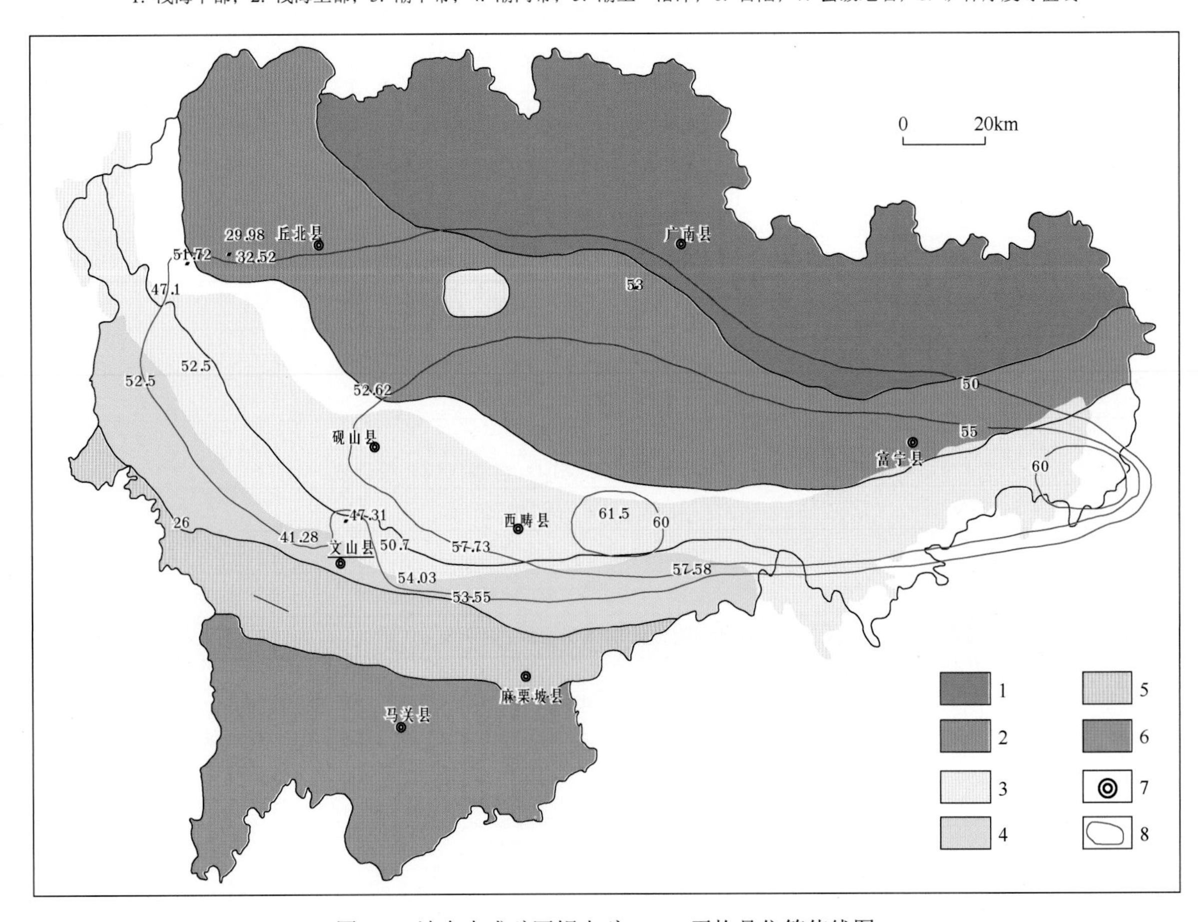

图 3-5　滇东南成矿区铝土矿 Al_2O_3 平均品位等值线图

1. 浅海下部；2. 浅海上部；3. 潮下带；4. 潮间带；5. 潮上—沼泽；6. 古陆；7. 县级地名；8. Al_2O_3 品位等值线

（三）矿石矿物特征

矿石组构特征、矿物组成及其赋存状态是反映矿床形成条件及其演化的重要标志之一。本书以丘北大铁铝土矿为例，运用光学显微镜、扫描电镜和X射线衍射等测试方法，对其矿石矿物组成以及主要矿物赋存状态开展系统研究，以期为该区铝土矿形成演化提供信息。研究样品采自大铁矿区古城矿段P14实测剖面，共9件，样品编号依次为36、37、38、39、40、41、42、43、44。在镜下仔细观察基础上，选取部分样品采用Bruker SMART X-射线衍射仪及S-3500扫描电镜能谱仪，进行X-射线衍射分析和扫描电镜能谱分析。

1. X-射线衍射分析特征

X-射线衍射分析测试结果（图3-6）显示，铝土矿石主要矿物组分包括铝的氢氧化物、含水铝硅酸盐、铁矿物和钛矿物等。矿石中主要矿物组成以一水硬铝石为主，次为高岭石、伊利石、绢云母、绿泥石、锐钛矿、赤铁矿、针铁矿、金红石和玉髓等。一水硬铝石是矿石中分布最广、最主要的铝矿物，其形成具有多阶段、多环境、多成因特点。一水软铝石与一水硬铝石属同质二像，是矿石中仅次于一水硬铝石的铝矿物，在矿石中含量较少，镜下难以见到，仅在局部矿样的衍射峰有所显示（图3-6c）。一水硬铝石特征衍射峰中各峰尖锐，反映其结晶程度较高（图3-6a，b，d）。

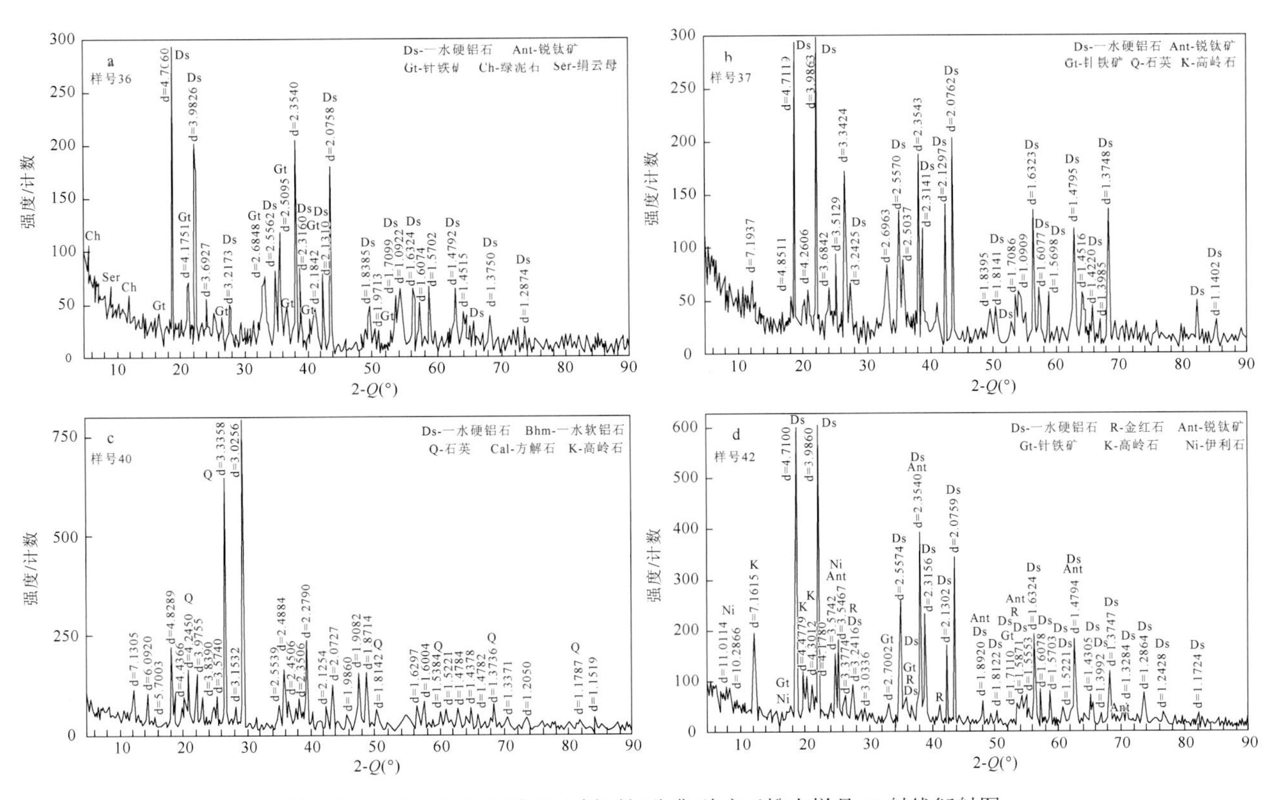

图3-6　丘北大铁铝土矿P14剖面部分典型矿石粉末样品X-射线衍射图

2. 岩相学特征

岩矿鉴定成果显示，主要矿石矿物一水硬铝石赋存状态复杂，具多种结晶形态特征，主要有以下4种。

（1）一水硬铝石呈自形、半自形粒状不均匀的嵌布于脉石矿物中（直接结晶形成）。一水硬铝石与脉石矿物嵌布关系较为简单，接触线较规整，粒度一般为0.02～0.5mm。研究认为具此特点的一水硬铝石，是被搬运的风化产物在新的环境下，于硅铝质或黏土质—高岭石质的基质中渐渐晶出，属成岩期自结晶作用或低温变质作用下轻微重结晶作用的产物。

（2）一水硬铝石呈豆鲕状等形式产出。一水硬铝石受重结晶和脱硅等作用影响，粒度变粗，并呈致密块状、粒状等富集合体。在这种以一水硬铝石为主的豆鲕状集合体中虽然仍包裹有高岭石、伊利石、绿泥石等含硅脉石矿物和钛、铁的氧化物，但由于重结晶和脱硅等作用的影响，含硅脉石矿物的量已明显减少，A/S 值有了较大的提高。此形式产出的一水硬铝石粒度一般较粗，为 0.02～0.5mm。部分豆鲕内见明显的干缩裂纹，反映其是在红土化阶段物理风化和化学风化作用之间互相作用以及红土化周期循环、氢氧化铝胶体陈化脱水重结晶作用的产物。亦有豆鲕内未见干缩裂纹的，一水硬铝石与铝凝胶或脉石矿物的集合体呈环带状或同心圆状产出。由于这种同心圆状、环带状的一水硬铝石中的环带大部分为铝凝胶，少量为含硅脉石矿物，因此一水硬铝石的 A/S 值亦较高。推断其可能形成于同生沉积阶段相对动荡的水体环境中。如裹夹有黏土质的富铝胶体在 pH 适当的水体中沉积，在成岩过程中结晶为一水硬铝石。

（3）一水硬铝石呈隐晶质、微晶集合体或呈极不规则的粒状、微粒状产出。呈这种形式产出的一水硬铝石与高岭石、绿泥石、伊利石等含硅脉石矿物的关系密切，嵌布关系极为复杂，接触线极不规则，多呈弯曲不平的锯齿状、海湾状，且粒度大小不一，一般为 0.001～0.07mm。红土化过程中，母岩原有矿物经受风化分解，风化产物和铝土矿化形成的一水硬铝石在后期海侵作用下随其他矿物一起以细小的胶体、碎屑或碎屑集合体悬浮形式被搬运沉积。综上可见，此种结构特点反映了原始沉积物可能形成于红土化阶段，具胶体沉积特点，在铝土矿形成中较早沉积，多见于矿体的下部。

（4）一水硬铝石呈脉状、骸晶状产出（后期交代、充填形成）。一水硬铝石充填于脉石矿物的裂隙、空洞中或者被脉石矿物交代成骨架状、骸晶状。这种一水硬铝石的脉宽为 0.01～0.07mm。此类型所占比例很小，但分布很广，在许多铝土矿中均有发现，可能是成岩后期，由于局部环境的改变，在介质溶液适宜条件下，一水硬铝石重结晶形成或由铝真溶液析出。如：铝土矿处于含有大量游离二氧化碳的地下水流动带环境时，有机质与黄铁矿等氧化形成有机酸、碳酸及硫酸，介质酸度增加，在淋滤过程中逐渐将原来铝硅酸盐类矿物侵蚀，硅质淋失形成孔洞，水铝石重结晶形成粗大完整的晶体填充于孔洞中，或强酸性水岩作用使原来铝矿物逐渐溶解成铝真溶液，由铝真溶液析出的晶形较好的一水硬铝石。

3. 一水硬铝石成因简析

目前，对于一水硬铝石的成因认识，主要存有原生成因和变质成因 2 种观点（Allen，1952；Keller，1983；Keller 和 Clarke 1984；李启津等，1983，1996；章柏盛，1984；ГИ 布申斯基，1984 等译，1984；侯正洪和李启津，1985；杨冠群和顾志山，1985；杨冠和廖士范，1986；吕夏，1988；刘长龄和 Kansun，1988，1989，1999；陈廷臻等，1989；刘巽锋等，1990；廖士范和梁同荣，1991；Temur 和 Kansun.，2006）。古风化壳发育阶段及成岩阶段的一水硬铝石可由母岩的风化产物—高岭石等黏土矿物直接分解脱硅转化而成，或非晶质氢氧化铝凝胶脱水形成。成岩或后生阶段的一水硬铝石可由三水铝石在一定的温度压力下脱水转变而成，或由勃姆矿陈化脱水转化而成。成岩及后生或成岩后的表生阶段在介质溶液适宜条件下，一水硬铝石可以直接从铝真溶液中晶出，充填在空洞或裂隙中，虽然此种情况极为常见，但意义不大。接触变质、区域变质和热水变质作用等可形成变质成因一水硬铝石。原生和变质作用形成的各阶段，一水硬铝石均有可能发生重结晶作用。

前文岩相学特征显示，滇东南成矿区一水硬铝石在硅铝质或黏土质—高岭石质的基质中渐渐晶出的现象较为常见，细小鳞片状结构较为发育，未见明显的矿物转变痕迹，也没有任何显示较高温度和压力的证据。综上，结合一水硬铝石的 4 种产出形态特征分析，认为一水硬铝石应主要为原生成因，从古风化壳红土化阶段到搬运沉积成岩至成岩后表生阶段，各阶段均有形成，其形成受多种因素制约。

（四）矿石构造特征及其指示意义

研究认为不同类型矿石构造特征对其形成环境具指示作用，究其原因是不同构造特征的铝土矿石的形成方式、成矿过程受其沉积时期的岩相古地理环境制约。滇东南成矿区铝土矿石构造复杂，存有致密状、碎屑—团粒状、豆鲕状、晶粒状、块状构造，局部呈条带状构造。其中，致密状构造反映矿石形成于相对低能的沉积环境，该构造特征在含矿岩系底部较为发育，一般沉积环境为局限浅海带上部；豆鲕状和碎屑状构造主要分布在含矿岩系中上部，反映其形成于相对高能的海水动能条件下，是潮间带或潮下带沉积环境的产物。本区铝土矿石颗粒类型多样，以碎屑状为主，反映了其形成以机械搬运为主的沉积特征。碎屑、团粒和豆鲕粒常同时出现，且大小混杂，表明成矿物质的迁移方式既有胶体又有机械碎屑，两者在不同矿区不同地段表现不同程度的兼而有之。

（五）成矿条件

滇东南成矿区沉积型铝土矿主要形成于三大隆起（康滇、滇藏、越北）边缘或古海岛边缘的浅海区，主要分布在海侵层序的底部，少数在海侵层序的中部。综合前文，认为要形成铝土矿，须具备以下条件。

（1）沉积间断条件：铝土矿的含矿层与下伏地层必须存在侵蚀间断，且间断期越久越好。下伏地层经长期侵蚀，可提供大量既厚又富的含 Al_2O_3 风化壳物质。

（2）气候条件：所处地区属温热潮湿地带，植物茂盛，雨水充足，有利于铝硅酸盐岩石的分解。

（3）物源条件：铝的成矿物质来源：一是残积在古侵蚀面上的含铝古风化壳物质，二是邻近古隆起的铝硅酸盐。如古变质岩、砂页岩和玄武岩等。

（4）沉积环境条件：有利于沉积型铝土矿形成的环境为浅海沉积环境，因为来自陆源的铝硅酸盐经过长距离搬运，可得到充分分解，化学分异较好，加之地壳缓慢上升或下降，沉积环境较为稳定，利于铝土矿的形成。滇东南地区铝土矿主要含矿层为二叠系上统龙潭组或吴家坪组。该区二叠系上统一般分为二至三层，各地岩相变化较大。丘北—广南古隆起南侧西段大铁、飞车一带底部为铝土矿层、中部为黏土夹煤层，顶部为硅质层。东段板茂一带底部为铝土矿，中部为铝质黏土夹煤，顶部为灰岩。越北古陆边缘成矿带，西部天生桥、瓦白冲一带底部为铝质黏土和煤层、中部为铝土矿层，顶部为硅质层。中部红舍克一带底部为铝土矿，中部为铝质黏土夹煤，顶部为灰岩。在二叠系上统地层中，铝土矿与煤矿既共生又互相消长，煤好则铝差或无铝，铝好则煤差或无煤。其主要规律是由古沉积环境决定的。晚石炭纪，海水自东向西入侵，地壳震荡下陷，滨海地区，靠近海岸，植物能够就地堆积，不断加厚，适当分解，成为煤矿，而硅酸盐矿物，由于溶解度低，未进行彻底分解，组成煤层顶底板黏土或铝质黏土；浅海地区，植物遗体经过长途搬运，大都氧化破坏，不能形成好煤矿，而硅酸盐矿物中 SiO_2、Fe_2O_3 由于化学分解大大减少，Al_2O_3 相对富集，加之碳酸盐基底上海水介质为碱性，易于 Al_2O_3 沉积形成铝土矿。

第二节　滇中成矿区

一、地质背景

滇中成矿区大地构造位置位于二级构造单元上扬子古陆块（Ⅵ-2）之三级构造单元康滇基底断隆带（Ⅵ-2-11）内。成矿区带划分属上扬子（陆块）成矿省（Ⅱ3）之滇中（基底隆起带）Fe-Cu-Pb-Zn-Ag-Au-Pt-Pd-Ni-Ti-Sn-W-REE-P-S-重晶石—蓝石棉—盐类—煤成矿带（Ⅲ9）和东川—易门（基底隆起带）Fe-Cu-Pb-Zn-Ti-Sn-Al-W-Mn-P-S-重晶石—盐类矿带（Ⅳ22）。

滇中成矿区地层发育较为齐全，自早元古界到新生界均有分布，尤以元古界和中生界地层最为发育，具有典型的“三层式”结构特征，即由结晶基底、褶皱基底和盖层组成（罗均烈，1990）。滇中成矿区铝土矿主要赋存于二叠系中统梁山组地层中，成矿时代属中二叠世（云南省地矿局，1990；云南省地质矿产局，1993）。然而对上述成矿时代的认识，因区内含矿岩系一直未获取古生物化石，至今争议较大。如：王鸿祯（1941）将其划为石炭系下统；云南省地质厅第九地质队（1959）将该区含矿地层一分为三，下部碳质页岩夹劣质煤层称之为万寿山煤系，中部铝土矿层划属中石炭统，上部划归阳新统；吴全生等（1963，转引自云南省地质矿产局，1996）将含矿岩系定为中二叠世早期，定名为梁山组西山段。此后，1∶20 万昆明幅的地质工作者又将其划为二叠系中统，并沿用倒石头组。本书沿用《云南省区域地质志》（1993）划分标准，将其划归为二叠系中统，统一采用梁山组一名。

滇中成矿区所在的三级构造单元康滇基底断隆带，西界为易门断裂，东界为小江断裂，在其西部（普渡河断裂以西）地区，总体表现为在断裂发育的背景上，古生界—三叠系中统多以南北向、北东向宽缓对称的背、向斜为主，两翼多伴生有走向断裂，一般古生界多构成背斜，中、新生界多构成平缓开阔的向斜；东部地区发育北东、北北东向构造，同时出现一组东西向构造及北西向构造，基底褶皱一般呈紧密线状，盖层褶皱多宽缓开阔。

滇中成矿区岩浆活动主要有三期，即晋宁期、华力西晚期及喜马拉雅期。其中，晋宁期岩浆活动表现为沿易门断裂形成的酸性岩浆岩带，主要部分为复式岩基，属地壳重熔型花岗岩，由含黑云母、角闪石花岗闪长岩、斜长花岗岩等中性端元岩类逐渐演化为二云母花岗岩、白云母花岗岩等偏酸性端元岩类；华力西晚期岩浆活动以基性—超基性岩浆侵入活动为主，主要分布在元谋朱布、黑泥坡一带；受区域构造运动影响，喜马拉雅期岩浆活动区内岩浆岩活动分布范围较为广泛，主要表现为浅成相的酸性、碱性斑岩等岩浆活动（云南省地矿局，1990；云南省地质矿产局，1993）。

二、成矿特点

滇中成矿区位于云南省中部，隶属昆明市、玉溪市管辖。截至 2011 年底，滇中成矿区内已发现矿床（点）28 处，其中小型 17 处。小型矿床中达详查或勘探程度的有 13 处，普查程度的有 4 处，以海相沉积型铝土矿为主，矿床类型属中二叠世“老煤山式”铝土矿。据云南省国土资源厅（2011）编制的《云南省铝土矿资源利用现状调查成果汇总报告》成果显示，滇中成矿区累计查明铝土矿资源储量 1652 万 t，占云南省总量的 16.1%。滇中成矿区内典型矿床有：富民老煤山、呈贡马头山、昆明沙朗、安宁耳目村等铝土矿。区内矿床规模总体较小，均属小型。

滇中成矿区探明的铝土矿集中分布在以昆明市为中心的安宁、呈贡、晋宁等周边区、市。该区铝土矿含矿带及铝土矿矿床（点）分布范围较广（图 3-7），向南延伸至呈贡南部及玉溪、澄江一带，向北经嵩明、富民、禄劝至东川西部一带，总体呈近南北向展布，面积约 10000km^2。铝土矿矿床（点）集中分布区段主要有：北部武定—禄劝—东川一线的发海、德干、高高山、龙发铝土矿带；富民—昆明—嵩明—寻甸一线的老煤山、发禄村、清水关、阿子营、梁王山、海北村、黑马阱、车湖铝土矿带；安宁—昆明—呈贡一线的下哨、草铺、温泉、妙高寺、筇竹寺、普坪村、大普吉、谷堆山、小麦溪、小哨、大板桥、铝土矿带；晋宁—呈贡—澄江一线的牛恋村、石寨河、李家坟、马头山铝土矿带等。

（一）矿体地质特征

滇中成矿区铝土矿床（点）矿体呈不规则饼状或透镜状赋存于二叠系中统梁山组含矿岩系上部，其矿体大小不一，长为 80～1440m，一般为 500m，宽一般为 150～200m，厚为 0.25～3.52m，均属小型矿体。一般浅部矿体较深部矿体富，矿石 Al_2O_3 含量为 50.22%～63.36%，一般为 60%左右；SiO_2 含量为 7.5%～15.73%；铝硅比介于 3.8～8.4，一般为 5～6。矿床氧化带不甚发育，氧化带界线一般处于地表下 10m 左右，氧化带矿石质量相对较高，而原生带中，大多矿体已渐变为硬质耐火黏土。

本区铝土矿（点）大部受向斜构造控制，就某一铝土矿而言，铝土矿含矿岩系走向延长一般数千米，最长可达二十余千米，含矿岩系岩性侧向变化总体较小。铝土矿矿床（点）含矿性与其所处的沉积环境、距陆缘剥蚀区距离关系密切，具体体现为靠近剥蚀区的边缘过渡地带利于铝土矿的形成，而远离剥蚀区的沉积中心因含铝物质物源供应不足，不利于铝土矿的形成，反映了铝土矿成矿与含铝物质物源供应的丰富程度，地形、地貌等沉积条件密切相关。

滇中成矿区铝土矿矿床（点）按成因相不同，可分为受原地残沉积相控制的铝土矿和受陆缘—滨海沉积相（异地）控制的铝土矿 2 类。不同成因相铝土矿，其矿体形态、规模等地质特征也有较大差异：①受原地残沉积相控制的铝土矿，矿体形态较为复杂，以不规则的饼状、透镜状为主，次为扁豆状、环状及马蹄状等，矿体一般长数十米至数百米，宽 30～600m，厚 0.25～3.52m，矿石以砂状、结核状、鲕状、土状构造为主。总体上，矿体在含矿岩系中的走向延伸不稳定，规模有大、有小，厚度变化极大，单个矿体厚度有时可达数十米，但在走向上存有突然尖灭的现象。②受陆缘—滨海沉积相（异地）控制的铝土矿，矿体形态通常较前者简单，以似层状、透镜状为主，长一般为 100～300m，最长可达 1000 余米，宽 50～400m，厚 1.5～5.9m，矿石以砾屑状、豆状、致密状构造为主。铝土矿产出严格受含矿岩系控制，矿体延伸稳定且规模较大，但矿体厚度偏小，为 1.0～2.5m，矿体厚度变化系数较小。矿石质量上，原地残沉积相铝土矿矿石质量一般较好，大部分属工业可利用矿石。而异地沉积型铝土矿，岩石和矿石中普遍含较多的黄铁矿、碳酸盐和硅酸盐矿物，矿石中的 S、CaO、MgO、SiO_2 含量较高，原生形成的铝土矿通常不一定能达到工业利用指标要求。但此类矿石，因含 S、CaO、MgO 等复杂成分，使矿石化学

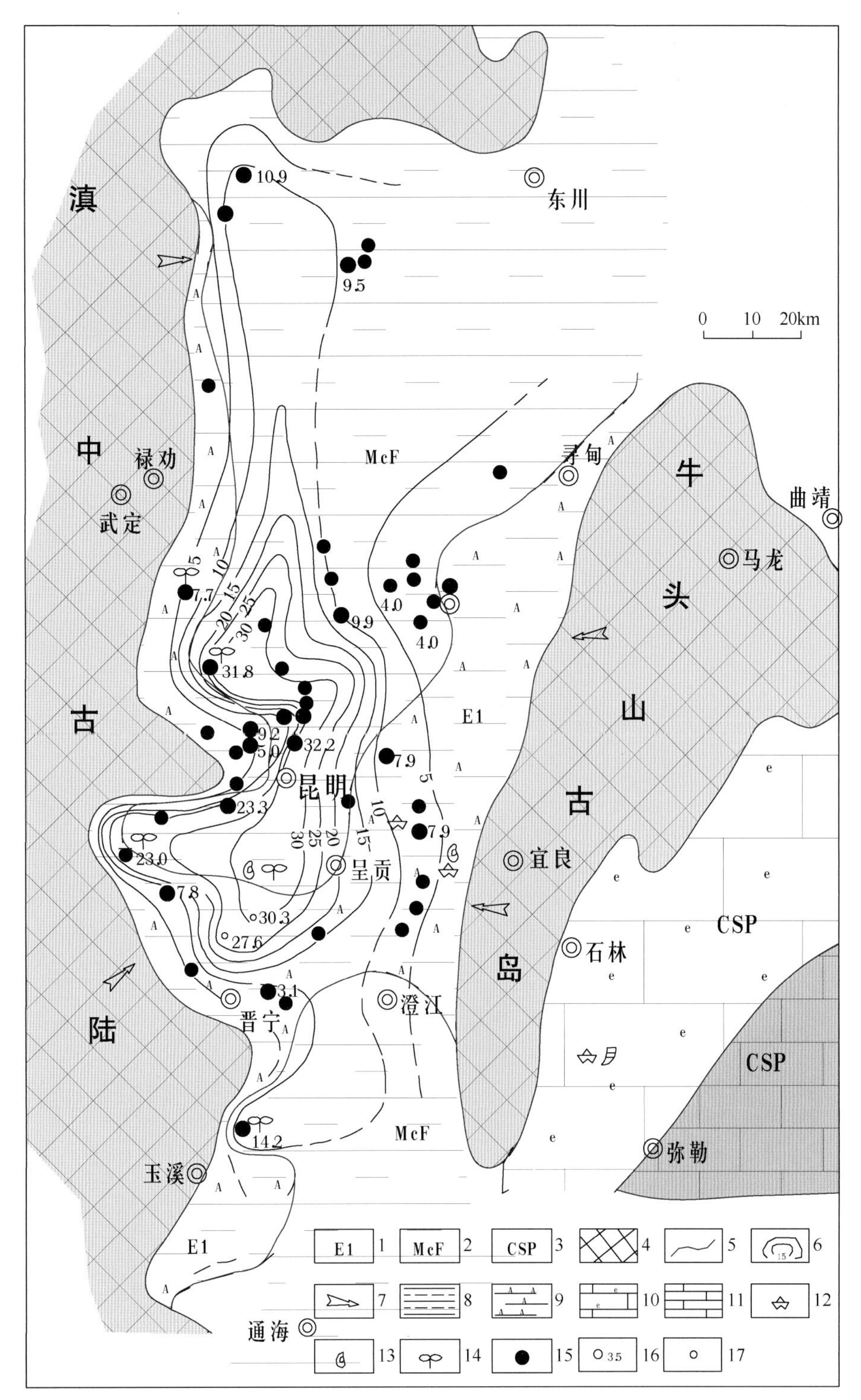

图 3-7　滇中成矿区中二叠世岩相古地理及铝土矿矿床（点）分布图（据张翼飞等，1993 修编）

1. 残积相；2. 滨海沼泽相；3. 浅—滨海台地相；4. 古陆、古岛剥蚀区；5. 古陆及岩相界线；6. 含矿岩系等厚线；7. 物质搬运方向；8. 黏土岩、铝土岩、铝土矿页岩夹砂岩，劣质煤岩组；9. 黏土岩、铝土岩、铝土矿岩组；10. 生物碎屑灰岩、碳质页岩夹砂岩组；11. 灰岩、硅质条带灰岩组；12. 腕足类化石；13. 蜓类化石；14. 植物化石；15. 铝土矿矿床（点）；16. 含矿岩系真厚度（m）；17. 实测剖面点

性质相对较活跃，矿石的后期氧化改造作用较为普遍；经后期氧化改造的铝土矿石质量较原生矿石有较大改善，甚至能使高铝岩石氧化成为铝土矿石，如：昆明附近的草铺、下哨、牛恋村、马头山等矿床的矿体，普遍可见浅部氧化带矿石较深部原生带矿石优良。

（二）含铝岩系沉积相演化特征

上文述及，滇中成矿区含铝土矿岩存有原地残沉积相和陆缘—滨海沉积相两类沉积建造，反映了该区含矿岩系形成时期古地理、古沉积环境的复杂性。

（1）原地残沉积相：代表古风化壳侵蚀面上含铝物质搬运距离不远的原地残积及沉积的环境特征。含矿岩系无明显层理，各岩性层均呈渐变过渡，铝土矿层具结核状、豆状、鲕状构造，结核或豆粒呈“漂浮”状，表面有赭红色的铁膜包裹。本类型剖面在富民龙发、昆明大板桥、呈贡马头山等地铝土矿中均可见到，表明该类地区早期为地形平缓的滨海低丘平原隆起区，岩石钙红土化和红土化作用强烈，成矿物质基本不发生搬运或搬运距离不远，典型矿床为呈贡马头山铝土矿。

（2）陆缘—滨海沉积相：代表古风化壳侵蚀面上古陆边缘地带上的异地沉积环境特征，属含铝物质经搬运迁移至异地沉积成矿的沼泽相、滨海相沉积。含矿岩系各岩性层之间具有明显的界线，矿层和上下围岩中均具有层理或楔状层理构造，有的还夹有劣质煤或碳质页岩。矿石结构构造在含矿层中的配置显示一定的规律性，一般上部为砾屑状、豆状，下部为土状或致密状，具砾屑状和微型滑塌等构造。矿石中的鲕粒局部呈定向排列，有的鲕核心为陆源碎屑物，反映了本类型含铝矿系剖面具有高密度流的特点，表明铝土矿是在短距离内搬运后沉积的。含矿层以下的各类沉积岩，水平层理发育，具有滨海沼泽环境沉积特征。本类型剖面分布在昆明附近的老煤山、沙朗一带，典型矿床如富民老煤山铝土矿。

除以上两类含铝岩系的典型剖面外，在安宁县街、耳木村、海口及晋宁牛恋村一带，还出现以上两套含铝岩系相互叠置的情况。此时，马头山型剖面无一例外地伏于老煤山型剖面之下，显示出古风化壳残积型铝土矿与异地沉积型铝土矿在同一剖面上并存的特征，表明该时期海侵范围是逐步扩大的。从此叠置区再向东至呈贡龙潭山、澄江石寨河、李大坟、协和煤矿一带，虽有老煤山型剖面存在，但缺失了铝土矿层，以远距离异地搬运的碎屑沉积相为主。

从昆明地区铝土矿含矿岩系的剖面变化特征可以看出，从古陆或古岛向沉积盆地中心，沉积物沉积方式显示由残积向异地沉积、无矿沉积变化，铝土矿具有由原地残积相向异地沉积相演变的特点。

（三）成矿条件

滇中成矿区铝土矿形成于中二叠世，该时期是云南铝土矿最早、最重要成矿时期之一。其形成具备如下条件。

1. 沉积环境条件

石炭纪末，云南境内的扬子古陆块受构造运动影响普遍抬升，沉积间断开始发育，滇中昆明地区西为滇中古陆、东为牛头山古岛，二个以碳酸盐岩为主的古陆逐步上隆并遭受剥蚀，为富含铝沉积物提供了丰富的物源。二叠世早期，区域构造运动转变为不均匀沉降，接受沉积，两个古陆所夹持部位形成了南北走向的滨海沉积区。同时，该沉积区内存在以昆明—安宁—晋宁—呈贡为中脊的沉积隆起（滨海低丘平原）区，其南、北两侧分别为地势较低的滨海沼泽区。隆起中脊及滨海低丘平原区经长期风化剥蚀，发生较强烈的钙红土化和红土化作用，形成铝土矿或含铝沉积物的原始堆积，从而形成以残积成因为主的铝土矿。后期，该区的构造运动继续保持缓慢的沉降，海水浸没区面积不断扩大，形成面积较广的滨海沼泽沉积区，以接受剥蚀区迁移的铝土矿和含铝物质沉积为主。最终在远离沉积隆起中心的昆明以南及以北地区，除局部为古陆边缘残积沉积外，大部分地区均形成滨海沼泽相（异地）控制的沉积型铝土矿（图 3-7）。

2. 古气候条件

滇中成矿区含铝土矿（岩）系的底板和顶板，均为厚度较大的碳酸盐岩，并含有多层含煤岩系。据碳酸盐岩和含煤岩系沉积环境模式，可类推出本区铝土矿成矿期前后，滇中地区应处于低纬度温热地带，气候湿润、基底泄水性良好。在该气候条件下，有利于水、CO_2 和生物等的风化分解作用进行，利于含铝基底岩石中 K、Na、Ca、Mg 和 SiO_2 等易溶物质淋失排出，Al_2O_3 沉淀富集。综上，可见温暖潮湿的古气候条件对铝土矿的形成具有积极作用，是成矿必备条件之一。

3. 物源条件

滇中成矿区含铝土矿（岩）系超覆于寒武系中统、泥盆系上统和石炭二叠系灰岩之上。上述地层，除石炭二叠系灰岩较纯外，其余均夹有较多的白云岩，其 Al_2O_3 含量多大于 2%～3%。以上富含铝质的基底岩石经风化作用为铝土矿形成提供丰富的成矿物质。

第三节　滇东北成矿区

一、地质背景

滇东北成矿区大地构造位置位于二级构造单元上扬子古陆块（Ⅵ-2），其对应的三级构造单元为滇东被动陆缘（Ⅵ-2-4）。成矿区带划分属上扬子（陆块）成矿省（Ⅱ3）之昭通—曲靖（弧间盆地）Pb-Zn-Cu-Au-Ag-Fe-Mn-Hg-Sb-P-S-煤—煤层气成矿带（Ⅲ10）。该成矿区属滇中成矿区北东延伸地段。

滇东北成矿区地层出露较为齐全，除白垩系、寒武系上统—泥盆系下统缺失外，自震旦系至第四系均有分布。出露主要地层由老到新依次为：石炭二叠系马平组（CP*m*）、二叠系中统梁山组（P_2l）、二叠系上统峨眉山玄武岩组（P*e*）、宣威组（P_3x）和三叠系下统飞仙关组（T_1f）等。滇东北成矿区铝土矿主要赋存层位有2个：①铝土矿矿床（点）赋存于二叠系上统宣威组（P_3x）底部的含矿岩系中，该含矿岩系岩性为铝土质泥岩，该层铝土质泥岩底部与峨眉山玄武岩第4段（Pe^4）顶部呈平行不整合接触关系，其顶部与宣威组（P_3x）泥岩（部分地段为铝土矿或铁质泥岩）呈过渡关系，相当于古风化间断性质的层位（王正江等，2016）；②为二叠系中统梁山组（P_2l），与滇中成矿区铝土矿矿床（点）赋存层位特点相同。

滇东北成矿区构造形变以北东向、北北东向褶皱为主，断裂次之。据区内典型背斜（羊场背斜、五星背斜、黄华—盐津背斜等）对沉积作用的控制特征看，显示该区构造运动可能在早古生代就已经存在，大致属晋宁运动的产物。本区背斜大都被轴向断裂破坏，基本属两翼对称褶皱，总体上构成一个走向北东的复背斜。背向斜褶皱相间排列，构成典型的隔挡式褶皱组合（云南省地矿局，1990）。

滇东北成矿区岩浆活动主要表现为晚二叠世基性岩浆的喷溢活动，此外在靠近小江断裂带附近的下田坝尚可见有加里东期小花岗岩体分布（云南省地矿局，1990）。

二、成矿特点

滇东北成矿区位于云南省东北部，隶属曲靖市、昭通市管辖。该成矿区范围西起巧家县，东至镇雄县，南抵云南境内的会泽县。目前区内已发现的10余个铝土矿矿（化）点主要分布在巧家县、鲁甸县、彝良县、镇雄县境内，该成矿区地质工作程度较低，仅有5个矿点开展过普查和矿点检查工作，其余矿点均只进行过调查或检查，截至目前，无一处矿床上云南省资源储量简表（图3-8，表3-5）。矿床类型以中二叠世“老煤山式”铝土矿为主，其次还分布有少量晚二叠世“朱家村式”铝土矿。

滇中成矿区二叠系层序出露较全，分布广泛，底部为海陆交替相含煤沉积，中部为浅海相碳酸盐岩夹碎屑岩系（梁山组），上部为喷发之玄武岩流，顶为陆相含煤沉积（宣威组）。铝土矿含矿岩系主要为二叠系中统梁山组，此类矿床多产在碳酸盐岩侵蚀面上；次为二叠系上统宣威组地层（三合场、朱家村、凉水井），产在玄武岩的侵蚀面之上。含矿岩系自上而下由页岩、砂页岩、铝土矿、砂岩、不稳定灰岩、薄煤层、黏土岩（矿）、含铁黏土岩等组成。矿体形态、规模及矿石物质组分等均受含矿岩系基底岩性和古地形的控制。

根据已知矿床、矿点、矿化点、区域构造以及主要赋矿层位（梁山组、宣威组）展布特征，可将滇东北成矿区铝土矿划分为巧家县荞麦地—阿白卡、彝良县钟鸣—牛街、鲁甸县三合场、镇雄县牛场—黑树和会泽—沾益5个远景区。

（一）矿体地质特征

按滇东北铝土矿（点）赋矿层位不同，可将该区铝土矿矿床（点）分产于梁山组中上部的铝土矿（以阿白卡铝土矿为例）和产于二叠系上统宣威组上部的铝土矿（以三合场铝土矿为例）为两类，详细矿体地质特征简述如下：

1. 阿白卡铝土矿

阿白卡铝土矿区出露地层由老至新有泥盆系上统、二叠系中统梁山组、阳新组，二叠系上统峨眉山玄

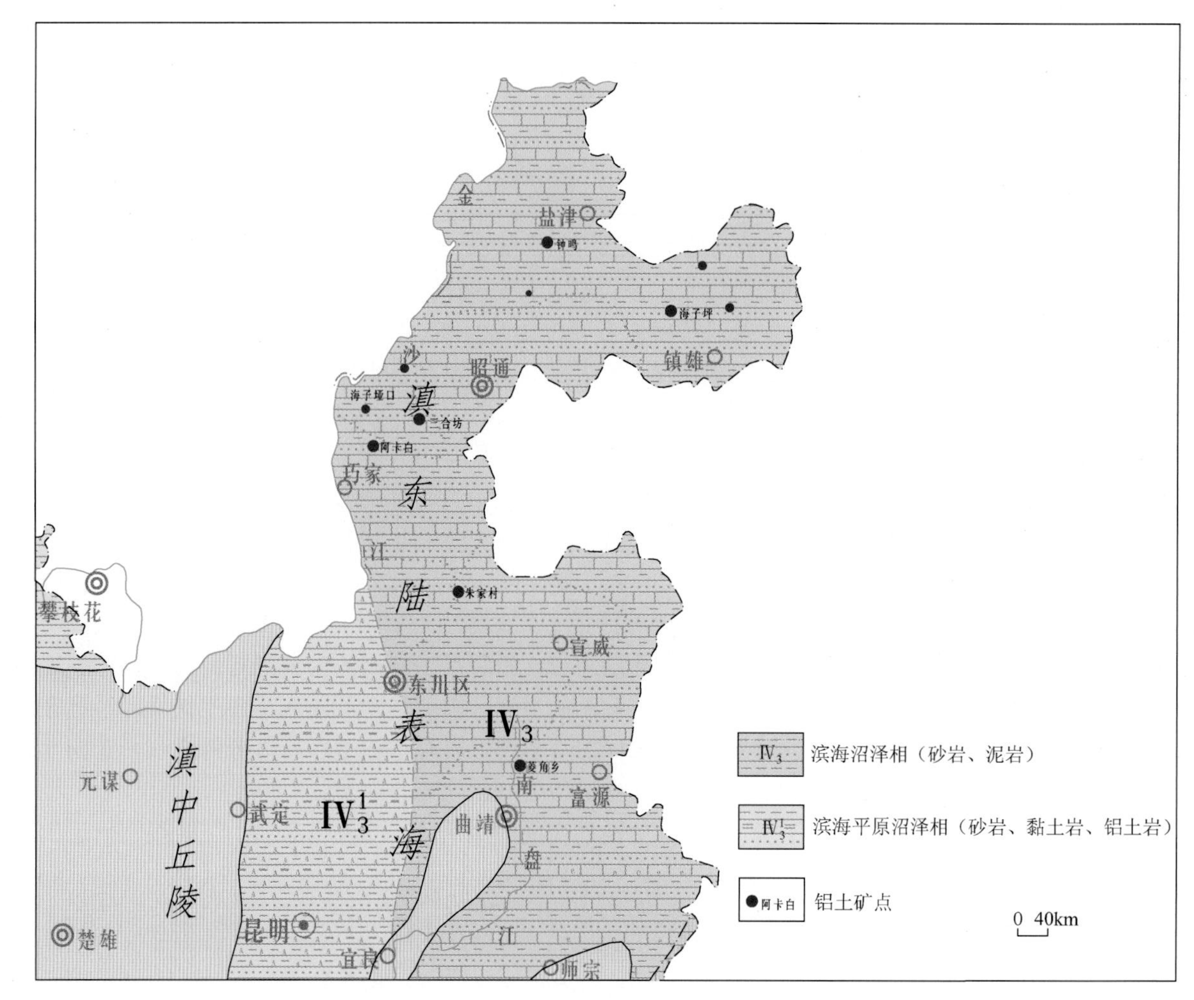

图 3-8　滇东北成矿区梁山期岩相古地理及矿点分布图

表 3-5　滇东北成矿区已初步勘查的铝土矿矿床（点）情况表

矿床（点）名称	共生矿种	地质工作程度	矿床规模	含矿地层	平均品位/%	备注
巧家阿白卡	—	检查	矿点	梁山组（P_2l）	Al_2O_3：58.7 A/S：8.37	—
鲁甸三合场	铁	普查	小型	宣威组（P_3x）	Al_2O_3：57.23 A/S：2.68	—
镇雄威宁寨—钟鸣	—	检查	矿点	梁山组（P_2l）	Al_2O_3：44.76 A/S：2.60	—
镇雄幸福洞	—	检查	矿点	梁山组（P_2l）	Al_2O_3：26～37 A/S＜1.5	—
镇雄海子坪	—	检查	矿点	梁山组（P_2l）	Al_2O_3：35 A/S＜1	—
镇雄洗白	—	检查	矿点	梁山组（P_2l）	Al_2O_3：12～42 A/S＜1	—
镇雄大冲沟	—	检查	矿点	梁山组（P_2l）	Al_2O_3：17～33 A/S＜1	—
会泽朱家村	—	普查	小型	宣威组（P_3x）	Al_2O_3：35 A/S：3	—
会泽红尼地	—	检查	矿点	宣威组（P_3x）	Al_2O_3：30 A/S＜2.5	—
沾益县菱角	—	预查	中型	梁山组（P_2l）	Al_2O_3：30 A/S：48.8	铝（钒）土矿

注：据 1∶20 万镇雄幅、鲁甸幅、东川幅区调报告整理。

武岩组。其中，二叠系中统梁山组为本区沉积型铝土矿含矿层位。地层走向近南北向或北北东向，为一东倾（顺坡）单斜构造。矿区铝土矿体走向断续延伸长约 2800m，呈透镜状、层状，倾角较陡，介于 40°～50°。矿区北部铝土矿体厚度较大，总厚 4.4m；矿体向南逐渐变薄，向南延伸至约 600m 处，厚度减薄为 3.8m，并见有厚约 1.8m 的浅—深灰色、风化后呈黄褐色的角砾状铝土矿，其含铁质较多。矿石构造有粗糙状（土状）、致密状、角砾状、豆状构造等。矿石主要组分（样品数 3 件）Al_2O_3 平均含量为 58.7%，铝硅比为 8.37，质量尚佳；光谱分析结果显示矿石中 Ga 含量为 0.015%，达综合利用指标。

2. 三合场铝土矿（及会泽朱家村铝土矿）

三合场铝土矿区出露地层由老至新依次为二叠系上统峨眉山玄武岩组，二叠系上统宣威组，三叠系下统飞仙关组。其中，二叠系下统宣威组为本区沉积型铝土矿含矿层位。矿区铝土矿层位于二叠系上统宣威组上部之铁矿层之上，矿层底板为凝灰质页岩，顶板为含铁泥页岩。矿区地层产状平缓，为一简单的向北东倾的单斜构造。矿体形态呈似层状、扁豆状，平均厚度为 1.86m。据 1∶20 万鲁甸幅区调资料显示，该区共圈定矿体 18 个，储量 293 万 t（云南省地质局第二区域地质测量大队一分队，1978）。矿石自然类型有致密状、豆状铝土矿石等，总体质量较差。矿石主要组分 Al_2O_3 平均含量为 57.23%，铝硅比为 2.68。会泽朱家村铝土矿地质特征与三合场铝土矿类似，矿区矿体呈层状，厚度为 1.5～3.5m，平均 2.35m，全长 2500m。Al_2O_3 含量一般为 35%左右，最高可达 57.85%，SiO_2 含量一般 15%左右，最高为 25%，铝硅比一般为 3，最佳者 5.30。地质储量 146.8 万 t。

（二）成矿条件

1. 物源条件

在滇东北地区，二叠系梁山组含铝土矿岩系超覆于寒武系中统、泥盆系上统和石炭二叠系灰岩、碎屑岩之上。在这些地层中，除石炭系灰岩较纯外，其余均夹有较多的白云岩，其 Al_2O_3 的含量多大于 2%～3%，在基底岩石为富含铝质的岩性条件下，经风化作用能为铝土矿的形成提供丰富的成矿物质。二叠系宣威组含铝土矿岩系超覆于二叠系玄武岩之上，基底玄武岩亦为富铝岩石，在下伏基底岩石为富含铝质的岩性条件下，经风化作用也能为铝土矿的形成提供丰富的成矿物质。此外，沉积盆地周边的康滇古陆、川滇古陆等古风化壳也提供了成矿物质。

2. 构造条件

含矿岩系分布的现代褶皱区是形成岩溶堆积型矿的有利地段，向斜构造则保留了原生沉积铝土矿层，只有在两翼周边沉积型铝土矿出露地段，才有比较分散的堆积矿分布。大量遭受剥蚀的背斜构造和含矿岩系出露区岩溶盆地，往往是堆积型矿床形成的有利场所。原生矿脱离母体，堆积于缓坡、坡脚下，在地表水和基底碳盐水的反复循环作用下，杂质遭到淋滤，形成厚度较大、品位较富的铝土矿。

3. 沉积环境条件

中泥盆世，滇中成矿区西部为康滇古陆，北部与东部为川滇古陆，西南部地区为江底陆岛与牛头山古岛阻隔。形成的滇东北拗陷带，为古陆包围的海湾状沉积盆地，属相对闭塞的环境，石炭纪继承了该环境，石炭纪末至二叠世早期，扬子古陆块的云南境内普遍抬升，以上以碳酸盐岩为主的古陆逐步上隆并遭受风化剥蚀，形成富含铝沉积物的物源供应区，为铝土矿的形成创造了有利的物源条件，中二叠世早期，地质构造运动转化为不均匀沉降，滇东北凹陷带接受沉积并在有利地段形成滨海沼泽相异地沉积形成铝土矿。二叠世晚期，该区大部上升隆起为陆并伴随大面积二叠系峨眉山玄武岩喷发，二叠世末期，玄武岩遭受剥蚀，同时在有利地段接受沉积，形成大陆湖沼相异地沉积型铝土矿床。

第四节 滇西成矿区

一、地质背景

滇西成矿区大地构造位置位于二级构造单元上扬子古陆块（Ⅵ-2）与一级构造单元羌塘—三江造山系

（Ⅶ）的过渡带，三级构造单元属盐源—丽江被动陆缘（Ⅵ-2-13）。成矿区带划分属上扬子（陆块）成矿省（Ⅱ3）之丽江—大理—金平（陆缘拗陷）Au-Cu-Ni-Pt-Pd-Mo-Mn-Fe-Pb-Zn 成矿带（Ⅲ8）。盐源—丽江被动陆缘位于扬子古陆块南西缘，东以程海断裂带与楚雄陆内盆地分界，西以三江口—白汉场断裂与羌塘—三江多岛洋为邻。可进一步划分为 4 个四级构造单元，分别为金平—海东陆棚（Ⅵ-2-13-1）、丽江陆缘裂谷（Ⅵ-2-13-2）、鹤庆台地（Ⅵ-2-13-3）、松桂断陷盆地（Ⅵ-2-13-4）。其中，鹤庆陆棚碳酸盐岩台地属本区铝土矿分布的主要地区。

滇西成矿区地层出露较为齐全，除寒武系外，自震旦系至第四系均有分布。区内出露主要地层由老到新依次为二叠系玄武岩组（P*e*）、三叠系下统青天堡组（T_1q）、三叠系中统北衙组上段（T_2b^2）、三叠系上统中窝组（$T_3\hat{z}$）、第四系（Q）。其中，三叠系地层以发育陆棚碳酸盐岩建造组合为特征，其顶部中窝组是滇西成矿区铝土矿、锰矿的主要赋存层位，假整合于北衙组灰岩、白云质灰岩侵蚀面上。

滇西成矿区主要由燕山构造层和喜山构造层组成，总的褶皱特征是自东向西渐由开阔的短轴褶曲变为较狭窄，且多不对称，一般背斜构造之西翼缓、东翼陡，与褶皱同期生成的断裂多为西倾之逆断裂，显示其受力方向主要是由西向东。松桂地区由于大面积巨厚而坚硬的玄武岩分布，使其本身及其上覆三叠纪地层褶皱一般较缓和。西北部汝南哨地区褶皱紧密，背斜、向斜发育程度均等，受挤压程度相似，自北而南由不对称褶皱渐为轴向一致倾向北西的倒转或伏卧褶曲；断裂则由高角度逆断层渐为逆掩断层，甚至产生较大的推覆构造，与松桂地区明显不同。

滇西成矿区岩浆活动频繁，基性、中性、酸性及碱性等岩类均有不同程度的发育，尤以基性喷发岩分布最广（图 3-9）。

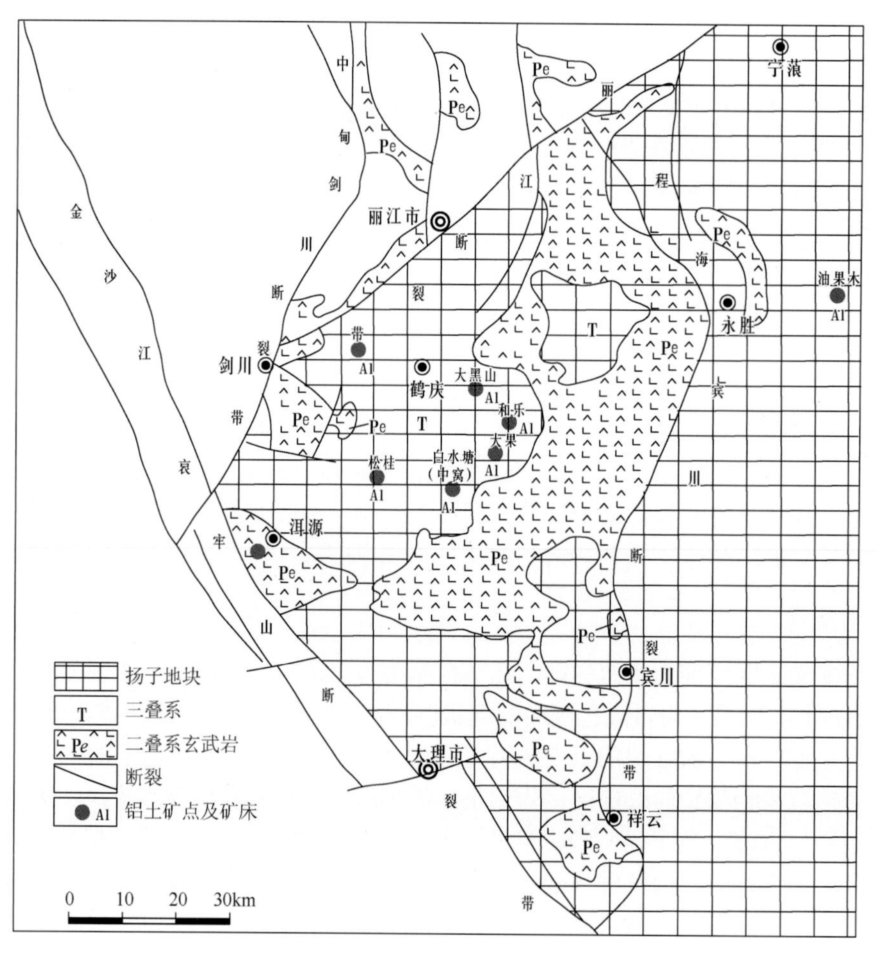

图 3-9　滇西成矿区中三叠世区域构造及铝土矿矿床（点）分布简图

二、成矿特点

滇西成矿区位于云南省西部，隶属大理市、丽江市管辖，该成矿区范围南起鹤庆县松桂，北至丽江，东到宁蒗县。目前区内已发现铝土矿（化）点8个，除个别在宁蒗境内外，铝土矿集中分布在鹤庆松桂、中窝一带，已知矿点有中窝、白水塘、挖色、吉地坪、大黑山、西炭街、油果木等地（图3-9），均属浅海相沉积成矿，主要类型为晚三叠世“中窝式”铝土矿。

滇西成矿区西带铝土矿产于三叠系上统中窝组（$T_3\hat{z}$）底部，东带个别铝土矿点产于二叠系中统梁山组地层中，如宁蒗油果木等。西带已知矿点均分布在松桂向斜内，产在下伏北衙组（T_2b^2）灰岩的假整合面上，如白水塘、大果和和乐等铝土矿矿床（点）。

滇西成矿区铝土矿地质工作程度较低，初步工作过的矿床（点）有4处，其中小型2处（达普查程度），以沉积型铝土矿为主。据云南省国土资源厅（2011）编制的《云南省铝土矿资源利用现状调查成果汇总报告》成果显示，区内2处达普查程度的铝土矿矿床累计查明铝土矿资源储量629.23万t，占云南省总量的6.1%。

（一）矿床地质特征

经野外调研和区内各矿区铝土矿矿床特征对比分析，可见滇西成矿区内铝土矿点多、面广，呈带连片面型分布，铝土矿矿床（体）严格受层位控制，均赋存于呈不整合超覆于下伏三叠系中统北衙组代号（T_2b^2）纯灰岩或生物碎屑灰岩的侵蚀面上的三叠系上统中窝组（$T_3\hat{z}$）底部。赋矿岩系呈层状、透镜状产于三叠系中统北衙组碳酸盐岩形成的溶坑、溶洼及溶槽中，在纵向上具有明显的层序变化。在垂直方向上，区内赋矿岩系比较完整的典型序列自下而上为：含蒙脱石—高岭石黏土层→杂色赤（褐）铁矿铁铝质岩层→灰色铝土矿层［偶夹薄层状高铝质页岩、赤（褐）铁矿角砾及复砾泥岩团块］→黏土质含铝页岩夹复砾质泥岩（有时为碳质页岩、煤层，局部地区可见高碳铝土矿层夹于高铝质页岩中）→富含生物化石的粉砂质泥岩夹薄层细砂岩。对比本区铝土矿与我国沉积型铝土矿含矿剖面岩矿组合序列两者十分相似，自下而上可归纳为铁—铝—煤沉积序列，三叠系上统中窝组底有页岩并与下伏三叠系中统北衙组间存在假整合面，是形成铝土矿的前提。

（二）成矿条件

1. 沉积间断条件

经勘查实践证明，滇西地区与铝土矿有关的地层主要是三叠系北衙组和中窝组地层，两者间存有一个中晚三叠世之间的沉积间断，是形成古风化壳沉积型铝土矿的有利条件。因此，在大理—丽江地区寻找铝土矿，确认三叠系北衙组和中窝组地间是否存有沉积间断，是迅速发现和确定铝土矿资源的一个有效方法。

2. 物源条件

滇中成矿区晚三叠世早期，程海大断裂以东的康滇古陆长期处于隆起剥蚀状态，而大断裂以西，经历了中三叠世末的短暂上升侵蚀后，随即下沉，海水自北而来，仍继承了中三叠世海浸范围，于康滇古陆西缘形成向东南突出的海湾。与此同时，一度气候炎热，氧化强烈，利于陆源区富铝、铁岩石风化并形成铝、铁溶液携入海湾，处于海湾最边缘的鱼棚一带有含铁碎屑堆积，向西至中窝一带海水较深，形成铝土矿沉积，随着海水的加深，沉积了碳酸盐岩（图3-10）。此外，从晚三叠世早期，由页岩—灰岩组成的完整海进沉积相看出，当时地壳沉降稳定，除旋回底部成矿外，无多层铝土矿生成。矿体形状则受三叠系中统起伏不平的灰岩喀斯特侵蚀面控制。其成矿规律见表3-6。综上可见，含铝岩系下伏灰岩、基底玄武岩、凝灰岩或者海水中火山以及古陆物质对铝土矿的成矿物质来源均有一定的贡献。

3. 构造条件

滇西成矿区已知铝土矿矿床（点）（中窝、七坪、大果、大黑山、西炭街等）集中分布在鹤庆松桂、中窝一带的松桂向斜内（图3-9）。大量遭受剥蚀的背斜构造是铝土矿形成的有利场所。而据已知矿床（点）主要分布于松桂向斜内特征看，显示该区向斜构造更有利于原生沉积铝土矿层的保留。因此，该区寻找沉积型铝土矿，应更关注向斜构造内的中窝组与北衙组间假整合面分布地段。

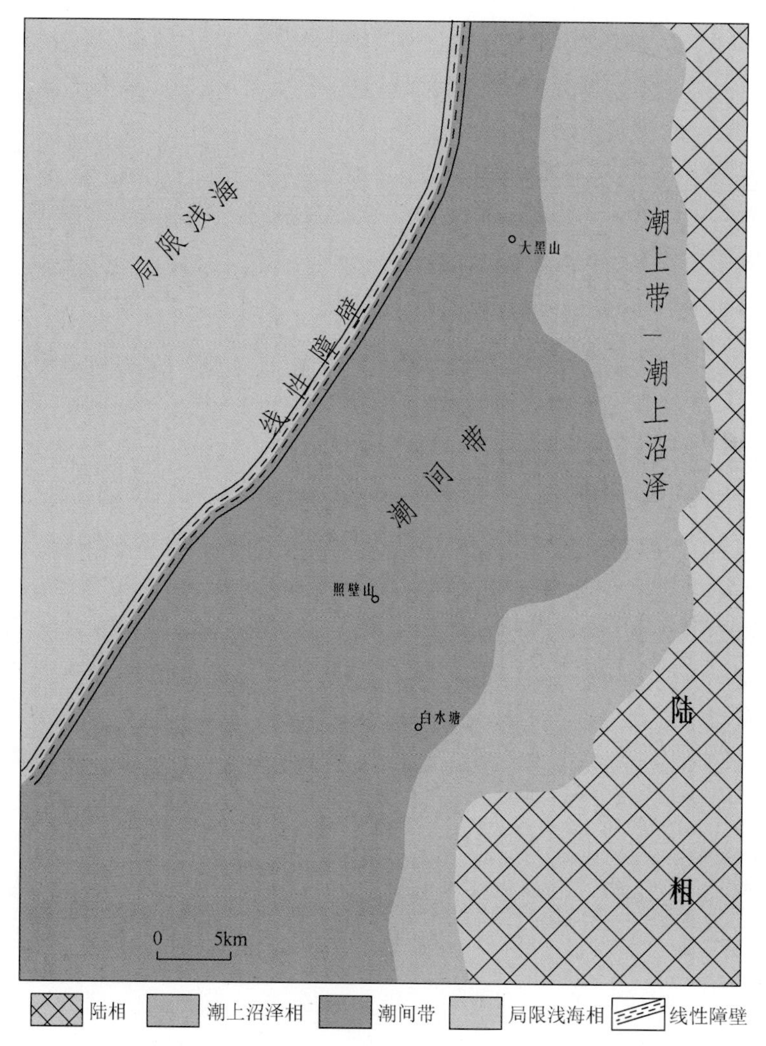

图 3-10 鹤庆—松桂盆地晚三叠世早期岩相古地理图

表 3-6 鹤庆—松桂地区原生沉积型铝土矿成矿规律简表

矿床类型		原生沉积型铝土矿
地质环境	构造背景	上扬子古陆块（Ⅵ-2）与羌塘—三江造山系的过渡带，三级构造单元属盐源—丽江被动陆缘（Ⅵ-2-13）
	基底地层	三叠系中统北衙组碳酸盐岩
	赋矿地层	三叠系上统中窝组一段
	含矿岩系	紧密或松散固结铁铝岩、铝土矿层及煤层
	岩相古地理	陆内局限槽盆及滨海潟湖、沼泽
	古地貌类型	台地边缘或台沟
	古气候	位于赤道附近的湿润炎热多雨气候区
	岩浆活动	晚三叠世基性火山岩及燕山—喜马拉雅期中酸性岩浆侵位活动
	构造运动	印支期及喜马拉雅期第Ⅰ、Ⅱ幕构造运动伴生的构造隆升及褶皱、断裂
矿床地质	矿体产状	层状、似层状、透镜状、囊状等
	矿物组合	一水硬铝石、三水软铝石、胶铝矿、黄铁矿、赤铁矿、菱铁矿、针铁矿、褐铁矿、高岭石、石英、铁绿泥石、绢云母等
	矿石结构	豆粒、鲕粒、结晶、碎屑
	矿石构造	致密块状、纹层状、蜂窝状、砂屑状、土—半土状
	矿石类型	高铁低硫型、低铁高硅型
	共生元素	Ga、Zr、Nb、Ta、Ti
控矿因素		集中分布在被含铁岩系充填的滨海陆缘海盆内的古喀斯特地貌形态
成矿时代		晚三叠世

4. 沉积环境条件

滇中成矿区所在的盐源—丽江被动陆缘在早古生代时为浅海区，为一套浅海—滨海砂页岩建造，加里东运动使全区上升，至中泥盆世下沉，堆积作用一直延至早二叠世。受华力西期升降运动影响，程海大断裂亦在此时复活，发生大量海底基性火山喷发，喷发间隙堆积了泥质碎屑物及碳酸盐。三叠纪开始来自西北方向的海水浸漫本区，随着海浸范围的扩大，至中三叠世堆积了碳酸盐类，发生于中三叠世末期的印支早期运动使区内一度上升，经过短期侵蚀和古喀斯特作用，原来堆积的铝硅酸盐类迅速分解、搬运，又在浅海地区沉积，形成铝土矿层。

第四章　矿床类型及特征

矿床类型划分反映了人类对矿床成因和成矿过程的认识程度，也是人类对矿床研究成果的高度概括。正确的地划分矿床成因类型对了解成矿作用本质，指导生产实践均具有重要的意义（翟裕生等，2011）。

第一节　类 型 划 分

对铝土矿矿床类型的划分，国内外学者经历了长达一个世纪的探索与研究。第一章绪论提到铝土矿矿床类型划分方法众多，但经实践证明它们或多或少存在局限与不确定性（崔滔，2013）。目前，随着铝土矿物质组成、矿体形态、地质产状、基岩类型、矿床成因以及产出大地构造背景等方面研究程度的加深，以母岩类型为基础的划分方法已被世界广泛接受认可，即：①产于碳酸盐岩古喀斯特面之上的喀斯特型铝土矿；②产于铝硅酸盐岩之上的红土型铝土矿（Bárdossy and Aleva，1990；D'Argenlo and Mindszenty，1995；王庆飞等，2012）。

中国铝土矿产于古生界、中生界和新生界地层中，以石炭纪和二叠纪铝土矿分布最广。石炭纪铝土矿大多分布于华北古陆，二叠纪铝土矿则多分布于上扬子古陆。据基岩类型不同，我国铝土矿大体可分为2类。第1类为喀斯特型铝土矿，含铝矿物主要为硬水铝石，也称为硬水铝石喀斯特型铝土矿。第2类为红土型铝土矿，主要分布在桂中、福建漳浦、广东雷州半岛和海南蓬莱等地，主要含铝矿物为三水铝石，也称三水铝石红土型铝土矿（王庆飞等，2012）。廖士范和梁同荣（1991）通过仔细研究，也认为中国铝土矿矿床可分为古风化壳型铝土矿矿床和红土型铝土矿矿床2个大类，并且将古风化壳型铝土矿矿床又进一步划分了亚类和矿床式（表4-1）。我国教科书《矿床学》认为层状铝土矿包含了岩石的原地风化和经过搬运的沉积作用，属胶体化学沉积矿床，并按沉积环境不同又分为了陆相沉积铝土矿床和海相沉积铝土矿床2种类型（翟裕生等，2011）。国土资源部2003年发布实施的《铝土矿、冶镁菱镁矿地质勘查规范》（DZ/T 0202—2002）以规范形式将我国铝土矿划分为沉积型、堆积型、红土型3类，目前该规范已成为我国铝土矿类型研究、勘查主要划分依据（表4-2）。

表4-1　中国铝土矿矿床类型划分意见表

大类	亚类	矿床式	矿床特征	典型矿床
古风化壳（Ⅰ）型铝土矿	Ⅰa：铝硅酸盐岩古风化壳原地残积亚型铝土矿床	南川式	矿床与下伏基岩有过渡现象，有人称之为“烂石”，矿层中无层理，矿石中有保留完好的渗流管，矿床规模中等或小型	贵州遵义蓟江、威宁及四川南川、乐山等地
	Ⅰb：碳酸盐岩古风化壳准原地堆积（沉积）亚型铝土矿床	遵义式	矿层中无层理，如系在水体中沉积则略有层理。矿石中有保留完好的渗流管，矿床规模常为中型	河南新安、密县，贵州遵义川主庙
	Ⅰc：碳酸盐岩古风化壳异地堆积亚型铝土矿床	修文式	无层理，或略显层理。矿石中有保留完好的渗流管，这种矿床常有大型超大型矿床	贵州修文小山坝及山西
	Ⅰd：碳酸盐岩古风化壳异地淡水或咸水沉积亚型铝土矿床	巩县式	有较清晰的层理；略有沉积相特征，矿石中很少见到渗流管	河南巩义、登封、偃师及贵州清镇林歹、燕垅、猫场以及织金、平坝
	Ⅰe：古风化壳异地海相沉积亚型古铝土矿床	麻栗坡式	沉积标志清楚，也有机械碎屑分异现象，矿床规模通常较小	云南麻栗坡、西畴
	Ⅰf：碳酸盐岩古风化壳准原地堆积（或积淀）—现代喀斯特堆积亚型铝土矿床	平果式	在现代气候条件下碳酸盐岩石风化形成了许多喀斯特溶洞、洼地，原来早已形成的古风化壳铝土矿石坠落堆积其中，才形成本亚型古风化壳铝土矿床	广西平果
红土（Ⅱ）型铝土矿		漳浦式	为玄武岩、碳酸盐岩在低纬度地区温暖潮湿的气候条件下红土化作用形成	福建漳浦

注：据廖士范和梁同荣，1991。

表 4-2　中国铝土矿矿床分类

大类	亚类	占总储量比例/%	矿床特征	典型矿床
沉积型	产于碳酸盐岩侵蚀面上的一水硬铝石铝土矿矿床	84	含矿岩系呈假整合覆盖于灰岩、白云质灰岩或白云岩侵蚀面上。矿体呈似层状、透镜状和漏斗状。铝土矿矿石结构呈土状（粗糙状）、鲕状、豆状、碎屑状等。矿物成分以一水硬铝石为主，其次为高岭石、水云母、绿泥石、褐铁矿、针铁矿、赤铁矿、一水软铝石，微量的锆石、锐钛矿、金红石等，有时有黄铁矿、菱铁矿和三水铝石。伴生有用元素镓，共生矿产有耐火黏土、铁矿、硫铁矿、熔剂灰岩、煤矿等。该类矿床以低铁低硫型矿石为主	贵州小山坝、林歹；河南小关、张窑院；山西克俄、白家庄；山东洋水等，是我国目前工业开采利用的主要对象
	产于砂岩、页岩、泥灰岩、玄武岩侵蚀面或由这些岩石组成的岩系中的一水硬铝石铝土矿矿床	6	矿体呈层状或透镜状，矿床规模多为中、小型。矿石结构呈致密状、角砾状、鲕状、豆状等。矿物成分主要为一水硬铝石，其次为高岭石、蒙脱石、多水高岭石、绿泥石、菱铁矿、褐铁矿、黄铁矿等。伴生有用元素镓，共生矿产有半软质黏土和硬质黏土矿等。该类矿床的矿石类型以中、高铁型铝土矿居多	湖南李家田、山东王村、四川新华乡等矿床。该类矿床目前我国只有少量开采，主要作为配矿使用
堆积型		8.5	该类矿床系由原生沉积铝土矿在适宜的构造条件下经风化淋滤，就地残积或在岩溶洼地（或坡地）中重新堆积而成的。矿石呈大小不等的块砾及碎屑夹于松散红土中构成含矿层（矿体）。矿体形态复杂，呈不规则状，多随基底地形而异，矿体规模多为中、小型。矿石结构呈鲕状、豆状、碎屑状。矿物成分以一水硬铝石为主，其次为高岭石、针铁矿、赤铁矿、三水铝石、一水软铝石等。矿床全为一水硬铝石铝土矿。矿石类型以高铁型铝土矿为主	广西平果（堆积矿）、云南广南（堆积矿）等。该类矿床因矿石与红土混杂，需经选洗才能利用。矿石特征是含 Fe_2O_3 高，铝硅比值高，宜用拜耳法生产氧化铝。矿床产状平缓，覆盖薄，宜露采
红土型		1.5	红土型铝土矿矿床（即风化残余型或玄武岩风化壳型）产于玄武岩风化壳中，由玄武岩风化淋滤而成。玄武岩风化壳一般自上而下分为红土带、含矿富集带、玄武岩分解带，再下为新鲜玄武岩。含矿富集带（含矿层）多分布于残丘顶部，呈斗篷状或不规则状，产状平缓。矿石呈残余结构，如气孔状、杏仁状、斑点状、砂状等。矿物成分以三水铝石为主，其次为褐铁矿、赤铁矿、针铁矿、伊丁石、高岭石、一水软铝石及微量石英、蛋白石、钛铁矿等。伴生及共生矿产有镓及钴土矿。该类矿床属三水型铝土矿。矿石类型属高铁低硫型铝土矿	海南蓬莱、福建漳浦等矿床。目前我国已知矿床均为小型，且矿石质量也差，仅小规模开采利用

注：据《铝土矿、冶镁菱镁矿地质勘查规范》，2003。

对于云南铝土矿矿床类型划分前人也早已涉足，主要存有以下主要观点。《云南省区域矿产总结》（云南省地质矿产局，1993）中将云南铝土矿分为 3 类 8 型。其中沉积型分为 2 大类 3 亚类，堆积型分为 4 亚类（表 4-3）。在云南省矿产资源潜力评价成果报告（云南省国土资源厅，2013；云南省地质调查局，2013）中，根据预测类型，将云南铝土矿进一步分为 4 个矿床式（表 4-4）。

表 4-3　云南铝土矿矿床成因类型划分及其简明特征一览表

矿床类型	亚型		主要地质特征	矿石类型	主要化学组分含量/%	矿床规模	占云南省控制储量比例/%（1993 年）	矿床实例
古风化壳型铝土矿	原地残积	钙红土化	无层理。具红皮结核和管状构造。豆鲕有缩水裂纹	一水硬铝石低铁铝土矿石	A：47.77～60.5 S：3.0～23.26 F：2.22～8.49 A/S：2.6～8.4	小	33.3	马头山、大板桥、龙发
		红土化	具火山玻屑、岩屑、晶屑交代残余。无层理	一水硬铝石中铁铝土矿石	A：65.8 S：3.12 F：7.25 A/S：21.09	小	暂缺	天生桥
	异地堆积	异地堆积	层理及矿体界线清楚具角砾状和微型滑塌构造	一水硬铝石低铁铝土矿石	A：50.45～73.55 S：7～15 F：1.85～13 A/S：3～5.98	小	14.9	老煤山、沙朗
碎屑沉积型铝土矿	碎屑沉积		矿层具粒序、定向砾屑、斜层理。矿层及其顶底板中含海相生物化石	一水硬铝石高硫铝土矿石	A：50.42～53.23 S：10.99 F：15.21～11.87 A/S：4.6～7.0	小	21.8	铁厂、芹菜塘
堆积型铝土矿	残坡积		有成层构造残余和大量红土混入，矿石未经大的位移	一水硬铝石低硫高铁铝土矿石	A：52.47～55.83 S：5.61～10.47 F：20.1～24.57	小至中	0.07	黄家塘、杨柳井

续表

矿床类型	亚型	主要地质特征	矿石类型	主要化学组分含量/%	矿床规模	占云南省控制储量比例/%（1993 年）	矿床实例
堆积型铝土矿	洪坡积	分布于洼地中。矿石呈次棱—浑圆状，有分选性。砂质胶结	一水硬铝石低硫中铁铝土矿石	A：51.41～64.20 S：3.23～6.26 F：11.03～13.21	小	暂缺	瓦白冲、红舍克
	坠积	矿块大小较均匀，有一定磨圆度，无分选性，黏土胶结	一水硬铝石低硫中—高铁铝土矿石	A：50.29 S：- F：-	小至中	1.4	板茂火山
	坠残积	矿块大小相差悬殊，互相混杂，无分选性，堆积层内见陡滑面	一水硬铝石低硫中—高铁铝土矿石	A：54.64～55.01 S：5.87～6.55 F：18.96～21.09 A/S：2.6～8.4	小至大	28.5	卖酒坪、转堡

注：据云南省地质矿产局等，1993；表中代号说明：A. Al_2O_3，S. SiO_2，F. Fe_2O_3，A/S. Al_2O_3/SiO_2。

表 4-4　云南铝土矿预测类型、矿物成分、成矿规律简表

类型	矿床式	主要矿物	Al_2O_3	A/S（铝硅比）	矿床地质特征	矿床所在构造单元
沉积型	老煤山式（占上扬子成矿省铝土矿储量 98.6%）	一水硬铝石占 60%～80%，少量勃姆矿、高岭石、含 TiO_2 矿物及其他重矿物	50%～70%	4～9	二叠系含铝岩系直接超覆在石炭系或前石炭系碳酸盐岩及非碳酸盐岩侵蚀面上，为与碳酸盐岩（主）或非碳酸盐岩（次）红土化古风化壳异地堆积的铝土矿，其特点是铝土矿之下无湖相沉积铁矿；但在一些地区铝土矿之下有劣质煤层产出	上扬子成矿省，主要分布昆明、安宁、玉溪附近及滇东北镇雄、巧家、鲁甸、禄劝一带，典型矿床为昆明老煤山铝土矿
	麻栗坡式（占华南成矿省铝土矿储量 21.7%）	一水铝石，次要矿物叶蜡石、高岭石、水云母、方解石、黄铁矿、锐钛矿、褐铁矿、赤铁矿及绿泥石等	40.84%～58.55%	4.87～6.68	二叠系上统吴家坪组下段为含铝岩系，其中夹有 3 层铝土矿，间隔 1～10m，原生带矿石含硫高，难以利用	华南成矿省，西畴、麻栗坡、广南、邱北、富宁都有本类型矿床（点），典型矿床为麻栗坡铁厂
	中窝式（占上扬子成矿省铝土矿储量 1.4%）	主要矿物有：高岭石、迪开石等，含少量一水硬铝石	多数在 40%左右	多数在 2.6 左右	为三叠系上统沉积型铝土矿，矿体小，变化大	上扬子成矿省鹤庆、松桂一带，经近期工作评价为一小型矿床
堆积型	卖酒坪式（占华南成矿省铝土矿储 78.3%）	精矿石中主要为一水硬铝石，次要矿物：叶蜡石、针铁矿、锐钛矿等	精矿石含 Al_2O_3 为 50%～60%，含矿率 800～900kg/m^3。含矿率变化极大，从 0～＞200kg/m^3 不等	精矿石 7～10	系碳酸盐岩古风化壳异地沉积的铝土矿，又经过近代岩溶化再堆积在钙红土中的碎屑、砾块状铝土矿石	华南成矿省，在广南、邱北、文山、西畴、麻栗坡、富宁都有本类型矿床及矿点，典型矿床为西畴卖酒坪

注：据《云南省矿产资源潜力评价成果报告》，2013。

综上，前人对铝土矿矿床的分类，要么是侧重强调其下伏基岩类型，将其分为喀斯特型和红土型 2 类；要么是侧重强调其成因环境，将其分为古风化壳型和红土型 2 类。本书在充分吸收前人研究成果的基础上，参照《铝土矿、冶镁菱镁矿地质勘查规范》（DZ/T0202—2002）附录 C 的分类方案，并根据近年勘查实践，遵循简明方便勘查实用的原则，以成因环境、基底岩石类型、赋矿岩层及成矿时代为依据，将云南铝土矿分为 2 大类（沉积型、堆积型）（云南暂缺红土型），根据成矿时代、赋矿岩层以及基底特点进一步将沉积型分为 2 个亚类 5 种矿床式（表 4-5）。

表 4-5　云南铝土矿矿床成因类型、地质特征、成矿规律简表

矿床类型	矿床亚类	矿床式	成矿时代及赋矿地层岩性	成矿环境	主要矿物	矿石类型	Al_2O_3 A/S	矿床地质特征	矿床所在构造单元	矿床规模	矿床实例
沉积型	产于碳酸盐岩侵蚀面上的铝土矿	老煤山式	中二叠世 梁山组：含铁质页岩为主，含劣质煤及泥岩、砂岩等	滨海平原沼泽相沉积	一水硬铝石占 60%～80%，少量勃姆矿、高岭石、一水软铝石、三水铝石、褐铁矿、金红石和锆石	一水硬铝石，低铁、中铁铝土矿石	47%～70% 3～9	矿床属古风化壳准原地残积或异地沉积的铝土矿。矿体赋存于古生界二叠系中统梁山组（P_2l）地层中，含铝岩系直接超覆在石炭二叠系或寒武系、泥盆系碳酸盐岩侵蚀面上。（查明资源占云南省总量 19.3%）	上扬子成矿省，主要分布昆明、安宁、呈贡、玉溪及滇东北镇雄、巧家、鲁甸一带，一般为小型矿床	小型	富民老煤山、昆明沙朗、大板桥、安宁县街、耳目村铝土矿等

续表

矿床类型	矿床亚类	矿床式	成矿时代及赋矿地层岩性	成矿环境	主要矿物	矿石类型	Al_2O_3 A/S	矿床地质特征	矿床所在构造单元	矿床规模	矿床实例
沉积型	产于碳酸盐岩侵蚀面上的铝土矿	铁厂式	晚二叠世 吴家坪组：泥晶灰岩、生物碎屑灰岩，底部铁铝质泥质岩；龙潭组：泥岩、粉砂岩碳质页岩，夹煤层、煤线及硅质岩	局限浅海台地相沉积	一水硬铝石，次要矿物叶蜡石、高岭石、水云母、方解石、黄铁矿、锐钛矿、褐铁矿、赤铁矿及绿泥石等	一水硬铝石，高硫铝土矿石	40%～60% 4～7	矿床属古风化壳异地沉积型铝土矿。铝土矿赋存于三叠系上统吴家坪组或龙潭组下段，含铝岩系直接超覆在石炭二叠系或二叠系中统阳新组碳酸盐岩侵蚀面上。（查明资源占云南省总量29.1%）	华南成矿省，主要分布西畴、麻栗坡、广南、邱北、富宁等	小至大型	麻栗坡铁厂、文山天生桥、丘北大铁铝土矿等
		中窝式	晚三叠世 中窝组：含砂、泥质的碳酸盐岩	局限浅海稳定沉积	一水硬铝石、胶铝矿，次要矿物锐钛矿、黄铁矿、赤铁矿、褐铁矿、高岭石、绿泥石、方解石、水—绢云母等	一水硬铝石，低硫中高铁高硅铝土矿石	40%～70% 2～9	矿床属古风化壳沉积型铝土矿。铝土矿形成于三叠系中统北衙组顶部与三叠系上统中窝组底部的沉积间断面上，矿体小，变化大。（查明资源占云南省总量0.4%）	上扬子成矿省鹤庆、松桂一带，一般为小型矿床一般为小型矿床	小型	鹤庆中窝、白水塘、吉地坪—大黑山铝土矿等
	产于玄武岩侵蚀面上的铝土矿	朱家村式	晚二叠世 宣威组：细砂岩、粉砂岩、黏土岩、页岩及煤层，偶夹菱铁矿	含煤河湖沼泽陆相稳定沉积	一水硬铝石，少量黏土矿物、铁质等	一水硬铝石，高铁高硅铝土矿石	35%～57% 3～5	矿床属古风化壳沉积型铝土矿。铝土矿赋存于二叠系上统宣威组地层内，下伏二叠系玄武组（陆相玄武岩），含矿岩系与下伏基岩之间有连续过渡现象，表明该铝土矿形成于大陆湖沼相环境	上扬子成矿省的鲁甸、会泽、曲靖。一般为小型矿床	小型	鲁甸三合场、会泽朱家村铝土矿等
堆积型		卖酒坪式	第四纪更新世 第四系：黏土、砂屑、矿（岩）块混合堆积物	近代大气残积、坡积、洪坡积	主要为一水硬铝石，次要矿物：叶蜡石、针铁矿、锐钛矿等	一水硬铝石，低硫中—高铁铝土矿石	Al_2O_3 40%～74%，含矿率204～1271 kg/m^3 5～9	矿床属第四系堆积型铝土矿。矿体赋存在含铝岩段经长期风化破坏作用形成的第四系黏土、砂屑、矿（岩）块的混合堆积体内。（查明资源占云南省总量51.2%）	华南成矿省，在广南、丘北、文山、西畴、麻栗坡、富宁都有本类型矿床	小至大型	西畴卖酒坪、丘北飞尺角、广南板茂、文山红舍克等

第二节　类 型 特 征

一、沉积型铝土矿

（一）沉积型铝土矿概况

云南沉积型铝土矿，属古风化壳沉积成因，多位于古陆边缘之地层超覆带间，属古岩溶或玄武岩夷平面之上，海进或湖相系列建造下部初期沉积产物。该类型矿床主要集中分布于上扬子古陆块，成矿时代主要为华力西构造运动晚期。

滇东南成矿区，以麻栗坡铁厂铝土矿最具代表性，该铝土矿形成于晚二叠世沉积间断面的古风化壳上，赋矿层位为二叠系上统吴家坪组或龙潭组下段，超覆或平行不整合于石炭二叠系马平组和二叠系中统阳新组之上，厚度变化较大，为0.55～64.12m。

滇中成矿区，含矿层位形成时代比滇东南成矿区稍早。该区铝土矿据原地和异地沉积特点大致可分成2亚类（云南省地质矿产局等，1993）。一类为准原地残沉积矿床，以呈贡马头山铝土矿为代表，形成于二叠纪沉积间断面的古风化壳上，赋存于二叠系中统梁山组上部，为一套灰黑色页岩、砂岩、铝土矿、铝土质泥岩夹煤层，上覆地层是阳新组灰岩，下伏地层为石炭二叠系灰岩、砂质灰岩。准原地残沉积矿床具如下特征：①含铝矿系内除页岩外均不显层理，各岩性层均呈渐变过渡；②铝土矿层顶部具结核状、豆状、鲕状构造（图版Ⅰ—L，图版Ⅰ—N）；③黏土岩层中残留有“管状构造”（图版Ⅰ—M）；④矿石中尚保留枝状一水软铝石的块体（图版Ⅰ—O），并出现不规则缩水裂纹。另一类为异地沉积矿床，以富民老煤山铝土矿为代表，形成时代和赋矿层位与第一类一致，不整合面下伏地层为石炭二叠系或寒武系、泥盆系灰岩。本书将上述 2 类统归为产于碳酸盐岩侵蚀面上的“老煤山式”铝土矿。

滇东北成矿区铝土矿多产出滇中“老煤山式”铝土矿。此外，在鲁甸和会泽地区还产出位于玄武岩基底上的“朱家村式”铝土矿，其赋矿层位为二叠系上统宣威组，形成环境为大陆湖沼相环境。

滇西成矿区，以鹤庆中窝铝土矿为代表，该类型矿床产于三叠系中，含矿岩系为三叠系上统中窝组含铝岩系，为碳酸盐岩建造。三叠系上统中窝组假整合于北衙组之上，铝土矿位于含铝岩系底部。矿体为似层状、扁豆状、串珠状产出。组成矿物以一水铝石为主，次为水云母、高岭石、褐铁矿和少量方解石、一水软铝石。属古风化壳异地海相沉积型矿床，特点为风化富集程度不够、矿石质量差。

云南省铝土矿资源利用现状调查成果汇总报告（云南省国土资源厅，2011）统计数据成果显示，云南省沉积型铝土矿累计查明资源储量占总量的 54.87%。

（二）矿床式特征

据成矿时代、成矿环境和基底岩性特点不同，云南省沉积型铝土矿可分为中二叠世“老煤山式”、晚二叠世“铁厂式”，“朱家村式”和晚三叠世“中窝式”4 个矿床式，其特征分述如下。

1. 中二叠世“老煤山式”铝土矿

中二叠世“老煤山式”铝土矿指赋存于梁山组含矿岩系中的沉积型铝土矿。该类型铝土矿主要分布在昆明、巧家、彝良、镇雄和宁蒗的油果木等地，以富民县老煤山铝土矿为典型矿床。该类矿床均位于上扬子成矿省内，属古风化壳型沉积铝土矿，已初步勘查矿床（点）24 处，其中小型矿床 18 处，矿点 6 处，探明储量占云南省各期铝土矿储量总和的 15.3%（云南省国土资源厅，2011）。综上，可见中二叠世是云南省铝土矿重要成矿时期之一。

1）含矿岩系剖面特征及其变化

含矿岩系超覆于石炭二叠系马平组（少量寒武系中统、泥盆系上统）之上。含矿岩系剖面特征显示，铝土矿层顶、底具有明显界线，矿层和上下围岩均具层理，有的还夹有劣质煤或炭质页岩。以富民老煤山剖面为代表，其特征如下（图 4-1）。

地层	柱状图	厚度/m	岩性特征	铝土矿层编号	岩相
P_2y		未见顶	灰岩、白云岩		
P_2l	Al Al Al	2.60	灰白、灰黄色铝土矿层。自上而下依次为砾屑状、豆状、土状、致密块状矿石带，矿层内略显层理	V_3	滨海—湖沼相
	C	0.75	碳质页岩夹两层劣质煤		
	C C	4.30	碳质页岩，具水平层理		
	Al Al Al	2.80	铝土矿夹铝土页岩	V_2	
		8.50	深灰、浅灰色砂岩		
	Al Al	0.78	浅灰色致密铝土矿	V_1	
		4.79	灰、深灰色砂岩，底部为砾岩		
		1.73	紫、深灰色泥岩		
		3.00	灰、深灰色泥质砂岩，底部为0.05m厚灰绿色黏土		
CP*m*		未见底	灰岩、砂质灰岩		

图 4-1　富民老煤山铝土矿含矿岩系柱状图

上覆地层：二叠系中统阳新组灰岩、白云岩

——————整合——————

（9）灰白、灰黄色铝土矿层。自上而下依次为砾屑状、豆状、土状、致密状矿石带，矿层内略显层理 2.6m

（8）碳质页岩夹两层劣质煤 0.75m

（7）碳质页岩，具水平层理 4.3m

（6）铝土岩夹铝土页岩 2.8m

（5）深灰、浅灰色砂岩 8.5m

（4）浅灰色致密铝土岩 0.78m

（3）灰、深灰色砂岩，底部为砾岩 4.79m

（2）紫、深灰色泥岩 1.73m

（1）灰、深灰色泥质砂岩，底部为厚 0.05m 的灰绿色黏土 3.0m

--------------假整合--------------

下伏地层：石炭二叠系马平组灰岩、砂质灰岩

《云南省区域矿产总结》（云南省地质矿产局，1993）将“老煤山式”铝土矿分为 2 种沉积相：①陆缘—滨海沉积相铝土矿：含矿岩系特征与上述富民老煤山剖面一致；②原地残沉积相的铝土矿：含矿岩系在剖面上，铝土矿层与下覆灰岩之间呈渐变过渡，含矿岩系无明显层理，反映了古风化壳侵蚀面上含铝物质搬运距离不远的原地残积、沉积环境特征。含矿岩系无明显层理，各岩层均呈渐变过渡关系，铝土矿层具结核状、豆状、鲕状构造，结核或豆粒呈“漂浮”状，表面被赭红色铁膜包裹。以呈贡马头山剖面为代表，详细特征如下。

上覆地层：二叠系中统阳新组灰岩

——————整合——————

（4）黑色、灰绿色页岩。含腕足类 *Orthotetina ruber*（Frech）腹足类 *Loxonema cf.trimorpha*（Waagen），苔藓虫 *Fenestella* sp. 0.3～0.5m

（3）灰、青灰色铝土矿，不显层理。由上而下依次为豆状、土状、致密状矿石带，豆粒直径 0.5～2.0cm，表面呈赭红色 1～2m

（2）黄绿、青灰色铝土岩，层理不清 1.5m

（1）黄绿色黏土岩，不显层理，具管状构造，偶夹灰岩块体 1～2m

--------------假整合--------------

下伏地层：石炭二叠系灰岩，含蜓*Profusulinella maopanshanensis* Liu，Xiao *et* Dong

2）矿体形态、规模及品位变化

该类型铝土矿体大多位于含矿岩系剖面的上部。就单个矿区而言，质量较好的矿体则多分布于地表露头线以下一定范围内。矿体赋存部位除与古红土化作用和沉积作用直接关联外，还与矿床后生作用有关。

矿体形态相对较为复杂，以不规则的饼状、透镜状为主，次为扁豆状、环状及马蹄状等，矿体规模一般长数十米至数百米，宽 30m 至 600 余米，厚 0.25～3.52m，矿石以砂状、结核状、鲕状、土状构造为主。总体上，矿体在含矿岩系中走向延伸不稳定，规模有大、有小，厚度变化极大，单个矿体厚度有时达数十米，但在走向上呈现突然尖灭现象。

一般豆状、球状、蜂窝状铝土矿石含 Al_2O_3 较高，平均可达 70%，土状、半土状铝土矿石次之，致密状铝土矿石较低，一般约为 55%。在致密状、土状矿石中局部可见球状体，最大直径可达 30mm，含 Al_2O_3 高达 80%。

3）矿石类型

“老煤山式”铝土矿矿体主要产出一水硬铝石块状铝土矿石。一水硬铝石占 60%～80%，少量勃姆矿、高岭石、一水软铝石、三水铝石、褐铁矿、金红石和锆石，原地残沉积型铝土矿矿石质量一般较好，大部分可被工业利用。

4）成矿要素

“老煤山式”铝土矿矿床（点）主要分布在滇中古陆和牛头山古陆之间，含铝矿系超覆于寒武系中统、

泥盆系上统和石炭二叠系灰岩之上，这些地层中，除石炭二叠系灰岩较纯外，其余均夹较多白云岩、泥岩和碎屑岩，这些岩石中 Al_2O_3 的含量多大于 2%～3%，当岩石发生钙红土化和红土化作用时，其中某些成分如 CaO、MgO、SiO_2 等被大量淋滤带出，而 Al、Fe、Ti 等则进一步富集，在适当的环境条件下形成铝土矿。这些岩石不仅是铝土矿的成矿母岩，同时为其形成提供了充足的成矿物质来源（云南省地质矿产局，1993）。

区域地质史显示，石炭纪末，上扬子古陆云南境内地壳普遍抬升，遭受剥蚀，使滇中古陆和牛头山古岛的范围有所扩大，其间残留部分海盆，利于铝土矿的形成。而此时扬子板块在古生代时处于较低纬度带上（张正坤，1984），呈温暖润湿气候环境。这种温暖潮湿的古气候环境，为区内岩石红土化及铝土矿的形成提供了重要的成矿背景。

综上分析，推测该类型矿床成矿过程为，中二叠世海侵之前，在温暖润湿气候条件下，早期沉积的岩石经红土化作用，形成红土化风化壳，同时形成石炭系低洼不平的溶蚀地貌，在中二叠世海侵时，残留的富含三水铝石的红土型风化壳被地表径流冲刷、搬运至附近的滨海—沼泽环境中，随后沉积上覆地层。受燕山运动和喜马拉雅运动影响，地壳抬升遭受剥蚀，部分含矿岩系暴露于地表或近地表，在氧化条件下，矿石进一步去硅、去硫，富铝，使矿石进一步富集形成高品位、低硫质优良土状矿石。

以富民县老煤山铝土矿为代表深入研究分析，归纳总结矿床成矿要素，见表 4-6。

表 4-6　中二叠世“老煤山式”铝土矿成矿要素表

成矿要素		描述内容
特征描述		古风化壳沉积型铝土矿
地质环境	成矿时代	中二叠世
	构造背景	上扬子古陆块，康滇基底断隆带
	岩相古地理	滨海平原沼泽相—滨海陆屑滩相沉积环境
	古地貌	在石炭二叠系碳酸盐岩之上存在古风化壳
	古气候	气候温暖潮湿
	基底	石炭二叠系及寒武系、泥盆系灰岩，形成岩溶洼地，提供储存空间
矿床特征	含矿岩系特征	砂泥岩、黏土岩、铝土矿夹煤组合
	矿体规模、形态	矿体呈似层状，长达 1000m，宽数百米，矿体厚 0.73～5.34m。Al_2O_3 47%～70%，A/S 3～9，矿体一般为小型
	矿石类型、结构构造	一水硬铝石，低铁、中铁铝土矿石。鲕状、豆状结构；土状、块状构造
	矿物组合	一水硬铝石占 60%～80%，少量勃姆矿、高岭石、一水软铝石、三水铝石、褐铁矿、金红石和锆石
	次生作用	氧化作用，矿石进一步去硅去硫富铝，形成高品位低硫质量优良的土状矿石

2. 晚二叠世“铁厂式”铝土矿

晚二叠世“铁厂式”铝土矿指赋存于吴家坪组或龙潭组含矿岩系中的沉积型铝土矿。该类型铝土矿主要分布于滇东南地区的广南—丘北—开远—马关一线以南，以麻栗坡铁厂铝土矿为代表。目前，云南省内该类型矿床已初步勘查的矿床（点）共 15 个，其中大型矿床 3 个，中型矿床 4 个，小型矿床 8 个，全省的中、大型铝土矿均属该类型。综上，可见晚二叠世是云南省内最为重要的铝土矿成矿期。

“铁厂式”铝土矿赋矿层位龙潭组假整合覆于石炭二叠系马平组（丘北大铁局部在峨眉山玄武岩组）之上，其上为三叠系下统飞仙关组或洗马塘组所覆盖。吴家坪组假整合于二叠系中统阳新组或石炭二叠系马平组之上。因已在含铝岩系的矿石、夹石或顶底板灰岩中采获 *Codonofusiella*，*Liangshanophyllum*，*Gigantopteris* 等动植物化石，其含铝矿系的时代较为确切。

值得指出的是，此类铝土矿形成后，受后续地质作用影响发生了较大变化。如受区域变质作用影响，在靠近马关都龙变质区的麻栗坡石门关至曼棍一带，铝土岩（矿）多变质成杂刚玉岩。从丘北向南经文山至麻栗坡铁厂一线，矿石中的一水软铝石逐渐减少而一水硬铝石逐渐增多，一水硬铝石的结晶粒度也逐渐增大，反映了滇东南地区铝土矿受区域变质作用影响程度由北向南逐渐增强的特征。在矿床风化、破坏、再造方面，大多数矿床经表生作用被破坏或被搬运、再造，成为工业价值相对更大的堆积型矿床。

1）含矿岩系剖面特征及其变化

“铁厂式”铝土矿含矿岩系的剖面结构，随相区的不同而存在差异。总的来看，赋存在龙潭组中的铝土矿，多出现在剖面的中下部，其上为海陆交替相煤层与碎屑岩互层，其岩石组合序列与国内铁—铝—煤沉积序列相似。赋存在吴家坪组中的铝土矿层，受基底岩性差异的影响及成矿方式的不同而有较大的变化，有的矿层产于含矿岩系的上部，有的呈复层状夹于碳酸盐岩中，有的则呈铝—铁—煤沉积系列；铝土矿层与下伏基岩之间，有的直接接触，有的则间隔以碳酸盐岩或铁铝岩，还有的覆于同期火山沉积岩之上等等；在矿石类型和矿物组合方面也有较大的差异，以上情况均说明它们在成矿作用的方式上存在着明显的差异性。

赋存于吴家坪组中的铝土矿层，含矿岩系剖面特征以麻栗坡铁厂ZK520l孔地层柱状图为代表（图4-2）。

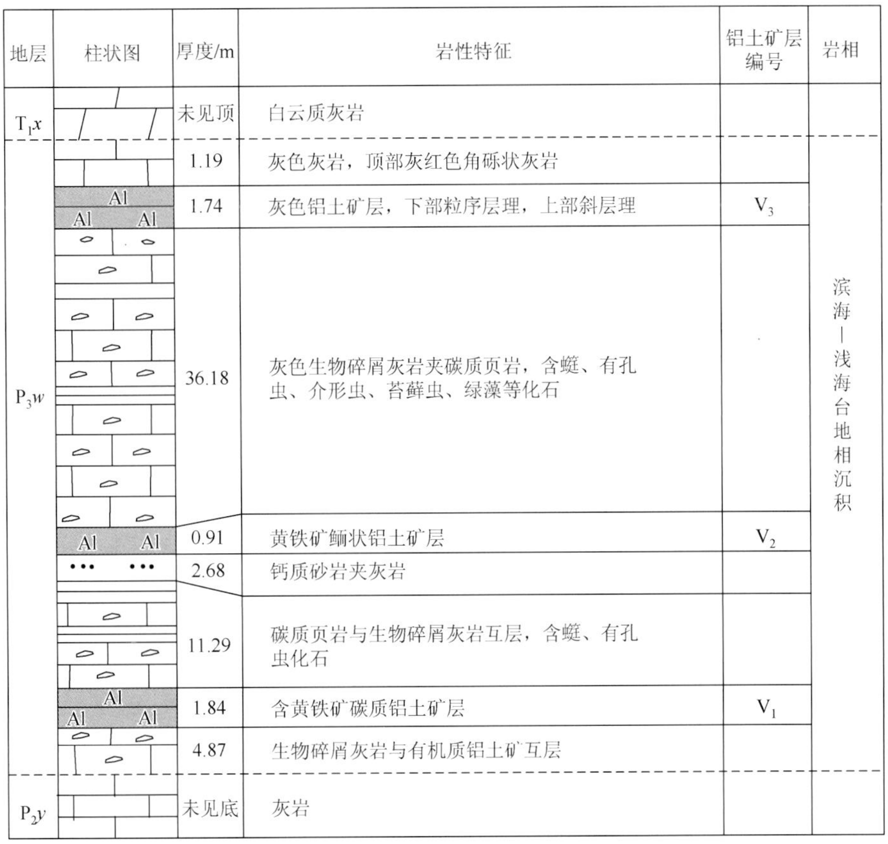

地层	柱状图	厚度/m	岩性特征	铝土矿层编号	岩相
T_1x		未见顶	白云质灰岩		
P_3w		1.19	灰色灰岩，顶部灰红色角砾状灰岩		滨海—浅海台地相沉积
	Al Al Al	1.74	灰色铝土矿层，下部粒序层理，上部斜层理	V_3	
		36.18	灰色生物碎屑灰岩夹碳质页岩，含蜓、有孔虫、介形虫、苔藓虫、绿藻等化石		
	Al Al	0.91	黄铁矿鲕状铝土矿层	V_2	
		2.68	钙质砂岩夹灰岩		
		11.29	碳质页岩与生物碎屑灰岩互层，含蜓、有孔虫化石		
	Al Al Al	1.84	含黄铁矿碳质铝土矿层	V_1	
		4.87	生物碎屑灰岩与有机质铝土矿互层		
P_2y		未见底	灰岩		

图4-2 麻栗坡铁厂ZK5201钻孔铝土矿含矿岩系柱状图

上覆地层：三叠系下统洗马塘组（T_1x）白云质灰岩

--------假整合--------

（8）青灰、灰色灰岩，顶部呈灰红色角砾状，灰岩中含一水硬铝石鲕粒 1.19m

（7）青灰、灰色铝土矿层（V_3），下部具粒序层理，上部具斜层理 1.74m

（6）灰黑色生物碎屑灰岩夹碳质页岩，含蜓、有孔虫、介形虫、苔藓虫、绿藻等化石 36.18m

（5）深灰色含黄铁矿鲕状铝土矿层（V_2） 0.91m

（4）深灰色钙质砂岩夹灰岩及铝土矿 2.68m

（3）深灰、灰黑色碳质页岩与生物碎屑灰岩互层，含蜓、有孔虫化石 11.29m

（2）深灰色碳质铝土矿层（V_1），含黄铁矿 1.84m

（1）深灰色含有机质铝土岩与生物碎屑灰岩互层 4.87m

--------假整合--------

下伏地层：二叠系中统阳新组（P_2y）灰岩

赋存在龙潭组中的铝土矿层，含矿岩系剖面特征以丘北大铁铝土矿区为代表，其岩性剖面特征如下（图 4-3）。

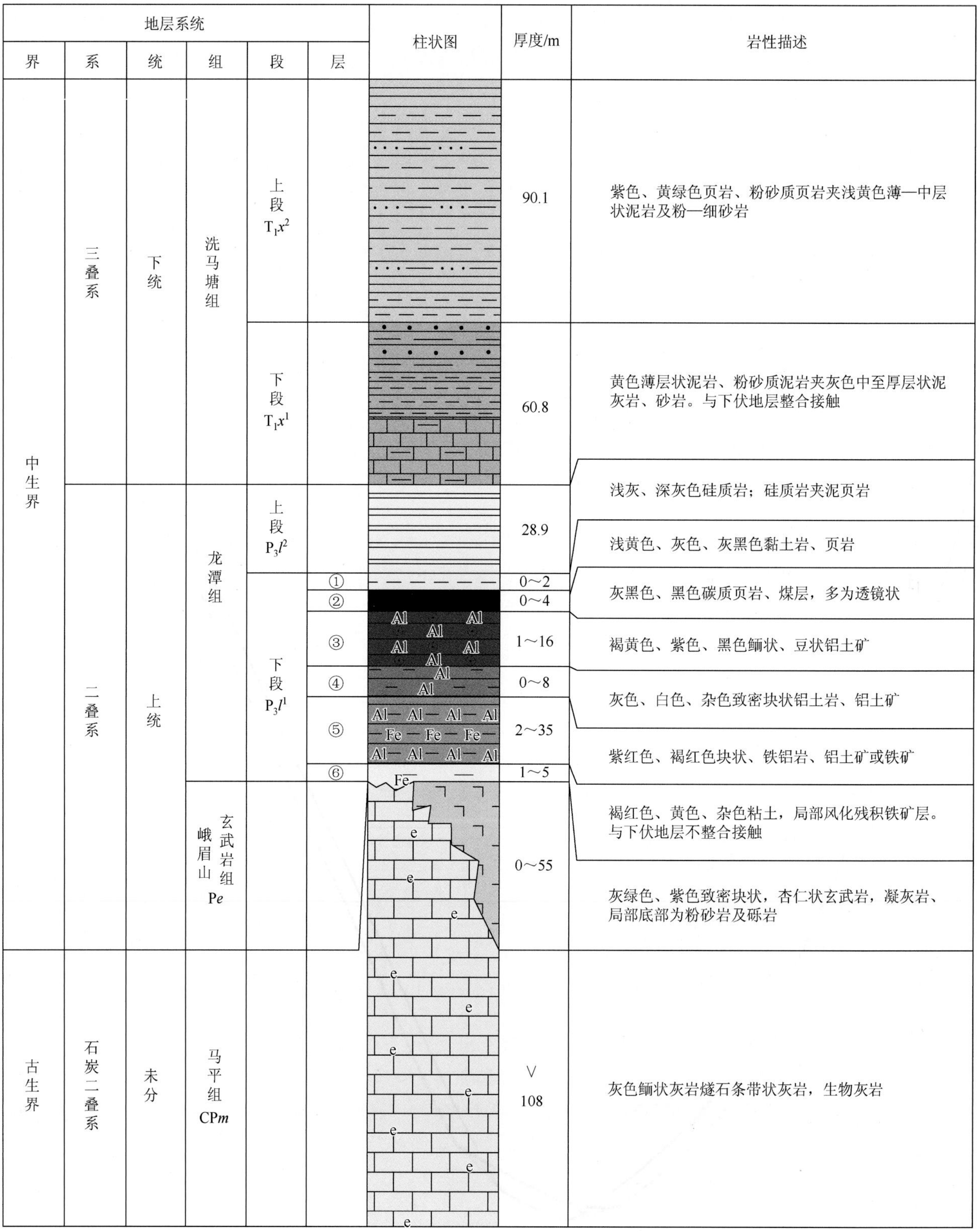

地层系统						柱状图	厚度/m	岩性描述
界	系	统	组	段	层			
中生界	三叠系	下统	洗马塘组	上段 T_1x^2			90.1	紫色、黄绿色页岩、粉砂质页岩夹浅黄色薄—中层状泥岩及粉—细砂岩
				下段 T_1x^1			60.8	黄色薄层状泥岩、粉砂质泥岩夹灰色中至厚层状泥灰岩、砂岩。与下伏地层整合接触
	二叠系	上统	龙潭组	上段 P_3l^2			28.9	浅灰、深灰色硅质岩；硅质岩夹泥页岩
				下段 P_3l^1	①		0～2	浅黄色、灰色、灰黑色黏土岩、页岩
					②		0～4	灰黑色、黑色碳质页岩、煤层，多为透镜状
					③		1～16	褐黄色、紫色、黑色鲕状、豆状铝土矿
					④		0～8	灰色、白色、杂色致密块状铝土岩、铝土矿
					⑤		2～35	紫红色、褐红色块状、铁铝岩、铝土矿或铁矿
					⑥		1～5	褐红色、黄色、杂色粘土，局部风化残积铁矿层。与下伏地层不整合接触
			峨眉山玄武岩组 Pe				0～55	灰绿色、紫色致密块状，杏仁状玄武岩，凝灰岩、局部底部为粉砂岩及砾岩
古生界	石炭二叠系	未分	马平组 CPm				∨108	灰色鲕状灰岩燧石条带状灰岩，生物灰岩

图 4-3　丘北县大铁铝土矿区地层综合柱状图

上覆地层：三叠系下统洗马塘组（T_1x）白云质灰岩

——————整合——————

龙潭组按照岩性可划分为上、下两个岩性段，分别为：

上段（P_3l^2）：灰色、深灰色薄至中层状硅质岩，局部为深灰色细晶中厚层状硅质灰岩，岩石节理裂隙发育，地表多风化成碎块状。厚度0～55.7m，在与下段接触部位，见有0～4m厚的黑色煤层（线）

下段（P_3l^1）：沉积型铝土矿含矿岩系，自下而上具典型的铁—铝组合，岩性可分为：

（3）紫红色、灰白色硅铝岩，主要为泥质结构，少量鲕状结构，薄至中层状构造，层厚大多2～10cm，主要成分为三氧化二铝、二氧化硅。厚度0～2.0m不等，多数地段缺失

（2）灰色、浅灰色铝土矿，主要为泥质结构、团粒状，少量鲕粒状结构，经岩矿鉴定，主要成分为一水硬铝石，很少量三水铝石。一水硬铝石，三水铝石混杂分布，粒度大小不等，表面常被泥质浸染而显不同程度浑浊，局部受应力作用呈碎粒状。黑色隐晶质铁—碳泥质不均匀充填于三水铝石、硬水铝石粒间，总体呈弯曲断续线状聚集分布，具轻微交错层理，褐色隐晶质铁泥质主要沿微裂隙充填。薄至中层状构造，单层厚大多2～20cm，局部呈块状构造。厚度0～17.83m

（1）灰绿色、紫红色铁铝岩，泥质结构，块状构造，赤铁矿化较强，单层厚5～20cm。厚度0～10.86m

--------假整合--------

下伏地层：石炭二叠系马平组（CP*m*）：灰色浅灰色厚层状灰岩、生物碎屑灰岩。含珊瑚类、介壳类、腕足类、海百合茎类化石。厚195～350m

2）矿体形态、规模及品位变化

据板茂、铁厂、芹菜塘、大铁4个矿区29个工业矿体的统计结果显示，矿体呈透镜状、似层状，其长400～2450m，宽100～400m，厚1.72～6.90m，单个矿体储量5.18～1085.5万t不等。矿石主要组分含量Al_2O_3为46.54%～58.27%，SiO_2为1.64%～13.29%，Fe_2O_3为5.80%～36.23%，S为0.14%～15%，A/S值3.91～7.00。此外，含矿岩系剖面中还伴生有煤、硫铁矿和镓。

3）矿石类型

“铁厂式”铝土矿石可划分为3种自然类型：①黄铁矿一水硬铝石碎屑状、假鲕状铝土矿石；②一水硬铝石块状铝土矿石；③一水硬铝石多孔状、砂状铝土矿石。

4）成矿要素

以云南省麻栗坡县铁厂沉积型铝土矿为代表，归纳总结出“铁厂式”铝土矿成矿要素见表4-7。

表4-7　晚二叠世“铁厂式”铝土矿成矿要素一览表

成矿要素		描述内容
特征描述		碎屑或碎屑夹碳酸盐岩沉积一水硬石铝土矿
地质环境	成矿时代	晚二叠世早期
	大地构造位置	上扬子古陆块
	岩相古地理	泥质低能海岸—局限浅海的潮下带—浅海顶部和潟湖相
	沉积建造	二叠系上统吴家坪组碎屑岩、铝土矿与碳酸盐岩、泥岩相间建造；二叠系上统龙潭组铁铝质泥岩、硅质岩—劣质煤、生物碎屑泥质岩、粉砂质泥岩建造
	地貌	峰丛洼地、峰林谷地
	古气候	气候炎热，雨量充沛，排泄条件良好
	基底	石炭二叠系马平组灰岩或二叠系玄武岩
矿床特征	含矿岩系特征	吴家坪组由一套含矿碎屑岩、泥质岩与生物碎屑灰岩交替以互层状相间组成；龙潭组由一套铁铝质泥岩、硅质岩—劣质煤、生物碎屑泥质岩、粉砂质泥岩组成
	矿体形态、规模	矿体一般为层状，规模一般为小到中型，可达大型，$Al_2O_3$40%～60%，A/S一般为4～7
	矿石类型、结构构造	一水硬铝石，高硫低硫铝土矿石。假鲕状结构、碎屑结构、鲕状结构，主要有块状、纹层状、条带状、砾状、角砾状等构造，其中以块状为主
	矿物组合	一水硬铝石，次要矿物叶蜡石、高岭石、水云母、方解石、黄铁矿、锐钛矿、褐铁矿、赤铁矿及绿泥石等
	表生作用	含铝母岩及沉积型铝土矿在潮湿炎热气候条件下，风化形成质量较好的堆积型铝土矿

3. 晚二叠世“朱家村式”铝土矿

晚二叠世“朱家村式”铝土矿指赋存于二叠系上统宣威组含矿岩系中的沉积型铝土矿。此类矿床主要

分布于滇东北鲁甸、会泽、曲靖一带，以鲁甸三合场、会泽朱家村铝土矿为代表。目前，云南省内初步勘查矿床（点）共 3 处（鲁甸三合场、会泽朱家村、会泽红泥地），均为小型规模。

1）含矿岩系剖面特征及其变化

“朱家村式”铝土矿属产于玄武岩侵蚀面上的一水硬铝石铝土矿。铝土矿赋存于二叠系上统宣威组内，上覆地层为三叠系下统飞仙关组紫红色泥岩、砂质页岩，为陆相红色碎屑岩系。铝土矿与上覆地层连续过渡呈整合接触，表明该铝土矿形成于陆相河湖沉积环境。下伏地层为二叠系峨眉山组玄武岩夹凝灰岩（陆相玄武岩），含矿岩系与下伏基岩之间为厚层鲕状砂砾岩，表明有侵蚀间断面存在。

含矿岩系剖面结构显示，铝土矿多出现在剖面的中下部，其上为海陆交替相煤层与碎屑岩互层，其岩石组合序列与国内铁—铝—煤沉积序列相似，反映该类矿床形成于大陆湖沼相环境。含矿岩系自上而下由泥质页岩、粉砂岩、薄煤层、铁质泥岩、铝土矿、砂砾岩等组成。

该类铝土矿的层位极不稳定，且具多层产出特点，铝土矿质量稍差，再次反映了陆相湖沼沉积特点。此外，铝土矿、赤铁矿、煤矿均产于含矿地层底部，三者呈现互相消长的关系特征。

“朱家村式”铝土矿含矿岩系剖面特征以会泽朱家村含矿岩系剖面为代表（图 4-4）。

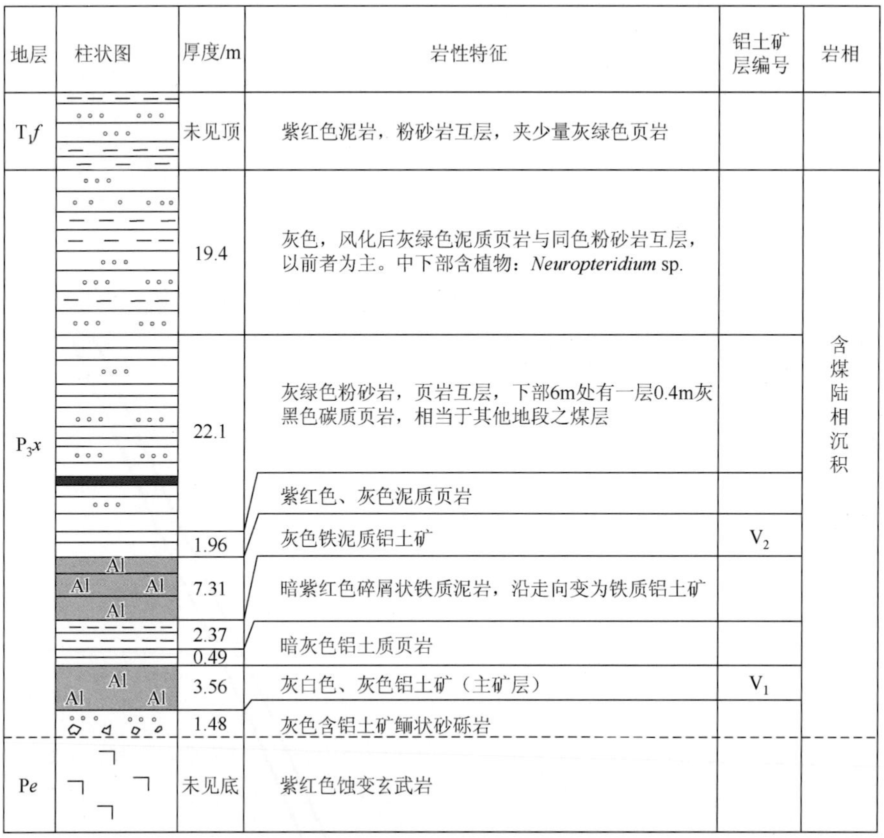

地层	柱状图	厚度/m	岩性特征	铝土矿层编号	岩相
T_1f		未见顶	紫红色泥岩，粉砂岩互层，夹少量灰绿色页岩		
P_3x		19.4	灰色，风化后灰绿色泥质页岩与同色粉砂岩互层，以前者为主。中下部含植物：*Neuropteridium* sp.		含煤陆相沉积
		22.1	灰绿色粉砂岩，页岩互层，下部6m处有一层0.4m灰黑色碳质页岩，相当于其他地段之煤层		
			紫红色、灰色泥质页岩		
		1.96	灰色铁泥质铝土矿	V_2	
	Al Al Al Al	7.31	暗紫红色碎屑状铁质泥岩，沿走向变为铁质铝土矿		
		2.37	暗灰色铝土质页岩		
		0.49			
	Al Al Al	3.56	灰白色、灰色铝土矿（主矿层）	V_1	
		1.48	灰色含铝土矿鲕状砂砾岩		
Pe		未见底	紫红色蚀变玄武岩		

图 4-4　会泽朱家村铝土矿含矿岩系柱状图

上覆地层：三叠系下统飞仙关组（T_1f）。紫红色泥岩，粉砂岩互层，夹少量灰绿色页岩

————————整合————————

二叠系上统宣威组（P_3x）：

（8）灰色，风化后灰绿色泥质页岩与同色粉砂岩互层，以前者为主。中下部含植物：*Neuropteridium* sp.　19.40m

（7）灰绿色粉砂岩，页岩互层，下部 6m 处有一层 0.4m 灰黑色碳质页岩，相当于其他地段之煤层　22.10m

（6）紫红色、灰色泥质页岩　1.96m

（5）灰色铁泥质铝土岩　7.31m

（4）暗紫红色碎屑状铁质泥岩，沿走向变为铁质铝土岩　2.37m

（3）深灰色铝土质页岩　0.49m

（2）灰白色、灰色铝土矿（主矿层）　3.56m

（1）灰色含铝土矿鲕状砂砾岩　1.48m

--------平行不整合--------

下伏地层：二叠系玄武岩组（Pe）。紫红色蚀变玄武岩

2）矿体形态、规模及品位变化

“朱家村式”铝土矿矿层呈似层状、扁豆状，厚 1.5～3.5m，一般为小型规模，Al_2O_3 含量一般 35%左右，最高可达 57.85%，SiO_2 含量一般 15%左右，最高为 25%，A/S 一般为 3，最佳者可达 5.30。

3）矿石类型

铝土矿为一水硬铝石型，高铁高硅铝土矿石。矿石呈灰白，灰黑色，致密块状构造，鲕状、变余鲕状、胶状结构，断口呈贝壳状土状，易破裂成碎块。矿物成分主要为胶铝石、水铝石，还有少量黏土矿物、铁质等。

4）成矿要素

产于二叠系上统宣威组地层中的“朱家村式”沉积铝土矿，与同时代产于吴家坪组或龙潭组中的“铁厂式”沉积铝土矿相比，岩相古地理前者为大陆含煤湖沼相，后者是海陆交互—浅海相；沉积建造前者为泥岩、铝土矿、碎屑沉积建造，后者是泥岩、铝土矿、碳酸盐岩沉积建造。归纳其成矿要素，见表 4-8。

表 4-8　晚二叠世“朱家村式”铝土矿成矿要素一览表

成矿要素		描述内容
特征描述		碎屑沉积一水硬石铝土矿
地质环境	成矿时代	晚二叠世早期
	大地构造位置	上扬子古陆块，康滇基底断隆带
	岩相古地理	大陆含煤河湖沼泽相
	沉积建造	二叠系上统宣威组铁—铝—煤碎屑岩沉积建造
	古地貌	二叠系玄武岩组之上存在古风化壳
	古气候	气候炎热，雨量充沛，排泄条件良好
	基底	二叠系峨眉山玄武岩
矿床特征	含矿岩系特征	自上而下由泥质页岩、粉砂岩、薄煤层、铁质泥岩、铝土矿、砂砾岩等组成。
	矿体规模、形态	矿体呈层状、扁豆状，规模一般为小型，Al_2O_3 含量一般 35%左右，最高者达 57.85%，SiO_2 含量一般 15%左右，最高 25%，A/S 一般为 3，最佳者 5.30
	矿石类型、结构构造	一，汉子水硬铝石，高铁高硅铝土矿石。矿石为灰白，灰黑色，致密块状构造，鲕状，变余鲕状、胶状结构，断口似贝壳状土状，易破裂成碎块
	矿物组合	矿物成分主要为胶铝石、水铝石，还有少量黏土矿物、铁质等

4. 晚三叠世“中窝式”铝土矿

晚三叠世“中窝式”铝土矿指赋存于中窝组含矿岩系中的沉积型铝土矿。该类矿床仅分布于滇西鹤庆地区，其成矿时代相当于晚卡尼期，以鹤庆中窝（白水塘）铝土矿为代表性矿床。此外，在保山水寨、永德等地三叠系上统牛喝塘组中也有零星铝土矿或铁铝岩分布，属古风化壳沉积型铝土矿。目前，云南省内该类型铝土矿点及矿化点共有 4 处，已勘查的有 2 处，探明资源储量仅占云南省各类储量总和的 6.1%。

1）含铝土矿岩系剖面特征及其变化

整个中窝组含铝土矿岩系，在纵横方向上均有变化。在纵向上，自下而上：一般最下部为高岭石、蒙脱石黏土层即古风化壳，向上为褐铁矿、赤铁矿层（透镜体），再向上为铝土矿层，上部为低铝高铁质泥岩，局部地区此层为褐铁矿层（透镜体）或碳质泥岩。中窝组假整合覆于三叠系中统北衙组之上，矿层受与下伏北衙组上段之间的假整合面控制，于侵蚀面凹陷处沉积最厚，凸出处变薄，矿体具沿走向或倾向变化大之特点。

“中窝式”铝土矿含矿岩系典型岩性剖面特征见图 4-5 所示。

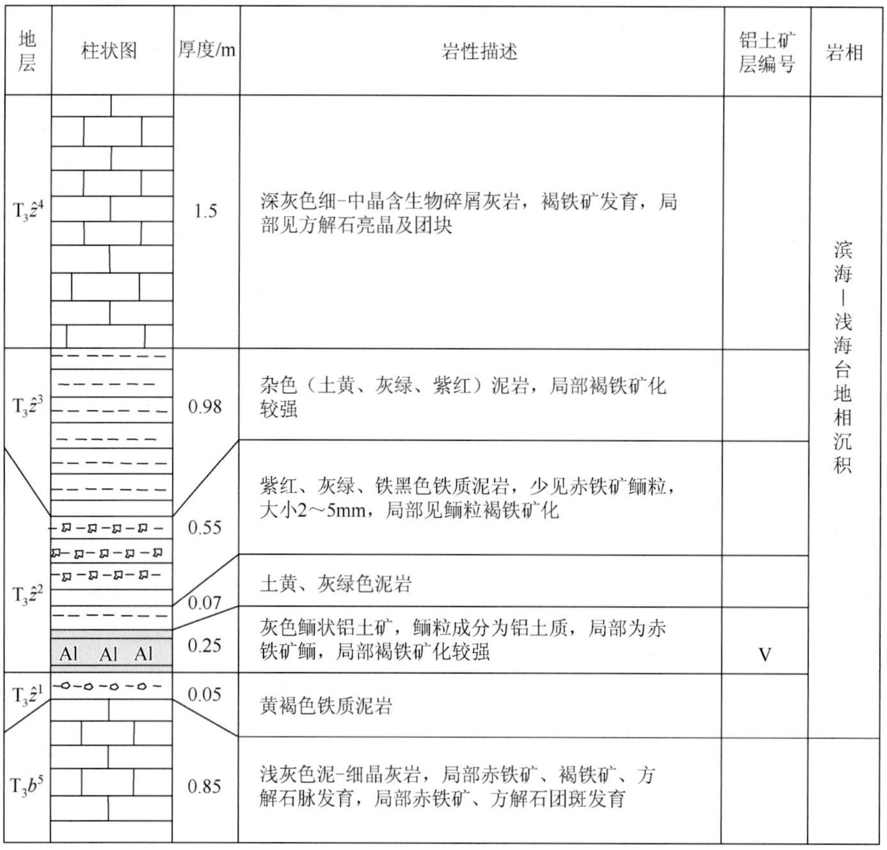

地层	柱状图	厚度/m	岩性描述	铝土矿层编号	岩相
$T_3\hat{z}^4$		1.5	深灰色细-中晶含生物碎屑灰岩，褐铁矿发育，局部见方解石亮晶及团块		滨海—浅海台地相沉积
$T_3\hat{z}^3$		0.98	杂色（土黄、灰绿、紫红）泥岩，局部褐铁矿化较强		
$T_3\hat{z}^2$		0.55	紫红、灰绿、铁黑色铁质泥岩，少见赤铁矿鲕粒，大小2～5mm，局部见鲕粒褐铁矿化		
		0.07	土黄、灰绿色泥岩		
	Al Al Al	0.25	灰色鲕状铝土矿，鲕粒成分为铝土质，局部为赤铁矿鲕，局部褐铁矿化较强	V	
$T_3\hat{z}^1$		0.05	黄褐色铁质泥岩		
T_3b^5		0.85	浅灰色泥-细晶灰岩，局部赤铁矿、褐铁矿、方解石脉发育，局部赤铁矿、方解石团斑发育		

图 4-5　鹤庆中窝含铝岩系典型岩性柱状图

2）矿体形态、规模及品位变化

“中窝式”铝土矿矿体走向长一般为100～660m，矿体最小厚度0.40m，最大厚度4.70m，平均厚度1.29m，呈 40°～60°方向展布，倾向和倾角因矿体所处部位不同变化较大，倾向为北西，倾角为 0°～30°，呈层状、似层状、透镜状赋存于中窝组底部含铝岩系中。

Al_2O_3 含量最高 71.41%，最低 39.41%；SiO_2 含量最高 33.38%，最低 4.69%；Fe_2O_3 最高 25.30%，最低 0.89%，属中—高铁、高硅矿石。矿石普遍含 Ga，含量均匀稳定，平均品位 0.0022%。

3）矿石类型

铝土矿石由一水硬铝石（为主）、胶铝矿（3%～18%）、锐钛矿（5%～20%）、黄铁矿（1%～8%）、赤铁矿（5%～10%）、褐铁矿（5%～30%）组成。

4）成矿要素

“中窝式”铝土矿形成大致经历了 3 个阶段，第 1 阶段是陆生阶段，三叠纪开始的海侵形成该区含铝碳酸盐岩建造，至晚三叠世末期的早印支运动使该区一度抬升，此时该区古气候为热带环境，有利于岩溶作用进行，经过短期侵蚀和风化作用，原来沉积的铝硅酸盐类分解、搬运，形成含铝矿物、黏土矿物、氧化铁矿物等的残、坡积富铝风化壳物质；第 2 阶段是富铝钙红土层、红土层或红土铝土矿为浅海淹没或搬运再沉积，形成铝土矿层；第 3 阶段是表生富集阶段，部分原始铝土矿层抬升到地表浅部后受地表水或地下水的改造作用，使硅质淋失、铝质富集，形成品位较富的具工业价值的铝土矿矿床。

鹤庆县白水塘铝土矿为与三叠系古风化壳有关的沉积型铝土矿，局部伴有后期堆积矿床。总结滇西成矿区“中窝式”铝土矿成矿要素见表 4-9。

表 4-9　晚三叠世“中窝式”铝土矿成矿要素表

成矿要素		描述内容
矿床类型		沉积型铝土矿
地质环境	构造背景	上扬子古陆块，丽江—盐源陆缘褶—断带，鹤庆—宁蒗陆缘拗陷
	基底地层	三叠系中统北衙组碳酸盐岩

续表

成矿要素		描述内容
地质环境	赋矿地层	三叠系上统中窝组一段
	含矿岩系	泥岩、铁铝岩、铝土矿层及煤层
	岩相古地理	局限浅海开阔台地相（灰岩）
	古地貌类型	台地边缘或台沟
	古气候	位于赤道附近的湿润炎热多雨气候区
	构造运动	印支期及喜马拉雅期第Ⅰ、Ⅱ幕构造运动伴生的构造隆升及褶皱、断裂
矿床地质	矿体规模、形态	矿体一般为小型，层状、似层状、透镜状、囊状等
	矿物组合	一水硬铝石、三水软铝石、胶铝矿、黄铁矿、赤铁矿、菱铁矿、针铁矿、褐铁矿、高岭石、石英、铁绿泥石、绢云母等
	矿石结构	豆粒、鲕粒、结晶、碎屑
	矿石构造	致密块状、纹层状、蜂窝状、砂屑状、土—半土状
	矿石类型	高铁低硫型、低铁高硅型

二、堆积型铝土矿

（一）堆积型铝土矿概况

堆积型铝土矿主要为第四纪风化堆（残）积形成，滇东南分布较广，以西畴卖酒坪铝土矿为代表。滇东南地区晚三叠世以来，长期处于上升剥蚀阶段，未接受沉积，毗邻沉积型铝土矿或含铝富铝岩石风化松散层分布的部分河谷、凹地和岩溶坡地中，常堆积有第四系松散堆积型铝土矿，矿石质量较好。该类矿体形态及矿石质量受第四系地质、地形地貌，以及不同类型矿石的分布、岩溶发育程度、下伏基底地层时代、岩性、构造特征联合控制。

堆积型铝土矿常与沉积型铝土矿相伴产出，有沉积型铝土矿的地区都有堆积型铝土矿，两者关系密切，沉积型铝土矿是堆积型铝土矿的矿源层，经后期风化、氧化作用和在温暖潮湿气候条件下改造后残积或堆积在岩溶坡地及第四系凹地中，形成堆积型铝土矿。

据《云南省铝土矿资源利用现状调查成果汇总报告》（云南省国土资源厅，2011）统计成果显示，云南省堆积型铝土矿累计查明资源储量占总量的45.13%。

（二）矿床式特征

第四纪更新世“卖酒坪式”堆积型铝土矿专指第四纪更新世铝土矿，为原生沉（堆）积的铝土矿或含铝岩石在外地质营力作用下，对含矿地质体的破坏与再造，其矿砾（块）与矿屑堆积在第四系中而成的铝土矿，是滇东南铝土矿成矿带的一种重要矿床类型，也是目前矿石性能较好的类型。滇中成矿区仅有少量矿点分布。

有关“卖酒坪式”铝土矿成矿时代的确定，前人已有涉足。对丘北县飞尺角堆积型铝土矿研究，认为其形成于第四纪更新世（云南省地质调查局，2015；吴春娇，2013）；对滇东南成矿区邻区广西靖西新圩堆积型铝土矿含矿红土层中上部普遍分布的玻璃陨石，采用裂变径迹法测定年龄为 0.733±0.13Ma，表明其形成于中更新世初期（毛景文等，2012；张起钻，1999）。综上，认为“卖酒坪式”堆积型铝土矿形成于第四纪更新世是无可争议的。

目前，云南省内“卖酒坪式”铝土矿已初步勘查矿床（点）33处（其中含堆积/沉积共生矿区），其中已经详查或普查而确定为大型矿床1处（丘北飞尺角），中型矿床2处（西畴卖酒坪、广南板茂），还有5个为大中型堆积、沉积共生矿区［丘北大铁（图版Ⅰ-E）、文山天生桥、砚山红舍老、文山杨柳井、麻栗坡铁厂］。据云南省铝土矿资源利用现状调查成果（2011），堆积型保有资源储量占云南省总量的45.13%，是目前省内最有找矿前景和工业意义矿床类型之一。该类矿床均分布在地表，堆积深度一般不超过 20m，具有裸露或浅埋、易采、易选、A/S 值高的特点。

"卖酒坪式"铝土矿主要分布在滇东南地区丘北—文山—麻栗坡铝土矿田之文山天生桥—麻栗坡铁厂、丘北飞尺角—广南板茂 2 个铝土矿矿集区内，西畴卖酒坪铝土矿是典型矿床之一。该类型矿床堆积层中的原矿经水洗后可获得的"净矿"（铝土矿块和矿粉）称为工业矿石，工业矿石主要组分含量 Al_2O_3 为 40.44%～70.12%，平均 54.64%；SiO_2 为 2.15%～18.03%，平均 6.55%；Fe_2O_3 为 2.18%～40.14%，S 为 0～0.34%，平均 0.13%，铝硅比 8.34，属高铁低硫一水硬铝石型铝土矿石，大部分矿石可作为生产氧化铝的原料。

在国内，该类型铝土矿仅见有桂西和滇东南地区分布，这与其所处的特定地质、地理和气候条件有关。形成此类矿床需具备以下条件：①富含黄铁矿的含矿岩系。滇东南二叠系上统碎屑沉积铝土矿，其原生矿石富含黄铁矿和 CaO、MgO。在地下水渗透排泄的氧化条件下，黄铁矿发生氧化而产生硫酸，其反应式如下：$4FeS_2 + 15O_2 + 10H_2O \rightarrow 4FeO(OH) + 8H_2SO_4$，此时溶液的 pH 降低到 4.1～2，该酸性环境利于风化作用加快进行，促使原生铝土矿层中的 S、CaO、MgO、SiO_2 等被部分淋失，从而提高原矿石中 Al_2O_3 含量；也可因溶解围岩或被其他溶液冲淡使溶液性质逐渐改变而利于三水铝石沉淀。氧化作用愈强，矿石块度愈小，愈能提高矿区质量。因此，该岩性条件是形成堆积矿的基础条件。②稳定抬升的构造背景。滇东南地区地壳在加里东运动后，进入了较为稳定的构造发展阶段，二叠系上统及其上覆地层褶皱变动微弱，岩层产状较平缓，含铝矿系大面积裸露，基底及盖层均为碳酸盐岩，具有渗水性较好的岩性、构造条件。③利于风化作用进行的自然地理条件。滇东南地区地处北纬 24°以南地区，属亚热带气候，温暖多雨，干湿季节交替，年均气温 8.3～10.9℃，年均降雨量 992.3～1329.4mm，致使高原岩溶地貌发育得十分完美。此自然地理条件，利于原岩风化作用彻底进行。④利于矿砾（屑）堆积的地貌条件。矿体或含铝岩石经崩解离析后的迁移距离和含矿率的高低与地貌形态有着密切的关系，本类堆积矿均分布在距原生矿不到 1km 的范围内，在岩溶缓坡地带，属残坡积或坠—残积类型，矿体呈被状，矿石与黏土或矿粉混合在一起。在岩溶洼地或盲谷内，含矿堆积体为半裸露—浅埋的洪坡积或坠积类型，矿体呈似层状、透镜状，矿石（砾、砂）与砂质土或黏土混合在一起。

本书"卖酒坪式"堆积型铝土矿以西畴卖酒坪铝土矿为例说明其特征。

1. 含矿岩系剖面特征及其变化

卖酒坪铝土矿第四系堆积物主要分布在转堡、卖酒坪矿段，面积 5.14km^2，覆盖率 65%。是由基底碳酸盐岩和含铝岩系的碳质灰岩、铝土岩、黏土岩及铝土矿层等，经物理、化学风化和次生岩溶坠积作用形成的残坡积物。主要沿马平组的岩溶坡地呈近东西向分布，形成溶丘地貌特征。矿体厚度变化大，一般为 5～10m，最大厚度大于 31.6m。

经野外勘查，卖酒坪含铝堆积层剖面，从上至下具有如下特征：①钙红土及钙红土夹水铝英石或埃洛石块、褐铁矿块，矿区有 16 个工程见到，该层含矿块少，品位低，多作为堆积型铝土矿底板产出，厚 0～7.10m。②黏土胶结型铝土矿，局部夹矿粉胶结型铝土矿透镜及杂色铝土质岩块、炭质泥岩透镜。矿石多呈块状构造，碎屑状、假鲕状结构。黏土胶结型铝土矿主要为高铁低硫型铝土矿，为Ⅳ级品。矿区 82%浅井工程可见该层，分布面广，厚 2～25.5m。③矿粉胶结型铝土矿，局部夹黏土胶结型铝土矿透镜体。由灰色、褐黄色铝土矿块、矿粉（屑）、黏土，偶夹铁铝岩松散堆积构成，矿石多呈块状构造，碎屑状、假鲕状结构。矿石属高铁低硫型铝土矿，多为Ⅰ、Ⅱ级品，其集中分布在卖酒坪矿段中部 29～34 号勘探线之间，单工程厚度 2.4～24.8m，平均 10.63m。④黏土胶结型铝土矿夹矿粉胶结型铝上矿透镜体。由浅红色、褐红色黏土夹铝土矿块及矿屑松散堆积构成，矿石多呈块状构造，少量条带状，蜂窝状构造，主要分布于卖酒坪矿段北、北西、南东部及转堡矿段。该层的黏土胶结型铝土矿含铁相对较低，属中铁低硫型铝土矿，多为Ⅱ、Ⅳ级品，厚 0～31.6m。⑤砂质黏土，厚 0～3.1m。上述层序在平面上、剖面上各层出现极不稳定，难以对比。

矿区堆积物中的岩块、铝土矿块呈角砾状，棱角分明，组分较为单一，显未经远距离搬运特征。结合剖面对比可以看出，卖酒坪矿段中部应以残积成因为主，并叠加有基底岩溶坠积作用，边部以坡积成因为主，层系简单。两类堆积物呈过渡关系，无明显界线，很难具体划分。

矿区堆积物的分布和厚度变化与基底岩溶面起伏和地貌形态关系明显。早期（石林期）岩溶漏斗、洼地、现代地貌多为凸起的山包和山脊，第四系堆积厚度较大，一般大于 20m。而现代（元江期）形成的漏斗、洼地堆积较薄，甚至无矿，说明早期次生岩溶漏斗控制了第四系的堆积，但漏斗规模较小，一般小于 200m×200m，深度小于 30m。现代岩溶漏斗由于地下水的强烈垂向侵蚀，不利于堆积铝土矿的形成。

2. 矿体形态、规模

“卖酒坪式”铝土矿矿体赋存在含铝岩段经长期风化破坏作用形成的黏土、砂屑、矿（岩）块的混合体内，堆积体即为矿体。受含铝岩段内部差异性及长期地质作用影响，堆积体连续性有较大差异。依据堆积体内部的面含矿系数差异，将面含矿系数大于 80%称为连续堆积区；面含矿系数在 80%～20%的称为不连续堆积区；面含矿系数小于 20%称为基岩裸露区。连续堆积区与不连续堆积区界线常模糊不清，不确定因素较多时一般只能大致划分。

卖酒坪矿段：矿体呈北西—南东向展布，长 2.6km，宽 1～1.6km。平面上连续堆积区面积 1.32km^2，不连续堆积区面积 0.8km^2，形如破被状，边缘呈港湾状（图 4-6）。剖面上以残盖状为主，当其连续性完整时呈似层状。矿体底板受基底岩溶面的严格控制呈锯齿状起伏（图 4-7）。矿体厚度为 0.5～31.6m，平均厚度 7.10m，厚度变化大，厚度变化系数 91.97%，大厚度（大于 3 倍平均厚度）工程率 4.22%。一般在溶丘、残丘、缓坡分布区厚度大，陡坡及漏斗分布区厚度薄，厚大矿体出现在矿体中部。

转堡矿段：矿体亦呈北西—南东向展布，长 2.5km，宽 0.4～1.0km。平面上连续堆积区面积 0.27km^2，不连续堆积区面积 1.25km^2，形如破被状，边缘呈港湾状（图 4-7）。剖面上呈残盖状，当其连续完整时呈似层状。矿体厚度为 0.6～14.1m，平均厚 4.88m，厚度变化系数 87.67%，厚度变化大，一般在溶丘、残丘、缓坡地段厚度大、陡坡分布区厚度薄。

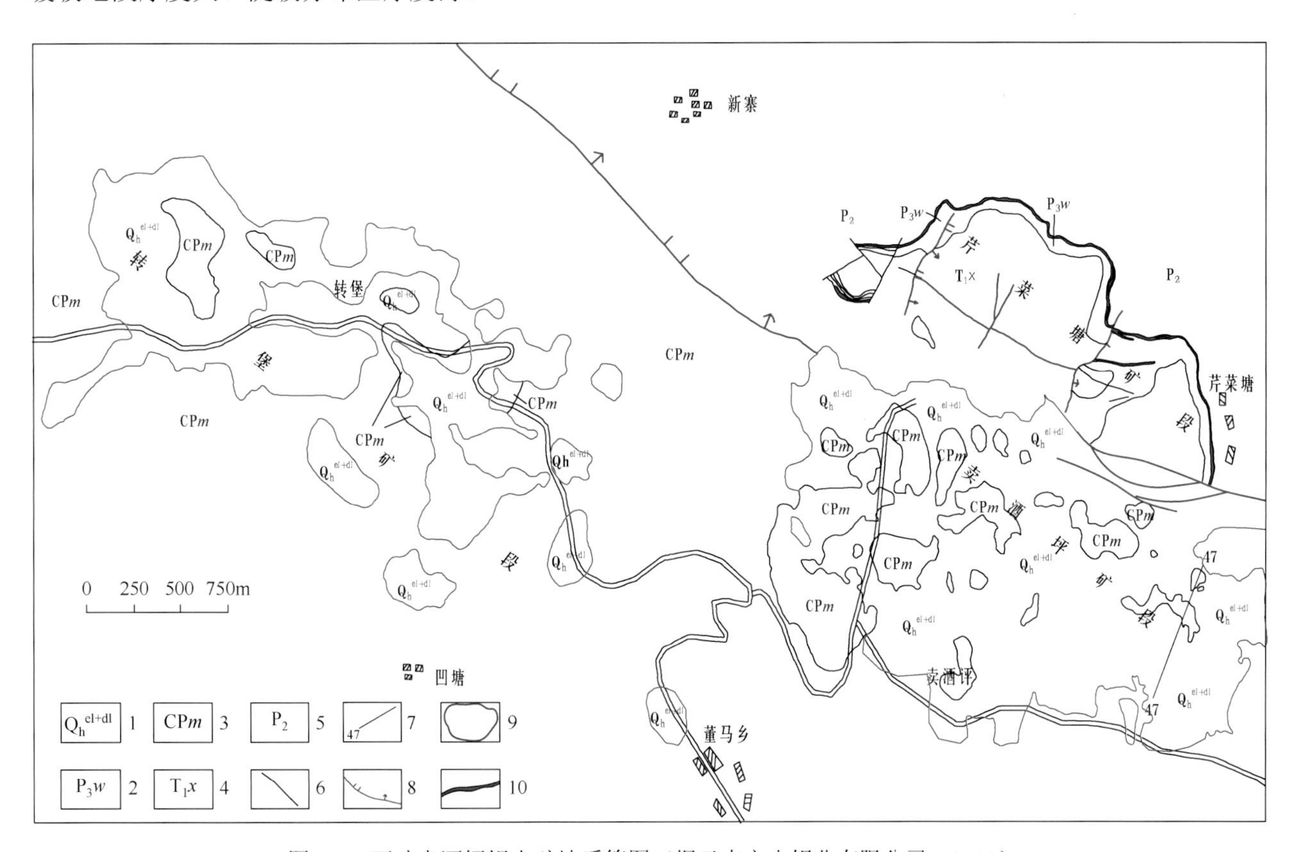

图 4-6　西畴卖酒坪铝土矿地质简图（据云南文山铝业有限公司，2008）

1. 第四系；2. 吴家坪组；3. 马平组；4. 洗马塘组；5. 二叠系中统；6. 地质界线；7. 剖面线；8. 断层；9. 堆积型铝土矿体分布范围；10. 沉积型铝土矿体

3. 胶结类型及品位变化

矿区将小于 0.1mm 粒级作为黏土级，1～0.1mm 作为矿粉级。依据两个粒级的相对含量及颜色差异划分为黏土胶结（红矿）、矿粉胶结（灰矿）2 种原矿类型。在平、剖面上都以黏土胶结为主体，矿粉胶结成片分布出现在矿区中部 29～34 号勘探线之间，其他地段呈透镜状产出在黏土胶结的矿体内。

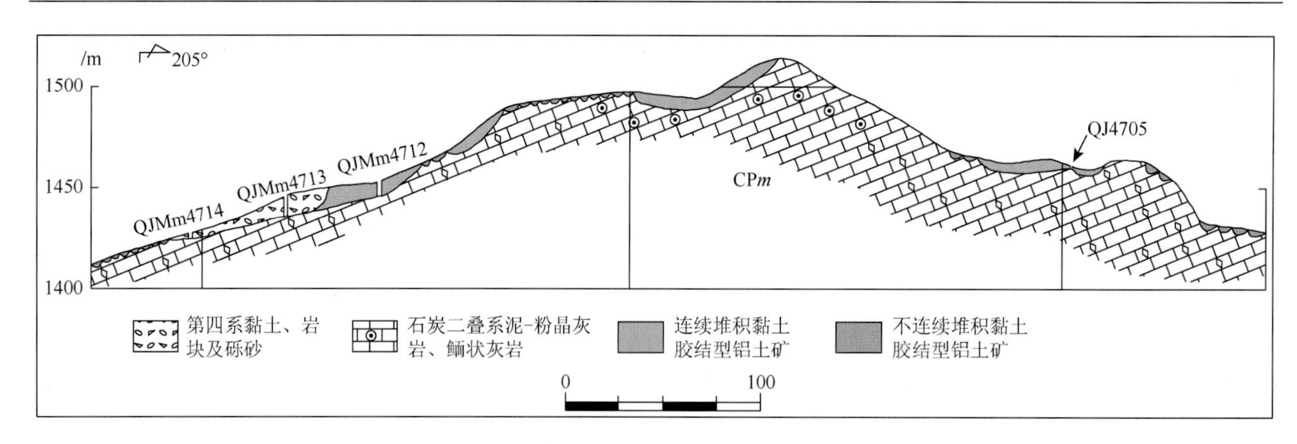

图 4-7　卖酒坪矿段 47 勘探线剖面图（据云南省地质调查局，2015）

（1）黏土胶结型铝土矿呈褐黄色、褐红色。由矿块、矿粉、黏土组成，相互之间紧密胶结，水洗脱泥较难。原矿体重平均 1881.1kg/m^3。经 438 件样品统计：含泥量平均 48.8%、孔隙水平均 11.48%，扣除孔隙水平均含泥量 37.32%。

原矿品位低，一般达不到工业指标，据 10 件原矿样品统计，$Al_2O_3$39.75%～56.85%，平均 49.35%，$SiO_2$11.13%～20.79%，平均 16.30%，$Fe_2O_3$12.80%～24.74%，平均 16.12%，A/S2.33～5.11，平均 3.03，净矿 Al_2O_3 平均 53.73%、A/S5.10。

（2）矿粉胶结型铝土矿呈灰色、褐灰色、土黄色，由铝土矿块、矿粉、黏土组成，胶结不紧密，原矿体重平均 2152.0kg/m^3。经 340 件样品统计：含泥量平均 39.83%、孔隙水平均 11.80%，扣除孔隙水平均含泥量 28.03%（表 4-3、表 4-4）。原矿可达工业指标，据 81 件样品统计 $Al_2O_3$38.71%～67.24%，平均 57.75%，$SiO_2$3.06%～24.22%，平均 9.61%，$Fe_2O_3$5.64%～34.17%，平均 14.62%，A/S1.82～19.80，平均 6.01。净矿平均品位 $Al_2O_3$60.31%、A/S 10.12。

据卖酒坪矿段全部 380 个见矿工程统计，单工程含矿率为 253.6～1911.3kg/m^3，平均 1199.7kg/m^3，变化系数 32.96%。

4. 矿石类型和矿石组分

矿粉胶结型矿石的矿块为深灰色碎屑状、鲕状一水硬铝石矿石，胶结物为同类矿石的矿粉，其中矿块∶矿粉∶泥约为 6.1∶1.5∶2.4。此类原矿约占全矿区的 30%～40%，集中分布于矿床的中部；黏土胶结型矿石的矿块除碎屑状、鲕状矿石外，还常有致密状铁铝岩、褐铁矿，胶结物全为赭红色黏土，其矿块∶矿粉∶泥约为 4.3∶0.9∶4.8。此类原矿约占全矿区的 60%～70%，多分布于矿床的边部。

工业矿石系指原矿经水洗去泥后的矿块和矿粉。矿块具块状、砂状、多孔状、条带状等多种构造，碎屑状、假鲕状、粒状镶嵌等结构。组成矿石的矿物以一水硬铝石为主（70%～90%），尚有少量三水铝石、一水软铝石、刚玉、针铁矿、赤铁矿、锐钛矿、褐砷锰矿、高岭石、2M 型白云母、埃洛石、伊利石—蒙脱石混层、绿泥石和石英、长石等。矿石中一水硬铝石存有两个世代：一种成显微晶质，表面污浊，组成碎屑和鲕粒的主体，另一种呈干净透明板柱状自形晶充填于孔洞的内壁。

经水洗后粒度＞2mm 的洗矿矿石主要组分含量：$A1_2O_3$ 40.44%～70.12%，平均 54.64%；SiO_2 2.15%～18.03%，平均 6.55%；Fe_2O_3 2.18%～40.14%，平均 18.34%；A/S 值 8.34；S 0.0%～0.34%，平均 0.13%，属高铁低硫一水硬铝石铝土矿石。其伴生组分含量：Ga 0.0012%；V 0.0098%；Nb 0.0016%；TiO_2 0.26%。两类原矿经洗选后“净矿”的溶出性能指标，$A1_2O_3$ 实际溶出率，灰矿达 84.8%，红矿达 84%，可作为生产氧化铝的原料。

5. 成矿要素

西畴“卖酒坪式”堆积型铝土矿地质构造背景为越北古陆北缘，上扬子古陆块富宁—那坡被动陆缘内。

矿区主要构造为董马—铁厂断裂南西下降盘，大毛地复式背斜南翼单斜；矿源层为二叠系上统吴家坪组；成矿时代属晚二叠世沉积成矿期及第四纪再造成矿期；古代及近代潮湿炎热气候、岩溶洼地、谷地、坡地地貌条件。

堆积型矿体大多分布在原生沉积铝土矿层易于堆积、保存（留）的岩溶洼地及坡地上。上古生代背斜及缓倾斜单斜构造是形成堆积矿的有利区域，主要分布于古生代碳酸盐岩出露区。堆积型铝土矿由黏土夹铝土矿及少量褐铁矿等碎屑组成。主要矿物为一水硬铝石，其次为赤铁矿、高岭石、针铁矿、绿泥石、三水铝石、锐钛矿，少量石英、埃洛石等，微量矿物有磁铁矿、软水铝石及稀土矿物等。保留原生沉积型铝土矿石的各种结构、构造，但受风化作用的影响，原生矿石中的黄铁矿均或多或少的转变为褐铁矿。其成矿要素见表4-10。

表4-10　第四纪更新世"卖酒坪式"铝土矿成矿要素一览表

成矿要素		描述内容
特征描述		堆积型铝土矿
地质环境	成矿时代	第四纪更新世
	大地构造背景	上扬子古陆块富宁—那坡被动陆缘内，越北古陆北缘
	成矿环境	晚二叠世吴家坪组或龙潭组下段（含铝岩段）由红土化残积而成的铝土矿和/或原生沉积型铝土矿，在晚三叠世以来长期的上升剥蚀过程中，在部分河谷、凹地和岩溶负地貌中堆积和坠积而形成第四系松散残积堆积型铝土矿
	地貌	岩溶洼地、谷地、坡地地貌条件
	气候	古代及近代潮湿炎热气候
	基底	石炭二叠系马平组灰岩
矿床特征	含矿岩系特征	第四纪松散层，由砂质黏土、腐殖土、铝土矿块、矿屑、矿粉、褐铁矿块、岩块组成
	矿体形态、规模	矿体形态呈似层状、扁豆状、被状，一般为小到中型，可达大型。卖酒坪矿区精矿石 Al_2O_3 平均 54.64%，含矿率 1103kg/m^3，A/S 8.34
	矿石类型	属低硫中—高铁一水硬铝石铝土矿石。主要为矿粉或黏土胶结型铝土矿、钙红土及钙红土夹水铝英石或埃洛石块、褐铁矿块、局部夹透镜及杂色铝土质岩块、碳质泥岩透镜、砂质黏土
	矿物组合	主要矿石矿物是一水硬铝石、次为次生三水铝石，其他矿物有叶蜡石、绿泥石、高岭石、霞石、黑云母、石英、氯黄晶、铁泥质、黄铁矿、锐钛矿。含微量的褐砷锰矿、磁铁矿、钛铁矿、白钛石、磷铝铈矿、锆石、电气石、金红石、毒砂、重晶石、绿帘石、石榴子石、方解石
	结构构造	多为假鲕状结构、砾状结构、次为砂屑状结构、致密状结构，以块状构造为主，砂屑状和致密结构铝土矿显层纹（条带）状构造、氧化淋滤带显孔穴（针孔）状次生构造
	风化	湿热的气候条件下氧化作用强烈，对铝土矿的脱硫、脱硅、低硫型铝土矿，及铝硅比值高于沉积型铝土矿氧化带的矿石提供了有利条件

第五章　典型矿床地质特征

云南省铝土矿主要集中分布于滇东南、滇中、滇东北和滇西 4 个成矿区，分属华南成矿省和上扬子成矿省，可分为沉积型和堆积型 2 大类，其中沉积型铝土矿按其成因环境、基底岩石类型、赋矿层位和成矿时代不同，可进一步分为“老煤山式”“铁厂式”“中窝式”和“朱家村式”4 个矿床式；堆积型铝土矿以“卖酒坪式”为代表。本章内容以 5 种矿床式的典型矿床为例，详细介绍其矿床地质特征。

第一节　沉积型铝土矿

一、富民老煤山铝土矿

富明老煤山铝土矿位于富民县 98°方向，平距约 10km 处，属典型“老煤山式”沉积型铝土矿。

（一）矿区地层

铝土矿区出露地层有石炭二叠系马平组（CP*m*）、二叠系中统梁山组（P_2l）、阳新组（P_2y）及第四系（Q）。石炭系二叠系马平组岩性主要为浅灰色中厚层状灰岩，含蜓类化石；二叠系中统梁山组为含矿层位，其岩性为深灰、黄绿色砂岩、泥岩夹铝土岩与煤层，铝土矿赋存于梁山组中上部，矿体呈似层状产出，产状与地层产状基本一致（图 5-1）；阳新组岩性为灰色厚层块状灰岩、虎斑状白云质灰岩夹白云岩；第四系为残坡积层。

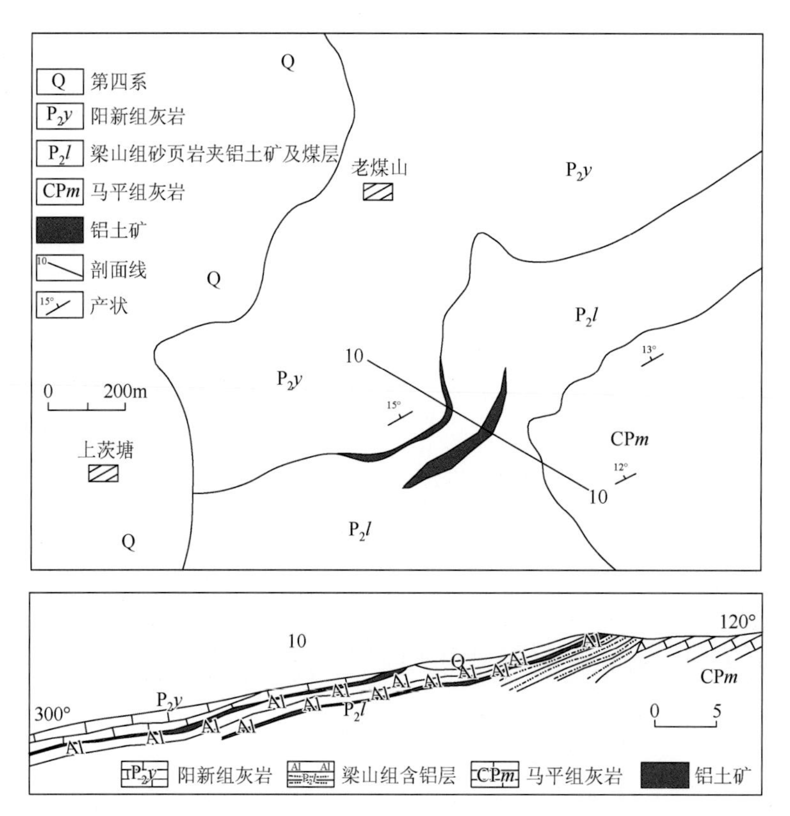

图 5-1　富民县老煤山铝土矿北段地质平面剖面简图（据云南省国土资源厅，2011 简化）

（二）矿区构造

矿区地质构造较为简单，断裂不发育，褶皱主体为老煤山向斜，出露长度 6km，宽 3km。老煤山向斜呈北东—南西向展布，呈不对称状，东翼陡西翼缓，南端封闭，北端开阔，核部地层由二叠系组成，两翼为石炭二叠系。老煤山矿区梁山组产于老煤山向斜的东南翼，倾向为280°～330°，倾角7°～18°，一般12°。地层产状顺坡倾斜，与坡向大致接近，遭受风化剥蚀严重（图5-1）。

（三）含矿岩系

矿区含矿岩系为二叠系中统梁山组，为一套滨海沼泽相的砂泥岩夹铝土矿、铝土岩及煤层，总厚11～33m。其上覆地层为二叠系中统阳新组灰岩，与下伏石炭二叠系灰岩假整合接触（图5-2）。该区含矿岩系可细分为15层，其自上而下岩性变化特征，具体为：

上覆地层：二叠系中统阳新组灰岩、白云岩

——————整合——————

（15）灰色、灰黄色铝土矿层，自上而下依次为豆状、角砾状、土状、致密状铝土矿　0～5.26m

（14）浅灰色碧玉状铝土岩　0.5～2.0m

（13）黑色碳质页岩　0～0.5m

（12）黑色烟煤　0～4.0m

（11）黑色碳质页岩　0～0.2m

（10）灰色细砂岩及铝土岩　3.0～4.0m

（9）灰白色、浅灰色致密状铝土岩　0.8～1.5m

（8）灰色中细粒中厚层状砂岩　1.0～4.0m

（7）黑色劣质煤　0.2m

（6）灰色细砂岩及铁质石英砂岩　4.0m

（5）灰褐色泥岩　0.4m

（4）灰色、灰黄色致密状铝土岩　0.8～1.5m

（3）灰色细砂岩　3.0m

（2）黑色烟煤　0.8m

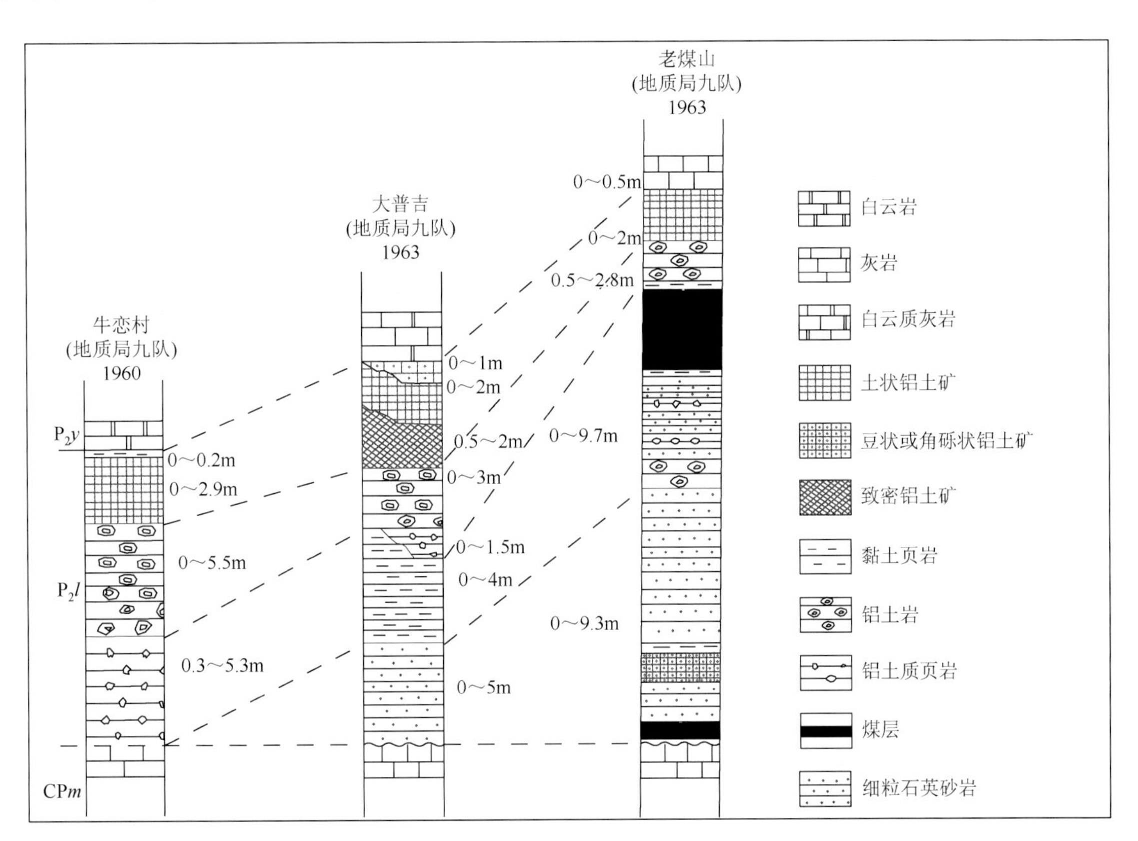

图5-2　老煤山铝土矿含矿岩系柱状对比图

（1）深灰色中厚层状粉砂岩　　0.5m

--------假整合--------

下伏地层：石炭二叠系灰岩

据含铝岩系岩性组合特征大致可分为：上部铝土岩—铝土矿组合，夹煤层，是铝土矿体主要产出部位；下部砂泥岩夹煤组合，无铝土矿产出。

（四）矿体、规模及品位变化

矿体呈似层状，南北长 1100m，宽 96～385m，矿体厚度最厚 5.34m，最薄 0.73m，平均厚度 2.56m，分南北两个矿段，矿体出露海拔标高 2130～2210m。

北段以灰白色致密块状铝土矿为主，南东见豆状铝土矿，长 600m，宽 105～385m，平均厚度 2.57m，呈单斜状，走向北东，倾向北西，倾角 8°～18°，局部受小断层影响倾角变大至 40°，向东露出地表，向西覆盖逐渐加厚（图 5-1）。

南段以豆状铝土矿为主，底部见少量灰白—浅灰色致密块状铝土矿，长 500m，宽 96～280m，平均厚度 2.53m，走向北北东，倾向北西西，倾角 7°～17°，在断层附近，裂隙中充填堆积型土状铝土矿。

全区矿石平均品位：$A1_2O_3$ 62.53%；SiO_2 14.06%；A/S 4.45，Fe_2O_3 4.26%，S 0.06%，P_2O_5 0.05%。北段矿石平均品位：$A1_2O_3$ 61.61%；SiO_2 14.87%；A/S 4.14，Fe_2O_3 4.79%；南段矿石平均品位：$A1_2O_3$ 64.35%；SiO_2 12.54%；A/S 4.45，Fe_2O_3 4.26%，总的趋势是南段品位高于北段。

（五）矿石类型、矿物组合及结构构造

矿石自然类型主要有豆状、球状、蜂窝状铝土矿石，土状、半土状铝土矿石和致密状铝土矿石 3 类。矿石工业类型按铁含量分属含铁型铝土矿石；按硫含量分属低硫型铝土矿石。

矿石矿物主要有一水硬铝石、地开石、一水软铝石；次要矿物有三水铝石、褐铁矿、高岭石、黏土质矿物及少量绿泥石等。

矿石结构构造相对复杂，不同类型矿石的结构构造具有明显差别，常见有鲕状和豆状结构，土状—半土状和致密块状构造。

（六）矿石化学组成及共伴生有用元素

矿区铝土矿石含可回收利用分散元素镓（Ga）、镱（Yb）、煤层和耐火黏土。镓（Ga）在矿石中含量为 0.015%～0.027%，平均 0.02%；镱（Yb）在矿石中平均品位为 0.001%。具有工业价值的煤层为第一层煤，位于铝土矿之下，一般厚 1～2m，最厚 4m，呈透镜状产出，煤质固定碳含量 70%～80%，灰分 6%～18%，挥发分 20%～40%，含硫量 3.2%。耐火黏土矿即为煤层底板，呈致密状，浅灰—灰白色，厚 0.8～1.5m，局部地段可达铝土矿要求。

二、安宁耳目村铝土矿

安宁耳目村铝土矿位于云南省安宁市 195°方向，平距约 11.10km 处，属典型“老煤山式”沉积型铝土矿。

（一）矿区地层

矿区主要出露地层有二叠系峨眉山玄武岩组（P*e*）、二叠系中统阳新组（P_2y）、梁山组（P_2l）、石炭二叠系马平组（CP*m*）。二叠系峨眉山玄武岩组岩性为灰、深灰色致密块状玄武岩；二叠系中统阳新组岩性为灰黑色生物碎屑灰岩；二叠系中统梁山组为矿区含矿岩系，岩性主要为灰黄、灰黑、紫红灰绿等杂色铝土岩、铝土质、铁质黏土岩（即耐火黏土），局部夹粉砂岩，可见厚度 0.70～11.88m，与下伏地层石炭二叠系马平组（CP*m*）呈平行不整合接触；石炭二叠系马平组岩性为中厚层致密状灰岩（图 5-3）。

（二）矿区构造

矿区位于上扬子古陆块康滇基底断隆带、安宁构造盆地之南翼西侧。区域构造以北西—南东向的褶皱和断层为主。矿区内褶皱、断裂均不发育，地层呈缓倾角的单斜构造层。总体地层产状，倾向为310°～350°，倾角平均27°。

（三）含矿岩系

矿区含矿岩系为古生界二叠系中统梁山组（P_2l），其夹持于二叠系阳新组灰岩与石炭二叠系马平组灰岩之间。该含矿岩系内仅有一层矿体分布，呈大小不等的似层状或透镜状产出（图5-3、图5-4）。矿体形态受下伏灰岩古地形（基底喀斯特凹凸面）的控制，由于矿层与下伏地层呈平行不整合接触，在矿层沉积前的沉积间段内，矿层底板抬升遭受风化剥蚀，形成凹凸不平的古风化地貌，随后又下降，含矿层在其上

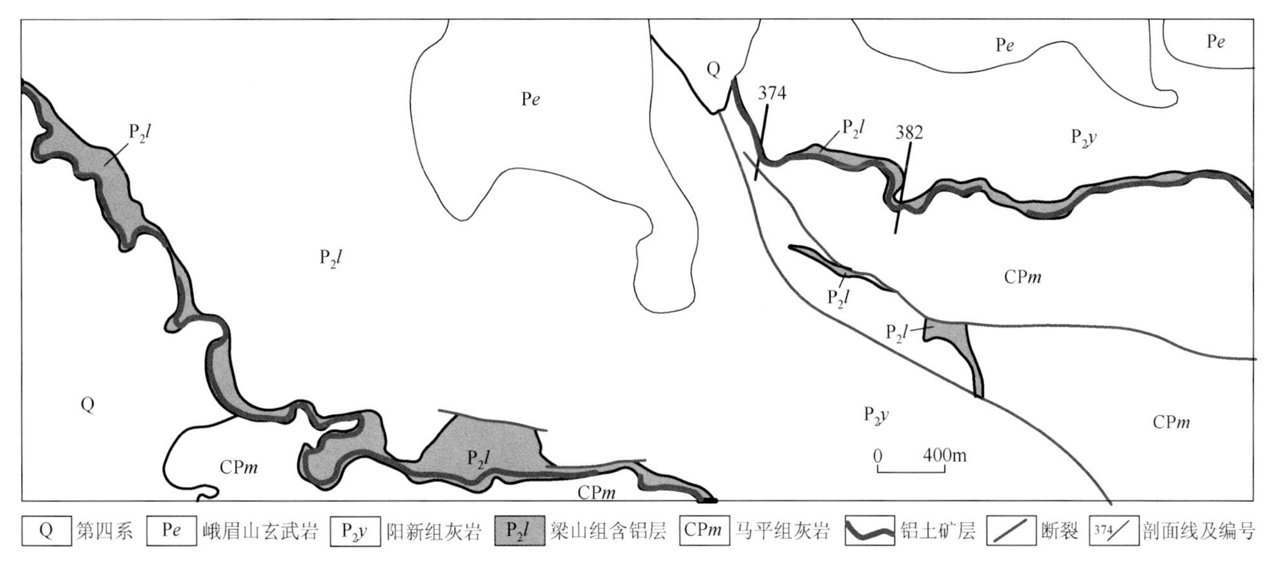

图5-3　昆明市安宁耳目村铝土矿地质图（据云南省国土资源厅，2011简化）

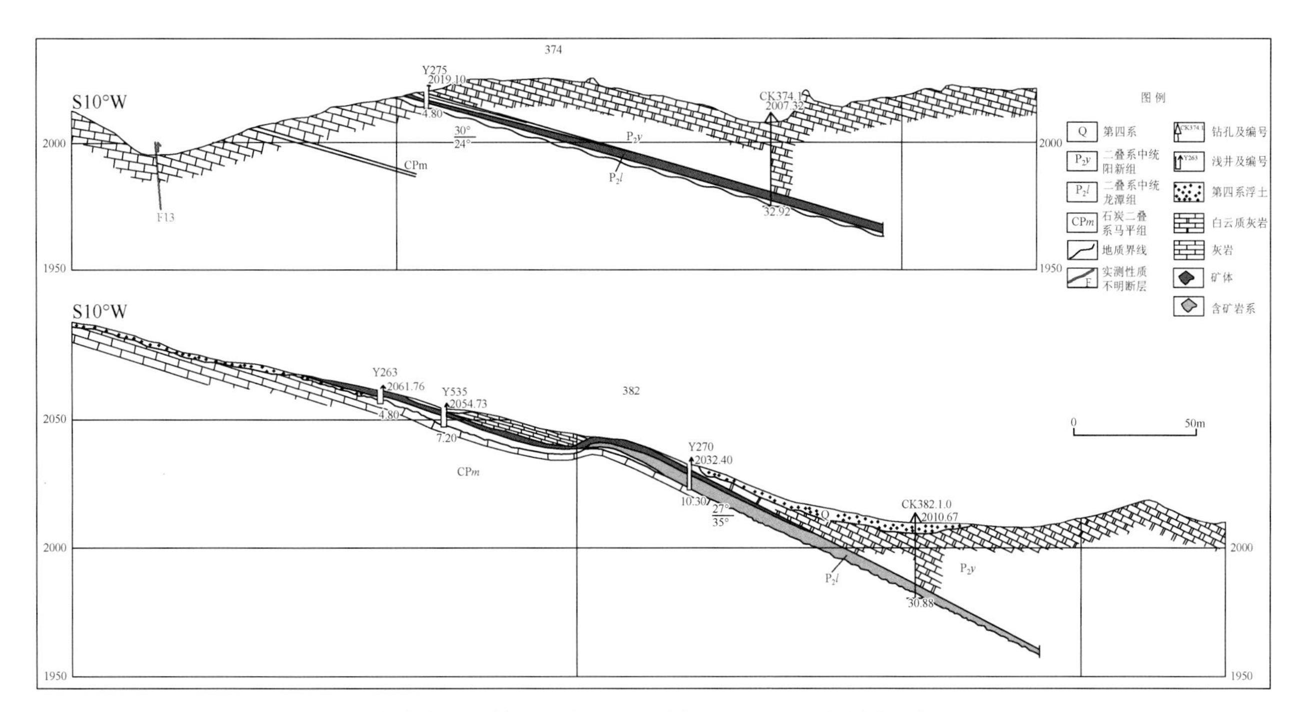

图5-4　昆明市安宁耳目村（下哨）铝土矿剖面图（据云南省国土资源厅，2011）

沉积，矿层底面与矿层底板顶面相互镶嵌，从而形成了厚度变化较大的矿层。矿区含矿岩系自上而下可细分为 6 层，其岩性变化特征具体为：

上覆地层：二叠系中统阳新组灰黑色生物碎屑灰岩

————整合————

（5）黄褐、棕红色黏土夹铝土岩团块，其底部夹薄层劣质烟煤　0.7m

（4）灰黄、灰绿色致密铝土岩，具碎屑状、豆状结构，中有高岭石脉或团块　1.25m

（3）灰白、灰黄色，部分为紫色，灰绿色致密铝土岩　6.53m

（2）杂色铝土岩，局部夹底板灰岩之角砾　2.4m

（1）褐、紫红、灰白色黏土或铝土页岩，局部夹底板灰岩之角砾　1.0m

---------假整合---------

下伏地层：石炭二叠系马平组致密灰岩。

上列剖面 1～3 层属古风化壳残积相沉积，4～5 层则可能属异地堆积。铝土矿体赋存于梁山组含矿岩系中上部，呈不规则的饼状产出，分布在近地表出露线一带，向深部则迅速尖灭。

（四）矿体、规模及品位变化

矿体由耳目村、下哨和干坝塘 3 个矿段，16 个铝土矿工业矿体组成，其中耳目村矿段有 12 个，下哨矿段有 2 个，干坝塘矿段 2 个。

矿体多呈北西—南东向带状展布，部分呈东西向展布。各矿体间基本无联系，呈不规则状独立产出，矿体间最小距离 10m，最大距离大于 300m，一般 100m 左右，其间多为相变的铝土岩，部分受底板隆起影响而缺失。矿体出露标高为 1760～2073m，大部分位于区域构造侵蚀基准面（1853m）之下，平均埋深 40～50m。

矿区下哨矿段 2 号矿体为主矿体。其分布于 382～398 号勘探线之间，矿体呈吊钩形近东西向展布，长约 1440m，分布面积约 0.241km^2，延深 30～220m，在 382～388 号勘探线延深为 160～180m；厚度变化 0.51～10.85m，一般 1.29～2.61m，平均 1.94m。矿体走向 275°～290°，倾向 5°～20°，倾角 20°～30°；Al_2O_3 平均含量 61.39%，SiO_2 平均含量 13.27%，A/S 平均值 4.6。

（五）矿石类型、矿物组合及结构构造

矿物成分以一水硬铝石为主，其次为胶铝石、一水软铝石、高岭石、黄铁矿、褐（赤）铁矿及其他黏土矿物。另含少量绿泥石、电气石、锆石、金红石、石英等。

矿石自然类型主要为土状—半土状铝土矿、致密—半致密状铝土矿，其次为豆状铝土矿、鲕状铝土矿、蜂窝状铝土矿等。

（1）土状、半土状矿石：灰、灰白、灰黄色。疏松—半坚硬，断口粗糙，时有淋失孔洞。矿石具隐晶质、显微粒状及极细短柱状集合体等结构。高岭石与黏土、铁泥质混染或呈云雾状、凝块状产出。矿石主要由一水硬铝石和高岭石组成，另有少量褐铁矿、黏土矿物和极少量的赤铁矿、电气石、锆石、金红石、石英和三水铝石。主要组分含量：Al_2O_3 67.73%，SiO_2 3%～13%，Fe_2O_3 0.3%～2.4%，A/S 5～17，Ga 0.0096%～0.0182%，属低铁一水硬铝石型矿石。在近地表可见该类矿石与致密状矿石呈渐变过渡现象，故判定其应为致密状矿石氧化所致。

（2）致密、半致密状矿石：灰、灰黄、灰黑色，贝壳状断口。具隐晶质、显微粒状结构。组成矿物以一水硬铝石和高岭石为主，另有少量褐铁矿、黏土矿物和极少量的赤铁矿、黄铁矿、锆石、金红石、石髓等。含 Al_2O_3 50%～60%，$SiO_2$14%～27%，$Fe_2O_3$1%～4%，A/S 3～6，Ga 0.0078%～0.0144%，属低铁高硅一水硬铝石矿石。

（3）豆状、鲕状矿石：灰、灰黄、灰绿色。豆状、鲕状结构。豆粒直径 2～15mm，鲕粒直径 0.05～1.4mm，两者均具同心环状构造。豆鲕核部，由粒状、显微粒状一水硬铝石或胶岭石、高岭石组成，外环则由黏土矿物或一水软铝石组成，胶结物为致密黏土和一水硬铝石与一水软铝石的胶体变种混合物。组成矿石的矿物较复杂，除类同致密状矿石者外，尚有鲕绿泥石、鳞绿泥石、黄铁矿、白铁矿、电气石、石英

等。含 Al_2O_3 45%～63%，SiO_2 12%～24%，Fe_2O_3 1.13%～2.76%，A/S 2.5～4.51，Ga 0.0167%，属低铁高硅一水硬铝石矿石。

（六）矿石化学组成及共伴生有用元素

矿石主要化学成分为 Al_2O_3，次为 SiO_2 和 Fe_2O。Al_2O_3 含量最低 40.48%，最高 81.25%，一般含量 54%～67%；SiO_2 含量最低 0.88%，最高 27.39%，一般含量 3%～18%；Fe_2O_3 含量最低 0.15%，最高 40.14%，一般含量 1.63%～5.84%。铝硅比值一般为 3～9.5。

矿区主要共生矿产为耐火黏土矿，云南省地质厅第九地质队在勘查本区铝土矿的同时亦对耐火黏土矿进行过综合勘查，在耳目村矿段圈出了 5 个矿体，下哨矿段圈出 3 个矿体，干坝塘矿段圈出 1 个矿体。

耐火黏土矿体主要产于铝土矿层底部，主要由灰、灰白色致密状硬质耐火黏土组成，致密光滑，有时具贝壳状断口。黏土矿层与铝土矿层紧密结合，产状基本一致，厚度变化范围 0.20～6.50m，一般为 1～2m，局部特厚层达 12.10m。矿石中 Al_2O_3 含量变化范围为 30%～49%，一般为 35%～43%；SiO_2 含量变化范围为 26%～44%，一般为 32%～41%，铝硅比为 1.10～1.30。

对赋存在黏土矿物中的稀散元素镓，原云南省地质厅第九地质队曾做过可溶性试验，4 个化学分析样品含镓量为 0.0096%～0.0152%，浸出率均在 70%～80%左右，认为可在炼铝的同时作为稀有元素回收。

三、巧家阿白卡铝土矿

巧家县阿白卡铝土矿位于巧家县荞麦地乡三家大队阿白卡村西，属典型“老煤山式”沉积型铝土矿。该铝土矿点于 1978 年由云南省地质局第二区域地质测量大队在 1∶20 万鲁甸幅区域地质调查中发现，并进行了矿点检查工作。

（一）矿区地层

矿区出露地层由老至新有泥盆系中统曲靖组（D_2q）和上统（D_3），二叠系中统梁山组（P_2l）、阳新组（P_2y），二叠系峨眉山玄武岩组（Pe）。曲靖组岩性为砂岩页岩及灰岩，上泥盆统（D_3）主要为灰、深灰色灰岩、白云岩，局部夹泥灰岩、角砾状白云岩；梁山组为本区含矿层位，其岩性为浅灰色石英砂岩、灰黑色碳质泥岩页岩、泥质粉砂岩夹煤层、铝土矿；阳新组岩性为深灰、灰白色厚层状、虎斑状灰岩；峨眉山玄武岩组岩性为深灰色致密块状玄武岩（图 5-5）。

（二）矿区构造

矿区地层走向近南北向或稍偏东，为一简单的向东（顺坡）倾的单斜构造层，倾角较陡，一般为 40°～50°。矿区北部阿白卡一带，含矿地层被一近北西向横张断层切割（图 5-5）。

（三）含矿岩系

矿区含矿岩系为二叠系中统梁山组，为一套滨海相的砂泥岩夹铝土矿、铝土岩及煤层，总厚约 7m。其上覆地层为二叠系中统阳新组灰岩，与下伏泥盆系上统灰岩、白云岩平行不整合接触（图 5-5）。含矿岩系梁山组岩性组合为：下段砂泥质建造，上段为铝土矿—铁铝质、泥砂质建造。矿区含矿岩系可细分为 8 层，自上而下岩性变化特征，具体为：

上覆地层：二叠系中统阳新组灰岩

整合

（7）深灰色黏土岩，局部夹有灰绿色黏土薄层及条带　0.5m

（6）黄褐色豆状铝土矿。豆状结构，块状构造，主要成分为一水铝石，黏土矿物。镜下鉴定尚见有极少量的电气石、金红石、独居石及帘石。豆状体为长椭圆形、光滑，直径几毫米至 1cm　1.7m

（5）黄灰色碎屑状铝土矿。见有白色叶蜡石小团块及少量砂质、铁质小星点，肉眼观察质量较好。碎

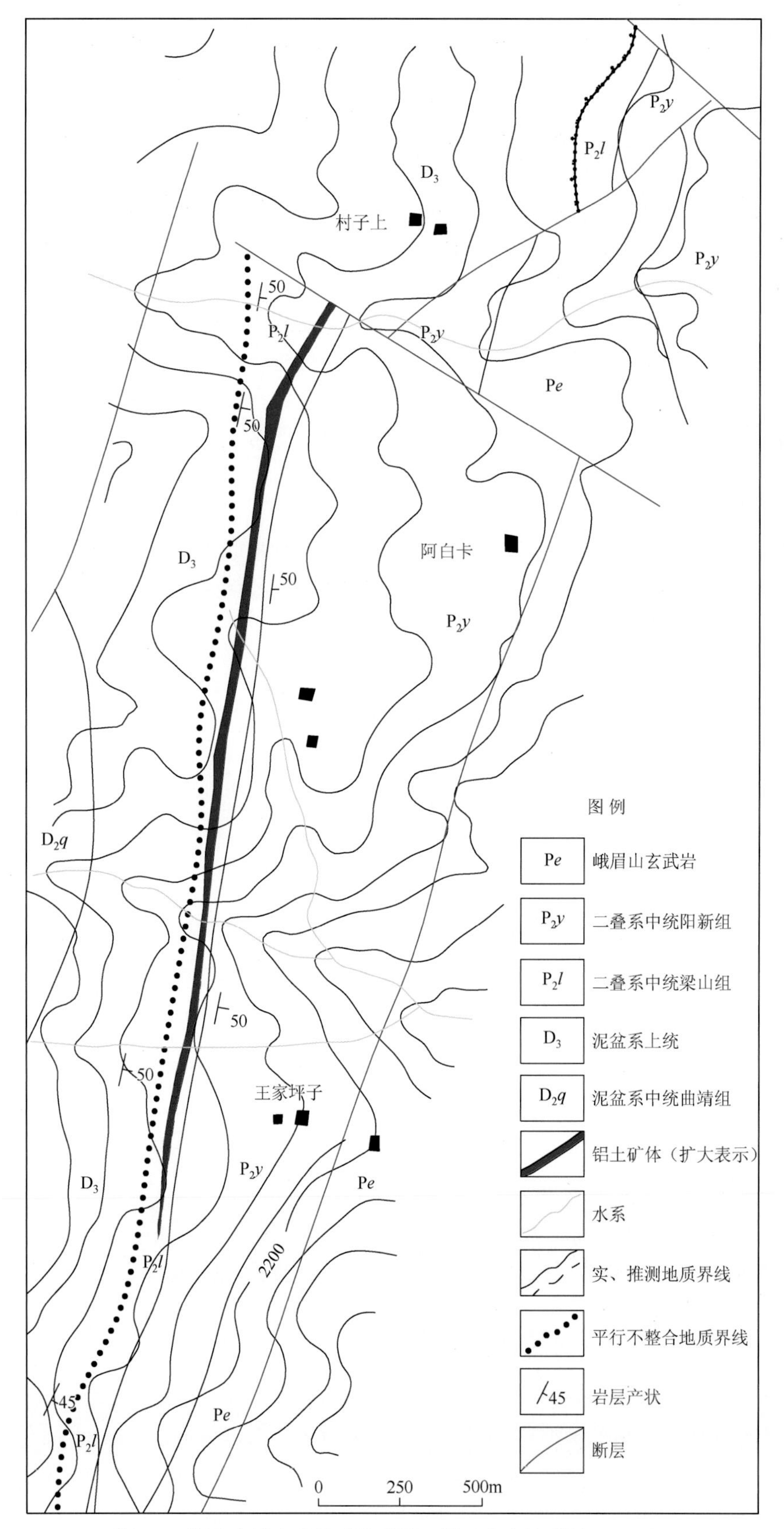

图 5-5　阿白卡铝土矿地形地质图（据云南省地质局，1978）

屑状结构，块状构造。主要成分除一水铝石及黏土矿物外，尚有微量金属矿物，铁质、电气石、金红石、独居石、帘石等矿物　1.8m

（4）褐灰色中厚层状铝土矿。主要矿物为一水铝石及少量高岭石，微量矿物见有水云母、电气石、金红石、独居石及帘石等。并含有较多星点状灰黑色砂质颗粒，矿石为碎屑状结构，块状构造。产状 75°∠55°　0.9m

（3）灰白色黏土岩 0.3m

（2）褐红色铁质黏土岩。差热分析结果显示主要矿物为高岭石及少量一水铝石，水针铁矿。沿裂隙充填有5%～10%的铁质 0.5m

（1）灰黑色黏土岩，含黄铁矿结核 1.3m

--------假整合--------

下伏地层：泥盆系上统浅灰色中厚层状生物碎屑隐晶微粒灰岩

（四）矿体、规模及品位变化

铝土矿带断续延伸长约2800m，矿体形态呈透镜状、层状，倾角较陡，一般40°～50°。在矿区北部，含矿层被一近北西向横张断层切割，铝土矿在矿区北部厚度较大，总厚4.4m，向南则变薄为1.8m的角砾状铝土矿。3件样品化学分析结果显示$A1_2O_3$平均含量为58.7%，SiO_2含量为9.28%，A/S为8.37（云南省地质局，1978）。

（五）矿石类型、矿物组合及结构构造

矿石自然类型主要有豆鲕状一水硬铝石铝土矿、土状—半土状铝土矿石和致密块状铝土矿石3类。矿石主要成分为一水铝石、黏土矿物等。镜下尚见有微量电气石、金红石、独居石及帘石。矿石结构主要有豆状、碎屑状结构；矿石构造为角砾状、块状构造等。

（六）矿石化学组成及共伴生有用元素

3件样品化学样分析结果（云南省地质局，1978）显示，$A1_2O_3$平均含量为58.7%，SiO_2平均含量为9.28%，铝硅比平均为8.37，质量尚佳。光谱分析结果显示矿石Ga平均含量为0.015%，达综合利用指标。

四、麻栗坡铁厂铝土矿

麻栗坡铁厂铝土矿位于麻栗坡县城50°方向，平距约40km处，属典型的沉积型铝土矿，称“铁厂式”矿床，并伴有堆积型“卖酒坪式”铝土矿产出。

（一）矿区地层

矿区出露地层有三叠系下统永宁镇组（T_1y）、洗马塘组（T_1x），二叠系上统吴家坪组（P_3w）、二叠系中统阳新组（P_2y）及石炭二叠系马平组（CP*m*）。上述地层除二叠系上统含铝岩段为局限海域沉积外，其余均属浅海相碳酸盐岩建造。各地层主要岩性特征如下。

1. 三叠系（T）

矿区出露三叠系下统，为一套浅海—潮坪环境沉积的碳酸盐岩，超覆于石炭二叠系之上，据化石及岩性的差异性将其分为两组六个岩性段。

1）三叠系下统永宁镇组（T_1y）

（1）永宁镇组第二段（T_1y^2）：上部为灰色中厚层状灰岩，局部夹泥质白云岩、泥质灰岩，见宽窄不一铁泥质条带；下部灰至深灰色薄层状泥质条带灰岩，条带呈弯曲状，条带密集地段略显豆荚状构造，部分地段见豆状、鲕状灰岩及钙泥质砂岩透镜体，厚＞117.6m。

（2）永宁镇组第一段（T_1y^1）：上部为灰色厚层细晶白云岩；下部为中厚层含白云质细晶灰岩夹薄层状泥质白云岩，含星点状黄铁矿，风化后呈褐红色砂糖状，厚15.11m。

2）三叠系下统洗马塘组（T_1x）

洗马塘组主要分布在铁厂中学后山、木品、龙戛湾一带，各岩性段差异明显，顶底界线清楚。

（1）洗马塘组第四段（T_1x^4）：灰至深灰色薄层状泥质条带灰岩夹薄至中厚层状泥质灰岩，泥质条带较

密集，一般 10～50mm，层面间常夹密集泥质蠕条，断面看似豆荚，剥开则似蠕虫，厚 44.33m。产 *Claraia aurita*（Hauer）；*Claraia yunnanensis* LinHsü。

（2）洗马塘组第三段（T_1x^3）：灰至深灰色厚层鲕状灰岩、细晶灰岩，具层纹状构造，纹层间距 10～50mm，风化面显不连续的薄层，鲕状灰岩鲕粒由东向西粒径变小，圈数变少，其胶结物也由亮晶变为泥晶，厚 20.75～22.44m。

（3）洗马塘组第二段（T_1x^2）：灰色薄层状细晶灰岩，单层厚 3～15cm，缝合线构造发育，间夹泥质条带，因铁质浸染而呈褐红色，见不连续的蜂窝状风化褐铁矿细粒，厚 17.83m。

（4）洗马塘组第一段（T_1x^1）：深灰色中厚层细晶灰岩，部分岩石嵌有白云质团块，风化表面显疙瘩状构造，缝合线构造发育，间夹泥质、铁质条带，因铁质浸染而显褐红色，厚 8.32m。

第一、第二段岩性在团山包矿段相变为深灰色厚层状白云岩、白云质灰岩。

2. 二叠系（P）

1）二叠系上统吴家坪组（P_3w）

吴家坪组下部为含多层铝土矿细碎屑岩，上部全为碳酸盐岩，为局限海台地及滨海—浅海碎屑岩、碳酸盐岩沉积的海进系列建造，超覆于石炭二叠系马平组古岩溶夷平面上，厚度变化较大，按岩性组合不同分为 2 段。

（1）吴家坪组第二段（P_3w^2）：深灰、灰黑色中厚层生物碎屑灰岩，含沥青质较重，间夹不连续泥质。产 *Leptodus* sp.；*Nankinella inflata*（colani），*Glomospira parua* Lin 等，厚 32.37m。

（2）吴家坪组第一段（P_3w^1）：分布于铁厂、木品、龙戛湾等，简称含铝岩段，由铝质黏土岩、铝土岩、钙质砂岩、黄铁矿碳质铝土岩、碳质页岩、碎屑状鲕状铝土矿、生物碎屑灰岩等组合而成，岩性横向变化较大，产 *Lingula elongata* Fang，*Tambanella yunnanensis* Guo，*Sphaerulira zisongshengensis* Sheng，*Glomospira parua* Lin 等，厚 0.55～64.12m。

2）二叠系中统阳新组（P_2y）

根据阳新组岩性差异，可分为 3 段。

（1）阳新组第三段（P_2y^3）：出露于铁厂矿段北缘一带，灰色厚层状灰岩，假鲕状灰岩。底部有一层 3m 厚的生物碎屑灰岩，厚 17.80m。

（2）阳新组第二段（P_2y^2）：出露于乐光坪、金竹塘、木品一带，灰至深灰色厚至巨厚层状细晶灰岩、生物碎屑灰岩、角砾状灰岩，角砾成分为黑色有机质灰岩，砾径一般 10～30mm，细晶灰岩中偶见稀疏鲕粒，三种灰岩沿走向交替产出，厚 172.77m。

（3）阳新组第一段（P_2y^1）：出露于矿区北部边缘一带，灰至浅紫红色厚至巨厚层状砾状灰岩、细晶灰岩，以砾状灰岩为主，砾径一般 1～5mm，砾石成分为同生有机质灰岩，其间夹数层生物碎屑灰岩。细晶灰岩中见鲕粒稀疏分布，厚 113.20m。

3. 石炭二叠系（CP）

石炭二叠系马平组（CP*m*）：分布在铁厂北东缘、黄家塘北西至南东一带，灰至深灰色厚、巨厚层状灰岩，局部含有机质或似豹皮花纹，偶夹生物碎屑灰岩，含 *Pseudoschwagerina* sp.；厚 160.02m。上部分布于团山包、铁匠炉至老山一带，灰至深灰色偶夹紫红色中至厚层状灰岩、鲕状灰岩，鲕粒局部密集，略显定向排列，见不规则黑色方解石小斑点。产：*Pseudostaffella* sp.；*Fusulinella* sp.；*Schubertella lata* var. *elliptica* Sheng；厚 148.99m。下部出露于铁厂矿段 F_1 以西一带、黄家塘矿段上赶香坪附近，灰至灰白色偶夹紫红色中至厚层状灰岩、假鲕状灰岩，鲕粒 0.2～0.5mm，分布不均，局部夹宽 5～50mm 的硅质条带，产珊瑚、腕足类化石，厚度＞122.95m。

（二）矿区构造

本区受海西运动旋回及其中、晚二叠世末东吴运动影响，形成上、下两个构造层格局，同期活动北西向断裂（F_1）两侧表现明显具有差异，以西抬升剥蚀夷平缺失二叠系中统（局部甚至二叠系下统），含铝岩

段直接超覆于 P_2y、CPm 地层之上；东侧下降接受连续沉积，多次构造活动叠加，形成了区内复杂多变的构造形迹。

1. 褶皱

（1）铁厂向斜：位于铁厂矿段东部，为一不对称向斜，其轴线呈向南西弯曲弧形，轴长约 1650m，受 F_1 及 F_6 影响其南西翼发育不全，轴部出露地层 T_1y^2，两翼出露 T_1y 及 P_3w 等，向斜北东翼地层倾向 198°～223°，倾角 10°～32°，南西翼中部被 F_6 断层破坏而部分残缺，南西翼地层倾向 323°～35°，倾角 13°～30°。

（2）团山包单斜：主要分布 F_1 断层南西侧，为一倾向南西，倾角 16°～48°的单斜构造。

2. 断裂

矿区断裂构造以北西向为主，共有 9 条。矿区主要断裂 F_1：即铁厂断裂，位于矿区中部，是区域性董马—铁厂断裂南东段分支断裂，是矿区主断裂之一。该断裂地表出露大于 2070m，呈北西—南东向，断裂面倾向南西，倾角 65°。沿断裂走向微显舒缓波状弯曲，断裂破碎带宽 10～20m，其内构造角砾岩十分发育，并有方解石脉穿插。断层性质属压扭性复合逆断裂，吴家坪期前后均有活动迹象，据成矿岩相古地理特征分析，该断裂与成矿时的古海岸线大致吻合，控制着矿区海、陆分布及成矿、成岩沉积环境。其余断裂均属成矿后断裂，对矿区地层和矿体具有不同程度的破坏作用（图 5-6）。

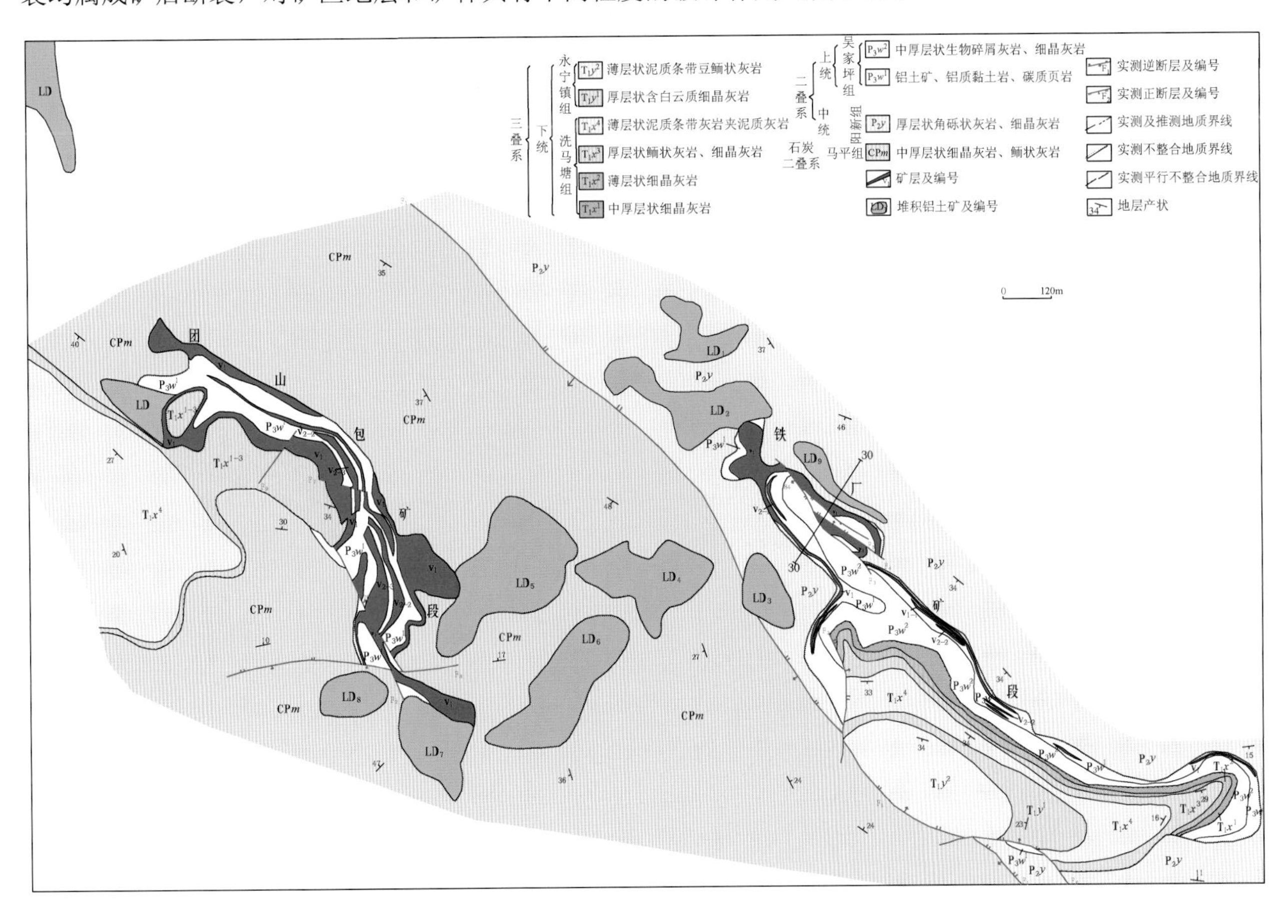

图 5-6 麻栗坡铁厂铝土矿矿区北部矿段地质简图（据云南文山铝业有限公司，2008 简略）

（三）含矿岩系

矿区含铝岩系为二叠系上统吴家坪组（P_3w），下部为含多层铝土矿细碎屑岩，上部为碳酸盐岩，为局限海台地及滨海—浅海碎屑岩、碳酸盐岩沉积的海进系列建造。该区含矿岩系可细分为 8 层（图 4-2），自上而下岩性变化特征，具体为。

上覆地层：三叠系下统洗马塘组（T_1x）白云质灰岩

---------假整合---------

（8）青灰、灰色灰岩，顶部呈灰红色角砾状，灰岩中含一水硬铝石鲕粒 1.19m

（7）青灰、灰色铝土矿层（V_3），下部具粒序层理，上部具斜层理	1.74m
（6）灰黑色生物碎屑灰岩夹碳质页岩，含蜓、有孔虫、介形虫、苔藓虫、绿藻等化石	36.18m
（5）深灰色含黄铁矿鲕状铝土矿层（V_2）	0.91m
（4）深灰色钙质砂岩夹灰岩及铝土矿	2.68m
（3）深灰、灰黑色碳质页岩与生物碎屑灰岩互层，含蜓、有孔虫化石	11.29m
（2）深灰色碳质铝土矿层（V_1），含黄铁矿	1.84m
（1）深灰色含有机质铝土岩与生物碎屑灰岩互层	4.87m

---------假整合---------

下伏地层：二叠系中统阳新组（P_2y）灰岩

（四）矿体、规模及品位变化

矿区矿体包括沉积型和堆积型2大类，分布在铁厂断裂（F_1）附近，由铁厂、团山包和黄家塘3个矿段，9个工业矿体组成（图5-6）。

1. 沉积型矿体

铁厂矿区4个主矿体特征描述如下。

（1）团山包V_1矿体：分布于含铝岩系底部，其底不整合超覆于CP*m*之上，呈层状产出。总体走向长1120m，宽90～280m，倾向延深180～230m，厚度0.43～6.18m，平均厚2.59m，厚度较稳定。矿体A/S值为5.90。矿石工业类型除原生矿为一水硬铝石中铁、高硫铝土矿外，其余均属一水硬铝石中铁、低硫铝土矿。

（2）团山包矿段V_{2-2}矿体：呈层状单斜产出，产状232°∠40°，走向长760m，倾向延深50～200m，厚度0.39～14.90m，平均厚3.54m。假鲕状、碎屑状一水硬铝石原生带矿石为灰黑色黄铁矿有机质假鲕状铝土矿或铝土岩。主要组分Al_2O_3含量40.48%～66.60%，平均57.74%；SiO_2含量4.32%～18.37%，平均10.01%；A/S值5.77；Fe_2O_3含量5.93%～21.56%，平均13.10%；S含量0.02%～5.90%，平均0.60%。工业矿石在氧化带中均为一水硬铝石中铁、低硫矿石的Ⅴ、Ⅵ级品。

（3）团山包矿段V_3矿体：产于含铝岩系顶部，呈单斜层状产出，产状223°∠19°，走向长550m，倾向延深160m，厚度0.71～1.96m，平均厚1.35m，厚度稳定。由假鲕状一水硬铝石矿石组成，致密块状，偶有硅质条纹或条带，普遍含星点状细粒黄铁矿，含量30%～35%，风化后呈黄褐色，顶部具交错纹层构造（图版Ⅰ—G）。矿体主要组分Al_2O_3含量47.09%～59.29%，平均55.80%；SiO_2含量14.26%；A/S值3.91；Fe_2O_3含量6.63%～17.77%，平均10.45%；S含量0.02%～4.98%，平均1.68%，各组分含量比较均匀。属一水硬铝石中铁、高硫铝土矿石。

（4）铁厂V_1矿体：呈层状产出（图5-7），产状226°∠42°，走向长度930m，倾向延深110～190m。厚度0.55～10.88m，平均厚度2.69m。矿体Al_2O_3含量41.20%～68.36%，平均56.55%；SiO_2含量5.63%～16.89%，平均11.28%；Fe_2O_3含量1.64%～21.82%，平均10.74%；S含量0.09%～12.91%，平均3.08%；A/S值5.01。属一水硬铝石中铁、中硫铝土矿。

其余矿体仅局部呈透镜状断续出现。

2. 堆积型矿体

堆积型矿体主要分布于铁厂和团山包矿段之间的交接部位及黄家塘矿段，矿体堆积类型均为残—坡积型，具大小不一，厚薄不等，形态不规则，分布呈零星片状等特征（图5-6）。

（五）矿石类型、矿物组合及结构构造

1. 矿石自然类型

矿区沉积型铝土矿矿石总属一水硬铝石铝土矿类，按矿石结构构造可进一步分为一水硬铝石—（假）鲕状碎屑状铝土矿石、一水硬铝石土状铝土矿石、黄铁矿一水硬铝石（假）鲕状碎屑状矿石、黄铁矿一水

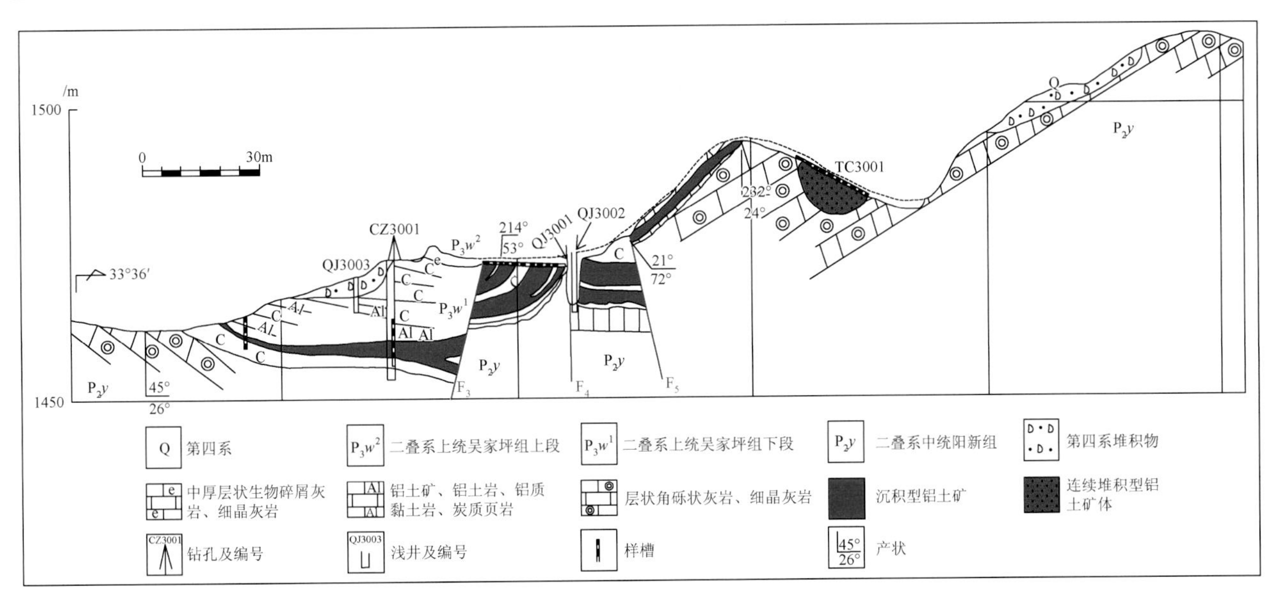

图 5-7　麻栗坡铁厂铝土矿 30 号勘探线剖面图

硬铝石致密块状矿石 4 类；堆积型矿矿石自然类型主要为一水硬铝石—（假）鲕状碎屑状铝土矿石（图版Ⅰ—H）。

2. 矿石工业类型和品级

矿区沉积型铝土矿石工业类型也分为 4 类：①一水硬铝石中铁、高硫矿石（V_1、V_2 矿层原生带矿石）；②一水硬铝石中铁、低硫矿石（V_1、V_2 矿层氧化带矿石）；③一水硬铝石高铁、高硫矿石（V_3 原生带矿石）；④一水硬铝石高铁、低硫矿石（V_3 氧化带的矿石）。前两类 Al_2O_3 含量和 A/S 值均在Ⅳ-Ⅴ级品之列；V_3 矿石不论原生矿石或氧化矿石，均属Ⅵ级品。堆积型铝土矿石工业类型属高铁、低硫型铝土矿。主要组分含量统计结果显示，铁厂、团山包两矿段堆积型矿石属Ⅴ-Ⅶ级品，黄家塘矿段则以Ⅶ级品为主。

3. 矿石结构构造

沉积型铝土矿层原生带矿石结构有假鲕状结构、碎屑结构、鲕状结构等；氧化带中矿石结构，除部分保留有原生带矿石一些结构特点外，还有鳞片粒状镶嵌结构、砂状结构等。矿石构造主要有块状、纹层状、条带状、砾状、角砾状等，其中以块状为主。

堆积型铝土矿矿石结构构造与沉积型类似，包括假鲕状、鲕状、碎屑结构。矿石构造主要由块状、条纹状、条带状及砾状构造。

（六）矿石化学组成及共伴生有用元素

1. 矿石主要化学组分

铁厂铝土矿矿石矿物单一，主要为一水硬铝石和铝凝胶，脉石矿物主要为方解石、黄铁矿、褐铁矿、赤铁矿、高岭石等。矿石主要化学组分 Al_2O_3 含量为 40.84%～73.47%，平均 57.58%；SiO_2 含量 3.92%～20.35%，平均 10.91%；Fe_2O_3 含量 1.64%～30%，平均 11.32%；A/S 比值 3.14～5.90，平均 5.28；伴生有益组分主要为镓，呈类质同象存在于一水硬铝石中。有害元素硫含量较高为 0.02%～12.91%，但随着矿床的氧化，S 大量淋失，矿石质量显著提高。

2. 矿石主要组分赋存状态

Al_2O_3：主要赋存于一水硬铝石、铝凝胶、叶蜡石和高岭土中，其中在一水硬铝石中的占 88%以上。

SiO_2：主要赋存在叶蜡石、高岭石、伊利石、蒙脱石中，以前二者为主。团山包 V_3 矿体的 SiO_2，部分来自矿层中的硅质条带。

Fe_2O_3：赋存于矿石中针铁矿、赤铁矿、褐铁矿、氧化铁质和绿泥石内，以针铁矿为主。

S：是矿石中主要有害组分，存在于黄铁矿中。随着矿床的氧化，S 大量淋失，矿石质量显著提高。

镓（Ga）：为矿床中主要的伴生矿产，主要呈类质同象存在一水硬铝石中。铝土矿伴生镓品位堆积型为 0.0089%，沉积型为 0.0045%～0.0095%，均已达工业要求。查明 333 类镓金属量 310.35t，334（？）类镓金属量 608.54t。

五、丘北大铁铝土矿

丘北大铁铝土矿位于丘北县城 258°方向，平距约 34km（图版Ⅰ—D），属典型的晚二叠世赋存在龙潭组的“铁厂式”沉积型矿并伴有更新世“卖酒坪式”堆积型的大型铝土矿（图版Ⅰ—E）。

截至 2012 年，云南省有色地质局在该矿区累计探获 332 + 333 类沉积型 + 堆积型铝土矿资源量 6843 万 t，其中堆积型 409.39 万 t，伴生镓金属量 4941.6t，平均品位 0.00696%。

（一）矿区地层

矿区出露地层有泥盆系（D）、石炭系（C）、二叠系（P）、三叠系（T）和第四系（Q）（图 5-8）。泥盆

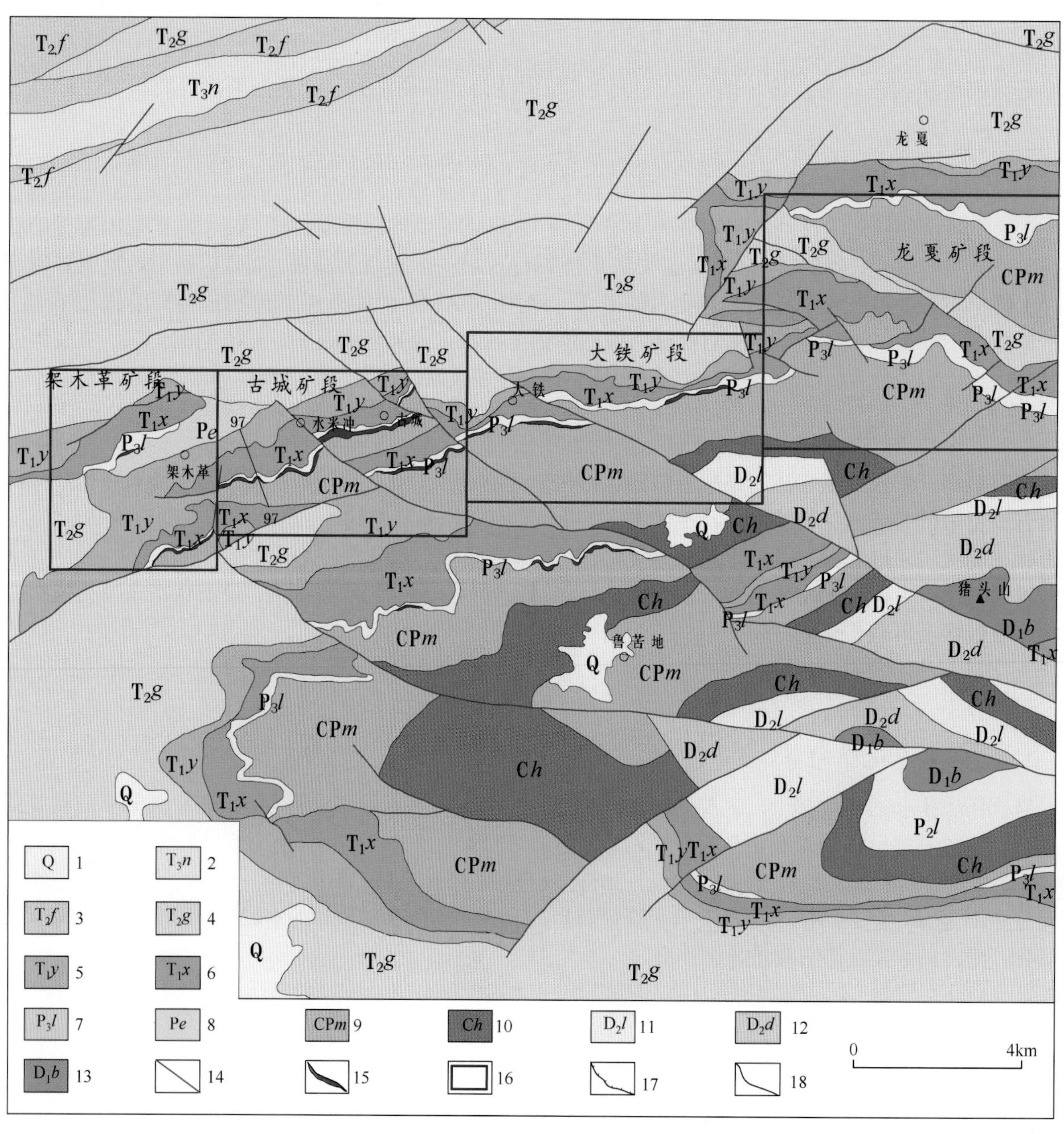

图 5-8　云南丘北县大铁铝土矿矿区地质图（据云南省有色地质局，2012）

1. 第四系；2. 鸟格组；3. 法郎组；4. 个旧组；5. 永宁镇组；6. 洗马塘组；7. 龙潭组；8. 峨眉山组；9. 马平组；10. 黄龙组；11. 榴江组；12. 东岗岭组；13. 芭蕉箐租；14. 断裂；15. 铝土矿体；16. 矿段；17. 角度不整合界线；18. 地质界线

系和石炭系为海相碳酸盐岩，以灰岩、生物碎屑灰岩为主；二叠系上统龙潭组（P_3l）为本区主要含矿层位，为一套海陆交互相沉积，下部由铝土矿、铁铝质岩、铝质黏土以及煤线、硅质岩构成，上部为灰岩、生物碎屑灰岩；二叠系峨眉山玄武岩组（Pe）以玄武岩为主，局部夹火山碎屑岩；三叠系以海相碎屑岩为主，夹海相碳酸盐岩。

二叠系龙潭组（P_3l）为丘北地区主要的铝土矿含矿层。围绕猪头山复式背斜两侧均有较广分布，上段（P_3l^2）为深灰、浅灰、灰白色硅质岩夹泥页、粉砂岩，厚度 5.2～28.9m。下段（P_3l^1）上部为灰色、深灰色薄至中层状黏土岩夹煤层（图版Ⅳ—A）、或碳质页岩层；中部为青灰色、灰白色、褐红色、黑色等杂色铝土岩（图版Ⅳ—D），鲕状、致密块状、土状铝土矿和铁铝岩（图版Ⅳ—B）；底部为灰色、黄色、紫色黏土层，局部铁矿岩（图版Ⅳ—C）。古生物化石以腕足类、瓣鳃类为主。与下伏玄武岩或灰岩呈不整合接触，厚度 2.6～68.5m。详见大铁铝土矿区矿层综合柱状图（图 4-3）。

（二）矿区构造

矿区位于猪头山复式背斜北翼，矿区及其周边的山地，断裂构造极其发育，东西向的倾伏背斜，多被不同规模、不同性质的断裂切割为若干断块，使其失去了原有构造轮廓，但其含矿层二叠系龙潭组、上覆三叠系洗马塘组和下伏石炭二叠系地层总体还是表现为一个倾向北西的单斜层。

矿区断裂构造发育，主要有北西向、近东西向、北东向三组断裂构造，其中北西向、近东西向断裂规模较大，猪头山背斜位于矿区中部，为一轴线近东西向的宽缓背斜构造，走向延伸约 40km，背斜轴部位于猪头山—马革一带，核部出露最老地层为下泥盆统泥灰岩及石炭二叠系灰岩，两翼地层倾角均缓，多为25°～45°。二叠系上统含铝土矿、含煤岩系分布于背斜构造的两翼，并与背斜核部的下泥盆统泥灰岩及石炭二叠系灰岩呈现明显的不整合接触关系。该背斜构造由东向西延伸至架木格一带，即倾伏消失。现已知的铝土矿点，均围绕该背斜两翼分布。背斜构造的北翼为架木格—水米冲—古城—大铁—革书铝土矿带，核部及南翼西段则形成地白—席子塘—清香树—飞尺角—飞车一线的铝土矿带（飞尺角矿区）。南翼东段为白色姑—树皮铝土矿带（图 5-8）。

（三）含矿岩系

大铁沉积型铝土矿赋存于石炭二叠纪古侵蚀面之上的二叠系上统龙潭组地层内，上覆地层为三叠系下统洗马塘组紫红色黄绿色泥页岩、砂质泥岩，与龙潭组呈整合接触。下伏地层为二叠系玄武岩或石炭二叠系灰岩，与含矿层呈不整合接触。该区含矿岩系厚度受古基底溶蚀地貌的控制，基底低凹处厚度大，凸起处薄，但总体含矿层厚度变化不大。据钻探工程揭露显示，基底为玄武岩的矿体较薄，矿化也相对较弱，而基底为灰岩的矿体则厚，沉积洼地矿化体厚达 40m（图 5-9）。该区含矿岩系二叠系上统龙潭组自上而下岩性变化特征为（图 4-3）。

上覆地层：三叠系下统洗马塘组（T_1x）白云质灰岩

整合————————

龙潭组按照岩性可划分为上、下两个岩性段，分别为：

上段（P_3l^2）：灰色、深灰色薄至中层状硅质岩，局部为深灰色细晶中厚层状硅质灰岩，岩石节理裂隙发育，地表多风化成碎块状。厚度 0～55.7m，在与下段接触部位，见有 0～4m 厚的黑色煤层（线）

下段（P_3l^1）：沉积型铝土矿含矿岩系，自下而上具典型的铁—铝组合，岩性可分为：

（3）紫红色、灰白色硅铝岩，主要为泥质结构，少量鲕状结构，薄至中层状构造，层厚大多 2～10cm，主要成分为三氧化二铝、二氧化硅。厚度 0～2.0m 不等，多数地段缺失

（2）灰色、浅灰色铝土矿，主要为泥质结构、团粒状，少量鲕粒状结构，经岩矿鉴定，主要成分为一水硬铝石，很少量三水铝石。一水硬铝石，三水铝石混杂分布，粒度大小不等，表面常被泥质浸染而显不同程度浑浊，局部受应力作用呈碎粒状。黑色隐晶质铁—碳泥质不均匀充填于三水铝石、硬水铝石粒间，总体呈弯曲断续线状聚集分布，具轻微交错层理，褐色隐晶质铁泥质主要沿微裂隙充填。薄至中层状构造，单层厚大多 2～20cm，局部呈块状构造。厚度 0～17.83m

（1）灰绿色、紫红色铁铝岩，泥质结构，块状构造，赤铁矿化较强，单层厚 5～20cm。厚度 0～10.86m

----------------假整合----------------

下伏地层：石炭二叠系马平组（CP*m*）灰色浅灰色厚层状灰岩、生物碎屑灰岩，含珊瑚类、介壳类、腕足类、海百合茎类化石。厚 195～350m

大铁堆积型铝土矿含矿岩系为第四系。矿区第四系含矿富厚部位，以龙潭组地层形成的残坡积、残积层为中心，呈半环形展布，向外随着含矿率逐步降低，矿体厚度逐渐变薄以至消失。第四系堆积物主要由褐红色、褐黄色砂质黏土、腐殖土、铝土矿块、矿屑、矿粉、褐铁矿块、岩块组成，矿块、岩块具棱角状，形态极不规则，不均匀嵌布于残坡积层、残积层中，冲洪积层一般不含矿块、岩块，表明矿块、岩块脱离母体搬运距离不远。

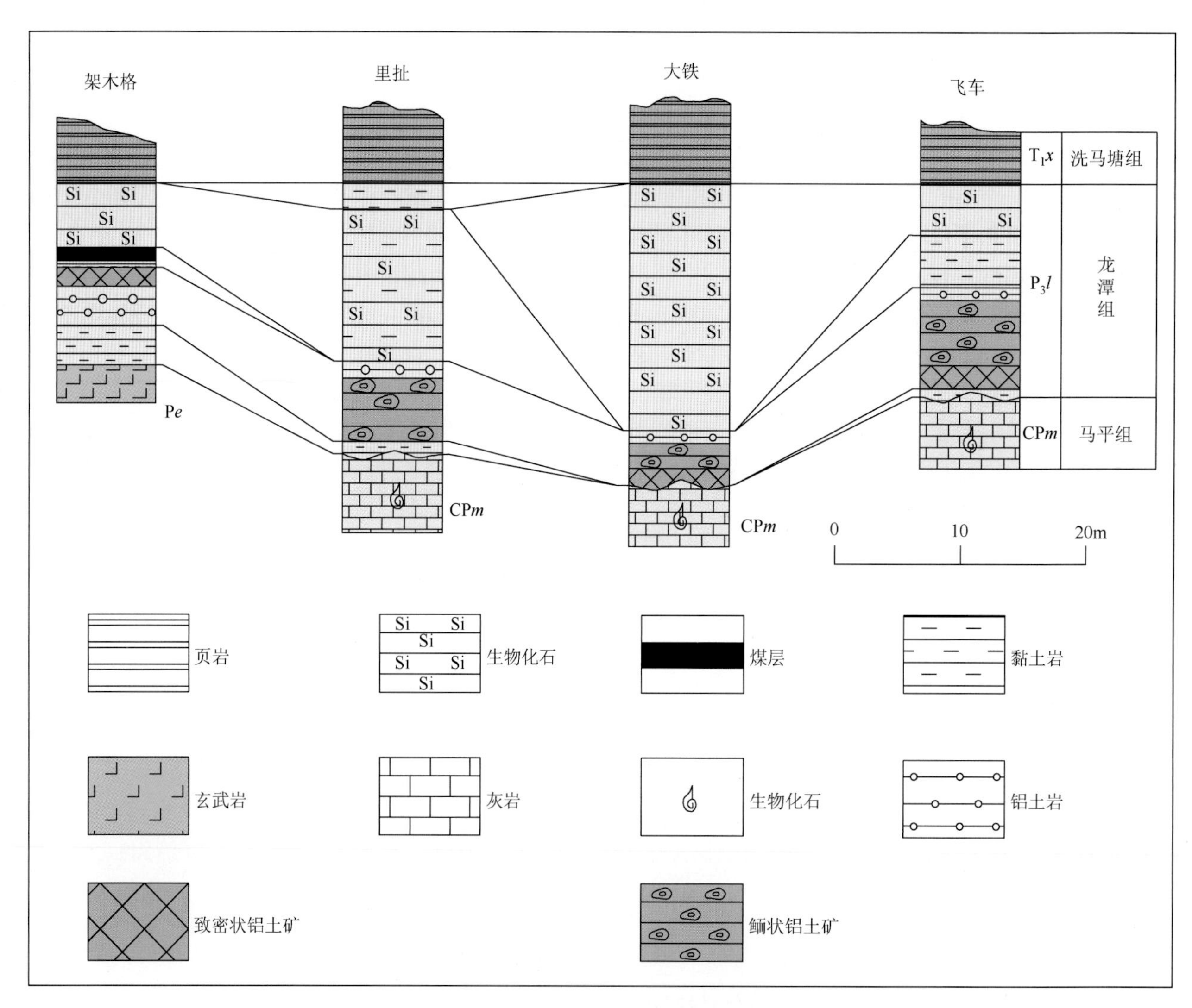

图 5-9　丘北县大铁铝土矿钻孔柱状对比图

（四）矿体、规模及品位变化

矿区矿体沿猪头山背斜北西翼呈层状、似层状断续产出，断续延伸约 25km，矿体由西向东依次划分为架木格（JC）、古城（GC）、大铁（DC）和龙戛（LC）4 个矿段（图 5-8）。其中，沉积型铝土矿体有 19 个，堆积型铝土矿体有 16 个。

1. 沉积型铝土矿体

大铁矿区 4 个矿段共圈出原生沉积型铝土矿体 19 个。其中规模较大的沉积矿体集中分布在古城矿段，而又以 GC Ⅰ 号矿体和 GCⅢ号矿体规模较大，其他矿体规模则稍小（表 5-1、图 5-10）。

表 5-1　丘北大铁矿区沉积型铝土矿矿体特征表

矿段	矿体号	Ⅰ类矿体（Al_2O_3≥40%）				Ⅱ类矿体（Al_2O_3≥35%）			
		长度/m	厚度/m	品位		长度/m	厚度/m	品位	
				Al_2O_3/%	A/S 值			Al_2O_3/%	A/S 值
古城	GCⅠ	2450	6.9	43.5	4.5	2450	14.8	39.3	3.5
	GCⅡ	350	2.7	42.5	4.6	580	3.4	37.6	2.6
	GCⅢ	2350	4.2	43.2	5.7	2350	7.9	39.6	4.7
	GCⅣ					700	3.7	37.0	3.5
	GCⅤ	1300	2.8	50.4	5.1	1450	3.2	47.0	4.1
	GCⅥ	300	3.6	41.0	4.9	300	4.9	38.6	3.2
	GCⅦ					400	10.8	36.9	3.6
架木格	JCⅠ					160	1.9	37.82	1.68
	JCⅡ	200	2.2	43.73	1.81	200	3.1	42.99	1.70
	JCⅢ	180	3.2	43.75	3.43	440	1.9	40.74	1.93
	JCⅣ	750	3.0	42.30	3.65	1200	3.3	40.82	2.93
大铁	DCⅠ	350	3.7	55.65	3.87	350	6.8	48.35	2.61
	DCⅡ	130	1.7	51.72	2.00	130	1.7	51.72	2.00
	DCⅢ	80	2.3	46.04	2.15	80	2.3	46.04	2.15
	DCⅣ	150	2.3	47.91	2.03	150	2.4	44.72	1.66
	DCⅤ	320	2.3	51.66	3.02	320	2.3	51.66	3.02
	DCⅥ	120	1.3	49.94	2.12	120	4.2	42.70	1.61
龙戛	LCⅠ	350	2.1	54.44	5.34	350	2.1	54.44	5.34
	LCⅡ	160	2.3	43.60	2.94	160	2.7	42.79	2.75

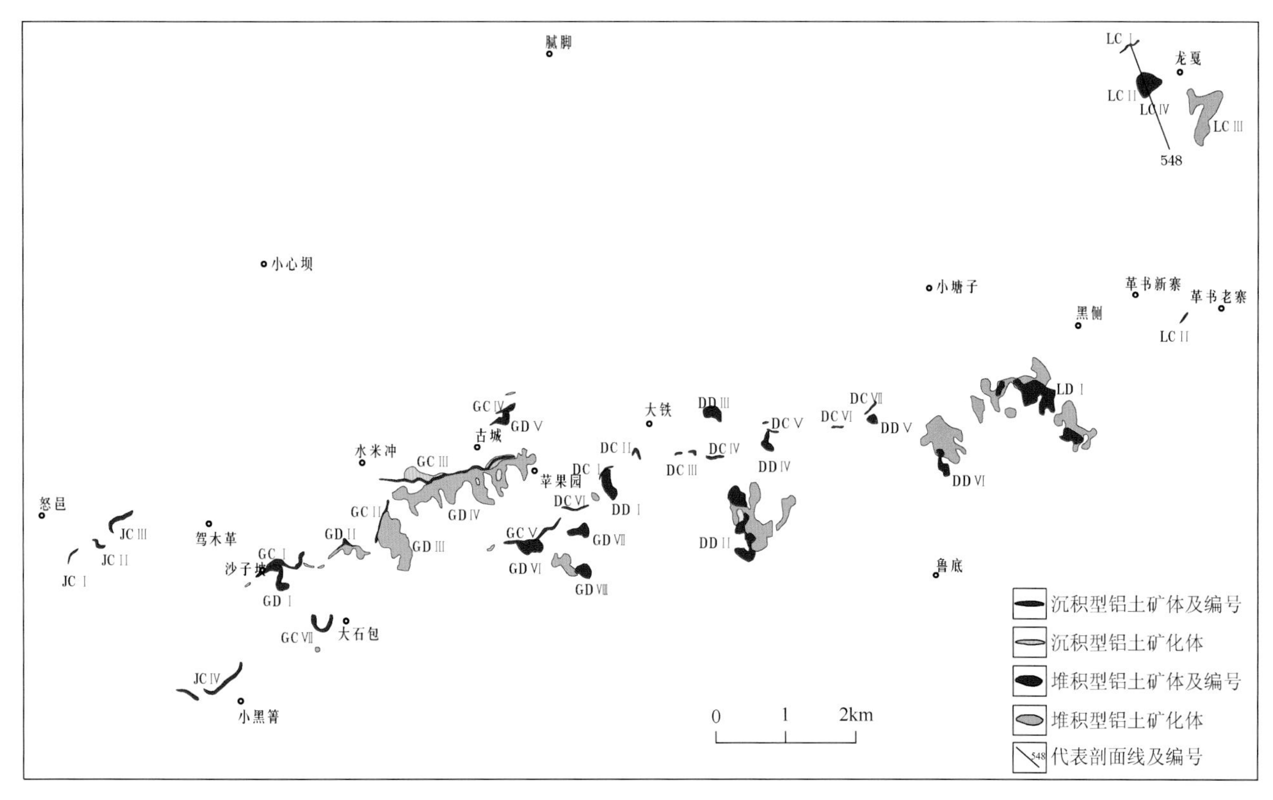

图 5-10　丘北县大铁铝土矿矿体分布平面图

GCⅠ号矿体：走向北东东，从架木格经沙子坡延伸至水米冲，控制矿体长 2450m，矿体规模属大型，产状总体与地层总体产状一致，倾向北北西，倾角 6°～38°，个别达 42°。地表按 100m 左右间距采用探槽、剥土工程进行了系统控制，大部分工程见矿。矿体延深采用钻探工程按 140m×140m 网度进行控制，沿延深方向施工 2 至 3 排钻孔，局部 4 排钻孔，基本查明了矿体的延深变化情况。矿体呈厚层状，局部透镜状，形态总体变化程度简单(图 5-11)。矿体地表出露最高标高为 2070m，最低标高为 1900m，，相对高差为 170m。矿体平均厚度 14.80m，Al_2O_3 平均品位 40.27%。A/S 比值平均 3.46。

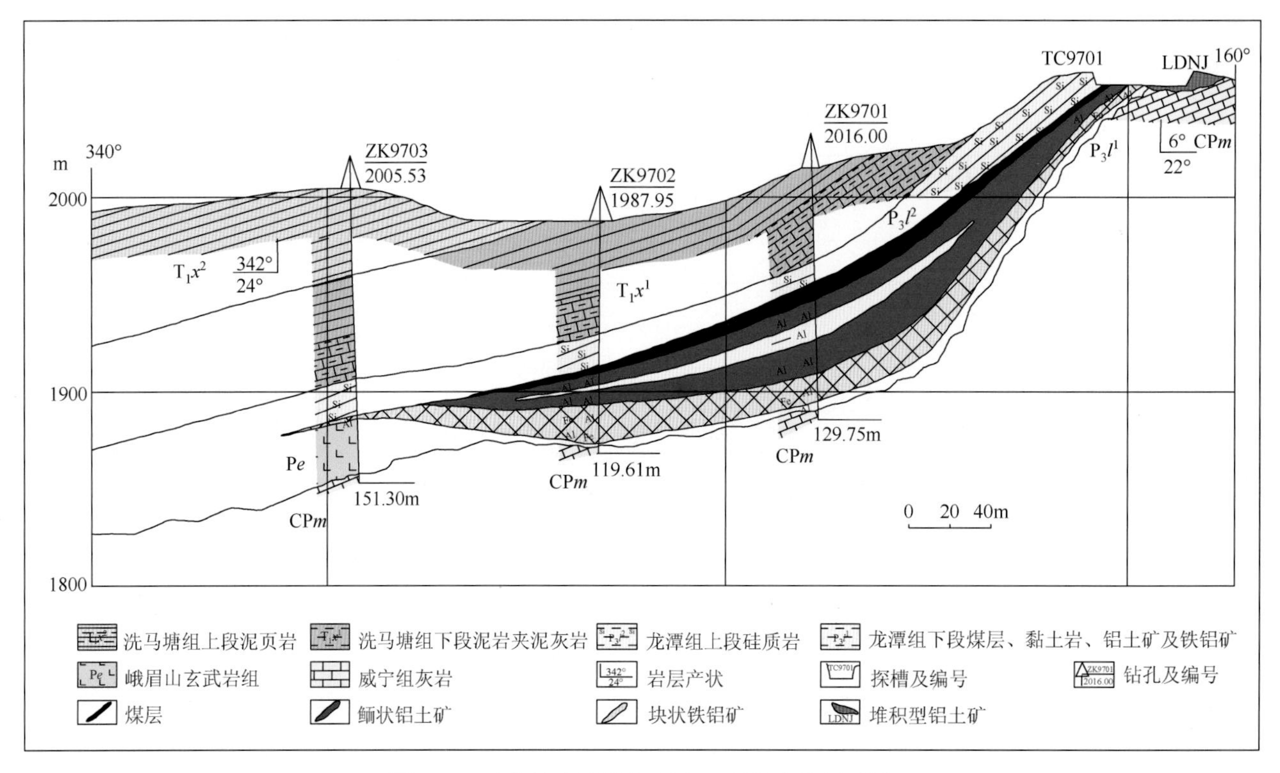

图 5-11　丘北县大铁铝土矿区 97 号勘探线剖面图

GCⅢ号矿体：走向北东，从水米冲延伸至古城，控制矿体长 2350m，矿体规模属大型，产状总体与地层总体产状一致，倾向北西，倾角 11°～38°，个别达 55°。地表按 100m 左右间距用探槽、剥土工程进行了系统控制，大部分工程见矿。矿体延深采用钻探工程按 140m×140m 网度进行了初步控制，延深方向施工了 1 至 3 排钻孔，基本查明了矿体的延深变化情况。矿体呈层状，局部似层状、形态总体变化程度简单。矿体出露最低标高为 1960m，最高标高为 2146m，地表相对高差为 186m。矿体平均厚度 7.90m，Al_2O_3 平均品位 39.60%。A/S 比值平均 4.70。

2. 堆积型铝土矿体

该类型矿体基本裸露地表，赋存于第四系残积、残坡积层中，呈面型展布，位于石炭二叠系马平组古岩溶侵蚀面上。堆积型铝土矿主要位于古城、大铁和龙戛三个矿段。据工程控制，大铁矿区共圈出堆积型铝土矿体 16 个。其中规模较大的堆积矿体为古城矿段 GDⅣ号矿体和龙戛矿段 LDⅠ号矿体，其他矿体规模相对较小（表 5-2）。主矿体特征详述如下。

表 5-2　丘北大铁矿区堆积型铝土矿矿体特征

矿段	矿体号	Ⅰ类矿体						Ⅱ类矿体					
		长度/m	宽度/m	厚度/m	品位		矿体含矿率/(kg/m³)	长度/m	宽度/m	厚度/m	品位		矿体含矿率/(kg/m³)
					Al_2O_3/%	A/S 值					Al_2O_3/%	A/S 值	
古城	GDⅠ	300	200	3.28	49.48	5.02	490.08	450	380	3.82	50.30	5.97	621.68
	GDⅡ							200	150	3.40	38.92	2.34	890.74
	GDⅢ							780	370	6.41	36.94	3.26	363.40
	GDⅣ							2450	350	5.28	35.68	2.68	510.30
	GDⅥ	100	120	3.20	40.77	2.08	876.98	450	150	7.47	38.88	1.72	627.60

续表

矿段	矿体号	Ⅰ类矿体						Ⅱ类矿体					
		长度/m	宽度/m	厚度/m	品位		矿体含矿率/(kg/m³)	长度/m	宽度/m	厚度/m	品位		矿体含矿率/(kg/m³)
					Al_2O_3/%	A/S 值					Al_2O_3/%	A/S 值	
古城	GDⅦ	350	150	4.69	46.30	4.66	638.18	380	180	4.69	49.15	5.84	417.05
	GDⅧ	240	180	9.08	46.22	4.02	419.21	650	200	7.71	43.55	2.87	474.24
大铁	DDⅠ	400	100	4.96	46.11	6.34	458.62	400	100	3.76	47.85	7.83	450.96
	DDⅡ	800	300	6.16	47.47	4.64	359.48	1000	680	5.69	43.42	3.48	338.96
	DDⅢ							200	180	2.67	39.15	2.50	331.20
	DDⅣ	220	200	4.57	52.62	4.23	260.34	220	200	4.57	52.62	4.23	260.34
	DDⅤ							150	100	3.00	38.55	2.05	394.24
	DDⅥ	300	150	5.04	45.80	3.83	365.32	800	420	5.60	41.14	2.80	334.91
龙戛	LDⅠ	850	360	6.07	44.20	4.32	467.71	1820	600	5.37	43.35	4.30	393.67
	LDⅡ	400	300	4.13	45.74	3.26	316.47	400	300	4.90	44.64	3.53	261.82
	LDⅢ							200	100	1.75	36.56	3.25	301.69

GDⅣ号矿体：为矿区规模最大堆积型矿体，分布于古城矿段古城村南。该矿体赋存标高为 1945～2118m，相对高差为 173m。矿体纵向长 2450m，横向宽 180～430m，平均 350m，矿体累计出露面积 1.16km²，矿体规模为中型。矿体呈条状，其产状随地形起伏而变化，在纵横剖面上呈平缓、微倾斜、缓倾斜产出，显舒缓波状特点，与第四系产出形态和谐一致，矿体形态较为简单。矿体厚度为 1.2～20.2m，平均厚度 5.28m，Al_2O_3 平均品位 35.68%，A/S 比值为 2.68，含矿率为 510.30kg/m³。

LDⅠ号矿体：为矿区品位最富矿体，分布于龙戛矿段黑则村南。该矿体赋存标高为 1985～2050m，相对高差为 65m。矿体纵向长 1820m，横向宽 180～650m，平均 600m，矿体累计出露面积 0.73km²，矿体规模为小型。矿体呈饼状，矿体纵横长度比 1∶2，其产状依然随地形起伏而变化，在纵横剖面上呈平缓、微倾斜、缓倾斜产出，也与第四系产出形态一致（图 5-12），矿体形态比较简单。矿体厚度为 1.00～11.30m，平均厚度 5.37m，矿体 Al_2O_3 平均品位 43.35%，A/S 比值为 4.30。含矿率为 200.63～1004.75kg/m³，平均含矿率为 393.67kg/m³。

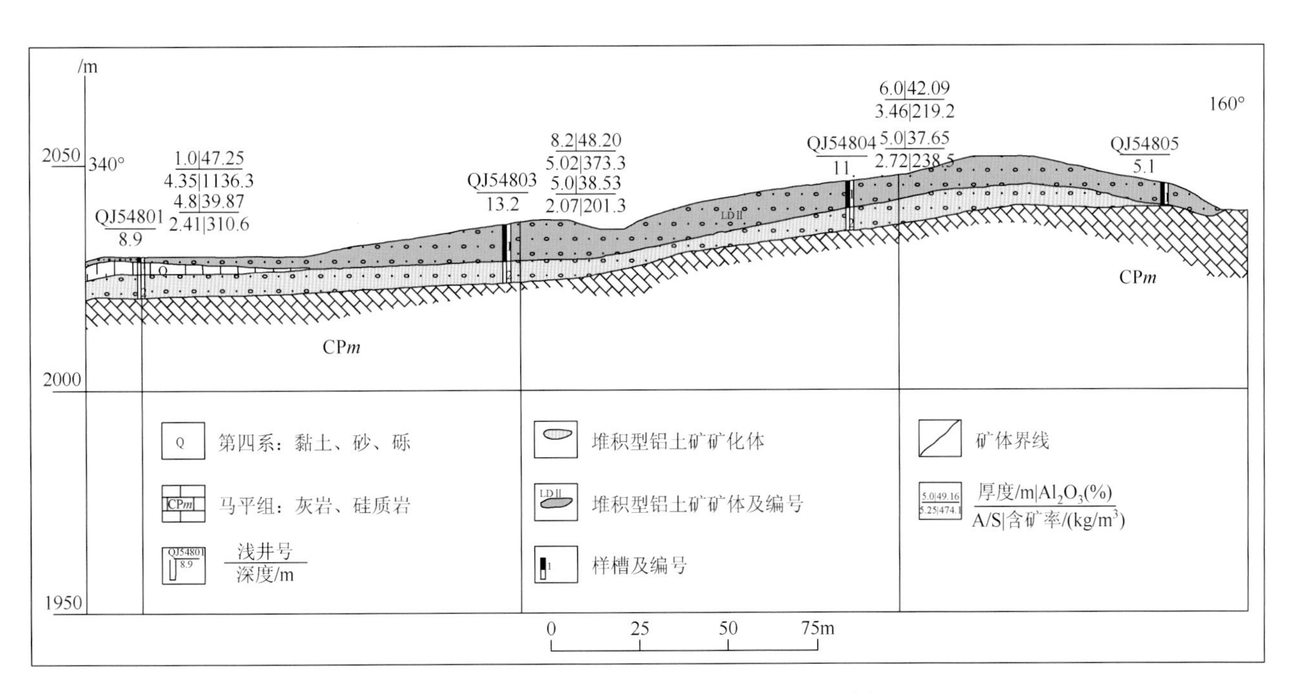

图 5-12　丘北县大铁铝土矿区 LDⅡ548 号勘探线剖面图

（五）矿石类型、矿物组合及结构构造

1. 矿石类型

矿区矿石类型主要有以下 3 类。

鲕状铝土矿：矿石呈褐黄色、紫红色、少数黑色，具砂屑结构、鲕状构造。矿石主要由粒径为 0.06～0.5mm 的砂屑状一水硬铝石（占 45%左右）、砂屑状一水软铝石（占 15%左右）和胶结物（占 35%～40%）等组成。其中，砂屑状一水硬铝石主要由微晶一水硬铝石和部分铁泥质组成；砂屑状一水软铝石主要由泥晶一水软铝石和少量铁泥质组成，其分布不均匀，砂屑呈次圆状。胶结物由铁泥质和部分一水软铝石、锐钛矿等组成，呈孔隙—基底式胶结。主要矿物含量一水硬铝石占 45%，一水软铝石占 15%～20%，铁泥质占 30%，锐钛矿占 3%～5%。

块状铝土矿：矿石为灰绿色、灰白色、暗紫色。呈泥晶结构，块状构造。岩石主要由粒径＜0.004～0.03mm 的泥—微晶一水硬铝石和部分铁泥质、赤铁矿等组成。铁泥质沿部分一水硬铝石表面浸染。赤铁矿呈不规则纹层状富集。矿物含量一水硬铝石 70%，铁泥质 5%，赤铁矿 25%。锐钛矿 3%。

致密块状铁铝矿：矿石为褐红色、紫红色。呈微晶结构、致密块状构造（图版Ⅳ—C）。岩石主要由粒径＜0.004～0.02mm 大小的泥—微晶一水硬铝石、部分铁泥质和赤铁矿等组成。铁泥质不均匀的沿一水硬铝石表面浸染，赤铁矿与一水硬铝石呈不均匀的混杂产出。矿物含量一水硬铝石 60%，铁泥质 5%～10%，赤铁矿 30%。

大铁铝土矿矿石工业类型属富钛高铁低硫低品位矿石。

本区矿物组合和化学成分比较简单，三氧化二铝含量偏低、二氧化硅含量稍高，A/S 值偏低，属富钛高铁一水硬铝石型铝土矿。硫、磷含量较低。

2. 矿石物质组分

经光、薄片鉴定、化学分析、X-射线衍射分析、人工重砂分析等方法分析，显示矿石中有氧化物、碳酸盐、硅酸盐、硫化物四类共 13 种矿物存在，其中氧化物占 73.09%，硅酸盐占 26.55%，其他量少。矿物成分和嵌布粒度见表 5-3。

表 5-3　丘北地区铝土矿矿物成分和嵌布粒度表

类型	矿物名称	分子式	粒度/mm	含量%±
氧化物及氢氧化物	石英	SiO_2	0.1～0.2	0.5
	玉髓	SiO_2	0.01～0.003	1
	赤铁矿	Fe_2O_3	0.08～0.5，最小＜0.005	13.04
	磁铁矿	$FeFe_2O_4$	0.1～0.3	少
	锐钛矿	TiO_2	/	6.80
	金红石	TiO_2	0.03～0.05	偶见
	褐铁矿	FeOOH	0.005～0.3 最小＜0.001	12.74
	针铁矿	FeOOH	0.02～0.1	偶见
	硬水铝石	AlOOH	0.03～0.2	39.01
碳酸盐	白云石	$CaMg[CO_3]_2$	0.1～0.2	0.17
硅酸盐	高岭石	$Al_4[Si_4O_{10}](OH)_8$	0.005～0.1，最小＜0.001	26.55
硫化物	黄铁矿	FeS_2	0.02～0.1	少
	闪锌矿	ZnS	0.02～0.05	偶见
合计	/	/	/	99.81

3. 矿石结构构造

常见矿石构造有：①浸染状构造：矿石中铁质均匀—不均匀浸染矿石（图版Ⅳ—Q）。②多孔状构造：矿石中不易溶的矿物或难溶组分形成骨架，构成不规则的多孔状（图版Ⅳ—R）。③脉状—浸染状构造：矿石中褐铁矿、赤铁矿成分混杂，呈脉状—浸染状（图版Ⅳ—S）。④带状构造：矿石中铁质、黏土矿物呈条带状产出（图版Ⅳ—T）。其中，浸染状构造和多孔状构造为矿石主要构造。

常见矿石结构有：①隐—微晶结构：矿石中锐钛矿、高岭石、玉髓等呈隐—微晶集合体产出（图版Ⅳ—U）。②鲕状结构：矿石中硬水铝石呈鲕粒状嵌布（图版Ⅳ—E，图版Ⅳ—K和图版Ⅳ—P）。③半自形—他形粒状结构：矿石中硬水铝石、高岭石呈半自形板柱状—他形粒状（图版Ⅳ—V）。④包含结构：矿石中赤铁矿与褐铁矿相互包裹（图版Ⅳ—W）。⑤假象结构：矿石中褐铁矿呈黄铁矿（或磁铁矿）假象状（图版Ⅳ—X）。以上结构中以隐—微晶结构和鲕状结构为矿石的主要结构。

（六）矿石化学组成及共伴生有用元素

主量元素分析结果显示Al_2O_3、SiO_2、Fe_2O_3占总量的82.78%，其中Al_2O_3平均品位48.46%；$SiO_2$17.02%；Fe_2O_3 17.30%；A/S比值2.85。有害杂质MgO + CaO含量0.132%，低于允许含量1.5%的11.36倍；S含量0.033%，低于允许含量0.3%；P_2O_5最高含量0.11%，低于允许含量0.6%；CO_2含量为0.06；Ga含量为0.00357%。矿区矿石总体具有Al_2O_3品位及铝硅比偏低，矿石质量相对较好，有害杂质较低的特点；有害组分P_2O_5、S、CaO、MgO含量较低，均在规范允许含量范围之内（表5-4）。

大铁铝土矿主要共伴生煤、铁和钛等矿产。煤属无烟煤，经钻孔揭露，煤层厚0.5～4.9m，一般0.8～2.1m，为薄层—透镜状煤层；铁矿为赤铁矿和褐铁矿；钛矿为锐钛矿。伴生元素主要由镓、铌和铈。化学分析结果显示，伴生的分散元素镓基本都达到工业指标边界品位；稀有元素铌和轻稀土元素铈均达工业指标边界品位，综合利用价值极大（表5-5）。

表5-4　丘北县大铁铝土矿区有害元素含量表

样品编号	硫（S）/10^{-2}	五氧化二磷（P_2O_5）/10^{-2}	氧化钙（CaO）/10^{-2}	氧化镁（MgO）/10^{-2}
HQ1	0.02	0.35	0.33	0.06
HQ2	0.04	0.23	0.65	0.13
HQ3	0.03	0.17	0.63	0.20
HQ4	0.02	0.43	0.39	0.09
HQ5	0.04	0.19	0.07	0.09
HQ6	0.04	0.12	0.49	0.13
HQ7	0.05	0.20	0.073	0.08
HQ8	0.03	0.19	0.11	0.13
HQ9	0.02	0.11	0.29	0.11
HQ10	0.02	0.082	0.17	0.16
平均	0.03	0.21	0.32	0.12

表5-5　丘北县大铁铝土矿稀有、稀土、分散元素分析结果表

样品编号	镓（Ga）/10^{-6}		五氧化二铌（Nb_2O_5）/10^{-2}		铈（Ce）/10^{-6}		分析编号
	分析结果	边界品位	分析结果	边界品位	分析结果	边界品位	
HQ1	54.5	20～100	0.013	0.008～0.01	617	500～1000	11C1280001
HQ2	56.8		0.016		403		11C1280002
HQ3	57.9		0.013		409		11C1280003
HQ4	54.2		0.014		498		11C1280004
HQ5	110		0.012		193		11C1280006
HQ6	65.5		0.01		207		11C1280007

续表

样品编号	镓（Ga）/10^{-6}		五氧化二铌（Nb_2O_5）/10^{-2}		铈（Ce）/10^{-6}		分析编号
	分析结果	边界品位	分析结果	边界品位	分析结果	边界品位	
HQ7	66.1	20～100	0.011	0.008～0.01	647	500～1000	11C1280008
HQ8	61.1		0.013		268		11C1280009
HQ9	77.9		0.02		468		11C1280010
HQ10	69.6		0.016		656		11C1280011

六、会泽朱家村铝土矿

会泽朱家村铝土矿位于会泽县新街公社朱家村 135°方向，平距约 1200m 处，铝土矿赋存于晚二叠世宣威组含铝岩系中，属典型的“朱家村式”沉积型铝土矿。

（一）矿区地层

矿区出露地层有三叠系下统飞仙关组（T_1f）、二叠系上统宣威组（P_3x）和二叠系峨眉山玄武岩组（Pe）。三叠系下统飞仙关组（T_1f）主要岩性为紫红色粉砂质泥岩、泥质粉砂岩夹少量细砂岩；二叠系上统宣威组（P_3x）为矿区含矿岩系，其岩性底部砾岩、上为灰绿色细砂岩、粉砂岩、黏土岩及煤层；二叠系峨眉山玄武岩组（Pe）岩性为玄武岩夹凝灰岩（陆相玄武岩）（图 5-13）。

（二）矿区构造

朱家村铝土矿位于小米落向斜南东翼，小米落向斜轴向北东 30°，两翼地层倾角为 10°～25°，矿区地层为倾向北西的单斜构造层。

（三）含矿岩系

矿区含矿岩系为二叠系上统宣威组（P_3x），夹持于三叠系下统飞仙关组（T_1f）碎屑岩与二叠系峨眉山玄武岩组（Pe）玄武岩之间，形成于大陆湖泊环境。该含矿岩系上部为灰绿色泥质页岩与同色粉砂岩互层，夹灰黑色碳质页岩（煤层），厚 43.46m；中部为灰色、暗紫红色碎屑状铁泥质铝土岩夹深灰色铝土质页岩，厚 2.86m；下部为灰白色、灰色铝土矿（主矿层），厚 3.56m；底部为灰色含铝土矿鲕状砂砾岩，厚 1.48m。上覆三叠系下统飞仙关组紫红色泥岩、粉砂岩互层，夹少量灰绿色页岩，与含矿岩系呈整合接触关系；下伏二叠系玄武岩组紫红色蚀变玄武岩，与含矿岩系呈平行不整合接触关系。

（四）矿体、规模及品位变化

矿区矿体呈层状产出，矿体厚度为 1.5～3.5m，平均厚度 2.35m，走向延伸 2500m。矿体 Al_2O_3 含量一般为 35%左右，最高可达 57.85%，SiO_2 含量一般为 15%左右，最高可达 25%，A/S 一般为 3，最佳者可达 5.30。

（五）矿石类型、矿物组合及结构构造

矿石矿物成分主要为胶铝石、水铝石，还有少量黏土矿物、铁质等。常见矿石构造为致密块状构造、土状构造；矿石结构有鲕状、变余鲕状、胶状结构，断口似贝壳状、土状，易碎裂成碎块。矿石自然类型总体属一水硬铝石铝土矿，按其结构构造可进一步分为鲕状一水硬铝石铝土矿石、土状一水硬铝石铝土矿石、致密块块状一水硬铝石铝土矿石等。

（六）矿石化学组成及共伴生有用元素

矿石全分析结果显示（王正江等，2016），Al_2O_3含量为34.49%～53.56%、SiO_2含量为13.82%～44.08%、TiO_2含量为1.91%～10.3%、Fe_2O_3含量为0.10%～5.24%和FeO含量为0.30%～19.38%，MnO和P_2O_5含量很低，A/S比值为1.2～2.5。

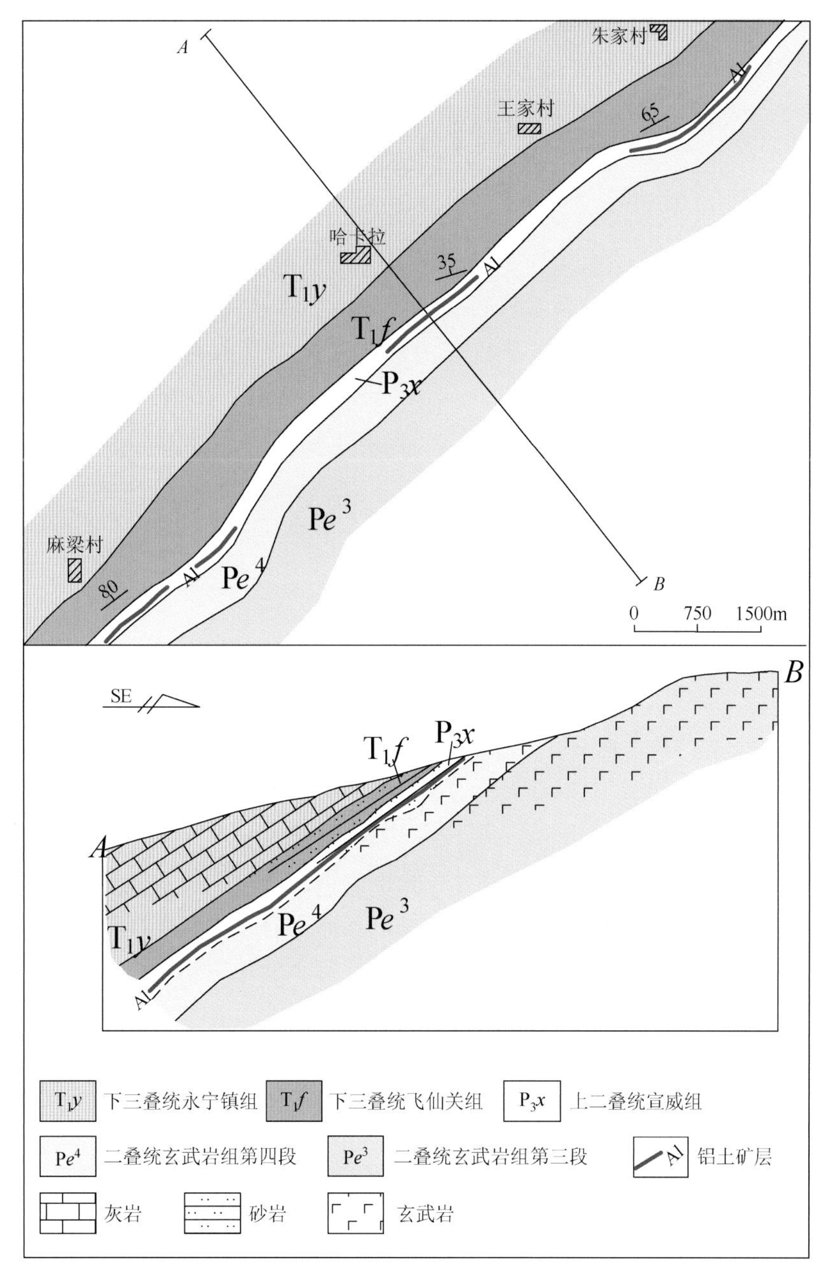

图5-13　会泽朱家村地质剖面图（据云南省地质局，1980）

七、鹤庆白水塘铝土矿

鹤庆白水塘铝土矿位于鹤庆县城160°方向，平距27km处，属典型的“中窝式”沉积型铝土矿。

（一）矿区地层

矿区出露地层有二叠系峨眉山玄武岩组（*Pe*）、三叠系下统青天堡组（T_1q）、三叠系中统北衙组（T_1b）、上统中窝组（$T_3\hat{z}$）和松桂组（T_3sg）以及少量第四系（Q）（图 5-14）。矿区含矿岩系为三叠系上统中窝组，其假整合于北衙组灰岩之上，铝土矿呈似层状赋存于中窝组底部，即北衙组上段古风化剥蚀面上（图版Ⅵ—A）。

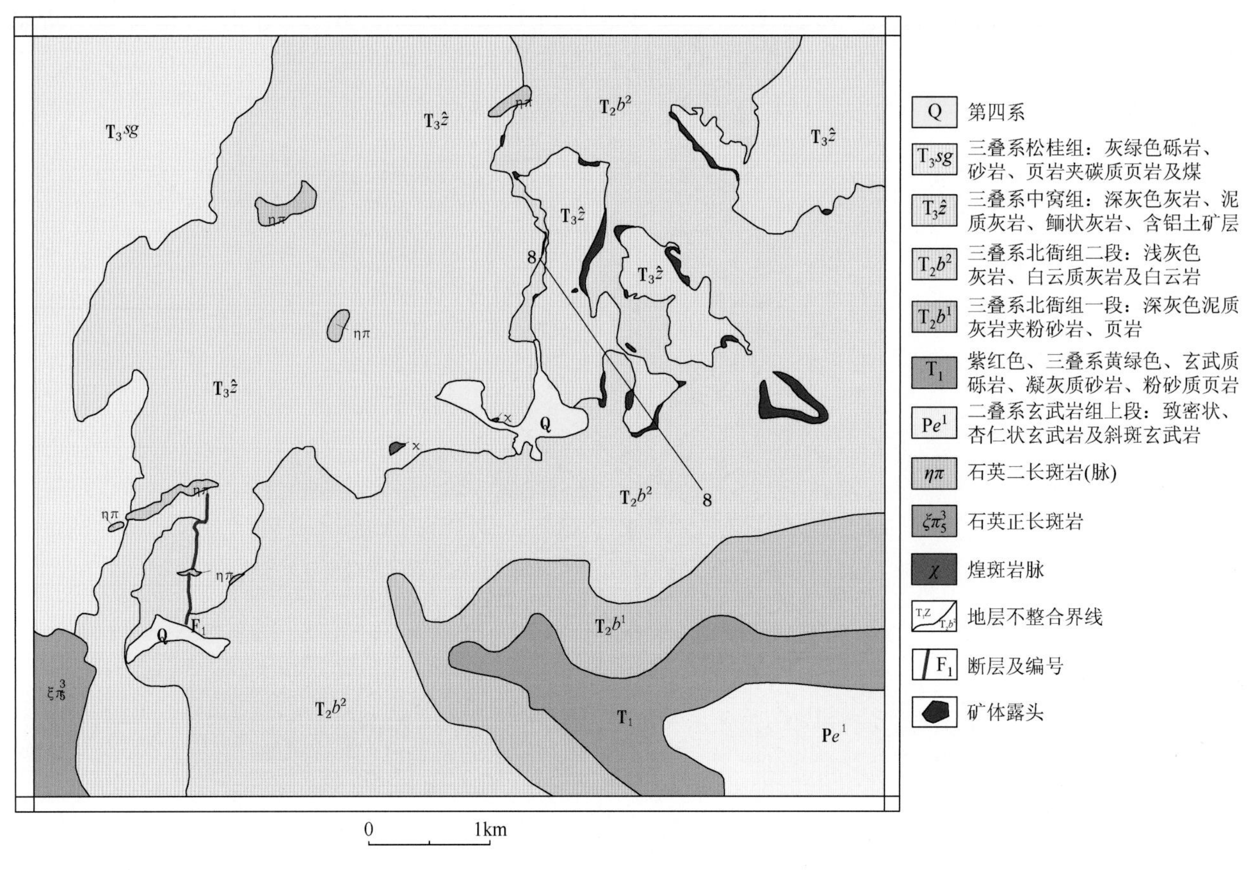

图 5-14　鹤庆白水塘铝土矿区地质简图

1. 三叠系上统中窝组（$T_3\hat{z}$）

中窝组在区内分布较为广泛，出露面积大于 15km²，岩性为浅灰色、灰色、灰黑色中—厚层状灰岩、泥质灰岩、生物碎屑灰岩、鲕状灰岩、微晶灰岩、含燧石条带灰岩、亮晶团粒灰岩及泥晶灰岩，下部为黄绿色砂泥岩，底部有不稳定铝土矿矿层，厚度 180～220m，与下伏地层北衙组呈假整合接触。按岩性不同可分为两段。

（1）中窝组上段（$T_3\hat{z}^2$）。上部为灰—灰黑色中厚层状灰岩、泥质灰岩、亮晶砂屑岩、泥晶灰岩、微晶灰岩、含燧石条带灰岩；下部为深灰色中厚层状生物碎屑灰岩、鲕状灰岩，见较多的豆状、星点状、细脉状黄铁矿分布。

（2）中窝组下段（$T_3\hat{z}^1$）。本岩性段为铝土矿层赋矿部位，上部为灰黄、灰绿色薄—中层状泥岩及页岩，中部为灰白、灰黄、暗红、褐红等杂色中层鲕状豆状铝土矿，下部为褐黄、褐色等铁质泥岩及赤、褐铁矿。

2. 三叠系中统北衙组（T_2b）

分布于矿区中、南部，按岩性不同可分为上、下两段。

（1）北衙组上段（T_2b^2）。该段岩性较稳定，主要为浅灰色厚层状白云质灰岩、白云岩，顶部常见一层浅灰色块状纯灰岩。该段地层以颜色浅、呈厚层至块状构造富含白云岩为特征，在地貌上常呈陡壁高峰及喀斯特地形而易于识别。

（2）北衙组下段（T_2b^1）。本段岩性以深灰色、灰黑色薄层泥质灰岩及灰岩为特征，具水平层纹，其中下部夹灰绿色粉砂岩及页岩。

（二）矿区构造

矿区位于松桂向斜东翼，构造简单，为一倾向北西、倾角10°～30°的单斜构造。矿区断裂不发育，区内仅见一条小断层（F_1），对矿体略有错移影响（图5-14）。

（三）含矿岩系

矿区含矿岩系为三叠系上统中窝组下段（$T_3\hat{z}^1$）。铝土矿赋存于三叠系上统中窝组下段（$T_3\hat{z}^1$）与三叠系中统北衙组上段（T_2b^2）顶部间的北衙组上段（T_2b^2）古风化剥蚀面上。整个含矿岩系纵横方向均有变化。在垂向上，自下而上一般下部是杂色铝土矿层，向上渐变成高铝质页岩，上部为黏土页岩，有时为碳质页岩，局部地区可见铝土矿层夹于高铝质页岩中。矿区含矿岩系自上而下可细分为4层。

上覆地层：三叠系中窝组上段（$T_3\hat{z}^2$）

——————整合——————

（4）具豆粒状颗粒	0～2m
（3）灰绿色、黄绿色薄层状高铝质页岩（图版Ⅵ—B）	0～3m
（2）灰白、灰黄、暗红、褐红等杂色中层鲕状豆状铝土矿（局部为铝土页岩）（图版Ⅵ—C）	0～4m
（1）褐黄、褐色等铁质泥岩及赤、褐铁矿（图版Ⅵ—D）	0～0.50m

----------------假整合----------------

下伏地层：三叠系中统北衙组上段（T_2b^2）

矿层受与下伏北衙组上段之间的假整合面控制，于侵蚀面凹陷处沉积最厚，凸出处变薄，且在走向上矿层多相变成页岩，表明矿体沿走向或倾向变化大特点。

（四）矿体、规模及品位变化

矿区共圈定铝土矿体28个，其中达工业要求矿体12个。矿体受下伏北衙组上段不整合面控制，呈似层状、扁豆状、串珠状产出（图5-15）。区内3个主矿体特征如下。

（1）V_1矿体：为矿区规模较大的矿体之一，位于矿区东部14～20号勘探线间，为T_2b^2之上被剥蚀剩下的一个“小孤岛”，出露面积0.12km²；总体走向北东，长约400m，倾向北西，倾角8°～10°，矿体呈似层状、透镜状产出，形态简单。矿体厚度为0.40～1.60m，平均厚度1.04m。

（2）V_2矿体：总体走向北东，倾向北西，倾角10°～20°；矿体呈似层状、透镜体产出；沿走向长约600m，沿倾向延深约340m；矿体厚度为1.30～3.00m，平均厚度1.61m。

（3）V_5矿体：总体走向北东，倾向北西，倾角20°；矿体呈透镜状、漏斗状、似层状产出；沿走向长约580m，沿倾向延深约199m；最大厚度0.40～4.70m，平均厚度2.55m。

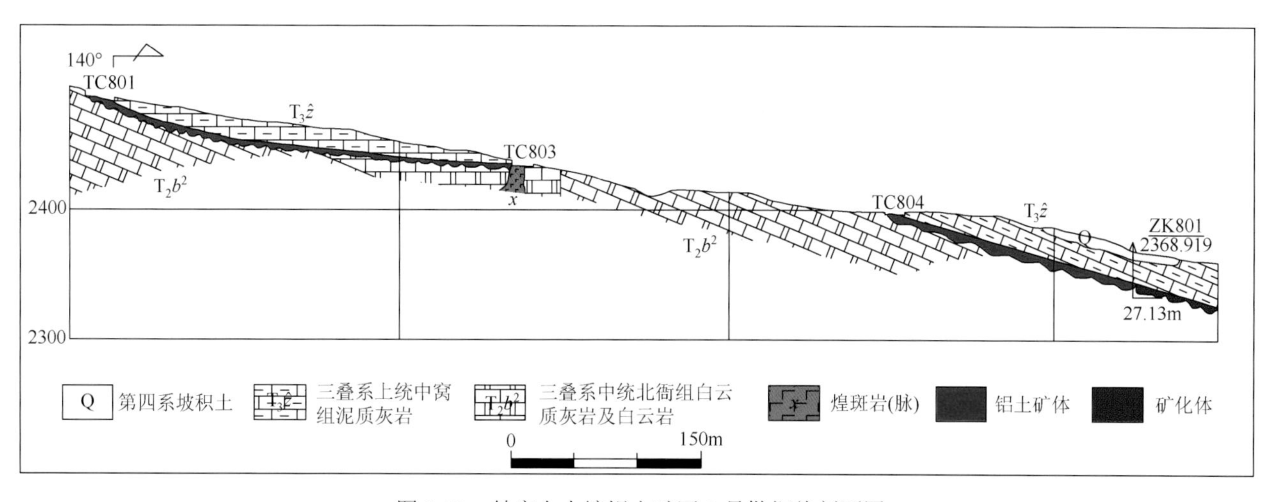

图5-15　鹤庆白水塘铝土矿区8号勘探线剖面图

矿石 Al_2O_3 含量最高 71.41%，最低 39.41%；SiO_2 最高含量 33.38%，最低 4.69%；Fe_2O_3 最高 25.30%，最低 0.89%，属中—高铁、高硅矿石。

(五)矿石类型、矿物组合及结构构造

矿石自然类型主要为致密块状矿石、层状矿石和土状矿石，少量豆状矿石和鲕状矿石。矿石工业类型属混合型高铁、高硅、低硫矿石。

矿石矿物成分主要由一水硬铝石、胶铝矿、锐钛矿、黄铁矿、赤铁矿、褐铁矿组成，占总量的 70%～90%，其次为高岭石、绿泥石、方解石、水—绢云母含少量石英、石髓等。区内铝土矿含铝矿物组合由一水硬铝石和高岭石组成。该矿床由于沉积间断时间较短，风化富集程度不够，矿石质量较差。

矿石结构主要为豆状结构、鲕状结构（图版Ⅵ—E，图版Ⅵ—F），其次有片状结构、泥状结构、压碎结构（图版Ⅵ—G，图版Ⅵ—H）等。矿石构造有块状构造、层状构造（图版Ⅵ—B）、蜂窝状构造、土状构造等。

(六)矿石化学组成及共伴生有用元素

矿石主要成分为 Al_2O_3、SiO_2、Fe_2O_3，3 种氧化物含量之和占总量 90%以上，有害杂质 MgO + CaO 含量最高 8.46%，平均含量 1.31%，低于允许含量 1.5%的 1.15 倍；S 含量最高 0.21%，平均 0.04%，低于允许含量 0.3%；P_2O_5 含量最高 0.15%，平均 0.12%，低于允许含量 0.6%。矿石中有益组分仅有分散元素镓含量（Ga 平均品位 0.0022%）达到综合利用指标。

第二节　堆积型铝土矿

云南堆积型铝土矿是在第四纪更新世风化堆（残）积形成，主要分布在滇东南成矿区，滇中成矿区仅有少量分布。堆积型铝土矿以西畴卖酒坪、丘北飞尺角铝土矿为代表，称为第四纪更新世“卖酒坪式”堆积型铝土矿。

一、西畴卖酒坪铝土矿

西畴卖酒坪铝土矿位于西畴县 85°方向，平距约 32km 处（图版Ⅰ—A），因矿区堆积型铝土矿资源量占比较大，故将其划归为堆积型矿床大类，为典型的第四纪更新世“卖酒坪式”堆积型铝土矿。

矿区大地构造位置处于上扬子古陆块富宁—那坡被动陆缘。区域构造总体表现为一个环绕越北古陆作同心环状展布的弧形构造带，由一系列大小不等的背、向斜和逆断层相间组成。其中，北西向构造对中、晚二叠世沉积、吴家坪期沉积型铝土矿成矿以及第四纪堆积型铝土矿的分布起到重要的控制作用。晚三叠世以来，该区域长期处于上升剥蚀阶段，未接受沉积，仅在部分河谷、凹地和岩溶坡地中有第四系松散层分布，在毗邻沉积型铝土矿的第四系松散层中有堆积型铝土矿产出，矿石质量较好，是区内堆积型铝土矿的重要含矿层位。

(一)矿区地层

矿区出露地层有石炭二叠系马平组（CP*m*）、二叠系中统（P_2）、二叠系上统吴家坪组（P_3w）、三叠系下统洗马塘组（T_1x）和第四系（Q_h）（图 4-6）。二叠系马平组（CP*m*）岩性主要为灰至深灰色厚层状细—粗晶生物碎屑灰岩、鲕状灰岩；二叠系中统（P_2）岩性为浅灰色厚层状角砾状生物碎屑灰岩；二叠系上统吴家坪组（P_3w）主要为灰白色、深灰色中厚层状偶夹薄层状生物碎屑粉晶灰岩，中上部富含生物碎屑及化石，顶部见连续稳定厚为 3～5m 的中厚层状白云质灰岩，与下伏 P_2 呈不整合接触，该区沉积型铝土矿赋存于其下部，分布在矿区北东地区；三叠系下统洗马塘组（T_1x）岩性为灰白色、深灰色中厚层状、蠕虫状粉晶灰岩、鲕状粉晶灰岩、粉晶灰岩及粉晶白云质灰岩，与下伏吴家坪组（P_3w）呈假整合接触。第四系（Q_h）主要为残坡积层（Q_h^{el+dl}），分布于平缓的坡地、山谷及岩溶洼地，是堆积型铝土矿的主要赋存位置。

（二）矿区构造

矿区地质构造较为简单，主要集中分布在矿区北东部，由北西向、北东向断裂和两翼地层被北东向断裂错动的芹菜塘向斜组成（图4-6）。芹菜塘向斜控制着矿区沉积型铝土矿的产出，该向斜轴线北西向，轴长约2000m，宽400～800m，轴部地层由T_1x组成，向外两翼地层依次为P_3w及P_2。北东翼较宽缓，地层出露齐全，由地表向深部呈波状起伏，岩层倾角5°～36°；南西翼狭窄，岩层倾角25°～35°。空间上，两翼地层显不对称特点。矿区断裂主要由北东向和北东向2组，北西向断层组形成较早，北东向断层组发生较晚，两组断层对芹菜塘矿段影响较大。区内主要断裂F_1为区域断裂董马—铁厂断裂的南延，堆积型铝土矿产于该断裂南西侧。

（三）含矿岩系

矿区堆积型铝土矿主要由转堡、卖酒坪2个矿段组成，分布在董马—铁厂断裂西南侧的第四系堆积物中，面积5.14km^2，覆盖率65%。它们是由基底碳酸盐岩和含铝岩系的碳质灰岩、铝土岩、黏土岩及铝土矿层等，经物理、化学风化和次生岩溶坠积作用形成的残坡积物。堆积型铝土矿体主要沿马平组的岩溶坡地呈近东西向分布，矿体厚度变化较大，一般5～10m，最大可达31.6m。

据连续堆积区工程揭露情况显示，自基底往上含矿岩系大致可分为四层（图5-16），具体特征如下。

（4）钙红土及钙红土夹水铝英石或埃洛石块、褐铁矿块，矿区有16个工程见到，该层含矿块少，品位低，多作为堆积型铝土矿底板产出，厚0～7.10m

（3）黏土胶结型铝土矿，局部夹矿粉胶结型铝土矿透镜体。矿石多呈块状构造，碎屑状、假鲕状结构。黏土胶结型铝土矿主要为高铁、低硫型铝土矿，为Ⅳ级品。该层矿区82%浅井工程可见，分布面广，厚2～25.5m

（2）矿粉胶结型铝土矿，局部夹黏土胶结型铝土矿透镜体。由灰色、褐黄色铝土矿块、矿粉（屑）、黏土、偶夹铁铝岩松散堆积构成，矿石多呈块状构造，碎屑状、假鲕状结构。矿石为高铁、低硫型铝土矿，多为Ⅰ、Ⅱ级品。集中分布在卖酒坪矿段中部29～34号勘探线之间。单工程揭露厚度2.4～24.8m，平均10.63m

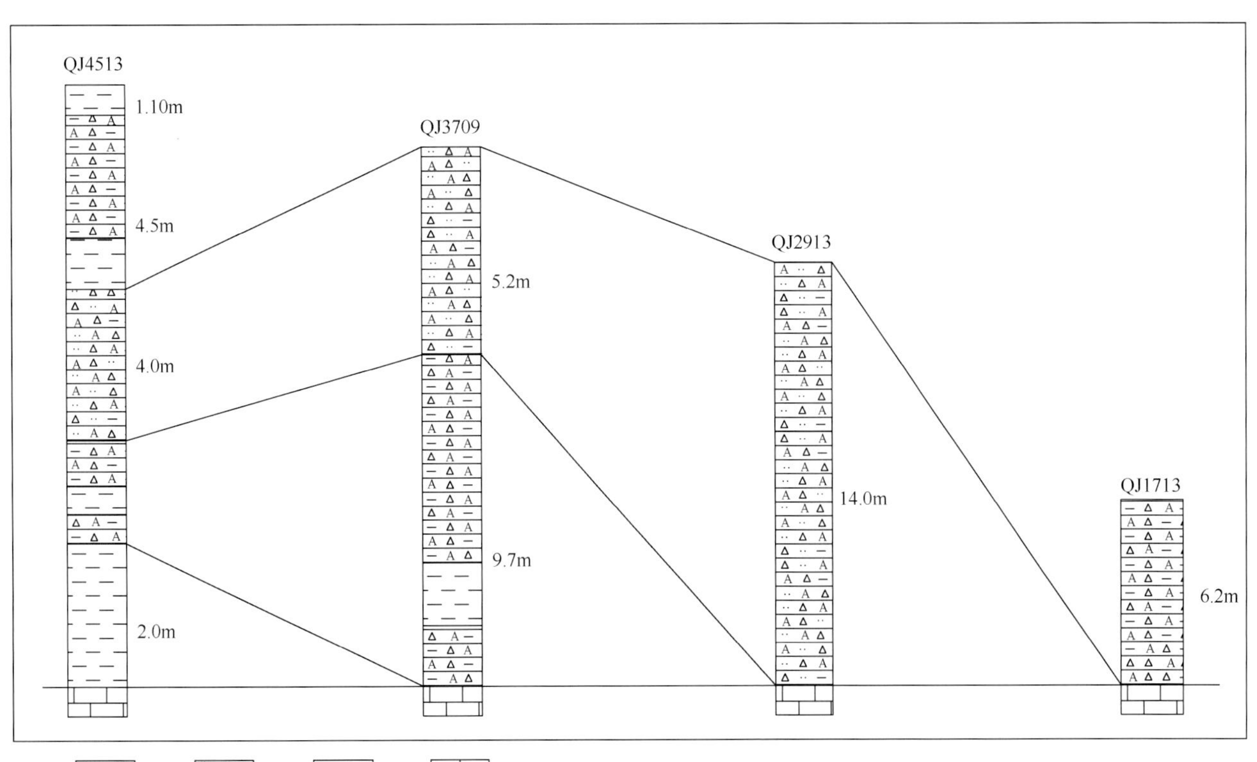

图5-16　卖酒坪堆积型铝土矿区第四系地层柱状对比图

（1）黏土胶结型铝土矿夹矿粉胶结型铝土矿透镜。由浅红色、褐红色黏土夹铝土矿块及矿屑松散堆积构成，矿石多呈块状构造，条带状，蜂窝状构造。主要分布在卖酒坪矿段北、北西、南东部及转堡矿段。该层黏土胶结型铝土矿含铁相对较低，为中铁、低硫型铝土矿，多为Ⅱ、Ⅳ级品，厚0～31.6m

上述层序在平面上、剖面上出现极不稳定，难以对比。综合分析认为，卖酒坪矿段中部应以残积成因为主，并叠加有基底岩溶坠积作用，边部以坡积成因为主，层序简单。

矿区内岩溶地貌对堆积体厚度及形态起控制作用。各地貌类型控制的堆积型铝土矿厚度变化大。一般在溶丘漏斗、岩溶洼地、峰丛谷地分布区铝土矿堆积厚度较大，溶蚀坡地及石芽坡地分布区铝土矿堆积厚度薄。矿体平面形态如破被状，边缘呈港湾状。剖面上以残盖状为主，连续性好的部位呈似层状。

（四）矿体、规模及品位变化

矿区堆积型矿体赋存在含铝岩系经长期风化破坏作用形成的黏土、砂屑、矿（岩）块的混合体内，堆积体即为矿体。受含铝岩系内部的差异性及长期地质作用的影响，使堆积体的连续性有较大差异。依据堆积体内部的面含矿系数的差异，将面含矿系数大于80%称为连续堆积区；面含矿系数在80%～20%的称为不连续堆积区；面含矿系数小于20%称为基岩裸露区。矿区内堆积型铝土矿体依据其平面分布特征，划分为卖酒坪矿段和转堡矿段。

（1）卖酒坪矿段：该矿段矿体呈北西—南东向展布，长2.6km，宽1～1.6km。平面上连续堆积区面积1.32km^2，不连续堆积区面积0.8km^2，形如破被状，边缘呈港湾状（图4-6）。剖面上以残盖状为主，当其连续性完整时呈似层状。矿体底板受基底岩溶面的严格控制呈锯齿状起伏（图4-7）。矿体厚度为0.5～31.6m，平均厚度7.10m，厚度变化大，厚度变化系数91.97%，大厚度（大于3倍平均厚度）工程率4.22%。一般在溶丘、残丘、缓坡分布区厚度大，陡坡及漏斗分布区厚度薄，厚大矿体出现在矿体中部。该矿段铝土矿石主要组分Al_2O_3含量40.39%～74.07%，平均55.43%；SiO_2含量1.77%～18.46%，平均7.04%；A/S值2.60～34.69，平均7.87；Fe_2O_3含量6.11%～37.49%，平均20.78%（表5-6）。

（2）转堡矿段：该矿段矿体亦为北西—南东向展布，长2.5km，宽0.4～1.0km。平面上连续堆积区面积0.27km^2，不连续堆积区面积1.25km^2，形如破被状，边缘呈港湾状（图4-7）。剖面上呈残盖状，当其连续完整时呈似层状。矿体厚度为0.6～14.1m，平均厚4.88m，厚度变化系数87.67%，厚度变化大，一般在溶丘、残丘、缓坡地段厚度大，陡坡分布区厚度薄。该矿段铝土矿石主要组分Al_2O_3含量41.85%～61.30%，平均51.79%；SiO_2含量1.92%～16.62%，平均8.04%；A/S值2.64～31.93，平均12.33；Fe_2O_3含量18.33%～31.46%，平均23.83%（表5-6）。

表5-6　卖酒坪、转堡矿段矿石主要化学成分统计表

矿段	原矿类型	工程数/个	分析结果/%						A/S	
			Al_2O_3		SiO_2		Fe_2O_3			
			极值	平均值	极值	平均值	极值	平均值	极值	平均值
卖酒坪矿段	矿粉胶结型铝土矿	69	49.39～73.79	60.53	2.44～11.56	5.13	4.69～29.45	17.74	5.64～27.37	11.80
	黏土胶结型铝土矿	336	40.21～74.07	54.70	1.77～18.46	7.32	6.11～40.14	21.17	2.60～34.69	7.57
	全矿体	380	40.39～74.07	55.43	1.77～18.46	7.04	6.11～37.49	20.78	2.60～34.69	7.87
转堡矿段	矿粉胶结型铝土矿	1	—	61.68	—	1.74	—	19.58	—	35.45
	黏土胶结型铝土矿	20	60.77～40.33	53.48	16.62～2.23	7.59	31.46	21.95	27.20～2.64	7.05
	全矿体	21	61.30～41.85	51.79	16.62～1.92	8.04	31.46～18.33	23.83	31.93～2.64	12.33
全矿区		401	40.21～74.07	—	1.77～18.46	—	4.69～40.14	—	2.60～34.69	—

注：据云南省文山铝业有限公司，2008。

（五）矿石类型、矿物组合及结构构造

据矿石结构与主要铝矿物成分相结合的方式，矿区堆积型矿石可分为以下5种自然类型：①假鲕状硬水铝石铝土矿石；②假鲕状—碎屑状硬水铝石铝土矿石；③碎屑状硬水铝石铝土矿石；④砂屑状硬水铝石铝土矿石；⑤致密状硬水铝石铝土矿石。据矿石化学成分看，卖酒坪矿区堆积型铝土矿总体具有高铁、低硫型特征。但受 Fe_2O_3 含量分布不均匀因素影响，少许块段矿石又显中铁、低硫特征。如卖酒坪矿段矿体高铁、低硫型矿石占总量84.46%，中铁、低硫型矿占总量15.51%；转堡矿段则全为高铁、低硫型矿石。

矿区矿石主要矿物为一水硬铝石，含量为50%～90%，次为经水化而成的三水铝石，含量为1%～3%，个别高达40%；次要矿物有叶蜡石、针铁矿、锐钛矿等，还有绿泥石、高岭石、霞石、黑云母、石英、氯黄晶、铁泥质、黄铁矿。

矿石结构多以假鲕状、碎屑状为主，次为砂屑状、致密状，矿石构造以块状为主。砂屑状和致密结构铝土矿显层纹（条带）状构造（图版Ⅰ—C）、氧化淋滤带显孔穴（针孔）状次生构造。

（六）矿石化学组成及共伴生有用元素

矿区堆积型铝土矿矿石化学成分是指筛洗后净矿的化学成分。表5-6显示，堆积型铝土矿石主要化学成分有 Al_2O_3、SiO_2、Fe_2O_3 以及烧失量，总量为95%～98%，其他化学成分有 TiO_2、CaO、MgO、K_2O、Na_2O、MnO_2、FeO，总量为1.45%～4.25%；微量成分有Ga、Nb、V、Cr、Co、Zr、Ni、Be等。卖酒坪、转堡2个矿段堆积矿体主要化学成分含量变化不大，处于稳定—较稳定间。

矿石伴生有益组分有 K_2O、Na_2O、Ga和 Nb_2O_5。其中，Ga含量为0.0074%～0.0117%，平均0.009%，可综合利用，经估算卖酒坪、转堡2个堆积矿体共伴生Ga金属资源量1522.43t。Nb_2O_5 含量为0.016%～0.017%，已达到风化壳矿床工业品位，是否可供工业利用尚需探讨。伴生有害组分有S、CaO、MgO、P_2O_5、TiO_2，CaO + MgO含量平均0.18%；S含量为0.05%～0.37%，平均0.15%；P_2O_5 含量为0.023%～0.108%，平均0.06%；TiO_2 含量为1.43%～2.72%，平均1.99%。有害组分总量平均2.38%，对矿石工业利用影响不大。

二、丘北飞尺角铝土矿

丘北飞尺角铝土矿位于丘北县城253°方向，平距约3km处，与丘北大铁沉积型铝土矿相邻，区内堆积型铝土矿资源量占比较大，故将其作为典型堆积型矿床代表，具有典型第四纪更新世“卖酒坪式”堆积型铝土矿特征（图5-17）。

矿区处于华南褶皱系之滇东南褶皱带之文山—富宁断褶束与丘北—广南褶皱束过渡带的西畴拱凹西北侧。受西侧三江构造带复杂地质历史活动影响，区内构造十分发育，由一系列北西西向和北东向断裂以及两翼地层被其错动的近东西向的苦鲁地—猪头山背斜组成，它们联合控制着区内构造格局、沉积演化及沉积体系类型与展布，也控制着区内岩浆活动和成矿作用。

（一）矿区地层

丘北飞尺角堆积型铝土矿因与丘北大铁沉积型铝土矿相邻，而具有一致的地层系统。矿区出露地层有泥盆系（D）、石炭系（C）、二叠系（P）、三叠系（T）和第四系（Q）（图5-17）。其中，泥盆系和石炭系为海相碳酸盐岩，以灰岩、生物碎屑灰岩为主；晚二叠世龙潭组（P_3l）为该区沉积型铝土矿的主要含矿层位，为一套海陆交互相沉积，下部由铝土矿、铁铝质岩、铝质黏土以及煤线、硅质岩构成，上部为灰岩、生物碎屑灰岩；三叠系以海相碎屑岩为主，夹海相碳酸盐岩。第四系（Q）地层，在矿区全境均有分布，由基底碳酸盐地层及其盖层经物理、化学、构造、重力、岩溶等综合地质作用形成的残积层、残坡积层及少量冲洪积层组成，残积层分布于平缓山脊，残坡积层分布于坡地，残积层和残坡积层是本区堆积型铝土矿的主要赋矿层位。

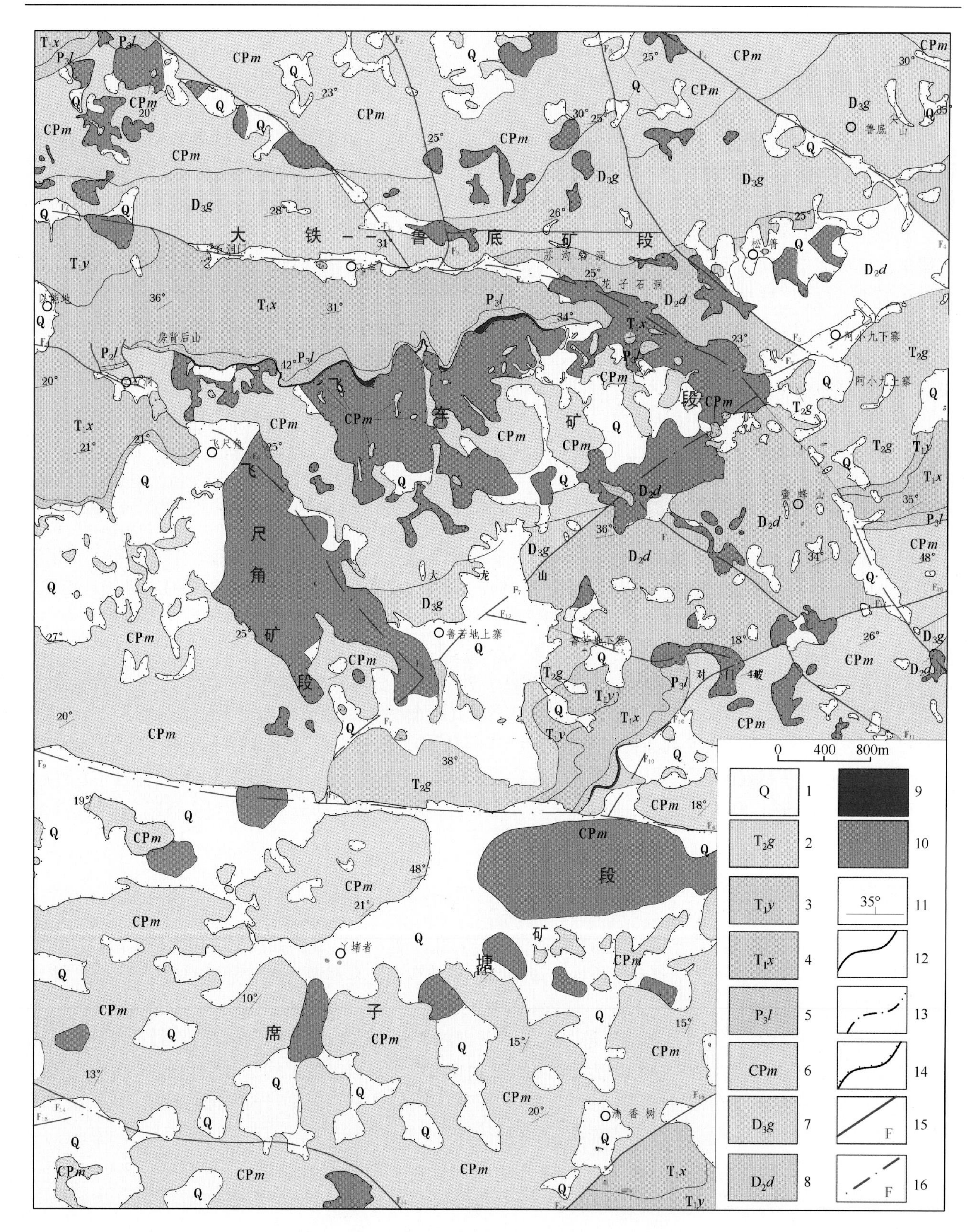

图 5-17　丘北县飞尺角铝土矿区地质及矿体分布图

1. 第四系；2. 三叠系中统个旧组；3. 三叠系下统永宁镇组；4. 三叠系下统洗马塘组；5. 二叠系上统龙潭组；6. 石炭二叠马平组；7. 泥盆系上统革当组；8. 泥盆系中统东岗岭组；9. 沉积型铝土矿；10. 堆积型铝土矿；11. 地层产状；12. 实测地层界线；13. 隐伏推测地层界线；14. 不整合地层界线；15. 实测断层；16. 隐伏推测断层

（二）矿区构造

矿区位于鲁底破背斜南西倾伏端，背斜轴线总体呈近东西向，于席子塘一带侧伏，在侧伏部位受断裂构造的影响，背斜形态呈现出支离破碎的现象。核部地层由泥盆系中统东岗岭组（D_2d）、上统榴江组（D_3l）、石炭二叠系马平组（CP*m*）碳酸盐岩组成，两翼分别为二叠系上统龙潭组（P_3l）、三叠系下统洗马塘组（T_1x）碎屑岩及永宁镇组（T_1y）、三叠系中统个旧组（T_2g）碳酸盐岩地层。构造线在飞车一带呈近东西向，在地白附近呈近南北向，在席子塘附近呈南东向展布。受断裂构造影响，背斜核部地层出露极不完整，具有重复和缺失现象。北翼地层产状较为稳定，总体倾向北西（在飞车一带总体倾向北），倾角一般为20°～30°。堆积型铝土矿分布在背斜倾伏部位第四系堆积物中，堆积型铝土矿主要集中分布在飞尺角—阿小九一带（图5-17）。

（三）含矿岩系

矿区沉积铝土矿含矿岩系为二叠系上统龙潭组（P_3l），其特征与前文提及的“铁厂式”沉积型铝土矿含矿岩系特征大体相同，此处不再赘述。飞尺角矿区堆积型铝土矿含矿层为第四系堆积层，主要由褐红色、褐黄色砂质黏土、腐殖土、铝土矿块、矿屑、矿粉、褐铁矿块、岩块组成，矿块、岩块具棱角状，形态极不规则，不均匀嵌布于残坡积层、残积层中，但冲洪积层一般不含矿块、岩块，这一特征反映其脱离母体搬运距离不远。

调查研究显示，矿区第四系含矿富厚部位，以龙潭组形成的残坡积、残积层为中心，呈半环形展布，并具有向外随含矿率逐步降低，矿体厚度逐渐变薄以至消失之特征。就地形地貌而言，飞尺角至鲁苦地之间缓坡山包区域内的第四系含矿厚度优于其他地段。

据工程揭露显示，矿区堆积型铝土矿所在的第四系松散堆积层在垂向上具有以下分布特点：上部为褐红、褐黄色砂质黏土或腐殖土，厚度0～0.5m。中部为红褐色、紫灰、紫红、灰绿等色含铝土矿块黏土，是主要的含矿层，厚度0.5～27.3m。下部主要为碳酸岩风化而成的黏土，厚度0～2m。

（四）矿体、规模及品位变化

区内矿体由大量堆积型铝土矿体和少量沉积型铝土矿体组成。其中沉积型铝土矿为区内堆积型铝土矿的重要物质来源，主要沿阿小九—飞车—石洞一带断续呈近东西向带状分布，该类矿体含矿岩系厚度受古基底溶蚀地貌的控制，基底低凹处厚度大，凸起处薄，矿体形态呈似层状，产状与地层产状总体一致。目前，区内已控制矿体长3290m，厚度3.50～16.74m，平均厚度9.79m，厚度变化系数为41.72%，矿体厚度稳定程度属较稳定型。因其矿石资源量相对偏小，此处不再详述。

矿区堆积型铝土矿体基本呈面型展布而裸露地表，赋存于第四系残积、残坡积层中，产在石炭二叠系马平组灰岩的古岩溶侵蚀面上。按照矿体出露地段，可分为飞尺角、飞车、席子塘和鲁底—大铁等4个矿段，共计20个矿体(图5-17)。其中，飞尺角矿段FCⅠ号矿体是全区规模最大的主矿体，矿体纵线长448.98～1807.86m，平均1088.95m，横线宽159.83～1383.55m，平均662.22m，矿体零点边界面积1.651km^2，纵横长度比1.6∶1，矿体外形为薄饼状，产状随地形起伏有所变化，在纵、横剖面上呈平缓、微倾斜、缓倾斜产出，显示出舒缓波状弯曲特点，与第四系产出形态和谐一致（图5-18），矿体形态比较简单，矿体规模为中型。经浅（竖）井工程揭露，矿体厚度为0.5～20m，平均5.83m，平均含矿率为416.64kg/m^3，矿体净矿石单工程品位Al_2O_3含量为39.79%～58.43%，平均45.67%；SiO_2含量为6.42%～22.96%，平均12.59%；Fe_2O_3含量为15.19%～33.81%，平均24.56%；铝硅比值为2.09～8.10，平均3.85。其中，净矿5cm以上粒径占总量的25%，1cm以上占62.9%。

（五）矿石类型、矿物组合及结构构造

矿区堆积型铝土矿按结构构造可分为似鲕状、致密状、砂状铝土矿石（图版Ⅴ—A）3种自然类型；按主要的铝矿物成分，本区铝土矿石含铝矿物组合由一水硬铝石和高岭石组成，属于一水型铝土矿石。按矿石成分不同，本区矿石工业类型属中—高铁、低硫矿石。

该区铝土矿石主要矿物有一水硬铝石、高岭石、赤铁矿，次为针铁矿、蒙脱石、伊利石、锐钛矿、三水铝石、石英，以及微量的绢云母、斜长石、锆石等。矿石中铝矿物主要有一水硬铝石、高岭石、三水铝石及胶铝石等。各种矿物相对含量见表5-7。

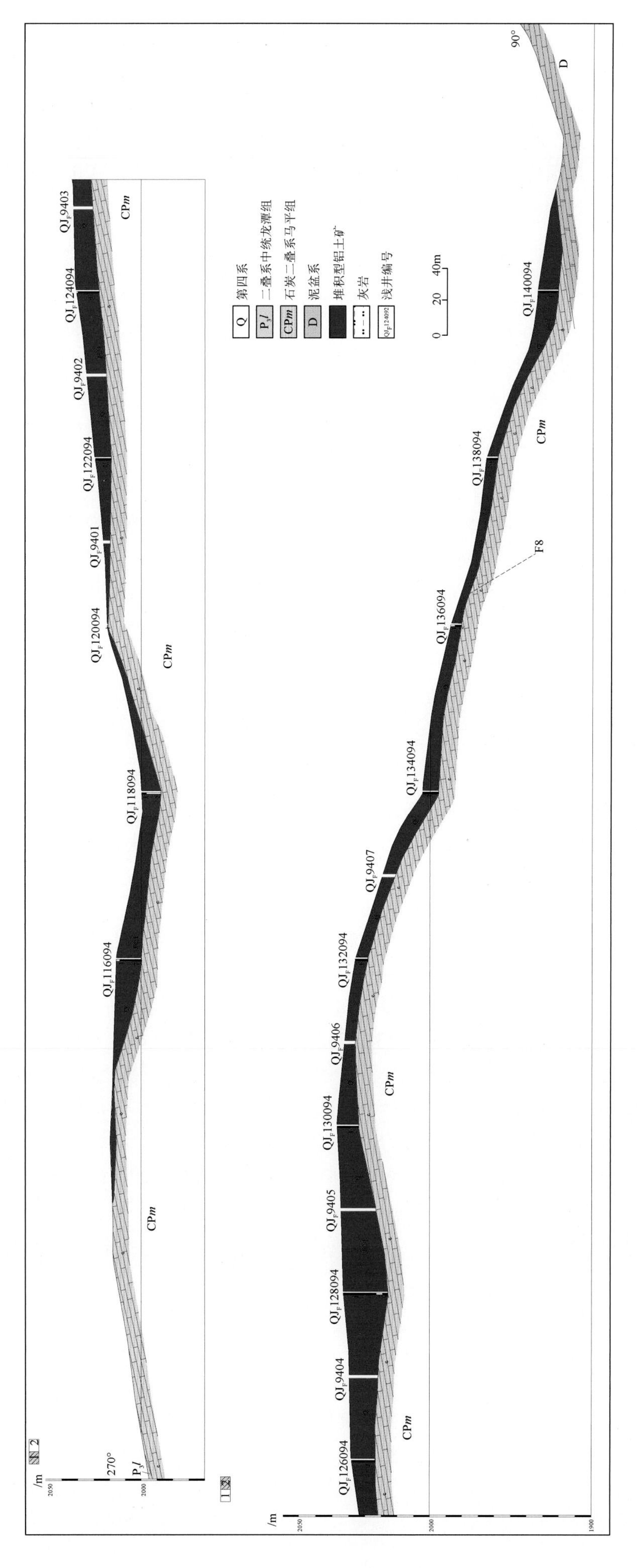

图 5-18　丘北飞尺角 FCI 号堆积型铝土矿体 94 号剖面图

表 5-7 飞尺角铝土矿矿石矿物相对含量表

矿物	相对量/%	矿物	相对量/%	矿物	相对量/%	矿物	相对量/%
一水硬铝石	45	高岭石	25	赤铁矿	12	褐铁矿	5
针铁矿	3	三水铝石	3	石英	1	绿泥石	4
蒙脱石	少量	胶铝石	少量	斜长石	微量	黄铁矿	1
绢云母	微量	锆石	微量				

该区矿石结构构造复杂，常见结构为假鲕粒结构，其次有鳞片状结构、泥状结构、片状结构。其中，假鲕状结构由粒度 0.15～0.70mm 的似球粒、一水硬铝石组成集合体，胶结物主要为铁泥质，似球粒内部结构均匀；鳞片状结构由晶形不明显，粒度 0.015～0.06mm 的鳞片状一水硬铝石构成鳞片状结构，矿石孔隙、裂隙发育；片状结构为一水硬铝石呈他形片状分布，矿石粒度为 0.015～0.04mm；泥状结构由粒度 0.15～0.55mm 的一水硬铝石呈浸染短条带定向排列，组成集合体，构成泥状结构。矿石构造有块状构造、次块状构造（局部块状构造）、层状构造、蜂窝状构造、土状构造、晶洞状构造、脉状充填构造、花斑状构造。

（六）矿石化学组成及共伴生有用元素

净矿全分析结果显示，矿区堆积型铝土矿石主要由 Al_2O_3、SiO_2 和 Fe_2O_3 组成，其和占总量 82.78%，其中 Al_2O_3 平均品位为 49.06%；SiO_2 平均含量为 6.51%；Fe_2O_3 平均含量为 19.10%；铝硅比为 7.54。矿石中有害组分 MgO + CaO 含量小于 0.165%，低于允许含量 1.5%；S 含量为 0.025%，低于允许含量 0.3%；P_2O_5 最高含量 0.16%，低于允许含量 0.6%；C 含量为 0.22。总体而言，矿石具 Al_2O_3 品位及铝硅比偏低特点，但矿石质量相对较好，有害杂质较低，可供利用。矿石伴生有益组分 Ga 含量为 0.0026%，在矿石中分布十分稳定，具有较高综合回收价值。

第三节 伴生矿产

铝土矿是 REE、Ga、Sc、Ti、Li 等金属矿产的主要来源之一（Bárdossy，1982；Laskou，1991；Combes et al.，1993；Evans，1993；Calagari and Abedini，2007；Liu et al.，2010），这些元素主要为铝土矿中伴生矿产资源，我国铝土矿中伴生矿产资源丰富，目前研究成果显示铝土矿中伴生元素主要包括 Ti、Ga、V、Li、Sc、Nb、Ta 和 REE（王庆飞等，2012）。

一、伴生矿产分布概况

云南省铝土矿主要伴生矿产为稀散元素镓，其次还有耐火黏土、煤和铁，少量矿区还伴生有铌、钽和硫铁矿及稀土矿等有益组分（表 5-8），如文山县者五舍铝土矿、西畴县芹菜塘铝土矿、广南县板茂铝土矿、西畴县卖酒坪铝土矿、麻栗坡县铁厂铝土矿、富民县老煤山铝土矿（同时伴生煤矿）、鹤庆县白水塘铝土矿等矿床都伴生有稀散元素镓（Ga），其品位一般为 0.007%～0.02%，均达到伴生矿产的一般工业要求，可供综合利用。

表 5-8 云南省铝土矿伴生矿产情况一览表

序号	矿区名称	矿床规模	矿床类型	伴生元素		
				Ga/t	Ga/%	其他
1	鹤庆县吉地坪—大黑山铝土矿	小型	古风化壳沉积型			矿石中主要伴生有益组分镓，光谱分析中均<0.003%，但在组合样中未分析，因此，本次不估算资源储量
2	鹤庆县白水塘铝土矿	小型	古风化壳沉积型	88.59	0.0022	
3	西山区法禄村、凤凰村铝土矿	小型	古风化壳沉积型			耐火黏土矿 334 资源量为 64.5 万 t
4	西山区沙朗铝土矿	小型	古风化壳沉积型			伴生矿产有耐火黏土，原地质报告中估算了耐火黏土资源量 9.168 万 t

续表

序号	矿区名称	矿床规模	矿床类型	伴生元素		
				Ga/t	Ga/%	其他
5	西山区大普吉铝土矿	小型	古风化壳沉积型			通过光谱分析，发现该矿床 Ga、Ge、Sc、Nb、Li 等有用伴生元素在铝土矿矿体中均有赋存，但都没有工业利用价值
6	西山区铁峰庵铝土矿	小型	古风化壳沉积型			根据组合分析成果，铝土矿中伴生有 Ga、V 等元素，含量均较低，可忽略不计
7	安宁市县街铝土矿	小型	古风化壳沉积型			圈出了Ⅰ-①～Ⅰ-⑤号共 5 个耐火黏土矿体。耐火黏土矿体主要产于铝土矿层上部。含镓量为 0.0096%～0.0152%
8	安宁耳目村铝土矿	小型	古风化壳沉积型			耐火黏土矿体主要产于铝土矿层底部，主要由灰、灰白色致密状硬质耐火黏土组成，黏土矿层与铝土矿层紧密结合，产状基本一致
9	富民县老煤山铝土矿	小型	古风化壳沉积型			第一煤层位于第一层铝土矿之下，大部分为铝土矿的底板，一般 1～2m，最厚可达 4m，具工业价值的黏土矿位于矿区地层层序中的第二层黏土矿，即煤矿的底板
10	富民县赤鹫铝土矿	小型	古风化壳沉积型			耐火黏土以硬质者为主，一般为Ⅱ—Ⅲ级品，Al_2O_3 含量以 25%～60% 不等，一般以 45%为多，Fe_2O_3 含量 1%～3%。334 资源量为 7.786 万 t
11	嵩明县阿子营铝土矿	小型	古风化壳沉积型			伴生元素 Ga 含量较高，一般在 0.02%上下。而有害组分含量均低于允许含量
12	晋宁区牛恋村铝土矿	小型	古风化壳沉积型			根据组合分析成果，铝土矿中伴生有 Ga、V 等元素，含量 Ga0.009%～0.03%，一般在 0.01%以上，V0.015%～0.05%，多数为 0.04%左右
13	红塔区小石桥铝土矿	小型	古风化壳沉积型			区内铝土矿局部地段伴生有烟煤，此外，含矿岩系底板石炭二叠系马平组纯灰岩和顶板阳新组灰岩，可作为水泥用或建筑用原料
14	文山市杨柳井铝土矿	中型	堆积型			矿石有益组分有镓(Ga)、铁(Fe)具综合回收价值，Ga 品位为 0.0029%～0.0064%；已达到工业品位要求。铁（Fe）在铝土矿石中 Fe_2O_3 平均含量达到 26.76%
15	文山市大石盆铝土矿	中型	堆积型	377.899	0.00412	
16	麻栗坡县铁厂铝土矿	小型	古风化壳沉积型	918.89	0.0089	
17	砚山县红舍克铝土矿	中型	沉积＋堆积型	135.898 376.473	0.0049 0.0050	
18	西畴县卖酒坪铝土矿	中型	堆积型	1024.41	0.0086 0.0090	估算伴生镓金属推断的资源量 768.85t，预测的资源量 255.56t。矿石中 Nb_2O_5 平均含量 0.0165%，已达到风化壳矿床的工业品位
19	文山市天生桥—瓦白冲铝土矿	小型	堆积型			矿石中共（伴）生有益组分主要有镓，通过分析测试，矿区 Ga 的最低含量 0.00398%，最高 0.0087%，平均 0.0069%
20	西畴县芹菜塘铝土矿	小型	古风化壳沉积型	245.14	0.0065	在氧化带估算伴生镓金属推断资源量 172.75t，在原生带内估算伴生镓金属预测资源量 72.39t
21	西畴县木者铝土矿	小型	堆积型	211.14	0.00713	
22	文山市清水塘铝土矿	小型	堆积型			共（伴）生有益组分主要有镓和铁，镓的平均含量为 0.00429%～0.00541%，Fe_2O_3 在矿石中含量为 15.87%～41.11%，加权平均含量为 31.91%，已达到铝生产综合回收的工业要求
23	丘北县飞尺角铝土矿	大型	古风化壳沉积型	736.43	0.00357	镓资源量类别为 332＋333
24	广南县板茂铝土矿	中型	堆积型			镓含量 0.0050%～0.0094%，平均 0.0066%；铌含量 0.037%～0.076%，平均 0.0634%；钽含量 0.0025%～0.0073%，平均 0.0039%。达到相应矿产的有关工业指标要求，可以综合回收利用 硫铁矿位于沉积型铝土矿的顶部，由含硫铁矿粉砂岩及碳质页岩和铝土矿所组成，硫含量为 6.79%～15.72%，平均 12.00%
25	丘北县大铁铝土矿区	大型	沉积＋堆积型	4941.6	0.00696	
26	西畴县长冲铝土矿区		沉积＋堆积型	243.27	0.00699	

伴生元素镓呈散点状、条索状均匀分布于铝土矿矿石中，其分布规律与其他元素无任何关系（图版Ⅲ—S）。区域上，滇中成矿区含量较高，滇西成矿区含量较低；规模上，滇东南成矿区规模相对较大。表 5-8 统计结果显示，已有 10 个矿区伴生镓估算了资源量，2011 年云南省有色地质局执行的文山地区铝土矿整装勘查，估算丘北县大铁铝土矿区伴生镓金属量 4941.6t，平均品位 0.00696%，伴生镓资源量达大型规模，西畴县卖酒坪矿、麻栗坡县铁厂、砚山县红舍克、丘北县飞尺角铝土矿中伴生镓资源量达中大型规模。

伴生耐火黏土和煤矿主要产于滇中成矿区铝土矿层上盘或下盘，规模较小。如昆明安宁耳目村（下哨）铝土矿共生的耐火黏土，矿体长 1350m，宽 170～400m，厚度 1.5～3m，呈似层状，其主化学成分 Al_2O_3 含量为 30%～49%，SiO_2 含量为 26%～44%，Fe_2O_3 含量为 0.6%～3%，耐火度为 1690～1720℃，其余 CaO、MgO、S、P_2O_5、K_2O、Na_2O 含量均低，不影响矿石质量，探获硬质耐火黏土 332＋333 类别资源量 662.5 万 t。

铌、钽发现于个别矿区，如广南县板茂铝土矿，铌含量为 0.037%～0.076%，平均 0.0634%；钽含量 0.0025%～0.0073%，平均 0.0039%。昆明安宁耳目村（下哨）铝土矿 Nb_2O_5 含量为 0.007%～0.016%。目前，以上矿产尚未开展系统评价，可利用性有待进一步确定。

铁矿广泛伴生于堆积型铝土矿中，如文山市清水塘铝土矿，矿石中 Fe_2O_3 含量为 15.87%～41.11%，加权平均含量为 31.91%，文山市杨柳井铝土矿，Fe_2O_3 平均含量达到 26.76%。可以综合利用。

研究工作针对滇东南地区几个主要铝土矿含铝岩系共采集样品 162 件，对其伴生矿产赋存情况进行分析（表 5-9），结果显示主要伴生矿产为 Ga、TiO_2、REE、Nb 和 Li。

表 5-9　滇东南成矿区主要铝土矿共、伴生元素含量一览表

矿床	样数/个	岩性	分析结果/10^{-6}								
			TiO_2	ΣREE	ΣLREE	ΣY	Ga	Nb	Ta	Zr	Li
天生桥	20	铝土矿	6.37	557.03	422.60	54.76	21	217	12.4	2086	109
	14	铁质铝土矿	5.38	983.52	731.69	101.53	27	182	12.5	1651	89
	5	铁铝质岩	4.60	2419.40	1603.47	278.69	30	176	9.7	1454	70
	2	铁质岩	2.89	2020.31	1403.03	270.48	24	97	7.4	911	71
	41	平均值	5.82	1001.16	719.98	281.16	24.44	194.16		1883	96
		最高值	7.87	4292.47	2483.68	1808.79	49.73	322.80		2566	657
		最低值	2.84	130.16	87.11	43.05	9.30	18.46		906	3
		超边界品位样数/个	41	40	41	11	27	41		8	2
砂子塘	3	铝土矿	3.74	885.98	595.31	98.69	16	148	12.0	1339	49
	3	铁质铝土矿	5.72	1046.90	735.50	118.43	28	133	11.5	1011	513
	3	铁铝质岩	4.47	589.54	404.63	65.71	31	129	8.6	860	435
	3	铁质黏土岩	1.17	423.71	283.59	45.53	26	92	5.9	568	577
	12	平均值	3.78	736.53	504.76	231.77	25.25	125.43		944	394
		最高值	5.87	1491.27	946.47	544.80	36.21	157.89		1568	682
		最低值	1.10	385.56	107.93	140.11	9.11	78.27		538	5
		超边界品位样数/个	12	6	7	3	10	12		0	7
大铁	3	铝土矿	1.96	1678.29	962.25	205.95	54	147	9.3	976	198
	8	铁质铝土矿	5.81	976.31	648.92	98.29	23	115	6.8	821	79
	4	泥质铝土矿	7.38	605.31	508.04	49.95	21	86	5.6	594	140
	19	铁铝质岩	6.30	409.53	325.11	34.87	35	82	5.1	548	99
	3	铁质岩	1.96	207.43	151.54	19.68	18	39	2.4	274	24
	5	菱镁矿	5.92	338.68	239.24	34.36	24	45	3.0	314	185
	20	铁质黏土岩	4.49	808.44	491.67	87.00	37	80	5.4	540	183
	62	平均值	5.27	669.88	447.93	221.95	32.08	83.79		572	134
		最高值	10.42	5693.62	1884.31	3809.31	84.24	228.51		1452	480
		最低值	0.24	84.18	66.61	17.58	8.24	10.63		89	4
		超边界品位样数/个	60	11	15	10	45	43		0	8
飞尺角	2	铝土矿	1.94	978.22	325.61	166.63	24	137	8.3	1127	181
	4	铁铝质岩	5.57	281.24	229.14	21.40	28	110	7.0	736	41
	1	铁质岩	0.90	444.11	258.28	46.91	13	20	1.4	202	99

续表

矿床	样数/个	岩性	分析结果/10^{-6}								
			TiO_2	∑REE	∑LREE	ΣY	Ga	Nb	Ta	Zr	Li
飞尺角	6	铁质黏土岩	5.27	389.94	290.07	42.33	34	113	7.5	782	158
	13	平均值	4.57	451.16	274.36	176.82	29.13	108.50		777	121
		最高值	6.38	1451.62	459.35	1125.49	38.61	262.89		1644	344
		最低值	0.90	208.64	92.92	39.34	8.29	20.36		202	17
		超边界品位样数/个	12	1	1	1	10	12		0	3
红舍克	7	铝土矿	1.03	793.01	620.45	61.68	32	102	5.9	877	199
	2	铁质铝土矿	2.80	1412.98	1049.34	117.82	14	115	6.0	850	260
	2	泥质铝土矿	1.25	1003.35	704.19	93.04	45	71	4.9	451	224
	1	铁铝质岩	0.92	245.71	196.14	15.62	24	90	6.4	632	63
	7	铁质黏土岩	1.18	851.64	630.93	220.71	37	65	4.7	587	270
	20	平均值	1.44	861.85	652.17	209.68	31.40	86.35		722	216
		最高值	3.74	1649.67	1180.85	573.52	67.72	219.51		1611	1207
		最低值	0.59	245.71	196.14	49.57	5.64	38.66		376	5
		超边界品位样数/个	11	11	15	3	13	14		0	5
白色姑	3	铝土矿	2.27	750.91	577.08	70.01	13	166	9.0	1561	38
	4	铁质铝土矿	2.21	1230.91	807.33	147.74	34	119	7.5	944	274
	1	铁铝质岩	4.32	518.57	448.39	29.47	41	231	13.7	1553	144
	1	铁质黏土岩	2.10	516.95	403.16	41.21	39	162	10.1	1162	370
	9	平均值	2.45	912.43	645.79	266.64	28.41	151.75		1241	192
		最高值	4.32	1550.22	1101.48	494.64	59.49	230.85		1985	370
		最低值	1.74	576.95	403.16	70.18	11.69	94.95		769	3.92
		超边界品位样数/个	9	5	8	4	4	9		0	3
水结	2	铝土矿	1.20	528.57	406.39	46.79	10	74	4.7	889	276
	2	铁铝质岩	8.69	197.40	176.20	10.36	37	91	5.8	551	79
	4	平均值	4.95	362.98	291.30	71.49	23.93	82.57		720	177
		最高值	10.82	636.36	524.85	132.85	39.40	133.92		963	543
		最低值	0.94	160.00	140.89	19.12	5.64	48.50		315	38
		超边界品位样数/个	3	0	1	0	2	3		0	1
芹菜塘	1	铝土矿	0.85	410.17	302.69	107.48	9	100	6.2	857	261
		超边界品位样数/个	0	0	0	0	0	1		0	0
杨柳井	1	铁质岩	4.32	687.99	580.51	107.48	6	94	5.5	963	9
		超边界品位样数/个	1	0	1	0	0	1		0	0
一般工业标准			1	800	500	300	20	$(Ta，Nb)_2O_5$ 0.008% Nb 56.8 Ta 65.5		$ZrO_2$0.3% Zr 2221	Li_2O 0.06% Li 279

滇东南成矿区铝土矿中普遍伴生 Ti，含钛矿物主要为锐钛矿（图版III—T），其次为金红石，而在一水硬铝石、黄铁矿、褐铁矿等其他矿物中含量非常小（表 5-10）。天生桥铝土矿 ZKb0803 和 ZKb2701 钻孔样品电镜扫描成果显示，Ti 元素呈絮状、团粒状、散点状不规律分布于矿石中（图版III—U、图版III—W），分布规律与主要元素 Al、Fe、Si 的分布无明显关联性，但与微量元素 Ba 分布规律高度一致（图版III—V、图版III—X）。滇东南成矿区主要铝土矿含铝岩系 w（TiO_2）= 0.85%～10.82%（表 5-9），其平均值为 4.58%（n = 162）；其中 150 件样品的 w（TiO_2）＞1%，约有 92.6%的样品 w（TiO_2）超过钛原生矿床的边界品位（w（TiO_2）= 1%）。

表 5-10 金红石、一水硬铝石、黄铁矿和褐铁矿电子探针分析结果 （单位：%）

矿物	元素	绝对百分含量	百分含量归一值	原子个数比
金红石	SiO_2	0.036	0.036	0.0058
	Al_2O_3	0.074	0.074	0.0140
	TiO_2	99.476	99.857	11.9816
	FeO	0.032	0.032	0.0043
	总计	99.618	100.000	12.0057
一水硬铝石	SiO_2	0.036	0.042	0.0057
	Al_2O_3	85.239	99.361	15.9182
	TiO_2	0.374	0.436	0.0445
	FeO	0.050	0.058	0.0066
	MnO	0.013	0.015	0.0017
	Cr_2O_3	0.075	0.087	0.0094
	总计	85.787	100.000	15.9861
黄铁矿	Fe	46.241	46.148	33.0075
	Zn	0.014	0.014	0.0087
	Cu	0.045	0.045	0.0282
	Ni	0.000	0.000	0.0000
	S	53.799	53.691	66.8989
	Au	0.016	0.016	0.0032
	Ag	0.019	0.019	0.0072
	Co	0.068	0.068	0.0463
	总计	100.202	100.000	100.0000
褐铁矿	SiO_2	1.333	1.569	0.4382
	Al_2O_3	0.270	0.318	0.1048
	TiO_2	0.129	0.152	0.0320
	FeO	83.031	97.738	22.8336
	MnO	0.050	0.059	0.0140
	Cr_2O_3	0.140	0.165	0.0364
	总计	84.953	100.000	23.4590

稀土元素：滇东南成矿区铝土矿中稀土元素含量总体较高，但不同样品之间差别较大（表 5-9），w（ΣREE）$=84.18\times10^{-6}\sim5693.62\times10^{-6}$，$w$（LREE）$=66.61\times10^{-6}\sim248.68\times10^{-6}$，$w$（HREE）值为 $17.58\times10^{-6}\sim3809.31\times10^{-6}$。滇东南成矿区含铝岩系 w（ΣREE）算术平均值为 769.10×10^{-6}（$n=162$），接近吸附性稀土矿床的边界品位（w（ΣREE）$=800\times10^{-6}$），其中有 74 件超过吸附性稀土矿床的边界品位，约占 45.7%；w（LREE）平均值为 538050×10^{-6}（$n=162$），高于吸附性稀土矿床的边界品位（w（LREE）$=500\times10^{-6}$），其中有 89 件超过稀土矿床的边界品位，约占 54.9%；w（ΣY）平均值为 230.60×10^{-6}（$n=162$），接近吸附性稀土矿床的边界品位值（w（ΣY）$=300\times10^{-6}$），其中有 32 件超过吸附性稀土矿床的边界品位，约占 19.8%。

分散元素镓（Ga）：采集的 162 件样品中有 111 件样品镓含量超过了铝土矿中镓的最低工业品位，约占 68.5%；全区 w（Ga）算术平均值为 28.86×10^{-6}（$n=162$），仍高于铝土矿中镓的最低工业品位（20×10^{-6}）。

稀有金属元素铌（Nb）：采集的 162 件样品中有 136 件的 Nb 含量大于风化壳型铌矿床的边界品位；含铝岩系的 Nb 含量算术平均值为 w（Nb）$=121.03\times10^{-6}$（$n=162$），高于风化壳型铌矿床的边界品位（w（Nb）$\geqslant56.8\times10^{-6}$，$w$（$Nb_2O_5$）$\geqslant0.008\%$）。

稀有金属元素锂（Li）：采集的 162 件样品 w（Li）算术平均值为 158×10^{-6}（$n=162$），其中有 29 件样品的 Li 含量超过盐类锂矿床的边界品位（w（Li）$\geqslant279\times10^{-6}$，$w$（$LiO_2$）$\geqslant0.06\%$）。

研究结果表明，滇东南地区铝土矿中除过去认为普遍伴生有分散元素镓（Ga）以外，还伴生有稀土元素（REE）、稀有金属元素铌（Nb）和黑色金属元素钛（Ti），且 Nb 含量高，已达单独利用矿床的边界品位（表 5-11）。但目前其赋存状态还未查定，建议今后在铝土矿的勘查工作及矿石工业利用研究中引起重视。

表 5-11　丘北大铁铝土矿稀有、稀土、分散元素分析结果表

样品编号	镓（Ga）$/10^{-6}$		五氧化二铌（Nb_2O_5）$/10^{-2}$		铈（Ce）$/10^{-6}$		分析编号
	分析结果	边界品位	分析结果	边界品位	分析结果	边界品位	
HQ1	54.5	20～100	0.013	0.008～0.01	617	500～1000	11C1280001
HQ2	56.8		0.016		403		11C1280002
HQ3	57.9		0.013		409		11C1280003
HQ4	54.2		0.014		498		11C1280004
HQ5	110		0.012		193		11C1280006
HQ6	65.5		0.01		207		11C1280007
HQ7	66.1		0.011		647		11C1280008
HQ8	61.1		0.013		268		11C1280009
HQ9	77.9		0.02		468		11C1280010
HQ10	69.6		0.016		656		11C1280011

二、伴生矿产利用概况

对镓和铌的回收利用，在西畴卖酒坪铝土矿区进行了可溶性试验、电磁选及洗矿脱泥试验。回收伴生元素镓的主要途径为从氧化铝的循环母液中提取镓，该途径是回收金属镓的最大生产来源。矿区矿石中镓在用拜耳法生产时，镓大部分进入溶液，在循环母液中积累、富集，然后采用“溶解法”“有机溶剂萃取法”或“树脂法”从循环母液中回收镓元素。卖酒坪铝土矿 15 件多元素分析结果表明，铌以化合物形式存在，平均含量 165×10^{-6}。但在三个可溶性试验样中都未做化学分析及赋存状态查定，故对其在 Al_2O_3 溶出过程中可否综合回收利用，尚需进一步讨论。建议今后对其综合利用途径应作认真探索研究。

第四节　滇东南与邻区铝土矿矿床特征对比

以石炭纪和二叠纪为主的晚古生代时期，是全球铝土矿的主要成矿期（广西壮族自治区地质矿产勘查开发局，2010），我国大部分地区的铝土矿矿床形成于这一时期，均赋存于较古老的碳酸盐岩基底上。其中，中、晚石炭世形成的铝土矿主要分布在我国北方的山西、河南、河北、山东等省。晚奥陶世至早石炭世晚期，华北地区处于上升剥蚀期，未接受沉积，通称北方大陆，晚石炭世早期发生大规模海侵，海水自西北、东北两方向逐渐向北方大陆浸漫，这时期，除北部阴山、东南部胶辽、淮阳河西南部秦岭仍为古陆外，其他地区都沦为海洋。长期的沉积间断使得基底碳酸盐岩及近区古陆的铝硅酸盐岩经历了强烈的风化剥蚀，为铝土矿矿床的形成提供了丰富的成矿物源。

我国南方贵州、广西两省是主要的大型铝土矿产地，云南省近年也发现和勘查出几个大型铝土矿。沉积型铝土矿，在贵州主要产于石炭纪和中二叠世早期，在广西主要产于中二叠世和晚二叠世，在云南主要产于中二叠世、晚二叠世及少量产于晚三叠世。广西运动后，扬子古陆和华夏古陆汇聚成一个南方大陆，大面积暴露于海平面之上，仅有南部钦防海槽，成为中晚泥盆世特提斯海侵的通道。经过石炭纪直至早二叠世南方大规模海侵，上扬子古陆大部分始终都在海平面之上，经历了夷平和溶蚀喀斯特化的过程。中二叠世阳新期是晚古生代以来中国南方最大的海侵时期，整个南方大陆被海水覆盖成为大的浅海域，几乎全为碳酸盐沉积。早二叠世茅口期华夏古陆的出露，之后的东吴运动使南方板块上古地理格局发生重大变革，湘桂盆地形成，火山运动增强，中国南方大陆地区再次上升遭受剥蚀，形成上、中二叠世之间的假整合接触，之后滇黔桂盆地进一步沉陷，发育了一套火山碎屑浊积岩。南方大陆频繁的海侵海退，以及复杂的大地构造、火山活动、沉积物补给和水化学条件，从而使得铝土矿在物源、成因等方面具备多样化特征。

新生代是世界铝土矿矿床最富集的成矿时期，主要为红土型铝土矿。新生代铝土矿主要形成在低纬度地区，如我国的福建、海南和广西等一些地区。这些地区天气炎热、雨量充沛，故能形成现代红土型铝土矿。如中国漳浦铝土矿矿床发育于玄武岩之上，形成于古近纪、新近纪和第四纪；广西和云南部分红土型铝土矿则是堆积在第四系岩溶洼地中，与附近沉积型铝土矿和基底岩石有关；中国海南岛的铝土矿矿床则为第四纪更新世风化的产物。

云南特别是滇东南地区铝土矿资源丰富，与之毗邻的贵州省、广西壮族自治区同样蕴藏着丰富的铝土矿资源，通过对3个地区铝土矿床特征的对比，它们之间有较多的异同点。

下面从矿床产出的大地构造位置、含矿岩系建造、古地理环境、地貌、基底特征、形成时代、成矿作用、物质来源、矿床特征等多方面，将云南重要的滇东南地区铝土矿与桂西地区（平果）和黔北地区（务正道）铝土矿列表进行对比（表5-12、表5-13）。

表5-12　滇东南典型沉积型铝土矿与桂西、黔北沉积型铝土矿特征对比一览表

对比项目		矿床		
		滇东南地区（丘北大铁）	桂西地区（平果）	黔北地区（务正道）
大地构造位置及成矿省		上扬子古陆块，华南成矿省	上扬子古陆块、右江沉降带、华南成矿省	上扬子古陆块、黔中三古陆、上扬子成矿省
含矿岩系		二叠系上统龙潭组（广西、贵州均称合山组）或吴家坪组	二叠系上统合山组	二叠系中统梁山组
含矿建造		下部为铁铝岩，中部为铝土矿层，上部为碳质页岩夹煤层沉积序列建造	自下而上为铁（鸡窝状铁帽）—铝（沉积矿）—硅（铝黏土岩）沉积序列建造	下部为绿泥石、铁绿泥石、铝土质页岩、碳质页岩，中部为铝土矿层，上部为碳质页岩、钙质、铝土质页岩沉积序列建造
岩相古地理		开阔台地相（局限浅海）	“台—盆—丘—槽”相间的古地理格局。	自下而上冲积平原相—滨浅湖相—滨海沼泽相
基底		含铝矿系超覆于石炭二叠系灰岩及玄武岩之上	基底岩层主要为下二叠统茅口阶至下石炭统碳酸盐岩	中下志留韩家店组页岩、粉砂岩及少量上石炭统黄龙组白云质灰岩
古地貌		岩溶古地貌	岩溶古地貌	岩溶古地貌
形成时代		晚二叠世	早二叠世和晚二叠世	中二叠世
典型矿床矿体矿石特征（滇东南为飞尺角、桂西为平果、黔北为瓦厂坪）	矿体形态	似层状	层状、透镜状	层状、似层状
	规模	矿体长80～2450m，厚1.30～6.90m	矿体长500～4500m，厚0.19～5.93m	矿体长3200～4000m，一般厚1.45～2.38m
	产状	产状较为稳定，倾向北西，倾角11°～38°	由三个北西向的箱状背斜构成，倾角30°	产状平缓、稳定，倾向北东，倾角5°～10°
	矿石类型	一水硬铝石型矿石，低硫高铁富钛铝土矿石	一水硬铝石型矿石、高硫型铝土矿石	一水硬铝石型矿石
	矿石结构	隐微晶结构、鲕状结构、半自形—他形粒状结构	假鲕状结构、假豆状结构、碎屑结构、团粒结构	豆鲕状、碎屑状
	矿石构造	浸染状构造、多孔状构造、带状构造、脉状—浸染状构造	块状构造、层状构造	土状、半土状
	矿石矿物	一水硬铝石、高岭石、赤铁矿、褐铁矿、锐钛	一水硬铝石、锐钛矿、高岭石、赤铁矿、针铁矿、黄铁矿	一水硬铝石、高岭石、蒙脱石、伊利石、黄铁矿、锐钛矿
	主要组分	Al_2O_3平均39.63%；A/S比值3.65；Fe_2O_3 13.04%	$Al_2O_3$45.5%～74%，A/S比值为7～15，Fe_2O_3 5%～8%	Al_2O_3 64.74%，A/S比值>7.3，Fe_2O_3 4.99%
	伴生有益组分	Ga 0.0067%	Ga 0.0084%	Ga　0.015%，Li_2O 0.127%
成矿作用		铝土矿形成阶段可大致分为三期，从早至晚依次为陆源汲取期、滨海沉积成矿期和表生富集期，分别形成钙红土化沉积、滨海胶体沉积、碎屑沉积和岩溶堆积型铝土矿床	中二叠世晚期，峨眉山地幔柱上涌及东吴运动，使得二叠系中统阳新组碳酸盐岩和与峨眉山火成岩有关的岩石暴露地表，遭受强烈的侵蚀和风化作用，自此开始了桂西铝土矿的形成演化史。成矿作用可划分为物源准备、成岩作用和埋深作用三个阶段	风化剥蚀的富铝质母岩，在酸性地表水的化学溶蚀作用下，活泼的K、Na、Ca、Mg被淋滴带走，难溶惰性的Al、Ti、Fe等残留原地或近地富集，形成以高岭石及其他黏土矿物为主的初始矿源层，还原环境下，初始矿源层经雨脱硅富铝、压实等作用，形成铝土矿
沉积环境		炎热潮湿气候	炎热潮湿气候	炎热潮湿气候

续表

对比项目	矿床		
	滇东南地区（丘北大铁）	桂西地区（平果）	黔北地区（务正道）
控矿条件	成矿主要受矿源层、岩相古地理、下伏地层岩性、构造、古岩溶等因素控制	成矿主要受矿源层、岩性、构造、岩溶发育阶段、气候、地形等因素控制	①陆相河湖盆地环境；②热带、亚热带气候；③风化时的弱酸性氧化、沉积时的弱酸性还原环境；④二叠系中统梁山组地层
物质来源	主要来源于以碳酸盐岩为主的古陆红土化风化壳和下伏峨眉山玄武岩和灰岩	来源是由与二叠系峨眉山玄武岩有关的火成岩以及底板的碳酸盐岩	富含铝质的中下志留统韩家店组碎屑岩、上石炭统黄龙组灰岩等
找矿标志	主要有时代、地层、区域性角度不整合（古侵蚀）、褶皱构造、矿化露头、化探异常等标志	①二叠系上统合山组矿源层标志；②铝元素异常的区块；③碳酸盐岩区峰丛峰林组合的岩溶洼地、坡地和谷地地貌标志；④铝质矿块或铝土矿石露头	①地形地貌标志；②含矿层及底板地层标志；③岩性标志；④地下标志；⑤地球物理异常标志；⑥遥感影像异常标志
资料来源	本次研究	广西壮族自治区地质矿产勘查开发局，2010	金中国等，2013a

表 5-13　滇东南典型堆积型铝土矿与广西平果堆积型铝土矿特征对比一览表

对比项目		矿床		
		滇东南红舍克	滇东南卖酒坪	广西平果
大地构造位置		上扬子古陆块富宁—那坡被动陆缘	上扬子古陆块富宁—那坡被动陆缘	上扬子古陆块、右江沉降带
产出层位		第四系堆积物	第四系堆积物	第四系堆积物
成因		残积、残坡积	残积、残坡积	冲洪积
形成时代		更新世	更新世	早更新世
矿体特征	形态	似层状	似层状	平面上呈条带状、树枝状，剖面上为似层状、透镜状
	规模	矿体厚 0.7～15.1m，平均厚 6.67m	矿体厚 0.5～31.6m，平均厚 7.10m	矿体厚 0.2～21.5m，一般厚 3～5m
	产状	产状较为平缓，随基岩起伏	产状较为平缓，随基岩起伏	矿体产状平缓，倾角 5°～10°与基底地形基本一致
矿石特征	矿石结构	团粒泥晶结构（图版Ⅰ—J）、碎屑结构（图版Ⅰ—K）	假鲕状结构、碎屑结构、隐晶质结构、砂状结构	主要有豆状、鲕状结构、砂状结构等
	矿石构造	块状构造、层状构造	块状构造、孔穴状构造、条带状构造	块状、条纹状及多孔状、肾状、皮壳状、浸染状等
	矿石矿物	一水软铝石、一水硬铝石、三水铝石、铁泥质、黄铁矿、褐铁矿、高岭石	一水硬铝石、三水铝石、高岭土、叶蜡石	一水铝石、三水铝石等，次要矿物为针铁矿、赤铁矿、水针铁矿、高岭石、绿泥石、伊利石、水云母锐钛矿等
	含矿率	204.69～1271.87g/m^3，平均为 499.21kg/m^3	387.96～477.687kg/m^3，平均为 399.67kg/m^3	平均为 938kg/m^3
	主要组分	平均 $Al_2O_3$50.78%，A/S 比值 5.41，Fe_2O_3 21.17%	平均 Al_2O_3 56.89%，A/S 比值 9.08，$Fe_2O_3$22.31%	平均 Al_2O_3 56.01%，A/S11.94，$Fe_2O_3$21.12%
	有害组分	S 0.111%	S 0.13%	S 0.072%
	伴生有益组分	Ga 0.0084%	Ga 0.009%	Ga 0.0077%
	矿石类型	一水硬铝石型矿石，高铁低硫矿石	一水硬铝石型矿石，高铁低硫矿石	一水硬铝石型矿石、高铁低硫型铝土矿
矿床规模		小型	中型	大型

表 5-12 显示，三个地区沉积型铝土矿分布大地构造位置均一致，主要分布在上扬子古陆块、华南成矿省和上扬子成矿省；含矿岩系均为二叠系上统和中统，均为滨海—浅海相含铝—硅、铁、碳质、钙质页岩沉积序列建造。含矿岩系与下伏地层均为假整合接触，基底岩石多为碳酸盐岩；物质来源、成矿作用、成矿环境基本一致。以上特征反映了南方大陆，经过石炭纪开始海侵，东吴运动上升遭受剥蚀，形成二叠系中、上统之间的假整合面，之后滇黔桂盆地进一步沉陷，构成“台—盆—丘—槽”相间的古地理格局，滨海—浅海、湖相、沼泽相的沉积环境，造就了南方地区沉积铝土矿成矿的相似性。另外，三个地区铝土矿均为一水硬铝石型矿石，滇东南沉积铝土矿为低硫、中—高铁矿石，Al_2O_3 含量一般为 40%～50%，A/S 比

值一般为 3～5；广西和贵州为高硫、低铁型铝土矿石，Al_2O_3 一般为 45%～65%，A/S 比值为 7～10，可见广西和贵州的铝土矿质量相对较好。

表 5-13 显示，滇东南地区堆积型铝土矿与广西平果堆积型铝土矿的区别在于平果堆积型铝土矿形成于冲洪积层中，含矿率较高，达 938kg/m^3，是前者的 2～3 倍，A/S 比也较高，矿石品质较高，质量较好，矿体产状平缓，连续，易采。矿石的实际溶出率为 81.6%～92.08%，平均为 88.44%。而滇东南地区堆积型铝土矿形成于残积、残坡积层中，含矿率较低，矿石质量较次。

纵观全国铝土矿主要分布省份，贵州、河南和山西沉积型铝土矿成矿时代主要是早中石炭世，而云南主要是中二叠世至晚三叠世，云南成矿时代和赋矿层相对较新。

第六章　岩石学、矿物学及地球化学特征

云南铝土矿集中分布在滇东南、滇中、滇东北和滇西4个成矿区。其中，滇中成矿区铝土矿矿床（点）由于矿床规模小、研究程度偏低和资料偏少因素影响，本章将重点以滇东南、滇东北和滇西成矿区典型矿床为例，运用现代分析测试手段对其矿石样品开展详细的岩石学、矿物学研究，并在此基础上开展较为系统的矿床地球化学（主量、微量和稀土元素）研究，为揭示成矿环境、成矿物质来源和成矿作用过程等提供信息。

第一节　岩石学和矿物学

一、滇东南成矿区

滇东南成矿区是云南铝土矿矿床（点）分布的主要聚集区，已探明资源量占云南省探明总量的78%。区内沉积型和堆积型铝土矿均有分布，并以堆积型铝土矿居多。本小节以丘北大铁、飞尺角和文山天生桥—者吾舍、红舍克、砂子塘等铝土矿为代表，对其铝土矿（岩）岩石学、矿物学进行阐述。

（一）岩石学

滇东南成矿区铝土矿（岩）石种类主要有铝土矿、铁质岩、铝质黏土岩3类。根据其结构构造特点，大体可分为豆鲕状、致密状、团块状、碎屑状和土状—半土状等自然类型。

1. 丘北大铁铝土矿

1）铝土矿

豆鲕状铝土矿：主要分布在含矿岩系顶部，呈灰色、灰白色、青灰色，具鲕粒状结构、豆状结构、鲕粒团块状结构、隐晶质结构、柱粒状结构，块状构造、条纹状构造、蜂窝状构造。鲕粒、豆粒、团块主要呈圆形、椭圆形或似透镜状，个别呈砂屑状（可见玄武岩屑假象），零散定向分布。鲕粒具同心纹层，粒径大小一般为0.1～3.0mm。团块成分主要为一水硬铝石，铁泥质量少，少部分团块成分以一水软铝石为主。其中，一水硬铝石呈隐晶状—他形柱、粒状，直径一般小于0.1mm，粒内含铁泥杂质呈土褐色；铁泥质呈黄褐色隐晶状；一水软铝石主要呈无色、灰绿色纤维状。填隙物主要由一水硬铝石、铁质、泥质构成，隐晶状，三者混杂在一起分布于鲕粒、团块之间，具定向分布特征。矿石中矿物成分以一水硬铝石为主，其次为一水软铝石、方解石、叶蜡石、黄铁矿、菱铁矿、有机质、绿泥石、高岭石、钠板石、铝凝胶等（图版Ⅳ—K、图版Ⅳ—E）。

致密状铝土矿：主要分布在含矿岩系中下部，呈灰色、灰白色，具隐晶质结构、柱粒状结构、含团块状结构、含鲕粒结构，块状构造、条纹状构造、蜂窝状构造。矿物成分以一水硬铝石为主，赤铁矿、锐钛矿、水云母、锆石等次之。一水硬铝石主要呈隐晶状，局部重结晶为微粒状，粒径小于0.2mm，有的集合体呈似团块状聚集，粒内含铁泥杂质显深褐色，与铁泥质混杂定向分布；部分一水硬铝石集合体呈六方柱状、六方粒状，似钙霞石或磷灰石等假象，其粒径一般小于0.5mm。铁泥质呈深褐色，隐晶状，与铝土矿物大致呈定向分布，局部泥铁质集合体似板状长石假象，少量铁质呈四方粒状零散分布。水云母呈显微鳞片状，表面干净，集合体显棱角—次棱角状，似晶屑假象，零星可见（图版Ⅳ—M、图版Ⅳ—F）。

团块状铝土矿：浅灰色、灰色，具含团块状结构、柱粒状结构、隐晶状结构、残余砂状结构，块状构造。团块主要呈近圆形、椭圆形、似透镜状，少量呈不规则状，零散定向分布，大小一般为0.05～1.0mm。团块成分以一水硬铝石为主，铁质、泥质量少；其中一水硬铝石呈近半自形—他形柱粒状—隐晶状，直径一般＜0.2mm，粒内多见铁泥质杂质；铁泥质呈隐晶状。填隙物由一水硬铝石、一水软铝石、铁质、泥质构成，三者混杂分布于鲕粒之间，定向分布；其中一水硬铝石主要呈隐晶状，一水软铝石呈微鳞片状，集

合体常呈似透镜状等；泥质主要由隐晶状黏土矿物构成，铁质呈黄褐—红褐色。矿石主要由一水硬铝石组成，另有少量菱镁矿、电气石、锆石、金红石、锐钛矿（图版Ⅳ—G、图版Ⅳ—H）。

碎屑状铝土矿：灰色、灰黑色，具碎裂状结构、隐晶状结构、团块状结构，角砾状构造、块状构造，局部具溶孔。矿石主要由一水硬铝石和一水软铝石组成，另有少量电气石、锆石、金红石、锐钛矿等。一水硬铝石呈他形柱粒状—隐晶状，集合体多呈线纹状、条纹状等与铁质条纹相间排列；一水软铝石呈隐晶状、显微鳞片状等，集合体也多呈线纹状、条纹状等与铁质条纹相间排列，与一水硬铝石特征相似；铁质呈黄褐、深褐色，集合体主要呈线纹状、条纹状等与铝质条纹相间排列。岩石受应力作用破碎较明显，主要呈角砾状，沿裂隙处分布有铁质及碎粉状物质（图版Ⅳ—J、图版Ⅳ—I）。

2）铁质岩

致密块状铁质岩：褐色、深褐色，团块状结构、隐晶状结构、纤柱状结构、残余细砂粉砂结构，块状构造、蜂窝状构造。矿物成分主要为赤铁矿、褐铁矿、菱铁矿，一水硬铝石、一水软铝石等含量较低。铁质主要呈红褐色、黑色团块状，零散定向分布，团块大小一般 0.03～0.7mm，有的团块呈浑圆状。铁泥质呈红褐色隐晶状，定向分布。菱镁矿主要呈近半自形菱面体状—他形粒状，一般＜0.15mm，个体或集合体主要呈团块状，粒内多具黄褐色铁泥杂质，团块直径＜0.5mm，零散定向分布。一水软铝石集合体主要呈团块状、线纹状等零散定向分布，团块直径一般＜1.0mm（图版Ⅳ—L、图版Ⅳ—N）。

3）铝质黏土岩

铝质黏土岩：黄色、土黄色、黄褐色、砖红色、灰黑色、灰绿色，具隐晶状结构、鲕状结构、团块状结构，块状构造、条纹状构造、似板状构造。矿物成分主要为一水硬铝石、赤铁矿，次要矿物有黏土矿物、硅质。铁质为深黄褐色，多与泥质混杂分布，少量聚集呈团块状、条纹状等，直径＜0.3mm。泥质由隐晶—显微鳞片状黏土矿物构成，定向分布，呈土黄褐色，定向排列，少量似蠕虫状或栉壳状黏土矿物围绕铁质或铁泥质呈细小团块分布，局部可见泥质集合体呈板条状长石假象，推测原岩可能为玄武岩。硅质由纤维状、柱状玉髓、微粒状石英构成，粒径一般＜0.1mm，集合体主要呈线纹状、似透镜状定向分布（图版Ⅳ—O、图版Ⅳ—P）。

2. 丘北飞尺角铝土矿

1）铝土矿

豆鲕状铝土矿：主要分布在含矿岩系上部，呈灰色、青灰、灰黑色，具豆粒鲕粒状结构，块状构造、条带状构造（图版Ⅴ—A）。矿石由鲕粒、豆粒和填隙物构成。鲕粒、豆粒主要呈圆形、椭圆形、似透镜状，有的边缘略显不规则状，定向排列；多具同心纹层，个别为复鲕；大小以 0.1～2.0mm 的鲕粒为主，2～8mm 的豆粒次之；鲕粒含量 60%左右。鲕粒、豆粒成分以一水硬铝石为主，铁质、泥质及一水软铝石量少；其中一水硬铝石呈他形柱、粒状—隐晶状，直径一般＜0.15mm，有的粒内含少量铁泥杂质；铁泥质为黄褐色、深褐色，呈隐晶状；一水软铝石呈显微鳞片状，无色。填隙物由一水硬铝石、泥质、铁质构成，三者混杂分布于鲕粒、豆粒之间，具定向分布特征。其中一水硬铝石呈近半自形—他形柱、粒状—隐晶状，直径＜0.1mm。铁泥质呈黄褐—深褐色隐晶状。矿石中矿物成分有一水硬铝石、一水软铝石、赤铁矿、叶蜡石、绿泥石、高岭石、钠板石、铝凝胶等（图版Ⅴ—B、图版Ⅴ—C）。

致密块状铝土矿：主要分布于含矿岩系的中下部，呈灰色、灰白色，具隐晶质结构、柱粒状结构，块状构造。矿石中一水硬铝石呈半自形—他形柱、粒状，粒度一般＜0.1mm，多呈紧密镶嵌状分布，粒内富含铁泥杂质而呈深褐色；局部可见一水硬铝石与铁泥质分异明显，并呈不规则似网脉状分布；部分一水硬铝石聚集呈团块状。铁质聚集似团块状，铁泥质显填隙状分布。铁质红褐色、黑色，主要呈团块状零散分布，粒径＜1.3mm，少量与泥质混杂呈黄褐色，主要呈填隙状分布。铁泥质呈黄褐色，隐晶状，杂乱于团粒之间，主要分布于一水硬铝石与铁质的分异网脉内。矿石中矿物以一水硬铝石和高岭石为主，另有少量赤铁矿、黏土矿物和极少量的黄铁矿、锆石、金红石、石髓等（图版Ⅴ—D、图版Ⅴ—E）。

团块状铝土矿：灰色、灰白色，具团块状结构、隐晶状结构，块状构造。团块主要呈圆形、椭圆形、条纹状、似透镜状，定向分布，粒径一般为 0.03～4.0mm。大部分团块由一水硬铝石构成，少量由一水软铝石及铁质构成。一水硬铝石呈半自形—他形柱粒状，粒径小于 0.15mm。岩石中可见少量被泥质、铁质等充填的微裂隙。矿石成分以一水硬铝石为主，其次为一水软铝石、赤铁矿、高岭石等（图版Ⅴ—G、图版Ⅴ—F）。

2）铁质岩

致密块状铁质岩：红褐色、黑褐色，岩石致密坚硬，具含团块状结构、隐晶状结构，块状构造。团块主要呈椭圆状、似透镜状、条纹状，局部可见浑圆状呈砂粒假象（玄武岩屑假象）；团块具定向分布特点，砾径大小一般介于 0.05～1.0mm。团块成分部分以隐晶状铝土矿物、铁泥质为主，部分以铁泥质为主，部分由红褐或黑色铁质构成。填隙物由隐晶状铝土矿物、铁质、泥质构成，三者混杂分布于团块之间，主要呈黄褐色、黄褐色。矿物成分以纤铁矿、赤铁矿、针铁矿为主，高岭石、一水硬铝石、水云母、方解石等次之，锆石、钛铁矿等重矿物含量甚微（图版Ⅴ—H）。

（二）矿物学

滇东南成矿区各类型铝矿石主要由铝矿物、铁矿物及钛矿物、黏土矿物和其他矿物组成。各类矿物特征分述如下。

1. 铝矿物

矿石中铝矿物主要有一水硬铝石、一水软铝石、三水铝石和胶铝石。

（1）一水硬铝石：矿石中多呈灰绿色、灰白色、褐灰色，在单偏光镜下呈灰黄色、灰褐色、无色，大部分为原生一水硬铝石，属早期结晶产物，晶体表面不干净，被称为“泥晶水铝石”，为铁质、锰质、钛质浸染所致；少部分为次生一水硬铝石，为后期析出或重结晶作用形成，晶体表面较干净，被称为“亮晶水铝石”，聚集成团块状，团块直径一般小于 1.5mm。滇东南地区一水硬铝石按其结晶程度，可分为自形针柱状、半自形—他形柱粒状、隐晶质胶体状。一水硬铝石多与铁矿物、高岭土或自身集合体构成粒屑，主要为砂屑，其次为鲕粒、豆粒、砾屑、粉屑，多呈圆形、椭球形、不规则状，大小一般为 0.01～0.2mm，多具定向分布特点，少量呈填隙状分布，常因粒内含有铁泥质而呈土褐色；也可见一水硬铝石呈散粒状分布于褐铁矿中，一水硬铝石单晶大小介于 0.005～0.75mm，一般为 0.01～0.05mm。

（2）一水软铝石：又称勃姆矿，与一水硬铝石属同质异象。矿石中一水软铝石呈隐晶状、显微鳞片状，集合体多呈线纹状、条纹状与铁质条纹相间排列，常与高岭石伴生，分布在鲕粒之间或混杂于一水硬铝石粒间，受不同程度铁质浸染，表面呈褐色云雾状。一水软铝石多见于致密块状铝土矿、铝质黏土岩、豆鲕粒状铝土矿中，常呈集合体产出，一水软铝石集合体粒径大小介于 0.01～0.03mm。一水软铝石通常在矿石中含量较少或不含。

（3）三水铝石：矿石中呈浅褐黄色、灰白色，细鳞片状集合体产出，多分布在一水硬铝石团粒的粒间间隙，或沿矿石孔洞、裂隙分布。三水铝石集合体粒径为 0.04mm 左右，单晶粒径介于 0.001～0.005mm。

（4）胶铝石：呈不规则凝胶体产出，多与铁矿物构成同心环带状、复带状体，或沿矿石裂隙充填。胶铝石脉宽介于 0.005～0.02mm。

2. 铁矿物及钛矿物

矿石中铁矿物、钛矿物主要有赤铁矿、针铁矿、黄铁矿和锐钛矿。

（1）赤铁矿：在铝土矿、铁质岩、铝质黏土岩中赤铁矿主要有 3 种赋存状态：第 1 种呈粒状或粒状集合体，或稀疏或稠密的分布在矿石中；第 2 种呈次生细脉状穿插于矿石裂隙中；第 3 种呈凝胶状分布在矿石中，非晶质的胶体氧化铁主要呈“铁染”形式存在，一水硬铝石、三水铝石和黏土类矿物中均可见铁质浸染。

（2）针铁矿：呈针状、纤维状，集合体常为放射状，常与赤铁矿相伴，共同组成细脉状、胶体集合体或鲕状、豆状；也常呈黄铁矿和菱铁矿假象产出。针铁矿主要产于铁质岩及含铁黏土岩、含铁铝上矿中。

（3）黄铁矿：浅铜黄色，多呈他形—半自形粒状，杂乱分布，在鲕粒、砂屑的内外以及鲕粒、砂屑的中心和边缘均有分布。黄铁矿颗粒大小一般为 0.02～0.05mm。黄铁矿在矿石中呈 3 种形态产出。第 1 种呈层纹状，与有机质、一水硬铝石互成条纹、条带；第 2 种呈细粒状、草莓状，在假鲕中呈环带状分布，常见这类假鲕互相挤压而发生蠕状变形；第 3 种呈自形粒状嵌布于矿石中。

（4）锐钛矿：重砂中呈暗蓝色、蓝绿色、黑色，双锥状晶体，少数为薄板状，晶面上有晶纹。偏光显微镜下具浅蓝色—浅黄绿色多色性，正高突起，糙面极显著，可见尖锐的锥形；干涉色三级红、绿，平行消光；反光显微镜下，锐钛矿呈灰色，强非均质，内反射蓝绿色和红色。

3. 黏土矿物

矿石中黏土矿物主要为高岭石和绿泥石。

（1）高岭石：矿石中通常为灰白色、黄红色，呈细小鳞片状集合体，呈团块、泥质条带、斑点状，分布在一水硬铝石团粒的间隙，单独或与一水硬铝石一起构成鲕粒的“中心”或是包壳，或在基质中呈凝胶胶结一水硬铝石；次生高岭石呈细脉沿矿石裂隙或矿石孔洞充填。高岭石是铝土矿石中主要的含硅矿物，主要赋存于豆鲕状、致密状铝土矿中。

（2）绿泥石：绿色，薄片下为浅绿色，常因铁染而呈褐绿黄色。绿泥石呈细鳞片状集合体构成纤维状，单偏光镜下呈褐黄—浅黄弱多色性，多沿矿石空洞，裂隙边缘分布。绿泥石集合体粒径为 0.005～0.01mm。绿泥石在矿床中多分布在含矿岩系下部。

4. 其他矿物

矿石中其他矿物主要有菱镁矿、石英等。

（1）菱镁矿：常呈半自形菱面体—他形粒状，大小一般为 0.03～0.1mm，单晶或集合体主要呈团块状，粒内多具黄褐色铁泥杂质。

（2）石英：呈他形粒状，粒间相互紧密镶嵌构成集合体，分布在一水硬铝石团粒的间隙。石英单晶大小一般为 0.01～0.03mm。

5. 差热分析特征

差热分析结果显示，滇东南铝土矿石主要矿物有一水铝石（含一水硬铝石和一水软铝石）和高岭石，次要矿物有三水铝石等（表 6-1）。其代表性热重曲线特征见图 6-1～图 6-4。

表 6-1　滇东南铝土矿差热分析鉴定表

样品号	样品名称	采集地点	分析结果	结果说明
D19-b2	团块状铁泥质铝质岩	砚山红舍克	一水铝石、高岭石	DTA 线：519℃吸热峰温，985℃放热峰温。吸热效应由一水铝石脱水和高岭石结构水脱出产出，放热效应由高岭石莫来石化产生。TG 线：失重 11.27%
D19-b4	砂屑铁泥质铝土矿	砚山红舍克	一水铝石、高岭石	DTA 线：518℃吸热峰温，984℃放热峰温。吸热效应由一水铝石脱水和高岭石结构水脱出产出，放热效应由高岭石莫来石化产生。TG 线：失重 10.10%
D19-b6	团块状铁泥质铝土矿	砚山红舍克	一水铝石、高岭石	DTA 线：518℃吸热峰温，984℃放热峰温。吸热效应由一水铝石脱水和高岭石结构水脱出产出，放热效应由高岭石莫来石化产生。TG 线：失重 10.61%
D19-b7	鲕粒团块铁泥质铝土矿	砚山红舍克	一水铝石	DTA 线：517℃吸热峰温。吸热效应由一水铝石脱水产出。TG 线：失重 10.24%
D19-b8	铁泥质铝土矿	砚山红舍克	一水铝石、高岭石	DTA 线：517℃吸热峰温，985℃放热峰温。吸热效应由一水铝石脱水和高岭石结构水脱出产出，放热效应由高岭石莫来石化产生。TG 线：失重 11.03%
D29-b3	含团块铁泥质铝土矿	丘北古城	一水铝石、高岭石	DTA 线：520℃吸热峰温，961℃放热峰温。吸热效应由一水铝石脱水和高岭石结构水脱出产出，放热效应由高岭石莫来石化产生。TG 线：失重 5.92%
D29-b4	团块状铁泥质铝土矿	丘北古城	一水铝石、高岭石	DTA 线：520℃吸热峰温，964℃放热峰温。吸热效应由一水铝石脱水和高岭石结构水脱出产出，放热效应由高岭石莫来石化产生。TG 线：失重 11.79%
D29-b5	豆粒鲕粒铁泥质铝土矿	丘北古城	一水铝石、高岭石	DTA 线：507℃吸热峰温，957℃放热峰温。吸热效应由一水铝石脱水和高岭石结构水脱出产出，放热效应由高岭石莫来石化产生。TG 线：失重 5.18%
D29-b6	团块状铁泥质铝土矿	丘北古城	一水铝石、高岭石	DTA 线：530℃吸热峰温，967℃放热峰温。吸热效应由一水铝石脱水和高岭石结构水脱出产出，放热效应由高岭石莫来石化产生。TG 线：失重 12.15%
D29-b7	蜂窝状铁泥质铝土矿	丘北古城	一水铝石、高岭石	DTA 线：521℃吸热峰温，986℃放热峰温。吸热效应由一水铝石脱水和高岭石结构水脱出产出，放热效应由高岭石莫来石化产生。TG 线：失重 11.06%
D31-b2	豆粒鲕粒铁泥质铝土矿	丘北古城	一水铝石	DTA 线：503℃吸热峰温。吸热效应由一水铝石脱水产出。TG 线：失重 7.91%
D31-b3	铁泥质铝土矿	丘北古城	一水铝石、高岭石	DTA 线：517℃吸热峰温，988℃放热峰温。吸热效应由一水铝石脱水和高岭石结构水脱出产出，放热效应由高岭石莫来石化产生。TG 线：失重 11.32%
D31-b4	团块状铁泥质铝质岩	丘北古城	一水铝石	DTA 线：501℃吸热峰温。吸热效应由一水铝石脱水产出。TG 线：失重 5.08%

续表

样品号	样品名称	采集地点	分析结果	结果说明
D35-b1	豆粒鲕粒铁泥质铝土矿	丘北大铁	一水铝石、高岭石	DTA 线：507℃吸热峰温，965℃放热峰温。吸热效应由一水铝石脱水和高岭石结构水脱出产出，放热效应由高岭石莫来石化产生。TG 线：失重 9.85%
D35-b2	鲕粒铁泥质铝土矿	丘北大铁	一水铝石	DTA 线：501℃吸热峰温，吸热效应由一水铝石脱水。TG 线：失重 9.22%

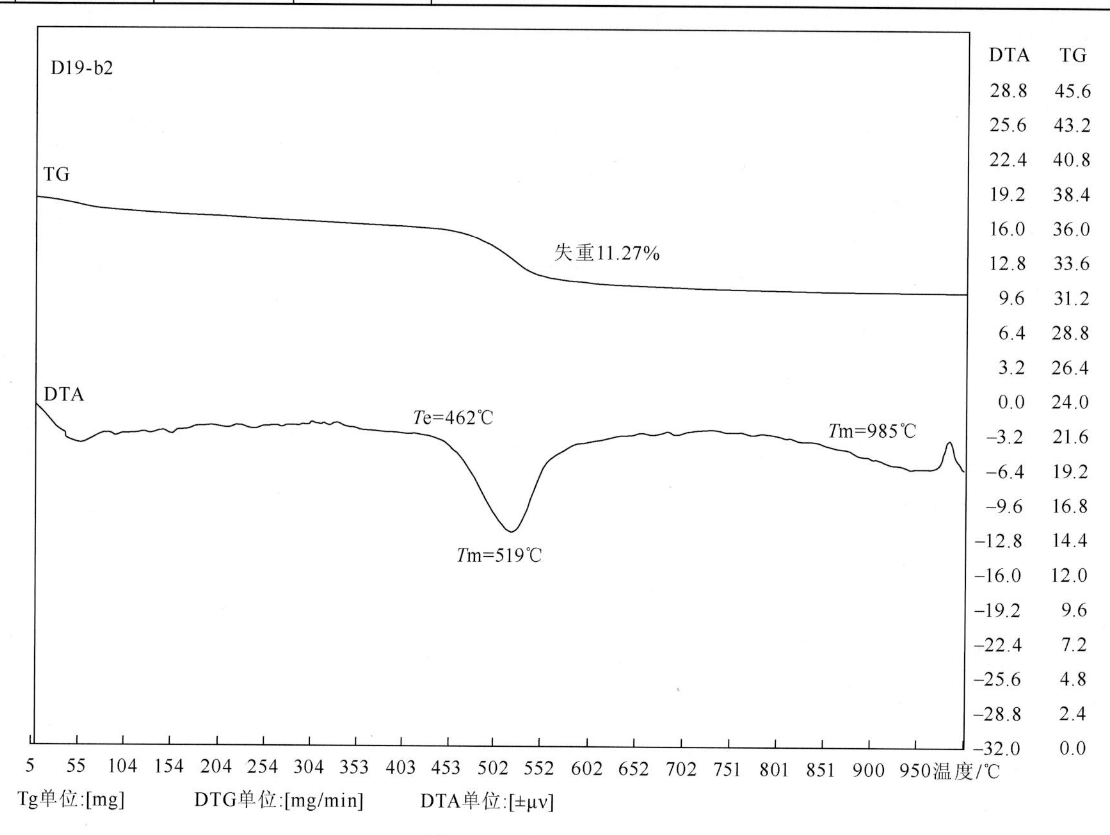

图 6-1　D19-b2 热重曲线

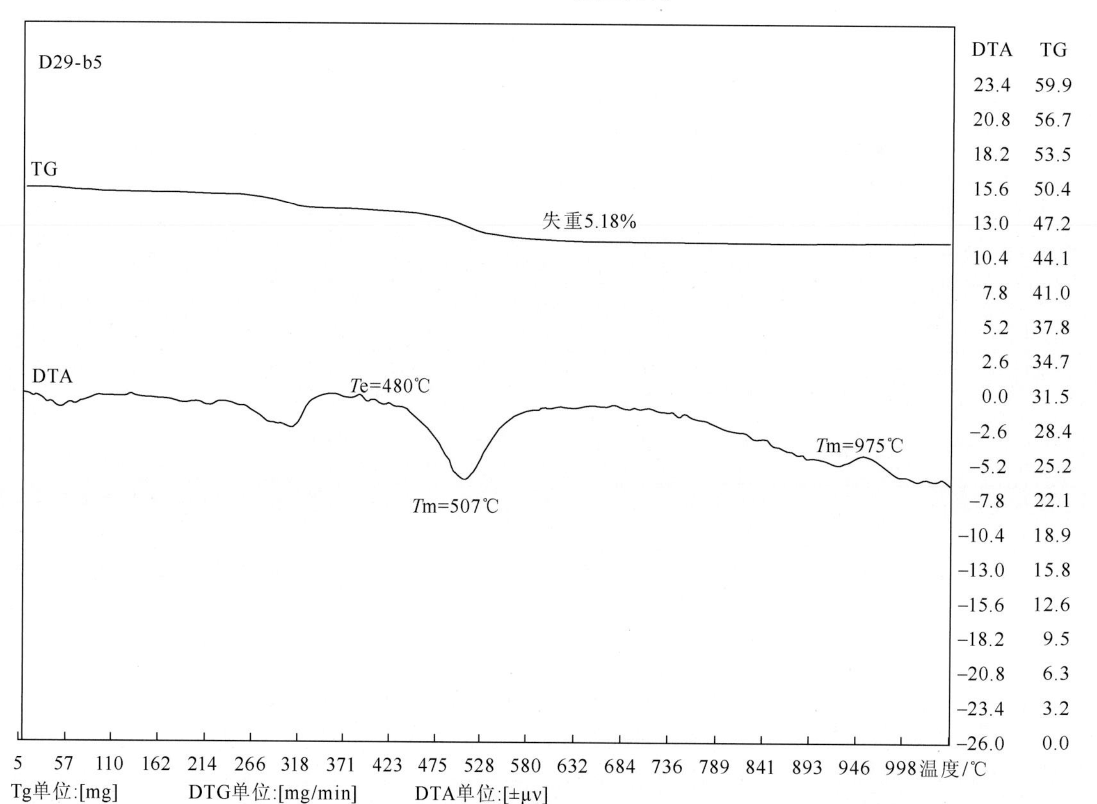

图 6-2　D29-b5 热重曲线

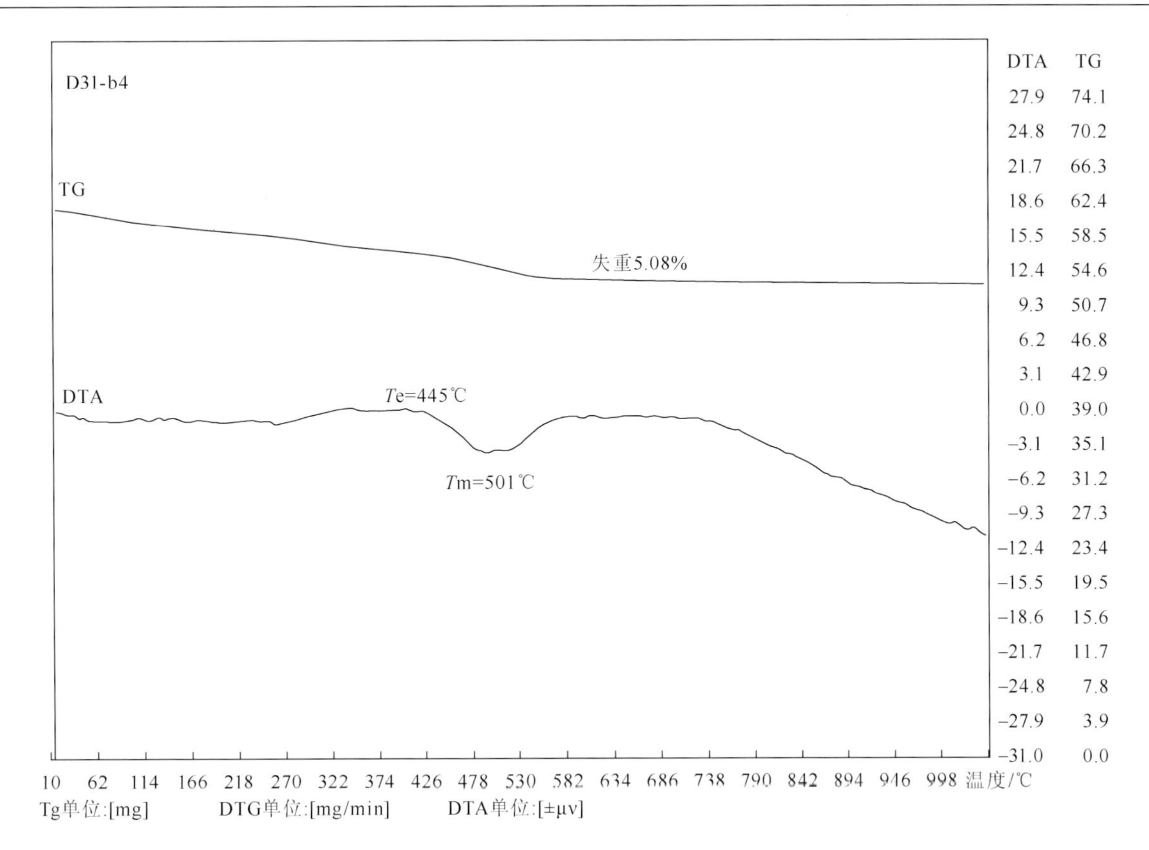

图 6-3　D31-b4 热重曲线

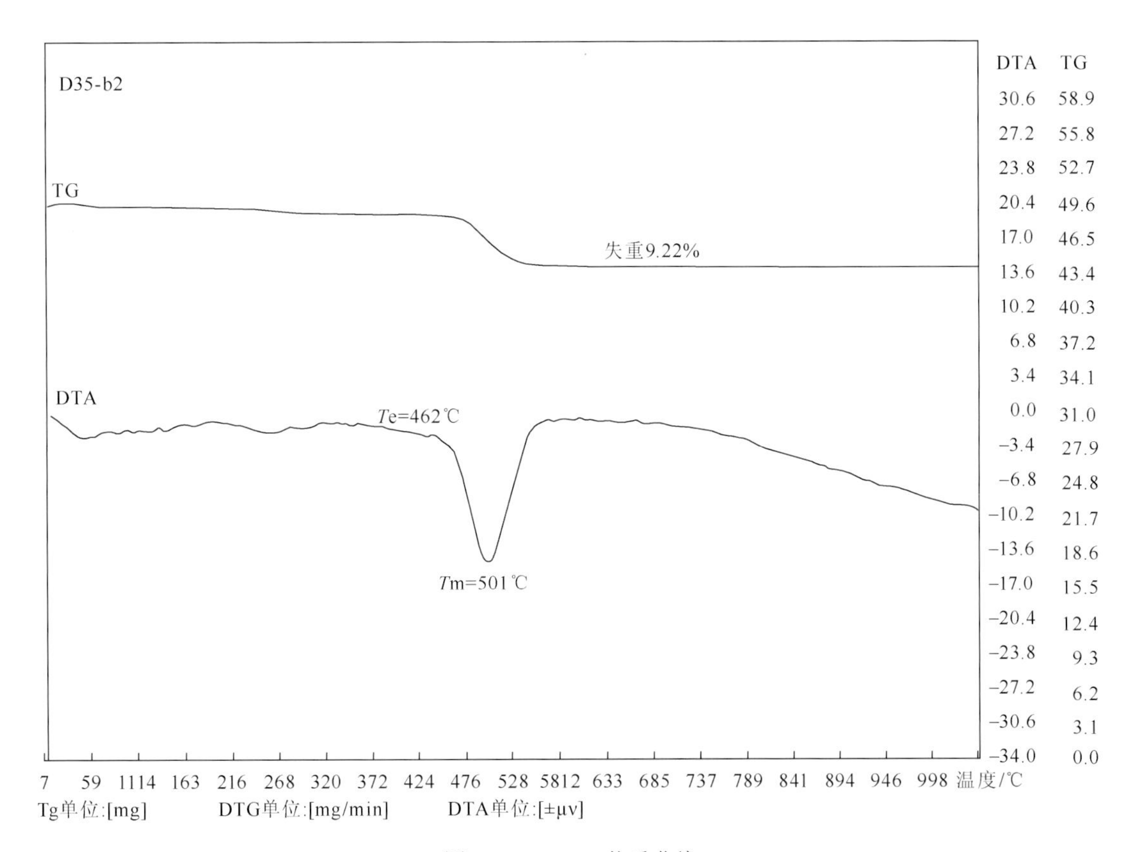

图 6-4　D35-b2 热重曲线

D19-b7、D31-b2、D35-b2 热重分析显示，在 500～540℃有弱吸热谷，而在 900～1000℃却未见放热峰，即表面未发生高岭石的莫来石化或是高岭石含量太少所致。

D19-b2、D19-b4、D19-b6、D19-b8、D29-b3、D29-b4、D29-b5、D29-b6、D29-b7、D31-b3、D35-b1 等样品热重分析结果相似（表 6-1）。热重曲线特征显示在 500～540℃的吸热谷普遍宽缓，如样品 D19-b2

和 D29-b5（图 6-1、图 6-2），这是由于一水硬铝石与高岭石共存时，二者的失水吸热峰温度非常接近，因此，在曲线上未见有转折点，但却吸热峰变得较为宽大。

D19-b4 与 D29-b5 的热重分析显示，在 250～320℃有明显的吸热谷，这是由三水铝石的吸热谷排出结构水，形成中间产物一水软铝石而引起的；在 450～600℃出现明显的吸热谷，为所形成的软水铝石脱水分解，然后转变为一系列无水氧化铝变体，继续加热至大于 950℃时转变为 α-Al_2O_3（表 6-1）。样品 D29-b5 曲线特征见图 6-2。

D31-b4 样品热重分析显示（图 6-3），在 500～540℃的吸热谷宽缓，且隐约可见一个拐点和两个小的吸热谷，这是由于当一水软铝石与高岭石共生时，在差热曲线上就首先出现一水软铝石的吸热谷，但当失水还未结束时，高岭石也开始失水，因此，在差热曲线上就出现一个转折点，随着实验的进行，高岭石含量的增加，就会出现两个吸热谷。

铝土矿样品多差热（DTA）曲线联合分析图（图 6-5、图 6-6）显示，各样品差热曲线具类似变化趋势，在 100～300℃基线基本建立；400～600℃显示有明显的吸热谷，为主吸热谷，对此可解释为铝土矿样品中一水硬铝石吸热排出结构水，转化为 α-Al_2O_3；一水硬铝石的脱水温度范围一般为 490～580℃。在图 6-6 中，可见样品在 220～320℃有微弱的吸热谷，是由极少量三水铝石吸热排出结构水转化为一水软铝石所致；一水软铝石在 500～600℃有 1 个吸热谷，是失去晶格中水转化为氧化铝变体的反映，但本测试中此现象并不明显，可能由于样品中一水软铝石过少或者被一水硬铝石的吸热温度覆盖所致（图 6-6）。

铝土矿样品多差热（DTA）曲线联合分析图还显示，在 900～1050℃具有明显的放热峰，而在多 DTA 曲线联合分析图（图 6-6）中则没有，究其原因是此放热峰受原始矿物分散度和有序程度的影响，尤其是 980℃后的放热峰是因为改变了高岭石结构中氧离子的填充，致使一个 Al-Si 尖晶石区域合并为无序的富 Si 区域，这些物质在高温下形成莫来石，即高岭石的莫来石化。然而，在多 DTA 曲线联合分析中，在此温度区间内则并无此变化，可能是因为高岭石含量太少所致（图 6-5）。

热重（TG）曲线（多 TG 曲线联合分析图 6-7、图 6-8）显示，样品在加热过程中有一个较为明显的失重台阶，此阶段为一水硬铝石脱羟基作用阶段。

6. X 射线衍射分析特征

X 射线衍射分析（XRD）是目前应用最广泛、最有效的物质微观结构分析手段，被广泛应用于材料科

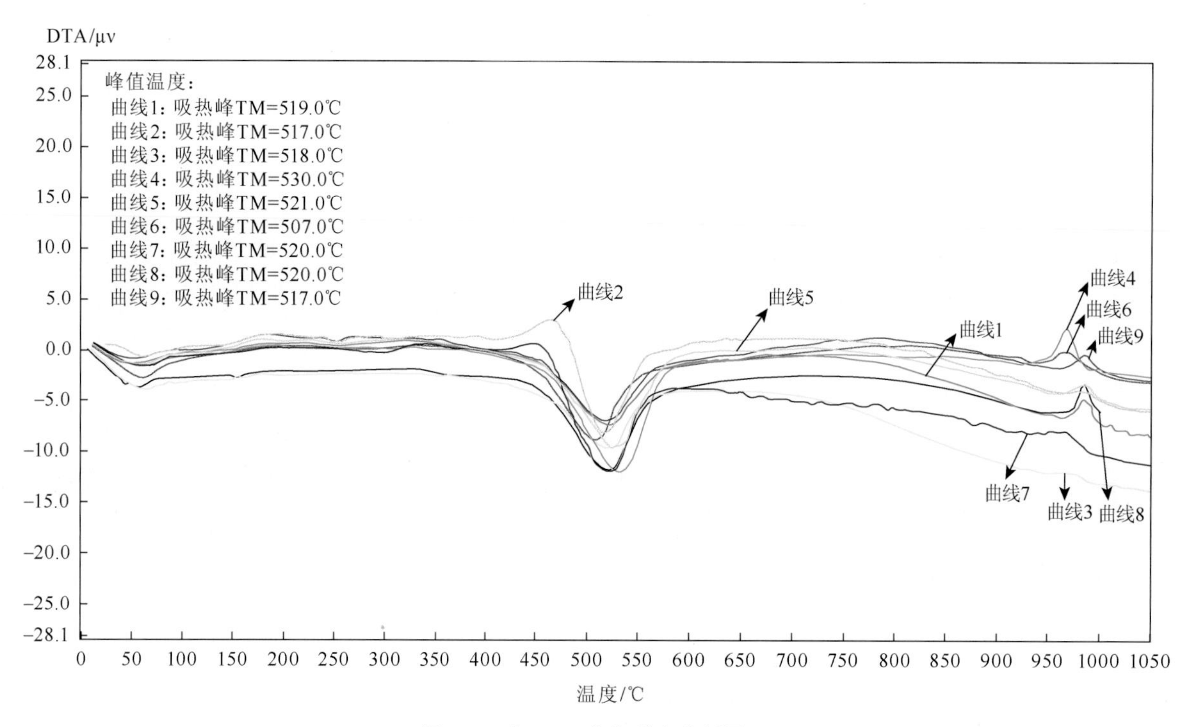

图 6-5　多 DTA 曲线联合分析图 1

曲线 1：D19-b2；曲线 2：D19-b8；曲线 3：D19-b6；曲线 4：D29-b6；曲线 5：D29-b7；曲线 6：D35-b1；曲线 7：D29-b3；曲线 8：D29-b4；曲线 9：D31-b3

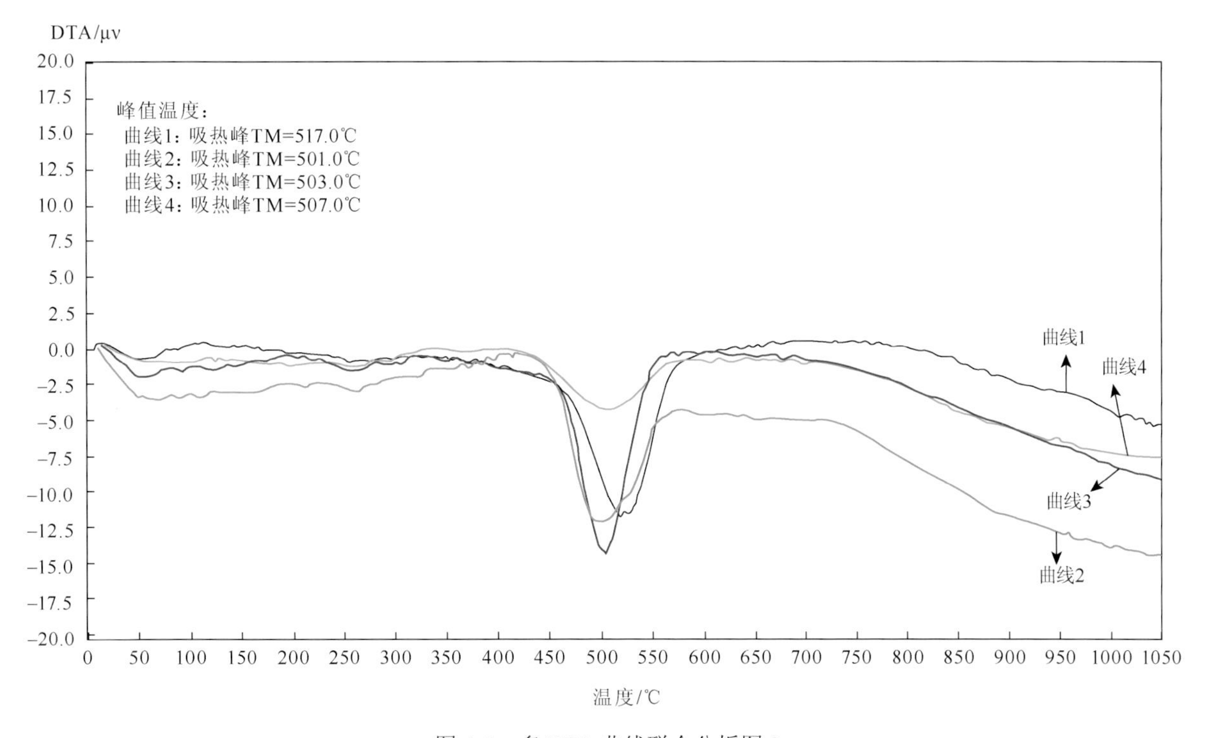

图 6-6　多 DTA 曲线联合分析图 2

曲线 1：D19-b7；曲线 2：D35-b2；曲线 3：D31-b2；曲线 4：D31-b4

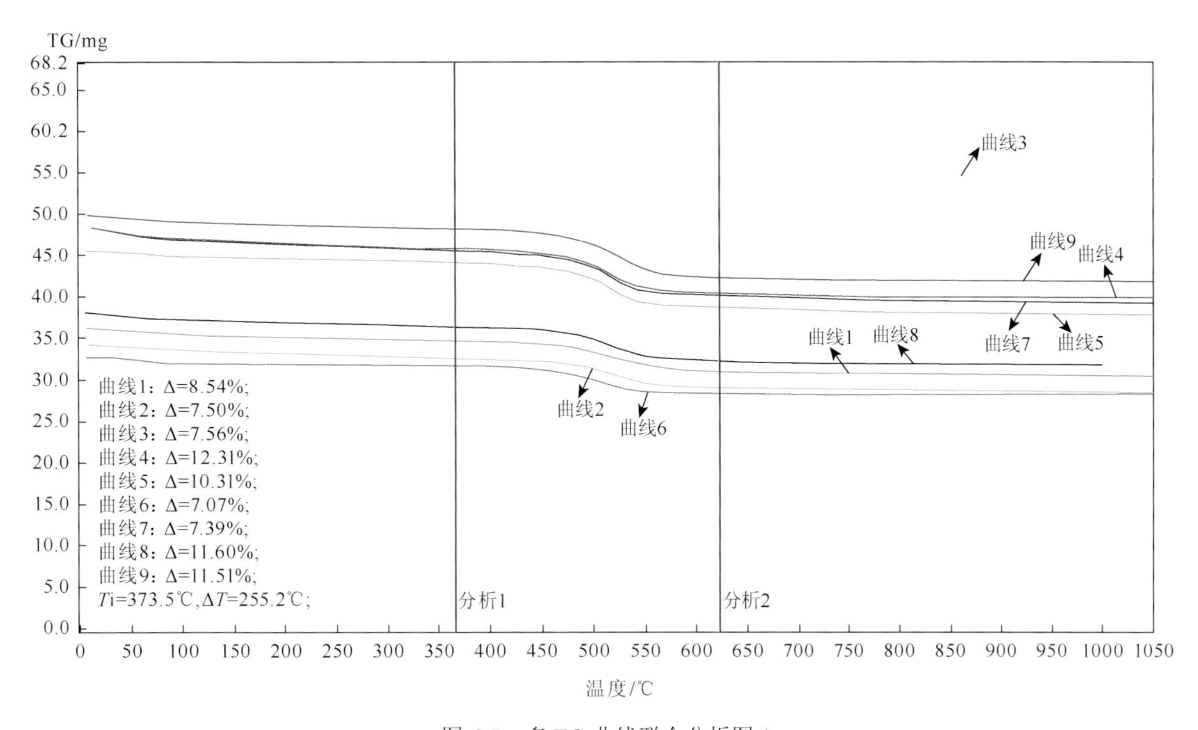

图 6-7　多 TG 曲线联合分析图 1

曲线 1：D19-b2；曲线 2：D19-b8；曲线 3：D19-b6；曲线 4：D29-b6；曲线 5：D29-b7；曲线 6：D35-b1；曲线 7：D29-b3；曲线 8：D29-b4；曲线 9：D31-b3

学与工程研究的晶相定量分析中。XRD 不仅能确定物质的化学组成，而且能得到物相的含量，具有无损样品的优点。

本次研究对滇东南成矿区飞尺角、红舍克矿区部分铝土矿（包括鲕状、致密块状、砂屑砾屑状结构）、铁铝质岩、下伏灰岩在内的共计 20 件样品）进行了 XRD。XRD 分析在中国地质大学（北京）完成，分析仪器为日本理学 X 射线衍射分析仪。粉末样品铜靶扫描，扫描速度为 0.01～100°/min。对衍射图谱的各个矿物的特征峰值进行鉴定分析，计算出相对含量。表 6-2 为试样分析结果，表 6-3 为分析结果，图 6-9 为部分样品 XRD 图谱。

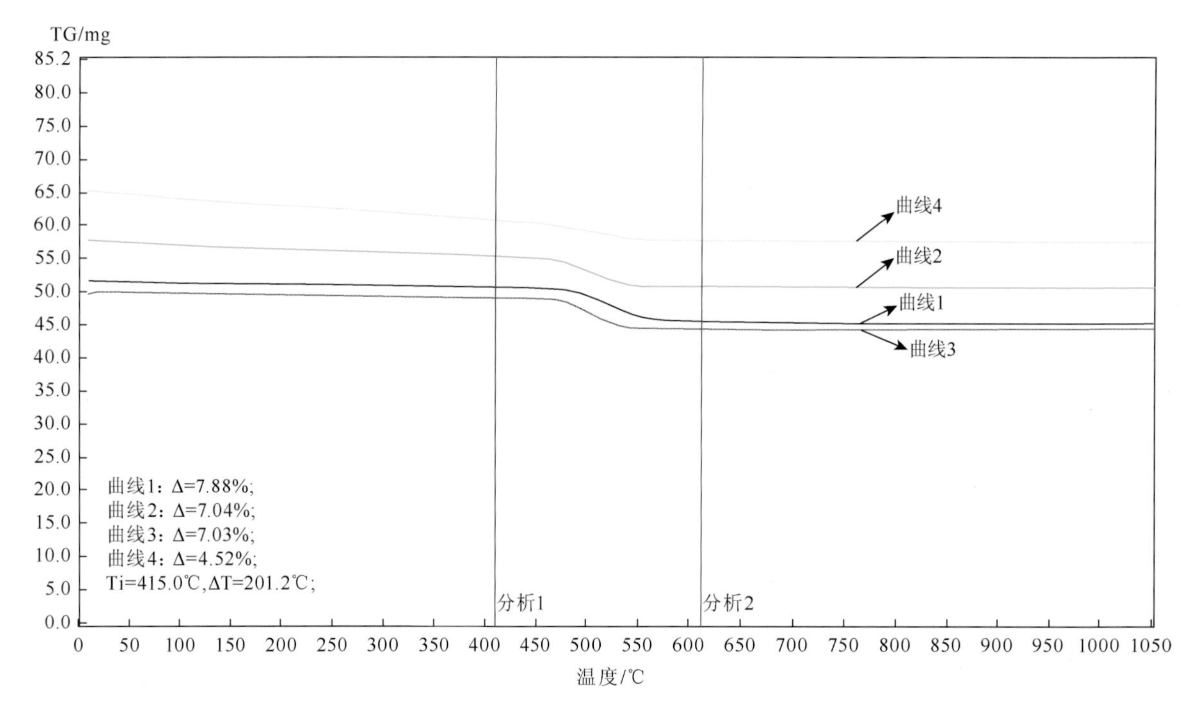

图 6-8　多 TG 曲线联合分析图 2

曲线 1：D19-b7；曲线 2：D35-b2；曲线 3：D31-b2；曲线 4：D31-b4

表 6-2　飞尺角、红舍克铝土矿矿物 XRD 分析结果表

序号	样品编号	矿物									
		铝矿物			铁矿物		黏土矿物		钛矿物		其他矿物
1	D12-b1	一水硬铝石			针铁矿	赤铁矿					
2	D13-b1	一水硬铝石								金红石	
3	D18-b1	一水硬铝石				赤铁矿					
4	D96-b1	一水硬铝石				赤铁矿	伊利石		脱钛矿		
5	D96-b2		三水铝石	一水软铝石	针铁矿	赤铁矿		高岭石			
6	D96-b5			一水软铝石		赤铁矿		高岭石			
7	D96-b7	一水硬铝石		一水软铝石	针铁矿		伊利石		脱钛矿		
8	D96-b8										方解石
9	D96-b9	一水硬铝石	三水铝石	一水软铝石	针铁矿	赤铁矿		高岭石	脱钛矿		
10	D46-b1	一水硬铝石			针铁矿			高岭石	脱钛矿		
11	D46-b2	一水硬铝石		一水软铝石		赤铁矿		高岭石	脱钛矿		
12	D50-b1										方解石
13	D50-b2				针铁矿			高岭石	脱钛矿	金红石	
14	D50-b3	一水硬铝石						高岭石	脱钛矿		
15	D51-b1	一水硬铝石		一水软铝石				高岭石	脱钛矿		
16	D52-b1	一水硬铝石		一水软铝石				高岭石	脱钛矿		
17	D52-b2				针铁矿			高岭石	脱钛矿	金红石	
18	D52-b3	一水硬铝石			针铁矿			高岭石	脱钛矿	金红石	
19	D52-b4	一水硬铝石			针铁矿			高岭石	脱钛矿	金红石	
20	D52-b5	一水硬铝石			针铁矿	赤铁矿		高岭石	脱钛矿		
21	D52-b6	一水硬铝石		一水软铝石				高岭石	脱钛矿	金红石	
22	D52-b7	一水硬铝石						高岭石	脱钛矿		

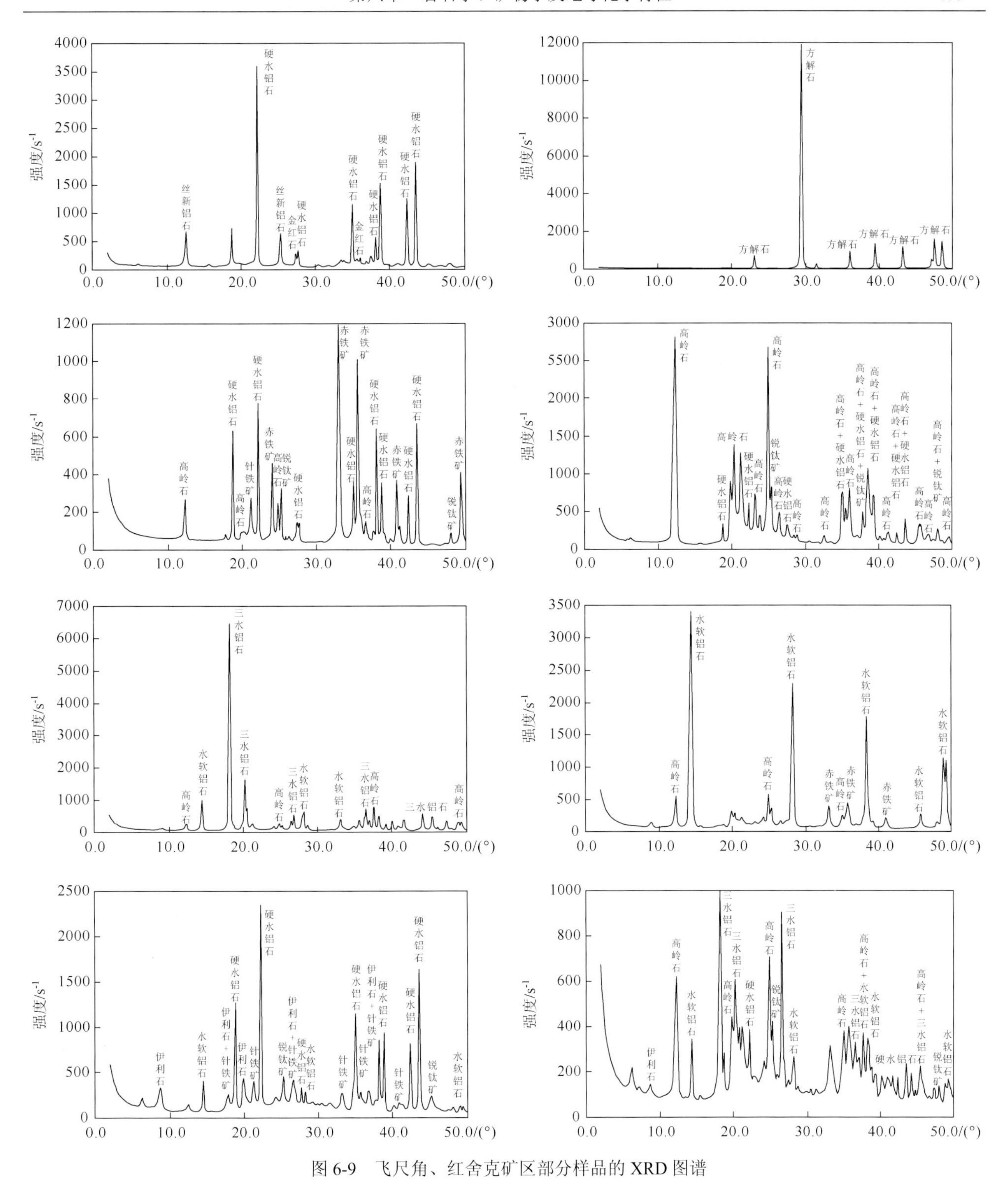

图 6-9 飞尺角、红舍克矿区部分样品的 XRD 图谱

表 6-3 滇东南铝土矿区部分样品 XRD 分析结果表

序号	样品编号	采样地点	野外定名	矿物									
				铝矿物			铁矿物		黏土矿物		钛矿物		其他矿物
1	D13-b1	托白泥	铝土矿	一水硬铝石								金红石	
2	D50-b1	丘北大铁飞尺角矿段	灰岩	一水硬铝石									方解石
3	D52-b5	文山丘北大铁矿区大转弯煤矿	碎屑结构铝土矿	一水硬铝石			针铁矿	赤铁矿		高岭石	脱钛矿	金红石	
4	D52-b7	文山丘北大铁矿区大转弯煤矿	硅质灰岩	一水硬铝石						高岭石	脱钛矿		

续表

序号	样品编号	采样地点	野外定名	矿物									
				铝矿物			铁矿物		黏土矿物		钛矿物		其他矿物
5	D96-b2	砚山县红舍克	砾状铝土岩		三水铝石	一水软铝石	针铁矿	赤铁矿		高岭石			
6	D96-b5	砚山县红舍克	砂屑铝土岩			一水软铝石		赤铁矿		高岭石			
7	D96-b7	砚山县红舍克	砂屑鲕状铁铝质岩	一水硬铝石		一水软铝石	针铁矿		伊利石		脱钛矿		
8	D96-b8	砚山县红舍克	红土										方解石

X 射线衍射峰值对比分析可见滇东南成矿区铝土矿中铝矿物多含一水硬铝石和一水软铝石，个别矿物含三水铝石；所含黏土矿物主要为高岭石，少量伊利石；铝土矿中含有针铁矿、赤铁矿等含铁矿物，另有锐钛矿和金红石。灰岩样品 D96-b8 和 D50-b1 含方解石。

此外，研究还显示，一水硬铝石含钛、硅和铁的类质同象。其中，钛在铝土矿中有 2 种存在形式：一是含钛的单矿物；二是 Ti^{4+}替代铝矿物晶格中 Al^{3+}，形成类质同象。原因是 Al 和 Ti 离子半径相近，在水铝石形成过程中，有利于 Ti^{4+}以吸附状态的形式与水铝石同时沉积，这也即是柱状、板状和粒状水铝石含金红石（TiO_2）均较高的主要缘由。

二、滇东北成矿区

滇东北成矿区已发现有铝土矿矿（化）点 10 余个，主要分布在巧家县、鲁甸县、彝良县、镇雄县和会泽县境内。该区铝土矿（化）点工作程度较低，截至 2009 年无一处矿床上云南省资源储量简表。本小节以会泽朱家村铝土矿为代表，对其岩石学和矿物特征进行详细阐述。

（一）岩石学

铝土矿（岩）石呈灰白色、灰绿色、黄褐色、暗黑色等，总体以灰白色为主，具致密块状构造，粒屑、鲕状、泥晶结构，矿石断口似贝壳状、土状，易碎裂成碎块。

（二）矿物学

铝土矿（岩）石矿物成分主要由一水硬铝石、胶铝石、铁泥质组成，其次还有少量黏土矿物。云南省有色地质 306 队（2009）对滇东北威宁寨、钟鸣、幸福洞等铝土矿化（点）调查结果显示，从北东至南西，铝土矿（岩）石 $A1_2O_3$ 含量逐渐减小，SiO_2 含量则逐渐增大；其矿物成分相应的存在以一水铝石为主逐渐转向以高岭石、迪开石为主的变化特征（表 6-4）。

表 6-4　化学分析与差热分析结果表

地点	$A1_2O_3$	SiO_2	Fe_2O_3	差热分析	矿石类型
威宁寨	44.76	10.53	26.31	一水铝石、水针铁矿	灰绿色铝土矿
钟鸣	44.06	33.00	28.32	一水铝石、水针铁矿	豆状铝土矿
钟鸣南	40.99	35.91	4.00	高岭石、迪开石、褐铁矿	土状铝土矿
幸福洞北	37.01	36.04	4.50	高岭石	致密块状铝土岩
幸福洞	26.00	46.13	4.86	高岭石、迪开石	致密块状铝土岩

注：据云南省有色地质局 306 队，2009。

三、滇西成矿区

滇西成矿区已发现铝土矿（化）点 8 个，除个别分布在宁蒗境内外，大部分集中在鹤庆松桂、中窝一带，以沉积型铝土矿为主。该区铝土矿工作程度也相对较低，《云南省铝土矿资源利用现状调查成果汇总报告》（云南省国土资源厅，2011）成果显示，区内达普查程度的铝土矿累计查明资源储量占云南省总量 6.1%。本小节以鹤庆松桂铝土矿为代表，对其岩石学和矿物特征进行阐述。

（一）岩石学

按结构构造铝土矿石可分为鲕状铝土矿、致密豆状铝土矿、松散状（土状）铝土矿、碎屑状铝土矿等自然类型。矿石呈灰白、灰、浅红、浅绿及杂色，具豆状、鲕状结构，多呈鲕粒状，少部分呈简单豆状。鲕粒呈圆形、椭圆形，粒径介于0.2～4.0mm。矿石构造以土状、块状构造为主，次为蜂窝状构造，极少量为角砾状构造（张玉兰等，2012；吴春娇等，2014）。

（二）矿物学

岩矿鉴定、XRD及电子探针分析成果显示，铝土矿石主要矿物有一水硬铝石、三水硬铝石、胶铝矿，次要矿物为褐铁矿、高岭石、水云母等（董旭光和杨海林，2011）。其中，一水硬铝石为灰白色、浅黄色，板片状集合体呈豆鲕状，在晶粒间及裂隙中多被黏土质、胶铝矿、锰铁质交代充填。三水硬铝石为灰白色，半自形至自形粒状、片状，粒度为0.10～0.5mm。胶铝矿呈隐晶质围绕于豆状体边缘，或沿豆粒间及裂隙间分布。主要脉石矿物为高岭石，占3%～5%，次为水云母。高岭石呈细鳞片状，充填于铝土矿豆体中，在矿化强及富矿部位高岭石多呈片状集合体。水云母为细鳞片状，少部分呈集合体产出，在矿化强及富矿部位分布较多（张玉兰等，2012；吴春娇等，2014）。

第二节　地球化学

铝土矿矿床地球化学是铝土矿成矿机理研究不可或缺的重要环节。对铝土矿床含铝岩系的铝土矿（岩）地球化学的系统研究（主量、微量和稀土元素）可对其成矿物质来源、成矿环境和成矿作用过程进行有效约束。

一、滇东南成矿区

本书研究工作对滇东南成矿区大铁矿区古城矿段和天生桥矿区铝土矿（岩）、基底岩石进行了较为系统的主量、微量和稀土元素分析。全岩地球化学分析由河北省区域地质矿产调查研究所实验室完成，样品分析流程见于蕾等（2012）。

（一）主量元素

1. 大铁铝土矿矿区古城矿段

丘北大铁铝土矿区古城矿段35件铝土矿（岩）、11件灰岩和架木格矿段1件玄武岩（古城矿段未出露）样品主量元素分析结果见表6-5。含铝岩系岩性按Al_2O_3、TFeO、Al_2O_3+TFeO含量不同可划分为铝土矿（Al_2O_3≥40%）、铁质岩（TFeO≥40%）、铁铝质岩（Al_2O_3+TFeO≥50%，并且Al_2O_3<40%、TFeO<40%）铁铝质黏土岩（Al_2O_3+TFeO≤50%，并且Al_2O_3<40%、TFeO<40%）4类。

表6-5　大铁铝土矿矿区古城矿段铝土矿（岩）、灰岩和玄武岩主量元素分析结果　　（单位：%）

序号	样号	产地	岩性	SiO_2	TiO_2	Al_2O_3	TFeO	MnO	MgO	CaO	Na_2O	K_2O	P_2O_5	LOI	∑	A/S	A/T
1	D29-YQ3	古城	鲕粒铝土矿	14.63	5.88	40.79	26.63	0.41	0.27	0.27	0.06	0.04	0.55	10.32	99.87	2.79	6.94
2	D29-YQ7	古城	鲕粒铝土矿	32.95	7.83	39.46	5.76	0.00	0.09	0.28	0.15	0.26	0.33	12.62	99.74	1.20	5.04
3	D31-YQ5	古城	鲕粒铝土矿	16.62	6.83	45.19	16.49	0.01	0.37	0.10	0.05	0.02	0.14	13.34	99.16	2.72	6.62
4	D31-YQ61	古城	鲕粒铝土矿	33.51	7.54	39.59	5.79	0.00	0.08	0.08	0.10	0.33	0.20	12.77	99.99	1.18	5.25
5	D31-YQ8	古城	鲕粒铝土矿	28.11	6.62	43.69	7.27	0.00	0.09	0.07	0.17	0.61	0.17	12.87	99.67	1.55	6.60
6	D31-YQ9	古城	鲕粒铝土矿	27.96	7.54	43.83	6.82	0.00	0.08	0.07	0.12	0.44	0.24	12.87	99.96	1.57	5.81
7	D33-YQ1	古城	鲕粒铝土矿	12.27	1.88	67.76	1.24	0.00	0.02	0.18	0.09	0.05	0.11	15.98	99.60	5.52	36.04

续表

序号	样号	产地	岩性	SiO_2	TiO_2	Al_2O_3	TFeO	MnO	MgO	CaO	Na_2O	K_2O	P_2O_5	LOI	∑	A/S	A/T
8	D33-YQ2	古城	鲕粒铝土矿	15.50	3.09	46.77	18.67	0.00	0.19	0.30	0.08	0.07	0.31	14.53	99.52	3.02	15.14
9	D41-YQ2	水米冲	鲕粒铝土矿	8.70	4.71	41.54	29.18	0.21	0.27	0.98	0.05	0.04	0.54	13.03	99.28	4.77	8.82
10	D43-YQ4	水米冲	鲕粒铝土矿	11.05	7.78	40.15	28.27	0.20	0.16	0.22	0.05	0.02	0.11	10.99	99.00	3.63	5.16
11	D45-YQ2	水米冲	鲕粒铝土矿	11.35	6.51	45.14	24.54	0.01	0.24	0.44	0.05	0.02	0.10	10.90	99.31	3.98	6.93
12	D68-YQ5	水米冲	鲕粒铝土矿	17.28	3.44	40.81	20.64	0.15	0.41	0.59	0.07	0.03	0.08	16.09	99.61	2.36	11.86
13	D40-YQ1	水米冲	铁质岩	7.39	1.03	10.64	70.40	0.13	0.19	0.28	0.06	0.03	0.14	9.85	100.13	1.44	10.33
14	D31-YQ2	古城	铁铝质岩	5.53	8.15	36.71	36.76	0.43	0.20	0.34	0.05	0.02	0.19	10.73	99.12	6.64	4.50
15	D31-YQ4	古城	铁铝质岩	13.79	9.48	30.06	33.72	0.01	0.18	0.12	0.05	0.02	0.28	11.95	99.67	2.18	3.17
16	D40-YQ2	水米冲	铁铝质岩	25.75	4.70	29.93	26.37	0.04	0.16	0.24	0.10	0.05	0.38	11.93	99.64	1.16	6.37
17	D40-YQ3	水米冲	铁铝质岩	17.32	5.96	36.02	25.79	0.02	0.22	0.17	0.05	0.02	0.40	13.58	99.54	2.08	6.04
18	D40-YQ4	水米冲	铁铝质岩	23.26	4.88	35.35	23.69	0.04	0.29	0.58	0.14	0.10	0.53	10.49	99.36	1.52	7.24
19	D41-YQ3	水米冲	铁铝质岩	17.37	5.30	30.87	33.86	0.05	0.73	0.57	0.11	0.03	0.22	10.27	99.38	1.78	5.82
20	D56-YQ2	古城	铁铝质岩	32.52	6.45	26.23	24.03	0.02	0.12	0.56	0.06	0.03	0.36	9.58	99.96	0.81	4.07
21	D56-YQ3	古城	铁铝质岩	18.08	6.76	33.28	22.00	0.20	0.31	0.44	0.26	0.45	0.12	18.22	100.12	1.84	4.92
22	D45-YQ3	水米冲	铁铝质岩	24.09	5.45	30.48	28.35	0.01	0.68	0.24	0.05	0.02	0.09	9.98	99.45	1.27	5.59
23	D68-YQ4	水米冲	铁铝质岩	16.11	5.97	34.11	32.46	0.04	0.55	0.36	0.07	0.03	0.11	9.73	99.55	2.12	5.71
24	D68-YQ6	水米冲	铁铝质岩	13.76	6.57	23.81	32.12	0.75	0.98	1.48	0.05	0.02	0.07	21.12	100.71	1.73	3.62
25	D29-YQ2	古城	铝质黏土岩	38.19	6.03	17.78	26.32	0.00	0.34	0.49	0.56	0.27	0.30	9.90	100.18	0.47	2.95
26	D29-YQ4	古城	铝质黏土岩	38.34	1.86	34.09	9.59	0.14	0.18	0.18	0.07	0.11	0.59	14.55	99.71	0.89	18.33
27	D29-YQ5	古城	铝质黏土岩	42.41	5.43	36.68	1.73	0.03	0.06	0.09	0.07	0.12	0.23	13.30	100.14	0.86	6.76
28	D29-YQ6	古城	铝质黏土岩	39.69	5.30	36.12	4.55	0.00	0.08	0.16	0.07	0.07	0.15	14.03	100.21	0.91	6.82
29	D31-YQ3	古城	铝质黏土岩	38.11	7.32	33.66	7.35	0.00	0.08	0.10	0.08	0.34	0.17	12.82	100.03	0.88	4.60
30	D31-YQ60	古城	铝质黏土岩	34.12	6.38	27.26	17.91	0.00	0.20	0.07	0.05	0.02	0.21	13.86	100.09	0.80	4.27
31	D43-YQ2	水米冲	铝质黏土岩	34.31	5.27	27.34	21.73	0.11	0.15	0.35	0.05	0.03	0.41	10.26	100.00	0.80	5.19
32	D43-YQ3	水米冲	铝质黏土岩	30.41	5.39	33.82	14.80	0.24	0.26	0.33	0.05	0.02	0.23	14.51	100.07	1.11	6.27
33	D68-YQ2	水米冲	铝质黏土岩	37.71	4.11	34.28	10.91	0.04	0.25	0.49	0.10	0.05	0.20	11.92	100.06	0.91	8.34
34	D68-YQ3	水米冲	铝质黏土岩	33.23	3.98	33.08	17.34	0.05	0.26	0.26	0.08	0.04	0.19	11.36	99.86	1.00	8.31
35	D67-YQ2	古城	铝质黏土岩	31.11	3.64	24.83	16.80	0.00	0.12	0.90	0.08	0.04	0.21	22.33	100.06	0.80	6.82
36	D29-YQ1	古城	生屑灰岩	2.87	0.34	2.54	0.71	0.02	0.02	48.77	0.04	0.02	0.02	44.70	100.03	0.89	7.47
37	D31-YQ1	古城	生屑灰岩	1.65	0.04	0.42	0.14	0.01	0.02	56.27	0.04	0.02	0.01	41.31	99.94	0.25	10.50
38	D40-YQ0	水米冲	生屑灰岩	2.25	0.05	1.90	0.70	0.02	0.02	53.68	0.09	0.02	0.02	41.06	99.82	0.84	38.00
39	D41-YQ1	水米冲	生屑灰岩	1.83	0.07	0.94	0.18	0.03	0.02	55.74	0.03	0.02	0.02	41.12	100.00	0.51	13.43
40	D43-YQ1	水米冲	生屑灰岩	2.28	0.12	1.67	0.33	0.02	0.02	54.60	0.04	0.02	0.02	40.84	99.96	0.73	13.92
41	D45-YQ1	水米冲	生屑灰岩	2.48	0.53	3.30	1.35	0.03	0.05	52.30	0.04	0.02	0.02	39.92	100.02	1.33	6.23
42	D56-YQ1	古城	生屑灰岩	2.99	0.18	2.05	0.99	0.06	0.02	54.76	0.04	0.02	0.02	38.81	99.93	0.69	11.39
43	D67-YQ1	古城	生屑灰岩	3.81	0.56	3.74	0.93	0.07	0.02	56.36	0.08	0.02	0.02	34.08	99.70	0.98	6.68
44	D68-YQ1	水米冲	生屑灰岩	4.65	0.28	2.30	0.61	0.04	0.58	52.85	0.19	0.05	0.03	38.36	99.93	0.49	8.21
45	D31-YQ7	古城	砂质灰岩	49.97	0.38	33.56	2.11	0.00	0.04	0.05	0.06	0.12	0.08	13.61	99.97	0.67	88.32
46	D67-YQ7	古城	砂质灰岩	41.10	2.13	13.20	12.19	0.20	6.65	11.35	1.70	1.85	0.26	9.02	99.64	0.32	6.20
47	B2	架木格	玄武岩	45.03	3.35	14.20	/	0.25	6.81	9.16	2.35	0.90	0.81	1.30	/	0.32	4.24

测试单位：河北省区域地质矿产调查研究所实验室。

铝土矿 Al_2O_3 含量较高，为 39.46%～67.76%；TFeO 含量变化较大，含量为 1.24%～29.18%；Al_2O_3 + TFeO 为 45.22%～70.72%；SiO_2 含量变化也较大，为 8.70%～33.51%；TiO_2 含量较高，为 1.88%～7.83%，且多数

样品含量>5%；MgO、CaO、Na_2O、K_2O 含量偏低，分别为 0.02%～0.41%、0.07%～0.98%、0.05%～0.17%和 0.02%～0.61%。铝硅比值（A/S）介于 1.18～5.52，平均 2.86；钛率（A/T）值介于 5.04～36.04，平均 10.02。

铁质岩 Al_2O_3 含量较低，为 10.64%；TFeO 含量较高，为 70.40%；Al_2O_3 + TFeO 含量为 81.04%；SiO_2 含量低，为 7.39%；TiO_2 含量较低，为 1.03%；MgO、CaO、Na_2O、K_2O 含量低，分别为 0.19%、0.28%、0.06%、0.03%。A/S 值为 1.44；A/T 值介于 10.33。

铁铝质岩 Al_2O_3 含量较高，为 23.81%～36.71%；TFeO 含量较高，为 22.00%～36.76%；Al_2O_3 + TFeO 含量为 50.26%～73.47%；SiO_2 含量变化较大，为 5.53%～32.52%；TiO_2 含量较高，为 4.70%～9.48%；MgO 含量较高，为 0.12%～0.98%；CaO、Na_2O、K_2O 含量低，分别为 0.12%～1.48%、0.05%～0.26%、0.02%～0.45%。A/S 值介于 1.81～6.64，平均 2.10；A/T 值介于 3.17～7.24，平均 5.19。

铝质黏土岩 Al_2O_3 含量较高，为 17.78%～36.68%；TFeO 含量较低，为 1.73%～26.32%；Al_2O_3 + TFeO 含量为 38.41%～50.42%；SiO_2 含量不大，为 30.41%～42.41%；TiO_2 含量较高，为 1.86%～7.32%；MgO 含量较低，为 0.06%～0.34%；CaO、Na_2O、K_2O 含量低，分别为 0.07%～0.90%、0.05%～0.56%、0.02%～0.34%。A/S 值介于 0.47～1.11，平均 0.86；A/T 值介于 2.95～18.33，平均 7.15。

灰岩可分为生屑灰岩和砂质灰岩 2 种类型，它们具有不同的主量元素含量特征。生屑灰岩 Al_2O_3 含量低，为 0.42%～3.74%；TFeO 含量为 0.14%～1.35%；Al_2O_3 + TFeO 为 0.56%～4.67%；SiO_2 含量低，为 1.65%～4.65%；TiO_2 含量低，为 0.04%～0.56%；MgO 含量低，为 0.02%～0.58%；CaO 含量高，为 48.77%～56.36%；Na_2O、K_2O 含量低，分别为 0.03%～0.19%、0.02%～0.05%；A/S 值介于 0.25～1.33，平均 0.75；A/T 值介于 6.23～38.00，平均 12.87。砂质灰岩 Al_2O_3 含量较高，为 13.20%～33.56%；TFeO 含量变化较大，介于 2.11%～12.19%；Al_2O_3 + TFeO 含量较低，为 25.39%～35.67%；SiO_2 含量高，为 41.10%～49.97%；TiO_2 含量较低，为 0.38%～2.13%；MgO 含量差别较大，为 0.04%～6.65%；CaO、Na_2O、K_2O 含量较低，分别为 0.0.5%～11.35%、0.06%～1.70%、0.12%～1.85%；A/S 值介于 0.32～0.67，平均 0.50；A/T 值介于 6.20～88.32，平均 47.26。砂质灰岩和生屑灰岩主量元素含量的变化较大，推测可能是由岩石中含有陆源碎屑物或碳质物质不同引起的。

玄武岩 Al_2O_3 含量为 14.2%，SiO_2 含量为 45.03%；TiO_2 含量为 3.35%；A/S 值为 0.32；A/T 值为 4.24。

研究认为成矿物源相同的各类矿（岩）石具有较为接近的 A/T 值，利用这一结论可判别其成矿物质来源特征（崔银亮等，2017）。表 6-5 数据显示，铝土矿（岩）A/T 值介于 2.95～36.04，平均 7.61（1～35 号样品均值）；灰岩 A/T 值介于 6.20～38.00，平均 12.20（生屑灰岩和砂质灰岩平均值，45 号样品值不参与计算）；玄武岩 A/T 比值为 4.24。对比，可见铝土矿（岩）A/T 值与灰岩、玄武岩 A/T 值均接近，暗示二者对铝土矿（岩）形成均有一定贡献。

在图 6-10 上，大铁矿区古城矿段 Al_2O_3 与 SiO_2、TFeO、CaO、K_2O 呈负相关关系，SiO_2 与 A/S 呈负相关关系，Al_2O_3 与 TiO_2、A/S 呈正相关关系，反映 Al_2O_3 和 TiO_2 可能为性质相似的氧化物。在 SiO_2-Al_2O_3-TFeO 图（图 6-11）上，灰岩、玄武岩主要分布在弱红土化作用区域，铝土矿（岩）样品相对集中分布在中等红土化作用与强红土化作用区域，且从灰岩（或玄武岩）→铁铝质→铝土矿，样品 SiO_2、TFeO 降低，Al_2O_3 逐渐增大，且表现出由弱红土化作用→中等红土化作用→强红土化作用演化趋势特征。二图解相似的演化特征，说明铝土矿成矿作用实质为去掉无用组分（去硅、铁），富集 Al_2O_3 的作用过程。

2. 天生桥铝土矿

天生桥铝土矿（岩）、下伏灰岩和玄武岩 50 件样品分析结果见表 6-6。从表 6-6 可见。

铝土矿（岩）主量元素以 Al_2O_3、TFeO、SiO_2、TiO_2 为主，其中 Al_2O_3 含量介于 16.45%～73.78%，平均为 48.44%；SiO_2 含量为 0.91%～20.94%，平均为 7.82%；TiO_2 含量为 1.83%～7.87%，平均为 5.68%；TFeO 含量介于 0.98%～53.76%，平均为 22.78%；A/S 值为 1.29～57.67，平均为 10.56；A/T 值为 5.27～17.84，平均为 8.79，总体显高铁、中硅、低铝特点。

灰岩 Al_2O_3 含量介于 0.10%～0.36%，平均为 0.17%；SiO_2 含量为 0.03%～0.33%，平均为 0.15%；TiO_2 含量为 0.01%～0.08%，平均为 0.02%；TFeO 含量介于 0.07%～0.77%，平均为 0.38%；A/S 值为 0.50～3.33，平均值为 1.57；A/T 值为 4.50～13.00，平均为 10.30。

玄武岩 Al_2O_3 含量介于 23.97%～25.25%，平均为 24.61%；SiO_2 含量为 27.37%～30.97%，平均为 29.17%；

TiO_2 含量为 5.31%～6.24%，平均为 5.78%；TFeO 含量介于 24.90%～29.11%，平均为 27.00%；A/S 值为 0.82～0.88，平均为 0.85；A/T 值为 3.84～4.76，平均值为 4.30。

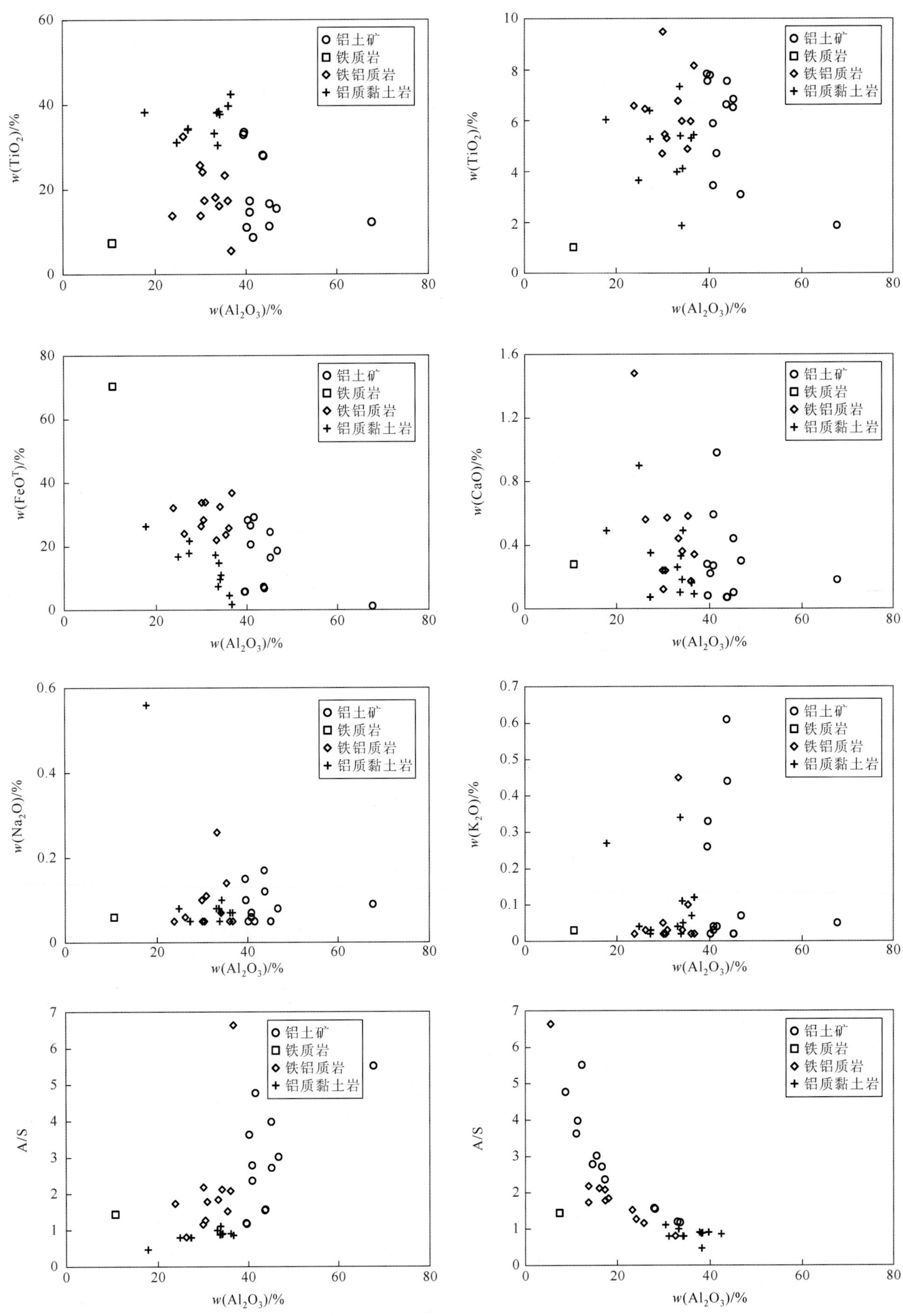

图 6-10　大铁铝土矿古城矿段铝土矿（岩）主量元素相关图

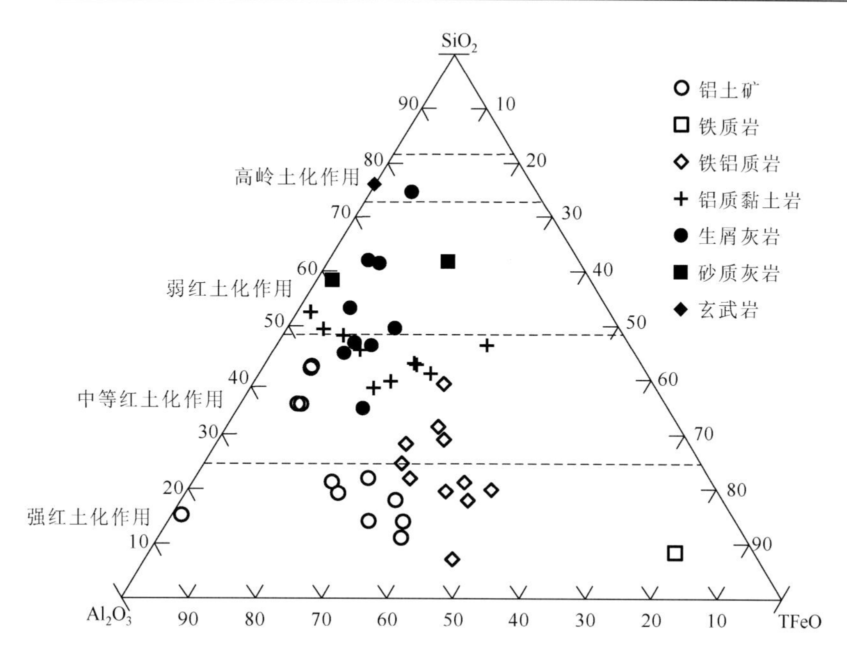

图 6-11　大铁矿区古城矿段铝土矿（岩）、灰岩和架木格矿段玄武岩 SiO_2-Al_2O_3-TFeO 图解（底图据 Schellmann，1982）

表 6-6　天生桥铝土矿（岩）、灰岩和玄武岩主量元素分析结果　（单位：%）

样品编号	岩性	SiO_2	Al_2O_3	TiO_2	TFeO	CaO	A/S	A/T
P1-11-1-b1	粉砂铁铝质岩	4.85	50.07	5.39	23.88	0.24	10.33	9.29
P1-11-2-b1	砂屑铁铝质岩	2.76	62.04	7.17	12.23	0.23	22.51	8.66
P1-11-2-b2	砂屑铝质岩	4.01	60.24	7.03	13.45	0.24	15.02	8.57
P1-11-3-b1	砂屑铝质岩	5.44	59.53	6.49	13.27	0.18	10.93	9.17
P1-11-4-b1	砂屑含铝铁硅质岩	8.71	56.87	5.76	12.97	0.11	6.53	9.88
P1-12-2-b1	砂屑含铝土矿硅铁质岩	9.53	41.75	6.48	27.13	0.09	4.38	6.45
P1-12-3-b1	含砾屑砂屑铁铝质岩	9.62	40.33	4.45	30.66	0.14	4.19	9.07
P1-12-4-b1	砂屑铝铁质岩	9.56	41.54	6.41	26.62	0.10	4.35	6.48
P1-13-1-b1	含砾砂屑铁铝质岩	2.04	43.5	5.25	28.51	0.36	21.37	8.28
P1-13-2-b1	含砾砂屑铁铝质岩	6.19	28.13	3.95	47.09	0.74	4.55	7.12
P1-13-3-b1	含砾砂屑铁铝质岩	7.92	41.6	5.39	29.90	0.12	5.25	7.71
P1-13-4-b1	含砾砂屑铁铝质岩	11.55	42.52	5.16	24.86	0.10	3.68	8.24
P2-3-1-b1	砂屑铝铁硅质岩	7.35	54.77	3.07	—	0.11	7.45	17.84
P2-3-2-b1	砂屑含铁铝质岩	2.11	65.72	3.75	—	0.09	31.15	17.54
P2-8-1-b1	砂屑鲕状铁铝质岩	19.32	39.97	5.77	—	0.13	2.07	6.93
P2-8-2-b1	鲕粒砂屑铁铝质岩	12.86	41.29	4.71	—	0.10	3.21	8.77
P2-8-2-b2	鲕状铝质岩	10.56	46.92	6.69	—	0.09	4.44	7.01
P1-22-1-b1	含团块铁质铝土矿	5.21	39.85	5.65	33.96	0.35	7.65	7.05
P1-22-2-b1	含团块铁质铝土矿	0.91	52.68	6.54	23.36	0.23	57.67	8.06
P1-22-3-b1	团块状铁质铝土矿	8.08	51.26	6.79	16.44	0.70	6.34	7.55
P1-23-1-b1	团块状含铁泥质铝土矿	5.83	60.11	7.67	12.02	0.13	10.32	7.84
P1-31-1-b1	碎裂状含铁泥质铝土矿	16.62	31.03	3.51	31.54	1.77	1.87	8.83
P1-31-2-b1	含团块含铁泥质铝土矿	6.79	46.67	5.96	25.51	0.21	6.87	7.83
P1-31-3-b1	含铁泥质铝土矿	8.48	49.85	6.12	20.14	0.15	5.88	8.15
P1-34-1-b1	团块状含菱镁铁泥质铝土矿	1.51	46.10	4.51	23.18	0.78	30.52	10.23
P1-34-2-b1	团块状铁质铝土矿	20.94	50.86	5.56	6.00	0.15	2.43	9.15
P1-37-2-b1	碎裂状铁泥质铝土矿	4.48	45.38	5.96	28.97	0.20	10.12	7.61

续表

样品编号	岩性	SiO_2	Al_2O_3	TiO_2	TFeO	CaO	A/S	A/T
P1-37-2-b2	碎裂状铁质铝土矿	7.16	27.86	2.84	34.96	0.14	3.89	9.80
P1-38-1-b1	含团块铁质铝土矿	12.75	16.45	1.83	53.76	0.13	1.29	8.98
P1-38-1-b2	团块状含铁泥质铝土矿	7.54	57.8	6.56	12.82	0.09	7.67	8.80
P1-38-2-b1	含团块含铁泥质铝土矿	7.38	55.95	7.72	13.22	0.09	7.58	7.25
P1-38-2-b2	含团块含铁泥质铝土矿	5.06	64.32	7.87	7.36	0.12	12.72	8.18
P1-38-2-b3	含团块铁泥质铝土矿	2.33	73.78	7.41	2.17	0.10	31.66	9.96
P1-44-1-b2	含团块含铁质铝土矿	6.3	45.14	5.88	29.07	0.10	7.17	7.68
P1-44-2-b1	含泥质铝土矿	10.5	66.85	7.54	0.98	0.20	6.37	8.87
P1-64-1-b1	含铁泥质铝土矿	14.98	39.25	4.39	23.02	0.55	2.62	8.94
P1-64-2-b1	碎裂状含铁泥质铝土矿	9.21	51.96	4.96	17.42	0.31	5.64	10.47
P1-64-3-b1	含铁质铝土矿	8.19	60.25	5.67	9.93	0.10	7.36	10.62
P1-70-1-b1	含铝质铁泥质岩	12.26	34.30	6.51	31.40	0.11	2.80	5.27
P1-70-2-b1	铝质铁质岩	1.45	42.61	4.29	36.07	0.07	29.38	9.94
P1-70-3-b1	含团块含铁质铝土矿	5.22	61.63	7.87	9.73	0.08	11.8	7.83
P1-71-1-b1	含团块铁质铝土矿	5.78	37.54	4.47	38.22	0.11	6.49	8.39
P1-71-2-b1	含团块含铁泥质铝土矿	6.72	56.44	7.35	14.74	0.11	8.39	7.68
P1-0*	灰岩	0.08	0.12	0.01	0.07	55.90	1.50	12.00
P10-0*	灰岩	0.24	0.12	0.01	0.77	54.91	0.50	12.00
P64-0*	灰岩	0.03	0.10	0.01	0.17	55.65	3.33	10.00
P71-0*	灰岩	0.09	0.13	0.01	0.14	55.80	1.44	13.00
P22-0*	灰岩	0.33	0.36	0.08	0.77	54.76	1.09	4.50
P14-0*	玄武岩	27.37	23.97	6.24	29.11	0.08	0.88	3.84
P15-0*	玄武岩	30.97	25.25	5.31	24.90	0.10	0.82	4.76

测试单位：河北省区域地质矿产调查研究所实验室；带*样品数据引自焦扬等，2014。

对比表 6-6 特征值，可见铝土矿（岩）A/T 值与下伏灰岩 A/T 值接近，暗示下伏灰岩对铝土矿成矿有一定贡献。

在主量元素相关图（图 6-12）上，铝土矿（岩）样品 Al_2O_3 与 SiO_2、TFeO、CaO 呈负相关关系，SiO_2 与 A/S 值呈负相关关系，Al_2O_3 与 TiO_2、A/S 值呈正相关关系，依然反映 Al_2O_3 和 TiO_2 可能为化学性质相似的氧化物。在 SiO_2-Al_2O_3-TFeO 图解上（图 6-13），灰岩、玄武岩主要分布在中等红土化作用区域，铝土矿（岩）相对集中分布在强红土化作用区域，且从灰岩（或玄武岩）→铁铝（硅）质岩→铝土矿，样品依然存在 SiO_2、TFeO 降低，Al_2O_3 逐渐增大的变化规律，且表现出由中等红土化作用→强红土化作用演化趋势特征。以上特征，再次表明了铝土矿的去硅、铁，富 Al_2O_3 成矿作用实质。

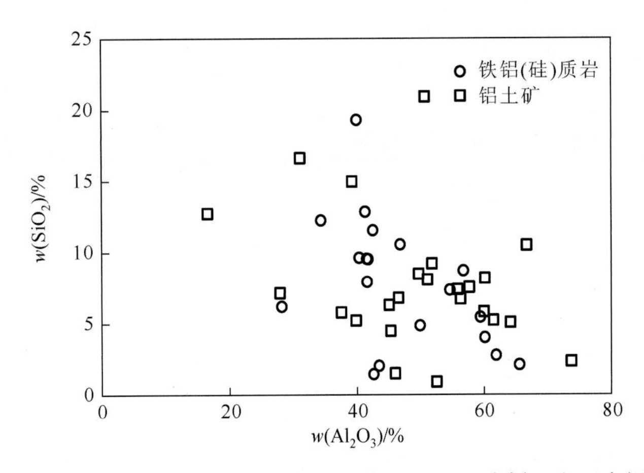

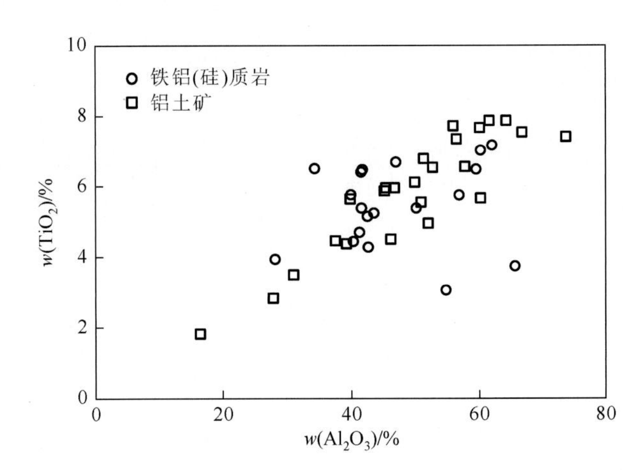

图 6-12　天生桥—者五舍铝土矿（岩）主量元素相关图

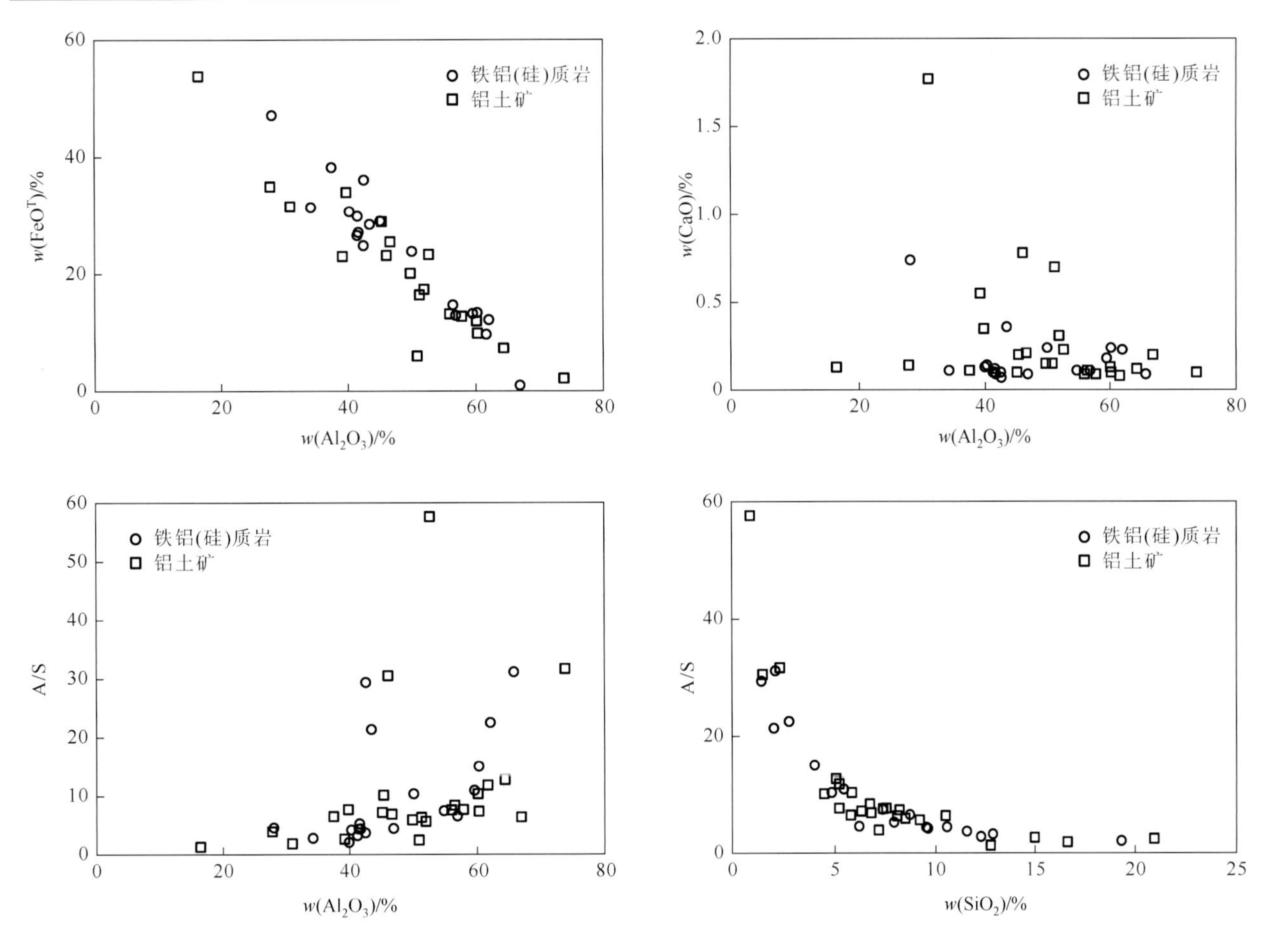

图 6-12　天生桥—者五舍铝土矿（岩）主量元素相关图（续）

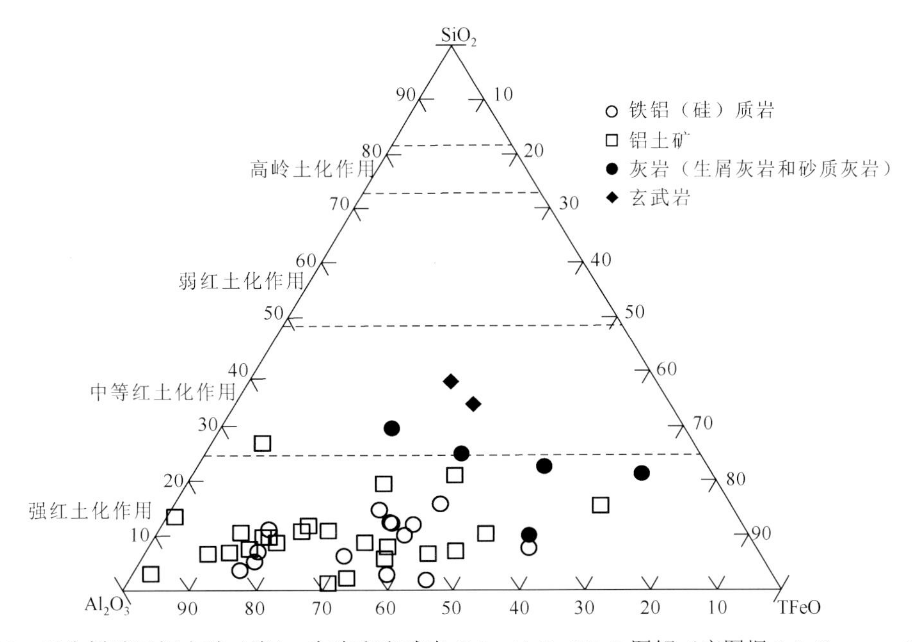

图 6-13　天生桥矿区铝土矿（岩）、灰岩和玄武岩 SiO_2-Al_2O_3-TFeO 图解（底图据 Schellmann，1982）

（二）微量元素

源岩性质基本决定了风化产物的元素组成，铝土矿中微量元素对其源岩具有继承性和演化性（张启明等，2015）。因此，利用微量元素的地球化学特征来研究铝土矿成矿物质来源、成矿环境通常能得到较好的效果。

1. 大铁铝土矿矿区古城矿段

大铁矿铝土矿古城矿段 46 件岩（矿）石样品和架木格矿段 1 件玄武岩微量元素分析结果（表 6-7）显

示，铝土矿（岩）石含有较多的微量元素。其中，除 Cr、Cu、Hg、Li、Mn、Ni、Sr、V、Zn、Zr 含量较高外，其余微量元素含量均较低。

表 6-7　大铁矿铝土矿区古城矿段各类岩性微量元素分析结果表

序号	样号	产地	岩性	分析结果/10^{-6}														
				As	Ba	Be	Bi	Co	Cr	Cs	Cu	Ga	Hf	Hg	Li	Mn	Mo	Nb
1	D29-YQ3	古城	鲕粒铝土矿	5	123	11.81	0.91	295.9	252	0.9	199	46.2	19	77	230	3190	6.95	129
2	D29-YQ7	古城	鲕粒铝土矿	2.9	144	1.75	0.76	9.3	286	2.29	359	17.7	15.9	78	159	32	1.5	88
3	D31-YQ5	古城	鲕粒铝土矿	3.7	15	1.33	0.5	35.2	287	0.26	141	19.8	11.6	37	41	69	1.55	72
4	D31-YQ61	古城	鲕粒铝土矿	6.7	109	2.03	0.5	8.9	286	2.92	83	23.7	14.3	64	186	5	5.28	75
5	D31-YQ8	古城	鲕粒铝土矿	20	105	1.54	0.67	1.9	313	2.77	121	19.6	14.7	531	103	5	3.35	83
6	D31-YQ9	古城	鲕粒铝土矿	20	85	1.47	0.75	1.1	297	1.79	110	21.7	18.3	494	114	5	3.17	99
7	D33-YQ1	古城	鲕粒铝土矿	8.8	28	7.89	2.17	5.6	619	3.13	36	73.9	25	26	183	5	0.75	206
8	D33-YQ2	古城	鲕粒铝土矿	10.1	19	1.71	1.97	7.1	573	0.91	83	13.5	23.1	71	133	5	6.51	119
9	D41-YQ2	水米冲	鲕粒铝土矿	2.9	15	3.09	1.48	22.6	361	4.36	27	17.7	24.5	274	44	1618	0.82	144
10	D43-YQ4	水米冲	鲕粒铝土矿	20.2	3	0.67	0.75	35.8	293	0.46	64	17	16.4	71	48	1575	0.95	82
11	D45-YQ2	水米冲	鲕粒铝土矿	1.2	3	0.65	0.93	7.4	329	7.76	21	19.1	23.6	12	40	111	0.67	133
12	D68-YQ5	水米冲	鲕粒铝土矿	29.4	7	1.1	1.43	31	473	1.95	27	18.9	21.6	55	84	1144	2.66	141
13	D40-YQ1	水米冲	铁质岩	323	29	1.69	0.1	169.2	49	0.52	84	8.6	2.2	299	21	1012	30.86	11
14	D31-YQ2	古城	铁铝质岩	3.3	15	0.71	0.56	53.2	270	0.22	73	10.1	11.9	35	14	3304	0.71	19
15	D31-YQ4	古城	铁铝质岩	41.7	15	1.33	0.44	19.4	269	0.67	148	28.8	11.3	24	44	104	4.01	66
16	D40-YQ2	水米冲	铁铝质岩	1193.7	87	4.17	0.63	45.1	179	4.49	27	37.7	15.1	570	334	279	2.53	89
17	D40-YQ3	水米冲	铁铝质岩	13.3	181	2.32	0.92	36.6	243	2.87	21	49.7	16	8	167	300	4.35	104
18	D40-YQ4	水米冲	铁铝质岩	46	16	0.83	1.01	31.7	257	3.95	79	25.1	15.7	11	128	135	0.79	102
19	D41-YQ3	水米冲	铁铝质岩	57	29	1.26	0.81	185.5	290	2.12	551	56.6	20.4	196	93	411	2.93	151
20	D56-YQ2	古城	铁铝质岩	19.3	74	2.4	0.14	27.5	322	3.56	25	35.8	7.5	26	199	169	1.41	48
21	D56-YQ3	古城	铁铝质岩	6.3	67	0.88	0.49	26.5	231	2.83	136	12	12.4	75	39	1587	1.32	61
22	D45-YQ3	水米冲	铁铝质岩	12	4	1.98	0.84	23.4	254	3.66	63	54.8	25.1	37	130	111	2.11	181
23	D68-YQ4	水米冲	铁铝质岩	58.6	8	0.69	0.69	20.6	183	1.11	66	29	23.2	580	61	292	0.87	188
24	D68-YQ6	水米冲	铁铝质岩	18.4	13	0.37	0.31	25.8	188	0.33	79	17.5	6.6	70	51	5797	1.77	44
25	D29-YQ2	古城	铝质黏土岩	117.1	123	4.38	0.62	9.4	245	5.81	177	38.1	9.1	558	39	0	10.03	57
26	D29-YQ4	古城	铝质黏土岩	21.5	261	11.44	1.01	432.1	285	3.22	190	14.6	11.9	180	436	1071	1.38	41
27	D29-YQ5	古城	铝质黏土岩	2.4	128	7.4	0.7	114.1	227	3.82	110	39.7	13.4	63	350	265	2.35	71
28	D29-YQ6	古城	铝质黏土岩	9.7	57	3.06	0.92	4.9	234	1.22	264	24.8	15.3	119	480	5	2.07	78
29	D31-YQ3	古城	铝质黏土岩	14.7	167	1.66	0.68	8.7	289	3.61	174	30.3	14.1	198	160	5	3.22	77
30	D31-YQ60	古城	铝质黏土岩	1.2	22	1.42	0.07	11.9	164	0.58	227	45.6	7.1	44	49	37	1.79	48
31	D43-YQ2	水米冲	铝质黏土岩	5.8	224	3.5	0.34	31.4	164	4.51	38	38.6	9.9	12	272	843	1.67	63
32	D43-YQ3	水米冲	铝质黏土岩	2.4	113	1.28	0.69	33	169	2.75	254	37.4	13.1	10	132	1837	2.22	70
33	D68-YQ2	水米冲	铝质黏上岩	1235	25	4.71	0.74	73.3	231	2.23	295	45.7	23.2	537	458	335	1.99	130
34	D68-YQ3	水米冲	铝质黏土岩	633.8	36	3.86	0.87	63.1	206	3.14	54	52.6	21.8	89	453	361	3.24	143
35	D67-YQ2	古城	铝质黏土岩	29.4	67	1.82	0.25	269.1	99	1.92	333	22.1	7.8	5267	115	37	3.74	41
36	D29-YQ1	古城	生屑灰岩	2.9	3	0.16	0.06	1.5	17	0.14	4	0.7	0.7	45	2	130	0.17	1
37	D31-YQ1	古城	生屑灰岩	2	5	0.07	0.05	0.9	6	0.13	3	0.4	0.4	74	1	77	0.11	1
38	D40-YQ0	水米冲	生屑灰岩	5	30	0.15	0.05	1.2	10	0.14	2	0.6	0.6	28	2	152	0.36	1
39	D41-YQ1	水米冲	生屑灰岩	9.2	7	0.08	0.04	0.8	3	0.13	3	0.3	0.4	302	1	265	0.09	1
40	D43-YQ1	水米冲	生屑灰岩	1.6	3	0.12	0.05	1.1	9	0.24	3	0.6	0.5	43	2	150	0.13	1

续表

序号	样号	产地	岩性	分析结果/10^{-6}														
				As	Ba	Be	Bi	Co	Cr	Cs	Cu	Ga	Hf	Hg	Li	Mn	Mo	Nb
41	D45-YQ1	水米冲	生屑灰岩	2.9	12	0.12	0.05	1.8	16	0.18	5	0.5	0.6	67	1	227	0.11	1
42	D56-YQ1	古城	生屑灰岩	10.9	27	0.22	0.06	4.6	15	0.18	4	1	0.6	42	4	434	0.51	1
43	D67-YQ1	古城	生屑灰岩	9.2	10	0.18	0.06	1.6	18	0.17	5	0.7	0.7	85	2	537	0.19	1
44	D68-YQ1	水米冲	生屑灰岩	5.8	39	0.06	0.05	1	15	0.15	3	0.5	0.5	86	1	288	0.1	1
45	D31-YQ7	古城	砂质灰岩	18.4	38	2.11	1.01	1.6	32	2.11	28	50.1	6.1	919	177	23	0.33	18
46	D67-YQ7	古城	砂质灰岩	3.7	217	2.07	0.11	35	178	22	75	20.1	6.5	9	28	1581	0.55	34
47	B2	架木格	玄武岩		456.80	0	0	43.88	77.68	4.37	109.50	18.92	3.92	/	7.91	/	0	3.53

序号	样号	产地	岩性	分析结果/10^{-6}														
				Ni	P	Pb	Rb	Sb	Sn	Sr	Ta	Th	Ti	U	V	W	Zn	Zr
1	D29-YQ3	古城	鲕粒铝土矿	197	2421	35	2.5	3.05	9.17	945	7.89	27.4	35295	5.98	301	2.02	268	735
2	D29-YQ7	古城	鲕粒铝土矿	44	1434	43	5.7	3.59	9.18	510	5.65	29.7	47003	9.01	567	2.36	67	598
3	D31-YQ5	古城	鲕粒铝土矿	51	608	20	2.5	2.65	6.06	152	4.68	17.9	40993	5.58	655	2.17	74	472
4	D31-YQ61	古城	鲕粒铝土矿	96	893	38	6.9	10.34	7.08	345	5.24	22.5	45249	22.37	929	2.76	54	540
5	D31-YQ8	古城	鲕粒铝土矿	21	763	72	11	7.03	8.82	304	5.58	25.7	39698	5.86	854	2.38	32	554
6	D31-YQ9	古城	鲕粒铝土矿	25	1061	73	8.3	9.2	9.85	512	5.92	30.4	45225	6.27	831	1.99	30	684
7	D33-YQ1	古城	鲕粒铝土矿	47	477	98	2.5	1.95	11.68	41	12.3	66	11300	7.21	174	3.39	37	1088
8	D33-YQ2	古城	鲕粒铝土矿	18	1372	81	2.5	2.96	17.36	111	7.15	50.4	18553	4.34	175	3.54	87	1006
9	D41-YQ2	水米冲	鲕粒铝土矿	160	2373	52	2.5	3.31	11.94	375	9.04	43.1	28285	4.54	206	1.99	79	950
10	D43-YQ4	水米冲	鲕粒铝土矿	50	475	14	3.9	1.55	8.45	94	4.24	26.9	46651	5.56	550	1.02	118	659
11	D45-YQ2	水米冲	鲕粒铝土矿	30	426	32	3	2.37	10.06	142	6.1	27.4	39077	5.3	481	0.67	45	1004
12	D68-YQ5	水米冲	鲕粒铝土矿	59	359	30	2.6	1.94	11.47	57	8.06	40.5	20657	4.94	227	1.76	45	954
13	D40-YQ1	水米冲	铁质岩	86	595	44	1.7	3.51	0.79	117	0.7	2.8	6202	3.24	73	0.18	828	89
14	D31-YQ2	古城	铁铝质岩	32	849	19	4.2	1.09	6.56	161	0.61	19.3	48885	8.53	652	0.14	54	525
15	D31-YQ4	古城	铁铝质岩	99	1230	18	2	1.52	5.79	254	4.12	16.6	56868	10.94	770	0.82	97	479
16	D40-YQ2	水米冲	铁铝质岩	111	1638	43	2.5	4.13	5.01	1302	5.77	18.5	28197	3.14	270	9.86	39	573
17	D40-YQ3	水米冲	铁铝质岩	127	2324	39	2.5	1.32	7.19	2273	6.96	26.6	29304	3.58	300	1.81	72	636
18	D40-YQ4	水米冲	铁铝质岩	97	1754	48	2.5	1.99	8.52	323	6.9	28.3	35758	4.76	406	2.5	67	649
19	D41-YQ3	水米冲	铁铝质岩	207	947	39	2.2	3.46	9.5	171	9.16	25.5	31814	4.31	332	34.51	213	882
20	D56-YQ2	古城	铁铝质岩	134	1564	12	2.5	7.02	2.46	732	3.21	7.9	38679	2.55	525	0.49	69	284
21	D56-YQ3	古城	铁铝质岩	44	533	18	6	2.8	6	126	4.34	20.8	40556	4.42	693	2.13	69	460
22	D45-YQ3	水米冲	铁铝质岩	83	401	23	3.4	2.28	10.59	127	10.97	26.5	32702	5.96	344	1.26	77	1068
23	D68-YQ4	水米冲	铁铝质岩	67	485	27	1.7	5.14	9.4	152	10.65	26.2	35820	3.91	369	1.3	61	1117
24	D68-YQ6	水米冲	铁铝质岩	27	287	7	4.8	1.44	3.09	102	2.86	11.6	39393	2.26	449	1.24	55	283
25	D29-YQ2	古城	铝质黏土岩	27	1289	31	10.5	3.56	5.3	242	3.9	17.9	36150	12.21	548	1.96	68	368
26	D29-YQ4	古城	铝质黏土岩	358	2563	44	2.5	4.62	7.12	565	3.01	18.4	11176	4.51	179	1.38	171	425
27	D29-YQ5	古城	铝质黏土岩	152	985	52	2.5	3.08	9.7	300	4.98	22.9	32606	5.76	436	3.88	53	487
28	D29-YQ6	古城	铝质黏土岩	92	639	72	4.3	5.11	10.5	134	5.62	36.3	31812	7.53	664	3.09	58	548
29	D31-YQ3	古城	铝质黏土岩	123	727	49	12.1	2.64	10.18	231	5.53	33.3	43917	10.51	793	2.85	42	530
30	D31-YQ60	古城	铝质黏土岩	100	901	11	4.1	0.31	2.61	117	3.21	5.8	38287	2.12	529	0.62	59	278
31	D43-YQ2	水米冲	铝质黏土岩	165	1794	25	2.5	1.48	3.43	1584	4.24	12.1	31634	3.79	390	0.95	96	363
32	D43-YQ3	水米冲	铝质黏土岩	84	1010	30	2.1	0.83	5.29	324	4.85	26.2	32346	5.32	363	5.43	79	546
33	D68-YQ2	水米冲	铝质黏土岩	165	884	16	2.5	16.81	8.4	520	8.02	25.9	24644	5.77	245	6.84	171	942

续表

序号	样号	产地	岩性	分析结果/10^{-6}														
				Ni	P	Pb	Rb	Sb	Sn	Sr	Ta	Th	Ti	U	V	W	Zn	Zr
34	D68-YQ3	水米冲	铝质黏土岩	151	818	44	2.5	12.93	7.89	648	8.17	26.1	23881	3.58	217	10.32	55	858
35	D67-YQ2	古城	铝质黏土岩	287	897	44	2.5	10.68	2.17	401	2.81	8.8	21823	1.4	240	0.65	41	292
36	D29-YQ1	古城	生屑灰岩	6	83	3	2.5	0.19	0.5	91	0.08	0.3	2044	0.23	19	0.08	9	26
37	D31-YQ1	古城	生屑灰岩	5	62	3	2.1	0.42	0.5	66	0.04	0.2	231	0.14	9	0.06	9	18
38	D40-YQ0	水米冲	生屑灰岩	5	88	3	2.6	0.1	0.5	94	0.07	0.4	296	0.34	11	0.09	9	22
39	D41-YQ1	水米冲	生屑灰岩	5	80	3	1.8	0.36	0.5	71	0.04	0.1	442	0.13	6	0.06	10	17
40	D43-YQ1	水米冲	生屑灰岩	5	99	3	2.5	0.13	0.5	107	0.07	0.3	710	0.22	8	0.17	10	20
41	D45-YQ1	水米冲	生屑灰岩	6	88	3	2.2	0.19	0.5	75	0.09	0.4	3189	0.17	18	0.18	10	25
42	D56-YQ1	古城	生屑灰岩	9	78	4	1.9	0.53	0.5	94	0.08	0.4	1086	0.34	14	0.15	21	21
43	D67-YQ1	古城	生屑灰岩	6	104	3	2.7	1.33	0.5	120	0.09	0.5	3356	0.21	23	0.14	16	27
44	D68-YQ1	水米冲	生屑灰岩	5	135	3	2.1	0.86	0.5	85	0.05	0.2	1667	0.14	14	0.12	11	21
45	D31-YQ7	古城	砂质灰岩	11	339	19	11.2	1.87	6.07	41	2.3	28.6	2259	19.07	82	1.68	17	134
46	D67-YQ7	古城	砂质灰岩	77	1133	11	61	0.25	1.33	262	2.24	6.6	12765	1.22	224	0.65	107	248
47	B2	架木格	玄武岩	/	3535	2.53	17.18	/	/	386.40	0.23	3.24	20078	0.73	322.80	0	96.05	152.56

在微量元素原始地幔标准化蛛网图（图 6-14a）上，铝土矿（岩）与下伏灰岩、玄武岩具有大体一致的元素富集、亏损规律，明显富集 Th、U、La、Ce、Nd、Sm 元素，亏损 Ba、K、Sr、P、Ti。在微量元素上地壳标准化蛛网图（图 6-14b）上，铝土矿（岩）依然表现出了 K、Ce、Pr、Ti 富集，Zr、Hf、Sr 亏损特征，对比灰岩、玄武岩二者富集亏损规律，显与玄武岩更为接近特征。铝土矿（岩）微量元素原始地幔和上地壳标准化曲线形态虽有不同，但都富集了高场强元素 La、Ce 和 Ti，推测其可能继承了原岩特点，即铝土矿富集高场强元素的特征可能是继承了下伏灰岩、玄武岩富集相应元素的特征（金中国等，2011；孟健寅等，2012；张启明等，2015），而图 6-14b 反映铝土矿（岩）富集、亏损及曲线演化趋势与下伏玄武岩更为接近的特点，暗示下伏玄武岩可能对物源贡献稍大。对比图 6-14a 和图 6-14b 可见从原始地幔到大陆上地壳，铝土矿（岩）石的微量元素富集程度逐渐降低，并接近大陆上地壳，显示了铝土矿微量元素组成具有与大陆上地壳特征更为接近的特点（孟健寅等，2012）。

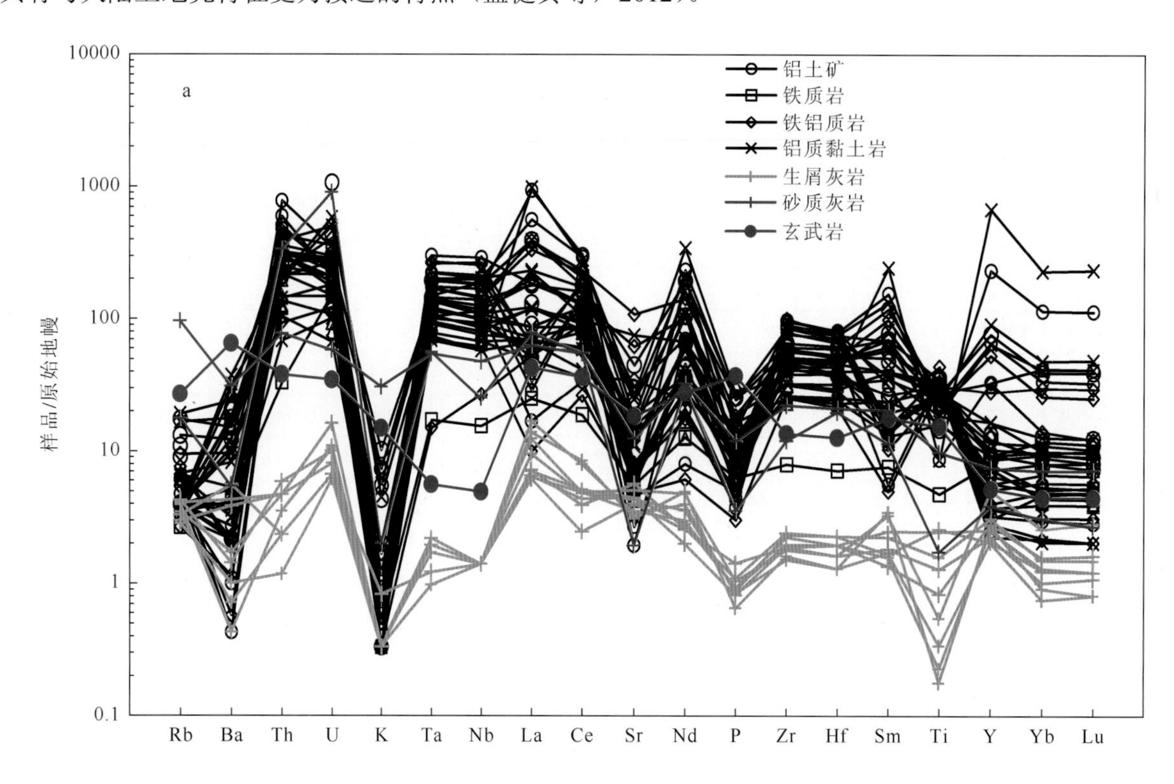

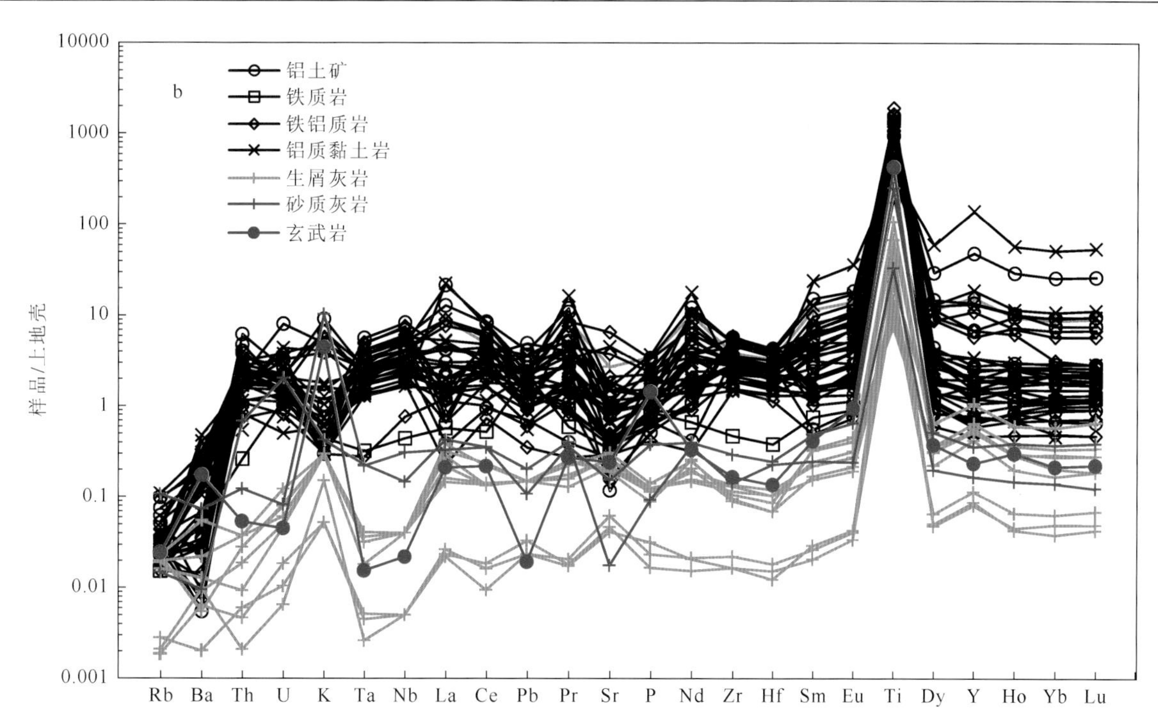

图 6-14　大铁矿区古城矿段铝土矿（岩）、灰岩和架木格矿段玄武岩微量元素原始地幔（a）和上地壳（b）标准化蛛网图
（标准化值：a 据 Sun and McDonough，1989；b 据 Taylor and Mc Lennan，1995）

2. 天生桥—者五舍铝土矿区

微量元素分析结果（表 6-8）显示该区铝土矿（岩）石中除 Th、Li、Nb、Sr、Zr 含量较高外，其余微量元素含量均较低。

表 6-8　天生桥矿区铝土矿岩、灰岩和玄武岩微量元素含量

样品	岩性	分析结果/10^{-6}														
		Zr	Hf	U	Ta	Th	Rb	Sr	Ba	Nb	Li	Ga	Tl	Ge	Se	In
P1-11-1-b1	粉砂铁铝质岩	1786	43.58	17.38	12.30	52.46	0.24	46.6	92.8	179.5	37.99	17.58	0.01	—	—	0.83
P1-11-2-b1	砂屑铁铝质岩	2013	51.13	20.40	3.65	53.12	0.22	50.2	30.2	111.7	9.72	17.88	0.11	—	—	0.72
P1-11-2-b2	砂屑铝质岩	2172	53.43	19.14	13.62	60.00	0.32	62.6	43.3	206.9	24.84	17.88	0.08	—	—	1.41
P1-11-3-b1	砂屑铝质岩	1907	47.24	22.49	16.51	51.88	0.19	59.7	109.1	217.1	60.75	24.98	0.05	—	—	1.05
P1-11-4-b1	砂屑含铝铁硅质岩	1984	47.83	27.15	15.88	68.14	0.23	49.5	300.1	189.7	52.45	27.67	0.03	—	—	1.35
P1-12-2-b1	砂屑含铝土矿硅铁质岩	1679	49.26	16.41	20.92	34.25	0.18	83.4	26.9	208.7	90.21	32.27	0.03	—	—	0.97
P1-12-3-b1	含砾屑砂屑铁铝质岩	1249	30.57	30.52	11.73	26.38	0.30	95.4	72.1	128.9	139.5	26.03	0.09	—	—	0.93
P1-12-4-b1	砂屑铝铁质岩	1857	47.02	20.90	23.08	49.02	0.19	81.1	41.3	232.1	146.1	40.61	0.05	—	—	1.27
P1-13-1-b1	含砾砂屑铁铝质岩	1678	41.04	19.82	9.18	62.55	0.16	11.8	7.6	143.6	19.74	14.81	0.03	—	—	0.98
P1-13-2-b1	含砾砂屑铁铝质岩	1180	36.89	53.10	10.93	35.45	0.74	47.7	371.2	130.6	39.49	22.90	1.53	—	—	0.91
P1-13-3-b1	含砾砂屑铁铝质岩	1631	49.56	28.38	16.17	45.04	0.40	32.3	28.1	191.3	42.05	23.69	0.08	—	—	0.81
P1-13-4-b1	含砾砂屑铁铝质岩	1653	43.12	16.65	16.85	66.17	0.17	21.8	7.1	183.5	148.1	49.73	0.04	—	—	0.84
P1-22-1-b1	含团块铁质铝土矿	1829	45.28	21.47	11.01	55.05	0.74	47.7	371.2	130.6	39.49	22.90	1.53	—	—	0.91
P1-22-2-b1	含团块铁质铝土矿	2056	53.5	10.56	7.76	50.35	0.2	104.7	6.9	145.6	12.24	9.31	0.04	0.88	1.80	0.95

续表

样品	岩性	分析结果/10^{-6}														
		Zr	Hf	U	Ta	Th	Rb	Sr	Ba	Nb	Li	Ga	Tl	Ge	Se	In
P1-22-3-b1	团块状铁质铝土矿	2290	57.78	13.87	13.53	58.33	0.6	73.9	21.1	254.1	126.1	19.42	0.16	2.02	0.15	1.20
P1-23-1-b1	团块状含铁泥质铝土矿	2384	60.92	16.01	14.11	58.25	0.2	24.5	8.1	268.0	92.07	24.23	0.04	1.44	2.10	1.01
P1-31-1-b1	碎裂状含铁泥质铝土矿	1117	29.48	8.64	7.61	34.73	0.3	57.7	19.0	140.9	184.8	46.83	0.04	1.90	2.80	0.54
P1-31-2-b1	含团块含铁泥质铝土矿	1838	47.32	16.15	10.92	58.07	0.3	26.2	15.3	203.6	29.19	30.65	0.02	1.88	1.55	1.10
P1-31-3-b1	含铁泥质铝土矿	1940	48.49	14.52	12.22	51.64	0.3	64.2	19.4	234.4	64.48	28.12	0.02	3.74	8.80	1.07
P1-34-1-b1	团块状含菱镁铁泥质铝土矿	1492	39.02	11.03	6.35	48.9	0.2	14.1	6.4	149.3	15.30	9.30	0.02	0.62	2.25	1.16
P1-34-2-b1	团块状铁质铝土矿	1615	43.61	12.22	11.16	46.71	17.8	133.5	58.3	195.1	657.1	28.13	0.91	0.96	2.45	0.93
P1-37-2-b1	碎裂状铁泥质铝土矿	2060	54.03	13.9	11.53	65.86	0.2	22.4	14.3	215.7	12.40	27.07	0.04	2.16	7.85	1.79
P1-37-2-b2	碎裂状铁质铝土矿	905.6	23.51	11.85	6.18	29.72	0.3	15.1	9.2	101.6	11.55	9.58	0.66	0.26	6.85	0.55
P1-38-1-b1	含团块铁质铝土矿	642	16.93	6.87	3.79	23.32	0.6	15.3	13.6	62.6	102.7	24.17	0.38	2.22	0.92	0.74
P1-38-1-b2	团块状含铁泥质铝土矿	2257	55.75	13.34	14.17	58.3	0.3	30.0	8.8	249.5	144.0	28.37	0.03	1.02	0.74	0.44
P1-38-2-b1	含团块含铁泥质铝土矿	2334	62.43	14.79	15.08	60.24	0.2	23.7	7.8	271.0	165.7	23.48	0.03	0.84	0.44	0.56
P1-38-2-b2	含团块含铁泥质铝土矿	2566	67.68	13.09	15.31	70.5	0.2	35.1	9.7	285.3	39.19	21.46	0.03	0.44	0.94	1.09
P1-38-2-b3	含团块铁泥质铝土矿	2274	59.15	13.37	12.09	63.29	1.9	22.3	33.7	225.8	8.76	13.45	0.05	0.12	3.40	0.84
P1-44-1-b1	含团块含铁质铝土矿	1767	45.25	13.79	10.57	32.01	0.3	53.2	20.7	195.2	66.81	27.38	0.02	2.14	1.01	1.06
P1-44-2-b1	含泥质铝土矿	2149	52.3	10.23	16.77	57.11	12.5	85.2	26.7	322.8	336.1	19.98	0.46	0.18	0.70	1.16
P1-64-1-b1	含铁泥质铝土矿	1425	35.62	23.46	7.93	43.84	0.3	61.8	12.7	145.6	233.9	32.20	0.04	1.84	6.85	0.88
P1-64-2-b1	碎裂状含铁泥质铝土矿	1545	40.83	12.43	8.04	48.19	0.3	44.4	10.0	143.7	100.3	23.10	0.22	1.20	0.62	0.74
P1-64-3-b1	含铁质铝土矿	1663	43.32	21.78	9.22	52.89	0.2	14.4	11.2	168.3	73.72	21.65	0.03	0.44	0.37	1.03
P1-70-1-b1	含铝质铁泥质岩	1978	47.61	14.74	13.84	44.1	0.7	393.1	45.2	255.8	85.79	42.11	0.04	3.88	0.11	1.21
P1-70-2-b1	铝质铁质岩	1331	34.87	25.34	7.34	40.52	0.3	99.8	12.1	137.0	2.78	18.05	0.05	1.24	1.40	0.95
P1-70-3-b1	含团块含铁质铝土矿	2513	66.74	18.96	12.21	59.23	0.8	44.7	21.3	224.8	63.38	14.80	0.13	0.72	0.87	1.24
P1-71-1-b1	含团块铁质铝土矿	1441	37.28	45.46	10.04	46.14	0.5	41.1	35.2	175.7	46.97	28.52	0.02	1.74	0.62	0.92
P1-71-2-b1	含团块含铁泥质铝土矿	2238	57.91	10.92	12.51	44.02	0.2	80.7	7.3	234.6	98.43	26.52	0.01	1.10	1.80	1.06
P1-0*	灰岩	7.40	0.21	0.17	0.03	0.09	0.20	173.3	14.70	0.42	0.67	0.21				
P10-0*	灰岩	8.20	0.34	0.12	0.03	0.44	0.30	186.4	10.10	0.51	15.98	0.48				
P64-0*	灰岩	11.70	0.36	0.52	0.05	0.52	0.10	90.50	9.80	0.80	0.55	0.10				
P71-0*	灰岩	7.30	0.17	0.09	0.02	0.11	0.10	59.00	8.00	0.36	0.30	0.14				
P22-0*	灰岩	30.90	0.78	0.49	0.21	0.47	0.10	152.6	9.60	3.55	2.47	0.77				
P14-0*	玄武岩	357	9.62	1.82	2.99	5.59	0.83	64.63	69.19	39.46	98.07	36.16				
P15-0*	玄武岩	286.7	7.51	1.22	2.98	5.14	1.29	69.66	151.0	34.60	24.44	38.88				

测试单位：河北省区域地质矿产调查研究所实验室；带*样品引自焦扬等，2014。

微量元素原始地幔标准化蛛网图（图 6-15a）显示铝土矿与下伏玄武岩具有大体一致的元素富集、亏损规律，明显富集 Th、U、Ce、Nd、Zr、Hf、Ti 元素，亏损 Ba、Sr、T、Yb。在微量元素上地壳标准化蛛网图（图 6-15b）上，铝土矿（岩）依然表现出了与玄武岩更为相近的元素富集亏损规律，显 Th、U、Nb、Pr、Zr、Hf、Ti 元素富集，La、Sr、Sm、Eu 元素亏损特征，与下伏灰岩略有不同。微量元素原始地幔和上地壳标准化曲线形态虽有不同，但都富集了高场强元素 Th、Nb、Zr、Hf 和 Ti，推测其可能继承了下伏玄武岩富集相应元素的特征。综上分析，推测下伏玄武岩对铝土矿的物源贡献较大，可能提供了主要成矿物质。对比图 6-15a 和图 6-16b 依然可见，从原始地幔到大陆上地壳，铝土矿（岩）石微量元素富集程度逐渐降低，并接近大陆上地壳，再次表明了铝土矿微量元素组成具有与大陆上地壳特征更为接近的特点，与大铁矿区古城矿段铝土矿（岩）微量元素特征类似。

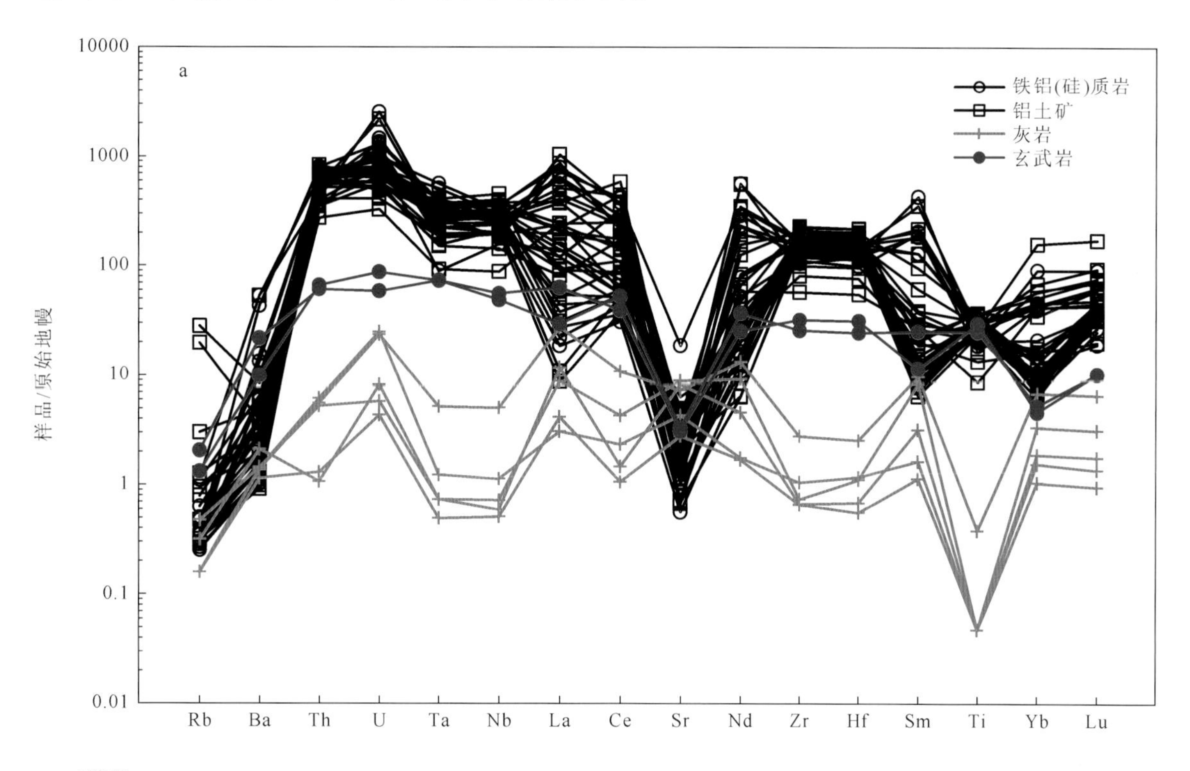

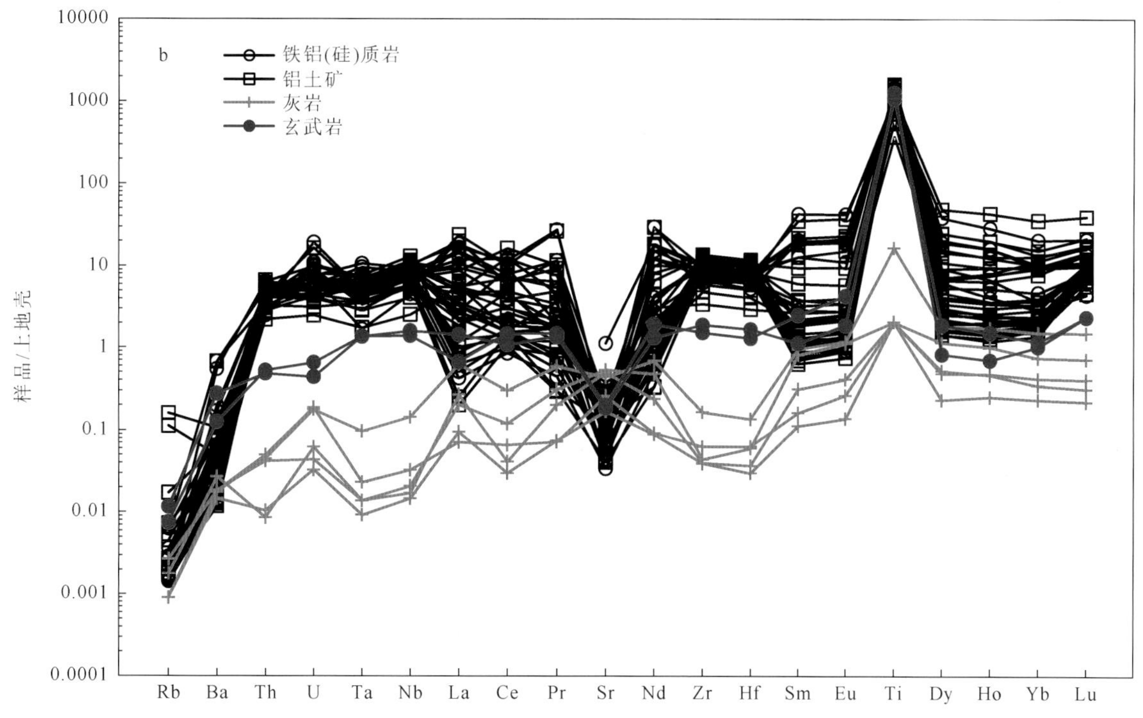

图 6-15　天生桥矿区铝土矿（岩）、灰岩和玄武岩微量元素原始地幔（a）和上地壳（b）标准化蛛网图
（标准化值：a 据 Sun and McDonough，1989；b 据 Taylor and Mc Lennan，1995）

（三）稀土元素

稀土元素（REE）是一组具有特殊地球化学属性的指示性元素，能够提供沉积岩母岩物质、成矿环境与成矿过程等较多的地质和地球化学信息（杨元根等，2000）。在元素分析方法上，常对相关数据的元素质量分数水平、分布规律和富集亏损状态进行讨论，在图件分析上，采用目前国内外地质地球化学文献中应用最广泛的元素标准化值蛛网图和稀土元素标准化值配分曲线图加以讨论。人们根据所研究岩石样品在元素蛛网图（或标准化值分布图）上的分布型式（曲线）并与已知样品进行对比，然后根据其相似程度而得出有关结论。

1. 大铁铝土矿区古城矿段

大铁铝土矿区古城矿段 46 件矿（岩）石样品和架木格矿段 1 件玄武岩样品的稀土元素分析结果见表 6-9。数据显示相对灰岩，铝土矿（岩）稀土总量特征与下伏玄武岩稀土总量特征更为接近。

表 6-9　大铁铝土矿古城矿段各类岩性样品稀土元素分析结果及特征参数表

序号	样号	产地	岩性	分析结果/($\omega_B/10^{-6}$)														
				La	Ce	Pr	Nd	Sm	Eu	Gd	Tb	Dy	Ho	Er	Tm	Yb	Lu	Y
1	D29-YQ3	古城	鲕粒铝土矿	269.54	315.53	63.60	261.45	52.32	12.53	48.87	7.25	40.56	7.66	22.49	3.29	19.23	2.91	348.18
2	D29-YQ7	古城	鲕粒铝土矿	89.68	196.67	25.07	116.76	34.56	9.84	24.21	3.28	15.50	2.37	6.45	0.98	6.38	0.92	60.18
3	D31-YQ5	古城	鲕粒铝土矿	34.97	215.88	11.84	48.32	11.76	3.51	11.05	1.98	12.07	2.13	5.96	0.94	5.83	0.83	42.02
4	D31-YQ61	古城	鲕粒铝土矿	61.87	145.32	19.52	87.74	21.24	6.15	17.77	2.46	11.02	1.64	4.16	0.62	3.79	0.54	33.14
5	D31-YQ8	古城	鲕粒铝土矿	126.32	226.17	36.77	142.07	25.70	7.11	19.81	2.68	12.54	1.99	5.18	0.75	4.40	0.60	56.12
6	D31-YQ9	古城	鲕粒铝土矿	123.17	283.82	43.19	163.38	31.10	8.97	23.18	2.79	11.32	1.69	4.80	0.72	4.60	0.67	39.24
7	D33-YQ1	古城	鲕粒铝土矿	125.48	227.22	28.47	95.03	13.99	2.56	18.06	5.15	40.73	7.67	20.76	3.30	20.68	3.06	150.89
8	D33-YQ2	古城	鲕粒铝土矿	638.61	543.17	84.29	266.91	30.29	6.68	55.02	12.87	102.90	23.33	68.34	9.96	56.50	8.37	1054.20
9	D41-YQ2	水米冲	鲕粒铝土矿	384.51	518.91	76.94	314.79	68.46	16.15	76.56	10.61	51.73	8.34	20.98	2.89	16.65	2.42	299.78
10	D43-YQ4	水米冲	鲕粒铝土矿	11.53	59.81	2.81	10.84	2.49	0.78	2.69	0.46	2.90	0.56	1.72	0.28	1.94	0.29	17.00
11	D45-YQ2	水米冲	鲕粒铝土矿	19.65	272.16	6.69	28.50	6.45	1.45	5.94	0.78	4.04	0.67	1.71	0.26	1.48	0.21	14.77
12	D68-YQ5	水米冲	鲕粒铝土矿	35.47	346.92	7.66	27.41	5.76	1.17	6.73	1.09	6.95	1.39	4.38	0.75	4.83	0.73	42.02
13	D40-YQ1	水米冲	铁质岩	17.07	33.27	4.19	17.25	3.38	0.80	3.67	0.66	4.42	0.92	2.77	0.43	2.51	0.39	36.65
14	D31-YQ2	古城	铁铝质岩	36.27	160.23	10.29	39.11	6.74	1.75	4.97	0.72	3.84	0.69	2.00	0.34	2.30	0.36	13.95
15	D31-YQ4	古城	铁铝质岩	49.14	157.61	13.78	53.04	9.32	2.58	6.79	0.96	4.85	0.80	2.32	0.36	2.39	0.36	18.30
16	D40-YQ2	水米冲	铁铝质岩	135.45	232.47	32.12	138.29	30.98	8.75	35.19	5.45	30.83	5.69	15.61	2.24	12.72	1.85	241.19
17	D40-YQ3	水米冲	铁铝质岩	265.65	410.13	60.65	192.15	22.52	4.42	14.25	1.95	9.37	1.51	4.41	0.63	3.95	0.54	42.75
18	D40-YQ4	水米冲	铁铝质岩	228.06	394.17	53.85	219.14	43.77	11.77	41.91	6.53	33.40	4.96	11.30	1.33	6.92	0.90	149.94
19	D41-YQ3	水米冲	铁铝质岩	44.96	313.32	9.78	36.23	7.11	1.56	6.93	0.93	4.92	0.88	2.54	0.39	2.40	0.35	26.30
20	D56-YQ2	古城	铁铝质岩	33.71	64.23	8.11	32.70	5.94	2.14	6.03	1.06	6.49	1.19	3.29	0.47	2.65	0.38	29.64
21	D56-YQ3	古城	铁铝质岩	41.24	101.27	14.63	62.28	17.92	6.33	22.51	4.72	31.06	5.86	16.83	2.62	14.81	2.18	127.16
22	D45-YQ3	水米冲	铁铝质岩	43.17	140.60	10.69	39.75	7.31	1.69	5.93	0.89	5.03	0.90	2.74	0.46	2.84	0.42	23.27
23	D68-YQ4	水米冲	铁铝质岩	23.03	274.68	6.08	23.56	4.59	1.00	4.62	0.55	2.94	0.54	1.57	0.24	1.54	0.23	16.62
24	D68-YQ6	水米冲	铁铝质岩	6.82	46.71	1.93	8.28	2.21	0.65	2.16	0.36	2.10	0.38	1.02	0.16	1.06	0.15	10.19
25	D29-YQ2	古城	铝质黏土岩	82.44	146.06	21.20	87.07	17.52	4.71	15.82	2.47	13.62	2.42	6.97	1.02	6.25	0.92	74.93
26	D29-YQ4	古城	铝质黏土岩	672.74	494.13	114.98	463.47	107.52	31.48	173.15	29.97	207.70	45.76	139.30	19.95	112.30	17.2	3063.90
27	D29-YQ5	古城	铝质黏土岩	153.93	187.43	32.68	148.37	36.55	9.23	41.69	7.12	45.43	9.19	26.84	4.06	23.65	3.59	412.55
28	D29-YQ6	古城	铝质黏土岩	83.66	162.54	23.07	96.82	27.28	7.73	18.52	2.69	13.26	2.09	5.65	0.87	5.44	0.76	52.88

续表

序号	样号	产地	岩性	分析结果/($\omega_B/10^{-6}$)															
				La	Ce	Pr	Nd	Sm	Eu	Gd	Tb	Dy	Ho	Er	Tm	Yb	Lu	Y
29	D31-YQ3	古城	铝质黏土岩	59.54	152.99	18.76	79.43	17.72	4.69	13.20	1.70	7.89	1.21	3.31	0.51	3.28	0.48	25.65
30	D31-YQ60	古城	铝质黏土岩	47.48	104.15	13.73	54.73	10.53	4.38	8.47	1.05	4.14	0.55	1.29	0.16	1.01	0.15	11.83
31	D43-YQ2	水米冲	铝质黏土岩	80.92	173.25	23.45	91.00	15.55	4.15	11.48	1.74	9.16	1.64	4.84	0.74	4.75	0.65	47.05
32	D43-YQ3	水米冲	铝质黏土岩	59.85	216.20	12.74	46.04	8.64	2.43	8.02	1.19	6.88	1.34	3.95	0.62	3.94	0.60	32.77
33	D68-YQ2	水米冲	铝质黏土岩	269.96	363.30	67.32	284.55	58.56	15.17	52.35	7.87	44.21	8.15	23.39	3.45	20.36	3.05	293.27
34	D68-YQ3	水米冲	铝质黏土岩	158.66	306.18	29.42	96.87	16.35	3.80	15.32	2.13	11.40	2.07	5.74	0.86	4.89	0.72	75.55
35	D67-YQ2	古城	铝质黏土岩	45.58	73.19	11.61	49.99	10.53	3.52	10.49	1.33	6.05	1.05	2.70	0.37	2.15	0.32	33.60
36	D29-YQ1	古城	生屑灰岩	6.54	8.56	1.25	4.87	0.99	0.24	1.17	0.19	1.27	0.29	0.80	0.12	0.74	0.11	14.16
37	D31-YQ1	古城	生屑灰岩	9.54	15.09	1.76	6.72	1.54	0.40	1.31	0.19	1.08	0.23	0.62	0.08	0.45	0.06	12.56
38	D40-YQ0	水米冲	生屑灰岩	4.84	9.12	1.13	3.85	0.70	0.17	0.95	0.16	1.11	0.23	0.70	0.11	0.64	0.09	11.42
39	D41-YQ1	水米冲	生屑灰岩	11.50	14.14	1.79	5.39	0.76	0.19	0.92	0.13	0.78	0.16	0.47	0.06	0.37	0.06	9.30
40	D43-YQ1	水米冲	生屑灰岩	8.52	8.72	1.58	6.50	1.46	0.36	2.04	0.37	2.26	0.48	1.44	0.22	1.27	0.21	23.17
41	D45-YQ1	水米冲	生屑灰岩	4.38	8.72	0.92	4.07	1.10	0.28	1.42	0.22	1.25	0.24	0.71	0.10	0.61	0.09	11.53
42	D56-YQ1	古城	生屑灰岩	4.48	7.80	0.85	2.71	0.60	0.18	0.89	0.17	1.25	0.29	0.85	0.13	0.77	0.12	12.81
43	D67-YQ1	古城	生屑灰岩	4.96	6.96	0.95	3.58	0.74	0.21	0.85	0.15	0.96	0.21	0.65	0.10	0.62	0.09	9.42
44	D68-YQ1	水米冲	生屑灰岩	4.25	4.40	0.82	3.49	0.81	0.22	1.04	0.16	1.01	0.20	0.62	0.08	0.50	0.08	10.13
45	D31-YQ7	古城	砂质灰岩	53.77	98.06	12.10	40.75	5.07	0.97	3.92	0.60	3.27	0.58	1.71	0.25	1.53	0.20	17.62
46	D67-YQ7	古城	砂质灰岩	43.21	97.37	11.12	43.96	9.01	2.27	8.17	1.31	7.40	1.33	3.81	0.58	3.51	0.53	34.03
47	B2	架木格	玄武岩	29.48	64.82	8.65	37.66	7.91	3.12	7.35	1.03	5.64	1.07	2.80	0.37	2.20	0.33	23.71

号	样号	产地	岩性	稀土元素特征参数								
				∑REE	LREE	HREE	LREE/HREE	$(La/Yb)_N$	$(La/Sm)_N$	$(Gd/Yb)_N$	δEu	δCe
1	D29-YQ3	古城	鲕粒铝土矿	1475.39	974.96	152.25	6.40	9.45	3.24	2.05	0.75	0.56
2	D29-YQ7	古城	鲕粒铝土矿	593.46	472.58	60.08	7.87	9.48	1.63	3.06	0.99	0.98
3	D31-YQ5	古城	鲕粒铝土矿	409.09	326.28	40.79	8.00	4.04	1.87	1.53	0.93	2.55
4	D31-YQ61	古城	鲕粒铝土矿	416.96	341.83	41.99	8.14	11.00	1.83	3.78	0.94	1.00
5	D31-YQ8	古城	鲕粒铝土矿	668.21	564.13	47.96	11.76	19.35	3.09	3.63	0.93	0.79
6	D31-YQ9	古城	鲕粒铝土矿	742.62	653.61	49.77	13.13	18.07	2.49	4.07	0.98	0.94
7	D33-YQ1	古城	鲕粒铝土矿	763.01	492.73	119.40	4.13	4.09	5.64	0.70	0.49	0.88
8	D33-YQ2	古城	鲕粒铝土矿	2961.44	1569.95	337.29	4.65	7.62	13.26	0.79	0.49	0.49
9	D41-YQ2	水米冲	鲕粒铝土矿	1869.70	1379.76	190.17	7.26	15.57	3.53	3.71	0.68	0.69
10	D43-YQ4	水米冲	鲕粒铝土矿	116.10	88.25	10.85	8.13	4.01	2.91	1.12	0.91	2.46
11	D45-YQ2	水米冲	鲕粒铝土矿	364.74	334.89	15.08	22.21	8.95	1.92	3.24	0.70	5.70
12	D68-YQ5	水米冲	鲕粒铝土矿	493.25	424.38	26.84	15.81	4.95	3.88	1.12	0.57	4.85
13	D40-YQ1	水米冲	铁质岩	128.37	75.96	15.76	4.82	4.59	3.18	1.18	0.69	0.92
14	D31-YQ2	古城	铁铝质岩	283.55	254.39	15.20	16.73	10.64	3.38	1.74	0.88	1.97
15	D31-YQ4	古城	铁铝质岩	322.60	285.46	18.84	15.15	13.86	3.32	2.29	0.95	1..44
16	D40-YQ2	水米冲	铁铝质岩	928.80	578.05	109.57	5.28	7.18	2.75	2.23	0.81	0.82
17	D40-YQ3	水米冲	铁铝质岩	1034.88	955.52	36.61	26.10	45.39	7.42	2.91	0.71	0.75
18	D40-YQ4	水米冲	铁铝质岩	1207.94	950.76	107.24	8.87	22.22	3.28	4.89	0.83	0.83
19	D41-YQ3	水米冲	铁铝质岩	458.61	412.96	19.34	21.35	12.65	3.98	2.33	0.67	3.44
20	D56-YQ2	古城	铁铝质岩	198.01	146.81	21.56	6.81	8.57	3.57	1.84	1.08	0.91
21	D56-YQ3	古城	铁铝质岩	471.42	243.67	100.59	2.42	1.88	1.45	1.23	0.96	0.99

续表

号	样号	产地	岩性	稀土元素特征参数								
				∑REE	LREE	HREE	LREE/HREE	$(La/Yb)_N$	$(La/Sm)_N$	$(Gd/Yb)_N$	δEu	δCe
22	D45-YQ3	水米冲	铁铝质岩	285.69	243.20	19.22	12.65	10.25	3.71	1.69	0.76	1.53
23	D68-YQ4	水米冲	铁铝质岩	361.79	322.94	12.32	27.22	10.12	3.15	2.43	0.66	5.48
24	D68-YQ6	水米冲	铁铝质岩	84.18	66.61	7.39	9.01	4.33	1.94	1.64	0.90	3.06
25	D29-YQ2	古城	铝质黏土岩	483.42	358.99	49.50	7.25	8.90	2.96	2.04	0.85	0.82
26	D29-YQ4	古城	铝质黏土岩	5693.62	1884.31	745.41	2.53	4.04	3.94	1.24	0.70	0.39
27	D29-YQ5	古城	铝质黏土岩	1142.29	568.18	161.57	3.52	4.39	2.65	1.42	0.72	0.61
28	D29-YQ6	古城	铝质黏土岩	503.27	401.10	49.29	8.14	10.36	1.93	2.75	0.99	0.88
29	D31-YQ3	古城	铝质黏土岩	390.36	333.13	31.58	10.55	12.23	2.11	3.25	0.90	1.09
30	D31-YQ60	古城	铝质黏土岩	263.64	235.00	16.81	13.98	31.78	2.84	6.78	1.37	0.97
31	D43-YQ2	水米冲	铝质黏土岩	470.38	388.32	35.00	11.09	11.47	3.27	1.95	0.91	0.95
32	D43-YQ3	水米冲	铝质黏土岩	405.21	345.89	26.55	13.03	10.24	4.35	1.64	0.88	1.80
33	D68-YQ2	水米冲	铝质黏土岩	1514.95	1058.85	162.83	6.50	8.94	2.90	2.07	0.82	0.63
34	D68-YQ3	水米冲	铝质黏土岩	729.95	611.27	43.12	14.17	21.90	6.10	2.53	0.72	1.01
35	D67-YQ2	古城	铝质黏土岩	252.47	194.42	24.45	7.95	14.30	2.72	3.98	1.01	0.75
36	D29-YQ1	古城	生屑灰岩	41.30	22.45	4.68	4.79	5.97	4.14	1.28	0.69	0.68
37	D31-YQ1	古城	生屑灰岩	51.62	35.04	4.02	8.71	14.39	3.91	2.37	0.83	0.83
38	D40-YQ0	水米冲	生屑灰岩	35.24	19.82	4.00	4.96	5.07	4.33	1.19	0.63	0.91
39	D41-YQ1	水米冲	生屑灰岩	46.02	33.77	2.95	11.46	21.19	9.46	2.03	0.68	0.68
40	D43-YQ1	水米冲	生屑灰岩	58.59	27.13	8.28	3.28	4.51	3.68	1.29	0.64	0.53
41	D45-YQ1	水米冲	生屑灰岩	35.63	19.47	4.64	4.20	4.83	2.52	1.87	0.69	0.99
42	D56-YQ1	古城	生屑灰岩	33.89	16.62	4.46	3.73	3.94	4.68	0.93	0.76	0.90
43	D67-YQ1	古城	生屑灰岩	30.44	17.39	3.63	4.79	5.37	4.20	1.10	0.79	0.73
44	D68-YQ1	水米冲	生屑灰岩	17.80	13.99	3.69	3.80	5.79	3.31	1.69	0.74	0.53
45	D31-YQ7	古城	砂质灰岩	240.41	210.72	12.07	17.46	23.66	6.67	2.06	0.64	0.89
46	D67-YQ7	古城	砂质灰岩	267.60	206.93	26.64	7.77	8.30	3.02	1.88	0.79	1.05
47	B2	架木格	玄武岩	172.43	151.64	20.79	7.29	1.30	0.66	2.09	1.79	0.88

铝土矿∑REE 介于 116.10×10^{-6}～2961.44×10^{-6}；∑LREE 介于 88.25×10^{-6}～1569.95×10^{-6}；∑HREE 介于 10.85×10^{-6}～337.29×10^{-6}；∑LREE/∑HREE = 4.13～22.21，$(La/Yb)_N$ = 4.01～19.35，具∑LREE 富集、∑HREE 亏损和轻重稀土分异明显特征，与稀土元素球粒陨石标准化配分曲线（图 6-16）缓右倾特征一致，暗示铝土矿形成风化淋滤作用相对较强（张启明等，2015）。铝土矿样品 δEu 为 0.49～0.99，具铕中等负异常—弱负异常特征；δCe 介于 0.49～5.70，均值为 1.82，具铈中等负异常—强正异常特征，且 δCe 值以负异常居多（表 6-9）。

铁质岩稀土总量较低，∑REE 为 128.37×10^{-6}；∑LREE 为 75.96×10^{-6}；∑HREE 为 15.76×10^{-6}；∑LREE/∑HREE 为 4.82，$(La/Yb)_N$ 为 4.59，具轻稀土富集、重稀土亏损特点；δEu 为 0.69，具中等 Eu 负异常特征；δCe 为 0.92，具铈弱负异常（任明达和王乃梁，1985；刘英俊和曹励明，1987；王中刚等，1989）（表 6-9）。稀土元素球粒陨石标准化配分曲线呈缓右倾型（图 6-16），表明轻重稀土分异明显。

铁铝质岩∑REE 介于 84.18×10^{-6}～1207.94×10^{-6}；∑LREE 介于 66.61×10^{-6}～955.52×10^{-6}；∑HREE 介于 7.39×10^{-6}～109.57×10^{-6}；∑LREE/∑HREE 介于 2.42～27.22，$(La/Yb)_N$ 介于 1.88～45.39，显轻稀土富集、重稀土亏损特点。铁铝质岩 δEu 介于 0.66～1.08，具铕中等负异常—弱正异常；δCe 介于 0.75～5.48，稀土元素配分曲线呈缓右倾型（图 6-16），反映了轻稀土相对富集，轻、重稀土分馏程度和富集程度不一致。

铝质黏土岩∑REE 介于 252.47×10^{-6}～5693.62×10^{-6}；∑LREE 介于 194.42×10^{-6}～1884.31×10^{-6}；

$\sum$HREE 介于 $16.81\times10^{-6}\sim745.41\times10^{-6}$；$\sum$LREE/$\sum$HREE 介于 2.53～14.17，$(La/Yb)_N$ 介于 4.04～31.78，依然是轻稀土富集、重稀土亏损。铁质黏土岩 δEu 介于 0.72～1.37，具铕中等负异常—弱正异常，δCe 为 0.39～1.80，具铈中等负异常—正异常。稀土配分曲线向右缓斜—向右倾斜斜率中等的较为平滑曲线（图 6-16），表明轻、重稀土分馏程度和富集程度不一致。

灰岩稀土元素特征可大致分为两组，一组为稀土总量较低的生屑灰岩，另一组则为稀土总量较高的砂质灰岩，稀土元素配分曲线呈向右倾斜的弱“V”字形曲线。生屑灰岩$\sum$REE 介于 $17.80\times10^{-6}\sim58.59\times10^{-6}$；LREE 介于 $13.99\times10^{-6}\sim35.04\times10^{-6}$；$\sum$HREE 介于 $2.95\times10^{-6}\sim8.28\times10^{-6}$；$\sum$LREE/$\sum$HLREE 介于 3.28～11.46，$(La/Yb)_N$ 介于 3.94～21.19；δEu 为 0.63～0.83，具铕中等负异常—弱负异常；δCe 为 0.53～0.99，具铈中等负异常—弱负异常。砂质灰岩$\sum$REE 介于 $240.41\times10^{-6}\sim267.60\times10^{-6}$；$\sum$LREE 介于 $206.93\times10^{-6}\sim210.72\times10^{-6}$；$\sum$HREE 介于 $12.07\times10^{-6}\sim26.64\times10^{-6}$；$\sum$LREE/$\sum$HLREE 介于 7.77～17.46，轻重稀土分馏较强，$(La/Yb)_N$ 为 8.30～23.66；δEu 为 0.64～0.79，具铕中等负异常；δCe 为 0.89～1.05，具铈中等负异常—无负异常（表 6-9、图 6-16）。二者均具轻稀土富集、重稀土亏损特点。稀土元素球粒陨石标准化配分图显示配分曲线呈缓右倾型，表明其表明轻重稀土分异明显特征。

玄武岩$\sum$REE 为 127.43×10^{-6}；$\sum$LREE 为 151.64×10^{-6}；$\sum$HREE 为 20.79×10^{-6}；$\sum$LREE/$\sum$HREE 为 7.29，$(La/Yb)_N$ 为 1.30，具轻稀土富集、重稀土亏损特点；δEu 为 1.79，显弱正异常；δCe 为 0.88，具弱负异常特征。稀土元素球粒陨石标准化配分曲线呈缓右倾型（图 6-16），表明轻重稀土分异明显。

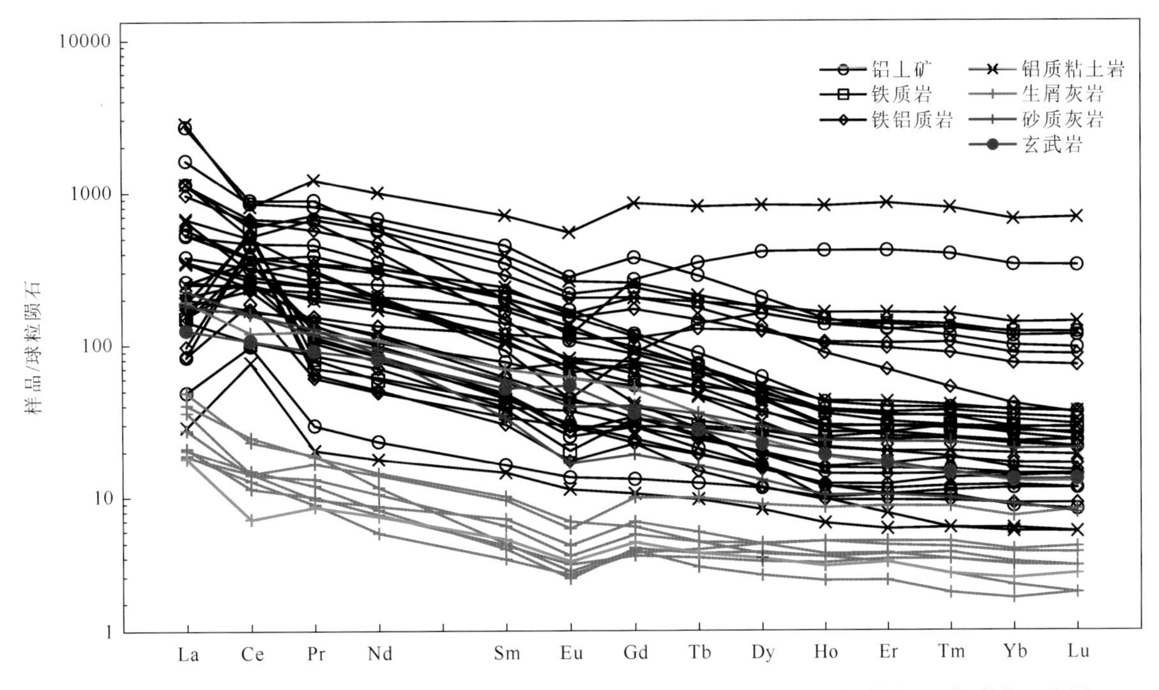

图 6-16　大铁矿区古城矿段铝土矿（岩）、灰岩和架木格矿段玄武岩稀土元素球粒陨石标准化配分图
（标准化值据 Sun and McDonough，1989）

对比上述铝土矿（岩）（含铝土矿、铁质岩、铁铝质岩、铝质黏土岩）稀土元素特征（表 6-9，图 6-16）可见，铝土矿（岩）石$\sum$REE 介于 $84.18\times10^{-6}\sim5693.62\times10^{-6}$，均值为 813.98×10^{-6}；$\sum$LREE 介于 $66.61\times10^{-6}\sim1884.31\times10^{-6}$，均值为 529.69×10^{-6}；$\sum$HREE 介于 $7.39\times10^{-6}\sim745.41\times10^{-6}$，均值为 83.49×10^{-6}；$\sum$LREE/$\sum$HREE 介于 2.42～27.22，均值为 10.65，$(La/Yb)_N$ 介于 1.88～45.39，均值为 11.62，总体显示 LREE 富集、HREE 亏损特征。δEu 为 0.49～1.37，均值为 0.83，具弱铕异常，δCe 为 0.39～5.70，均值为 1.54，具弱铈正异常。铝土矿（岩）石标准化趋势线与下伏灰岩和玄武岩均较相近，具富集轻稀土而亏损重稀土特征。在稀土总量特征方面，铝土矿（岩）石与玄武岩更为相近而与灰岩略有不同。以上特点暗示二者可能均为该区铝土矿（岩）石物源，只是贡献大小不同。

2. 天生桥铝土矿

天生桥—者五舍铝土矿 20 件铝土矿（岩）石、下伏灰岩和玄武岩样品稀土元素分析结果及相关计算参数（表 6-10，表 6-11）和球粒陨石标准化配分模式图（图 6-17）显示：铁铝（硅）质岩∑REE 介于 120.86×10^{-6}～2863.79×10^{-6}；∑LREE 介于 89.29×10^{-6}～2414.99×10^{-6}；∑HREE 介于 23.64×10^{-6}～448.8×10^{-6}；∑LREE/∑HLREE 介于 2.83～17.67，$(La/Yb)_N$ 介于 1.68～48.06，具轻稀土富集、重稀土亏损特点。铁铝（硅）质岩 δEu 介于 0.48～0.74，具铕中等负异常；δCe = 0.37～3.71，具铈中等负异常—强正异常，多数样品具铈正异常。稀土配分曲线为向右缓倾—陡倾的弱“V”字形曲线（图 6-17），属轻稀土富集型，表明轻、重稀土分馏程度不一致。

铝土矿∑REE 介于 105.58×10^{-6}～3063.47×10^{-6}；∑LREE 介于 87.11×10^{-6}～2483.68×10^{-6}；∑HREE 介于 18.47×10^{-6}～579.79×10^{-6}；∑LREE/∑HLREE 介于 3.32～18.6，$(La/Yb)_N$ 介于 1.33～29.24，具轻稀土富集、重稀土亏损特点。铝土矿 δEu 介于 0.46～0.74，具铕中等负异常；δCe 介于 0.34～5.45，具铈中等负异常—强正异常，多数样品具铈正异常。稀土配分曲线为向右缓倾—陡倾的弱“V”字形曲线，属轻稀土富集型（图 6-17），表明轻、重稀土分馏程度不一致。

下伏灰岩∑REE 介于 11.15×10^{-6}～87.44×10^{-6}；∑LREE 介于 8.10×10^{-6}～65.42×10^{-6}；∑HREE 介于 3.05×10^{-6}～22.02×10^{-6}；∑LREE/∑HLREE 介于 1.76～3.15，$(La/Yb)_N$ 介于 1.54～7.15，具轻稀土富集、重稀土亏损特点。灰岩 δEu 介于 0.64～0.78，具铕弱负异常；δCe 介于 0.17～0.92，具铈中等负异常。稀土配分曲线为向右缓倾—陡倾的弱“V”字形曲线（图 6-17），属轻稀土富集型，也表明轻、重稀土分馏程度不一致。

下伏玄武岩∑REE 介于 176.54×10^{-6}～213.64×10^{-6}；∑LREE 介于 163.62×10^{-6}～189.31×10^{-6}；∑HREE 介于 12.92×10^{-6}～24.33×10^{-6}；∑LREE/∑HLREE 介于 7.78～12.66，$(La/Yb)_N$ 介于 5.29～12.99，具轻稀土富集、重稀土亏损特点。玄武岩 δEu 介于 1.09～0.1.14，具铕弱正异常；δCe 介于 0.77～1.49，具中等铈负异常。稀土配分曲线为向缓右倾平滑型曲线（图 6-17），依然属轻稀土富集型，显轻、重稀土分馏程度不一致特征。

对比上述 4 类岩性稀土配分曲线特征，可见铝土矿（岩）石与下伏灰岩、玄武岩相比，与玄武岩的富集亏损规律更为接近，而与灰岩略有不同，暗示铝土矿（岩）稀土富集特征可能主要继承了玄武岩特征，但不能排除灰岩的贡献。

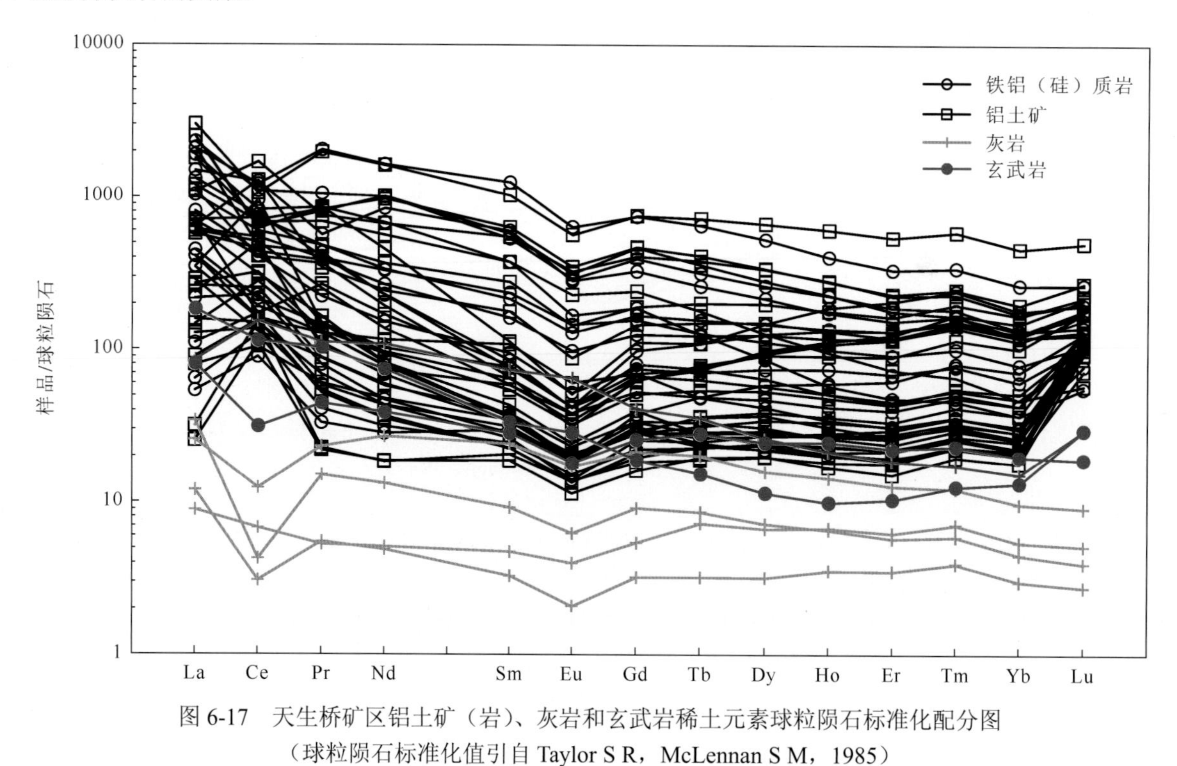

图 6-17　天生桥矿区铝土矿（岩）、灰岩和玄武岩稀土元素球粒陨石标准化配分图
（球粒陨石标准化值引自 Taylor S R，McLennan S M，1985）

表 6-10　天生桥矿区铝土矿（岩）石样品稀土元素含量/×10^{-6}

样品编号	岩性	采样地点	La	Ce	Pr	Nd	Sm	Eu	Gd	Tb	Dy	Ho	Er	Tm	Yb	Lu
P1-11-1-b1	粉砂铁铝质岩	天生桥	312.00	463.60	38.33	106.70	12.90	2.40	16.39	2.79	23.75	6.08	19.64	3.76	20.81	4.37
P1-11-2-b1	砂屑铁铝质岩	天生桥	96.96	117.10	12.19	36.38	5.49	1.04	6.31	0.99	6.87	1.55	4.61	0.84	4.84	2.85

续表

样品编号	岩性	采样地点	La	Ce	Pr	Nd	Sm	Eu	Gd	Tb	Dy	Ho	Er	Tm	Yb	Lu
P1-11-2-b2	砂屑铝质岩	天生桥	96.33	98.30	12.12	36.33	5.68	1.14	6.86	1.06	7.19	1.52	4.43	0.80	4.45	2.70
P1-11-3-b1	砂屑铝质岩	天生桥	81.94	98.20	10.44	31.88	5.17	1.11	5.85	0.87	5.63	1.20	3.55	0.65	3.71	2.59
P1-11-4-b1	砂屑含铝铁硅质岩	天生桥	26.11	105.70	5.54	20.07	4.02	0.81	5.23	0.93	6.94	1.60	4.90	0.91	5.30	2.91
P1-12-2-b1	砂屑含铝土矿硅铁质岩	天生桥	445.90	502.70	81.08	315.60	57.37	9.70	38.51	4.70	21.88	3.27	7.90	1.17	6.27	1.41
P1-12-3-b1	含砾屑砂屑铁铝质岩	天生桥	82.69	582.50	14.12	47.45	11.73	2.45	14.42	1.81	10.60	1.95	5.12	0.91	5.15	1.98
P1-12-4-b1	砂屑铝铁质岩	天生桥	106.00	131.30	13.78	44.79	9.83	2.22	10.86	1.83	11.93	2.38	6.57	1.23	7.25	3.37
P1-13-1-b1	含砾砂屑铁铝质岩	天生桥	12.71	54.60	3.14	13.18	4.54	1.12	5.77	1.17	8.72	1.89	5.17	0.92	5.12	2.81
P1-13-2-b1	含砾砂屑铁铝质岩	天生桥	492.80	739.30	193.20	762.40	190.50	36.79	152.60	24.27	133.70	22.84	55.10	8.70	44.86	6.73
P1-13-3-b1	含砾砂屑铁铝质岩	天生桥	353.10	769.50	53.46	392.70	91.43	16.32	67.09	9.77	55.04	9.89	25.43	4.19	22.27	3.55
P1-13-4-b1	含砾砂屑铁铝质岩	天生桥	15.19	76.16	3.88	14.63	3.73	0.88	4.55	0.85	6.16	1.32	3.69	0.67	3.81	2.59
P2-3-1-b1	砂屑铝铁硅质岩	天生桥	495.40	290.70	40.55	105.90	11.49	2.43	20.13	4.07	37.66	10.65	34.25	6.17	30.39	4.99
P2-3-2-b1	砂屑含铁铝质岩	天生桥	51.36	138.80	7.54	21.79	4.34	1.07	7.73	1.83	14.94	3.39	10.23	2.05	12.05	3.23
P2-8-1-b1	砂屑鲕状铁铝质岩	天生桥	190.10	265.20	36.36	124.40	24.69	5.66	25.71	4.59	31.62	6.64	19.28	3.54	19.16	3.99
P2-8-2-b1	鲕粒砂屑铁铝质岩	天生桥	145.10	330.60	37.48	153.60	35.94	8.44	32.13	4.76	28.33	5.62	15.11	2.55	13.39	2.69
P2-8-2-b2	鲕状铝质岩	天生桥	243.80	363.20	45.48	156.20	32.79	7.45	34.48	5.85	37.31	7.71	21.63	3.81	20.84	4.57
P1-22-1-b1	含团块铁质铝土矿	天生桥	708.30	646.00	185.80	753.90	157.00	32.68	154.40	27.03	169.30	34.41	89.53	14.94	77.56	12.62
P1-22-2-b1	含团块铁质铝土矿	天生桥	135.40	279.36	14.03	38.12	6.61	1.41	8.19	1.06	6.11	1.17	3.21	0.57	3.38	1.84
P1-22-3-b1	团块状铁质铝土矿	天生桥	62.14	154.35	8.31	26.99	5.82	1.34	6.96	1.24	7.81	1.48	3.93	0.75	4.34	2.79
P1-23-1-b1	团块状含铁泥质铝土矿	天生桥	167.20	443.28	45.58	170.70	42.33	8.32	39.12	7.54	50.66	10.12	27.09	5.04	28.29	5.60
P1-31-1-b1	碎裂状含铁泥质铝土矿	天生桥	590.60	388.64	0.00	472.60	87.89	18.19	95.38	13.45	71.29	12.90	29.54	4.24	20.39	3.18
P1-31-2-b1	含团块含铁泥质铝土矿	天生桥	421.90	430.56	0.00	452.10	96.52	20.19	96.32	15.38	86.12	15.73	38.18	6.29	33.53	6.91
P1-31-3-b1	含铁泥质铝土矿	天生桥	152.30	781.12	32.34	113.20	27.13	5.08	29.99	5.60	38.12	7.48	19.63	3.73	21.47	4.63
P1-34-1-b1	团块状含菱镁铁泥质铝土矿	天生桥	34.90	170.64	12.13	53.89	16.46	3.50	14.29	2.76	16.37	2.88	7.30	1.40	8.66	2.80
P1-34-2-b1	团块状铁质铝土矿	天生桥	37.42	91.62	6.52	20.14	4.77	1.08	6.00	1.34	9.34	1.76	4.43	0.79	4.33	2.35
P1-37-2-b1	碎裂状铁泥质铝土矿	天生桥	30.28	83.85	5.14	17.13	3.46	0.78	4.29	0.85	6.06	1.30	3.62	0.69	4.19	3.66
P1-37-2-b2	碎裂状铁质铝土矿	天生桥	55.71	304.74	9.75	34.19	8.92	2.20	13.78	2.36	14.56	2.89	7.52	1.37	8.03	2.39
P1-38-1-b1	含团块铁质铝土矿	天生桥	167.80	104.76	25.32	78.82	11.92	2.43	12.95	2.83	23.95	6.12	19.05	3.70	20.28	3.34
P1-38-1-b2	团块状含铁泥质铝土矿	天生桥	590.60	376.47	80.75	211.30	17.13	2.95	22.85	4.09	31.98	7.52	21.71	3.95	20.94	4.54

续表

样品编号	岩性	采样地点	La	Ce	Pr	Nd	Sm	Eu	Gd	Tb	Dy	Ho	Er	Tm	Yb	Lu
P1-38-2-b1	含团块含铁泥质铝土矿	天生桥	263.10	247.77	34.63	89.92	10.05	1.81	13.04	2.74	24.91	6.38	20.52	4.30	25.13	5.42
P1-38-2-b2	含团块含铁泥质铝土矿	天生桥	141.30	310.14	23.72	63.83	8.99	1.97	12.78	2.94	23.21	5.13	14.79	2.94	17.08	4.44
P1-38-2-b3	含团块铁泥质铝土矿	天生桥	18.75	63.71	5.72	22.19	5.29	1.15	5.83	1.36	9.82	2.04	5.52	1.06	6.29	3.23
P1-44-1-b1	含团块含铁质铝土矿	天生桥	281.50	416.40	65.17	261.40	57.22	13.25	49.60	6.69	32.15	5.41	12.11	1.68	7.94	1.47
P1-44-2-b1	含铁泥质铝土矿	天生桥	21.27	95.13	4.92	16.46	3.45	0.80	3.76	0.71	5.01	1.03	2.95	0.58	3.58	2.98
P1-64-1-b1	碎裂状含铁泥质铝土矿	天生桥	63.93	195.57	12.51	43.47	8.30	1.87	10.46	2.02	13.55	2.72	7.16	1.29	7.27	2.84
P1-64-2-b1	含铁质铝土矿	天生桥	5.99	66.83	2.08	8.69	2.86	0.66	3.30	0.73	5.06	0.96	2.50	0.50	3.04	2.38
P1-64-3-b1	含铝质铁泥质岩	天生桥	7.50	94.14	2.15	8.58	3.15	0.79	4.02	0.86	5.97	1.15	3.05	0.59	3.65	2.54
P1-70-1-b1	铝质铁质岩	天生桥	544.10	671.20	0.00	468.70	81.31	16.81	80.87	11.84	66.44	12.80	31.13	4.65	22.59	3.54
P1-70-2-b1	含团块含铁质铝土矿	天生桥	164.10	248.58	21.16	71.06	14.44	3.01	15.32	2.64	18.82	4.19	11.38	1.97	10.36	2.67
P1-70-3-b1	含团块铁质铝土矿	天生桥	67.79	79.98	8.35	27.70	5.21	1.20	5.73	1.08	7.42	1.53	4.28	0.82	4.88	2.83
P1-71-1-b1	含团块含铁泥质铝土矿	天生桥	257.40	1036.00	71.59	311.00	83.34	18.79	83.60	14.23	85.40	15.96	37.13	5.84	29.17	5.17
P1-71-2-b1	含团块铁质铝土矿	天生桥	148.40	190.17	15.60	38.13	5.46	1.07	6.43	0.91	5.58	1.13	3.15	0.59	3.43	2.55
P1-0*	灰岩	天生桥	8.04	2.59	1.42	6.14	1.40	0.36	1.87	0.32	1.82	0.37	0.95	0.15	0.76	0.10
P10-0*	灰岩	天生桥	6.05	7.53	2.19	12.49	3.68	0.99	4.38	0.75	4.00	0.81	2.09	0.31	1.64	0.23
P64-0*	灰岩	天生桥	2.09	4.12	0.50	2.37	0.72	0.23	1.11	0.27	1.69	0.38	1.03	0.18	0.92	0.13
P71-0*	灰岩	天生桥	2.82	1.87	0.52	2.27	0.50	0.12	0.66	0.12	0.81	0.20	0.58	0.10	0.51	0.07
P22-0*	灰岩	天生桥	18.85	19.04	4.19	17.99	4.31	1.04	5.26	1.05	6.22	1.39	3.68	0.59	3.35	0.48
P14-0*	玄武岩	天生桥	43.26	69.52	9.68	34.42	5.09	1.65	3.86	0.57	2.90	0.56	1.71	0.32	2.25	0.75
P15-0*	玄武岩	天生桥	20.13	93.69	10.51	50.07	11.16	3.75	8.34	1.33	6.62	1.21	3.07	0.44	2.57	0.75

测试单位：河北省区域地质矿产调查研究所实验室；带*样品引自焦扬等，2014。

表 6-11　天生桥矿区铝土矿稀土元素含量特征值

样品编号	岩性	采样地点	∑REE	LREE	HREE	LREE/HREE	δEu	δCe	$(La/Yb)_N$
P1-11-1-b1	粉砂铁铝质岩	天生桥	1033.52	935.93	97.59	9.59	0.50	0.86	10.13
P1-11-2-b1	砂屑铁铝质岩	天生桥	298.02	269.16	28.86	9.33	0.54	0.69	13.54
P1-11-2-b2	砂屑铝质岩	天生桥	278.91	249.90	29.01	8.61	0.56	0.59	14.63
P1-11-3-b1	砂屑铝质岩	天生桥	252.79	228.74	24.05	9.51	0.61	0.69	14.92
P1-11-4-b1	砂屑含铝铁硅质岩	天生桥	190.97	162.25	28.72	5.65	0.54	1.98	3.33
P1-12-2-b1	砂屑含铝土矿硅铁质岩	天生桥	1497.46	1412.35	85.11	16.59	0.60	0.58	48.06
P1-12-3-b1	含砾屑砂屑铁铝质岩	天生桥	782.88	740.94	41.94	17.67	0.58	3.71	10.85
P1-12-4-b1	砂屑铝铁质岩	天生桥	353.34	307.92	45.42	6.78	0.65	0.70	9.88
P1-13-1-b1	含砾砂屑铁铝质岩	天生桥	120.86	89.29	31.57	2.83	0.67	1.98	1.68
P1-13-2-b1	含砾砂屑铁铝质岩	天生桥	2863.79	2414.99	448.80	5.38	0.64	0.56	7.42
P1-13-3-b1	含砾砂屑铁铝质岩	天生桥	1873.74	1676.51	197.23	8.50	0.61	1.19	10.71
P1-13-4-b1	含砾砂屑铁铝质岩	天生桥	138.11	114.47	23.64	4.84	0.65	2.28	2.69
P2-3-1-b1	砂屑铝铁硅质岩	天生桥	1094.78	946.47	148.31	6.38	0.48	0.37	11.02

续表

样品编号	岩性	采样地点	∑REE	LREE	HREE	LREE/HREE	δEu	δCe	$(La/Yb)_N$
P2-3-2-b1	砂屑含铁铝质岩	天生桥	280.35	224.90	55.45	4.06	0.56	1.49	2.88
P2-8-1-b1	砂屑鲕状铁铝质岩	天生桥	760.94	646.41	114.53	5.64	0.68	0.71	6.70
P2-8-2-b1	鲕粒砂屑铁铝质岩	天生桥	815.74	711.16	104.58	6.80	0.74	1.03	7.32
P2-8-2-b2	鲕状铝质岩	天生桥	985.12	848.92	136.20	6.23	0.67	0.76	7.91
P1-22-1-b1	含团块铁质铝土矿	天生桥	3063.47	2483.68	579.79	4.28	0.63	0.41	6.17
P1-22-2-b1	含团块铁质铝土矿	天生桥	500.46	474.93	25.53	18.60	0.59	1.24	27.07
P1-22-3-b1	团块状铁质铝土矿	天生桥	288.25	258.95	29.30	8.84	0.64	1.40	9.68
P1-23-1-b1	团块状含铁泥质铝土矿	天生桥	1050.87	877.41	173.46	5.06	0.61	1.18	3.99
P1-31-1-b1	碎裂状含铁泥质铝土矿	天生桥	1808.29	1557.92	250.37	6.22	0.60	0.38	19.57
P1-31-2-b1	含团块含铁泥质铝土矿	天生桥	1719.73	1421.27	298.46	4.76	0.63	0.53	8.50
P1-31-3-b1	含铁泥质铝土矿	天生桥	1241.82	1111.17	130.65	8.50	0.54	2.51	4.79
P1-34-1-b1	团块状含菱镁铁泥质铝土矿	天生桥	347.98	291.52	56.46	5.16	0.68	1.94	2.72
P1-34-2-b1	团块状铁质铝土矿	天生桥	191.89	161.55	30.34	5.32	0.62	1.28	5.84
P1-37-2-b1	碎裂状铁泥质铝土矿	天生桥	165.30	140.64	24.66	5.70	0.62	1.46	4.88
P1-37-2-b2	碎裂状铁质铝土矿	天生桥	468.41	415.51	52.90	7.85	0.60	2.86	4.69
P1-38-1-b1	含团块铁质铝土矿	天生桥	483.27	391.05	92.22	4.24	0.59	0.34	5.59
P1 38 1 b2	团块状含铁泥质铝土矿	天生桥	1396.78	1279.20	117.58	10.88	0.46	0.36	19.06
P1-38-2-b1	含团块含铁泥质铝土矿	天生桥	749.72	647.28	102.44	6.32	0.48	0.53	7.07
P1-38-2-b2	含团块含铁泥质铝土矿	天生桥	633.26	549.95	83.31	6.60	0.56	1.16	5.59
P1-38-2-b3	含团块铁泥质铝土矿	天生桥	151.96	116.81	35.15	3.32	0.63	1.43	2.01
P1-44-1-b1	含团块含铁质铝土矿	天生桥	1211.99	1094.94	117.05	9.35	0.74	0.70	23.96
P1-44-2-b1	含泥质铝土矿	天生桥	162.63	142.03	20.60	6.89	0.68	2.12	4.01
P1-64-1-b1	含铁泥质铝土矿	天生桥	372.96	325.65	47.31	6.88	0.61	1.54	5.94
P1-64-2-b1	碎裂状含铁泥质铝土矿	天生桥	105.58	87.11	18.47	4.72	0.65	4.43	1.33
P1-64-3-b1	含铁质铝土矿	天生桥	138.14	116.31	21.83	5.33	0.68	5.45	1.39
P1-70-1-b1	含铝质铁泥质岩	天生桥	2015.98	1782.12	233.86	7.62	0.63	0.65	16.28
P1-70-2-b1	铝质铁质岩	天生桥	589.70	522.35	67.35	7.76	0.61	0.86	10.70
P1-70-3-b1	含团块含铁质铝土矿	天生桥	218.80	190.23	28.57	6.66	0.67	0.68	9.39
P1-71-1-b1	含团块铁质铝土矿	天生桥	2054.62	1778.12	276.50	6.43	0.68	1.77	5.96
P1-71-2-b1	含团块含铁泥质铝土矿	天生桥	422.60	398.83	23.77	16.78	0.55	0.77	29.24
P1-0*	灰岩	天生桥	26.29	19.95	6.34	3.15	0.68	0.17	7.15
P10-0*	灰岩	天生桥	47.14	32.93	14.21	2.32	0.75	0.48	2.49
P64-0*	灰岩	天生桥	15.74	10.03	5.71	1.76	0.78	0.92	1.54
P71-0*	灰岩	天生桥	11.15	8.10	3.05	2.66	0.64	0.34	3.74
P22-0*	灰岩	天生桥	87.44	65.42	22.02	2.97	0.67	0.49	3.80
P14-0*	玄武岩	天生桥	176.54	163.62	12.92	12.66	1.09	0.77	12.99
P15-0*	玄武岩	天生桥	213.64	189.31	24.33	7.78	1.14	1.49	5.29

注：带*样品引自焦扬等，2014。

二、滇东北成矿区

滇东北成矿区以会泽朱家村铝土矿为代表，本书以王正江等（2016）在该区采集的7件铝土矿样品和2件基底玄武岩样品主量、微量和稀土分析结果（原文未列出分析数据）为依据而说明其地球化学特征。其中，铝土矿和玄武岩样品全岩地球化学分析分别由云南省核工业二〇九地质大队和国土资源部昆明矿产资源监督检测中心完成。

（一）主量元素

铝土矿石主量元素分析结果显示，Al_2O_3 含量为 34.49%～53.56%、SiO_2 含量为 13.82%～44.08%、TiO_2 含量为 1.91%～10.30%、Fe_2O_3 含量为 0.10%～5.24%、FeO 含量为 0.30%～19.38%。碱金属和碱土元素的氧化物含量 K_2O 为 0.12%～0.55%、Na_2O 为 0.14%～0.22%、CaO 为 0.11%～0.47%、MgO 为 0.05%～0.68%，MnO 和 P_2O_5 含量很低。对比分析数据可见铝土矿体主量元素氧化物含量数值较高，值域变化起伏较大；碱金属和碱土元素的氧化物含量低，范围变化不大（王正江等，2016）。铝土矿石主量元素 Al_2O_3-Fe_2O_3、Al_2O_3-SiO_2 相关性图解（图 6-18）显示，Al_2O_3 和 Fe_2O_3、Al_2O_3 和 SiO_2 呈种负相关性，反映了铝土矿实为去硅铁富铝的成矿作用过程。

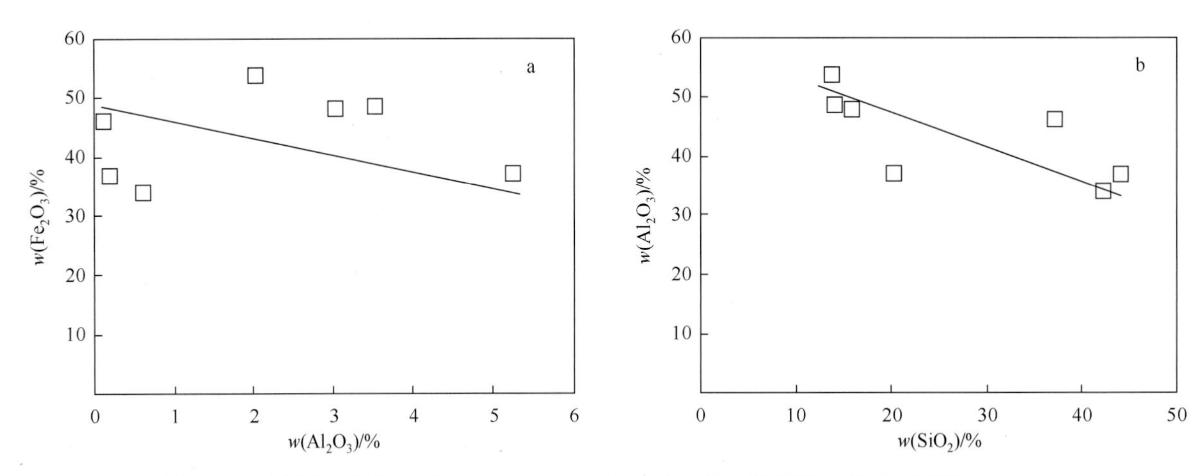

图 6-18　会泽朱家村铝土矿 Al_2O_3-Fe_2O_3、Al_2O_3-SiO_2 相关性图解（据王正江等，2016）

（二）微量元素

铝土矿石微量元素分析结果显示，除 V 含量为 112.50×10^{-6}～586.70×10^{-6}，Nb 含量为 102.16×10^{-6}～498.27×10^{-6}，Zr 含量为 766.40×10^{-6}～2564.20×10^{-6}，含量均较高外，其余微量元素含量均较低。微量元素原始地幔标准化图解（图 6-19a）显示，铝土矿与玄武岩的元素富集与亏损规律有一定相似性，富集 Zr、Nb、Ta、Th、U 元素，亏损 Cr 和 W 元素。在大陆上地壳标准化图解（图 6-19b）上，铝土矿与峨眉山玄武岩也有相似的配分曲线，均明显富集 Be、Th、V、Zr、Nb、Ta、U 等元素，亏损 Cs、Sr 等元素。相关性分析结果显示，铝土矿体中 TiO_2 与 Zr、Hf、Nb、Ta 相关性较好，且在 Zr-Hf、Nb-Ta 图解上的相关性拟合度很高（图 6-20），说明 Ti 与 Zr、Hf、Nb、Ta 元素具有相似的地球化学行为，它们在铝土矿成矿、矿化的过程中都很稳定（王正江等，2016；Panahi et al.，2000）。

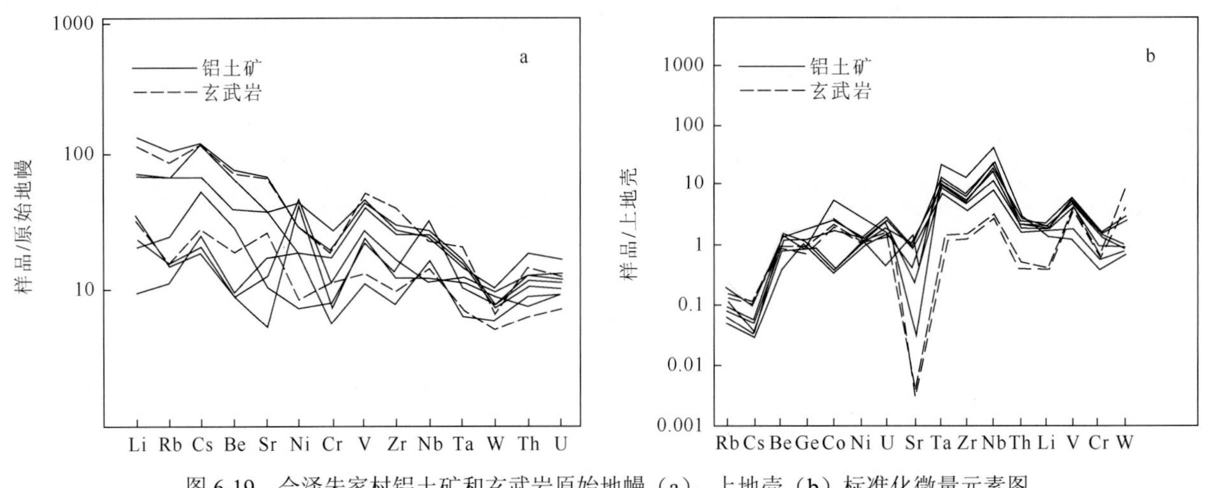

图 6-19　会泽朱家村铝土矿和玄武岩原始地幔（a）、上地壳（b）标准化微量元素图

（标准化值据 Sun and McDonough，1989；据王正江等，2016）

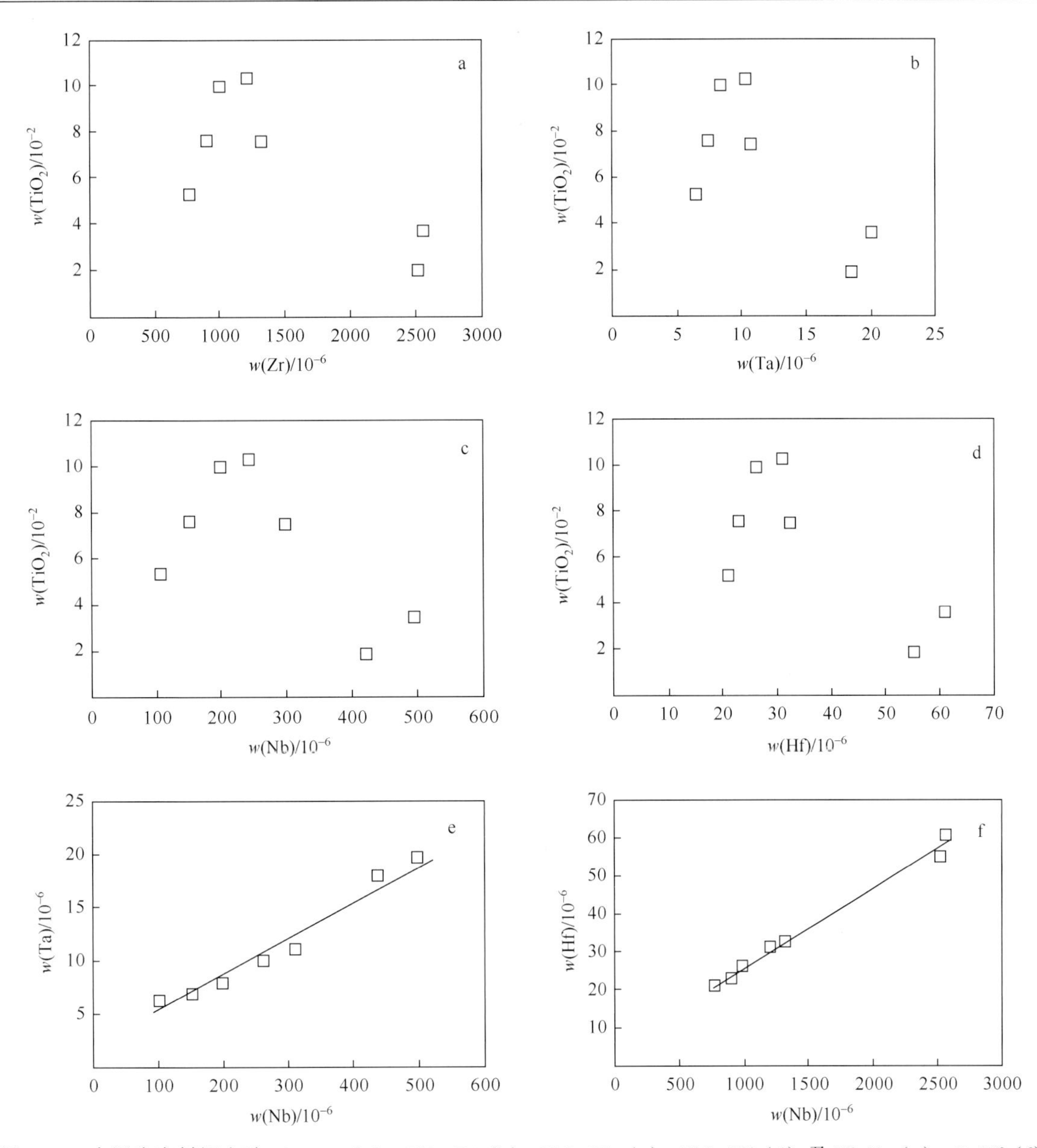

图 6-20　会泽朱家村铝土矿 TiO_2-Zr（a）、TiO_2-Ta（b）、TiO_2-Nb（c）、TiO_2-Hf（d）及 Nb-Ta（e）、Zr-Hf（f）相关性图解（据王正江等，2016）

（三）稀土元素

铝土矿稀土元素分析结果显示，ΣREE、ΣLREE 和 ΣHREE 值范围变化较大。ΣREE 为 62.27×10^{-6}～1729.63×10^{-6}，均值为 524.45×10^{-6}；ΣLREE 含量为 55.56×10^{-6}～1208.74×10^{-6}，均值为 491.21×10^{-6}；ΣHREE 含量为 6.71×10^{-6}～70.89×10^{-6}，均值为 33.24×10^{-6}。分析数据可以看出，铝土矿 ΣLREE 含量明显高于 ΣHREE，ΣLREE/ΣHREE 为 5.57～42.58，很明显富集轻稀土元素。玄武岩样品的 ΣREE 为 473.96×10^{-6}，ΣLREE 平均值为 211.37×10^{-6}，ΣHREE 平均值为 25.62×10^{-6}，ΣLREE/ΣHREE 值为 8.25。玄武岩样品的 ΣLREE/ΣHREE 等于 8.25≥1，表明峨眉山玄武岩同样富集轻稀土元素，与铝土矿数据分析得出的结论基本一致，富轻、贫重（王正江等，2016）。

在铝土矿、玄武岩球粒陨石标准化曲线（图 6-21）上，铝土矿与峨眉山玄武岩配分曲线趋势一致，ΣLREE 略高于 ΣHREE，二者均富轻稀土元素、贫重稀土元素。铝土矿中 δEu 值域范围为 0.31～1.05，平均值为 0.73。玄武岩样品铕呈正异常，其均值为 1.02。δCe 在铝土矿样品中的值域范围为 0.83～2.54，大多数呈铈元素正异常，平均值为 1.23。在玄武岩样品中 δCe 均值为 0.95，Ce 元素表现出负异常（王正江等，2016）。

总体，铝土矿、玄武岩的稀土元素球粒陨石标准化曲线从形态上可看出二者具有相近的趋势，而且矿体曲线大多都靠近玄武岩曲线，表明两者有很近的亲缘关系。推测铝土矿稀土元素大多来自下伏峨眉山玄武岩（王正江等，2016）。

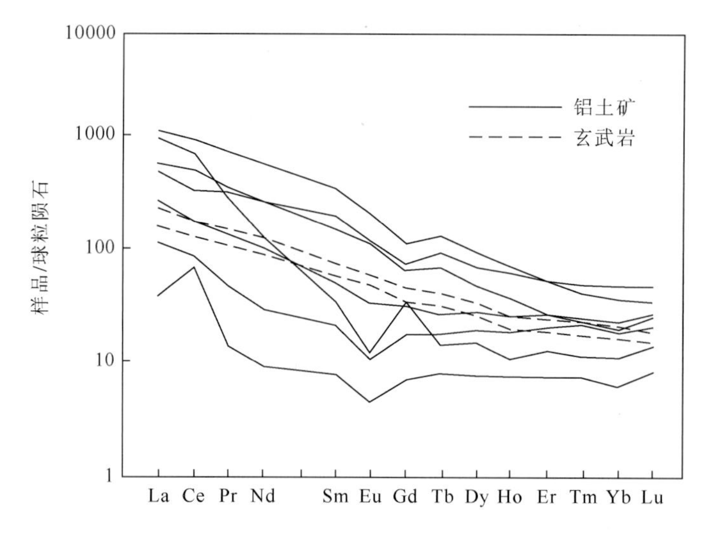

图 6-21　大黑山铝土矿、玄武岩球粒陨石标准化稀土元素图

（球粒陨石标准化数据引自 Sun and McDonough，1989；王正江等，2016）

三、滇西成矿区

滇西成矿区以鹤庆松桂地区铝土矿为代表，本书以云南省有色地质局（2012）和吴春娇等（2014）在该区采集的铝土矿样品、灰岩和基底玄武岩样品的主量、微量和稀土分析（原文未列出分析数据）结果为依据说明其地球化学特征。其中，铝土矿主量、微量元素数据由河北廊坊地质与勘探实验室测定；稀土元素中带*号样品数据引自云南省有色地质局（2012），其余样品由河北廊坊地质与勘探实验室测定。

（一）主量元素

松桂地区铝土矿石、下伏灰岩及玄武岩主量元素测试结果及特征元素比值见表 6-12。铝土矿石 Al_2O_3 含量为 47.60%～74.25%，平均为 64.68%；SiO_2 含量为 5.94%～14.70%，平均为 9.56%；TiO_2 含量为 0.36%～4.16%，平均为 3.43%。铝土矿（岩）A/S 值为 3.77～12.50，均值为 7.96；铝土矿 A/T 值为 16.66～22.23，均值为 18.95，与下伏灰岩相应比值接近，暗示灰岩对铝土矿成矿物质来源有一定贡献。主量元素协变图（图 6-22）显示，除个别样品外铝土矿 Al_2O_3 与 SiO_2 显负相关关系，暗示铝土矿成矿依然是一个去硅、富铝作用过程，Al_2O_3 与 TiO_2 含量呈正相关关系，也表明二者地球化学性质相似。Al_2O_3 与 CaO 和 MgO 线性关系不明显。主量元素中 MgO 和 TiO_2 属有害组分，不利于铝的冶炼回收，而硫是铝土矿的首要有害成分，主要存在于硫铁矿中，极少量存在于其他金属硫化物内（金中国等，2009）。

表 6-12　松桂地区铝土矿、灰岩样品主量元素分析结果　　（单位：%）

样号	岩性	层位	采样地点	SiO_2	Al_2O_3	TiO_2	CaO	MgO	A/S	A/T
716-1A	浅灰色豆状铝土矿	T_3z	干河北村	8.46	69.30	4.16	1.91	0.09	8.19	16.66
716-1B	浅灰色豆状铝土矿	T_3z	干河北村	6.10	66.21	3.18	4.93	0.36	10.85	20.82
716-1C	浅灰色豆状铝土矿	T_3z	干河北村	14.70	66.05	3.66	0.34	0.12	4.49	18.05
716-09	灰黑色致密铝土矿	T_3z	黄柏箐	12.62	47.60	2.80	0.30	1.68	3.77	17.00
716-10	豆状铝土矿	T_3z	黄柏箐	5.94	74.25	3.34	0.04	0.15	12.50	22.23
716-4A	褐色含铁质灰岩	T_2b	干河北村	0.58	1.01	0.11	50.19	0.17	1.75	9.18
716-4B	褐色含铁质灰岩	T_2b	干河北村	0.20	0.45	0.07	53.57	0.18	2.23	6.43
/	玄武岩*	Pe	鹤庆松桂	52.09	14.92	2.77	3.54	2.81	0.29	5.39

注：带*号样品数据来自云南省有色地质局，2012；其余样品测试单位为河北廊坊地质与勘探实验室。

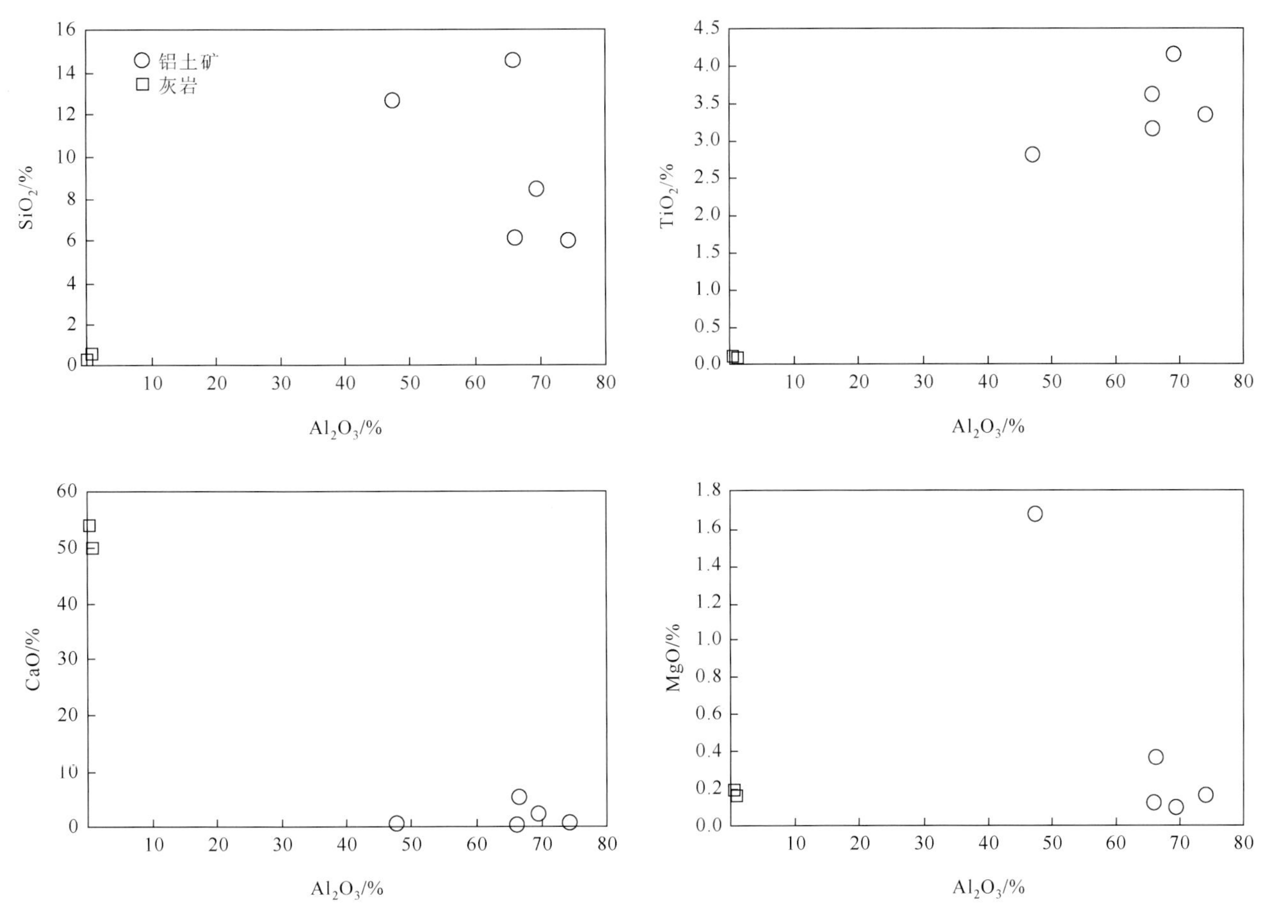

图 6-22　松桂地区铝土矿、灰岩 Al_2O_3 与 SiO_2、TiO_2、CaO 和 MgO 含量关系相关图

（二）微量元素

松桂地区铝土矿、灰岩样品部分微量元素分析结果和相关比值见表6-13。铝土矿Be含量为 1.65×10^{-9}～3.12×10^{-9}，平均 2.26×10^{-9}，总体变化不大，显沉积成因特征，而非残积成矿的特点（刘巽锋等，1990；廖士范，1991），表明松桂铝土矿矿床成因主要属于古风化壳沉积型；松桂铝土矿 Th 含量为 27.46×10^{-6}～54.36×10^{-6}，平均 40.92×10^{-6}，含量相对较集中；U 含量为 6.09×10^{-6}～16.37×10^{-6}，平均 9.58×10^{-6}，含量范围较集中；Zr 含量为 986.30×10^{-6}～1576.00×10^{-6}，平均 1348.46×10^{-6}；Ta 含量 2.55×10^{-6}～5.73×10^{-6}，平均 4.50×10^{-6}，此二者与 Th 类似，含量也相对较一致。

表 6-13　松桂地区铝土矿、灰岩部分微量元素含量与特征比值

样号	岩性	层位	采样地点	Be	Zr	Hf	U	Ta	Th	Zr/Hf	Sr/Ba	Th/U	V/Ni
716-1A	浅灰色豆状铝土矿	T_3z	干河北村	2.66	1427.00	11.09	9.26	5.34	54.36	128.67	1.75	5.87	27.65
716-1B	浅灰色豆状铝土矿	T_3z	干河北村	3.12	986.30	7.79	6.09	2.55	41.31	126.61	1.96	6.78	20.46
716-1C	浅灰色豆状铝土矿	T_3z	干河北村	2.12	1576.00	12.59	16.37	5.73	45.93	125.18	1.37	2.81	10.97
716-09	灰黑色致密铝土矿	T_3z	黄柏箐	1.65	1384.00	10.53	8.42	4.45	35.52	131.43	1.71	4.22	2.11
716-10	豆状铝土矿	T_3z	黄柏箐	1.77	1369	10.08	7.75	4.41	27.46	135.81	0.95	3.54	11.66
716-4A	褐色含铁质灰岩	T_2b	干河北村	0.93	51.37	0.35	1.82	0.11	0.69	146.77	2.36	0.38	0.48
716-4B	褐色含铁质灰岩	T_2b	干河北村	0.44	21.71	0.17	1.00	0.06	0.36	127.71	2.96	0.36	0.33

测试单位：河北廊坊地质与勘探实验室。含量单位：Be 为 10^{-9}，其他为 10^{-6}。

（三）稀土元素

松桂地区铝土矿、下伏灰岩和玄武岩稀土元素特征值及球粒陨石标准化特征值见表 6-14 和表 6-15。铝土矿样品 ΣREE 值为 670.97×10^{-6}～2300.65×10^{-6}，均值为 1394.97×10^{-6}，尽管 ΣREE 变化范围较大，

但都表现为 ΣREE 富集。矿石样品 ΣLREE 值为 $614.88\times10^{-6}\sim2184.04\times10^{-6}$，均值为 1281.33×10^{-6}，ΣHREE 值为 $56.10\times10^{-6}\sim209.07\times10^{-6}$，均值为 113.63×10^{-6}，样品 ΣLREE/ΣHREE 值为 6.96～18.73，均值为 11.96，$(La/Sm)_N$ 值为 3.07～22.91，均值 9.20 大于 1，表明矿石样品轻稀土与重稀土分异明显且相对富集。其中，$(Gd/Yb)_N$ 值为 1.00～2.04，平均值 1.64 大于 1，也表明矿石样品 HREE 分异明显。$(La/Yb)_N$、$(La/Lu)_N$ 和 $(Ce/Yb)_N$ 比值可以反映 REE 球粒陨石标准化图解中的曲线的总体斜率，计算结果表明上述比值均大于 1，即轻稀土和重稀土的分异程度较高。

矿石样品 δCe 值为 0.62～4.02，平均值 2.55 大于 1，显示正异常。Ce 呈正异常，表明 Ce 在氧化环境的淋滤作用条件下，Ce^{3+}、Ce^{4+}水解沉淀，其他 REE 被淋失（王力等，2004；叶霖等，2007；李普涛和张起钻，2008）。矿石样品 δEu 值为 0.03～0.05，平均值 0.04 小于 1，$(Eu/Sm)_N$ 值为 0.26～0.47，平均值 0.40 小于 1，矿石 Eu 负异常明显。Eu 负异常特征显示，在缺氧的条件下，Eu^{3+}被还原成 Eu^{2+}，从而导致沉积物中的 Eu 发生分离亏损。$(La/Yb)_N$ 值为 7.23～84.30，均值为 26.27 大于 1。

稀土元素球粒陨石标准化配分曲线图（图 6-23）显示，铝土矿石样品配分曲线与下伏灰岩、基底玄武岩配分曲线元素富集亏损特征及其演化趋势大致相同，并与基底玄武岩更为接近，暗示灰岩、玄武岩均为铝土矿成矿提供了物质来源，其中玄武岩的贡献更大。

表 6-14　松桂地区铝土矿、灰岩及玄武岩稀土元素特征值/10^{-6}

样号	岩性	层位	采样地点	ΣREE	LREE	HREE	LREE/HREE
716-1A	浅灰色豆状铝土矿	$T_3\hat{z}$	干河北村	1222.79	1122.98	99.81	11.25
716-1B	浅灰色豆状铝土矿	$T_3\hat{z}$	干河北村	670.97	614.88	56.1	10.96
716-1C	浅灰色豆状铝土矿	$T_3\hat{z}$	干河北村	2300.65	2184.04	116.61	18.73
716-09	灰黑色致密铝土矿	$T_3\hat{z}$	黄柏箐	1116.07	1029.49	86.58	11.89
716-10	豆状铝土矿	$T_3\hat{z}$	黄柏箐	1664.35	1455.28	209.07	6.96
716-4A	褐色含铁质灰岩	T_2b	干河北村	164.61	110.29	54.32	2.03
716-4B	褐色含铁质灰岩	T_2b	干河北村	91.06	60.84	30.23	2.01
BSTP1R011*	纯灰岩	T_2b	白水塘	122.99	100.5	22.09	4.97
HD3081-1*	斜斑玄武岩	Pe	干河北村	584.15	527.60	55.68	10.08
HD4118*	致密块状玄武岩	Pe	干河北村	308.77	277.90	30.47	10.05
HD2002*	致密块状玄武岩	Pe	干河北村	484.25	312.40	51.89	8.59
PAZJR038*	玄武岩	Pe	鹤庆松桂	350.44	311.70	38.16	9.12

注：带*号样品数据来自云南省有色地质局，2012；其余样品测试单位为河北廊坊地质与勘探实验室。

表 6-15　松桂地区铝土矿、灰岩及玄武岩稀土元素球粒陨石标准值化特征值

样号	岩性	层位	采样地点	δCe	δEu	$(La/Yb)_N$	$(La/Sm)_N$	$(Gd/Yb)_N$	$(La/Lu)_N$	$(Ce/Yb)_N$	$(Eu/Sm)_N$
716-1A	浅灰色豆状铝土矿	$T_3\hat{z}$	干河北村	2.81	0.04	13.33	3.9	1.94	1.46	32.9	0.4
716-1B	浅灰色豆状铝土矿	$T_3\hat{z}$	干河北村	3.04	0.05	10.34	3.07	1.87	1.33	28.71	0.46
716-1C	浅灰色豆状铝土矿	$T_3\hat{z}$	干河北村	0.62	0.03	84.3	22.91	2.04	6.37	31.61	0.26
716-09	灰黑色致密铝土矿	$T_3\hat{z}$	黄柏箐	4.02	0.04	7.23	6.22	1	1.5	25.3	0.47
716-10	豆状铝土矿	$T_3\hat{z}$	黄柏箐	2.25	0.04	16.14	9.89	1.34	12.21	28.43	0.43
716-4A	褐色含铁质灰岩	T_2b	干河北村	0.5	0.05	11.9	2.19	4.43	1.79	4.83	0.53
716-4B	褐色含铁质灰岩	T_2b	干河北村	0.27	0.06	14.63	2.11	5.02	1.71	3.27	0.55
BSTP1R011*	纯灰岩	T_2b	白水塘	0.48	0.65	—	—	—	—	—	—
HD3081-1*	斜斑玄武岩	Pe	干河北村	1.25	0.56	—	—	—	—	—	—
HD4118*	致密块状玄武岩	Pe	干河北村	0.92	0.84	—	—	—	—	—	—
HD2002*	致密块状玄武岩	Pe	干河北村	0.90	0.54	—	—	—	—	—	—
PAZJR038*	玄武岩	Pe	鹤庆松桂	1.10	0.98	—	—	—	—	—	—

注：带*样品数据来自云南省有色地质局，2012；其余样品测试单位为河北廊坊地质与勘探实验室。

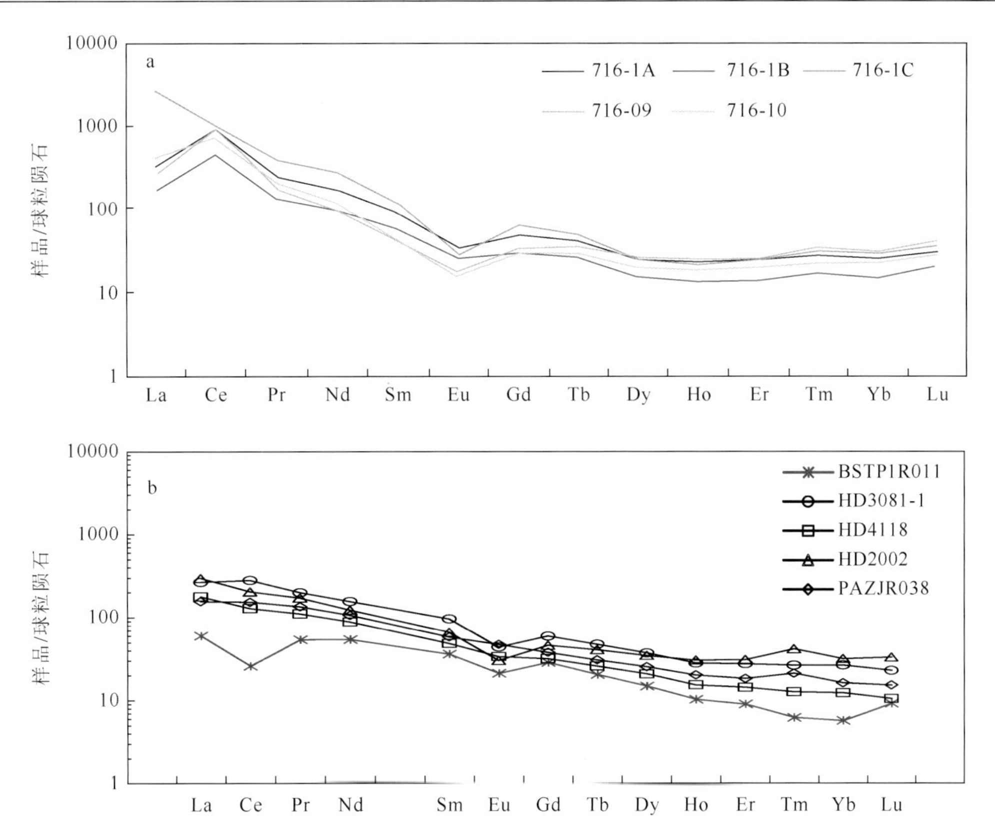

图 6-23　松桂地区铝土矿（岩）(a)、灰岩和玄武岩（b）稀土元素球粒陨石标准化配分曲线图
（球粒陨石标准化数值引自 Taylor S R，Mc Lennan S M，1989）

第七章　矿床成因及成矿模式

云南铝土矿集中分布于上扬子古陆块，分属上扬子成矿省和华南成矿省。各铝土矿成矿区所在区域大地构造位置特殊，构造活动强烈且具多期特点，赋矿地层分布广泛，铝土矿矿床（点）分布众多（图 3-1），具有较为有利的成矿地质背景和成矿环境。本章在对各成矿区地质背景、成矿基本特征及典型矿床地质特征、岩石学、矿物学及地球化学特征研究的基础上，采用可能母岩和铝土矿主量、微量和稀土元素进行对比，并结合前人对全球和中国铝土矿的研究成果，来探讨铝土矿的成矿物质来源，揭示其成矿作用过程，最后建立成矿模式。

第一节　滇东南成矿区

一、成矿物质来源

揭示成矿物质来源真谛对全面深入认识铝土矿成矿作用过程具有重要实际意义。滇东南沉积型铝土矿主要为“铁厂式”铝土矿，成矿时代为晚二叠世。赋矿地层在丘北—广南一带为海陆交互相的龙潭组，代表性矿床为丘北大铁铝土矿；在文山—麻栗坡一带为浅海相的吴家坪组，代表性矿床为文山天生桥铝土矿。本节以上述 2 个典型矿床为代表来分析其成矿物质来源特征。

（一）大铁铝土矿区古城矿段

微量元素 Ti、Zr、Nb、Ta、Cr、Ni 在风化作用过程中地球化学行为表现稳定（Maclean and kranidiotis，1987；Maclean and Barrett，1993；Kurtz et al.，2000；Panahi et al.，2000），常被广泛用来示踪铝土矿的源岩（Maclean et al.，1997；Liu et al.，2010）。

1. 微量元素特征

微量元素（如 Zr、Ti、Zr、Nb、Ta、Cr、Ni 等）在风化作用过程中的稳定地球化学行为，对其铝土矿（岩）源岩具有继承性和演化性（Maclean，1990；Calagari and Abedini，2007；Maclean et al.，1997；Liu et al.，2010）。主量元素特征和微量元素（前文）原始地幔、上地壳标准化配分曲线特征显示下伏灰岩和玄武岩对该区铝土矿（岩）形成均有一定贡献，主要依据为铝土矿（岩）Al/Ti 比值与灰岩、玄武岩相应比值均接近以及它们之间具有大体一致的元素富集、亏损规律且配分曲线相似。为进一步确定其成矿物源，本书采用 Zr/Hf、Nb/Ta 特征比值和 Zr-Hf、Nb-Ta、Zr-TiO_2、LogCr-LogNi、La/Yb-REE 图解来进行综合判别。表 6-7 数据显示铝土矿（岩）Zr/Hf（35.71～48.15，均值 39.94）和 Nb/Ta（13.62～31.15，均值 16.12）比值与下伏灰岩（Zr/Hf = 21.97～45.00，均值 38.06；Nb/Ta = 7.83～25.00，均值 15.35）、玄武岩（Zr/Hf = 38.92；Nb/Ta = 15.35）相近，体现在图 7-1 上铝土矿（岩）与灰岩、玄武岩表现出了极高的正相关关系，相关系数 R^2 分别为 0.9734、0.9666。在图 7-1 中，下伏玄武岩样品点位相对更靠近铝土矿分布点位，而灰岩样品点位则相对远离铝土矿点位，多分布在坐标原点附近。上述特征反映了本区铝土矿（岩）与下伏灰岩、玄武岩均存在亲缘关系，两者可能均为成矿物源，但玄武岩的贡献相对更大。在图 Zr-Ti（图 7-2）中，铝土矿（岩）样品点分布范围较宽，相对集中在玄武岩区及其附近，表明大铁铝土矿（岩）与下伏玄武岩亲缘关系最大，且部分古陆变质岩对其物源也有一定贡献。图 7-3a 中，该区铝土矿（岩）样品点集中分布在红土型铝土矿区和喀斯特型铝土矿区之间，接近玄武岩区和页岩、板岩区，而距碳酸盐岩区相对较远，与图 7-3b 显示的铝土矿（岩）样品点主要分布在碱性玄武岩与沉积岩（钙泥质岩）和大陆玄武岩过渡或重叠区域，依然远离碳酸岩区特征一致，进一步表明了铝土矿（岩）成矿物源主要来自下伏玄武岩，灰岩贡献量少。

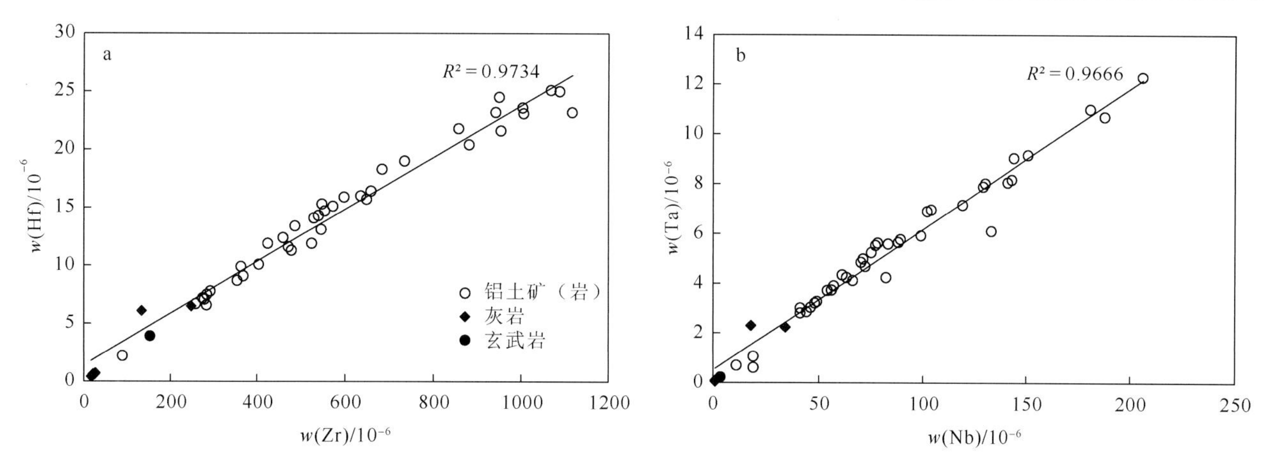

图 7-1 大铁铝土矿区古城矿段铝土矿（岩）、灰岩和玄武岩稳定元素 Zr-Hf 和 Nb-Ta 图解

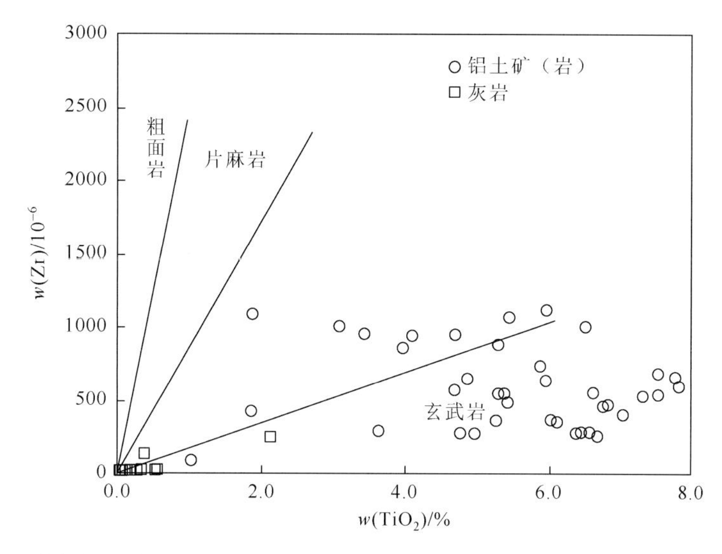

图 7-2 大铁铝土矿区古城矿段铝土矿（岩）Zr-Ti 图解（底图据 Hallberg，1984）

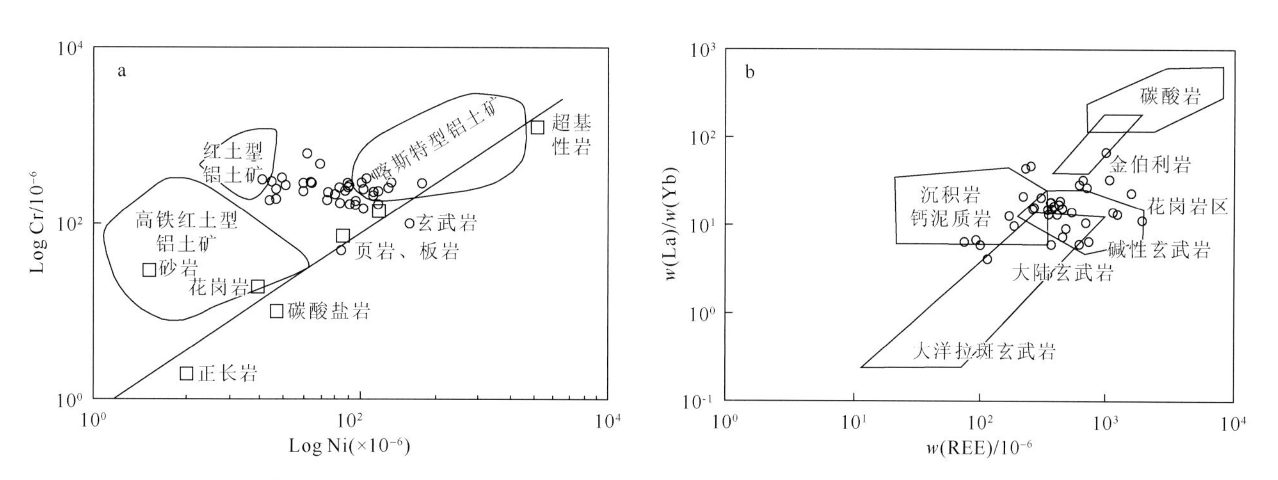

图 7-3 大铁铝土矿区古城矿段铝土矿（岩）LogCr-LogNi 图解和 w(La)/w(Yb)-w(REE)图解

（a，底图据 Schroll and Sauer，1968；b，底图据李沛刚等，2012）

2. 稀土元素特征

稀土元素是一组具有特殊地球化学属性的指示性元素，在地质作用过程中的地球化学行为易被“记录”在地质体中而保存下来（杨元根等，2000；黄智龙等，2014；韩英等，2016）。铝土矿或沉积物中的 REE 含量和源区风化条件是沉积物中 REE 富集的主要控制因素，搬运、沉积和成岩期间的同生及后生作用过程对沉积物中 REE 变化的影响较小（李沛刚等，2012；焦扬等，2014）。因此，对风化物和铝土矿而言，稀土元素配分曲线和它的特征参数（铕异常）也常被用作判断源岩的重要指标。图 6-16 显示大铁铝土

矿古城矿段铝土矿（岩）稀土元素球粒陨石配分曲线与峨眉山玄武岩的稀土元素球粒陨石标准化曲线在形态上体现出两者具有更加相近的趋势，并且矿体曲线更靠近玄武岩曲线，相对远离灰岩曲线；但是，在铝土矿（岩）与灰岩样品中，共同表现出铕元素负异常，以及相似的曲线形态。表 6-9 稀土元素特征值显示铝土矿（岩）中∑LREE/∑HREE 变化范围较大，为 2.42～27.22，均值 10.65，灰岩（含生屑灰岩和砂质灰岩）∑LREE/∑HREE 范围为 3.28～17.46，均值 6.81，玄武岩∑LREE/∑HREE 范围为 7.29。该区铝土矿（岩）中∑LREE/∑HREE 均值高于灰岩及玄武岩，与峨眉山玄武岩更为接近。铝土矿（岩）δEu 多为负异常，δCe 正负异常均存在，灰岩 δEu、δCe 均为负异常，而玄武岩 δEu 正异常，δCe 负异常，δEu、δCe 表明铝土矿（岩）石中的稀土元素是多来源的，既有来自玄武岩的，也有来自灰岩的。通过对比样品中稀土元素特征和曲线趋势可知，不排除下伏灰岩为矿体提供稀土元素的可能性，综合表明区内铝土矿成矿物质具多源性特点，既有玄武岩贡献也有灰岩贡献，但更多是来自玄武岩的。这一结论在图 7-1、图 7-2、图 7-3 中均有相应体现。

综上分析，认为丘北大铁铝土矿古城矿段铝土矿（岩）成矿物质并非单一来源，下伏灰岩钙红土化作用可能也提供了少量物质来源，但主要物源应为下伏峨眉山玄武岩和古陆变质岩。

（二）天生桥铝土矿

1. 微量元素特征

表 6-8 数据显示天生桥铝土矿（岩）Zr/Hf（31.99～41.55，均值 38.71）和 Nb/Ta（9.98～30.60，均值 16.87）比值与下伏灰岩（Zr/Hf = 24.12～42.94，均值 34.88；Nb/Ta = 14.00～18.00，均值 16.38）、玄武岩（Zr/Hf = 37.11～38.18，均值为 37.64；Nb/Ta = 11.61～13.20，均值为 12.40）均相近，暗示两者对其物源均有贡献。在 Zr-Hf 和 Nb-Ta 图解（图 7-4）上铝土矿与下伏灰岩、玄武岩表现出了极高的正相关关系，相关系数 R^2 分别为 0.953、0.5054，下伏玄武岩样品点位相对更靠近铝土矿分布点位，而灰岩样品点位则相对远离铝土矿点位，多分布在坐标原点附近，上述特征依然显示了铝土矿（岩）与下伏灰岩、玄武岩均存在亲缘关系的这一特征，两者可能均为成矿物源，但玄武岩的贡献相对更大。在图 Zr-Ti（图 7-5）中，铝土矿（岩）样品点位于玄武岩形成的铝土矿和片麻岩形成的铝土矿之间，并靠近玄武岩区，也表明大铁铝土矿（岩）成矿物源的复杂性，下伏玄武岩和古陆变质岩对其物源均有贡献。在图 7-6 上，铝土矿（岩）样品点主要分布在碱性玄武岩、大陆玄武岩与沉积岩（钙泥质岩）过渡或重叠区域，相对集中于玄武岩区，而远离碳酸岩区，再次表明了铝土矿（岩）成矿物源主要来自下伏玄武岩，灰岩贡献量少。

2. 稀土元素特征

稀土元素特征显示，天生桥铝土矿（岩）与下伏峨眉山玄武岩、灰岩的稀土元素球粒陨石标准化曲线趋势相近，在铝土矿（岩）中表现出与玄武岩同样的 Lu 元素富集特点，并且铝土矿（岩）配分曲线相对更靠近玄武岩配分曲线，而远离灰岩配分曲线（图 6-17）；但是，在铝土矿（岩）与灰岩样品中，二者又

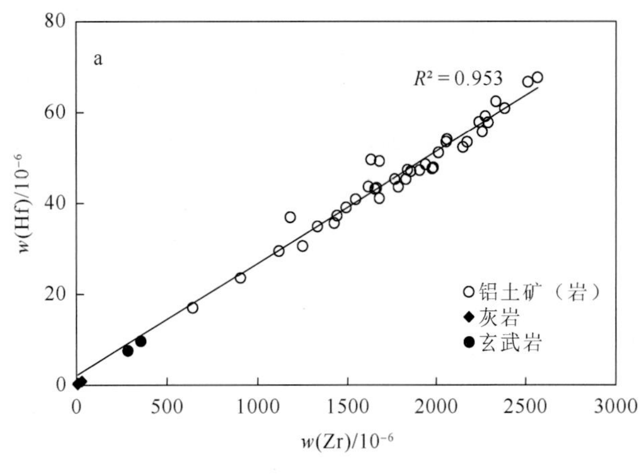

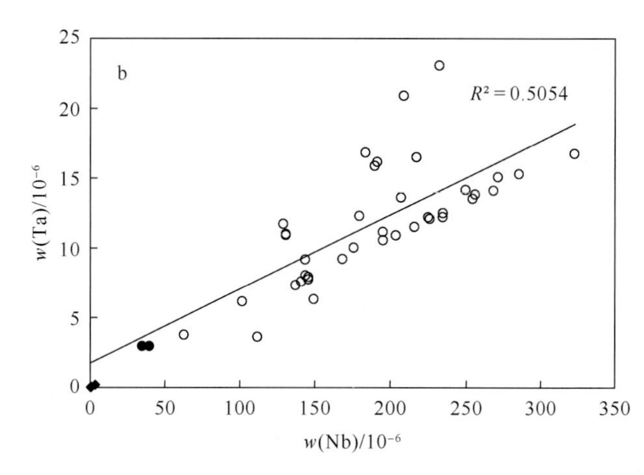

图 7-4　天生桥铝土矿（岩）、灰岩和玄武岩稳定元素 Zr-Hf 和 Nb-Ta 图解

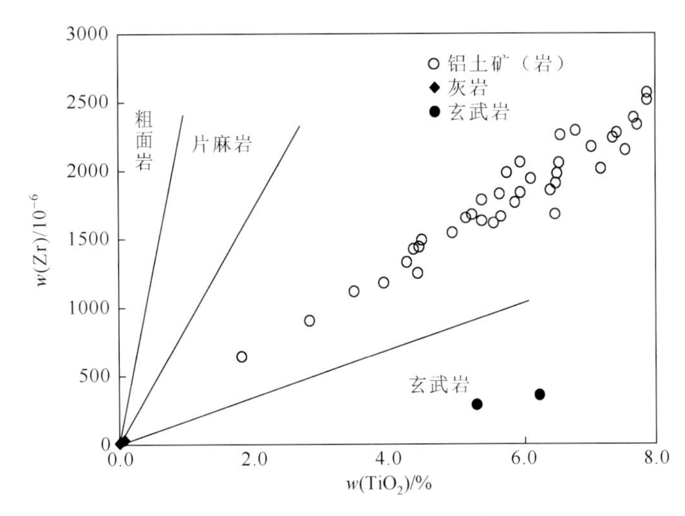

图 7-5　天生桥铝土矿（岩）Zr-Ti 图解（底图据 Hallberg，1984）

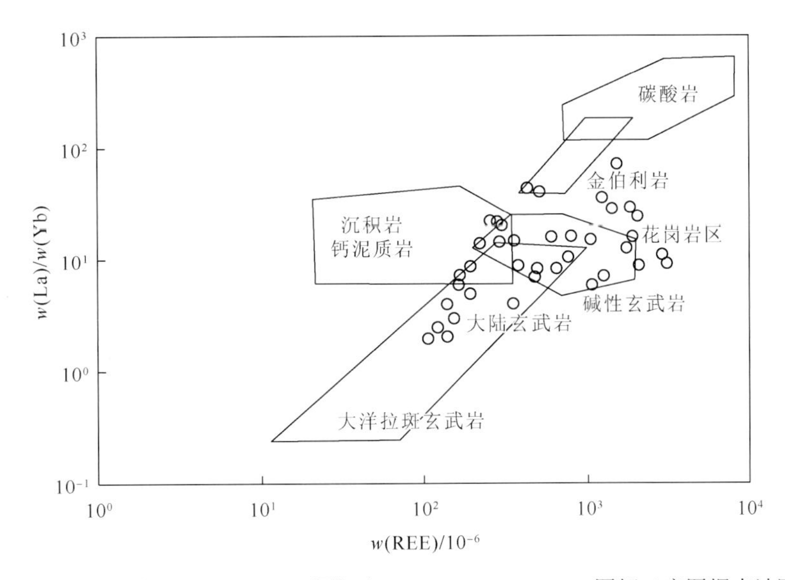

图 7-6　天生桥铝土矿（岩）LogCr-LogNi 图解和 $w(La)/w(Yb)$-$w(REE)$图解（底图据李沛刚等，2012）

共同表现出了铕元素负异常以及相似的曲线形态。表 6-11 稀土元素特征值显示铝土矿（岩）中∑LREE/∑HREE 变化范围为 2.83～18.60，均值 7.55，灰岩∑LREE/∑HREE 范围为 1.76～3.15，均值 2.57，玄武岩∑LREE/∑HREE 范围为 7.78～12.66，均值为 10.22。可见铝土矿（岩）中∑LREE/∑HREE 均值高于灰岩，与峨眉山玄武岩更为接近。铝土矿（岩）δEu 均为负异常，δCe 正负异常均存在，灰岩 δEu、δCe 均为负异常，而玄武岩 δEu 为弱正异常，δCe 正负异常均有。δEu、δCe 特征表明铝土矿（岩）石中的稀土元素是多来源的，既有来自玄武岩的，也有来自灰岩的。综合对比样品中稀土元素特征和曲线趋势可知，依然是不排除下伏灰岩为矿体提供稀土元素的可能性，综合表明区内铝土矿成矿物质具多源性特点，既有玄武岩贡献也有灰岩贡献，但更多的是来自玄武岩，与图 7-4、图 7-5、图 7-6 反映结论均为一致，也与大铁矿区古城矿段铝土矿（岩）物源特征相似。

综上，天生桥铝土矿（岩）成矿物质来源具多源性特点，即下伏灰岩、玄武岩和古陆变质岩均为铝土矿成矿提供了成矿物质来源，其中主要物源应为下伏峨眉山玄武岩和古陆变质岩，与大铁矿区物源特征相似。

总而言之，滇东南成矿区铝土矿以丘北大铁、文山天生桥铝土矿较为典型，综合微量、稀土元素地球化学特征研究成果和岩相古地理特征，认为滇东南成矿区铝土矿成矿物质来源具多源性特点，下伏灰岩、玄武岩和古陆变质岩均为铝土矿形成提供了成矿物质，其中下伏玄武岩和古陆变质岩贡献较大。这一结论也得到了近年该区研究工作者们的支持，表 7-1 是对近年滇东南成矿区部分铝土矿成矿物质来源研究成果的统计，对比不难发现表 7-1 依然反映了滇东南成矿区成矿物源主要来自下伏玄武岩，灰岩贡献量少这一不争的事实。

表 7-1　滇东南典型铝土矿含矿岩系、下伏灰岩和玄武岩哈克图解、稀土元素配分曲线和微量元素蛛网图对比结果表

矿区（段）	哈克图解结果	稀土元素配分曲线对比结果	微量元素蛛网图对比结果	成矿物质来源	研究者及日期
丘北大铁古城矿段	图解表明，矿段铝质岩系可能来源于下伏的灰岩、玄武岩	含铝岩系灰岩标准化曲线呈近水平状产出，玄武岩标准化曲线向右缓倾，灰岩—玄武岩标准化曲线向右中等倾斜，说明其物质主要来源于灰岩	灰岩与含矿岩系主要岩性微量元素蛛网图对比，部分异常元素的特征一致，如 Th 正异常、P_2O_5 负异常，说明含铝岩系与灰岩具有一定亲缘关系	主要来源于灰岩，部分成矿物质可能来源于玄武岩	云南省有色地质局和中国地质大学（北京），2011
大铁架木格矿段	图解表明，架木格矿段铝质岩系可能来源于下伏的灰岩、玄武岩	含铝岩系灰岩标准化曲线、玄武岩标准化曲线、灰岩—玄武岩标准化曲线相比，曲线形态相近，玄武岩标准化曲线和灰岩—玄武岩标准化曲线的斜率具有变大的趋势，说明其物质主要来源于灰岩，有部分玄武岩的加入	玄武、灰岩与含矿岩系主要岩性微量元素蛛网图的对比，微量元素特征与玄武岩、灰岩特征比较接近，说明架木格矿段含铝岩系来源于灰岩、玄武岩	含铝岩系主要来源于灰岩，部分物质可能来源于玄武岩	
大铁龙戛矿段	图解表明，龙戛矿段铝质岩系不仅来源于下伏的灰岩	含铝岩系灰岩标准化曲线、玄武岩标准化曲线、灰岩—玄武岩标准化曲线相比，曲线形态相近，玄武岩标准化曲线和灰岩—玄武岩标准化曲线的斜率具有变大、曲线变复杂的趋势，说明其物质主要来源于灰岩，可能有部分玄武岩的加入	含矿岩系主要岩性微量元素蛛网图的对比，灰岩和含铝岩系部分异常元素的特征一致，如 Th 正异常、Ba 负异常，说明含铝岩系与灰岩具有一定亲缘关系	含铝岩系主要来源于灰岩，部分物质可能来源于玄武岩	
飞尺角	图解表明，飞尺角铝土矿含铝岩系不仅来源于下伏的灰岩	铝土矿含铝岩系灰岩标准化曲线、玄武岩标准化、灰岩—玄武岩标准化曲线较为相近，玄武岩标准化曲线斜率最低，这说明飞尺角铝土矿含铝岩系来源于灰岩和玄武岩，并且主要来源于玄武岩	灰岩与含矿岩系主要岩性微量元素蛛网图对比显示，部分异常元素的特征一致，如 K_2O、P_2O_5 负异常，说明含铝岩系与灰岩具有一定亲缘关系	来源于灰岩和玄武岩，可能玄武岩是飞尺角铝土矿的主要物质来源	
红舍克	图解表明，红舍克铝土矿含铝岩系主要来源于下伏的灰岩	含铝岩系灰岩标准化曲线、玄武岩标准化、灰岩—玄武标准化曲线相比较，稀土配分曲线斜率具有变大的趋势，这说明红舍克铝土矿含铝岩系主要来源于灰岩	微量元素特征基本一致，灰岩和含矿岩系主要异常元素 Th、Zr、Hf、P_2O_5、TiO_2 相同，说明红舍克含铝岩系来源于灰岩	含铝岩系的成矿物质来源于灰岩	
砂子塘	图解表明，砂子塘铝土矿含铝岩系主要来源下伏的灰岩	含铝岩系灰岩标准化曲线近水平状、玄武岩标准化曲线呈向右缓倾的弱“V”字形曲线，灰岩—玄武岩标准化曲线呈向右缓倾较平滑曲线，这说明砂子塘铝土矿含铝岩系主要来源于灰岩，有部分玄武岩参与其中	含铝岩系的主要异常元素与灰岩的主要异常元素基本一致，说明砂子塘铝土矿含铝岩系与灰岩关系密切	含铝岩系主要来源于灰岩，可能部分成矿物质来源于玄武岩	
白色姑	图解表明，白色姑铝土矿含铝岩系不仅来源于下伏的灰岩	含铝岩系灰岩标准化曲线向左缓倾、玄武岩标准化曲线向右缓倾，灰岩—玄武岩标准化曲线同样向右缓倾，各类标准化曲线斜率均较低，说明其物质来源于灰岩和玄武岩	灰岩与含矿岩系部分异常元素的特征一致，如 Th 正异常和 P_2O_5、TiO_2 负异常，说明含铝岩系与灰岩具有一定亲缘关系	含铝岩系来源于灰岩和玄武岩	
水结、白革	图解表明，水结、白革铝土矿点含矿岩系不仅来源于下伏的玄武岩	含铝岩系玄武岩标准化曲线的斜率最低，铕异常、铈异常亦最小，说明其物质主要来源于下伏玄武岩	含矿岩系微量元素的特征与灰岩微量元素基本一致，如 Th 正异常、P_2O_5 负异常，说明含铝岩系与玄武岩具有一定亲缘关系	含铝岩系主要来源于玄武岩，有部分灰岩物质加入了铝土矿含矿岩系	
天生桥—者吾舍		铝土矿的灰岩、铁质铝土矿的灰岩、铁质岩的灰岩与灰岩标准化曲线特征基本一致，说明天生桥—者五舍铝土矿与下伏马平组灰岩关系密切	—	含铝岩系主要来源于风化壳和海水沉积	王行军，王根厚，周洁等，2013

二、沉积环境及沉积相模式

（一）滇东南沉积型铝土矿成矿环境

微量元素蕴含着丰富的成矿环境信息是有效的地球化学指示剂。不同的沉积环境对应不同的地质地形条件、气候条件、介质性质、动力条件、生物作用及区域构造背景等因素，由于各种元素的物理化学性质不同，沉积作用过程中在沉积物中的分散与聚集规律存在差别，为利用微量元素研究成矿环境，如判别海相、陆相沉积环境等提供了科学依据（曾从盛，2000；俞缙等，2009）。目前，国内外学者已总结出多种判别成矿环境的微量元素地球化学指标，如 Sr 含量、Sr/Ba 比值、V/Zr 比值、Th/U 比值以及 δCe 等（黄智龙等，2014）。以下利用这些指标来判别滇东南成矿区铝土矿成矿环境。

（1）研究统计认为海相沉积物中 Sr 通常大于 160.00×10^{-6}，陆相沉积物中 Sr 小于 160.00×10^{-6}（俞缙等，2009）。受 Sr 比 Ba 的迁移能力强因素影响，当淡水与海水相混时，Ba 更容易生产沉淀，因此在陆相沉积物中 Sr/Ba

<1，在海相沉积物中 Sr/Ba>1，半咸水沉积物中 0.6<Sr/Ba<1（王益友等 1979；赵振华，1997）。滇东南成矿区大铁古城矿段和天生桥矿区铝土矿（岩）Sr 含量分别为 $41.00\times10^{-6}\sim2273.00\times10^{-6}$ 和 $11.80\times10^{-6}\sim393.10\times10^{-6}$，Sr/Ba 比值分别为 1.38～47.33 和 0.13～15.17。在图 7-7 上可见大铁矿区铝土矿（岩）样品点位于海水区，而天生桥矿区铝土矿（岩）样品点在海水区和淡水区均有分布。综合以上特征，认为滇东南成矿区铝土矿（岩）主要形成于海陆过渡环境，与世界上所发现的铝土矿都形成于陆地或海陆过渡环境一致（黄智龙等，2014）。

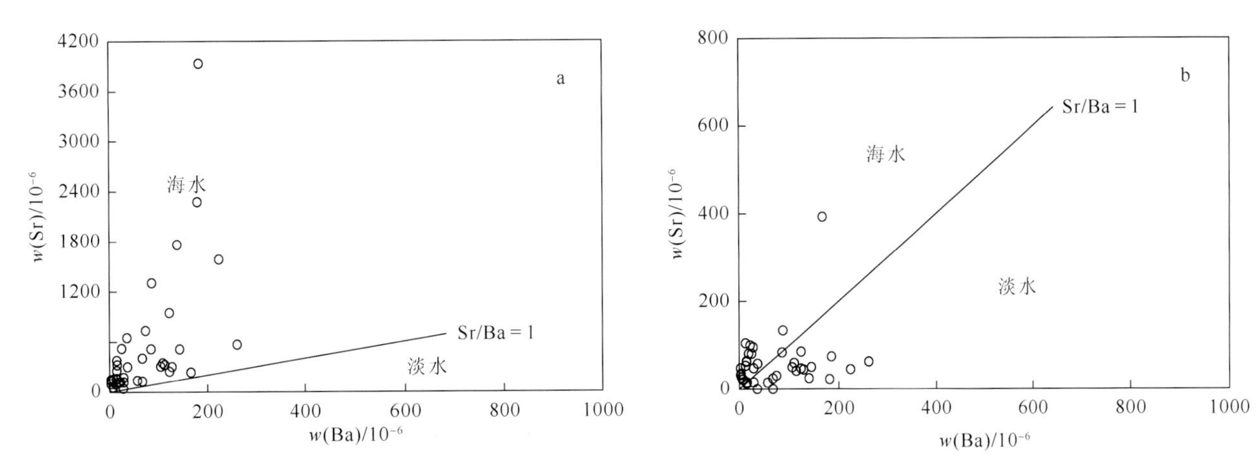

图 7-7　大铁（a）、天生桥铝土矿（岩）（b）*w*(Sr)-*w*(Ba)含量离散图（据陈阳，2012；韩英等，2016）

（2）陈平和柴浩东（1997）研究认为陆相环境中形成沉积物 V/Zr 比值介于 0.12～0.40，海相环境形成的沉积物 V/Zr 比值介于 0.25～4.00。表 6-7 微量元素分析数据显示丘北大铁矿区铝土矿（岩）V/Zr 比值为 0.16～1.90（天生桥矿区因缺 V 元素值，暂不讨论），同样表明该区铝土矿（岩）形成于海陆过渡环境。

（3）Th/U 比值对铝土矿成因具有指示作用，研究认为当 Th/U<2 时，铝土矿为海相还原环境下沉积形成；Th/U>7 时，铝土矿为陆相环境强烈红土化作用产物；当 Th/U 介于 2～7 时，可能是由于沉积混杂或者风化作用不彻底所致（Laukas et al.，1983；王行军等，2015a；韩英等，2016）。滇东南成矿区大铁、天生桥矿区铝土矿（岩）Th/U 比值分别为 0.86～11.61 和 0.67～5.58，大部分样品 Th/U 比值介于 2～7，也表明滇东南成矿区铝土矿（岩）主要形成于海陆过渡环境，且在成矿过程中还遭受了风化侵蚀（崔银亮等，2017）。

（4）研究显示 Ce 在氧化环境淋滤作用条件下，$Ce^{3+}\rightarrow Ce^{4+}$水解沉淀，其他 REE 被淋失而造成 Ce 正异常（王卓卓等，2007；Elderfield et al.，1982），反映铝土矿是在炎热潮湿、氧气充足、植繁茂及有机质来源丰富的陆源沉积条件下形成的残积物，经迁移沉积作用形成的（叶霖等，2007；韩忠华等，2016）。当 δCe>1 时，表示 Ce 富集，为正异常，指示氧化环境；当 δCe<1 时，表示 Ce 亏损，为负异常，指示还原环境（任明达和王乃染，1985）。滇东南成矿区大铁古城矿段和天生桥矿区铝土矿（岩）δCe 值分别为 0.39～5.70 和 0.34～5.45，再次表明该区铝土矿（岩）形成于海陆过渡环境，且主要由沉积作用形成。

以上特点综合表明滇东南成矿区铝土矿主要形成于富氧的海陆过渡环境，成矿物质来源于风化壳，由沉积作用形成，后期红土化作用不明显。

滇东南地区岩相古地理显示，晚二叠世吴家坪早期滇东南地区处于三面环陆的滨浅海环境，西北为康滇古陆，西南为哀牢山隆起，南面为屏马—越北古陆，仅在北东面与广海相通，为一半封闭的海湾。古地势西南高，北东低，沉积盆地呈向北东方向张开的“L”型，海水自北东向南西方向入侵，由南西向北东方向水体逐渐变深。铝土矿形成的最有利沉积环境为潮下带—浅海顶部。

沉积环境是控制铝土矿分布的主要因素之一，沉积环境控制了矿物组合（施和生等，1989）。研究显示自生黄铁矿可代表海相中性—弱碱性的还原环境。天生桥铝土矿矿石中见一水硬铝石与黄铁矿伴生，为成岩阶段还原环境的产物，黄铁矿呈细粒状、浸染状结构（图版III—K、图版III—L），现大部分已氧化为褐铁矿，表明其属沉积成因。

δCe 值在垂向上的变化可指示古沉积氧化—还原环境的变化（Braun et al.，1990；Mongelli，1997）。云南省有色地质局（2011）对丘北大铁铝土矿研究成果显示含矿岩系下部（L1→L4）δCe>1.05 为正异常（Ce 富集），由下向上呈递增趋势；上部（L4→L8）δCe<0.95 为负异常（Ce 亏损）或弱负异常，由下向上呈递减的趋势，总体由下至上 δCe 值具逐渐增高（正异常）后又逐渐降低（负异常）特点，反映了铝土

矿形成由逐渐增强的氧化环境渐变为还原环境的成矿环境。矿层下部 Ce 的富集，可能是继承了物源风化产物的特征，或是在成岩后期处于弱还原且偏碱性的环境下 Ce 被活化，活动性增强，矿层上部的 Ce 以 Ce^{3+}形式向下淋滤迁移所致（王中刚等，1989；Karadağ et al.，2009），也可能与铁锰（氢）氧化物紧密相伴，相应层中高含量的铁锰（氢）氧化物可能是 Ce 的主要结合形式（Braun et al.，1990；李艳丽等，2005）。据 Ce 异常值的变化规律及含矿层的矿物组合特征可以推断，本区小规模的海侵—海退过程频繁，总体处于氧化环境，在吴家坪早期末期处于弱还原环境，代表此时海侵范围达到最大。铝土矿的形成环境总体表现为由浅水向深水变化、由氧化的酸性环境向还原的碱性环境转化的弱氧化—弱还原过渡带。

（二）滇东南吴家坪早期岩相古地理与沉积相模式

前人对包括滇东南及邻区在内的晚二叠世吴家坪期区域古地理背景做了大量研究，取得了一系列重要研究成果。王鸿祯等（1985）在《中国古地理图集》中将晚二叠世包括滇黔桂地区在内的华南地区划为华南洋，其西有康滇古陆，东有闽浙古陆，东南有云开古陆，华南洋又可进一步划分为东南浅海和上扬子浅海（包括碳酸盐台地和局部的非补偿海盆），在邻近康滇古陆一带，为陆相和滨海沼泽相沉积。刘宝珺等（1994）和王立亭等（1994）在对我国南方晚二叠世吴家坪期岩相古地理研究时，将华南地区划分了川滇古陆、华夏古陆和云开古陆，其间为川黔冲积平原、川黔海岸平原、上扬子浅海、黔桂次深海区和湘桂次深海区，在这些浅海和次深海中分布有大新古陆，并发育了多个碳酸盐台地，其中滇东南地区划属川黔海岸平原带、上扬子浅海和黔桂次深海区。云南地质矿产局（1995）出版的《云南岩相古地理图集》中的晚二叠世龙潭期岩相古地理图将滇东南地区表示为西有康滇古陆、南有屏（边）—马（关）—越北古陆的向东北开放的海岸—浅海地区，具体划分了滨岸沼泽相、开阔台地相、半闭塞台地相和台盆相等。梅冥相等（2004，2007）对滇黔桂地区的层序地层和古地理背景研究，认为晚二叠世吴家坪期滇黔桂海盆西有康滇古陆，东南有云开古陆，海盆总体为受断裂控制的台地与海盆相间格局，南部发育有隆安古陆，滇东南为滇黔桂海盆东南的滨岸平原和台地区。此外，云南其他地质科学工作者在进行滇东南铝土矿成矿条件分析时也开展了一些沉积古地理研究。如云南文山铝业有限公司于 2005 年和 2008 年分别在《云南省砚山县红舍克铝土矿勘探报告》和《滇东南地区铝土矿成矿规律与找矿实践》研究报告中编制了滇东—滇东南地区晚二叠世龙潭期岩相古地理图，认为滇东南地区为西有康滇古陆、南有屏（边）—马（关）古陆的向东北开放的海岸—浅海地区。

综上研究成果，对滇东南及邻区吴家坪早期区域古地理背景可得出以下认识：吴家坪期滇黔桂地区为一个西有川滇古陆、东有华夏古陆、东南有云开古陆、南有屏（边）马（关）—越北古陆，总体向北（南秦岭洋）开放、内部台地与次深海盆地相间排列的一个半局限洋盆（图 7-8）。滇东南地区位于这个洋盆的西南侧，其沉积环境为西部有川滇古陆，南部有屏（边）马（关）—越北古陆，总体向东北方向开放的一个滨岸—浅海环境，两个古陆同为滇东南沉积盆地的物源，提供了沉积物中的陆源碎屑物质和铝土矿的成矿物质。

如前所述，从区域古地理格局分析，滇东南地区及邻区晚二叠世吴家坪期处于总体向北东向开放、内部台地与次深海盆地相间排列的一个半局限洋盆，而滇东南地区位于这个洋盆的西南侧，为总体向东北方向开放的一个地形平缓的滨岸—浅海环境。这种古地理格局和面貌导致滇东南地区在晚二叠世吴家坪期海水能量总体较低。

从滇东南地区二叠系上统吴家坪阶下部岩石类型和组合特征来看，吴家坪组（或龙潭组）下段主要以粉砂和泥质沉积为主，底部为褐红色铁质泥岩、铁铝质泥岩和铝土岩，中部粉砂和泥岩常为灰黑色、黑色碳质泥岩夹煤线或煤层，上部为薄层灰岩、硅质灰岩和硅质岩，除局部地方（如砚山石板房大凹塘）底部出现较粗粒的砂砾岩和砂岩外，均为较细粒沉积，反映沉积时能量较低，属于低能泥质海岸—浅海环境。

泥质海岸是海岸的重要类型之一。泥质海岸主要形成于海岸坡度平缓，以潮汐为主的低能海岸环境。我国的渤海、黄海、东海处于西太平洋边缘海西缘，淤泥质海岸广布，构成我国海岸分布的主要类型。近年来国内外学者（刘苍字等，1980；李从先和李萍，1982；李从先等，1992；任美锷，1985；任明达和王乃梁，1985；高抒和朱大奎，1988；王颖和朱大奎，1990；王颖等 2003；Kirby，1992；时钟等，1996；Healy et al.，2002；王艳红等，2003；孙有斌等，2003；郭艳霞等，2004；李孟国和曹祖德，2009；陈君等，2010；Anthony et al.，2010）从不同角度对现代泥质海岸的沉积特征及制约因素进行了研究，取得了大量成果。

据滇东南地区二叠系上统吴家坪阶下部岩石类型和组合特征、沉积特征、沉积相类型及变化，结合区域古地理格局分析，对比现代低能泥质海岸的沉积特征，认为滇东南地区吴家坪早期含铝土岩的沉积相环

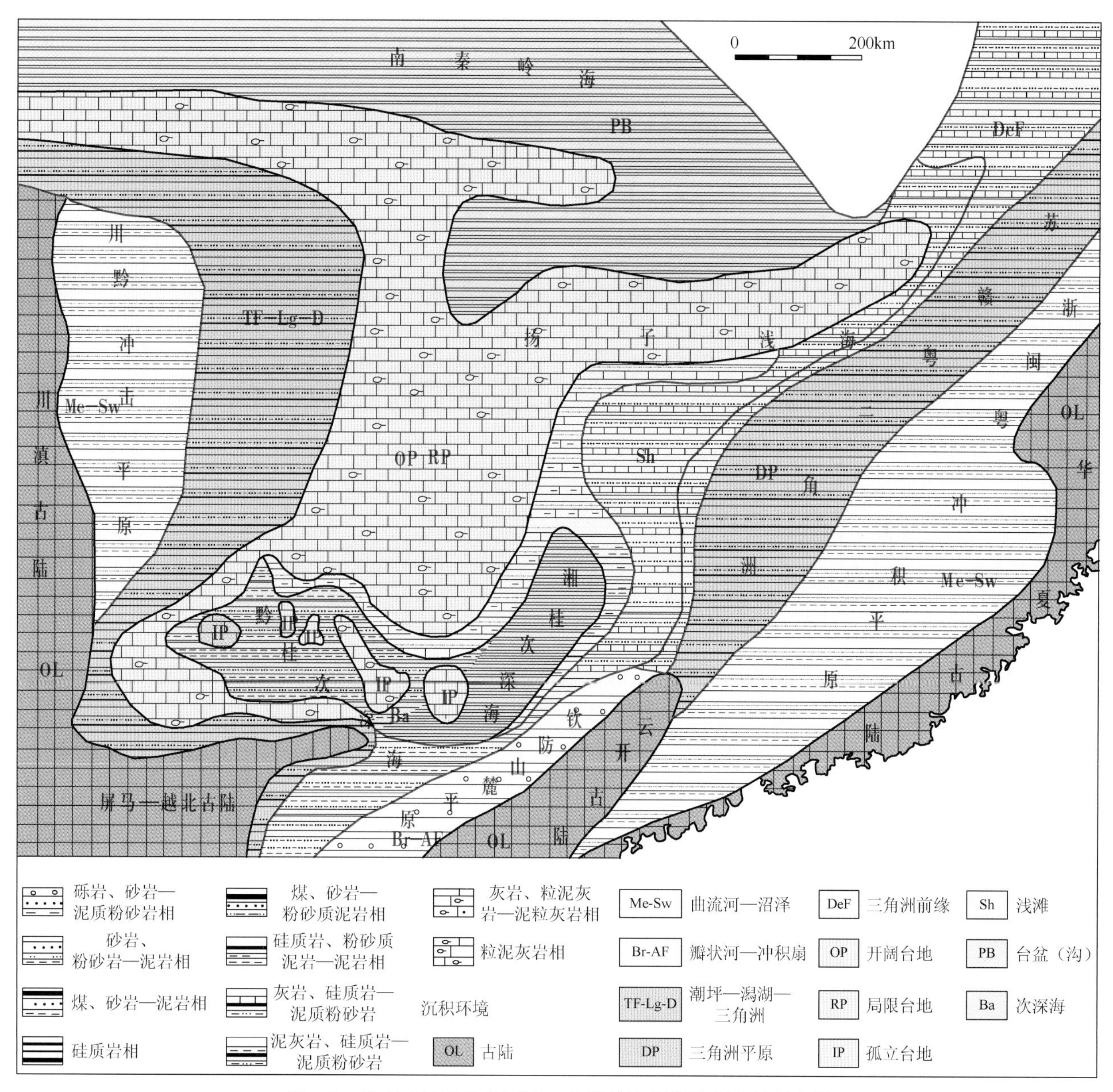

图 7-8　滇东南地区及邻区晚二叠世吴家坪期岩相古地理略图

（据刘宝珺等，1994；云南省地质矿产局，1995；云南文山铝业有限公司，2008 改编）

境为低能泥质海岸。通过对研究区露头、探槽剖面和岩心岩石类型和组合特征、沉积特征和纵向相序和横向相变的研究，进一步建立了研究区的三种沉积相模式，即：低能泥质海岸缓坡模式、具凹陷的低能泥质海岸模式和具隆起的低能泥质海岸模式）。

本书以文山天生桥矿区和广南砂子塘—板茂矿区为例对其吴家坪早期岩相古地理特征进行详细叙述。

1. 文山天生桥矿区吴家坪早期岩相古地理特征

1）吴家坪早期综合地层及地层格架

（1）岩石地层。

本书采用的年代地层单位、岩石地层序列及特征引自于《云南省成矿地质背景研究报告》（云南省国土资源厅，2013），是其对个旧地层分区岩石地层序列及实测剖面的综合研究而确立的。划分了滇东南（文山地区）二叠系，其地层单位序列、沉积岩建造组合类型、岩性岩相、沉积体系特征见表 2-12。

（2）生物地层。

该矿区实测剖面和岩芯中化石所见不多，在钻孔 ZKT1901 第 5 层发现牙形石 *Hindeodustypicalis*（图 7-9），其特征为：基腔占据的反口缘向上拱，自由齿片前缘直，与底缘近垂直；主齿较大，其后的细齿大小几乎均一，数量<12，后方的细齿呈驼峰状、突然下降；其在二叠纪、三叠纪都出现，时代意义不大。

在天生桥矿区东北者五舍地区（P1-2 剖面）的三叠系飞仙关组中发现大量的双壳类，经鉴定多为 *Claraiastachei*。

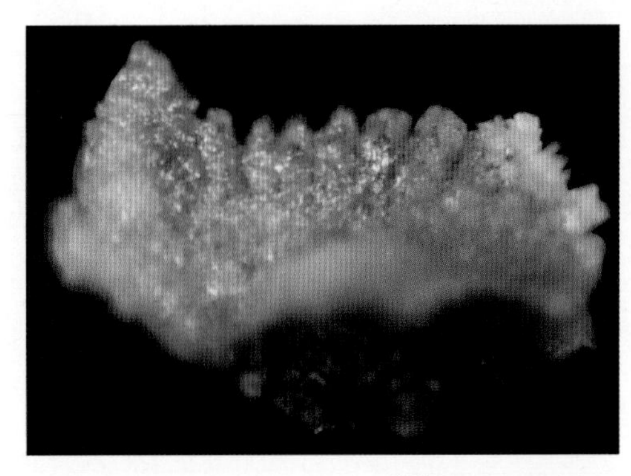
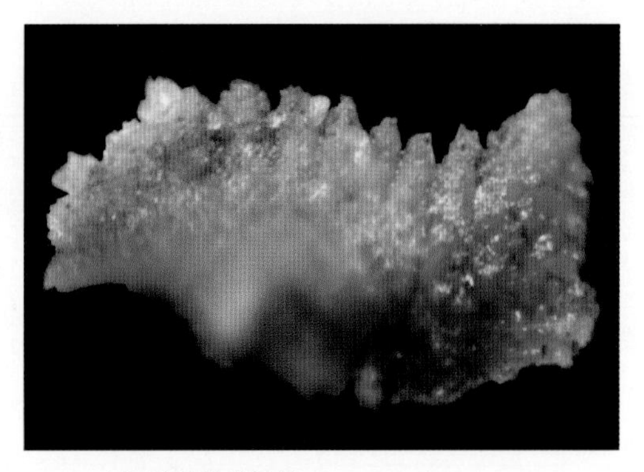

图 7-9　*Hindeodustypicalis*（典型欣德齿刺）

（3）层序地层。

①层序划分及特征。

据层序地层学原理及工作方法，在对研究区内晚二叠世吴家坪期实测剖面、探槽及钻孔研究的基础上，重点考虑上述层序界面特征，对滇东南地区进行了层序划分，共划分出 2 个三级层序（图 7-10）。

Sq1 层序：

该三级层序相当于二叠系上统吴家坪阶下部，底界面为平行不整合界面，一般以龙潭组底部铁质岩与下伏上石炭统为界，部分地区以龙潭组底部铁质岩与二叠系中—上统峨眉山玄武岩为界（上披扯、马塘等地区），界面为Ⅰ型不整合界面。研究区处于浅海相区，只有海侵体系域（TST）和高位体系域（HST）存在，缺失低位体系域（LST）。

海侵体系域（TST）底界面是以不整合面为特征的Ⅰ型层序界面，其顶界面是最大海泛面。岩性自下而上由潮下带紫红色砂屑结构铁铝质岩变为致密块状铁铝质岩，粒度从下向上呈由粗到细的变化趋势，表现为向上变深的退积型沉积旋回。

高位体系域（HST）由浅海、潮坪和沼泽相组成。浅海相致密块状铝质岩代表海泛期沉积。HST 顶界面为Ⅱ型层序界面，以大面积沼泽化的黑灰色碳质泥岩夹煤层为代表。自下而上浅海相致密状铝质岩、潮下带砂屑结构铝质、潮间带粉砂岩与粉砂质泥岩互层变为碳质泥岩夹煤层。泥质粉砂岩中含植物 *Lobatannulariacathaysiana*，腕足类 *Lingula* sp.。颜色向上由深灰色、青灰色变为灰黑色，粒度除浅海相沉积向上变粗外，总体趋势是向上变细，反映水体变浅。

Sq2 层序：

海进体系域（TST）为向上变深的沉积序列，持续上个层序的潮上沼泽相碳质泥岩向上变为潮坪相土黄色粉砂岩、粉砂质泥岩。

高位体系域（HST）为浅海相深灰色硅质岩夹硅质灰岩。这在整个区域上能够对比。说明当时研究区已经被海水全部淹没覆盖，只接受化学沉积从而形成大套的硅质岩夹硅质灰岩。

总体来看，2 个层序体现了由潮下带→浅海相铁铝岩渐变为潮间带—潮上带泥岩、沼泽煤层，然后再转变成潮坪相粉砂岩与粉砂质泥岩→浅海相灰岩而形成下一个层序。

②地层对比及高分辨地层格架。

根据露头层序地层的基本原理，对研究区 68 条剖面进行了三级层序划分，利用完成的单条剖面层序划分结果，在生物地层对比框架下建立了层序地层对比格架。

a 层序对比。

层序对比内容主要包括层序的发育程度、界面性质、体系域的发育程度、体系域的组成结构等方面（图 7-11，图 7-12）。

从图 7-11、7-12 可以看出，Sq1 层序在该区普遍发育，各剖面均由海侵体系域和高位体系域构成。各剖面的层序界面标识清楚，Ⅰ型界面和Ⅱ型界面均容易对比。从层序组成结构的厚度比例来看无明显规律，该区北西—南东向和近南北向 HST 厚度与 TST 厚度大致呈互为消长的关系。TST 在研究区厚度从南东方向向北西方向逐渐变厚，在文山天生桥以东的东山乡地区（P1-71 剖面）最厚。研究区 HST 厚度变化与 TST

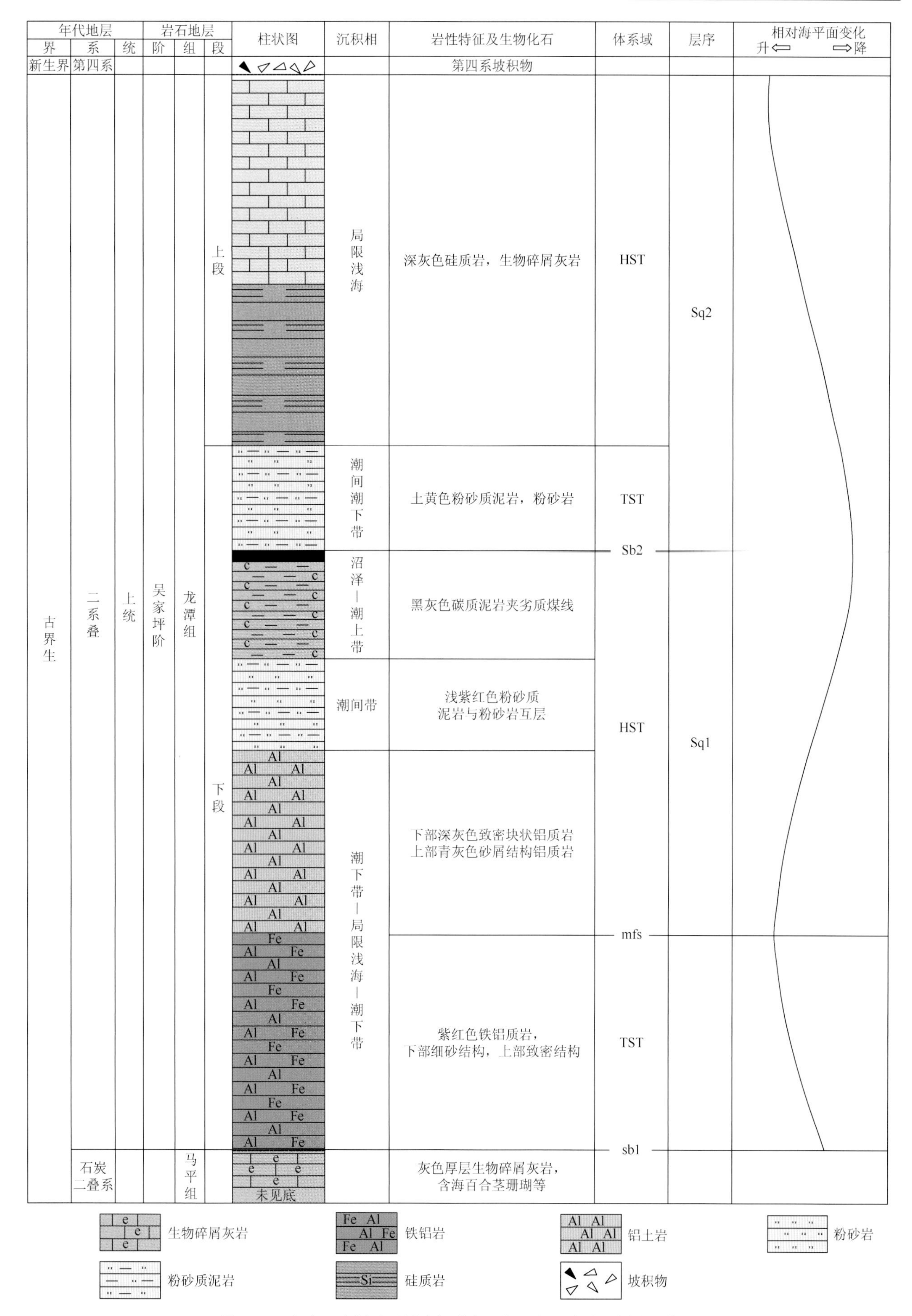

图 7-10　文山天生桥矿区吴家坪阶龙潭组下段层序地层划分及特征

厚度变化相反，从北西向南东方向逐渐变厚，最北西方向的剖面（P1-32）HST 厚度最大。TST 厚度和 HST 厚度在近南北向亦有和北西—南北向相同的规律。TST 和 HST 在文山天生桥地区厚度上呈互为消长关系，反映出龙潭组总体沉积厚度稳定，但受到沉积前微地形（喀斯特地貌）的影响。

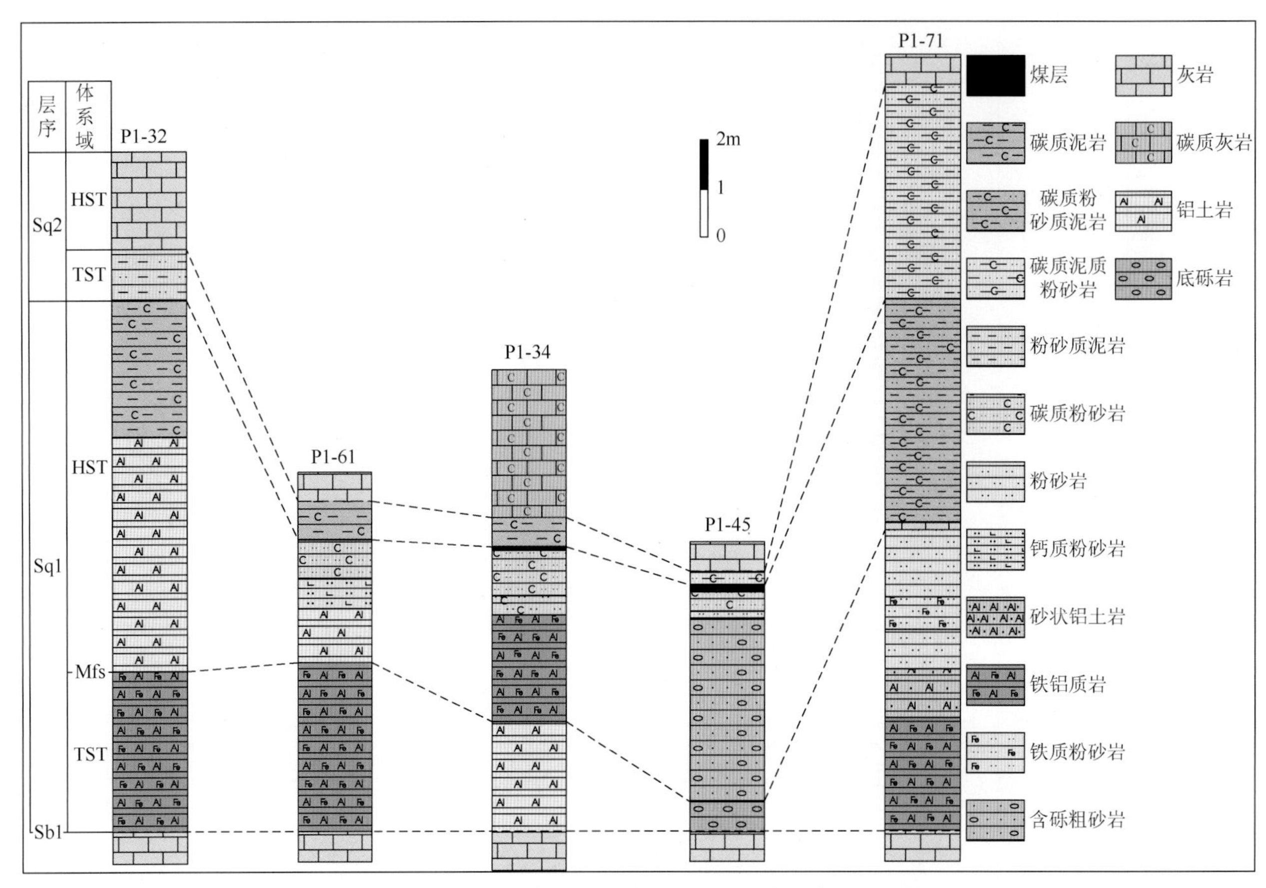

图 7-11　文山天生桥矿区吴家坪阶下部近东西向地层对比

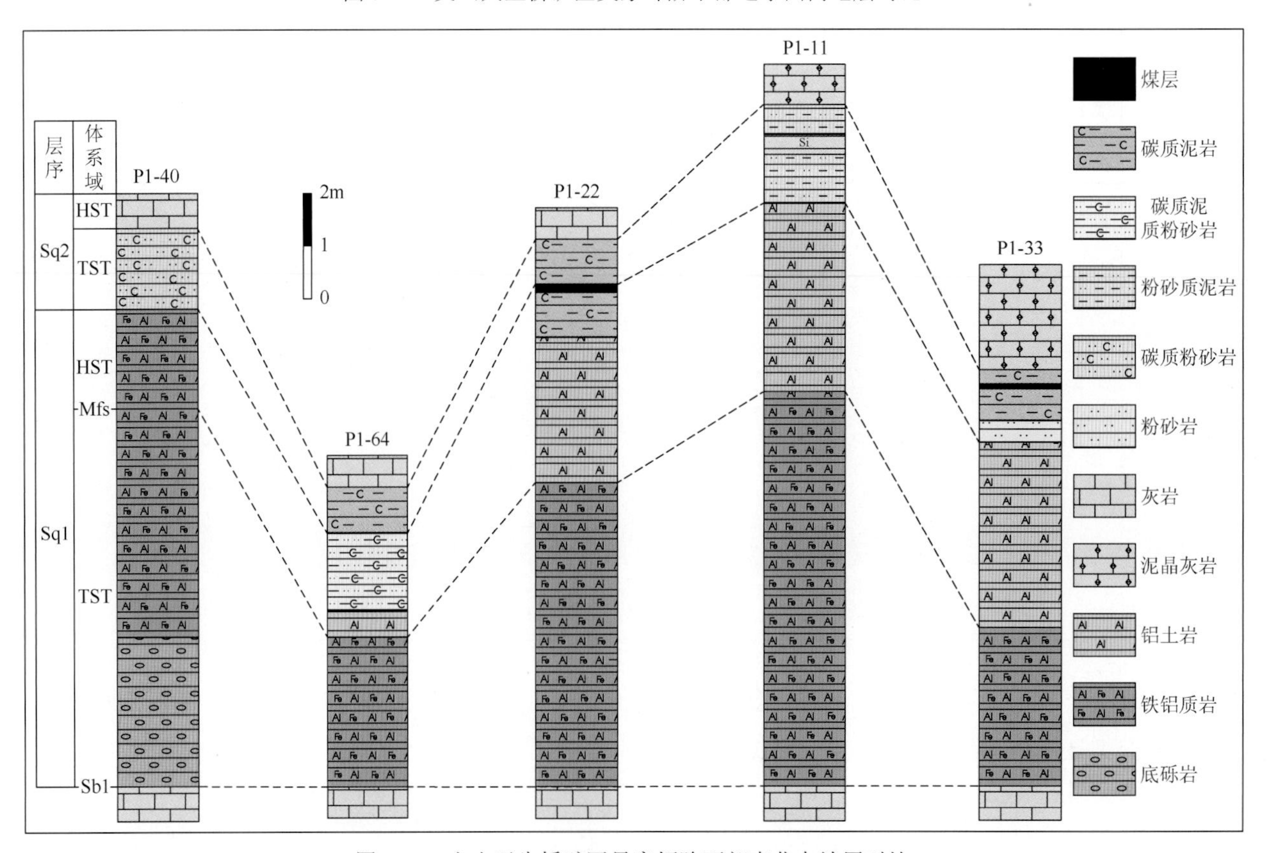

图 7-12　文山天生桥矿区吴家坪阶下部南北向地层对比

b 层序地层格架。

Sq1 在文山天生桥矿区普遍发育，层序组成相同，底界为一长期暴露面，与下伏地层有一个明显的剥蚀面，下伏地层为石炭系或二叠系生物碎屑灰岩（图 7-13，图 7-14），在研究区西南部有峨眉山玄武岩出露。

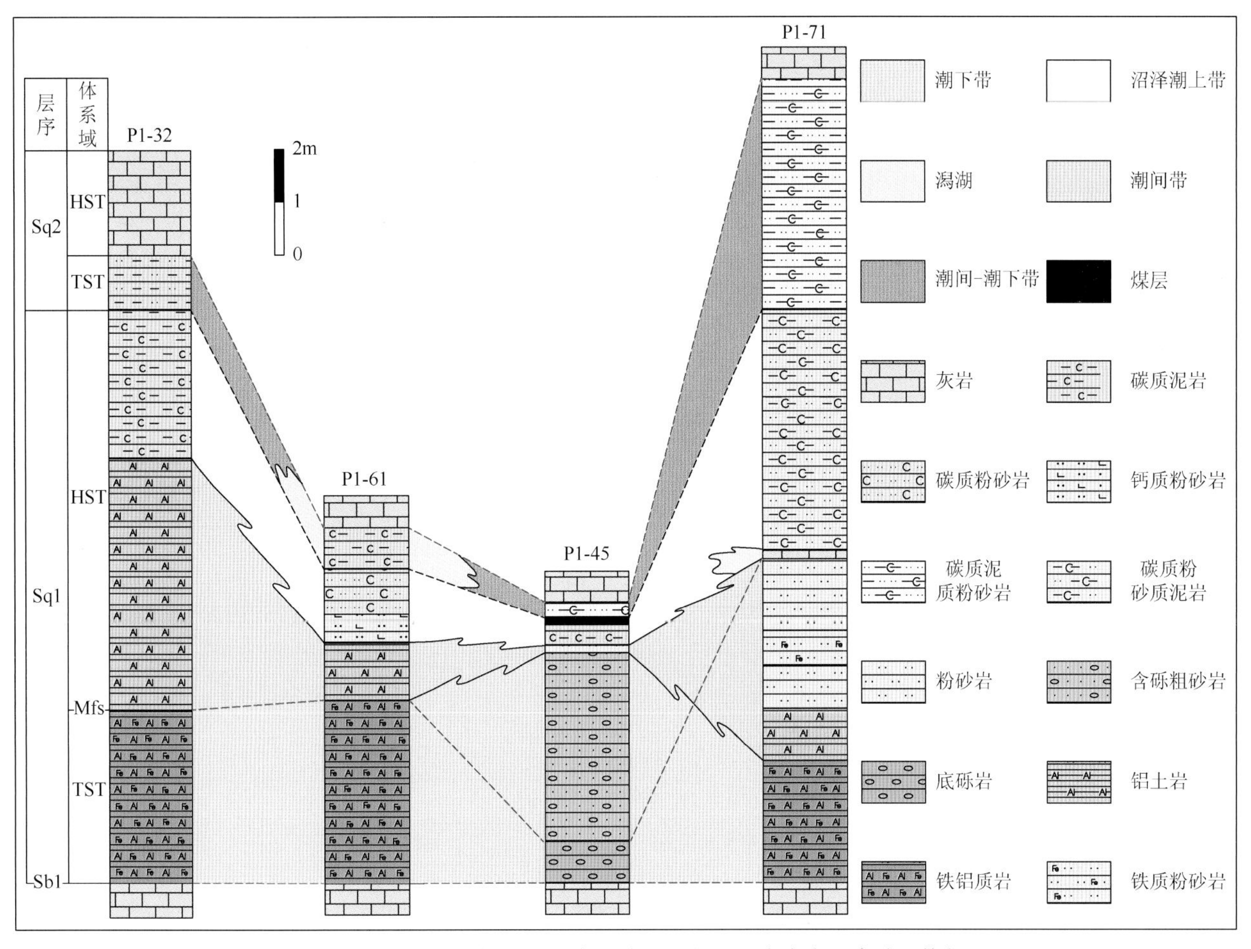

图 7-13　文山天生桥矿区吴家坪阶下部北西—南东向层序地层格架

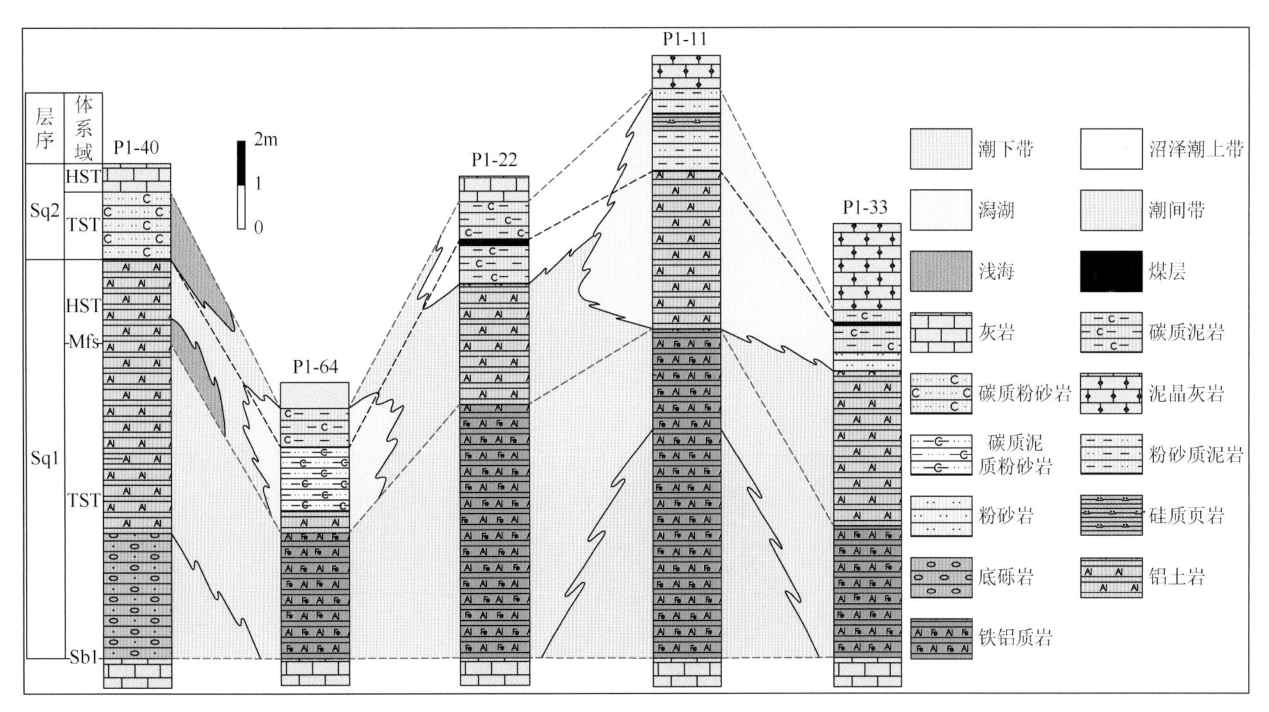

图 7-14　文山天生桥矿区吴家坪阶下部近南北向层序地层格架

海进体系域（TST）在该矿区多数地区为中厚层紫红色铁铝质岩，底部为石炭系生物碎屑灰岩；但在祭天坡地区（P1-45 剖面）为青灰色底砾岩；均属于潮下带沉积环境沉积。从文山天生桥矿区的北西角（P1-32 剖面）到天生桥以东的东山乡（P1-71 剖面），海进体系域包含的沉积相无变化，均为潮下带。

高位体系域（HST）在文山天生桥矿区的北西角（P1-32 剖面）为潮间带灰色粉屑结构铝土矿，向上为潮上带—沼泽相黑色碳质泥岩；祭天坡地区（P1-45 剖面）为潮间带粉砂岩、深灰色碳质粉砂质泥岩，向上为潮上带—沼泽相黑色碳质泥岩夹煤线；东山乡地区（P1-71 剖面）底部为潟湖相浅灰色泥晶灰岩，代表最大海泛面期沉积，向上为潮上带—沼泽相黑灰色粉砂质、炭质泥岩。

横向上，Sq2 的海进体系域 TST 由北东→南西方向从潮间—潮下带相变为潟湖相，再从潟湖相变为潮间—潮下带。

2）主要岩石类型及特征

研究区吴家坪阶下部包括多种类型的岩石，主要有铁质岩、铝质岩、铁铝质岩、灰岩、碎屑岩、硅质岩和薄煤层等，碎屑岩包括泥岩、粉砂岩等。其中主要的岩石类型见表 7-2，现将各种不同岩石类型的主要特征描述如下。

表 7-2　云南省文山县天生桥地区上二叠统吴家坪阶下部岩石类型汇总表

序号	铁质岩	铝质岩	铝铁质岩	灰岩
1	砂屑泥晶铁质岩	砂屑铝质岩	砂屑铝铁质岩	泥晶灰岩
2	含砂屑泥晶铁质岩	砂屑泥晶铝质岩	粉屑铝铁质岩	泥晶生屑灰岩
3	含粉屑泥晶铁质岩	含砂屑泥晶铝质岩	致密块状铝铁质岩	生屑泥晶灰岩
4	粒屑泥晶铁质岩	粉屑铝质岩	鲕粒泥晶铝铁质岩	内碎屑泥晶灰岩
5	致密块状铁质岩	含粉屑泥晶铝质岩	砂屑泥晶铝铁质岩	泥晶内碎屑灰岩
6	—	含砂屑细粉屑铝质岩	含砂屑泥晶铝铁质岩	粒屑泥晶灰岩
7	—	鲕粒泥晶铝质岩	含粉屑泥晶铝铁质岩	含生屑内碎屑亮晶灰岩
8	—	团块泥晶铝质岩	—	亮晶生屑灰岩
9	—	致密状铝质岩	—	生屑亮晶灰岩
10	—	土状铝质岩	—	粗砂屑灰岩
11	—	泥晶含铁铝质岩	—	重结晶灰岩

（1）铝质岩。

在天生桥地区，铝质岩主要包括致密状铝质岩（图版III—C）和粒屑结构铝质岩等几种类型。致密状铝质岩主要呈青灰色、褐灰色，风化面为黄色，中薄厚状构造，岩石主要由三水铝矿等矿物组成（图版III—M、图版III—N）。三水铝矿主呈鳞片状，单偏光下常因粒内含有铁泥杂质而显淡棕色，正交偏光下干涉色为II级蓝，粒径细小，局部可显定向和条纹。胶结物为方解石、黏土矿物和较为洁净的一水硬铝石。粒屑结构铝质岩（图版III—O、图版III—P）多为层状、似层状构造，颜色主要有紫红色、灰绿色、土黄色等，杂基支撑结构为主，少量颗粒支撑结构。

（2）铁铝质岩。

铁铝质岩多为中厚层状构造，主要包括致密状铁铝岩（图版III—B）和粒屑结构铁铝岩。粒屑结构铁铝岩（图版III—Q、图版III—R）主要由一水硬铝石、三水铝石、铁泥质组成。一水硬铝石含量≥50%，小粒状，呈星散状排布，常因粒内含有铁泥杂质而显土褐色，直径小于 0.02mm。三水铝石含量约 10%，主呈隐晶质—小粒状，无色，正交偏光下干涉色为II级蓝；星散状分布。铁泥质含量≥40%，以赤铁矿为主，主显红褐—深褐色，直径一般小于 0.02mm。颗粒分选、磨圆度较高，杂基支撑，基底式胶结为主，多形成于潮下带，少量形成于水下隆起。

（3）铁质岩。

铁质岩主要包括致密状铁质岩和粒屑泥晶结构铁质岩。致密状铁质岩颜色多为红褐色、中厚层状（图版III—A）。粒屑泥晶结构铁质岩岩石主要成分为三水铝石、一水硬铝石、一水软铝石和铁质成分（图版III—G、图版III—H）。三水铝石含量 3%，在单偏光下呈土褐色，正交偏光下为蓝色，隐晶状，零星分布。一水硬铝石含量 10%，晶形为半自形—他形、小粒状，颗粒常发育铁质加大圈，少部分一水硬铝石呈团块状聚集，直径<0.04mm。一水软铝石含量 2%，呈无色矿物，隐晶状，在正交偏光下显一级干涉色，在视域中整体呈零星分布。岩石中最主体的部分为铁质含量达到 85%，呈深褐色隐晶状集合体。

（4）灰岩。

天生桥地区广泛分布多种类型的灰岩，其中主要包括泥晶灰岩、生屑泥晶灰岩、内碎屑泥晶灰岩、硅质灰岩、碳质灰岩（图版III—E、图版III—F）及少部分重结晶灰岩等，主要为灰色、青灰色，为中厚层、厚层和块状构造，在个别剖面呈透镜状产出（图版III—D）。灰岩多含泥晶基质，以及多种生物化石碎屑，如双壳类、蜓、珊瑚、有孔虫和腕足类等，主要沉积于局限浅海环境中。

（5）硅质岩。

位于龙潭组下部的硅质岩，大部分以硅质条带形式出现，在少量剖面中亦可见薄层硅质岩与硅质灰岩互层状产出，颜色多为黑灰色，多见后期石英脉填充，岩石中石英含量大于 85%，可见少量铁质成分。主要形成于水体较深的局限浅海下部。

（6）泥岩。

泥岩主要为粉砂质泥岩、钙质泥岩和碳质泥岩，在全区广泛分布，呈紫红色、灰黑色等颜色，含有少量石英及黄铁矿。主要沉积于沼泽、低能的潮上带和潟湖、少量形成于水下隆起及局限浅海上部。

（7）粉砂岩。

粉砂岩在全区分布有限，因为铁质含量较高，多呈紫红色、部分为土黄色，大部分与泥岩构成不同颜色的互层产出，偶尔加有少量硅质条带，主要成分为石英，含有少量铁泥质成分及黏土矿物，以颗粒支撑结构为主，多沉积在能量中等的潮间带、潟湖环境中。

（8）砂岩。

砂岩多为土黄色，部分剖面中可见粉砂岩与泥岩共生，极少数剖面内可见砂岩中含有细砾。有含砾中砂岩、中细砂岩等，主要沉积在能量较高潮间—潮下带。

（9）砾岩。

砾岩在研究区内只分布于极少数的剖面中（如剖面 P40 等），灰黄色细砾岩，主要沉积在能量较高的潮间—潮下带。

（10）煤。

煤多以与碳质泥岩呈夹层的形式产出。煤的出现是沼泽相的典型标志。

3）沉积相模式及其类型特征

如前文所述，晚二叠世吴家坪期处于陆表海稳定构造环境的区域古地理背景下，根据文山县天生桥地区二叠系上统吴家坪阶下部岩石类型和组合特征、沉积特征、沉积相类型及变化，结合区域古地理格局分析，对比现代低能泥质海岸的沉积特征，在前期对研究区的工作认识（云南省有色地质局等，2011）基础之上，认为天生桥地区吴家坪早期含铝土岩的沉积相环境为低能泥质海岸。本书通过对研究区露头、探槽剖面和岩心岩石类型和组合特征、沉积特征和纵向相序和横向相变的研究，进一步建立了研究区的三种沉积相模式，即：低能泥质海岸缓坡沉积相模式、具凹陷的低能泥质海岸沉积相模式和具隆起的低能泥质海岸沉积相模式，各种相模式具体的沉积相划分及详细的沉积特征介绍如下。

（1）低能泥质海岸缓坡沉积相模式。

低能泥质海岸缓坡沉积相模式（图 7-15）发育于海岸坡度平缓的沿海地区，由陆向海的地势平缓，海水作用以潮汐为主，总体沉积环境能量较低的低能海岸环境，包括低能海岸相和局限浅海相。

①低能海岸。

低能海岸相主要包括潮坪亚相和沼泽亚相。

沼泽亚相：岩石特征主要为黑色、灰黑色煤及碳质泥岩，含植物、双壳类化石，是海退期的沉积产物。

潮坪亚相：分为潮下带、潮间带、潮上带微相。潮下带能量较高，主要沉积灰色、灰黄色、黄褐色内碎屑铝质岩、鲕状铝质岩、粉砂岩、细砂岩，发育小型交错层理，为主要的铝土矿成矿环境，Al_2O_3 品位可达 50%；潮间带能量中等，主要沉积灰黄色、黄褐色粉砂岩、粉砂质泥岩、铝质黏土岩，可见潮汐层理及水平层理，潮间带的成矿条件较差，Al_2O_3 品位较低；潮上带能量较低，主要发育灰褐色、灰黄色、黄褐色泥岩及黏土岩，水平层理发育，可见植物、双壳类化石。

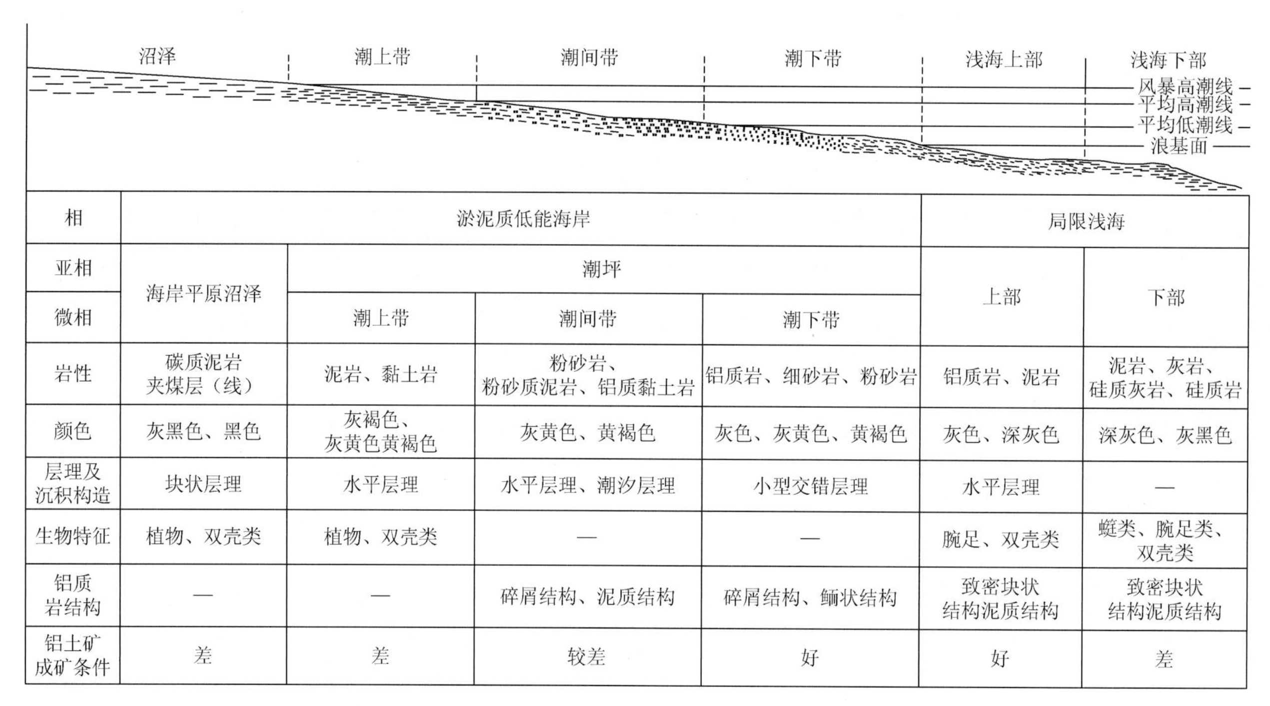

相	淤泥质低能海岸				局限浅海	
亚相	海岸平原沼泽	潮坪			上部	下部
微相		潮上带	潮间带	潮下带		
岩性	碳质泥岩 夹煤层（线）	泥岩、黏土岩	粉砂岩、 粉砂质泥岩、铝质黏土岩	铝质岩、细砂岩、粉砂岩	铝质岩、泥岩	泥岩、灰岩、 硅质灰岩、硅质岩
颜色	灰黑色、黑色	灰褐色、 灰黄色黄褐色	灰黄色、黄褐色	灰色、灰黄色、黄褐色	灰色、深灰色	深灰色、灰黑色
层理及沉积构造	块状层理	水平层理	水平层理、潮汐层理	小型交错层理	水平层理	—
生物特征	植物、双壳类	植物、双壳类	—	—	腕足、双壳类	蜓类、腕足类、 双壳类
铝质岩结构	—	—	碎屑结构、泥质结构	碎屑结构、鲕状结构	致密块状 结构泥质结构	致密块状 结构泥质结构
铝土矿成矿条件	差	差	较差	好	好	差

图 7-15　滇东南地区吴家坪早期含铝土岩的低能泥质海岸缓坡沉积相模式

以云南省文山县天生桥地区 ZKT0204 钻孔岩心剖面（P1-48）为例（图 7-16），介绍潮坪亚相沉积特征。

界	系	统	阶	组	段	层号	厚度/m	柱状图	岩性、化石及沉积特征	微相	亚相	相	体系域	层序
古生界	二叠系	上统	吴家坪阶	吴家坪组	上段	5	>1.0		碳质灰岩		下部	浅海		Sq1
					下段	4	1.92		砂屑—粉晶结构铁铝质岩	潮下带	潮坪		HST	
						3	1.15		致密块状结构铁铝质岩		上部	局限浅海		
						2	1.8		砂屑结构铁铝质岩	潮下带	潮坪	淤泥质低能海岸	TST	
						1	1.53		中细砂岩	潮间带				
	石炭系	上统		马平组		0	>1.0		浅灰色灰岩					Sb1

图 7-16　云南省文山县天生桥地区 ZKT0204 钻孔岩心剖面（P1-48）沉积柱状图

该剖面主要岩石类型为粒屑结构铝质岩、致密块状结构铝质岩、中细砂岩，下部中细砂岩与石炭系浅灰色中晶灰岩呈不整合接触，中部主体为砂屑结构铝质岩、致密块状结构铝质岩、砂屑—粉屑结构铝质岩，上部为硅质灰岩，其沉积主体为潮坪环境。

②局限浅海。

局限浅海相是指浪基面以下的浅海区，正常天气下波浪潮汐对其影响较小，属于低能环境。岩性为灰色、深灰色及灰黑色致密块状或泥质结构铝质岩、灰岩、粉砂质泥岩、泥岩、硅质灰岩及硅质岩。发育水平层理，岩石中见蜓类、腕足类、双壳类化石，保存完整。

局限浅海相又可划分为浅海上部和浅海下部两个亚相。

浅海上部的岩石类型包括致密块状或泥质结构的铝质岩、粉砂质泥岩及泥岩，浅海上部也为重要的成矿环境，可形成厚层致密块状铝质岩，其 Al_2O_3 含量可达 55%；浅海下部的岩石类型则为泥岩、灰岩、硅质灰岩及硅质岩，不利于铝土矿的形成。

（2）具凹陷的低能泥质海岸沉积相模式。

具凹陷的低能泥质海岸沉积相模式（图 7-17）发育于海岸坡度平缓的沿海地区，总体沉积环境能量较低的低能海岸环境。由于在中二叠世末期发生的地壳运动，使研究区抬升接受风化剥蚀，发育了碳酸盐岩岩溶地貌，形成了规模不等的天坑、漏斗、岩溶洼地等负地形。在吴家坪早起海侵作用发生时，这些负地形就形成了发育于滨海地带的规模不一的潟湖，形成了一种具凹陷的低能泥质海岸沉积环境。

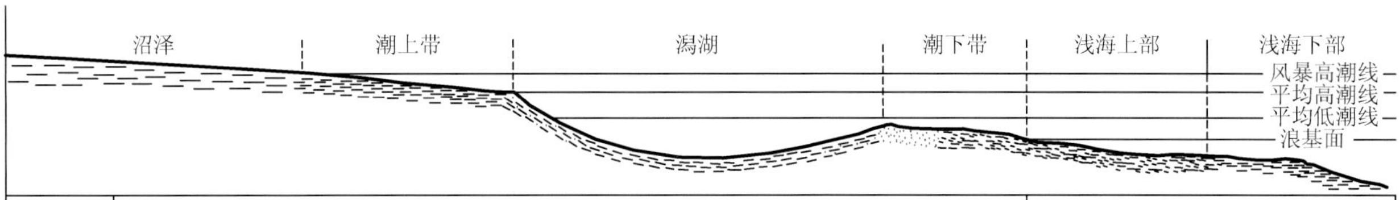

相	泥质低能海岸				局限浅海	
亚相	海岸平原沼泽	潮坪			上部	下部
微相		潮上带	潟湖	潮下带		
岩性	碳质泥岩 夹煤层（线）	泥岩、黏土岩	泥岩、粉砂质 泥岩泥晶灰岩	铝质岩、细砂岩、粉砂岩	铝质岩、泥岩	泥岩、灰岩、 硅质灰岩、硅质岩
颜色	灰黑色、黑色	灰褐色、 灰黄色黄褐色	灰黑色、黑色	灰色、灰黄色、黄褐色	灰色、深灰色	深灰色、灰黑色
层理及沉积构造	块状层理	水平层理	水平层理、含黄铁矿	小型交错层理	水平层理	—
生物特征	植物、双壳类	植物、双壳类	—	—	腕足、双壳类	蜓类、 腕足类、双壳类
铝质岩结构	—	—	碎屑结构、泥质结构	碎屑结构、鲕状结构	致密块状 结构泥质结构	致密块状 结构泥质结构
铝土矿成矿条件	差	差	差	好	好	差

图 7-17　滇东南地区吴家坪早期含铝土岩的具凹陷的低能泥质海岸沉积相模式

具凹陷的低能泥质海岸沉积相模式的沉积相除了发育可以出现在海岸潮坪不同部位的规模大小不一的潟湖外，其他微相特征均与前述的低能泥质海岸缓坡沉积相模式相似。

潟湖可以主要发育于潮下带，由于经常处于还原条件，所以沉积物颜色为灰黑色、黑色，常有黄铁矿出现，层理以水平层理为主，其水深较周围大，沉积环境相对闭塞，海水能量较低，岩石类型分别是以泥岩、粉砂质泥岩等为主的碎屑岩和以泥晶灰岩、铁铝质岩等为主的化学岩（图 7-18）。

年代地层				岩石地层		层号	厚度/m	柱状图	岩性、化石及沉积特征	沉积相			层序地层	
界	系	统	阶	组	段					微相	亚相	相	体系域	层序
古生界	二叠系	上统	吴家坪阶	吴家坪组	上段	5	>1.0		深灰色灰岩		下部	浅海		
					下段	4	1.0		黄棕色碳质泥质粉砂岩		潮坪	淤泥质海岸	TST	Sq2 Sb2
						2	4.35		深灰色碳泥质岩		潟湖	局限浅海	HST	Sq1
						1	0.9		灰黄色粉砂岩	潮下带		淤泥质海岸	TST	Sb1
	石炭系	上统		马平组		0	>1.0		浅灰色灰岩，上部发育分化壳					

图 7-18　云南省文山县天生桥地区 ZKT0405 钻孔岩心剖面（P1-54）沉积柱状图

（3）具隆起的低能泥质海岸沉积相模式。

具隆起的低能泥质海岸沉积相模式（图 7-19）也发育于海岸坡度平缓的沿海地区，总体沉积环境能量较低的低能海岸环境。中二叠世末期发生的地壳运动，使研究区抬升接受风化剥蚀，发育了碳酸盐岩岩溶地貌，形成了规模不等的孤峰、石林、石崖等正地形。在吴家坪早起海侵作用发生时，这些正地形就形成了发育于滨海地带的规模不一的隆起（可以为水下或水上隆起），形成了一种具隆起的低能泥质海岸沉积环境。

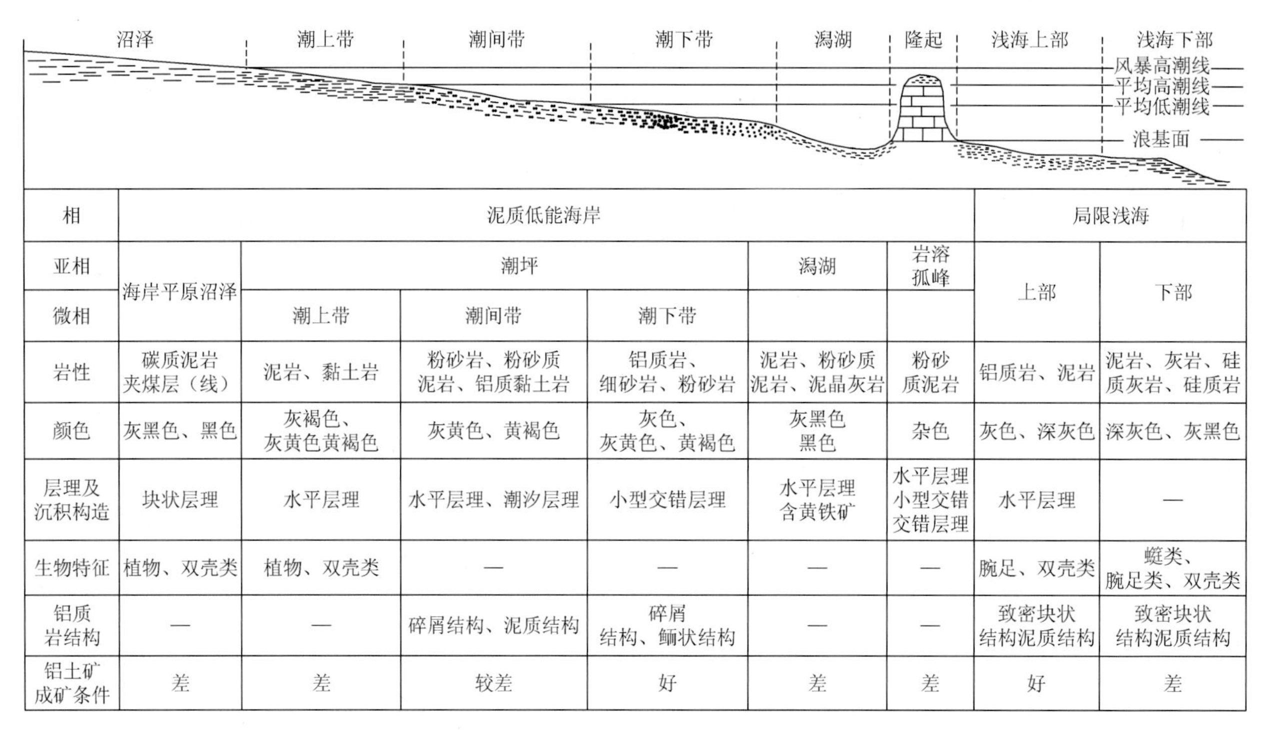

相	泥质低能海岸						局限浅海	
亚相	海岸平原沼泽	潮坪			潟湖	岩溶孤峰	上部	下部
微相		潮上带	潮间带	潮下带				
岩性	碳质泥岩夹煤层（线）	泥岩、黏土岩	粉砂岩、粉砂质泥岩、铝质黏土岩	铝质岩、细砂岩、粉砂岩	泥岩、粉砂质泥岩、泥晶灰岩	粉砂质泥岩	铝质岩、泥岩	泥岩、灰岩、硅质灰岩、硅质岩
颜色	灰黑色、黑色	灰褐色、灰黄色黄褐色	灰黄色、黄褐色	灰色、灰黄色、黄褐色	灰黑色黑色	杂色	灰色、深灰色	深灰色、灰黑色
层理及沉积构造	块状层理	水平层理	水平层理、潮汐层理	小型交错层理	水平层理含黄铁矿	水平层理小型交错交错层理	水平层理	—
生物特征	植物、双壳类	植物、双壳类	—	—	—	—	腕足、双壳类	蜓类、腕足类、双壳类
铝质岩结构	—	—	碎屑结构、泥质结构	碎屑结构、鲕状结构	—	—	致密块状结构泥质结构	致密块状结构泥质结构
铝土矿成矿条件	差	差	较差	好	差	差	好	差

图 7-19　滇东南地区吴家坪早期含铝土岩的具隆起的低能泥质海岸沉积相模式

具隆起的低能泥质海岸沉积相模式的沉积相除了发育可以出现在海岸潮坪—浅海不同部位的规模大小不一的水下或水上隆起以及位于其后的潟湖外，其他微相特征均与前述的低能泥质海岸缓坡沉积相模式相似。

水下隆起常发育于潮坪—浅海不同部位，其水深小于其周围，常沉积了厚度较小（常比其周围的沉积厚度小很多）的悬浮沉积物，包括杂色的粉砂质泥岩、灰岩等，发育水平层理或小型交错层理（图 7-20）。与水下隆起或水上隆起伴生的潟湖出现在隆起与海岸线之间，可以发育于潮坪不同部位，其水深较周围大，水体能量较低，沉积环境相对滞留，其主要岩性为碳质泥岩、粉砂质泥岩、碳质灰岩等，由于经常处于还原条件，所以沉积物颜色常为深色，如灰黑色、黑色等，常有黄铁矿出现，层理以水平层理为主。

年代地层				岩石地层		层号	厚度/m	柱状图	岩性、化石及沉积特征	沉积相		
界	系	统	阶	组	段					微相	亚相	相
古生界	二叠系	上统	吴家坪阶	吴家坪组	上段	2	>1.0		深灰色灰岩			浅海
					下段	1	0.4		红褐色碳质泥质粉砂岩		水下隆起	海岸
	石炭系	上统		马平组		0	>1.0		浅灰色灰岩，上部发育分化壳			

图 7-20　文山天生桥地区 ZKT5502 钻孔岩芯剖面（P1-39）沉积柱状图

4）岩相古地理图

通过实测的 64 条剖面，对厚度（m）、煤层含量（%）、泥岩含量（%）、粒屑结构铝土矿含量（%）、泥晶铝质岩、硅质岩或灰岩含量（%）进行统计分析，并编绘等值线图。在逐个剖析上述所有单因素后，将它们叠置到一个图件（图 7-21）中，由图可知，各单因素之间的总体变化趋势一致。通过综合研究各单因素，重建天生桥地区二叠系上统吴家坪阶早期的沉积古地理格局。定量标志、沉积相分析思路如下：

（1）根据厚度（m）等值线划分海陆分布及海岸线形态。将厚度（m）等值线中厚度为零等值线向南推测出一以虚线标示出来的无沉积区，即天生桥一线以南的古陆区，其他地区则定义为海域。由于东南侧沉积厚度局部具环带状特征，自内向外厚度逐渐减小，结合野外观察到的沉积特征，将其确定为水下隆起区。

（2）确定基本的海陆分布后，将煤层和碳质泥岩含量大于和等于40%的地区，划分为潮上—沼泽带。潮上—沼泽带总体位于研究区西南部，分布于文山县天生桥沿线区域。

（3）将（粉砂质）泥岩含量大于10%、粗碎屑含量均小于30%的沉积岩地区，划分为潮间带。该相带在文山县天生桥以北呈近北西—南东向展布。

（4）将粗碎屑结构含量大于60%，且化学沉积含量为0%地区划分为潮下带。潮下带展布趋势与潮间带趋同，在天生桥以北呈近北西向展布。

（5）将化学沉积含量大于50%或化学沉积含量大于30%，且泥岩含量大于50%的区域划分为浅海上部。该相带主要呈分布条带状沿北西—南东向分布，位于研究区的东北部。

（6）将粗碎屑沉积含量为零，化学沉积大于60%，且无铝质岩沉积的地区划分为浅海下部，该相带大致沿浅海上部平行展布。

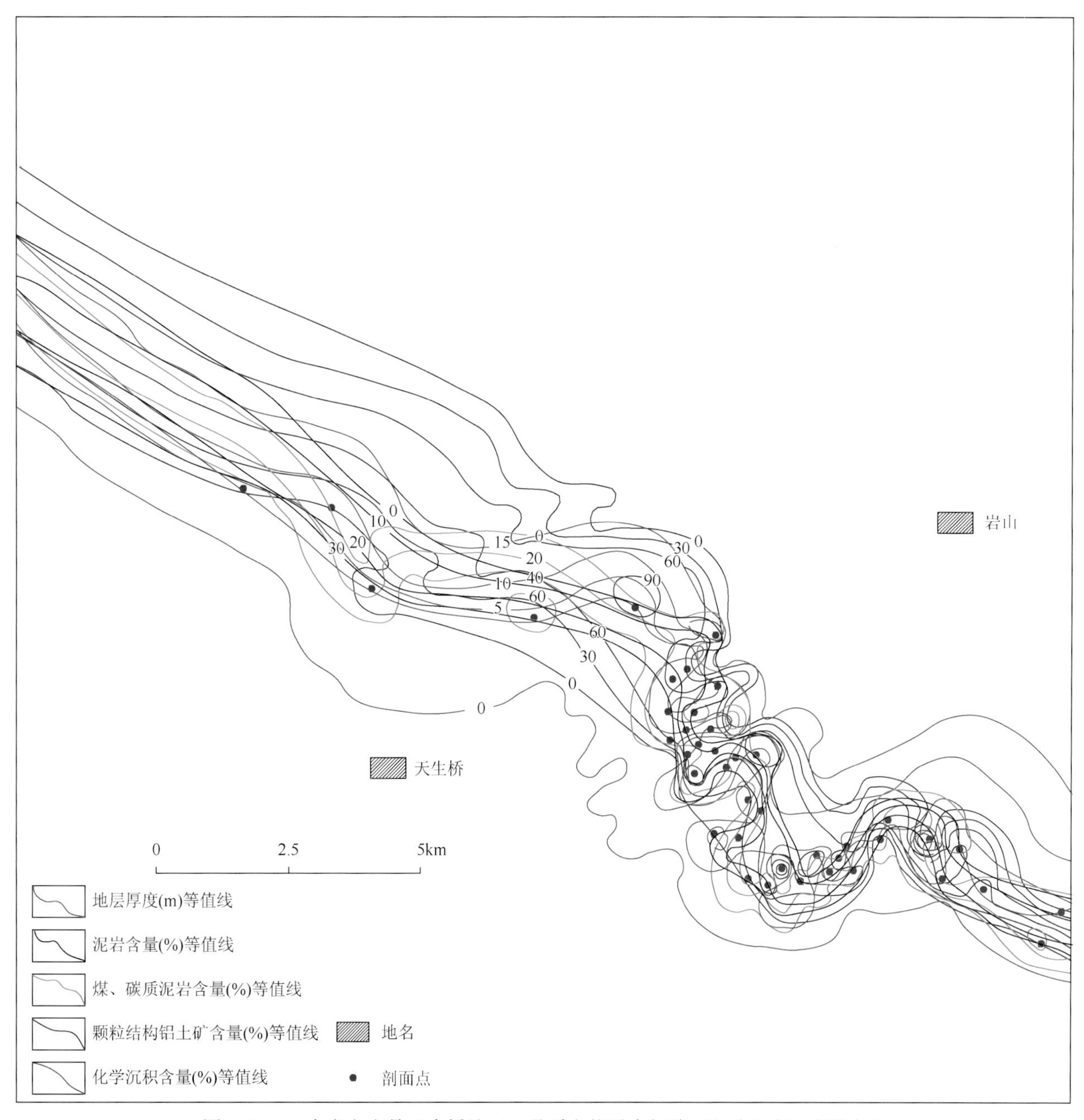

图7-21　云南省文山县天生桥地区二叠系上统吴家坪阶下段地层多因素综合图

（7）潟湖和隆起主要发育于潮下带之中，沿其走向，错落有致分布其间。煤和碳质泥岩含量大于

60%，泥岩含量大于 30%的等值线圈闭的区域为沉积物以碎屑岩为主的潟湖；化学沉积含量大于 20%的等值线圈闭的区域为沉积物以化学沉积为主的潟湖。粒屑结构铝质岩含量为 0，泥岩含量大于 40%的区域为以碎屑岩成分为主的隆起区；粒屑结构铝质岩含量大于 30%的区域，是以化学沉积为主的隆起区。

运用上述原则综合分析，编绘出云南省文山县天生桥地区晚二叠世吴家坪阶早期岩相古地理图（图 7-22）。

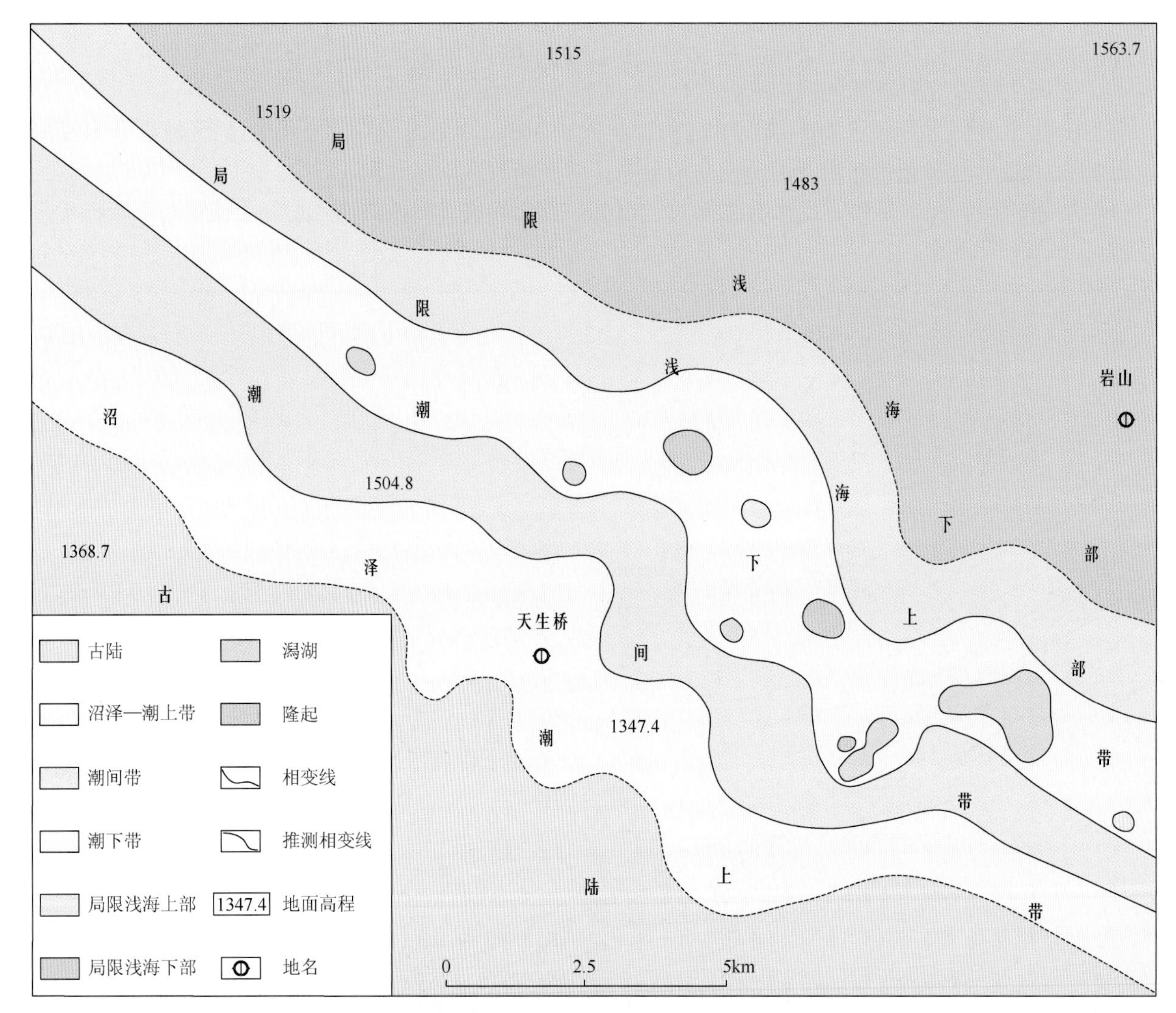

图 7-22　云南省文山县天生桥地区晚二叠世吴家坪早期岩相古地理图

5）吴家坪早期岩相古地理特征

云南省文山县天生桥地区二叠系吴家坪阶早期，沉积相带大致以天生桥为界沿北西向延伸。天生桥地区以南为推测的古陆剥蚀区，以北和以东则为沉积区。可将研究区划分为 5 大相区。由西南—北东依次为沼泽—潮上带、潮间带、潮下带、局限浅海上部和局限浅海下部。西南部天生桥一线为沼泽—潮上带相区，主要沉积深色碳质泥岩、薄煤层和粉砂质泥岩。天生桥地区以北沿北西向一线分布的条带状相区为潮间带，主要沉积黄褐色粉砂岩、粉砂质泥岩、钙质泥岩等。向北与潮间带平行的自西北至南东向分布的为潮下带，岩石类型主要为一些灰色、黄褐色粒屑结构铝质岩、鲕状铝质岩、粉砂岩、中—细砂岩和极少量的底砾岩。在潮下带中，沿其走向错落分布着隆起和潟湖。隆起区可见少量红褐色粒屑结构铝质岩等化学沉积或粉砂质泥岩等细碎屑沉积物。潟湖中可见灰黑色粉砂岩质泥岩、碳质泥岩、泥岩、粉砂岩、砂岩、细碎屑或含有黄铁矿的紫红色粉屑泥晶铝质岩、少量青灰色条带状硅质岩、灰岩、硅质灰岩、碳质灰岩等化学沉积。潮下带以北为沿北西向分布，并与其平行的局限浅海上部区域，其主要沉积粉砂质泥岩、泥岩及泥晶铝质岩。研究区东北部地区推测为局限浅海下部以虚线表示，此相区以泥岩、泥晶灰岩、硅质灰岩及硅质岩为主。

结合岩相古地理图（图 7-22）和沉积联合剖面图（图 7-23），可对研究区吴家坪阶早期岩相古地理特征归纳如下：

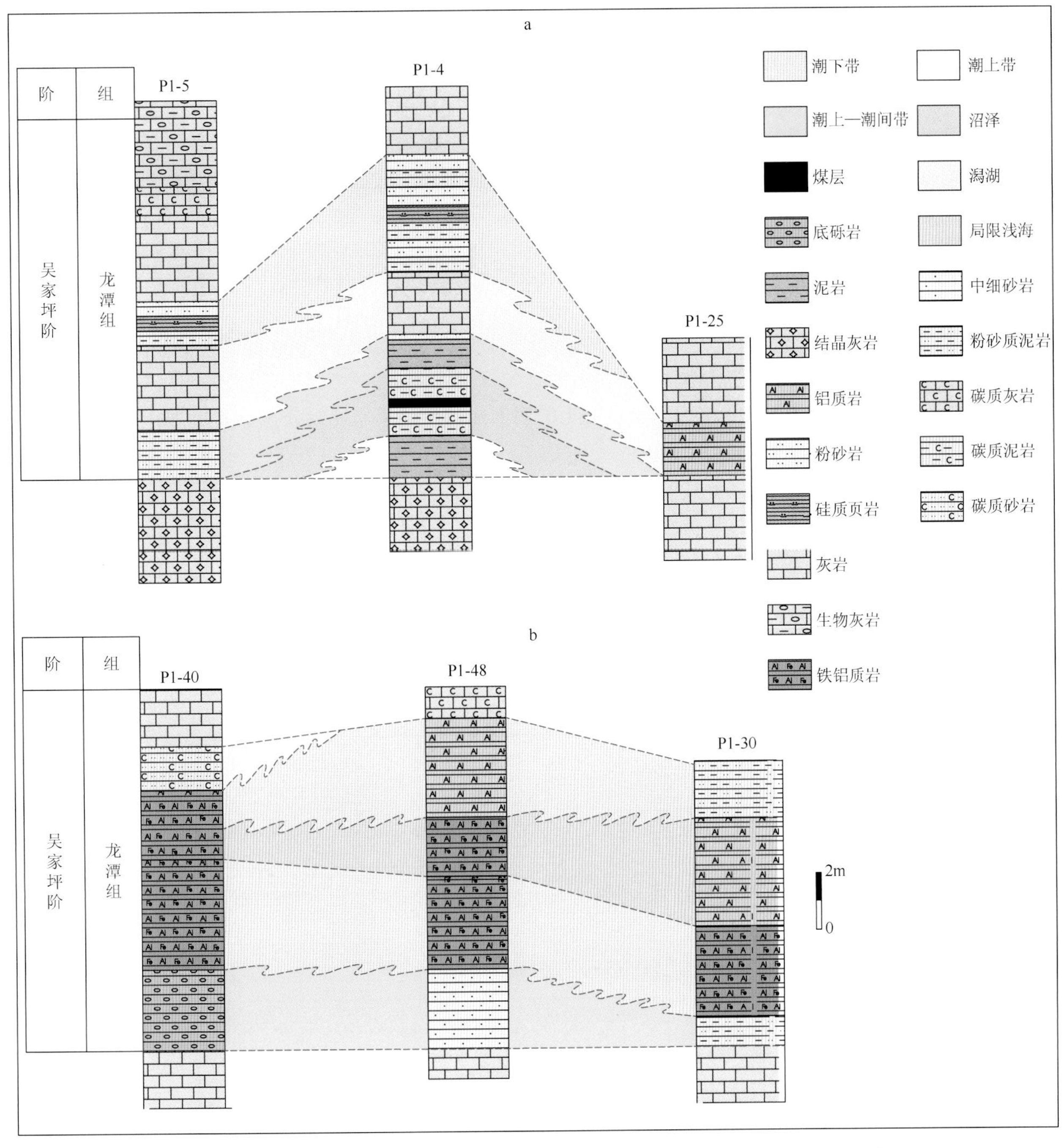

图 7-23　滇东南文山县天生桥地区二叠系上统吴家坪阶下部沉积联合剖面对比图

a：滇东南文山天生桥地区二叠系上统吴家坪阶下部东西向沉积联合剖面对比图
b：滇东南文山天生桥地区二叠系上统吴家坪阶下部南北向沉积联合剖面对比图

（1）研究区该时期主要呈泥质低能海岸沉积环境，包括海岸相和局限浅海相，可细分为沼泽、潮坪、局限浅海上部、局限浅海下部亚相及潮上带、潮间带、潮下带、隆起、潟湖微相。

（2）研究区沉积相带总体展布方向为北西—南东向，由南西向北东，海水逐渐加深。

（3）从区域上看，研究区外西南部屏马—越北古陆和康滇古陆，共同为滇东南地区晚二叠世吴家坪早期沉积提供物源。

（4）研究区西南部天生桥以南为古陆剥蚀区，海域位于天生桥地区的东北部。沉积厚度向北东方向变大，推测盆地的沉积中心可能位于天生桥以北。

（5）由于文山天生桥地区在中二叠世末期发生东吴运动引起地壳上升，石炭系和二叠系中、下统的碳酸盐岩地层遭受风化和剥蚀，形成了孤峰、岩溶洼地等喀斯特地貌，导致晚二叠世吴家坪早期沉积开始时，该区发育了一系列潟湖、隆起等微地形，形成了复杂的低能泥质海岸沉积。

6）岩相古地理与成矿

综合分析文山天生桥地区晚二叠世吴家坪阶早期主要岩石类型、沉积相特征，重建古地理格局，认为研究区主要发育的岩石类型有铝质岩、铝铁质岩、铁质岩、砂岩、泥岩、硅质岩、灰岩和薄煤层。吴家坪期总体呈泥质低能海岸沉积环境，包括海岸相和局限浅海相，可细分为沼泽、潮坪、局限浅海上部、局限浅海下部亚相及潮上带、潮间带、潮下带、隆起、潟湖微相。沉积相带总体展布方向为北西—南东向，由南西向北东，海水逐渐加深，沉积厚度向北东方向变大，推测盆地的沉积中心可能位于天生桥以北。屏马—越北古陆和康滇古陆共同为沉积提供物源。研究区西南部天生桥以南为古陆剥蚀区，海域位于其东北部。控制沉积型铝土矿成矿作用的主要因素为层位、沉积相和沉积初期的地形地貌，铝土矿沉积环境为潮间带—局限浅海，推测潮下带、局限浅海上部和潟湖相为铝土矿沉积的最有利环境。

2. *广南砂子塘—板茂矿区吴家坪早期岩相古地理特征*

1）吴家坪早期综合地层及地层格架

广南砂子塘—板茂矿区，属于滇东南文山铝土矿南部成矿带。吴家坪组分布于大凹塘—水塘一带及凹担寨—松树坡向斜核部。

（1）岩石地层。

矿区分布地层有石炭系（C）、二叠系（P）、三叠系（T）和第四系（Q），岩石地层与天生桥矿区一致。

（2）生物地层。

砂子塘—板茂矿区内石炭—二叠系化石丰富，以蜓类为主，次为牙形石、珊瑚及腕足类等。根据前人资料及上期项目所采化石分析，文山地区可划分为 9 个蜓带、3 个牙形石带及 2 个珊瑚带。各化石带产出位置与年代地层、岩石地层关系见表 7-3。

表 7-3　滇东南文山地区石炭—二叠系年代地层、岩石地层与生物地层对比简表

年代地层（《中国地层指南及中国地层指南说明书》2001 年）			岩石地层（据《云南省岩石地层》1996 年，修改）	生物地层		
系	统	阶	组	蜓	牙形石	珊瑚
二叠系	上统	长兴阶	长兴组	*Palaeofusulina* 带	*Neogondolella changxingensis* 延限带	*Waagenophyllum indicum* 顶峰带
		吴家坪阶	吴家坪组／龙潭组	*Reichelina-Sphearulina* 组合带	*Neogondolella lianshanensis-N. bitteri* 组合带	*Waagenophyllum-Liangshanophyllum* 组合带
				Codonfusiella 顶峰带		
	中统	冷坞阶	阳新组	*Neoschwagerina* 延限带		
		茅口阶				
		祥播阶		*Misellina* 延限带	*Neogondolella idahoensis* 延限带	
		栖霞阶				
	下统	隆林阶	马平组	*Pseudoschwagerina* 延限带		
		紫松阶				
石炭系	上统	逍遥阶		*Titicites* 顶峰带		
		达拉阶	黄龙组	*Fusulinella-Fusulina* 组合带		
				Profusulinella 顶峰带		

（3）层序地层。

①层序划分及特征。

根据层序地层学原理及工作方法，在对研究区内晚二叠世吴家坪期实测剖面、探槽及钻孔研究的基础上，重点考虑层序界面特征，砂子塘—板茂地区共划分出 1 个半三级层序（图 7-24）。

Sq1 层序

该三级层序相当于二叠系上统吴家坪阶下部，底界面为平行不整合界面，一般以吴家坪组底部铁铝质岩与下伏石炭系上统为界，部分地区以吴家坪组底部铁铝质岩与二叠系中统灰岩为界，界面为Ⅰ型不整合界面。研究区处于浅海相区，只有海侵体系域（TST）和高位体系域（HST）存在，缺失低位体系域（LST）。

该层序特征和天生桥矿区一致。总体来看，2 个层序体现了由潮下带→浅海相铁铝岩渐变为潮间带—潮上带泥岩、沼泽煤层，然后再转变成浅海相灰岩而开始下一个层序。

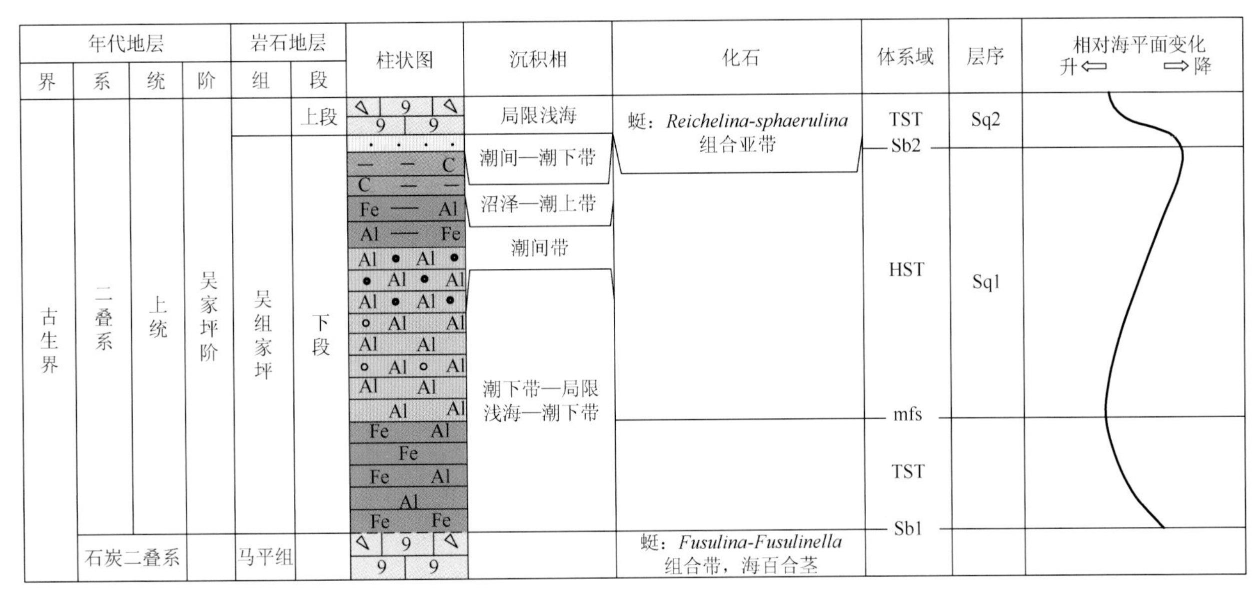

图 7-24　广南地区吴家坪阶吴家组下段层序地层划分及特征

②地层对比及高分辨地层格架。

根据露头层序地层的基本原理，对研究区的 4 条剖面进行了三级层序划分，利用完成的单条剖面层序划分结果，在生物地层对比框架下建立了层序地层对比格架。

a 层序对比。

层序对比内容主要包括层序的发育程度、界面性质、体系域的发育程度、体系域的组成结构等方面（图 7-25）。

综合研究区有关层序地层剖面可以看出，Sq1 层序在研究区普遍发育，各剖面均由海侵体系域和高位体系域构成。研究区的层序界面标识较清楚，无论是 I 型界面还是 II 型界面均容易对比。从层序组成结构的厚度比例来看，该区以具 HST 略大于 TST 结构占主导地位，总体显示了海水快进慢退的特征。TST 在研究区厚度变化不大，大凹塘地区因地层未见底而略显厚度薄。研究区 HST 厚度变化亦不大，在板茂地区厚度略薄、砂子塘地区 HST 出露不全。TST 和 HST 在广南地区厚度上无大变化反映出其沉积环境稳定，相应沉积岩层在横向上相对稳定。

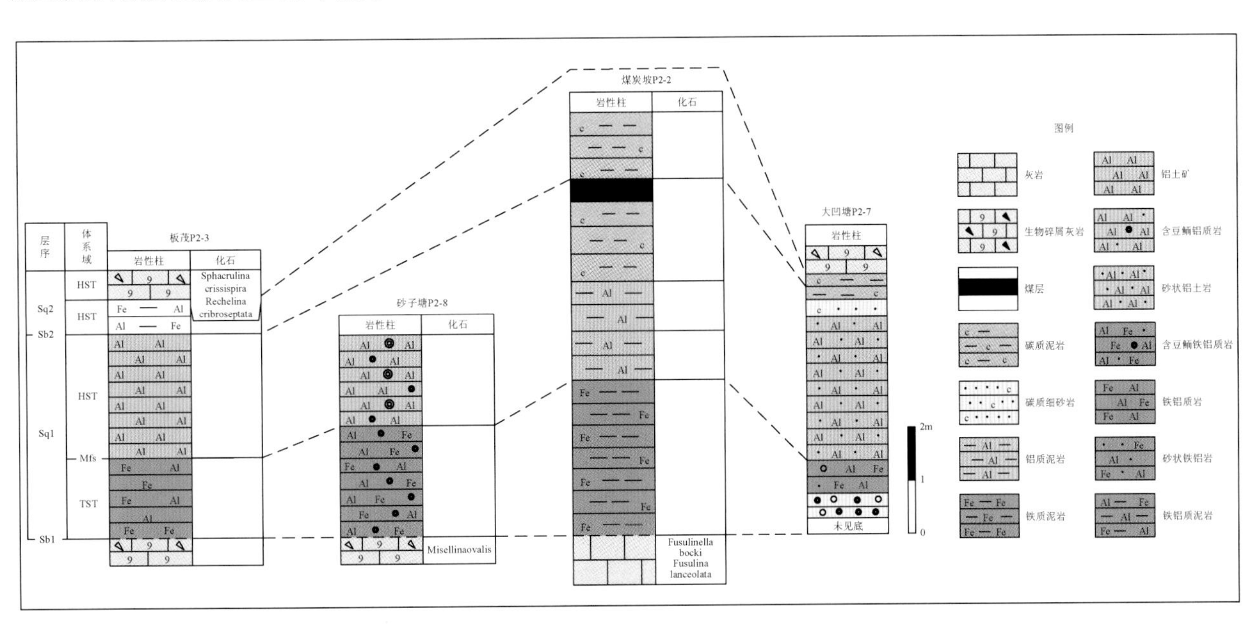

图 7-25　广南砂子塘—板茂矿区吴家坪阶下部层序地层东西向对比

b 层序地层格架。

Sq1 在广南砂子塘—板茂矿区普遍发育（图 7-26），层序组成相同，底界为一长期暴露面，与下伏地层有一个明显的剥蚀面，下伏地层为石炭系上统或二叠系中统生物碎屑灰岩。

海进体系域（TST）在板茂为潮下到浅海相致密块状铁质岩、铁铝质岩，到砂子塘及大凹塘一带相变为潮下带铁铝质岩。在煤炭坡地区为潮间带铁质泥岩，表明该地区在吴家坪组沉积前地势较高，推测沉积基底为岩溶隆起。

高位体系域（HST）在板茂为潮下带红褐色—灰色砂屑结构铝土矿；砂子塘地区为潮间带鲕状结构铝土矿；在煤炭坡、大凹塘一带底部为潮间带铝质黏土岩、砂屑结构铝质岩，向上为潮上—沼泽相炭质泥岩夹煤线。

横向上，由东向西浅海相变为潮坪相，表明当时海侵来自北东方向，陆架向北东倾斜。

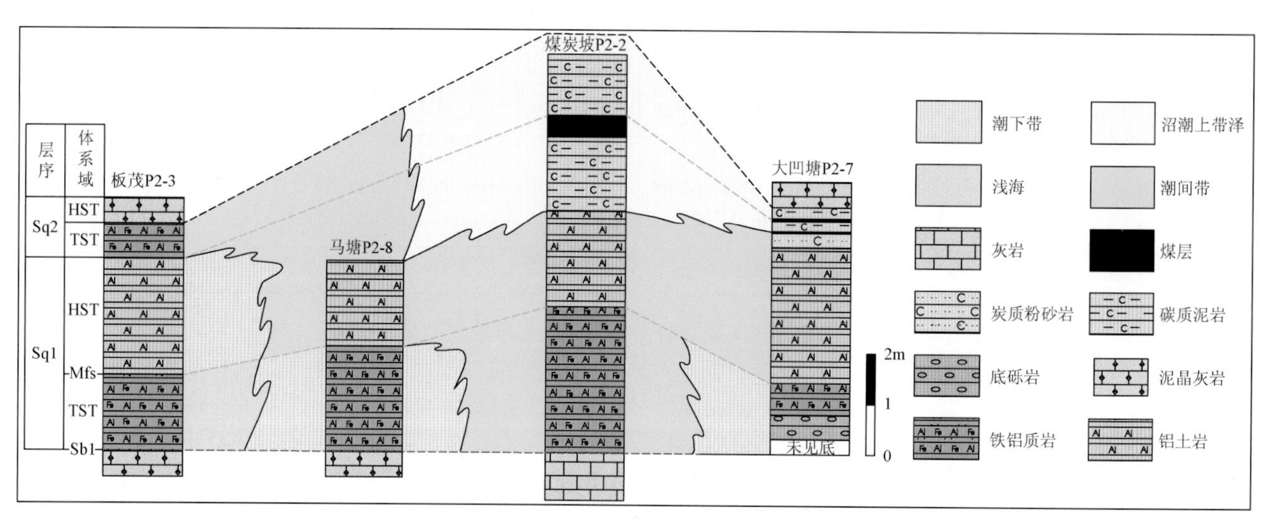

图 7-26　广南砂子塘—板茂矿区吴家坪阶下部近东西向层序地层格架

2）主要岩石类型及特征

（1）主要岩石类型。

砂子塘—板茂矿区二叠系上统吴家坪阶岩石类型丰富多样，以铁铝岩、铝质岩、灰岩、泥岩、粉砂岩和煤层为主，尚有底砾岩在部分地区零星分布。不同类型岩石分布见表 7-4，其主要特征如下。

①铁质岩。

砂子塘—板茂矿区只发育致密状铁质岩，为紫红色，中厚层状（图版Ⅱ—F，图版Ⅱ—I）。岩石主要成分为三水铝石、一水硬铝石、一水软铝石和赤铁矿。三水铝石小粒状，土褐色，正交偏光下为蓝色。一水硬铝石，灰色，小粒状，直径＜0.06mm。一水软铝石，无色，小粒状。赤铁矿，红色—红橙色，小粒状。

表 7-4　广南砂子塘—板茂矿区二叠系上统吴家坪阶下部岩石类型及分布

岩石类型	分布地区				
	大凹塘	凹担寨	砂子塘	煤炭坡	板茂
致密铁质岩					√
灰岩	√	√	√	√	√
铁铝岩	√	√	√		√
铝质岩	√		√		√
泥岩	√	√	√	√	√
砂岩	√				
煤	√		√	√	

②铝质岩。

铝质岩主要有内碎屑结构铝质岩及豆鲕状铝质岩两种类型。砂状结构铝土矿多以层状、似层状产出，颜色主要有深灰色、灰黄色、青灰色、灰黑色等，杂基支撑为主，部分颗粒支撑（图版Ⅱ—H，图版Ⅱ—J）。

豆鲕状结构铝质岩（图版Ⅱ—K、图版Ⅱ—L、图版Ⅱ—O 和图版Ⅱ—P）粒径为 0.2～1mm，颗粒多呈圆、次圆形，以基底式胶结为主，胶结物为一水硬铝石和铁质泥质，核多为一水硬铝石。

③铁铝岩。

铁铝岩主要有碎屑结构铁铝岩和鲕状结构铁铝岩两种类型。碎屑结构铁铝岩以赤铁矿和一水硬铝石为主，颗粒磨圆较高，杂基支撑，基底式胶结为主（图版Ⅱ—M、图版Ⅱ—N），多形成于潮下带下部。鲕状结构铁铝岩粒径为 0.1～0.5mm，颗粒多呈次圆形，以基底式胶结为主，胶结物为一水硬铝石和铁泥质，鲕粒的核部多由一水硬铝石充填，多形成于潮间带。

④灰岩。

灰岩以生物碎屑灰岩为主，其次为泥晶灰岩和碳质灰岩（图版Ⅱ—E），呈灰色、深灰色，中厚层、厚层状，在个别地区呈透镜状产出。灰岩主要为泥晶质，局部为结晶灰岩，可见石英脉填充。生物碎屑发育，产䗴（图版Ⅱ—C）、有孔虫、珊瑚、双壳类和腕足类等化石，主要形成于水体较深的局限浅海下部。

⑤泥岩。

泥岩主要为土黄色泥岩（图版Ⅱ—G）、深灰色碳质泥岩和杂色铁铝质泥岩。泥岩在全区广泛分布，但铁铝质泥岩只局部分布。主要沉积于低能的潮下带下部、潮上带及浅海上部。

⑥砂岩。

砂岩在全区局部分布，呈暗紫或灰紫色薄层凝灰质细—粉砂岩，有的因含碳质而呈灰黑色。多沉积在能量中等的潮间带。

大凹塘地区见含砾粗砂岩。砾石成分主要为灰岩。砾径大小不一，胶结物为泥质、钙质、铁质等。该类岩石多形成于能量相对较高的潮下带。

⑦煤。

煤炭坡、大凹塘地区发育，多以碳质泥岩夹层的形式产出（图版Ⅱ—D）。煤的出现是沼泽相的典型标志。

（2）主要沉积相类型及特征。

滇东南地区晚二叠世吴家坪期处于陆表海稳定构造环境的区域古地理背景下，形成了独特的低能泥质海岸沉积。主要沉积相包括局限浅海和低能海岸两种类型，并可进一步划分亚相和微相。其沉积相划分及特征见表 7-5。砂子塘—板茂矿区多为低能泥质海岸沉积，局部地区因沉积前基底为隆起的喀斯特地貌而属于具隆起—潟湖的低能海岸沉积。

表 7-5　滇东南二叠系上统吴家坪阶下部沉积相划分

相	亚相	微相
局限浅海	浅海上部	
	浅海下部	
低能海岸	潮坪	潮上带
		潮间带
		潮下带
	沼泽	

①局限浅海。

局限浅海是指浪基面以下的浅海区域，能量较低，主要发育灰色、深灰色及灰黑色致密块状灰岩、青灰色致密块状铁质岩，发育水平层理，岩石中见䗴类、腕足类、双壳类化石，化石保存完整。

浅海相又可根据岩石组合类型的不同划分为浅海上部和浅海下部两个不同的亚相。在广南砂子塘—板茂矿区，浅海上部的主要岩石类型包括致密块状铁质岩，而灰岩则是浅海下部的主要岩石类型。

②低能海岸。

低能海岸相主要包括潮坪亚相和沼泽亚相。

a 潮坪亚相。

潮坪亚相的岩石类型主要为内碎屑或豆鲕状铝质岩、砂岩、粉砂质泥岩、杂色铁铝质泥岩等。据岩石组合特征及颜色、层理、沉积构造及生物特征等可进一步划分为潮下带、潮间带和潮上带三种微相。

潮下带能量较高，主要形成淡紫色含砾粗砂岩、黄褐色砂屑铝质岩、豆鲕状铝质岩、鲕状铁铝质岩沉积，小型交错层理发育。潮间带能量稍高，主要沉积灰黑色细砂岩、杂色铁铝质泥岩、铝质黏土岩，可见潮汐层理及水平层理。潮上带能量低，主要发育灰褐色、灰黑色泥岩及黏土岩，水平层理发育，可见植物、双壳类化石。

以大凹塘 P2-7 剖面为例（图 7-27），介绍潮坪亚相沉积特征。

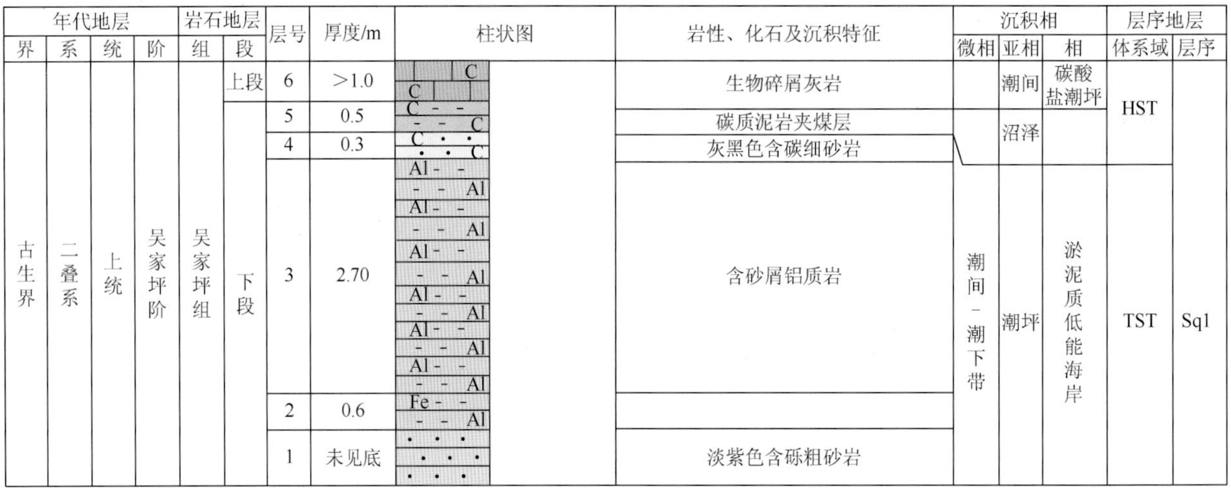

年代地层				岩石地层		层号	厚度/m	柱状图	岩性、化石及沉积特征	沉积相			层序地层	
界	系	统	阶	组	段					微相	亚相	相	体系域	层序
古生界	二叠系	上统	吴家坪阶	吴家坪组	上段	6	>1.0		生物碎屑灰岩		潮间	碳酸盐潮坪	HST	Sq1
					下段	5	0.5		碳质泥岩夹煤层		沼泽			
						4	0.3		灰黑色含碳细砂岩					
						3	2.70		含砂屑铝质岩	潮间-潮下带	潮坪	淤泥质低能海岸	TST	
						2	0.6							
						1	未见底		淡紫色含砾粗砂岩					

图 7-27　广南县大凹塘 P2-7 剖面沉积柱状图

该剖面主要岩石类型为含砾粗砂岩、砂屑结构铁铝质岩、含砂屑铝质岩、含碳细砂岩和碳质泥岩夹煤层，下部含砾粗砂岩，中部主体为碎屑铝土矿、细砂岩、碳质泥岩夹煤线，上部为生碎屑灰岩，其沉积环境主体为潮坪环境。

b 沼泽亚相。

沼泽亚相的岩石特征主要为黑色、灰黑色煤及碳质泥岩，含植物、双壳类化石。

3）吴家坪早期沉积特征

受东吴运动影响，云南地壳抬升经受长时期的暴露、风化剥蚀，因而吴家坪早期沉积基底为一长期暴露面，与下伏地层有一个明显的剥蚀面，下伏地层为石炭系上统或二叠系中统生物碎屑灰岩。

晚二叠世吴家坪早期第一阶段，海侵自北东方向入侵，砂子塘—板茂地区开始接受沉积，板茂沉积潮下到浅海相致密块状铁质岩、铁铝质岩，潮下带红褐色—灰色砂屑结构铝土矿；砂子塘及大凹塘一带沉积潮下带砂屑结构铁铝质岩，潮间带沉积鲕状结构铝质岩；在煤炭坡地区沉积潮间带铁质泥岩，表明该地区在吴家坪组沉积前地势较高，推测沉积基底为岩溶隆起。

晚二叠世吴家坪早期第二阶段发生海退，海水变浅，逐渐形成沼泽地带，沉积了一套炭质泥岩夹煤线或煤层。在煤炭坡、大凹塘一带沉积潮上—沼泽相碳质泥岩夹煤线，显示海退特征。

4）岩相古地理与成矿

含矿岩系的沉积序列下部富铁质，中部富铝质。由下向上依次发育铁质岩→铁铝岩→铝土岩→泥岩、粉砂岩→煤层或碳质泥岩夹煤线→泥岩、粉砂岩。铝土矿层在横向上局部地区相变为铝质泥岩。海侵初期形成铁质岩、铁质泥岩或铁铝岩，构成了晚二叠世吴家坪早期的海侵—海退沉积旋回，并在海侵序列中形成铝土矿。

晚二叠世吴家坪早期的沉积环境总体为泥质低能海岸—局限浅海，铝土矿的沉积环境为潮间带—局限浅海，且潮下带和潟湖相为铝土矿沉积的最有利环境。

5）滇东南地区岩相古地理环境与成矿

滇东南地区晚二叠世吴家坪早期为泥质低能海岸—局限浅海的沉积环境，发育沼泽、潮坪、浅海 3 种亚相类型。主要岩石类型有铝土岩、粉砂岩、泥岩、煤及少量硅质岩。滇东南地区吴家坪早期总体沉积环境为潮坪—浅海。吴家坪阶下部第一个三级层序的海进体系域主要处于潮间带—潮下带，构成退积的沉积序列；从海进体系域到高位体系域早期，主要沉积环境为潮下带—浅海相，构成加积序列；到高位体系域晚期，快速海退，沉积环境为沼泽—潮上带—潮间带。铝土矿主要形成于吴家坪阶下部第一个三级层序的海进体系域中。根据对滇东南地区吴家坪阶下部已知矿点的铝土矿层厚度、品位和沉积相之间关系的综合分析，铝土矿形成的最有利沉积环境为潮下带—浅海顶部和潟湖相。

三、成矿作用过程

铝土矿的形成，是长期地质历史演化的产物，其成矿作用涉及诸多的内外动力地质作用。其所经历的地质作用基本顺序为：基岩隆升剥蚀、切割夷平和岩溶化、钙红土化沉积成矿、风化壳溶滤、机械搬迁、水化学分解、真溶液及胶体化学搬迁、生物作用、滨海沉积等成岩成矿等，具有多期、多因素的成矿特点（崔银亮等，2017）。本书将对铝土矿矿物生成顺序和成矿阶段划分进行详细分析，并在此基础上结合矿床地球化学研究成果，总结本区成矿作用过程。

（一）铝土矿矿物生成顺序及变化

1. 古风化壳发育阶段

铝土矿石的主要陆源矿物有锆石、金红石、石榴子石、电气石、刚玉、铌钽铁矿、磁铁矿、锐钛矿、毒砂等。这些陆源矿物在各种结构铝土矿石中均可发现，以砂状铝土矿中陆源矿物含量最多，其矿物表面均有一定程度的磨蚀，有的甚至被磨成次圆和浑圆状。从其所保留的各种结晶微形貌特征来看，它们具多期次生长特征。一些硬水铝石和锐钛矿表面具磨蚀痕迹，可能经过一定距离的搬运，是成矿前就已生成的矿物经后期搬运而进入沉积区的。砂状铝土矿中的硬水铝石，大部分可见磨蚀痕迹，加之砂状铝土矿具颗粒支撑结构，说明这些矿物是由稳定水流带入沉积区的。金红石在铝土矿人工重砂样中可见，具有一定的磨蚀痕迹，在铝土矿薄片中可见金红石富集于锯齿状压溶线附近，在压溶线附近铝黏土矿物发生重结晶作用，金红石并未发生重溶，而保留原来的柱状形态。而对于耐风化耐磨蚀极强的锆石而言，其磨蚀程度仍很深，这均说明陆源物质搬运距离较远。

2. 沉积—成岩阶段

在滨海沉积成矿期，$Al(OH)_3$胶体才开始大量絮凝沉淀，这个时期形成的铝质岩以胶状结构为主，如矿石中普遍具有泥质结构、内碎屑结构、鲕状（有内部层圈）等结构。生成的矿物以泥晶三水铝石和一水软铝石为主。

在随后的滨海成岩成矿期，沉积的氢氧化铝及红黏土，即最早生成的粉晶—泥晶一水硬铝石，开始表现为重结晶或次生加大，这一过程可延续到成矿期后。在矿石裂隙边缘和孔洞中，可见部分胶状一水硬铝石被溶解后，重新生成粒度粗大、晶体形态完整、化学成分为较纯的一水硬铝石。这些后期生成的一水硬铝石，是在还原条件下晶出的，即在潜水面以下或封闭状态下进行的。在部分矿床中发现一水硬铝石被二氧化硅交代形成黏土矿物，但还可见一水硬铝石集合体的残余，残余部分中间仍保留原生的胶状体，而与黏土矿物交接部位的一水硬铝石发生重结晶，形成晶簇状集合体。残余变晶一水硬铝石粒度可达0.25mm。以上现象说明，在成岩成矿期，在胶状一水硬铝石存在的条件下，含铝岩系中析离出来的水溶二氧化硅会与铝结合生成黏土矿物，生成成岩期黏土矿物。

大部分锐钛矿为细粒胶状与一水硬铝石相同，在矿石裂隙、孔洞中又与一水硬铝石密切共生，只是晶体粒度比一水硬铝石大。因此可以推断，锐钛矿与一水硬铝石生成期是相同的。这两种矿物同时也是铝土矿中钛和铝的主要赋存矿物。经计算，钛和铝呈正相关关系，这从另一个侧面证实了锐钛矿和一水硬铝石关系紧密，生长习性相同。

方解石、菱铁矿和黄铁矿主要赋存在鲕状结构矿石中，主要形成于成岩成矿期。

铝土矿中的高岭石、伊利石、绿泥石等黏土矿物与一水硬铝石密切共生，其生成方式和生成期也与一水硬铝石基本相同，底部铁矿物及伊利石、绿泥石可能来自基底风化物。

在鳞片粒状镶嵌结构中，鳞片状隐晶纳板石、伊利石、绿泥石与一水硬铝石和锐钛矿等共生，其中一水硬铝石分布均匀，粒间为黏土矿物。

3. 表生富集期

沉积型铝土矿的原生矿石皆为高铁、高硫一水硬铝石型，由于原生矿石中硫含量超标，此类矿石目前工业利用价值不大，但在亚热带气候和岩溶高原地貌条件下，矿床在氧化带中发生了强烈的变化，使原来富含黄铁矿的高硫矿石转化为高铁、低硫矿石。从原生带到氧化带各类矿石的结构和主要组分变化如表7-6、表 7-7。从表中看出，原生沉积矿石经氧化后，Al_2O_3 明显富集，而硫几乎全被淋失，使暂不能利用的原生矿石变为可利用的次生氧化矿石。因此，这类矿床的工业矿体都分布在矿床的氧化带范围之内。

表 7-6　滇东南沉积型铝土矿原生带—氧化带矿石成分变化表

矿区名称		麻栗坡铁厂 54 线				
主要化学组分/%		Al_2O_3	SiO_2	Fe_2O_3	S	A/S
矿石类型变化 原生带→氧化带		V_1、V_2、V_3 均为灰黑、深灰色碎屑状、鲕状一水硬铝石铝土（矿）岩，含黄铁矿、碳酸盐矿物→灰、灰白色疏松状、砂状、粗糙状一水硬铝石铝土矿石				
原生带	1	35.65	21.36	18.79	11.81	1.07
	2	41.61	19.65	10.93	8.23	2.12
	3	53.10	6.05	18.0	11.22	8.78
	平均	43.45	15.69	15.91	10.42	2.77
氧化带	1	59.06	13.38	9.70	0.14	4.41
	2	65.67	13.05	1.05	0.34	5.03
	3	57.59	17.13	7.53	0.23	3.36
	平均	60.77	14.52	6.09	0.24	4.19
变化特征	界限深度	沿倾斜 40～50m，距地表垂深 15～20m				
	颜色	黄铁矿在氧化过程中分解对矿石漂白，使之成浅色				
	结构、构造	块状、致密状变为疏松、多孔				
	矿物成分	黄铁铁全部氧化为褐铁矿				
	化学成分	氧化带中硫、钙、镁及部分硅、铁淋失，使铝土岩转化为铝土矿				

注：据《云南省区域矿产总结》，1993。

表 7-7　西畴芹菜塘 132 线沉积型铝土矿原生带—氧化带矿石成分变化表

主要化学组分/%		Al_2O_3	SiO_2	Fe_2O_3	S	A/S 值
矿石类型变化原生带→氧化带		黑色含硅质碳泥质假鲕状一水硬铝石铝土矿，含黄铁矿 3%→灰黑色含碳泥质假鲕状铝土矿，具孔洞→灰白色粗糙状（砂状）假鲕状一水硬铝石铝土矿石				
原生带	1	45.62	16.98	11.37	8.17	2.69
	2	49.69	11.47	12.64	9.23	4.23
	3	—	—	—	—	—
	平均	47.65	14.36	12.00	8.70	3.32
过渡带	1	50.71	17.84	5.23	3.46	2.84
	2	62.91	7.70	2.29	0.55	8.17
	平均	56.81	12.77	3.76	2.01	4.45
氧化带	1	67.59	6.56	5.80	0.32	10.32
	2	—	—	—	—	—
	3	—	—	—	—	—
	平均	67.59	6.56	5.80	0.32	10.32
变化特征	界限深度	沿倾斜 5～40m，距地表垂深 15～20m				
	颜色	黄铁矿在氧化过程中分解对矿石漂白，使之成浅色				
	结构、构造	致密状为多孔粗糙状、砂状				
	矿物成分	霏细状硅质全部淋失，黄铁矿、绿泥石全部氧化				
	化学成分	氧化带中硅、铁、硫大量淋失，铝富集明显				

注：据《云南省区域矿产总结》，1993。

堆积型铝土矿形成过程中，在表生期地表水风化淋滤作用下，矿石中在沉积—成岩期生成的铁质、泥质、有机质、硫质、碳质在氧化环境下不断淋滤流失，铝相对富集，最终形成质量较好的堆积型铝土矿。

矿石中所含铁质矿物被淋滤，在铝土矿块的孔隙及裂隙之间沉淀生成褐铁矿或针铁矿的细脉。矿石鲕状结构中的方解石、菱铁矿和黄铁矿多已氧化淋失，致使出现多孔状、蜂窝状褐铁矿，并与明矾、黄钾铁矾等次生矿物共生。在裂隙和孔洞中，分布有后期次生矿物如多水高岭石、地开石、三水铝石等。

氧化带特别是强氧化带中的假鲕状、碎屑状、鲕状等矿石，经强风化后形成粗糙的砂粒状、多孔状矿石。

如果是在氧化条件下溶解的铝质，可能会聚合成三水铝石。

此时，一水硬铝石的又一变化是被黏土矿物交代，有的铝土矿因大量一水硬铝石被交代生成伊利石或高岭石，造成矿石的明显贫化。

铝土矿矿物生成顺序见表 7-8。

表 7-8 铝土矿矿物生成顺序表

矿物种类	陆源汲取期	滨海胶体沉积成矿期	表生富集成矿期
金红石	——		
锆石	——		
磁铁矿	——		
石榴子石	——		
铌钽铁矿	——		
三水铝石	——	——	——
一水硬铝石		——	
一水软铝石		——	
高岭石		——	——
伊利石		——	——
锐铁矿		——	
针铁矿		——	——
黄铁矿		——	
菱铁矿		——	
绿泥石		——	
赤铁矿		——	
叶蜡石		——	
纤铁矿		——	——
蒙脱石		——	——
地开石		——	——
多水高岭石			——
方解石			——
明矾			——
黄钾铁矾			——

注：据云南文山铝业有限公司，2008 修改。

据岩矿鉴定成果，拟定出堆积型矿石中主要矿物生成顺序是高岭土 + 赤铁矿（组成铁泥质）→一水硬铝石→黄铁矿 + 锐钛矿→褐铁矿 + 高岭石（构成红黏土的主要成分）。

（二）铝土矿成矿阶段划分

滇东南成矿区铝土矿成矿作用受多种因素制约，原始成矿物质经历了风化分解（物理、化学和生物风化)、搬运(机械碎屑和胶体不同程度兼有)、沉积—成岩和表生作用等过程，每个阶段都是排除杂质和富铝的过程(刘平，2001；Oztürk et al.，2002)。铝土矿石碎屑颗粒形态多样，碎屑、团粒和豆鲕粒常同时出现，且大小混杂，表明成矿物质的迁移方式为胶体和机械碎屑，二者在不同矿区甚至不同地段表现不同程度的兼有(刘长龄，1988)。可见破碎的豆鲕和复碎屑(图版III—I、图版III—J)，反映了沉积作用具多阶段性特点，大致可划分为3个成矿阶段：

(1)古风化壳发育阶段。成矿母岩，主要是玄武岩、灰岩和古陆变质岩经风化作用(物理化学分解)形成红土风化壳，形成的三水硬铝石矿物碎屑与其他风化产物或铝土矿碎屑一起，在后来的海侵作用下经短距离搬运至沉积盆地中。一水硬铝石可由三水铝石在放热过程中自然形成，或由高岭石等风化产物直接脱硅形成，亦可由非晶质氢氧化铝凝胶脱水而成(Allen，1952；Keller，1983；刘巽锋等，1990)。

(2)沉积—成岩阶段。被搬进沉积盆地的风化产物或铝土矿碎屑，在成岩作用过程中，由于温度和压力等的变化，经化学分解，在新的环境下形成新的矿物。如硅铝质或黏土质—高岭石质基底中晶出一水硬铝石，三水铝石脱水形成一水硬铝石，成岩作用或构造运动下一水硬铝石发生重结晶作用等(Allen，1952；陈廷臻等，1989；李启津等，1996；Temur et al.，2006)。铝土矿碎屑为古陆上或古风化壳上已形成的铝土矿，在后期经破碎形成碎屑物，与红土化阶段形成的一水硬铝石碎屑矿物有根本区别(李启津等，1983；侯正洪和李启津，1985)，碎屑可见磨蚀现象，碎屑结构中包含鲕粒和碎屑矿物，碎屑矿物具定向排列，均指示了成矿物质经历多期搬运后再沉积的特征。此阶段为铝土矿主要成矿期。

成岩后期在适宜的介质条件下，一水硬铝石再(重)结晶或由铝真溶液直接析出，充填于溶蚀的孔洞中或沿裂隙壁生长填充(Allen，1952；李启津，1985；李启津等，1996；刘长龄，1988；陈廷臻等，1989)，或者被脉石矿物交代成骨架状、骸晶状(吕夏，1988)。

随铝土矿上覆沉积物的加厚加上岩浆活动、构造应力作用，地温升高，长时间处于高温环境下的三水铝石变为一水铝石，形成现今所见的原生铝土矿(毛景文等，2012)。

(3)表生阶段。深埋地下的含矿岩系随地壳的隆起，抬升暴露地表或接近地表。有的居于潜水面以上的氧化改造带，有的处于潜水面以下的还原改造带(廖士范和梁同荣，1991)，在表生作用下，受大气渗流水淋滤作用影响，再次脱硅、除铁和去硫，使原有铝土矿更加富集，在含矿层上部形成半粗糙状、品质相对较好的铝土矿石。另外，沉积型铝土矿出露地表后，在风化剥蚀作用下，在原地形成风化残积型(堆积型)铝土矿；在重力作用和洪流双重作用之下，在坡地或洼地之中形成了坡积、坡洪积型(风化堆积型)铝土矿。

(三)铝土矿成矿作用过程

通过对铝土矿矿床地质特征、矿石矿物特征和矿床地球化学特征以及区域地质构造背景分析研究，结合野外实际工作，可以推测出滇东南铝土矿的成矿作用和演变过程如下：

受中—晚二叠世东吴运动影响，地壳抬升，中—晚二叠世峨眉山组玄武岩和二叠系、石炭系灰岩大面积暴露于地表，遭受长期强烈的风化剥蚀，在物理风化和化学风化作用下，K、Na、Ca和Mg等易溶元素和大部分Si被淋滤，Al、Ti和Fe等不活泼元素相对富集，形成古风化壳，为铝土矿的形成提供了丰富的物质基础。主量和微量元素相对于不同背景值的富集规律，反映铝土矿的成矿过程是一个去Si、Ca、Na和Mg，富Al、Ti的过程。

晚二叠世吴家坪(龙潭)早期(相当于第一层序的海侵体系域)，海侵自北东方向入侵，风化壳物质以及周围古陆(康滇古陆和越北古陆等)的陆源碎屑物，以分散悬浮物机械碎屑形式和胶体形式迁移汇集到滨浅海环境中沉积形成“铁厂式”铝土矿。早期脱硅、富铁形成高铁型铝土岩；晚期处于弱氧化—弱还原的环境，形成低铁型铝土矿。

从古陆到浅海，沉积相也有变化，靠近古陆的丘北—文山一带，为海陆交互相的龙潭组含铝岩系沉积，往东广南—西畴一带，为滨海—浅海相的吴家坪组含铝岩系沉积。

晚二叠世吴家坪(龙潭)早期第二阶段(相当于第一层序的高位体系域)，发生海退，海水逐渐变浅，发育沼泽环境，沉积了一套碳质泥岩夹煤线或煤层。铝土矿层顶部的灰黑色碳质铝土岩含有机质成分，显示海退特征。含有机质的沼泽水、淤泥水，由于缺氧而处于还原环境，有助于铝土矿中铁的迁移。

综上，滇东南成矿区“铁厂式”沉积型铝土矿是在晚二叠世峨眉山玄武岩和石炭二叠系碳酸盐岩遭受长期强烈风化剥蚀形成了富铝、铁的风化壳，又有周围古陆古风化壳陆源碎屑物的加入，于海侵时风化壳物质及陆源碎屑物以机械悬浮物或胶体形式迁移搬运到滨浅海地带，由于环境介质及 pH 值等改变，铁铝质逐渐沉积形成的。在整个过程中，沉积环境处于相对低能的海湾环境，水动力条件相对较弱。含矿岩系下部富铁质，海侵初期形成铁质岩、铁质泥岩、铁铝岩，海侵最大时期形成铝土岩，为主要的成矿期。铝土矿的形成经历了快速海侵到缓慢海退的沉积环境演化旋回。其中，海侵又发育多期海进海退次级旋回，总体表现为海侵过程，整个成矿过程是在相对稳定的构造背景下进行的。滇东南成矿区“铁厂式”铝土矿成矿作用过程见图 7-28。

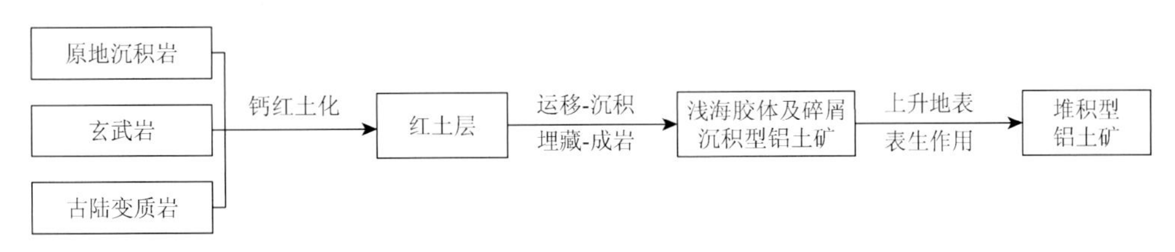

图 7-28 滇东南成矿区“铁厂式”沉积型铝土矿成矿过程示意图

堆积型铝土矿矿床成因与沉积成矿和与近代岩溶作用、红土化作用有关。在高温多雨的气候条件下，原生沉积铝土矿在地表水的作用下，矿石中易溶物质 Ca、Mg、K、Na 等在这个阶段被淋失，绝大部分黄铁矿转变成褐铁矿，最终矿层发生崩解并坠落成碎块夹杂于红色黏泥中，经或未经短距离搬运，在利于聚集的岩溶洼地、谷地和坡地中堆积成为极具开采利用价值的“卖酒坪式”岩溶堆积铝土矿。其“卖酒坪式”堆积铝土矿成矿作用过程见图 7-29。

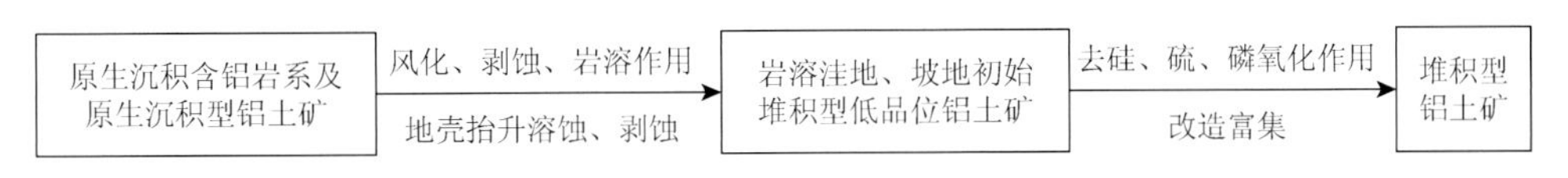

图 7-29 滇东南“卖酒坪式”堆积型铝土矿成矿过程示意图

四、区域成矿模式

（一）滇东南成矿区“铁厂式”沉积型铝土矿成矿模式

滇东南地区形成于碳酸盐岩侵蚀面上的海相沉积型铝土矿；其成矿物质来源主要为大陆碎屑物质、大陆真溶液及胶体溶液物质等；其成矿作用主要经历了钙红土化成矿作用、滨海胶体、碎屑沉积成岩和表生富集成矿作用。

晚二叠世龙潭期或吴家坪期，越北古陆北缘的麻栗坡以北一带，隆起的古陆缓慢下降。其中，在屏马—越北古陆北缘的文山—西畴—麻栗坡一带，滨岸沼泽—浅海环境开始缓慢接受沉积，其沉积基底为长期遭受风化侵蚀具岩溶地貌的碳酸盐岩，岩溶化作用形成大量的洼地、湖盆及局限潟湖、沼泽等。原长期堆积于基底侵蚀面上富含铁铝质的硅铝—铁铝—铝土型红土化风化壳及古陆区搬运的铝硅酸盐矿物，接受水解作用成分重组，伴随部分外来的泥砂、植物碎片按一定的顺序或交替沉积。首先，细砂、粉砂及植物碎片等发生物理沉积；随后以胶体物质存在于水中的 Fe_2O_3、Al_2O_3 达到一定饱和程度后先后发生化学沉积，铁和铝基本是混合在一起沉淀的，大量的 Al_2O_3 稍先沉淀，构成铝土矿主体，其间 Ca、Mg、K、Na 等因化学性质较为活泼大多被带出，$A1_2O_3$ 普遍提高，SiO_2 明显降低，形成了以滨海胶体沉积和碎屑沉积成岩成矿作用为主的沉积型铝土矿。滇东南“铁厂式”沉积型铝土矿成矿过程大致经历了 3 个成矿阶段，其成矿模式见图 7-30。

需要提及的是，云南文山铝业有限公司（2008）在《滇东南地区铝土矿成矿规律与找矿实践》中，依据含铝岩系底部普遍发育的底砾岩和铝土矿石中独特的假鲕结构、内碎屑结构，提出了“海沟浊流沉积成矿期与成矿作用”：即在沉积成矿期，随即周边发生海底火山活动，环境变得动荡，在滨海地带或台沟斜坡上的古岩溶洼地内沉淀的滨海胶体沉积型铝土矿，尚未完全固结时，就有一部分铝土矿在海底火山活动、构造运动甚至地震作用引发的浊流环境下，遭受破碎甚至磨圆，沿台沟斜坡地带又向沟底搬运迁移堆积，再被成分类似含铁较高的物质胶结，随后被大量的火山碎屑与泥沙的混合沉积物覆盖，并在上覆沉积物和水体压力下发生成岩作用，形成了普遍发育底砾岩层的含铝岩系并具有假鲕结构、内碎屑结构的层状沉积型铝土矿。

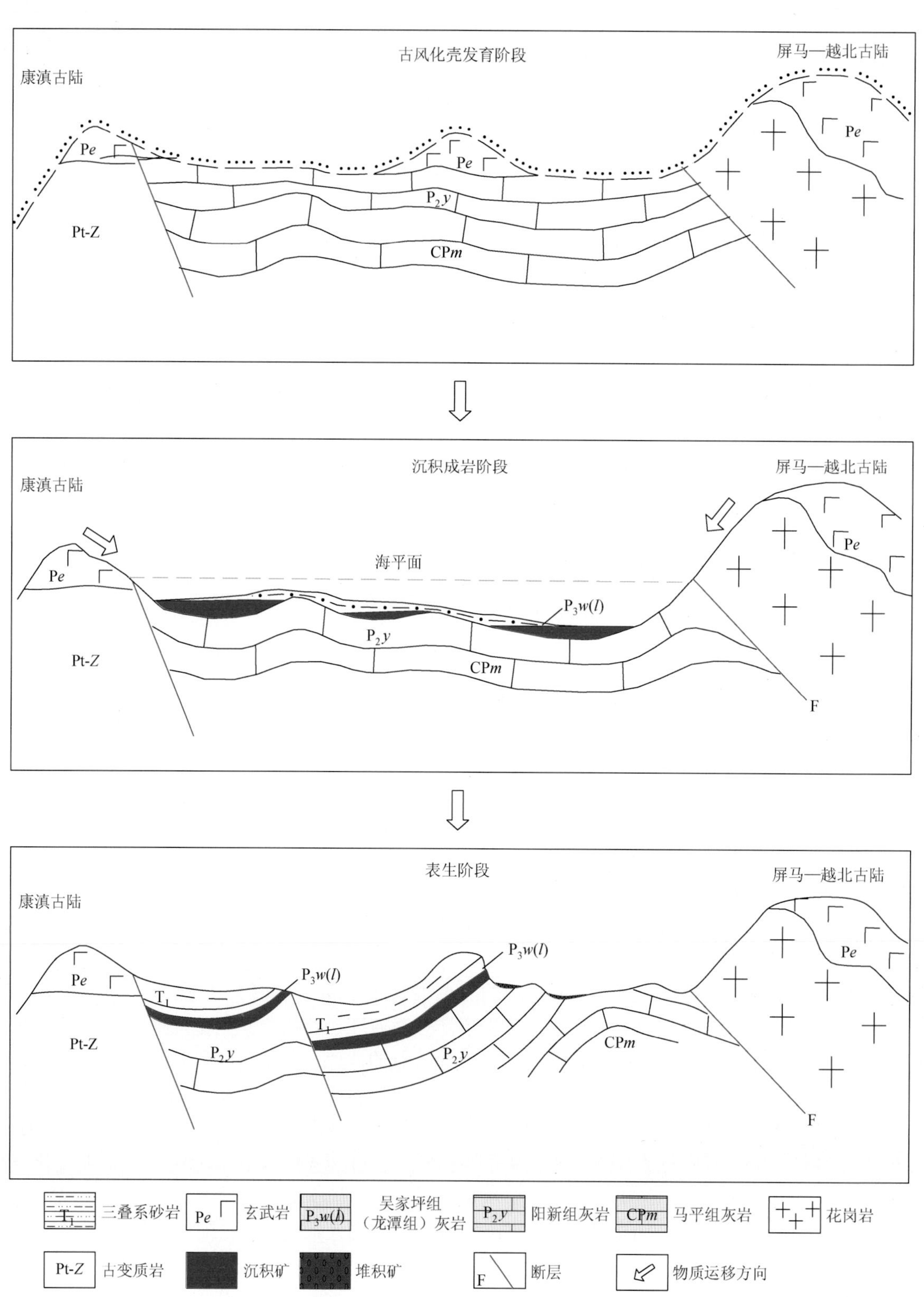

图 7-30　滇东南成矿区“铁厂式”沉积型铝土矿成矿模式示意图

（二）滇东南成矿区“卖酒坪式”堆积型铝土矿成矿模式

堆积型铝土矿往往位于溶岩—峰林高原区的溶蚀盆地及坡地中，原生沉积型铝土矿之上部及其附近地段。矿体赋存于第四纪松散层中，由砂质黏土、腐殖土、铝土矿块、矿屑、矿粉、褐铁矿块、岩块组成。矿块、岩块具棱角状，形态极不规则，不均匀嵌布于残坡积层、冲洪积层中，说明矿块、岩块脱离母体搬运距离不远。原生含铝母岩在潮湿炎热气候条件和长期岩溶过程中，遭到强烈剥蚀，已具淋滤空隙格架的原生铝土矿，在排泄良好的有利地形（残丘、低山、台地）条件下，由于水、CO_2和生物等的风化分解作用，母岩中易溶物质K、Na、Ca、Mg流失，而SiO_2、Al、Fe、Ti残留在原地。在构造抬升作用和重力作用下，发生崩落，脱离母体，堆积就位于稳定的缓坡、坡脚等岩溶低洼地带，最终形成质量较好的近代堆积型铝土矿。

从构造地质演化史来看，印支期及其以后的构造运动，使得地壳上升成陆，在以后漫长的地球历史演化过程中，沉积型铝土矿受到风化剥蚀，铝土矿（岩）中硫、磷等有害物质大量淋失，并迁移至一些低洼的盆地内与红土一起堆积，形成堆积型铝土矿。

自新近纪以来，滇东南地区处于温湿的亚热带气候环境，受喜马拉雅运动的影响，地壳由多次升降变为总体抬升间有沉降。随着地壳的间歇性抬升，伴随岩溶化作用的进行，风化作用不断加强，成矿过程出现连续性和间歇性的演化。含铝岩系被再次搬运堆积于岩溶洼地上，当去硅作用达到一定程度时，形成了一水硬铝石、三水铝石、针铁矿、赤铁矿以及锰钛氧化物等在风化条件下稳定存在的矿物组合，即堆积型含矿层，其就地保存或就近再堆积于相对低洼地带，如低丘、矮岭及坡地等富集形成“卖酒坪式”堆积型铝土矿。滇东南成矿区“卖酒坪式”堆积型铝土矿成矿模式见图7-31。

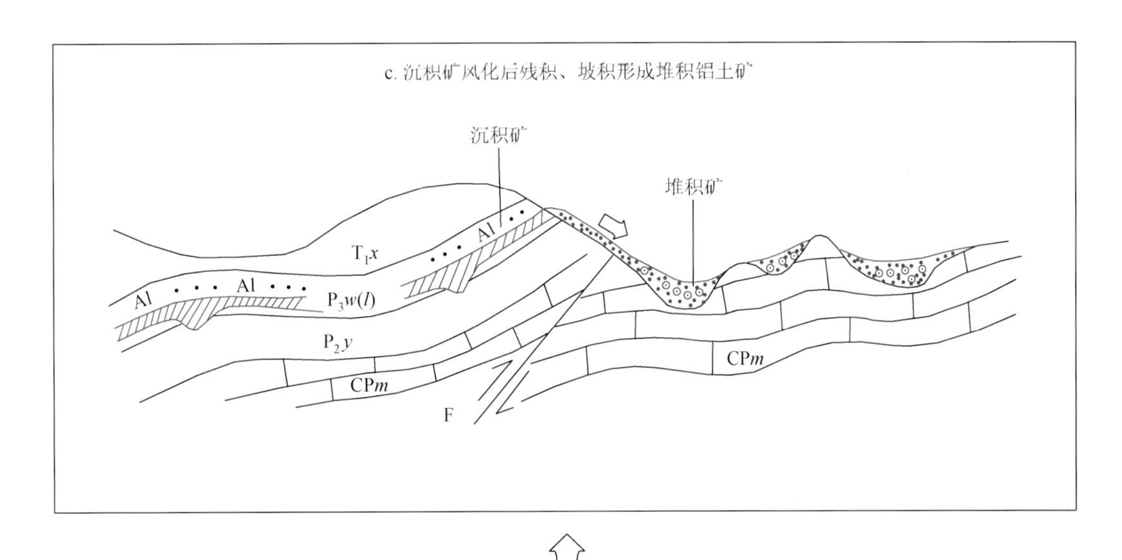

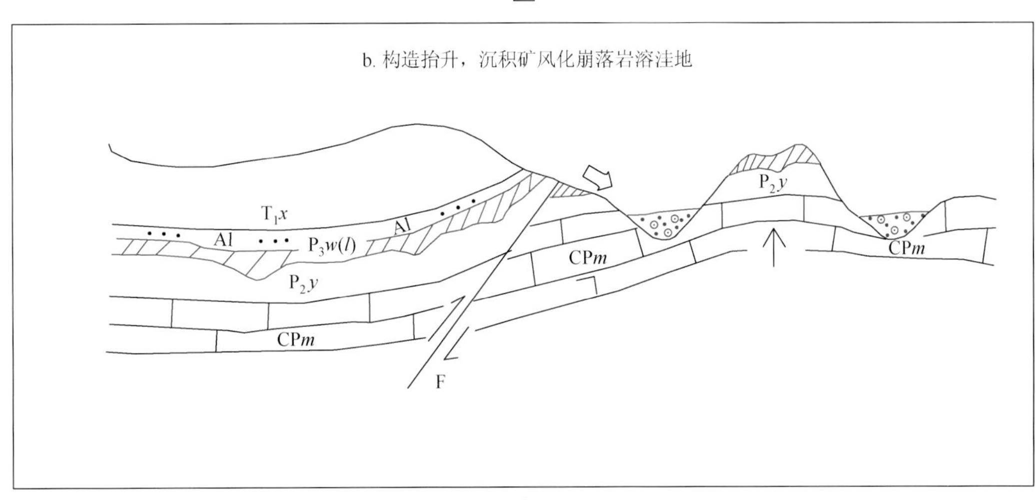

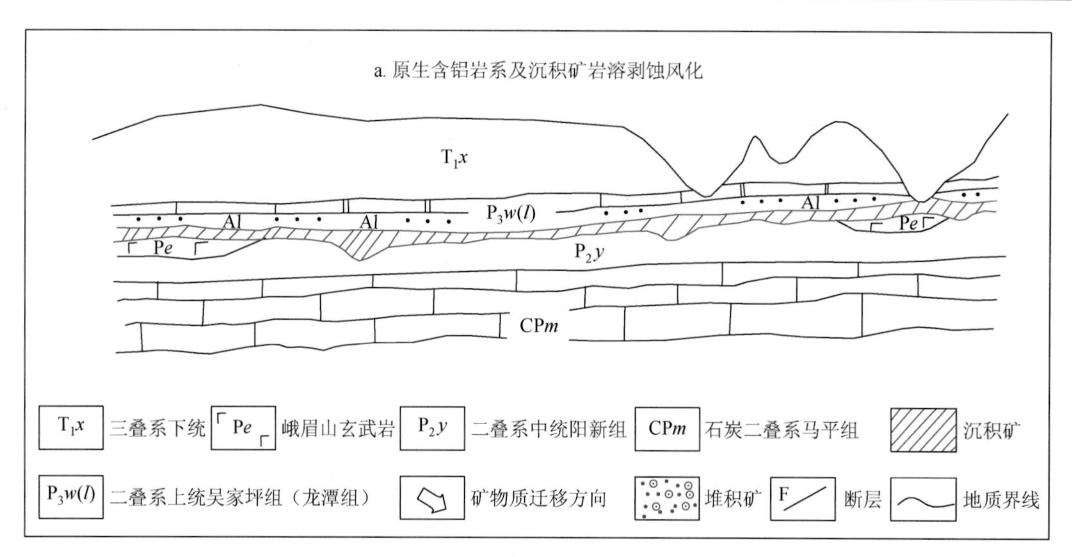

图 7-31　滇东南成矿区“卖酒坪式”堆积型铝土矿成矿模式示意图

第二节　滇中成矿区

一、成矿物质来源

滇中成矿区铝土矿矿床类型属中二叠世“老煤山式”铝土矿，以富民县老煤山铝土矿为代表。该区铝土矿物质来源与古陆及基底岩性有关，还与岩相古地理环境、古气候等有密切关系。在滇中地区，含铝土矿岩系超覆于寒武系中统、泥盆系上统和石炭二叠系灰岩之上。在这些地层中，除石炭二叠系灰岩较纯外，其余均夹有较多的白云岩，其 Al_2O_3 的含量多大于 2%～3%，当岩石发生钙红土化和红土化作用时，其中某些成分如 CaO、MgO、SiO_2 等被大量淋漓带出，而 Al、Fe、Ti 等则进一步富集，在适当的环境条件下形成铝土矿。综上可见，早期沉积的以碳酸盐岩为主的古陆岩石为滇中成矿区提供了主要物源。

二、成矿作用过程

滇中成矿区铝土矿，主要产出中二叠世“老煤山式”古风化壳沉积型铝土矿，铝土矿严格受二叠系中统梁山组层位控制，矿体呈似层状产于含矿岩系中。

石炭纪末，云南境内的扬子古陆块普遍抬升，沉积间断开始发育，滇中昆明以西地区为滇中古陆、以东地区为牛头山古岛。以上两个以碳酸盐岩为主的古陆逐步上隆并遭受剥蚀，形成了富含铝沉积物的物源供应区。二叠世早—中期，地质构造运动转化为不均匀的沉降，接受沉积，在两个古陆夹持带之间，形成总体呈南北走向的滨海沉积区。同时，该沉积区内存在以昆明—安宁—晋宁—呈贡为中脊的沉积隆起（滨海低丘平原）区，其南、北两侧分别为地势较低的滨海沼泽区。隆起中脊及滨海低丘平原区经长期风化剥蚀，发生较强烈的钙红土化和红土化作用，形成红土风化壳铝土矿或含铝沉积物的原始堆积，从而形成以残沉积成因为主的古风化壳准原地残沉积矿床（马头山矿床）。后期，该地区地质构造运动继续保持缓慢的沉降，海水浸没区面积不断扩大，形成面积较广的滨海沼泽沉积区，以接受剥蚀区迁移的红土风化壳铝土矿和含铝物质沉积为主。远离沉积隆起中心的昆明以南及以北地区，在滨海沼泽相沉积形成异地沉积型铝土矿（老煤山铝土矿）。随后沉积上覆地层。受燕山和喜马拉雅运动影响，地壳抬升遭受剥蚀，部分含矿岩系暴露于地表或近地表，在氧化条件下，矿石进一步经历去硅、去硫、富铝作用。滇中成矿区“老煤山式”铝土矿成矿作用过程见图 7-32。

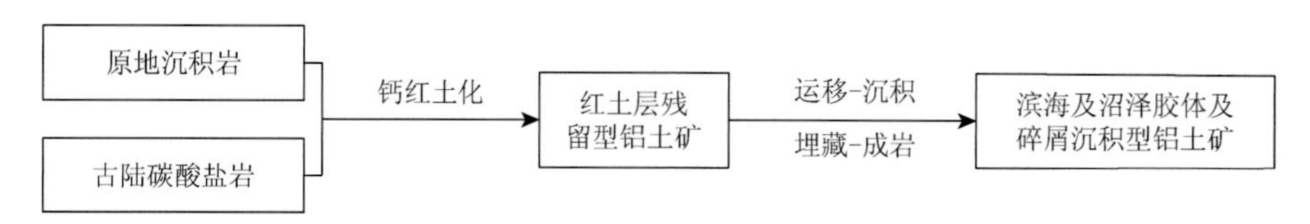

图 7-32　滇中成矿区“老煤山式”铝土矿成矿过程示意图

三、区域成矿模式

滇中地区主要产出“老煤山式”沉积型铝土矿，并伴有少量堆积型铝土矿。石炭纪末，云南境内上扬子古陆块地壳普遍上升，使滇中古陆和牛头山古岛的范围有所扩大，其间出现了大片滨海低丘平原和滨海沼泽，在滇中古陆东侧的昆明附近则为早二叠世残留海盆。

滇中地区中二叠世海侵之前，处于低纬度温热地带，在温暖润湿气候条件下，古陆和沉积基底岩石经过红土化作用，形成红土化风化壳，同时形成石炭二叠系低洼不平的溶蚀地貌，在中二叠世海侵时，残留的富含三水铝石的红土型风化壳被地表径流冲刷、搬运、残积（原地）—堆积—沉积在附近的滨海—沼泽环境中，在滇中古陆的两侧，含铝矿系超覆于寒武系中统、泥盆系上统和石炭二叠系灰岩之上。在这些地层中，除石炭二叠系灰岩较纯外，其余均夹有较多的白云岩、泥岩和碎屑岩，这些岩石中 Al_2O_3 含量多大于 2%～3%，当岩石发生钙红土化和红土化作用时，其中某些组分如 CaO、MgO 和 SiO_2 被大量淋滤带出，而 Al、Fe、Ti 等则进一步富集，并参与沉积形成铝土矿层，随后沉积上覆地层。

受燕山运动和喜马拉雅运动影响，地壳抬升遭受剥蚀，部分含矿岩系暴露于地表或近地表，铝土矿也和其他氧化物或含氧盐矿床一样，在氧化带中也可发生强烈的变化，氧化作用可使矿石进一步去硅去硫富铝，使矿石质量较原生带有较大的提高，氧化作用还能使高铝岩石氧化而成铝土矿石。

滇中成矿区“老煤山式”铝土矿成矿模式图见图 7-33。

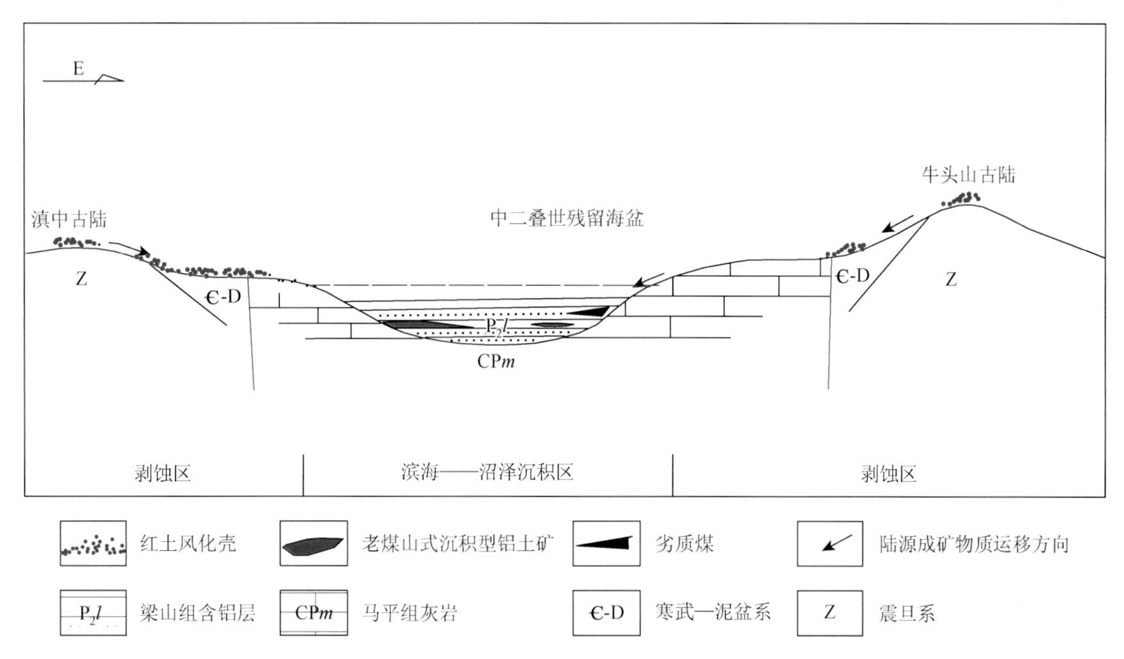

图 7-33　滇中成矿区“老煤山式”沉积型铝土矿成矿模式示意图

第三节　滇东北成矿区

一、成矿物质来源

从古地理条件看，滇东北成矿区实际是滇中成矿区的北延。区内分布有“老煤山式”和“朱家村式”沉积铝土矿，其中“老煤山式”沉积型铝土矿成矿机制与滇中一致。本书研究以会泽朱家村铝土矿为代表来对滇东北成矿区铝土矿成矿物质来源加以分析。

会泽朱家村铝土矿含矿层位于二叠系上统宣威组底部，矿体以层状、致密块状产出，与下伏峨眉山玄武岩呈平行不整合接触关系。矿石颜色以灰白色为主，局部见暗紫色、紫红色。矿体表面受风化作用强烈，易碎裂成碎块，但大部分矿体以层状、似层状覆于峨眉山玄武岩之上，属沉积型铝土矿。

微量（图 6-19）、稀土元素（图 6-21）标准化配分图显示相对于原始地幔、上地壳和球粒陨石，铝土矿均表现出了与玄武岩较为相似的演化趋势，暗示下伏峨眉山玄武岩对该矿床物源具有积极贡献，下伏峨眉山玄武岩为铝土矿形成提供了大部分的成矿元素。微量元素特征显示 Ti 和 Zr、Hf、Nb、Ta 等元素在铝土矿成矿、矿化的过程中都很稳定；铝土矿样品 Cr、Ni 值变化范围较小，Cr 含量为 $36.8\times10^{-6}\sim151\times10^{-6}$，均值为 100×10^{-6}，Ni 含量为 $34.6\times10^{-6}\sim129.8\times10^{-6}$，均值为 62.4×10^{-6}。在 LogCr-LogNi 图（图 7-34）上，铝土矿样品点分布在红土型铝土矿区和喀斯特型铝土矿区之间，接近玄武岩区，也表明其物质来源与玄武岩密切相关，但不排除其他岩石对其的影响（Maclean et al.，1997；王正江等，2016）。此外，稀土元素特征也指示了铝土矿中的稀土元素大多来自峨眉山玄武岩（王正江等，2016）。

综上，结合岩相古地理特征分析，认为在滇东北成矿区“朱家村式”铝土矿的形成，下伏峨眉山玄武岩和古陆均为其成矿提供了主要物质来源。

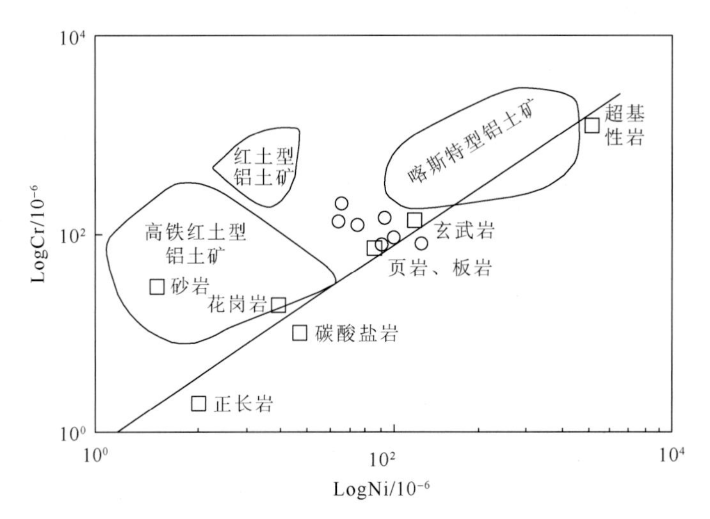

图 7-34　朱家村铝土矿 LogCr-LogNi 图解

（底图据 Schroll and Sauer，1968；王正江等，2016）

二、成矿作用过程

滇东北成矿区“朱家村式”沉积铝土矿，其成矿时代和滇东南“铁厂式”沉积型铝土矿一致，属于同时异相产物，即“铁厂式”铝土矿为海陆交互—滨海浅海相沉积，沉积成矿位置为近浅海一侧，而“朱家村式”铝土矿为湖沼相陆相沉积，沉积成矿位置为近古陆一侧。

“朱家村式”铝土矿的成矿作用和滇东南“铁厂式”沉积型铝土矿基本一致，只是含铝岩系基底为二叠系上统峨眉山玄武岩，成矿物质来源除周边古陆外，基底玄武岩是重要来源之一。

三、区域成矿模式

滇东北成矿区“朱家村式”沉积型铝土矿，成矿过程同样经历了 3 个成矿阶段：从早至晚依次为古风化壳发育阶段、沉积—成岩阶段和表生阶段。

受中、晚二叠世之间东吴运动的影响，滇中和滇东地壳抬升，与康滇高地变为一体，二叠系上统峨眉山组玄武岩大面积暴露于地表，长期遭受强烈的风化剥蚀，在物理、化学风化作用下，K、Na、Ca 和 Mg 等易溶元素和大部分 Si 被淋滤，Al、Ti 和 Fe 等不活泼元素相对富集，形成古风化壳。

晚二叠世长兴期，滇东地区主要为大片漫滩湿地，对植物生长，沼泽发育很有利，为成煤提供了良好环境。

在沼泽湖相环境中，基底玄武岩风化壳和周围古陆的风化壳物质及陆源碎屑物，以分散悬浮物机械碎屑形式和胶体形式迁移汇集到沼泽湖相环境中沉积形成“朱家村式”铝土矿。滇东北“朱家村式”铝土矿成矿模式见图 7-35。

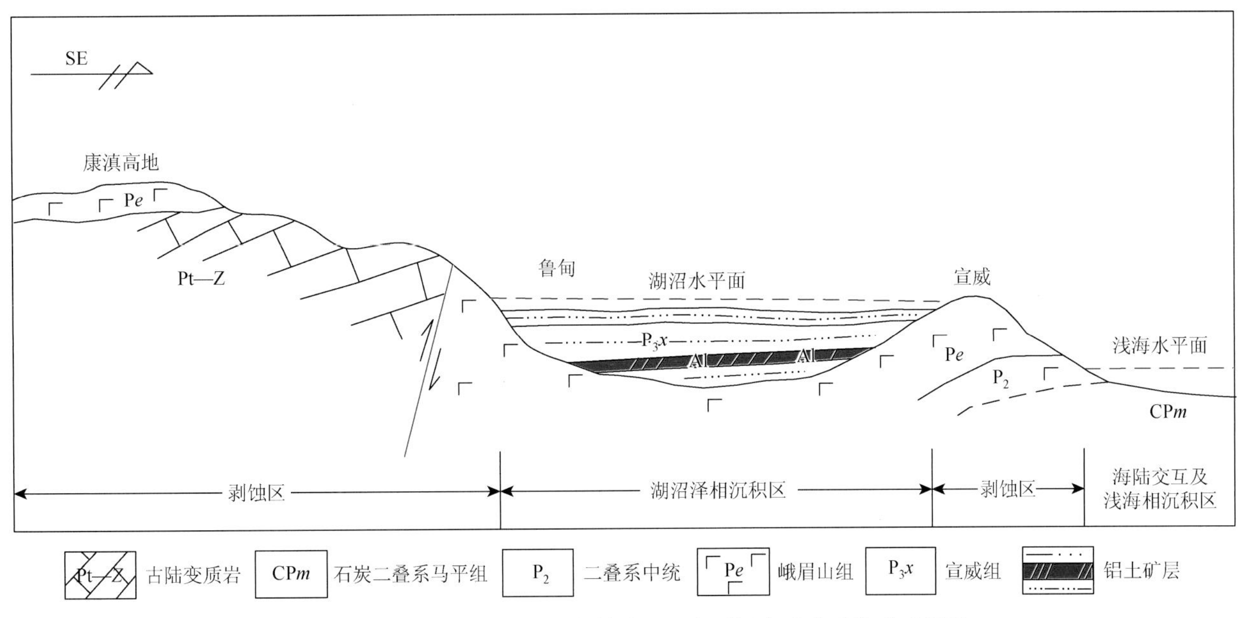

图 7-35　滇东北成矿区"朱家村式"沉积型铝土矿成矿模式示意图

第四节　滇西成矿区

一、成矿物质来源及沉积环境

滇西成矿区主要产出晚三叠世"中窝式"铝土矿，本书以鹤庆松桂地区铝土矿为代表，对其成矿物质来源和沉积环境进行分析。

表 6-13 微量元素数据显示松桂地区铝土矿（岩）Zr/Hf 比值为 122.02～135.81，均值为 128.29 值与下伏灰岩（Zr/Hf = 127.71～146.77，均值 137.24）相近，但在图 7-36a 上虽然铝土矿与灰岩表现出了极高的正相关关系，相关系数 R^2 为 0.9942，而灰岩点分布远离铝土矿点，与大铁矿区样品点分布特征相似。在图 Zr-Ti 上，铝土矿样品点分布范围较宽，相对集中的分布在片麻岩与玄武岩过渡区域（图 7-36b）。以上特征显示，该区铝土矿成矿物源具多源性特点，暗示该区铝土矿最终物源可能为玄武岩和古陆变质岩，灰岩贡献量有限（黄智龙等，2014）。表 6-14 稀土元素特征值显示铝土矿中∑LREE/∑HREE 变化范围较大，为 6.96～18.73，均值 11.96，灰岩∑LREE/∑HREE 范围为 2.01～4.97，均值 3.00，玄武岩∑LREE/∑HREE 范围为 8.59～10.08，均值 9.46。该区铝土矿中∑LREE/∑HREE 值高于灰岩及玄武岩，但总体显示与峨眉山玄武岩更为接近特点。铝土矿 δEu 为负异常，δCe 多为正值，灰岩 δEu、δCe 均为负异常，玄武岩 δEu 为负值异常，δCe 值有正有负（表 6-15）。稀土元素特点再次表明铝土矿物源的多来源的特点，但结合∑LREE/∑HREE 比值特征综合考虑，推测其物源成分中下伏玄武岩和古陆变质岩贡献相对较大，但也不能忽视灰岩的贡献作用。

滇西成矿区松桂地区铝土矿 Sr/Ba 比值为 0.66～1.96，均值为 1.40；Th/U 比值为 1.03～6.78，均值为 4.04；δCe 值为 0.62～4.02，均值为 2.55；V/Ni 比值为 2.11～27.65，均值为 13.81（表 6-13、表 6-14）。以上比值特征综合表明滇西成矿区铝土矿主要形成于富氧的海陆过渡环境，成矿物质来源于风化壳，由沉积作用形成，后期红土化作用不明显，与滇东南成矿区铝土矿沉积环境相似。

二、成矿作用过程

松桂地区铝土矿形成于三叠系中统北衙组顶部与三叠系上统中窝组底部的沉积间断面上，属"中窝式"古风化壳沉积型铝土矿。

中三叠世末期发生的印支运动使哀牢山—红河深大断裂带以东的广大地区海水退出，并处于隆起剥蚀状态，而丽江—鹤庆—洱源深大断裂带以东广大地区处在该区域的南端，东邻康滇古陆。当时气候炎热湿润，氧化强烈，利于基底碳酸盐岩、黏土岩和玄武岩类和周边陆源区富铝、铁质岩石风化剥蚀，导致隆起区逐渐准平原化。在长期炎热潮湿气候条件下经强烈物理化学风化作用形成大范围的、面型的红土型铝、

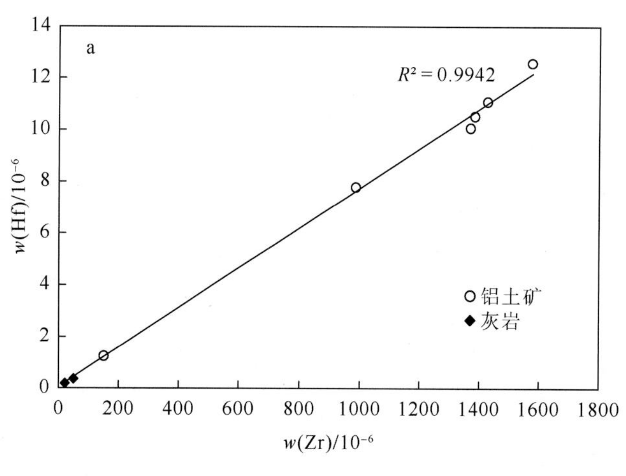

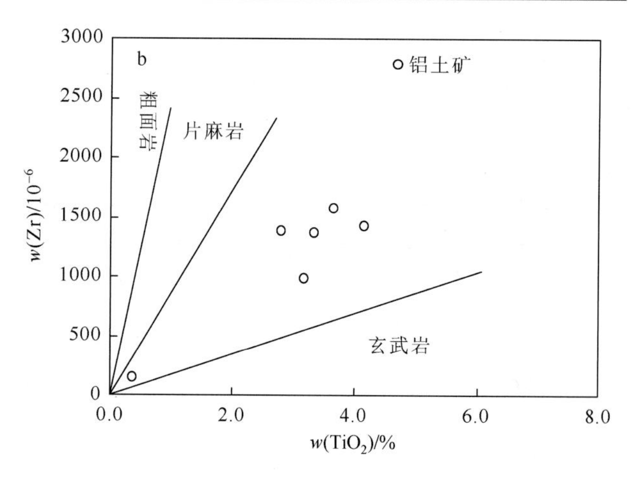

图 7-36　松桂地区铝土矿 Zr-Hf 和 Zr-Ti 图解（b 图底图据 Hallberg，1984）

铁质层风化壳。其产物在碱性和透水性强的侵蚀面上经过淋滤，碱金属、碱土金属及部分 SiO_2 被水带出沉积区，而 Al_2O_3、Fe_2O_3、SiO_2 等物质残留在侵蚀面上，形成红黏土风化壳。

受区域构造运动的影响，程海大断裂以西经历了中三叠世末的短暂上升侵蚀后，于晚三叠世早期旋即下沉，海水自北西而来，继承了中三叠世的海侵范围，于康滇古陆西缘形成向南东突出的滨后潟湖，是一个东西高、中间略低并具较多局部洼陷的古溶蚀湖盆。与此同时，在海湾最边缘地带及陆源区形成的富铝、铁质碎屑堆积的红黏土风化壳，被地表径流带进湖盆或洼地，在海水混合和溶蚀下形成铝、铁胶体和碎屑溶液携入海湾内沉积形成铝土矿。首先沉积形成高铁铝土矿层，低硫低铁优质铝土矿则是高铁铝土矿层经过再改造，Fe、Al 分异（分离）在湖盆洼地沉积而成。之后，随着海水的不断加深，依次向上沉积了粉砂质泥岩、泥质灰岩、生物碎屑灰岩及灰岩等碳酸盐岩建造。此外，从晚三叠世早期形成由页岩—灰岩组成的完整海进沉积相看出，当时地壳沉降稳定，除旋回底部成矿外，无多层铝土矿生成，铝土矿体的产状、形态严格受三叠系中统北衙组顶部起伏不平的古喀斯特侵蚀面的格局控制。

燕山—喜马拉雅期阶段，本区地壳发生强烈褶皱、断裂，随着地壳的隆起和变形，岩石遭受剥蚀，原来深埋地下的铝土矿，部分已暴露地表或接近地表，在表生作用下，再次脱硅、除铁和去硫，形成土状、半土状铝土矿，使原有铝土矿更加富集。

综上所述，本区铝土矿依然经历了红土化、沉积和表生作用三个阶段，每个阶段均是排除杂质和富铝的过程。含三水铝石的红土风化壳是含硬水铝石沉积型铝土矿的成矿母质，表生作用使沉积型铝土矿再次富集。滇西成矿区“中窝式”沉积铝土矿成矿作用过程见图 7-37。

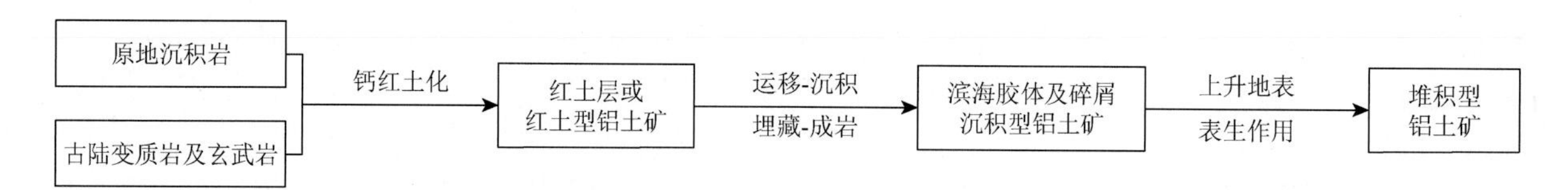

图 7-37　滇西成矿区“中窝式”铝土矿成矿过程图

三、区域成矿模式

中三叠世末期发生的印支运动使哀牢山—红河深大断裂带以东的广大地区海水退出，并处于隆起剥蚀状态，康滇古陆、剑川古陆及盆地三叠系中统北衙组灰岩，在长期炎热潮湿气候条件下经强烈物理化学风化作用形成大范围的、面型的红土型铝、铁质层风化壳。

受区域构造的影响，程海大断裂以西经历了中三叠世末的短暂上升侵蚀后，于晚三叠世早期旋即下沉，海水自北西而来，仍继承了中三叠世的海侵范围，于康滇古陆西缘形成向南东突出的滨后潟湖。与此同时，陆源区形成的富铝、铁质碎屑堆积的红黏土风化壳，被地表径流带进湖盆或洼地，在海水的混合和溶蚀下形成铝、铁碎屑和胶体溶液携入海湾内形成铝土矿沉积。

燕山—喜马拉雅期阶段，本区地壳发生强烈褶皱、断裂，随着地壳的隆起和变形，岩石遭受剥蚀，原来深埋地下的铝土矿，部分已暴露地表或接近地表，在表生作用下，再次脱硅、除铁和去硫，使原有铝土矿更加富集。滇西成矿区“中窝式”铝土矿成矿模式见图7-38。

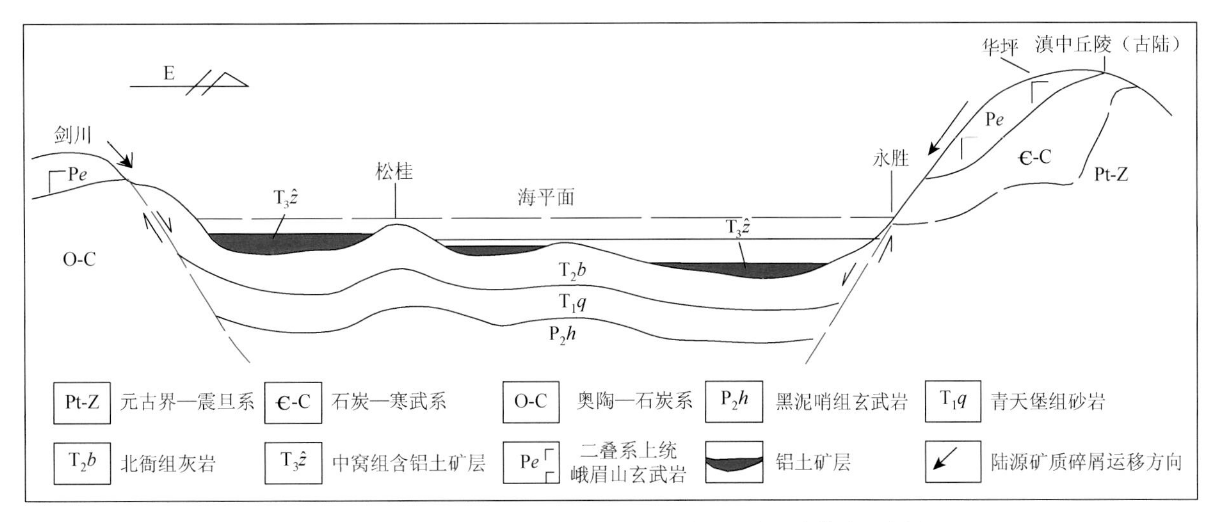

图7-38　滇西成矿区“中窝式”沉积型铝土矿成矿模式示意图

第五节　云南铝土矿综合成矿模式

一、成矿物质来源

（一）沉积型铝土矿

云南沉积型铝土矿主要分布于滇东南地区，少量分布于滇西和滇中地区，而滇东北地区沉积型铝土矿勘查程度较低，主要为零星的矿化点分布。

云南铝土矿成矿期分别为二叠纪中期、二叠纪晚期和三叠纪晚期，成矿期古地理环境和物质来源存有一定差异。

滇中成矿区在石炭纪末期，云南境内的扬子古陆块普遍抬升，沉积间断开始发育，滇中昆明以西地区为滇中古陆，而以东地区为牛头山古岛，这两个以碳酸盐岩为主的古陆逐步上隆并遭受剥蚀，形成富含铝沉积物的物源供应区。二叠世中期，地质构造运动转化为不均匀的沉降，接受沉积，在两个古陆夹持带之间，则形成总体呈南北走向的滨海沉积区，隆起中脊及滨海低丘平原区经长期风化剥蚀，发生较强烈的钙红土化和红土化作用，形成铝土矿或含铝沉积物的原始堆积，从而形成以残积成因为主的铝土矿。后期，该地区的地质构造运动继续保持缓慢的沉降，海水浸没区面积不断扩大，形成面积较广的滨海沼泽沉积区，以接受剥蚀区迁移的铝土矿和含铝物质沉积为主。远离沉积隆起中心的昆明以南及以北地区，除局部为古陆边缘残积沉积（滨海陆屑滩相）外，大部分地区均为滨海沼泽相异地沉积形成“老煤山式”铝土矿。

据岩相古地理环境、古气候、下伏基岩及次生作用分析，认为滇中及滇东北成矿区大量分布的“老煤山式”铝土矿的成矿物质主要来源于以碳酸盐岩为主的古陆红土化风化壳；而滇东北成矿区少量的“朱家村式”铝土矿产于二叠系上统宣威组底部的峨眉山玄武岩组不整合面上，其成矿物质主要源自下伏峨眉山玄武岩。

滇东南成矿区在二叠纪吴家坪期，位于滇黔桂半局限洋盆西南侧，其沉积环境为西部有康滇古陆（高地），南部有屏（边）马（关）—越北古陆，总体向东北方向开放的一个滨岸—浅海环境，属局限浅海稳定沉积环境开阔台地相沉积。两个古陆同为滇东南沉积盆地的物源，提供了沉积物中的陆源碎屑物质和铝土矿的成矿物质。据元素地球化学分析，认为滇东南铝土矿的成矿物质主要源自下伏峨眉山玄武岩和古陆变质岩，灰岩贡献相对较少。

滇西成矿区在晚三叠世早期，是继中三叠世晚期短暂的风化剥蚀后，经历了缓慢的三次海泛沉积环境，含矿岩系沉积时的海泛过程表现为缓慢、局限、低能、滞流特点，海进方向为自北西而南东向，经历了有障壁海湾、陆表海，潟湖、沼泽、潮坪的不同演化阶段，水介质总体属咸水相，部分近岸及水上高地区呈现淡化特点，当时形成局限、半封闭性环境。局限浅海稳定沉积环境的开阔台地相（灰岩）沉积，为铝土矿最为有利的沉积时期。其中，在中窝期沉积初期水上高地附近沉积薄—中层状的含铝质黏土矿层，而随着铁质层的沉积，海水逐渐加深，水体局限、滞流，环境更为封闭，在厌氧环境下铝质胶溶质快速沉积，形成了中—厚层状高品质的铝土矿；随着环境的逐渐开阔，水循环改善，水动力条件增强，水循环良好，古氧相变小，环境变得开阔，依次沉积泥岩、生物碎屑灰岩沉积，过渡为沉积一体化的过程。经前文元素地球化学特征分析，认为滇西成矿区铝土矿成矿物质主要来自玄武岩和古陆变质岩，少量来源下覆灰岩。

结合前人对铝土矿的已有研究成果，对云南铝土矿物质来源研究认为滇中和滇东北成矿区的“老煤山式”铝土矿成矿物质主要来源于以碳酸盐岩为主的古陆红土化风化壳和沉积古侵蚀基地碳酸盐岩；滇东北成矿区的“朱家村式”铝土矿成矿物质来主要源自下伏峨眉山玄武岩和古陆；滇东南和滇西成矿区铝土矿成矿物质主要来源于古陆变质岩和玄武岩，灰岩贡献量少。

（二）堆积型铝土矿

云南堆积型铝土矿主要分布于滇东南地区，滇中、滇东和滇西地区仅有零星分布，暂无工业价值。

堆积型铝土矿是原生沉积型铝土矿遭到风化剥蚀后的产物，原生沉积型铝土矿遭到剥蚀，是形成堆积型铝土矿的先决条件（据缪鹰，2009；刘汉和，2007），矿化多位于石炭系中、下统的溶蚀漏斗和溶蚀洼地，溶蚀漏斗中形成范围不大且厚度大的矿体；溶蚀洼地中的矿体常沿古溪流分布，溪流串通的溶蚀漏斗因局部地段膨大而导致矿体厚大而富集。矿体常夹于黄褐色和红色黏土之间，顺序为上黏土层（含少量矿块）→矿体→下黏土层（不含矿块）。

滇东南凡是有沉积型铝土矿产出区域，均有堆积型铝土矿产出（图 7-39），它们之间依存关系十分密切：沉积型铝土矿（或岩段）的存在为堆积型铝土矿的形成提供直接物质来源（冯晓宏等，2009）。已有铝土矿区及其外围，侏罗纪—新近纪均未接受沉积而处于隆升阶段，直至第四纪才在分布早、中石炭统碳酸盐岩的侵蚀坡地、溶蚀坡地、峰丛洼地、漏斗的分布区发育第四系坡积、残积物堆积。

第四系堆积物由基底碳酸盐岩、含铝岩系的碳质灰岩、铝土岩、黏土岩及铝土矿层等碎屑组成。堆积物中的岩块、铝土矿块呈角砾状，棱角明显，组分比较单一，显没有远距离搬运特征。第四系堆积物中铝土矿矿体一般厚度 5～10m，最大厚度大于 31.6m，很少由第四系黏土覆盖。侵蚀坡地缓坡区铝土矿体厚度大，且相对稳定，说明具残积特征；在溶蚀坡地、峰丛洼地、漏斗分布区铝土矿体的厚度变化大，且极不稳定，具坡积和坠积特征。

殷子明和陈国达（1989）对黔中、豫西等地铝土矿的氢氧同位素地球化学研究结果表明，平果、漳浦堆积型铝土矿中三水铝石的共存水具近代大气降水性。由此可见，堆积型铝土矿是沉积型铝土矿含铝岩系或沉积型铝土矿层经物理、化学风化和次生岩溶坠积作用形成的残坡积物，以残积为主的堆积型铝土矿。此外，堆积型铝土矿矿体内，产有与沉积型铝土矿一样的鳞木、芦木等植物及海相化石，更能说明来源的可靠性。

二、综合成矿模式

综合上述五种类型铝土矿成矿模式，建立了云南铝土矿综合成矿模式（图 7-40）。

石炭纪末，滇中及滇东北地区，上扬子古陆块的云南境内普遍抬升，沉积间断开始发育，以碳酸盐岩为主的滇中古陆和牛头山古岛逐步上隆并遭受剥蚀和红土化作用。二叠世早—中期，在两个古陆夹持带的滇中盆地不均匀的沉降，形成滨海沉积区及滨海沼泽区。在中二叠世梁山组滨海沼泽相上沉积形成“老煤山式”沉积型铝土矿。与此同时，在滇东北海陆交互的开阔台地相及河湖相中也有少量“老煤山式”沉积型铝土矿的形成。

受中、晚二叠世之间东吴运动的影响，滇东南地区地壳抬升，使得中—晚二叠世峨眉山组玄武岩和石炭二叠系灰岩大面积暴露于地表，牛头山、康滇古陆及屏马古陆遭受长期强烈的风化剥蚀形成古风化壳。晚二叠世吴家坪（龙潭）早期，风化壳物质以及周围古陆的红土化物质，在滇东南滨浅海环境中沉积形成“铁厂式”沉积型铝土矿。与此同时，在滇东北河湖相中的玄武岩基底上沉积形成“朱家村式”沉积型铝土矿。

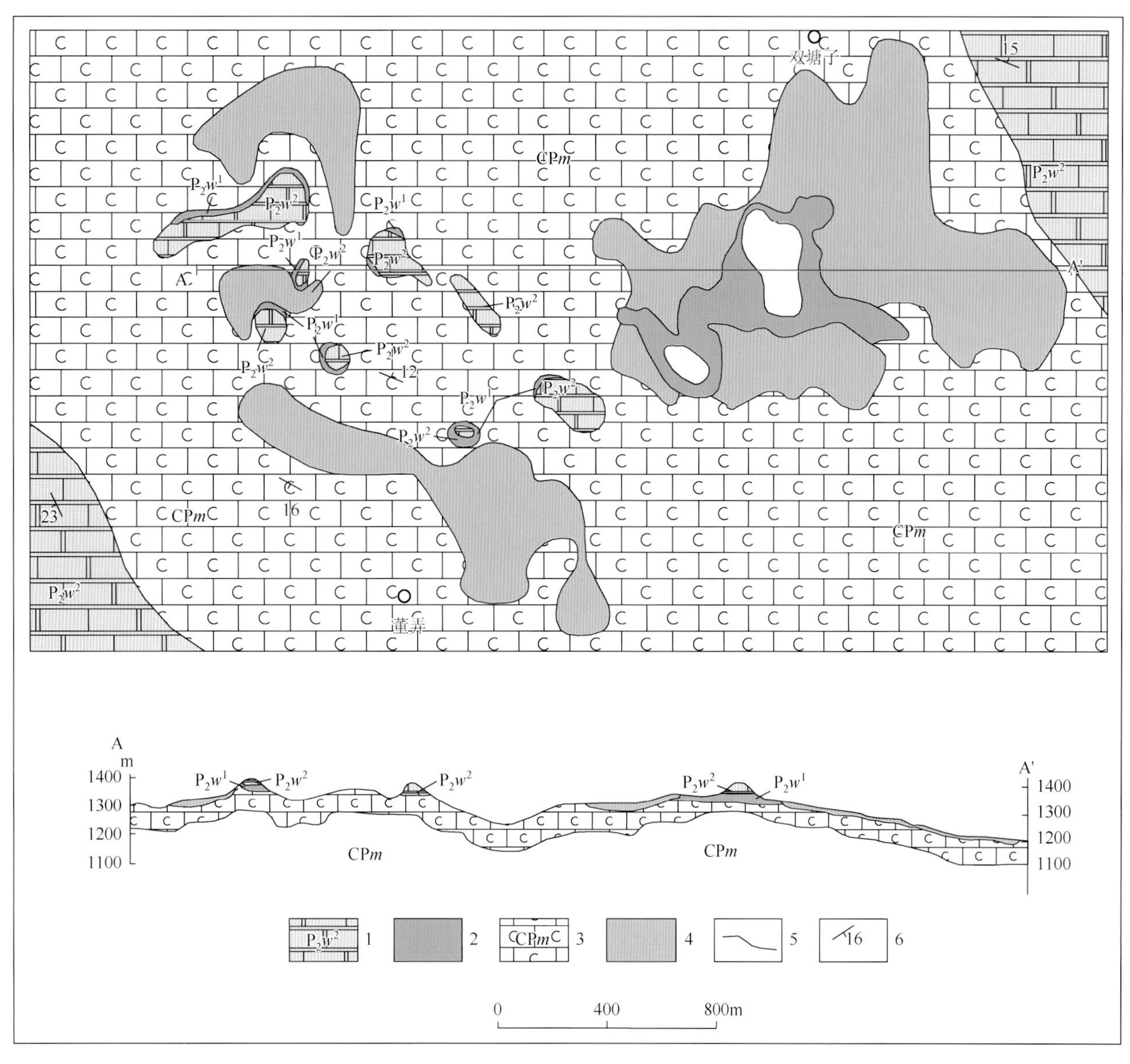

图 7-39　板茂铝土矿区原生沉积与次生堆积铝土矿依存关系（据冯晓宏等，2009）

1. 吴家坪组碳酸盐岩；2. 原生沉积型铝土矿；3. 马平组生物碎屑灰岩；4. 堆积型铝土矿；5. 地层界线；6. 地层产状

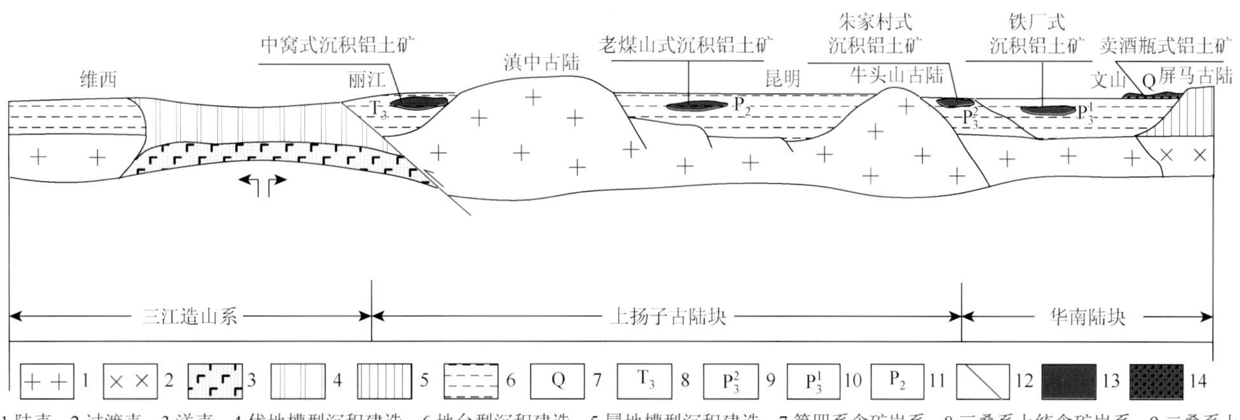

1.陆壳；2.过渡壳；3.洋壳；4.优地槽型沉积建造；6.地台型沉积建造；5.冒地槽型沉积建造；7.第四系含矿岩系；8.三叠系上统含矿岩系；9.二叠系上统陆相含矿岩系；10.二叠系上统海相含矿岩系；11.二叠系中统含矿岩系；12.逆冲推覆断裂；13.沉积型铝土矿；14.堆积型铝土矿

图 7-40　云南铝土矿综合成矿模式示意图（图中构造格局参照云南区域地质志图 154 修改，1990）

中三叠世末期印支运动，滇西鹤庆至宁蒗地区，哀牢山—红河深大断裂带以东的广大地区海水退出，并处于隆起剥蚀状态，在长期炎热潮湿气候条件下经强烈物理化学风化作用形成红土型铝、铁质层风化壳。晚三叠世早期随即下沉，在康滇古陆西缘形成向南东突出的滨后潟湖，在风化剥蚀作用下，陆源区形成的富铝、铁质红土风化壳，被地表径流带入湖盆或洼地，在海水的混合和溶蚀下形成“中窝式”沉积型铝土矿。

印支期及其以后的构造运动，使地壳上升成陆，在后期漫长的地球历史演化过程中，沉积铝土矿受到风化剥蚀，自新近纪以来，在温湿的亚热带气候环境下，受喜马拉雅运动的影响，随着地壳的间歇性抬升，伴随岩溶化作用的进行，风化作用不断加强，坡积、残积在岩溶洼地的含铝岩系及沉积矿石历经进一步去硅、去硫作用，从而形成“卖酒坪式”堆积型铝土矿。

第八章　成矿规律与找矿标志

第一节　成矿条件及控制因素

根据铝土矿矿床地质特征、空间位置展布特点，云南沉积型铝土矿含铝岩系受下伏地层、古地理、沉积环境和沉积相的控制；而堆积型铝土矿不但与现代地形地貌关系密切，而且与沉积型矿具有亲缘因果联系。总结云南铝土矿具有如下特点：

（1）云南铝土矿严格受含铝地层控制，含铝地层有二叠系中统梁山组、二叠系上统吴家坪组或龙潭组、宣威组、三叠系上统中窝组和第四系更新统。

（2）含铝岩系沉积与古风化作用有关，受控于地层间侵蚀间断（主要是平行不整合）时间的长短，间断时间越长，生成铝土矿物越多，黏土矿物越少，矿石品位越富，矿层厚度越大。

（3）间断面下应为易风化的碳酸盐岩、页岩及玄武岩，若为其他抗风化力强的岩类则不易成矿或只有质量很差的铝土矿。如华南成矿省多数地区的泥盆系角度不整合在下古生界抗风化力强的岩石之上，不符合上述成铝条件，因而没有发现铝土矿；相反在石炭系下统黄龙组底部虽符合上述成矿条件，但侵蚀时间短暂（下伏地层为泥盆系上统碳酸盐岩），所以只有规模不大、质量较差的铝土矿透镜体沉积。

（4）廖士范和梁同荣（1991）研究认为，有利于铝土矿沉积的古地磁位置是低纬度，最好在南北纬 20°以内，天气炎热。张正坤（1984）研究认为，上扬子成矿省（云南部分）及华南成矿省（云南部分）晚二叠世古纬度为位于赤道附近南纬 2°～4°，利于古风化壳型铝土矿的形成。

（5）邻近海岸的古陆，具海洋气候，潮湿多雨，蒸发速度缓慢，有利于风化作用的进行。滨海—浅海环境较沼泽环境对成矿更为有利。

（6）成矿时期的岩相古地理，周边古陆岩石的组成主要是玄武岩和灰岩，沉积环境为局限浅海稳定沉积环境开阔台地相、滨海沼泽相和滨海陆屑滩相等，有利形成铝土矿。

（7）没有沉积型铝土矿产出的地方是不可能找到堆积型铝土矿的。

（8）有较好的氧化富集条件，除地形地貌条件外，矿层产状较平缓，盖层较薄或没有盖层，矿层及上下岩层透水性好并有良好的排泄条件等，则铝土矿品位较高，质量较好。

一、沉积型铝土矿

（一）赋矿层及成矿时代因素

铝土矿产出与分布严格受地层层位控制。云南铝土矿主要产于 4 个成矿时代及层位：

4 个时代为：中二叠世、晚二叠世、晚三叠世和更新世。

4 个赋矿层为：二叠系中统梁山组、二叠系上统吴家坪组或龙潭组、宣威组、三叠系上统中窝组和第四系更新统。

滇中成矿区铝土矿主要赋存于二叠系中统梁山组上部，为一套灰黑色页岩、砂岩、铝土矿、铝土质泥岩夹煤层，上覆地层是阳新组灰岩，下伏地层为石炭二叠系灰岩、砂质灰岩。含铝矿系剖面可明显地分为两类：一类为铝土矿层与下覆灰岩之间呈渐变过渡，含矿岩系无明显层理；另一类在铝土矿层的上部或下部，具有截然明显的界限，矿层和上下围岩均具层理，有的还夹劣质煤或碳质页岩。

滇东南成矿区铝土矿产于二叠系上统吴家坪组或龙潭组下段，超覆或平行不整合于石炭二叠系马平组、二叠系中统阳新组或峨眉山组玄武岩之上。总的来看，赋存在龙潭组中的铝土矿，多出现在剖面的中下部，其上为海陆交替相煤层与碎屑岩互层，其岩石组合序列与国内铁—铝—煤沉积序列相似。赋存在吴家坪组中的铝土矿层，受基底岩性差异的影响及成矿方式的不同而有较大的变化，有的矿层产于含矿岩系的上部，有的呈复层状夹于碳酸盐岩中，有的则呈铝—铁—煤沉积系列；铝土矿层与下伏基岩之间，有的直接接触，有的则间隔以碳酸盐岩或铁铝岩，还有的覆于同期火山沉积岩之上等等；

此外，在矿石类型和矿物组合方面也有较大的差异，这都说明它们在成矿作用的方式上存在着明显的差异性。

滇东北成矿区铝土矿主要产于二叠系中统梁山组上部，部分产于二叠系上统宣威组下段，宣威组不整合于峨眉山组玄武岩之上。赋存在宣威组的铝土矿，多出现在剖面的中下部，为河湖陆相含煤沉积，目前铝土矿规模甚小，均为小型矿体。

滇西成矿区铝土矿产于三叠系上统中窝组含铝岩系底部，假整合于北衙组之上。中窝组底部常见 0.1～0.35m 厚的铁质风化壳。矿体呈扁豆状、漏斗状、串珠状、囊状，长 50～200m，延深数米至数十米，均为小型矿体。

（二）岩相古地理（气候、地形）、沉积环境及沉积相因素

云南 3 个时代沉积型铝土矿成矿时岩相古地理基本一致，即为局限浅海的半闭塞台地相沉积或开阔台地相沉积环境。周边滇中古陆，康定高地、越北古陆为沉积盆地的物源供应区，提供了沉积物中的陆源碎屑物质和铝土矿的成矿物质。

含矿岩系及铝土矿层的规模、形态和厚度严格受沉积时古地形地貌的控制。随基底侵蚀面起伏变化而减薄或增厚，在喀斯特地貌中的天坑、漏斗、岩溶洼地等负地形形成的潟湖处沉积层厚度较大，在孤峰、石林、石崖等正地形形成的水下隆起处沉积较薄。因此，铝土矿含矿岩系横向上呈似层状或透镜状断续分布。而纵向上铝土矿矿层厚度与含矿岩系厚度呈显著正相关关系。

气候条件决定风化作用的类型及其发展的可能性，既是沉积型铝土矿形成的控制因素，也是堆积型铝土矿风化搬运成矿的重要因素。世界上绝大部分铝土矿皆产于中生代—新生代，如发育在阿尔卑斯地槽区和非洲、中南美洲、大洋洲低纬度的铝土矿，且几乎所有世界上的大型铝土矿都形成在最近 25Ma 期间的热带环境。滇东和滇东南地区在晚二叠世时都处于南 2°～6°的低纬度区，普遍含煤，碳酸盐岩发育，并有大量暖水型生物繁衍，这都指示当时的上扬子古陆块区古气候是温暖而潮湿的。在这样的条件下，十分有利于古红土化作用的进行，使富含铝硅酸盐矿物的岩石发生分解，形成沉积型铝土矿。沉积型铝土矿的原生地带（垂深 50m 左右以下）以高硫矿石为主，铝硅比值低；氧化带以中硫矿石为主，铝硅比值得到提高。

铝土矿产出与分布受沉积环境控制。铝土矿矿床（点）主要分布于古陆（岛）周围及靠近古陆（岛）的潮间带、潮下带和潟湖中，以潮下带和潟湖中成矿相对较好。

滇西地区，在晚三叠世早期，是继中三叠世晚期短暂的风化剥蚀后，经历了缓慢的三次海泛沉积环境，含矿岩系沉积时的海泛过程表现为缓慢、局限、低能、滞流特点，海进方向为自北西向南东，经历了有障壁海湾、陆表海，潟湖、沼泽、潮坪的不同演化阶段，水介质总体属于咸水相，部分近岸及水上高地呈现淡化特点，当时形成的局限、半封闭性环境是铝土矿最为有利的沉积环境。其中，在中窝期的沉积初期（第一次海泛时）水上高地附近沉积薄—中层状的含铝质黏土矿层，而随着铁质层的沉积，海水逐渐加深，水体局限、滞流，环境更为封闭，在厌氧环境下铝质胶溶质快速沉积，形成了中—厚层状高品质的铝土矿；随着环境的逐渐开阔，水循环改善，水动力条件增强，水循环良好，环境变得开阔，依次沉积泥岩、生物碎屑灰岩，过渡为沉积一体化的过程。

滇中地区，石炭纪末，扬子地块的云南境内普遍抬升，沉积间断开始发育，滇中昆明以西地区为滇中古陆、以东为牛头山古岛。以上两个以碳酸盐岩为主的古陆逐步上隆并遭受剥蚀，形成了富含铝沉积物的物源供应区。二叠世早期，地质构造运动转化为不均匀的沉降，接受沉积，在两个古陆夹持带之间，形成了总体呈南北走向的滨海沉积区。同时，该沉积区内存在以昆明—安宁—晋宁—呈贡为中脊的沉积隆起（滨海低丘平原）区，其南、北两侧则分别为地势较低的滨海沼泽区。隆起中脊及滨海低丘平原区经长期风化剥蚀，发生较强烈的钙红土化和红土化作用，形成铝土矿或含铝沉积物的原始堆积，从而形成以残积成因为主的铝土矿。后期，该地区的地质构造运动继续保持缓慢沉降，海水浸没区面积不断扩大，形成面积较广的滨海沼泽沉积区，接受剥蚀区迁移的铝土矿和含铝物质沉积。远离沉积隆起中心的昆明以南及以北地区，除局部为古陆边缘残积沉积外，大部分地区均为滨海沼泽相沉积形成的铝土矿。

滇东南地区，受海西运动的强烈影响，形成了海陆交互区的复杂古地理及沉积环境格局。伴随区内发生的大面积海退，文山—富宁地区的情况最为复杂，在屏马—越北古陆与丘北—广南—富宁一线断陷槽之间，依次形成泥质低能海岸—局限浅海带，并出现八布平原和西畴—富宁间的半局限海台地，丘北以南还可能存在一隆起，在古陆边缘或海域中的某些断块隆升区，则出现了海滨准平原地带。沉积物以泥质、泥砂质、铝土质、硅质为主，局部地段为泥质碳酸盐岩或火山碎屑岩沉积为主。复杂的古地貌格局，为铝土质的富集与迁移提供了良好条件，在古陆边缘的海滨准平原地带和断块抬升区，发育了古红土化和古钙红土化作用形成的残积铝土矿，而在与其毗邻的半局限海台地的边缘斜坡区至海沟—海盆区交接地带，则产出碎屑沉积型铝土矿。从滇东南地区铝土矿矿床（点）平面分布位置看，绝大部分矿床（点）分布在古陆边缘泥质低能海岸—局限浅海带的潮下带及局限浅海带顶部，少量矿床（点）分布于半闭塞台地相与开阔台地相或台盆相交互地带。而罗平、开远、蒙自一带则为滨海槽盆区，沉积了一套砂页岩、玄武质凝灰岩、灰岩夹煤层，其中局部夹有铝土质黏土岩。

（三）含铝岩系结构（不整合、上下盘岩性）因素

在扬子古陆块，含铝岩系超覆于石炭二叠系和二叠系中—上统灰岩及玄武岩之上，有些地段含矿系之下即为基性火山沉积岩。这些下伏基岩中都含有一定量的 Al_2O_3，但含量相差甚为悬殊。如石炭二叠系灰岩含 Al_2O_3 0.01%～14.02%，二叠系基性火山岩含 Al_2O_3 12.20%～34.04%（表 8-1）。显然，这些岩石都是富含铝硅酸盐矿物的岩石。一旦在较大范围内发生古红土化或古钙红土化作用时，都是提供铝质的理想母岩。

表 8-1 滇东南地区二叠纪基性火山岩化学组成分析结果表

时代	地点	岩石名称	化学成分/%							
			SiO_2	TiO_2	Al_2O_3	Fe_2O_3	FeO	CaO	MgO	MnO
P_1	广南老乔黄	弱蚀变玄武岩	47.13	3.15	13.52	4.75	8.91	9.03	4.60	0.21
		玄武岩屑火山角砾岩	44.35	2.87	14.12	2.48	9.27	8.67	5.30	0.18
P_2	丘北铁厂	玄武岩屑凝灰岩	44.88	2.50	12.20	3.44	9.62	8.14	6.94	0.12
	砚山大卡库	玄武岩屑沉凝灰岩	45.35	2.06	16.43	6.83	4.66	4.97	3.96	—
	西畴董有	凝灰质黏土岩（4 件）	25.04	4.14	34.08	22.29		0.12	—	—

时代	地点	岩石名称	化学成分/%							
			K_2O	Na_2O	P_2O_5	H_2O^+	H_2O^-	SO_3	CO_2	合计
P_1	广南老乔黄	弱蚀变玄武岩	1.16	1.94	0.342	3.89	—	0.12	0.83	99.582
		玄武岩屑火山角砾岩	0.97	3.25	0.448	4.64	—	1.27	1.90	99.718
P_2	丘北铁厂	玄武岩屑凝灰岩	1.64	3.41	0.80	5.91（灼失量）				99.600
	砚山大卡库	玄武岩屑沉凝灰岩	1.34	2.24	0.425	5.78	1.41	—	5.12	100.579
	西畴董有	凝灰质黏土岩（4 件）	—	—	—	—	—	—	—	—

晚石炭世末发生的东吴运动，使滇东南地区长时间处于强烈的风化剥蚀状态，区域性角度不整合面为铝土矿的形成提供了有利空间。目前，滇东南成矿区具有经济价值的沉积型铝土矿，均分布于古侵蚀面之上吴家坪组或龙潭组地层内。

滇中及滇东北沉积型铝土矿主要赋存于二叠系中统梁山组或二叠系上统宣威组地层中，与下伏基岩石炭二叠系灰岩或峨眉山玄武岩存在基底不整合面，滇中古陆、牛头山古陆以及基底玄武岩风化物均为铝土矿形成提供了物源。

滇西松桂地区铝土矿形成于三叠系中统北衙组顶部与三叠系上统中窝组底部的沉积间断面上。

（四）下伏地层岩性因素

对云南沉积型铝土矿物质来源研究结果表明，铝土矿物质主要来源于古陆及下伏地层或峨眉山玄武岩

（滇东南、滇西和滇东北），且成矿物质搬运距离不远，风化剥蚀下来的成矿物质在新的沉积盆地中重新沉积下来，形成了滇东地区二叠系中统梁山组及宣威组、滇东南地区二叠系上统吴家坪组（龙潭组）和滇西地区三叠系上统中窝组含铝岩系。

滇东南地区，晚石炭世末的东吴运动，造成长时间的沉积间断和强烈的富含玄武岩、硅酸盐岩康滇古陆（高地）和越北古陆的风化剥蚀，不但为铝土矿提供了物源，也确立了矿床空间定位机制。龙潭组底部不整合接触于石炭二叠系碳酸盐岩古风化壳上，从石炭纪至晚二叠世龙潭组的沉积，其沉积间断时间长达40Ma，反映了铝土矿就位于长期遭受风化的古陆上，其层序结构与古陆侵蚀喀斯特面呈直接过渡关系。产于侵蚀面上的铝土矿，初始物质来源是由基底的硅铝—铁铝—铝土型风化物及异地（古陆区）搬运的铝硅酸盐矿物构成的。

滇西松桂地区铝土矿的成矿物质主要来自滇中古陆和玄武岩，其古陆碳酸盐岩基底母岩除提供矿源和沉积场所外，还是一个较特大的碱性基底，构成了母岩分解产物 Al、Fe、Ti 等元素的地球化学屏障，使它们不致分散流失，而趋于集中，并能把全部或近乎全部的碱金属、碱土金属和绝大多数的 Si 元素迁出湖盆区，形成了有利于铝土矿沉积的地化环境和地理景观。

滇中和滇东北地区铝土矿成矿物质主要来自以灰岩为主的滇中古陆或以玄武岩为主的牛头山古陆，但基底中石炭二叠系夹有较多白云岩的灰岩，基底峨眉山玄武岩组的玄武岩，当岩石发生钙红土化和红土化作用时，Al、Fe、Ti 等则进一步富集，参与沉积形成铝土矿。

（五）构造的控矿作用

成矿时多期次古海底构造运动无疑是导致滨海沉积型铝土矿体再次破坏搬运主因，其后发生的多期次构造运动，又进一步促使赋矿地层发生褶曲、断裂，矿层或矿源层裸露地表，利于风化剥蚀作用进行，为铝土矿形成提供了动力和环境条件。褶皱构造控制了矿源层的分布，一般在背斜内侧或向斜外侧地段寻找矿体较为有利。成矿后褶皱构造对矿层起到保护和破坏作用，一般向斜构造能使矿层避免剥蚀得到保存，而背斜构造则使矿层遭受剥蚀破坏。

地台或隆起边缘及构造控制着含铝岩系和矿带的分布，而断裂构造的展布与复合部位，对岩溶洼地和堆积矿层的分布及展布形态有一定影响。地质构造裂隙利于透水、含水，并制约着地表和地下水系网的发育程度，对岩溶作用的进行和溶余岩屑的运移起重要作用。断裂作用可显著提高岩石的渗透率，从而有利于地下水的流动和岩石化学风化作用的进行。

断裂构造对矿体的富集和矿石质量的提高也起着积极作用。断层除了能够将部分含矿岩系抬升至地表附近，有利于次生富集作用的发生外，其本身就是一良好通道，有利于大气水的渗透和地下水的排泄，加速对矿体的淋滤，便于铝土矿体的氧化富集，使得矿区深部可出现质量较好的铝土矿石。一般断裂带两侧见矿钻孔中矿石铝硅比值高于周围的钻孔，常形成局部富矿，这是因地下水通过导水破碎带对矿体反复进行冲刷溶蚀，SiO_2 被大量带出所致。

例如滇东南地区二叠纪由区域性断裂构造作用所形成的台地（隆起）、台盆的古地理格局，同生断裂上升盘为水下隆起、古陆或生物礁，并为铝土矿成矿提供了物质来源；同生断裂下降盘形成了沉积盆地，为铝土矿形成提供了成矿空间。后期断裂构造对铝土矿的改造作用主要表现为两种形式：一种是横断层（平移断层）对铝土矿体的改造，主要表现为对矿体的错位；另一种为顺层断层，其对铝土矿体的改造较为强烈，其可造成铝土矿体、含铝岩系的褶皱、厚度加大等，造成铝土矿、含铝岩系为多层的假象，同时也会造成矿体完整性变差、矿石品质变差，矿体连接性变差等。

（六）古岩溶的控矿作用

原生沉积矿及堆积矿基底均为石炭二叠系或二叠系中统碳酸盐岩系，在强烈岩溶作用发展过程中，易于风化溶蚀淋滤，形成凹凸不平、高低起伏的岩溶地貌，隆起和洼陷控制了含矿岩系的厚度及矿体的分布，如文山天生桥铝土矿区的 ZKb2701 孔在岩溶漏斗处，揭露到厚度达 88.08m，平均 Al_2O_3 含量 60%，A/S 为 16 的富厚矿体。一般在狭小空间内，含矿岩系厚度和矿体厚度有很大变化，两者往往成正比。同时，若区内地下水古潜水面相对稳定，地表水与地下水补给及径排系统完善，且地下水位随季节变化所产生的相对高差较大，易使矿物水解速度加快，也有利于表生红土化作用的进行及风化壳和矿床的形成。

二、堆积型铝土矿

堆积型铝土矿成矿主要受沉积型铝土矿、构造、地形、气候和岩溶发育阶段等因素控制。

（一）沉积型铝土矿与堆积型铝土矿关系

从堆积型铝土矿的成矿条件来看，沉积型铝土矿的存在和遭到剥蚀，是形成堆积型铝土矿的先决条件，堆积矿就位于原生沉积铝土矿层以下的岩溶洼地及坡地上。如滇东南二叠系上统原生沉积铝土矿层就控制着区内堆积型铝土矿形成和分布，矿源体是决定成矿的根本因素。

滇东南二叠系上统龙潭组或吴家坪组分布区内普遍出露的原生沉积型铝土矿或铁铝岩层（含铝岩系）的风化崩解碎屑物质，是该区堆积型铝土矿的主要物源。原生沉积铝土矿层的分布、规模及矿石质量直接决定了堆积型铝土矿成矿后的形态、规模及矿石质量。沉积铝土矿层的存在是堆积型铝土矿形成的前提条件，堆积型铝土矿基本属于原地、准原地类型，其母岩必是附近遭受岩溶侵蚀作用的岩层。一般来说，在滇东南地区凡有沉积型铝土矿产出的区域，均有规模不等、厚薄不一的堆积型铝土矿产出，它们之间依属关系十分密切，沉积型铝土矿（或岩段）的存在控制着堆积型铝土矿的形成。

（二）构造因素

地壳运动促使岩石发生褶曲、断裂，矿源层裸露地表，经风化剥蚀和溶蚀作用成矿。溶蚀洼地、坡地、谷地、残丘地貌一般沿断裂带、背斜及向斜轴部呈带状分布，为堆积型铝土矿的形成提供了十分有利的富集场所。

（三）地形地貌因素

沉积型铝土矿出露地表，在风化剥蚀作用下，在原地形成残积型（堆积型）铝土矿；在重力和洪流双重作用之下，在坡地或洼地中形成坡积、坡洪积型（堆积型）铝土矿。矿体的规模、形态、厚度及产状等受含铝岩系底部古侵蚀面凹凸不平或高低起伏岩溶化直接控制。一般为，地凹矿厚，地凸矿薄，甚至尖灭缺失，凹凸不大地段矿体呈似层状或层状。

（四）气候因素

新近纪至第四纪，滇东南地区古纬度与现今纬度相近，处于北回归线附近的亚热带地区，气候温暖潮湿，年降雨量大，地表水及地下水丰富的气候条件有利于化学风化作用进行。从堆积型铝土矿体以红土胶结铝土矿、褐铁矿角砾等组成物质上看，可以推定当时属于炎热多雨的气候条件。在潮湿炎热多雨的亚热带气候条件下，物理风化、化学风化及生物风化作用十分强烈，对岩溶作用和铝土矿的脱硫、脱硅作用的进行极为有利，使矿源层剥蚀，硫、硅、钙、镁、钾、钠等主要成岩元素风化淋滤流失，铝、铁、锰等组分得以在岩溶洼地重新堆积富集成矿。堆积型铝土矿全为低硫型矿石，且铝硅比值高于沉积型铝土矿氧化带的矿石，也进一步反映氧化淋滤作用的成矿贡献意义重大。

（五）岩溶因素

岩溶作用在堆积型铝土矿形成过程中起主导作用。无论是矿层或矿源层内聚力失去平衡而发生崩解、机械破碎，还是矿石堆积场所的形成，都有赖于古岩溶作用的发生。在古潜水面附近，岩溶作用开始之初，地下水排泄以整个基底岩层的原始裂隙、孔隙均匀渗滤的无管道垂向淋滤排泄方式为特点，岩层不发生溶塌和陷落。随着岩溶化的强烈发育，呈漏斗状、落水洞状发育溶蚀洼陷常使地下水依此汇集排泄，主要由四侧向中心管道方向进行排泄，排泄量大，排泄条件好，母岩物质淋溶作用充分，铁质可大量溶出。因而，在溶蚀洼陷部位，大多形成品位富、厚度大的低铁铝土矿。

古岩溶地貌的发育对堆积层的储存、质量的变化均起着控制作用，其分布范围几乎都限于矿源层露头内侧的褶皱构造中。堆积型铝土矿的空间分布和富集明显受岩溶地貌类型及其组合特征的控制。峰林洼地因较强烈的岩溶化而近于夷平，一些洼（槽）地只是夷平后的下部残留部分，因而成矿环境的规模较小，且作孤立、分散状分布；溶蚀平原更不利于铝土矿的成矿；而峰丛洼地却不然，溶蚀洼（槽）地沿槽谷分布，与星点状分布的连基山峰及其间大小不一的浅溶蚀洼地相伴而生，洼地呈大小悬殊的封闭或半封闭的不规则状，处于地形起伏大的壮年期发育阶段。因此，峰丛洼地规模大，溶蚀深，且分布密集、连续，大多具中心式渗漏和溢流排泄条件，有良好的成矿环境及排水条件，利于硅、杂质及易溶盐类的流失和铝的相对富集，易形成厚大的似层状、透镜状或大的漏斗状矿体。

岩溶作用形成矿体，但成矿后的岩溶作用可使堆积型铝土矿陷落溶洞、地下河或地表水带走，对矿体起破坏作用。一般岩溶发育早壮年期（峰丛—洼地地貌）成矿，晚期（孤峰—谷地地貌）破坏矿体。沉积型铝土矿含矿岩系附近岩溶洼地及坡地中的新生代（新近纪以来）第四系残坡积层垮塌堆积体，是堆积型铝土矿体的重要赋存部位。

堆积型铝土矿基底上古生界基本上是可溶性的碳酸盐岩类地层，而二叠系上统底部的数十至几十米厚的原生铝土矿层及其顶部的碳质页岩层为难溶性岩石。由于矿源层岩性与碳酸盐岩围岩岩性物理、化学性质差异较大，有利于岩溶作用的发育，而且使岩溶堆积中掺合的杂质少，易形成优质堆积型铝土矿。矿源层出露面积越广，红土风化壳的分布范围越大，堆积型铝土矿的规模也随之增大。

第二节　成 矿 规 律

一、成矿地质环境

云南铝土矿都是在晚古生代地台型沉积环境下沉积的，含矿岩系上、下一般都有较厚的碳酸盐岩。如果含铝岩系上覆层为硅质岩或有较厚的隔水层存在时，工业矿体（层）下延迅速变薄、矿石质量变差。

在华南成矿省，含铝岩系均为滨海—浅海相含铝细屑岩、泥页岩夹碳质页岩建造，滇东南地区晚二叠世吴家坪早期为泥质低能海岸—局限浅海的沉积环境，发育沼泽、潮坪、浅海 3 种亚相类型，铝土矿形成的最有利沉积环境为潮下带—浅海顶部和潟湖相；而在上扬子成矿省以滨海—沼泽相含铝煤泥页岩夹碳质页岩建造为主，纵向上一般是铝土矿层在上，煤层或煤线在下，在倾斜延伸方向上铝煤呈互为消长关系，如玉溪小石桥沉积型铝土矿即是如此。铝土矿形成有利的沉积环境为泥质低能海岸—局限浅海环境，铝土矿形成的最有利部位为潮下带—浅海顶部。

含矿岩系与下伏地层均为假整合接触（图版Ⅱ—A、图版Ⅱ—B），间断时间越长，成矿物质越丰富，铝土矿层厚度及矿石质量均越好，反之即差，如麻栗坡铁厂矿区团山包矿段二叠系上统含铝岩系不整合于石炭二叠系之上，矿层厚度较大，主矿体有 2 层，矿石质量较好；反之在铁厂矿段，二叠系上统含铝岩系不整合在二叠系阳新组之上，间断时间短，矿层厚度小，且只有 1 层矿，矿石质量差。

铝土矿层都是在氧化环境下（氧化相）近距离迁移再沉积的，铝土矿的形成环境是由浅水向深水变化、由氧化的酸性环境向还原的碱性环境转化的弱氧化—弱还原过渡带。在华南成矿省铝土矿石中保留完好的粒序层理、交错层理及保存较差的植物化石、遗迹化石（图版Ⅰ—B），在铝土矿夹层中含有丰富的海相动物化石特点在我国沉积型铝土矿中尚不多见。

二、时空分布

中二叠世梁山期是上扬子成矿省铝矿主要成矿期，该期含铝岩系分布范围广，在昆明、安宁、玉溪、晋宁、嵩明等地均有小型铝土矿床及矿点分布，而在禄劝、鲁甸、巧家、镇雄等地只有铝土岩及质量较差的矿点存在。

晚二叠世吴家坪期（龙潭期）是华南成矿省沉积型铝土矿最主要的沉积成矿期，这类矿床分布在文山、西畴、麻栗坡、广南、富宁、丘北等地。二叠系上统宣威期的古风化壳沉积型铝土矿在滇东北会泽、鲁甸分布有少量矿点。

晚二叠世沉积型铝土矿在滇东地区从滇东北往南东的丘北再到麻栗坡，随沉积相由陆内河湖相—海陆交互相—浅海相的变化，赋矿层对应为宣威组—龙潭组—吴家坪组，矿床亚类型也由“朱家村式”转变成“铁厂式”。

晚三叠世卡尼期沉积型铝土矿，仅分布在上扬子成矿省西部鹤庆、松桂等地，分布面积较小，只有小型矿床及矿点，矿石质量一般。

第四纪更新世堆积型铝土矿，主要分布于滇东南成矿区，滇中地区有少量分布。特别是在近代气候条件下喀斯特堆积形成的铝土矿最具工业价值。

云南省沉积—堆积型铝土矿形成时代见表 8-2。

表 8-2　云南沉积—堆积型铝土矿形成时代

类型	矿床式	成矿时代	典型矿床	利用价值
堆积型	卖酒坪式	第四纪更新世	西畴卖酒坪	最有利用价值（共生有沉积矿）
沉积型	中窝式	晚三叠世	鹤庆中窝	矿床规模小
	朱家村式	晚二叠世	会泽朱家村	矿床规模小
	铁厂式	晚二叠世	麻栗坡铁厂	目前原生矿未利用。但矿区内或外围均有堆积矿
	老煤山式	中二叠世	昆明老煤山	中小型矿床及矿点。目前作为耐火材料少量开采

三、铝土矿带有规律地围绕侵蚀古陆分布

铝土矿产出与分布严格受沉积环境控制。云南铝土矿床（点）主要分布于古陆（岛）周围及靠近古陆（岛）的浅海稳定沉积环境开阔台地沉积相中。

滇中成矿区在石炭系末，上扬子古陆块的云南境内普遍抬升，沉积间断开始发育，滇中昆明以西地区为滇中古陆，而以东地区为牛头山古岛，这两个以碳酸盐岩为主的古陆逐步上隆并遭受剥蚀，形成富含铝沉积物的物源供应区。浅海环境沿古陆带状分布，造就了铝土矿也呈现沿古陆边缘的带状分布。

滇东南成矿区沉积环境为西部有康滇古陆（高地），南部有屏（边）马（关）—越北古陆，两个古陆同为滇东南沉积盆地的物源供应区，提供了沉积物中的陆源碎屑物质和铝土矿的成矿物质。沉积环境沿古陆周边总体为向东北方向开放的一个滨岸—浅海环境，稳定的浅海沉积环境控制了铝土矿的形成。

四、铝土矿厚度与古地貌及含铝岩系厚度关系

含矿岩系及铝土矿层的规模、形态和厚度严格受沉积时古地形地貌的控制。随基底侵蚀面起伏变化而减薄或增厚，在喀斯特地貌中的天坑、漏斗、岩溶洼地等负地形形成的潟湖处沉积层的厚度较大，在孤峰、石林、石崖等正地形形成的水下隆起处沉积较薄（图 8-1）。铝土矿矿层厚度变化与含矿岩系厚度呈正相关关系。

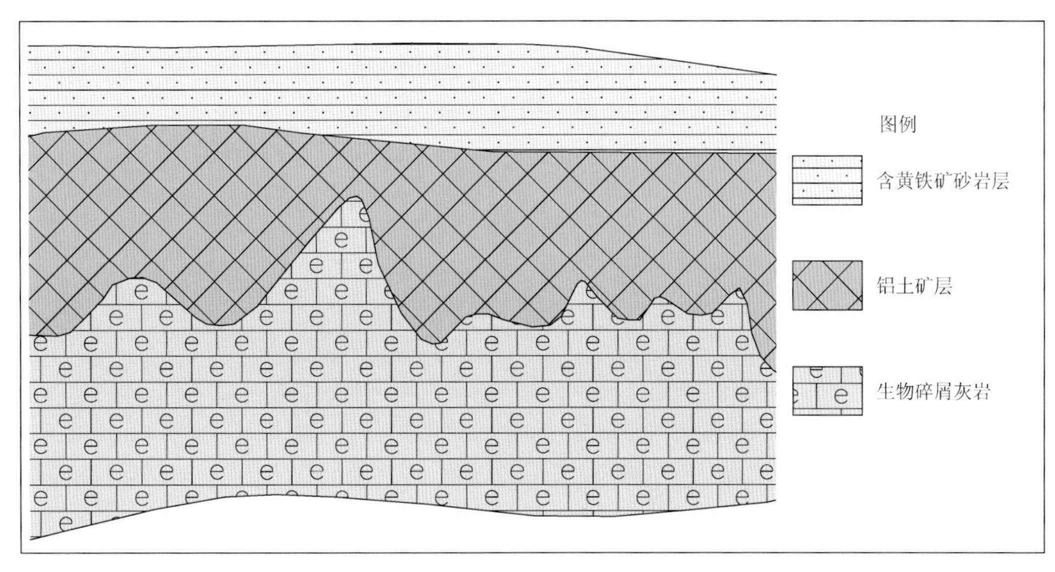

图 8-1　广南县板茂铝土矿厚度受基底地貌控制素描图

五、沉积型铝土矿与堆积型铝土矿关系

沉积型铝土矿的存在和遭到剥蚀，是形成堆积型铝土矿的先决条件，堆积矿就位于原生沉积铝土矿层位以下的岩溶洼地及坡地上。

六、铝土矿富集规律

含铝岩系的沉积与古风化作用有关，受控于地层间沉积间断（主要是平行不整合）时间的长短，间断时间越长，生成铝土矿物越多，黏土矿物越少，矿石品位越富，矿层厚度也越大。

间断面下应是易风化的碳酸盐岩、页岩及玄武岩，若是其他抗风化力强的岩类则不易成矿或只形成质量很差的铝土矿。

当含矿层中各岩性分层较多（一般5～8层或更多）较全，且底部有底砾岩存在时，往往成矿较好；当含矿层中各分层少（2～4层），则常常矿化较弱甚至无矿。特别是其顶部的碳质页岩厚度变大时（0.5～1m以上），则多数无矿，究其原因为沉积环境变迁（明显的沼泽化）、介质pH变酸等不利于矿层沉积。

没有层状矿的地方是不可能找到堆积矿的。堆积型铝土矿矿化富集具有继承性，被剥蚀的原生沉积型铝土矿层规模越大，其形成的堆积型铝土矿体厚度愈大。一般情况下，靠近矿源层的矿体含矿率较高；矿体所在的洼地封闭性好，则含矿率较高；同一矿体中一般是靠近边坡地段及隆起地段含矿率较高，开阔地带及落水洞附近含矿率较低；垂向上，一般在中上部含矿率较高，顶部及下部含矿率较低。堆积型铝土矿矿石质量与原生沉积型铝土矿质量及其风化改造程度有关，原生沉积型铝土矿质量越好，风化程度越高，有害组分硫、硅等被淋滤流失就越多，则形成的堆积型铝土矿质量相对也越好，反之亦然。

另外，除地形地貌条件外，矿层产状较平缓，盖层较薄或没有盖层，矿层及上下岩层透水性好，并有良好的排泄条件等，也是形成品质较好铝土矿的有利条件。

表生作用对云南沉积型铝土矿有再造作用。在云南特定气候及地质、地貌条件下，铁、锰、铝土矿等氧化物矿床的表生再造作用是十分明显。云南沉积型铝土矿都存在表生富集问题，尤其是铁厂式沉积型铝土矿，其原生带矿石中含硫量较高，目前难以利用，但在第四纪表生作用下，原生矿石中的黄铁矿分解成H_2SO_4及$Fe(OH)_2 \cdot H_2O$（褐铁矿）后，便成为可利用矿石。表生作用过程可归纳为以下几步：①黄铁矿分解出硫酸对矿石进行漂白，使表生带铝土矿石颜色变浅；②去硅富铝过程不断进行，使矿石中A/S比逐步提高；③高硫铝土矿石（暂不能利用）向高铁铝土矿石（能利用）转变；④铝土矿石结构由致密状、块状向多孔状、细砂状、疏松状变化。

变质作用对滇东南沉积型铝土矿也有一定改造作用。滇东南沉积型一水硬铝石矿床在麻栗坡县城以南—中越边界中国一侧的船头，在长达数十千米，宽2～5km范围内，矿层内一水硬铝石受变质作用脱水而成为杂刚玉矿床［$Al_2O_3 \cdot H_2O$（一水铝石）$\rightarrow Al_2O_3$（刚玉）］。该变成矿床一直延至越南河江省范围内，变质带呈狭长带状展布，矿层内刚玉含量由北往南至船头，含量从40%左右逐渐增加到90%以上。刚玉含量的由少变多特点，无疑反映出了与区域变质作用的强度有关。

第三节　找矿标志

一、沉积型铝土矿

（一）时代标志

云南沉积型铝土矿成矿时代分别为中二叠世、晚二叠世、晚三叠世和第四纪，地质时代是最直接的找矿标志。

中二叠世梁山期沉积定位的铝土矿，代表性矿床称“老煤山式”，是滇中和滇东北成矿区的主要类型。

晚二叠世吴家坪期（龙潭期）沉积定位的铝土矿，代表性矿床称“铁厂式”，是滇东南成矿区的

主要类型。晚二叠世宣威期沉积定位的铝土矿，代表性矿床称“朱家村式”，在滇东北成矿区有少量分布。

晚三叠世卡尼期沉积定位的铝土矿，代表性矿床称“中窝式”，是滇西成矿区的主要类型。

第四纪更新世堆积定位的铝土矿，代表性矿床称“卖酒坪式”，是滇东南成矿区矿石质量较好的主要类型。

（二）地层标志

滇中成矿区铝土矿主要受二叠系中统梁山组地层控制，沉积矿床直接赋存于含铝岩系中，梁山组地层是找寻沉积型铝土矿的直接标志。

滇东南成矿区沉积型铝土矿严格受二叠系上统龙潭组或吴家坪组地层控制，已发现的原生沉积型铝土矿均赋存于上述两个地层含铝岩系中。龙潭组或吴家坪组地层是寻找原生沉积型铝土矿的直接标志。

滇中及滇东北成矿区铝土矿主要受二叠系中统梁山组地层，少量受二叠系上统宣威组控制，沉积矿床直接赋存于两类含铝岩系中，梁山组和宣威组地层是找寻沉积型铝土矿的直接标志。

滇西成矿区沉积型铝土矿主要受三叠系上统中窝组地层控制，铝土矿均赋存于中窝组地层底部的含铝岩系中。因此，中窝组底部是寻找铝土矿的直接标志。

堆积型铝土矿严格受第四系堆积物控制，铝土矿均赋存于第四系含铝岩系中，因此，第四系是寻找铝土矿的直接标志。

（三）区域性角度不整合（古侵蚀）面标志

滇中及滇东北成矿区铝土矿层产于石炭二叠系碳酸盐岩顶部或二叠系中统梁山组含煤岩系底部，与下伏石炭二叠系基岩存在古侵蚀面，滇中古陆、牛头山古陆及基岩风化为铝土矿的形成提供了物质来源，二叠系中统梁山组与下伏地层不整合面是间接找矿标志。

二叠系上统地层由于相带差异在滇东称宣威组或龙潭组，在滇东南称龙潭组或吴家坪组。从区域上看，宣威组（P_3x）和龙潭组（P_3l）均假整合于峨眉山玄武岩之上，其上为三叠系上统覆盖；吴家坪组（P_3w）假整合于二叠系中统阳新组或石炭二叠系马平组之上。从铝土矿矿床成因和矿床空间定位机制来看，在滇东和滇东南地区，东吴运动形成的石炭系与晚二叠系之间区域性角度不整合面为铝土矿的成矿提供了空间，而下伏的石炭纪、二叠纪碳酸盐岩和二叠纪峨眉山玄武岩为铝土矿的形成提供了成矿物质。东吴运动形成的区域性角度不整合面，是滇东南地区寻找原生沉积铝土矿一个重要的间接找矿标志。

滇西成矿区铝土矿层产于三叠系中统中窝组与北衙组假整合面上。三叠系上统古侵蚀面风化剥蚀及异地搬运物提供了丰富的铝土矿的物质来源，为铝土矿在不整合面上形成奠定了基础，因此，三叠系上统中窝组与下伏地层不整合面是间接找矿标志。

（四）褶皱构造标志

向斜构造区有利于含铝岩系地层的保存，是寻找沉积铝土矿的有利地区，如在滇西松桂向斜内，中窝组含铝地层保留较好，有沉积铝土矿分布；滇东南文山天生桥向斜内龙潭组保存面积较大，沉积铝土矿远景可达特大型规模。区域上含铝岩系分布区次一级的背、向斜构造可作为铝土矿找矿的构造标志。特别是向斜构造可作寻找沉积铝土矿的构造标志。勘探资料显示，红土风化壳及矿体较厚的部位，断裂破碎带和构造裂隙较发育。这是由于构造断裂作用使断裂带岩石形成裂隙而破碎，使得岩石渗透率明显提高，有利于地表降水和地下水的运移，促进矿源层的风化溶蚀和淋滤，加速红土风化壳和矿床的形成与发展，从而使所形成的红土风化壳及矿体厚度均较大。

（五）矿化露头标志

铝土矿、褐铁矿、赤铁矿露头是寻找铝土矿的直接标志。一般附近存在矿体时，含矿层下方坡积层中往往可见到铝土矿碎石、碎块。已发现有矿床（点）矿化露头存在，或有采矿活动的地区，是进一步开展找矿工作的重要依据。

（六）矿物标志

地层中的游离氧化铝或含铝胶体是找铝土矿的重要标志，而高岭石、水云母、绿泥石等矿物较多出现时，说明游离氧化铝或含铝胶体的存在。剖面上，铁、铝、黏土、煤是同一气候下的产物，并经常共生在一起，煤在上部、铁在下部，可作为铝土矿的间接矿物学找矿标志。

（七）化探异常标志

1∶20 万化探铝元素异常区块与含铝岩系套合的地区，是区域性铝土矿找矿的化探异常标志。1∶20 万水系沉积物三氧化铝地球化学异常带与铝土矿带分布总体一致（图 8-2），因此，三氧化铝地球化学异常也是找矿的显著标志之一。

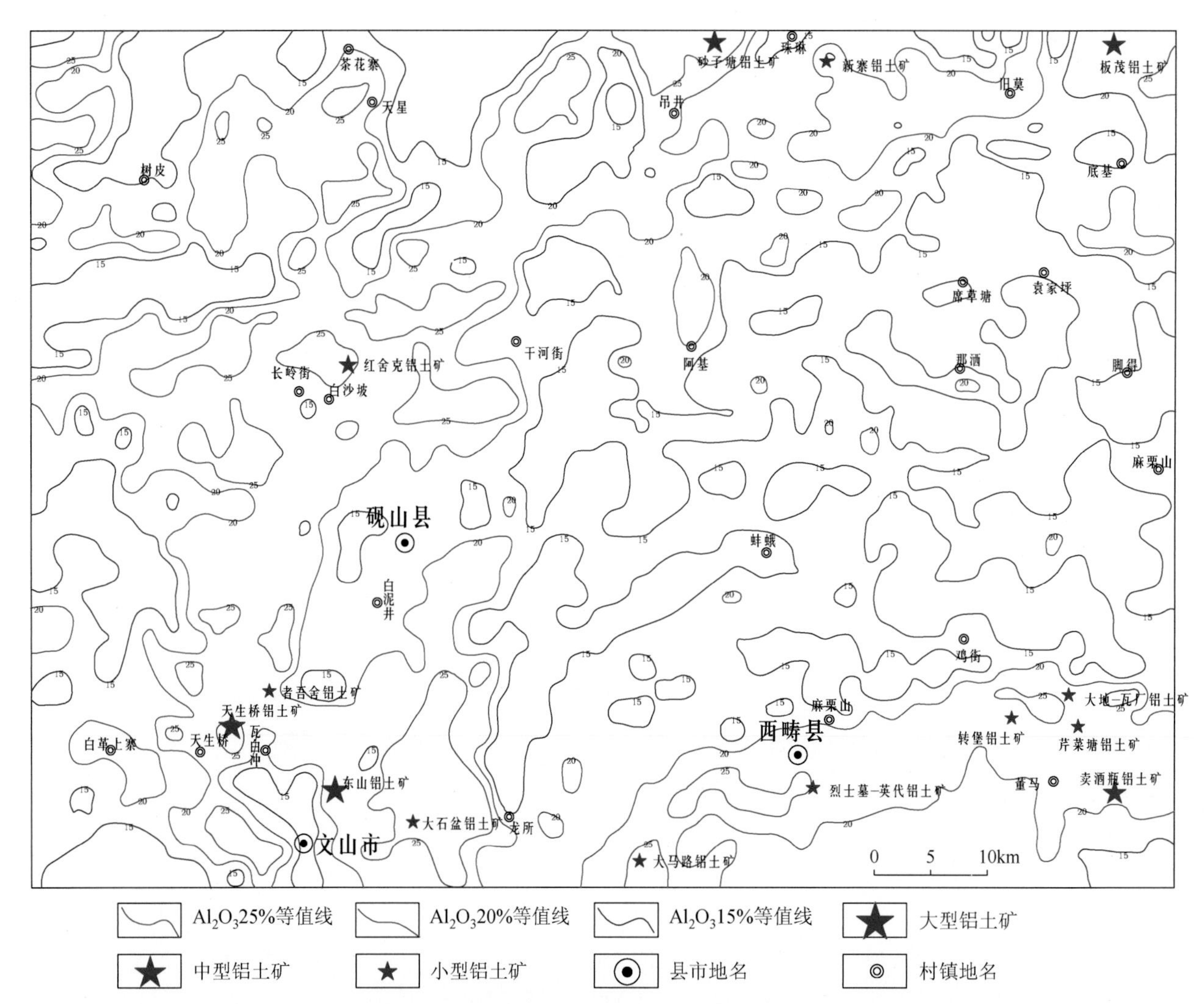

图 8-2　文山幅水系沉积物三氧化二铝地球化学异常与铝土矿关系图

（据云南省地质矿产局第二地质大队，1989，修编）

二、堆积型铝土矿

（一）含矿地层及沉积型铝土矿标志

堆积型铝土矿就位于原生沉积铝土矿层附近第四系松散沉积物中。二叠系中统梁山组、二叠系上统龙潭组、宣威组或吴家坪组、三叠系上统中窝组是寻找堆积型铝土矿的间接标志之一。沉积型铝土矿含矿岩系附近岩溶洼地及坡地中的新生代第四纪（新近纪以来）垮塌堆积、残坡堆积，是堆积型铝土矿的重要赋存部位。

（二）褶皱构造标志

沉积型铝土矿含矿岩系分布的褶皱区是形成岩溶堆积型铝土矿的有利地段，大量遭受剥蚀的背斜构造和岩溶发育地段是堆积型铝土矿形成的有利场所。

（三）地形地貌标志

强岩溶化峰丛—洼地地貌利于形成堆积型铝土矿，岩溶洼地有一定的封闭性，且岩溶堆积层发育，常赋存有堆积铝土矿体。残积、残坡积成因的堆积型铝土矿，无搬运或搬运距离很短，故其多处于高地形处，产于平缓的山丘之上，如红舍克堆积型铝土矿；坡积、坡洪积成因的堆积型铝土矿，则是原生铝土矿在风化剥蚀作用下破碎并脱离母体，在重力作用下或重力、洪流的双重作用下，堆积就位于沉积型铝土矿下方的缓坡、坡脚（图版Ⅰ—Ⅰ）。

（四）物化探标志

堆积型铝土矿常常富 Fe_2O_3，可形成范围广阔的铁（化探）土壤异常和电磁性物探异常。铝土矿块常含于红黏土之中，红黏土也可形成较高的磁异常。1∶20 万化探铝元素异常区块是区域性铝土矿找矿的化探异常标志。

第九章　找矿远景及资源潜力

第一节　远景区分类

据云南省铝土矿成矿地质条件和分布规律特征，云南铝土矿找矿远景区与4个成矿区相对应，也分为4片，即：滇东南远景区、滇中远景区、滇东北远景区和滇西远景区（图9-1）。

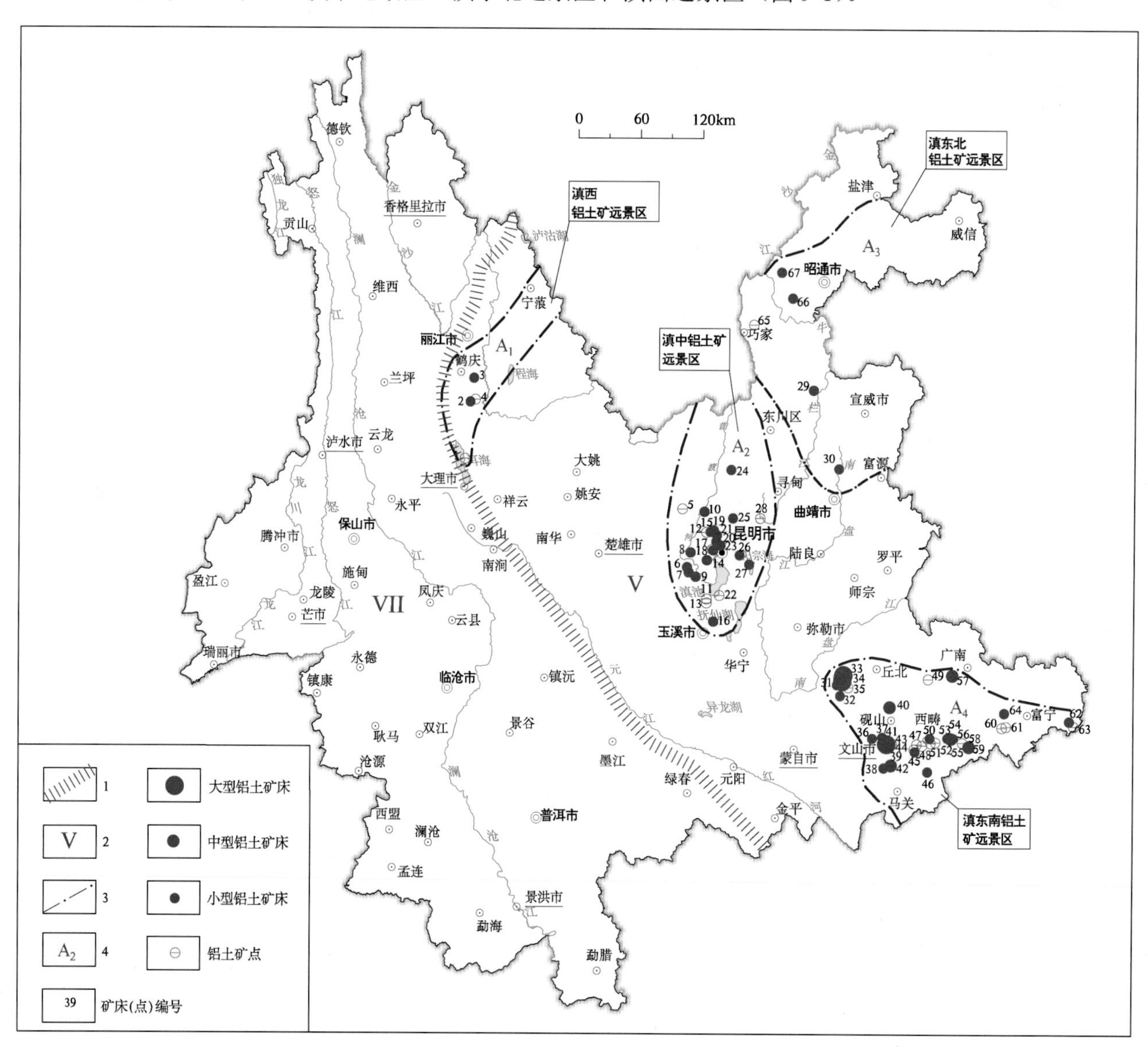

图9-1　云南省铝土矿资源远景区分布图

V. 上扬子古陆块；Ⅶ. 羌塘—三江造山系；1. 以及构造单元及其界线；
2. 构造单元编号；3. 铝土矿远景区界线；4. 铝土矿远景区编号

参照《云南省矿产资源潜力评价成果报告》（云南省国土资源厅和云南省地质调查局，2013），每个远景区内铝土矿预测区级别分为A、B、C三级，分类依据包括：①成矿有利度；②预测资源量；③地理交通及开发条件；④其他相关条件。

A类预测区：成矿条件十分有利，预测依据充分，成矿匹配程度高，资源潜力大或较大，预测资源量为大型的最小预测区，埋深在可采深度以内，可获得明显经济效益，可建议优先安排普查或勘探的地区。

B类预测区：成矿条件有利，有预测依据，成矿匹配程度高，预测资源量为中型的最小预测区；可获得经济效益，可考虑安排工作的地区。

C类预测区：具成矿条件的其他预测区，有可能发现资源，可作为探索的地区或现有矿区外围和深部有预测依据，据目前资料认为资源潜力较小的地区。

第二节　远景区及资源潜力

2007年4月～2010年1月，由云南省地质调查局承担，云南省有色地质局、云南省地质矿产勘查开发局、云南省煤田地质局、武警黄金部队十支队、中化地质矿山总局云南地质勘查院、云南省地质矿产勘查开发局信息中心、云南省地质调查院物化探所、云南省地质调查院区调所等单位参与，开展了云南省铝矿资源潜力评价工作。

云南省矿产资源潜力评价工作属国土资源部"十一五"国土资源大调查重点计划项目，贯穿了以地质矿产研究为主线，通过成矿地质背景研究、典型矿床和区域成矿规律研究，结合物探、化探、遥感、自然重砂等综合信息分析，确定预测要素，通过模型区和预测工作区类比评价，圈定预测区，根据各预测工作区预测要素的不同，采用综合信息地质单元法、地质体法、面积类比法等，对滇东南远景区和滇中远景区二片重点找矿区进行了铝土矿资源量预测。

2010年7月～2012年6月，云南省有色地质局实施的《云南广南—丘北—砚山地区铝土矿整装勘查》属全国地质找矿行动计划重点勘查区首批47个整装勘查项目之一和云南省三年找矿行动计划首批整装勘查项目。通过1∶5万专项地质调查，圈出矿化集中区及找矿靶区15个，并在15个勘查区开展了不同程度的勘查工作。新增332＋333＋334类别铝土矿资源量2.03亿t，其中333以上铝土矿资源量1.06亿t，新发现2个大型、5个中型铝土矿。堆积型铝土矿找矿有较大突破、沉积型铝土矿找矿有新发现，找矿成果显著，为文山铝业已建成并扩产的140万t/年氧化铝厂提供了可靠的资源保证，推动了地方经济发展。

整装勘查实施过程中，通过《云南省鹤庆地区铝土矿成矿规律及找矿选区研究》（2012）项目，圈出了滇西鹤庆—宁蒗地区铝土矿找矿靶区并预测了铝土矿远景资源量；通过《云南省昭通市铝土矿调查研究与勘查选区》（2009）项目，提出了滇东北地区铝土矿找矿靶区并预测了铝土矿远景资源量。

一、滇东南远景区

据《云南省矿产资源潜力评价成果报告》（2013），滇东南远景区"铁厂式"铝土矿预测圈定12个靶区，其中A级预测区5个，B预测区3个，C预测区4个。预测沉积型铝土矿总资源量17603万t（表9-1），其中A级资源量4569.6万t，B级资源量3894.8万t，C级资源量2138.5万t。

滇东南远景区"卖酒坪式"堆积型铝土矿预测圈定14个靶区，潜在堆积型铝土矿资源量24295万t，其中A级资源量20185万t，B级资源量3795万t，C级资源量315万t（表9-2）。

表9-1　滇东南远景区"铁厂式"沉积型铝土矿资源量预测成果表

<table>
<tr><th>最小预测区名称</th><th>预测区类别</th><th>面积/km²</th><th>预测资源量/万t</th><th>探明资源量/万t（云南省国土资源厅，2011）</th></tr>
<tr><td>丘北水米冲（大铁）</td><td>A</td><td>167.15</td><td>1770</td><td>6100（据云南省有色地质局，2013补充）</td></tr>
<tr><td rowspan="2">文山天生桥</td><td rowspan="2">A</td><td rowspan="2">93.78</td><td>732.3</td><td rowspan="2">3000（据云南省有色地质局勘测设计院2016年勘查资料补充）</td></tr>
<tr><td>7000（据云南省有色地质局勘测设计院2016年勘查资料补充）</td></tr>
<tr><td>丘北席子塘</td><td>B</td><td>373.58</td><td>2908.6</td><td rowspan="12">3603</td></tr>
<tr><td>砚山永和</td><td>A</td><td>83.67</td><td>563.3</td></tr>
<tr><td>文山杨柳井</td><td>A</td><td>200.16</td><td>1361.8</td></tr>
<tr><td>砚山红舍克</td><td>B</td><td>30.05</td><td>269.3</td></tr>
<tr><td>广南新寨</td><td>C</td><td>305.70</td><td>1510.1</td></tr>
<tr><td>西畴芹菜塘</td><td>C</td><td>10.47</td><td>507.8</td></tr>
<tr><td>广南板茂</td><td>B</td><td>142.39</td><td>716.9</td></tr>
<tr><td>麻栗坡铁厂</td><td>A</td><td>34.73</td><td>142.2</td></tr>
<tr><td>富宁郎架</td><td>C</td><td>17.99</td><td>67.4</td></tr>
<tr><td>富宁谷桃</td><td>C</td><td>25.52</td><td>53.2</td></tr>
<tr><td>合计</td><td colspan="2">总资源量：30306万t</td><td>17603</td><td>12703</td></tr>
</table>

续表

最小预测区名称	预测区类别	面积/km²	预测资源量/万 t	探明资源量/万 t（云南省国土资源厅，2011）
全区合计 A	预测资源量/万 t		11570	
全区合计 B	预测资源量/万 t		3895	
全区合计 C	预测资源量/万 t		2138	

注：据《云南省矿产资源潜力评价成果报告》（2013）补充。

表 9-2　滇东南远景区“卖酒坪式”堆积型铝土矿资源量定量预测成果表

最小预测区名称	预测区类别	面积/km²	预测资源量/万 t	探明资源量/万 t（云南省国土资源厅，2011）
西畴大马路	B	22.153	2385.6	4400
西畴大塘子	B	1.948	197.1	
西畴英代	B	7.196	554.8	
西畴大吉厂	B	6.356	657.5	
西畴新发寨	A	11.446	1209.4	
西畴卖酒坪	A	51.376	5693.6	
麻栗坡铁厂	A	14.148	1023.9	
文山杨柳井	A	21.636	1719.7	
文山瓦白冲	A	22.837	1067.4	
文山南林柯	A	25.095	1783.2	
砚山红舍克	A	24.940	2273.6	
广南板茂	A	34.640	2918.3	
富宁谷桃	C	6.496	314.6	
丘北飞尺角	A	43.719	2495.6	
合计	总资源量：28695 万 t		24295	4400
全区合计 A	预测资源量/万 t		20185	
全区合计 B	预测资源量/万 t		3795	
全区合计 C	预测资源量/万 t		315	

注：据《云南省矿产资源潜力评价成果报告》（2013）。

二、滇中远景区

据《云南省矿产资源潜力评价成果报告》（2013），滇中远景区内圈定 13 个找矿预测靶区，其中 B 类预测区 11 个，C 类预测区 2 个，预测沉积型铝土矿总资源量 4993 万 t（表 9-3），其中 B 级资源量 4071 万 t，C 级资源量 922 万 t。

表 9-3　滇中远景区“老煤山式”沉积型铝土矿资源量定量预测成果表

最小预测区名称	预测区类别	面积/km²	预测资源量/万 t	探明资源量/万 t（云南省国土资源厅，2011）
干河山预测区	B	64	373.0	1652
散旦预测区	B	47	288.3	
沙朗预测区	B	12	73.6	
阿子营预测区	B	53	325.2	
老煤山预测区	B	30	44.0	
温泉—发乐村预测区	B	106	617.8	
下哨预测区	B	68	417.2	
普坪村预测区	C	80	490.9	
梁王山预测区	B	107	656.4	
大板桥预测区	B	100	613.5	
七甸—马头山预测区	B	82	477.9	
李家大坟预测区	B	30	184.1	
阳宗海预测区	C	74	431.2	
合计	6645 万 t		4993	1652
全区合计 B	预测资源量/万 t		4071	
全区合计 C	预测资源量/万 t		922	

注：据《云南省矿产资源潜力评价成果报告》（2013）。

三、滇东北远景区

据《云南省昭通市铝土矿调查研究与勘查选区》（云南省有色地质局306队，2009），滇东北远景区圈出5个铝土矿找矿远景区（表9-4）。其中，A级远景区1个，B级远景区2个，C级远景区2个。预测沉积型铝土矿总资源量5000万t，其中A级资源量1000万t，B级资源量3000万t，C级资源量1000万t。

表9-4 滇东北远景区沉积型铝土矿资源量预测成果表

最小预测区名称	预测区类别	面积/km^2	预测资源量/万t	探明资源量/万t（云南省国土资源厅，2011）
巧家县荞麦地—阿白卡预测区	A	254	1000	0
彝良县钟鸣—牛街预测区	B	266	500	
会泽—沾益预测区	B	300	2500	
鲁甸县三合场预测区	C	137	500	
镇雄县牛场—黑树预测区	C	247	500	
合计	5000万t		5000	0
全区合计A	预测资源量/万t		1000	
全区合计B	预测资源量/万t		3000	
全区合计C	预测资源量/万t		1000	

（一）巧家县荞麦地—阿白卡A级预测区

区内矿点较多，矿石质量较好，现已发现的矿点有阿白卡、大村和座脚和铅厂等，矿化较为集中。据1∶20万镇雄幅、昭通幅和鲁甸幅区调资料显示，阿白卡铝土矿断续延伸长约2800m，沿北东向展布。对该矿点及周边进行初步踏勘，并取样进行分析检查，发现大村、座脚等地均有品质较好的铝土矿产出。其中，大村铝土矿Al_2O_3含量为63.05%，铝硅比为4.1，矿体厚度大于1.5m；座脚铝土矿Al_2O_3含量为60.9%，铝硅比为3.3，矿体厚度2.0m，质量较好。已知该区沉积型铝土矿赋存于二叠系中统梁山组（P_2l）中，因此该区大面积分布的梁山组地层是昭通地区寻找铝土矿的最有利层位。

（二）彝良县钟鸣—牛街B级预测区

彝良县钟鸣—牛街B级预测区铝土矿赋存于二叠系中统梁山组（P_2l）中，其中扯炉向斜和牛街向斜的两翼均分布有该组地层，威宁寨、钟鸣、幸福三处矿点分布在西部扯炉向斜的北西翼。据本次初步调查发现威宁寨附近的海子有堆积型铝土矿产出，拣块样分析结果显示矿石Al_2O_3含量为56.7%，铝硅比为7.7，目估含矿率为350kg/m^3，矿体厚度、矿化面积不详。威宁寨Al_2O_3含量为56.82%，铝硅比为2.5，矿体厚度为1.5m。综上可见，该区是寻找堆积型和沉积型铝土矿的有利地段。

（三）鲁甸县三合场C级预测区

鲁甸县三合场C级预测区铝土矿既有赋存于二叠系上统宣威组的铝土矿，又有梁山组的铝土矿，目前发现的主要矿床类型为沉积型铝土矿。区内已发现宣威组的铝土矿点有三合场、白水洞、小寨和鲁甸。梁山组的铝土矿点有黑鲁居。但无论是梁山组还是宣威组中的铝土矿，矿石质量均较差。三合场Al_2O_3含量为44.31%，铝硅比为3.3，矿体厚度为3.8m；小寨Al_2O_3含量为48.80%，铝硅比为1.5，矿体厚度为1.0m；黑鲁居Al_2O_3含量为42.56%，铝硅比为1.2，矿体厚度为1.5m。该区矿石目前属难利用矿石，1990年昭通专区地质队已在三合场开展过普查工作，共圈定18个矿体，储量293万t。区内二叠系上统宣威组地层广泛分布，梁山组地层也有出露，具有一定找矿潜力。

（四）镇雄县牛场—黑树 C 级预测区

镇雄县牛场—黑树 C 级预测区沉积型铝土矿赋存于二叠系中统梁山组（P_2l）中，其中碗厂背斜和芒部背斜两翼均分布有该组地层。海子坪、干沟矿点分布于碗厂背斜南翼，分析结果显示海子坪 Al_2O_3 含量为 64.51%，铝硅比为 4.4，矿体厚度为 1.0m；干沟 Al_2O_3 含量为 35.34%，矿体厚度为 2.5m。洗白、木冲沟矿点分布于芒部背斜南东翼，分析结果显示洗白 Al_2O_3 含量为 44.51%，铝硅比为 1.5，矿体厚度为 0.5m。其中，海子坪铝土矿质量较好，两侧均有矿化显示，具有一定的找矿前景。

（五）会泽—沾益 B 级预测区

曲靖市沾益县菱角乡已发现有沉积型铝矾土矿产出，矿体赋存于晚石炭世古侵蚀面之上二叠系中统梁山组（P_2l），矿层露头可见厚度 1.0～15m，矿区面积达 40km^2 以上，矿石 Al_2O_3 含量为 48%左右，SiO_2 含量为 47%左右，预测远景资源 2000 万 t。会泽县朱家村铝土矿，含矿岩系为宣威组，矿体全长 2500m，平均厚约 2.35m，Al_2O_3 含量一般 35%左右，最高者达 57.85%，SiO_2 含量一般 15%左右，最高 25%，A/S 一般为 3，最佳者 5.30。预测远景资源量 500 万 t。预测区还有其他几个矿点分布，也具有一定的找矿前景。

四、滇西远景区

据《云南省鹤庆地区铝土矿成矿规律及找矿选区研究》（2012），滇西远景区共圈定出 3 个预测靶区，其中 A、B、C 三级找矿预测靶区各 1 个（表 9-5）。预测沉积型铝土矿总资源量 5500 万 t，其中 A 级资源量 4400 万 t，B 级资源量 900 万 t，C 级资源量 200 万 t。

表 9-5　滇西远景区沉积型铝土矿资源量预测成果表

最小预测区名称	预测区类别	面积/km^2	预测资源量/万 t	探明资源量/万 t（云南省国土资源厅，2011）
大黑山—白水塘预测区	A	335	4400	629
和乐—大果预测区	B	113	900	
铺台山南—甘露田预测区	C	56	200	
合计	6129 万 t		5500	629
全区合计 A	预测资源量/万 t		4400	
全区合计 B	预测资源量/万 t		900	
全区合计 C	预测资源量/万 t		200	

五、云南省铝土矿资源潜力

通过云南省铝土矿资源潜力评价和云南广南—丘北—砚山地区铝土矿 3 年找矿行动计划的实施，在云南划分出了 4 个铝土矿找矿远景区（图 9-1），即滇东南远景区、滇中远景区、滇西远景区和滇东北远景区，共预测了 16 个 A 级区，21 个 B 级区，10 个 C 级区。

预测云南铝土矿可新增资源潜力约 5.7 亿 t（表 9-6）。其中，滇东南地区沉积型铝土矿 17603 万 t，堆积型铝土矿 24295 万 t，滇中地区沉积型铝土矿 4993 万 t，滇西地区沉积型铝土矿 5500 万 t，滇东北地区沉积型铝土矿 5000 万 t。

截至 2011 年底，全省探明铝土矿资源 19384 万 t（云南省国土资源厅，2011）（表 9-6）。后经云南省有色地质局 2010～2013 年整装勘查，在丘北大铁矿区新增 332＋333 资源量 6100 万 t，在文山天生桥矿区新增 331＋332＋333 资源量 3000 万 t（表 9-1）。云南省探明＋预测铝土矿资源量总计约 7.7 亿 t。探明量仅占潜在总资源量的 33.8%，彰显云南铝土矿勘查程度较低。

表 9-6　云南省铝土矿探明和预测资源汇总表

铝土矿远景区	预测区	预测资源量/万 t	探明资源量/万 t（据云南省国土资源厅，2011 补充）	预测＋探明资源量/万 t
滇东南沉积型铝土矿	邱北县水米冲（大铁）、文山杨柳井 5 处 A 级预测区	11570	12703	
	邱北县席子塘、广南县板茂 3 处 B 级预测区	3895		
	广南县新寨、富宁县谷桃 4 处 C 级预测区	2138		
滇东南堆积型铝土矿	杨柳井、飞尺角等 9 处 A 级预测区	20185	4400	
	西畴大马路、大吉厂等 4 处 B 级预测区	3795		
	谷桃 1 处 C 级预测区	315		
滇中沉积型铝土矿	老煤山、梁王山等 11 处 B 级预测区	4071	1652	
	普坪村—阳宗海 2 处 C 级预测区	922		
滇西地区沉积型铝土矿	大黑山—白水塘 A 预测区	4400	629	
	和乐—大果 B 预测区	900		
	铺台山南—甘露田 C 预测区	200		
滇东北沉积型铝土矿	巧家县荞麦地—阿白卡 A 级预测区	5000	0	
	彝良县钟鸣—牛街、会泽—沾益 2 处 B 级预测区			
	鲁甸县三合场、镇雄县牛场等 2 处 C 级预测区			
合计		57391	19384	76775

第十章　找矿勘查方法及实例

铝土矿勘查的最终目的是为矿产资源规划、矿山建设设计提供矿产资源储量和开采技术条件等必要的地质资料，以减少矿山企业的生产经营风险，并尽可能获得最大的社会经济效益。

第一节　找矿勘查基本途径

（一）区域成矿规律研究和成矿预测圈定远景区

以成矿理论为指导，开展区域成矿规律研究，进行与成矿有关的基础地质研究工作，最大限度地深入分析地质构造成矿信息，以Ⅲ、Ⅳ级成矿区（带）为单位，全面总结矿产的成矿类型、成矿规律；全面利用地质矿产、物探（航磁和重力）、化探（水系沉积物和自然重砂）、遥感等找矿信息；运用体现地质成矿规律内涵的预测技术，全面应用GIS技术，在定性和Ⅳ、Ⅴ级成矿区内圈定预测区的基础上，开展资源潜力预测评价。

根据铝土矿典型矿床及区域成矿作用和成矿规律研究成果，建立区域成矿要素和模式；应用已知矿床的区域成矿模式，全面解析区域地质构造，主要控矿因素，物探、化探、遥感等综合信息，矿化特征，确定预测要素，建立预测模型，对未知区进行类比预测，圈定远景区、预测资源量，为进一步找矿勘查提供靶区。

（二）圈定勘查靶区

在远景区圈出含铝岩系地层，套合与铝土矿有关的区域地球化学（Al_2O_3、Fe_2O_3、A/S、TiO_2）异常，套合已知铝土矿（化）点，分析有利岩相古地理及地形地貌，圈出勘查靶区。

1. 圈出含铝岩系地层

云南铝土矿的产出与分布严格受成矿时代及地层层位控制。主要产出的4个层位为二叠系中统梁山组、二叠系上统吴家坪组或龙潭组、三叠系上统中窝组和第四系更新统。在编制找矿勘查规划和总体实施方案时，可从1∶20万或1∶5万区域地质矿产数据库中单独提取有关4个含矿层位，编制含矿层分布图，如图10-1，作为找矿勘查的部署区域。

2. 套合与铝土矿有关区域地球化学异常

根据建立的预测地质—地球化学模型，在铝土矿分布区地球化学方面有Al_2O_3、Fe_2O_3、A/S、TiO_2等异常。在含矿层分布图上套合地球化学异常，构成含矿层化学异常分布图。

3. 套合已知铝土矿（化）点

在含矿层化学异常分布图上叠加已知铝土矿（化）点，构成矿层、矿点及异常分布图。

4. 岩相古地理研究，划分出有利沉积环境及古地形地貌

局限浅海稳定沉积环境开阔台地相、滨海沼泽相和滨海陆屑滩相等对沉积型铝土矿成矿有利，强岩溶化峰丛—洼地地貌利于形成堆积型铝土矿。

5. 圈出勘查靶区

应用区域已知矿床的成矿模式，综合含矿层、化学异常、铝土矿（化）点、岩相古地理及地形地貌重合区块，圈定勘查靶区，如图10-2。

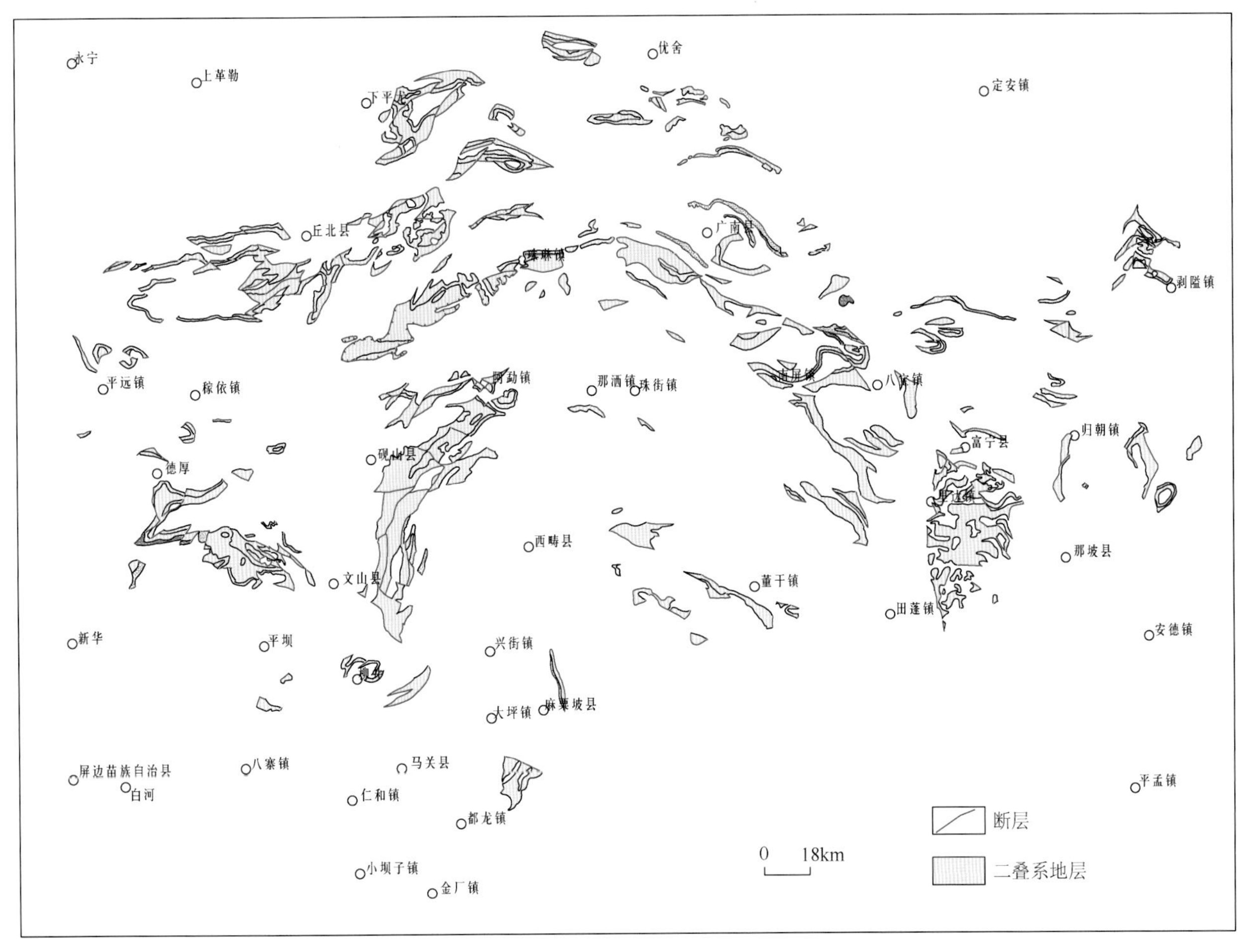

图 10-1　文山地区二叠系含铝岩系分布图

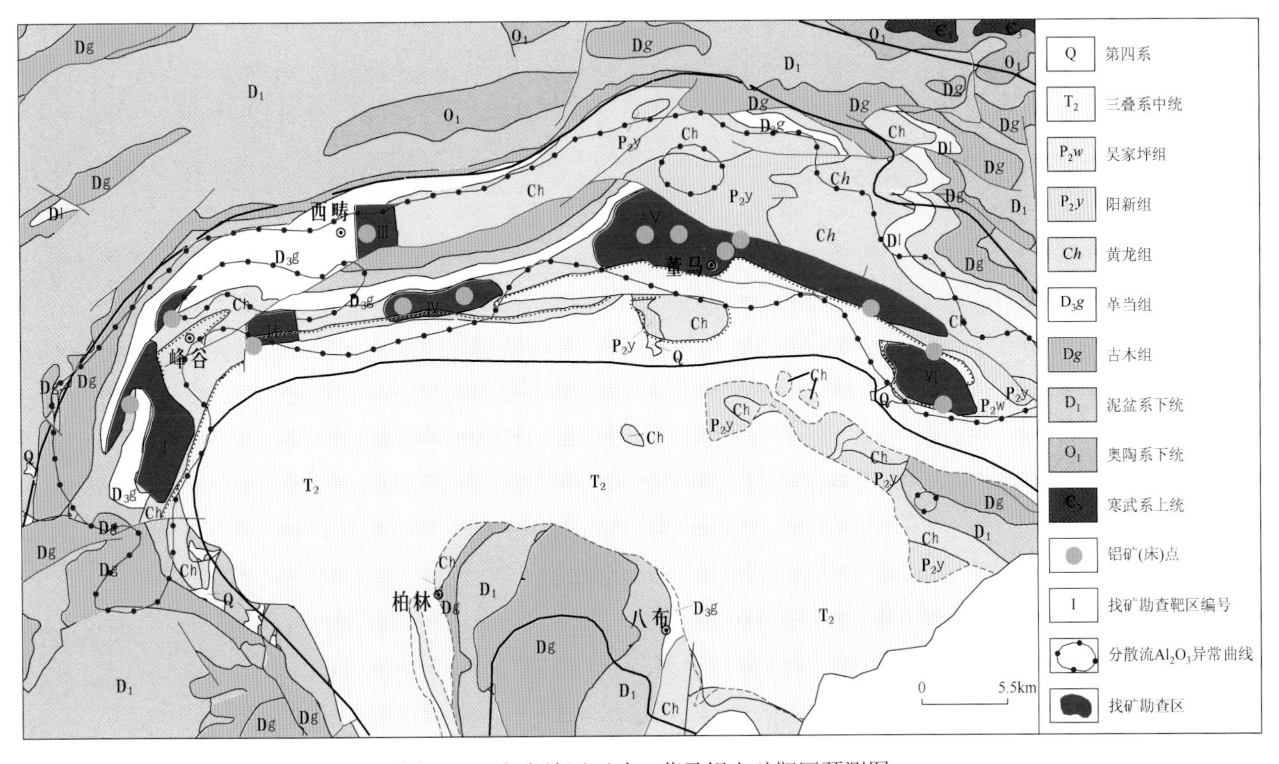

图 10-2　文山地区西畴—董马铝土矿靶区预测图

（三）地质填图、工程取样评价矿体规模质量

对优选的勘查靶区，按照《铝土矿、冶镁菱镁矿地质勘查规范》（DZ/T0202—2002）要求，开展铝土

矿地质勘查工作，提供矿产资源储量和开采技术条件等必要的地质资料。地质填图主要查明含矿地层、构造及地表矿体特征，槽、井、钻取样工程评价矿体形态、产状、规模及质量。

第二节　新技术与应用

（一）应用矿产资源潜力评价新技术，开展铝土矿资源潜力评价

2007～2011 年，云南省有色地质局和云南省地质调查院，在已有地质工作基础上，全面总结和充分利用基础地质调查和铝土矿矿产勘查工作成果资料，应用现代矿产资源预测评价的理论方法和GIS评价技术，以成矿地质理论为指导，深入开展铝土矿区域成矿地质构造环境及成矿规律研究，研究总结铝土矿各成矿区（带）典型矿床，建立矿床成矿模型（式）、区域成矿模式及区域成矿谱系；并充分利用地质、物探、化探、遥感和矿产勘查等综合成矿信息，圈定出铝土矿成矿远景区和找矿靶区，逐个评价成矿远景区资源潜力，并进行分类排序；编制铝土矿区域成矿规律与预测成果图等，为国家及地方科学合理地规划和部署铝土矿矿产勘查工作提供依据。

2011 年，云南省有色地质局和云南省地质调查局应用上述技术路线，完成了全省铝矿资源潜力评价，为云南省人民政府编制“云南省 2009～2012 年找矿行动计划”及“云南省地质找矿重大突破实施方案”奠定了基础。云南省三年找矿行动计划及找矿重大突破实施方案，在全省范围内优选有望近期取得找矿突破的 15 个重点勘查成矿区带（重要成矿远景区）、65 个勘查项目区块（资源潜力预测区），按整装勘查、加速勘查、合（协）作勘查的总体思路，分年度开展了地质勘查。其中，铝土矿实施了《云南广南—丘北—砚山地区铝土矿整装勘查》项目、包含 4 个子项目。通过整装勘查，文山地区堆积型铝土矿找矿有大的突破、沉积型铝土矿找矿有新的发现，新增 332 + 333 + 334 类别铝土矿资源量 2.03 亿 t，其中 333 以上铝土矿资源量 1.06 亿 t，新发现了 2 个大型、5 个中型铝土矿，取得了显著的找矿成果。

（二）运用就矿找矿理论以堆积型铝土矿寻找沉积型铝土矿

云南铝土矿矿石以一水硬铝石为主，铝硅比低，矿石难以工业利用。长期以来，云南铝土矿找矿只注重铝硅比较高，易开采的堆积型铝土矿，对沉积型铝土矿很少开展系统地找矿勘查工作。近年来，云南冶金集团股份有限公司对铝土矿利用研究做了大量工作，包括矿石选矿、可溶等方面的试验，采用先进的拜耳法生产工艺，结合当今国内外最先进的一水硬铝石矿生产砂状氧化铝的技术和装备，2011 年，在云南文山首家建成了 140 万 t/a 氧化铝厂，成功利用一水硬铝石矿生产氧化铝，同时有效回收了伴生的铁和镓，实现了云南铝土矿利用的重大突破。

在矿石利用升级并取得工业规模生产的基础上，云南冶金集团股份有限公司和云南省有色地质局加强了沉积型铝土矿的找矿勘查工作，如文山天生桥铝土矿区，2007 年以前仅探获堆积型铝土矿 403.20 万 t，当时对沉积型铝土矿仅进行了少量地质工作，认为沉积型铝土矿规模小，没有进一步开展勘查工作。2010～2015 年，云南冶金集团股份有限公司委托云南省有色地质局勘测设计院对区内瓦白冲矿段、天生桥矿段沉积型铝土矿进行系统找矿勘探工作。

云南省有色地质局勘测设计院根据堆积型铝土是沉积型铝土矿及含铝岩系风化产物这一属性，运用就矿找矿理论以堆积型铝土矿寻找沉积型铝土矿思路，分析堆积铝土矿的分布范围以及和含铝岩系的空间关系，在地表有堆积型矿分布的天生桥、者五舍、瓦白冲矿段的含铝岩系地层中开展了沉积型铝土矿的找矿预测研究和勘查靶区找矿验证。目前已完成钻探约 5 万余米，累计探获 331 + 332 + 333 类矿石量 6000 万 t，达特大型规模，并预测天生桥向斜区约 30km^2 范围内铝土矿资源远景在 1 亿 t 以上，在沉积型铝土矿上找矿取得了重大突破。

（三）最具代表性的堆积型铝土矿取样方法

堆积型铝土矿赋存于第四系残积、残坡积层中。第四系堆积物是由底板碳酸盐岩、碎屑岩和含铝岩系

及沉积型铝土矿石经物理、化学风化和次生岩溶坠积作用形成的堆积物。在堆积物中铝土矿石含量达到一定量时形成堆积型铝土矿。

堆积型铝土矿层为褐红色、褐黄色黏土夹大量紫红色、灰绿色棱角状—次棱角状铝土矿碎块，铝土矿碎块直径一般3～5cm，最大可达1.50m，岩块、矿块具棱角状、次棱角状、次圆状，形态极不规则，不均匀嵌布于坡积层、残积层中，少量分布于冲洪积层中。如文山大石盆堆积型铝土矿经1102件样品统计，矿石含泥量平均为69.44%，净矿量平均为30.56%。含矿率一般为200～1460kg/m^3，矿层厚介为0.50～25.10m。

堆积型铝土矿层中，工业利用的是堆积物中的铝土矿块（净矿石），估算的资源量也是净矿石量。因此，取样方法如何具代表性是堆积型铝土矿勘查中关键技术问题。

《铝土矿、冶镁菱镁矿地质勘查规范》（DZ/T 0202—2002）中6.5.1化学样品的采集要求："对于红土型和堆积型铝土矿，一般以全巷法或剥层法取样并筛选，用净矿做化验样品并计算含矿率。同时，对原矿也采取适当样品进行化验。全巷法或剥层法采样，其样品体积应不小于0.2～0.5m^3，样长一般不大于1m。当矿体厚度大、矿石块度小，且分布均匀时，也可采用断面为（20cm×10cm）～（20cm×20cm）的刻槽法，采样长度一般0.2～1m，但需要有全巷法或剥层法予以检查验证"。

规范中未对取样方法和筛选方法的具体操作做出细化及规定。云南堆积型铝土矿矿体厚度变化较大、矿石块度大，且分布不均匀，宜采用全巷法取样，才具较好的代表性。但在实际操作中，需根据矿石粒级、含矿率、矿体厚度等因素实验和实践具体的取样方法和筛选方法。

1. 分层全巷法（浅井矿样称筛）取样

参照广西平果铝业有限公司的全巷法取样—分粒级筛分洗矿的经验，云南文山铝业有限公司首先于2005年、2007年委托云南省有色地质局306队及中国冶金地质总局昆明地质勘查院在砚山县红舍克、丘北县飞尺角、文山县大石盆等铝土矿勘查中使用，效果及代表性较好。后在2010～2013年云南省有色地质局执行的《广南—丘北—砚山地区铝土矿整装勘查》项目中推广使用。

浅井全巷法采样工作量大，操作流程长。需配专人对称重—筛分、洗样—晒样、加工—配样等关键环节进行监督、检查。若有非矿顶板、底板、夹层（≥0.5m），还应分层采样。

为满足今后生产需求，在浅井全巷法采样时，对矿体内部还应抽取5%～10%的浅井工程，在矿体上下盘分别取刻槽样各1件。

2. 全巷法取样—分粒级筛分样制作

在浅井施工过程中，依井深按每米顺序堆放挖掘物，由地质人员根据目估含矿率、矿块大小等因素确定取样位置和深度，矿层内出现≥0.5m夹层（非矿）必须剔除。

每个样品在施工场地按粒级≥50mm、≥30mm、≥10mm分别筛分、称重，用敲块法取粒级≥50mm样品5kg；拌匀拣块法取粒级≥30mm及≥10mm样品各5kg，用缩分法取粒级≤10mm样品25kg，然后将上述4种不同粒级样品分别洗净、干燥。粒级小于10mm样品过1mm筛并称重，其他三种粒级（10mm～≥50mm）样品分别破碎至小于10mm，再用各粒级原始重量乘净矿占有率，获得各粒级含泥量≤2%的净矿重量，最后按各粒级净矿重量百分比配成重量5kg样品进行化学分析，操作流程见图10-3。加工制成的待化验样品必须满足重量5kg、粒度≤10mm，含泥率≤2%等三项基本要求。

实践证明全巷法取样—分粒级筛分洗矿，样品代表性和可靠性方面具有其他取样方法无可比拟的优点，所获参数不但能满足圈定矿体、资源量估计算要求，而且能获得4种粒级（+50mm、+30mm、+10mm、−10mm）含泥铝土矿和净矿重量，也能真实、客观地获得矿体重量含矿率和体积含矿率，为选择生产流程提供了可靠依据。矿样称筛中样号编制样式见表10-1。净矿样品制作既考虑获得可靠的地质成果，又必须满足今后生产流程的需要。

为了评价洗矿后矿泥中有用矿物的含量，需按所洗样品数的5%进行洗矿泥样的抽取，并送化验室分析，其编号加"N"。

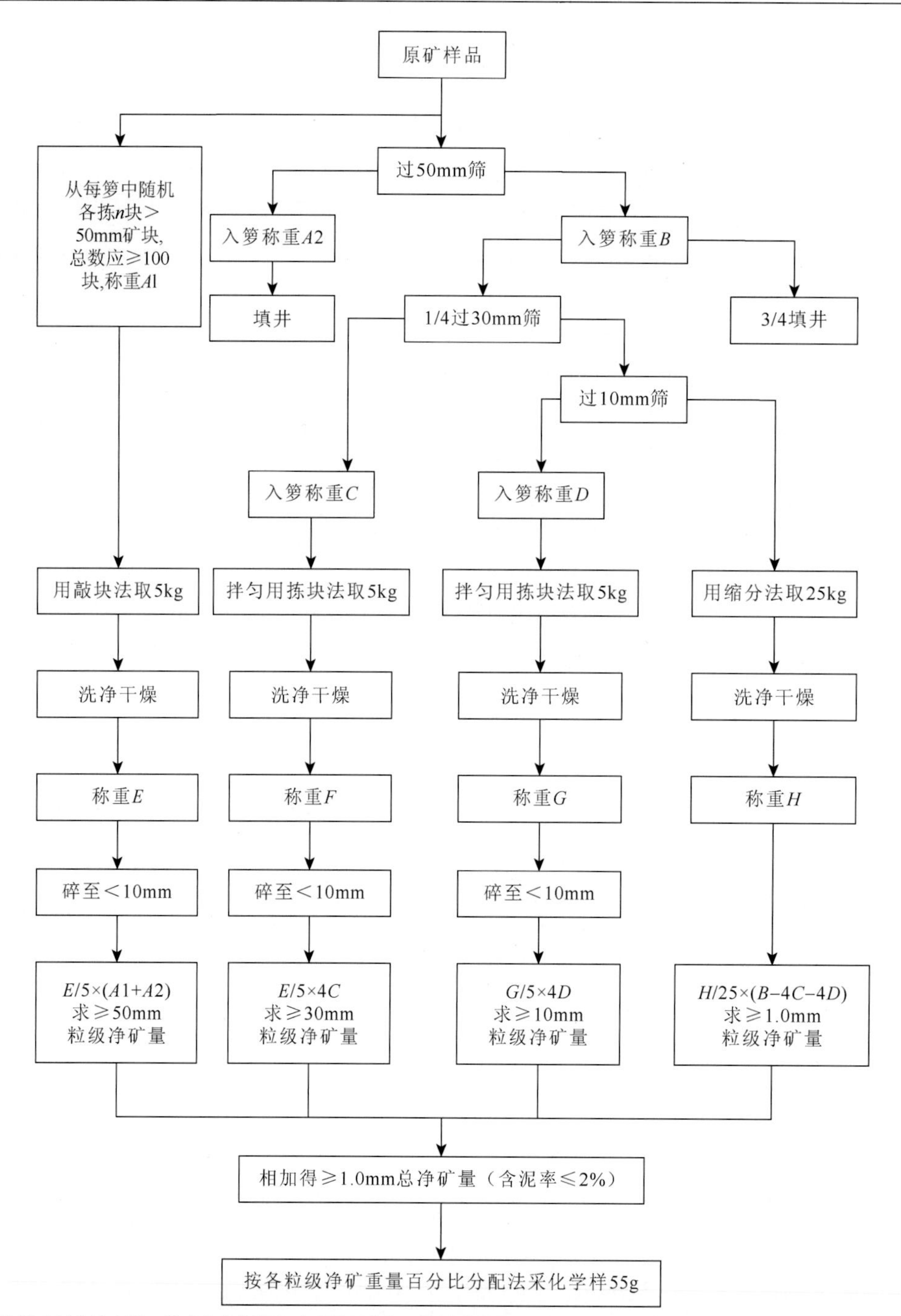

注：送化验样配制方法步骤：①求出各粒级净矿重量百分比；②按①所得百分比分别计算各粒级净矿在5kg样品中所应取的重量；③按②计算结果分别取样并装入一个样品袋中包装、编号（其重量应为5kg）。

图 10-3　全巷法取样、制样流程图

表 10-1　浅井矿样称筛中样号编制样式

工程号	原样号	粒级（mm）				合并样号	采样方式
		+50	+30	+10	−10		
QJ1208	QJ1208-H1	—	—	—	—	—	刻槽法
	QJ1208-H2	QJ1208-H2+5	QJ1208-H2+3	QJ1208-H2+1	QJ1208-H2-1	—	全巷法
	QJ1208-H3	QJ1208-H3+5	QJ1208-H3+3	QJ1208-H3+1	QJ1208-H3-1	QJ1208-HB34	
	QJ1208-H4	QJ1208-H4+5	QJ1208-H4+3	QJ1208-H4+1	QJ1208-H4-1		
	QJ1208-H5	—	—	—	—	—	刻槽法
	QJ1208-H2N	—	—	—	—	—	矿泥样

注：表中2～4号样为全巷法采样；QJ1208-HB34为称筛后，经计算可合并为1个样品的新样号。

第三节 综合找矿模型及方法组合

云南铝土矿主要为沉积和风化堆积成因，堆积型与沉积型相伴，成矿时代及含矿地层主要为二叠系中统梁山组、二叠系上统龙潭组（吴家坪组）、三叠系上统中窝组和第四纪更新统。因此，找矿模型和方法组合均体现层状矿找矿勘查的特点。

一、找矿模型

（一）找矿标志

（1）地层时代标志。
（2）区域性角度不整合（古侵蚀）面标志。
（3）褶皱构造标志。
（4）矿化露头标志。
（5）矿物标志。
（6）化探异常标志。
（7）地形地貌标志。

（二）找矿模型

云南铝土矿找矿模型：利用 1∶20 万和 1∶5 万区调及矿产远景调查的地物化遥等成果开展综合成矿预测圈定找矿远景区→综合含矿层、矿点、化学异常分布及古沉积环境圈定勘查靶区→地质填图、浅井、钻探取样→圈定矿体、评价规模、质量及估算资源量。找矿模型图见图 10-4。

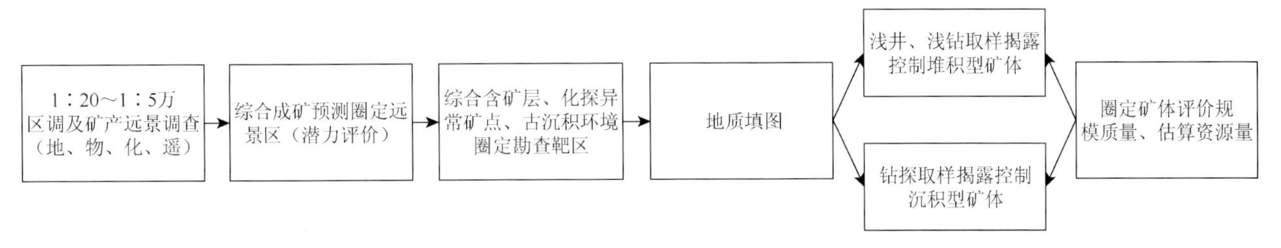

图 10-4 云南铝土矿找矿模型图

找矿模型的重点可概括为“找层、定相、寻貌”。

找层：云南沉积型铝土矿主要赋存于上古生界的二叠系中统梁山组、二叠系上统吴家坪组（宣威组、龙潭组）、中生界的三叠系上统中窝组以及新生界第四系的更新统中，因此寻找含矿层位是找矿的先决方向。

定相：铝土矿体的产出与分布受沉积环境控制。成矿时期岩相古地理有利条件是沉积环境为局限浅海稳定沉积环境开阔台地相、滨海沼泽相和滨海陆屑滩相等，周边古陆岩石组成主要是玄武岩和灰岩；铝土矿矿床（点）主要分布于古陆（岛）周围及靠近古陆（岛）的潮间带、潮下带和潟湖中，以潮下带和潟湖中成矿相对较好。因此，在含矿层中确定有利的沉积相是寻找目标矿体的有利空间。

寻貌：沉积型铝土矿层底板地层不整合面上古岩溶洼地是形成厚大矿体的有利部位；沉积型铝土矿出露地表，在风化剥蚀作用下，在原地形成残积型（堆积型）铝土矿；在重力作用和洪流双重作用下，在坡地或洼地之中形成了坡积、坡洪积型（堆积型）铝土矿。矿体的规模、形态、厚度及产状等受含铝岩系底部古侵蚀面凹凸不平或高低起伏岩溶化地貌直接控制。一般，地凹矿厚，地凸矿薄，甚至尖灭缺失，凹凸不大地段矿体呈似层状或层状。因此，寻找古侵蚀面凹陷地貌可能获得厚大的堆积型矿体。

二、方法组合

找矿勘查方法组合即为前述发现铝土矿基本途径的方法组合。大致可分为4步：综合成矿预测→综合矿层、矿点、化探异常及古沉积环境→地质填图、工程取样→评价矿体规模、质量、估算。

1. 综合成矿预测

综合成矿预测包括区域成矿规律研究和矿产预测两部分，区域成矿规律研究主要包括：铝土矿成矿地质构造环境研究、区域成矿特征研究、典型矿床特征研究、构建典型矿床成矿要素和预测要素、建立典型矿床成矿模式和预测模型，研究铝土矿区域成矿要素和预测要素、建立区域成矿模式和预测模型、划分成矿系列、亚系列、划分成矿区带，建立区域成矿谱系、编制区域成矿规律图和系列专题成果图件等。矿产预测则是在成矿地质背景、成矿规律和矿床模式精细研究的基础上，以先进的成矿预测理论为指导，以MAPGIS为平台，基于MRAS2.0，在统一地理坐标系、统一精度下，充分应用已有的（1∶20万及1∶5万区调及矿产远景调查）地、物、化、遥等综合成矿信息，按铝土矿不同预测类型对铝土矿资源潜力进行定量评价，圈出远景区，预测资源量，提出铝土矿资源勘查工作部署及开发基地的战略布局建议（图10-5）。

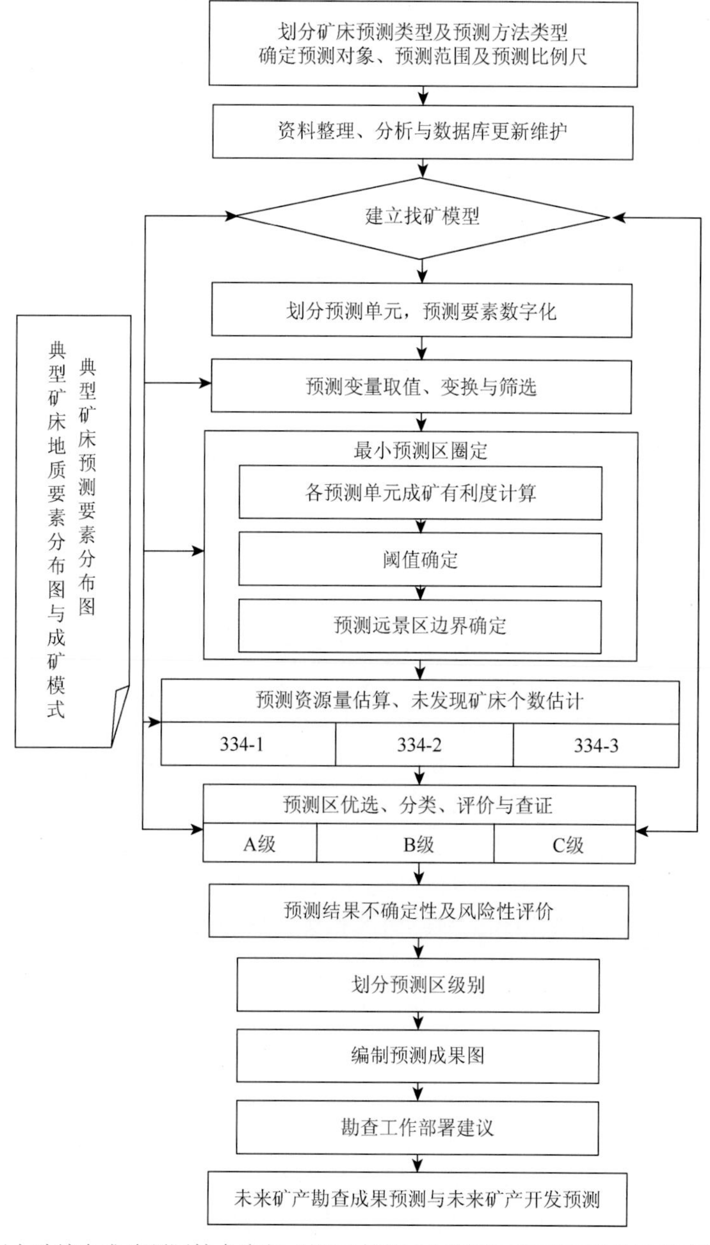

图10-5　铝土矿综合成矿预测技术流程（据云南省国土资源厅和云南省地质调查局，2013）

2. 综合矿层、矿点、化探异常及古沉积环境

在已圈了的找矿远景区内，进一步圈出含铝岩系地层，套合与铝土矿有关区域地球化学异常，套合已知铝土矿（化）点，分析有利古地形地貌，圈出勘查靶区。

3. 地质填图、工程取样

按照《铝土矿、冶镁菱镁矿地质勘查规范》（DZ/T0202—2002）要求，开展铝土矿地质勘查工作，提供矿产资源储量和开采技术条件等必要的地质资料。地质填图主要查明含矿地层、构造及地表矿体特征，槽、井、钻取样工程评价矿体规模质量。

4. 评价矿体规模、质量、估算资源量

按照《固体矿产勘查/矿山闭坑地质报告编写规范》（DZ/T0033—2002），圈定矿体、估算资源量及编制矿产勘查报告。

第四节　勘查评价体系

一、指标体系

指标体系（indication system）是指若干个相互联系的统计指标所组成的有机体。指标体系的建立是进行预测或评价研究的前提和基础，它是将抽象的研究对象按照其本质属性和特征某一方面的标识分解成为具有行为化、可操作化的结构，并对指标体系中每一构成元素（即指标）赋予相应权重的过程。

铝土矿在区域找矿方面重要的指标有：地层、岩相古地理、区域化探异常、矿化点、岩溶坡地、洼地、谷地等。

1. 地层标志

二叠系中统梁山组、二叠系上统吴家坪组（龙潭组）、三叠系上统中窝组是沉积型铝土矿含铝岩系，也是堆积型铝土矿的主要物质来源，是找铝土矿的主要标志。第四系更新统是堆积型铝土矿的含铝岩系标志。

2. 岩相古地理标志

铝土矿含铝岩系处于多个亚相中，它们对成矿的有利度各不相同，局限浅海稳定沉积环境开阔台地相、滨海沼泽相和滨海陆屑滩相等对成矿有利。

3. 地球化学标志

1∶20 万及 1∶5 万区域化探资料，Al_2O_3、Fe_2O_3、A/S、TiO_2 异常与已知铝土矿点和铝土矿含矿岩系重合，可指示铝土矿带和铝土矿体的存在。

4. 矿化点标志

1∶20 万及 1∶5 万区域地质矿产报告所发现的铝土矿点及民采矿点，可指示铝土矿的存在。

5. 地形地貌标志

沉积型铝土矿层底板地层不整合面上古岩溶洼地是形成厚大矿体的有利部位；出露地表上古生界碳酸盐岩上的岩溶坡地、洼地、谷地是赋存堆积型铝土矿的有利地形地貌。

二、技术体系

技术体系（technological system）是指社会中各种技术之间相互作用、相互联系、按一定目的、一定结构方式组成的技术整体。

铝土矿勘查评价方法技术有：地质填图、勘查工程、取样化验、资源量估算、综合评价、勘查报告编制。

1. 地质填图

预查阶段进行（1∶50000）路线地质踏勘；普查—勘探阶段以正规地形图为底图填制矿区（床）地形地质图，其比例尺为1∶10000～1∶2000。

矿区水文地质、工程地质和环境地质工作，应符合《矿区水文地质工程地质勘探规范》(GB/12719—91)等相应勘查阶段的规定规范要求。

2. 勘查工程

铝土矿地质勘查中通常采用槽探、浅坑、岩心钻探等探矿工程。槽探、浅井工程主要用于揭露地表地质构造界线和系统控制矿体在地表及近地表浅部的实际位置。浅井工程（或浅钻）常用于勘查堆积型矿体；岩心钻探常用于勘查沉积型矿体。

3. 取样化验

揭露和圈定矿体的全部探矿工程必须采样化验。对于沉积型铝土矿，在槽探、井探、坑探工程中采取化学分析样品一般采用刻槽法，钻探工程中矿心取样，沿矿心长轴劈取二分之一作为样品。不同矿石类型应分别取样。

对于红土型和堆积型铝土矿，一般以全巷法或剥层法取样并筛选，用净矿做化验样品并计算含矿率。同时，对原矿也采取适当样品进行化验。

铝土矿一般分析项目为 Al_2O_3、SiO_2、Fe_2O_3、TiO、烧失量，当 S、MgO、CaO 等含量超过允许含量时应列为基本分析项目；若作电熔刚玉和高铝耐火材料时，当 CaO、MgO、Na_2O、K_2O、含量大于允许含量时应列入基本分析项目；若作高铝水泥原料时，当 MgO、K_2O、Na_2O 超过允许含量时，应列入基本分析项目。

4. 估算资源量

1）资源、储量估算的工业指标

铝土矿、菱镁矿预查、普查阶段可采用《铝土矿、冶镁菱镁矿地质勘查规范》(DZ/T 0202—2002) 附录 H、附录 I、附录 J 中的一般工业指标进行资源储量估算。详查、勘探阶段所采用的工业指标，由投资方（业主）会同地勘单位根据国家发布的资源地地质矿产信息，结合对矿床开发经济意义的概略研究或预可行性研究成果，在有关规范给出的品位区间内，确定指标方案。

2）估算方法

铝土矿资源/储量估算，当前应用的一般方法为地质块段法，亦有垂直剖面法和最近地区法等方法。伴生有益组分的估算方法主要是以主矿种矿石量为基础的普通估算法。

在资源/储量估算中，提倡推广使用国内外先进的储量计算方法和计算机软件，但提交报告时，其新方法和新软件应事先获得有关主管部门的认定。

5. 综合评价

为了最大限度地综合开发、利用矿产资源，在勘查铝土矿的同时，对于达到一般工业指标要求，又具有一定规模的共、伴生矿产，如铝土矿中的耐火黏土、熔剂灰岩、硫铁矿、铁矾土、煤层、伴生镓、锂等，应进行综合勘查和综合评价。

6. 勘查报告编制

遵照《固体矿产勘查/矿山闭坑地质报告编写规范》(DZ/T0033—2002)，综合描述矿产资源储量的空间分布、质量、数量，论述其控制程度和可靠程度，并评价其经济意义，对勘查对象调查研究的成果进行总结。

第五节　勘查实例及找矿突破

云南省文山天生桥铝土矿，位于滇东南成矿区西部。2004～2007 年间，云南省冶金集团股份有限公司委托中国冶金地质总局昆明地质勘查院对区内堆积型铝土矿进行过评价工作，探获铝土矿净矿矿石量（332 + 333 + 334 类）403.20 万 t，工作同时也对沉积型铝土矿进行了少量工程揭露，但最终否定了区内沉积型铝土矿的工业价值。2008～2011 年，云南省地质调查局和云南省有色地质局开展的云南省铝矿资源潜力评价，对矿区进行了成矿预测；2010 年初，云南有色地质局昆明勘测设计院在开展云南省 3 年地质找矿行动计划工作时，运用堆积矿找沉积矿的就矿找矿理论，重新根据区内堆积铝土矿和含矿地层分布情况，对沉积型铝土矿进行了综合分析研究，圈出找矿勘查靶区，并进行了少量工程揭露后，显示沉积矿体厚大、品质较好，认为区内沉积型铝土矿具有较大工业价值。为此，矿业权人云南文山铝业有限公司委托云南省有色地质局勘测设计院，于 2011 年 10 月进入该矿区开展地质勘查工作。

在先期少量地表浅部普查工作和云南省铝矿资源潜力评价的基础上，通过矿区成矿规律研究、勘查靶区圈定、资源量预测和钻孔验证，实现了沉积型铝土矿找矿的重大突破。

一、综合成矿预测圈定靶区

（一）区域成矿规律研究及成矿预测

2007～2011 年开展的云南省铝矿资源潜力评价项目，通过系统资料收集，成矿地质背景研究，地质构造专题底图编制，成矿规律研究，总结了区域成矿要素、成矿模式，物化遥自然重砂资料应用等，建立了矿床预测模型，通过预测单元划分及预测地质变量选择，采用综合信息地质单元法、地质体法，最终圈定了预测区，定量估算了资源量。

文山天生桥铝土矿属于“铁厂式”沉积型铝土矿预测区。“铁厂式”沉积型铝土矿产于二叠系上统吴家坪组（龙潭组）中，分布于滇东南的小米冲、红舍克、天生桥、杨柳井、铁厂、板茂等地区。滇东南“铁厂式”沉积型铝土矿共圈出小米冲、席子塘、永和、天生桥、红舍克、杨柳井、新寨、芹菜塘、板茂、铁厂、郎架、谷桃等 12 个预测区。

天生桥预测区位于天生桥向斜南端。含矿岩系为二叠系上统龙潭组，其岩性为薄层状硅质岩，铝质硬黏土岩，铁铝岩互层，夹碎屑状铝土矿。上覆地层为三叠系下统洗马塘组黄色页岩，下伏地层为石炭二叠系马平组浅灰色生物碎屑灰岩。沿含矿岩系走向见有三个不连续透镜状矿体出露。预测区二叠系上统吴家坪组（龙潭组）古地理环境为滨海沼泽亚相，反映预测区沉积盆地和物质来源对成矿均较有利。预测区综合信息地质单元法估算最小预测单元预测资源量（100m 以内）为 480 万 t。

（二）矿区成矿规律研究及勘查靶区圈定

1. 矿区地质特征

文山天生桥矿区位于文山市 310°方向，平距约 10km。区内出露泥盆系、石炭系、二叠系、三叠系和第四系地层，受东吴运动影响形成的上石炭世古侵蚀面，导致矿区二叠系中统地层及二叠系上统玄武岩层剥蚀殆尽，二叠系上统龙潭组、三叠系下统洗马塘组直接超覆、不整合于石炭二叠系马平组古侵蚀面上。强烈的岩溶侵蚀作用及基底古地貌高低起伏，使基底及其以上地层呈孤岛状分布。矿区由西向南划分为干塘子、天生桥、瓦白冲、者五舍和拖白泥等 5 个矿段（图 10-6）。

1）地层

主要地层为泥盆系、石炭系、二叠系、三叠系、第四系，由老到新分述如下：

泥盆系（D）：泥盆系下统（D_1c、D_1p、D_1b）为灰白、灰黄、灰黑色、石炭、砂岩、页岩、泥岩夹泥灰岩，厚 184～683m；中统（D_2g、D_2d）为灰色结晶灰岩、白云质灰岩夹泥灰岩，厚 572～1835m；上统（D_3）为浅灰色结晶灰岩、泥质灰岩、白云岩，厚 201～732m。

石炭二叠系马平组（CP*m*）：下部为灰白色、暗灰色厚层状灰岩、生物碎屑灰含珊瑚类化石。厚 90～100m。中部为灰色浅灰色厚层状灰岩、生物碎屑灰岩。含珊瑚类、介壳类、腕足类、海百合茎类化石，与上覆地层上二叠统龙潭组（P_3l）呈假整合接触关系。厚 105～250m。上部为浅灰色中厚层状灰岩，夹白云质灰岩。厚 81～200m。

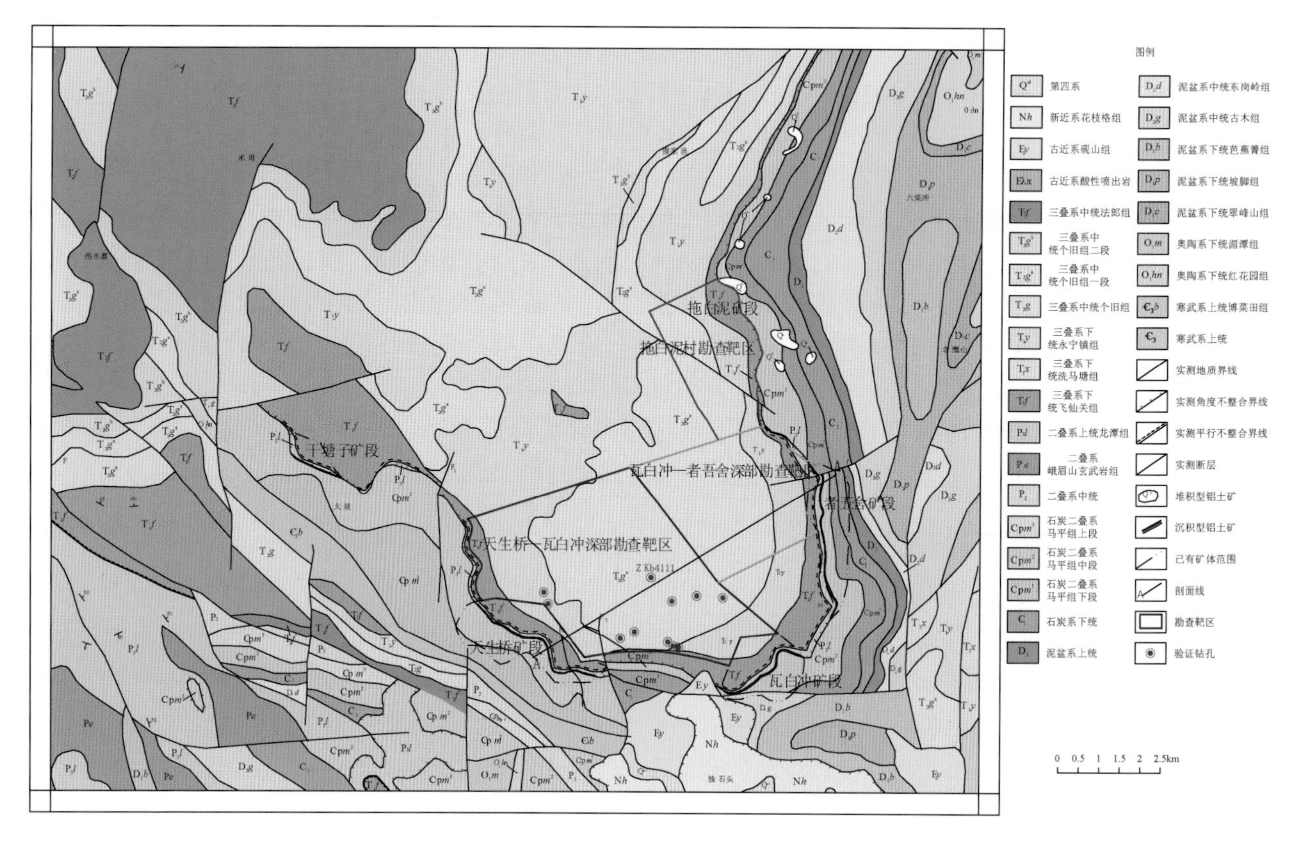

图 10-6　天生桥矿区地质及勘查靶区图

二叠系玄武岩组（P*e*）：致密玄武岩、凝灰岩、玄武质熔火山角砾岩，夹硅质岩。与下伏地层呈喷发不整合接触。含腕足类化石和三叶虫化石。厚 310～455m。

二叠系上统龙潭组（P_3l）：为区内含矿层位。与上覆地层三叠系下统飞仙关组（T_1f）呈假整合接触关系，与下覆地层石炭二叠系马平组（CP*m*）呈角度不整合接触关系。龙潭组按照岩性可划分为上、下两个岩性段，分别为：

下段（P_3l^1）：为本区沉积型铝土矿含矿岩系，自下而上具典型的铁—铝组合，岩性可分为：

（1）灰绿色、紫红色铁铝岩，泥质结构，块状构造，赤铁矿化较强，单层厚 5～20cm。厚 0～10.86m。

（2）灰色、浅灰色铝土矿，主要为团粒状，少量鲕粒状结构，鲕粒大小 0.05mm，主要成分为铝土矿。薄至中层状构造，单层厚大多 2～20cm，局部呈块状构造。厚 0～17.83m。

（3）紫红色、灰白色硅铝岩，主要为泥质结构，少量鲕状结构，薄至中层状构造，层厚大多 2～10cm，主要成分为三氧化二铝、二氧化硅。厚 0～2.0m 不等，多数地段缺失。

上段（P_3l^2）：灰色、深灰色薄至中层状硅质岩，局部为深灰色细晶中厚层状硅质灰岩，岩石节理裂隙发育，地表多风化成碎块状。厚 0～121.11m，在与下段接触部位，见有 0～4m 厚的黑色煤层。

三叠系下统飞仙关组（T_1f）：粉砂质泥岩夹紫色薄层状粉砂岩及灰岩透镜体。厚 92～200m。按岩性不同可划分为上、下两个岩性段，分别为：

下段（T_1f^1）：褐黄色、黄绿色粉砂质泥岩，泥质结构，薄层状构造，单层厚 0.2～2cm，节理裂隙发育，裂隙面上夹有铁质薄膜。底部为灰色，灰绿色泥质灰岩，与龙潭组假整合接触，局部地段有缺失。

上段（T_1f^2）：灰紫色粉砂质泥岩，泥质结构，薄层状构造，单层厚 0.2～2cm，节理裂隙发育，裂隙面上夹有铁质薄膜。局部为细粒砂岩。

三叠系下统永宁镇组（T_1y）：灰色泥质灰岩，薄—中层状构造，单层厚 5～15cm。含瓣鳃类化石。厚 43～472m。

三叠系中统个旧组（T_2g）：上部灰岩、深灰色中厚层状灰岩；下部灰色、深灰色中厚层状白云岩夹白云质灰岩。厚 555～1308m。

第四系（Q）：为矿区堆积型铝土矿含矿层，分布于山坡、岩溶凹地，主要为棕红色、黄色、浅褐色残坡积泥质、砂质黏土，其次为铝土矿块，局部地段达工业要求。厚 0～30m。

2）含矿层特征

铝土矿赋存于石炭二叠纪古侵蚀面上的二叠系上统龙潭组地层内，上覆地层为三叠系下统飞仙关组，岩性为紫红色、黄绿色泥岩、砂质泥岩，与龙潭组呈假整合接触。下伏地层为石炭二叠系马平组，岩性为厚层状至块状灰岩、生物碎屑灰岩、白云岩，与含矿层呈假整合接触。含矿层呈向南凸的“U”字形，南部向斜扬起端含矿层近东西向分布，向斜东翼者五舍至瓦白冲，含矿层走向大致呈北南向带状分布，倾向西，倾角 0°～56°；向斜西翼瓦白冲至干塘子，含矿层走向呈东西向展布，倾向北西，倾角 23°～50°。区内整个龙潭组地层断续延伸约 25km，岩性组合为：下段（P_3l^1）为铁铝质建造，上段（P_3l^2）为硅质、泥砂质含煤建造。含矿岩系厚度受古基底溶蚀地貌控制，基底低凹处厚度大，凸起处薄，但总体上含矿层厚度变化较小，出露厚度 0～90m 不等。

3）构造特征

天生桥铝土矿区为一向斜构造，称天生桥向斜（或称塘子边向斜）。向斜西翼为干塘子、天生桥，南转折端为瓦白冲，东翼者五舍、向北延伸至拖白泥。铝土矿矿体露头沿向斜边缘断续出露长约 18km，形成一个“U”字形，向斜核部均为上覆地层覆盖。断裂沿向斜边缘分布，主要有北东、北西和东西向三组断层，多数对矿体影响不明显。

4）岩浆岩

矿区岩浆活动为二叠纪的基性喷出岩—玄武岩，对风化玄武岩取样化学分析结果显示，Al_2O_3 平均为 20.14%，SiO_2 平均 38.66%，Fe_2O_3 平均 21.76%，具较高铝元素含量，暗示其对区内铝土矿形成有一定贡献。

2. *矿体地质特征*

区内分布有沉积型铝土矿和堆积型铝土矿 2 种类型。有干塘子、天生桥、者五舍、瓦白冲、拖白泥等 5 个矿段，矿体呈层状、似层状，总体受基地起伏影响，部分矿体不连续。堆积型铝土矿沿沉积型铝土矿出露界线分布，为沉积型铝土矿出露地表经风化、破碎，就地残积的产物。矿段位置及铝土矿类型分布见图 10-7。

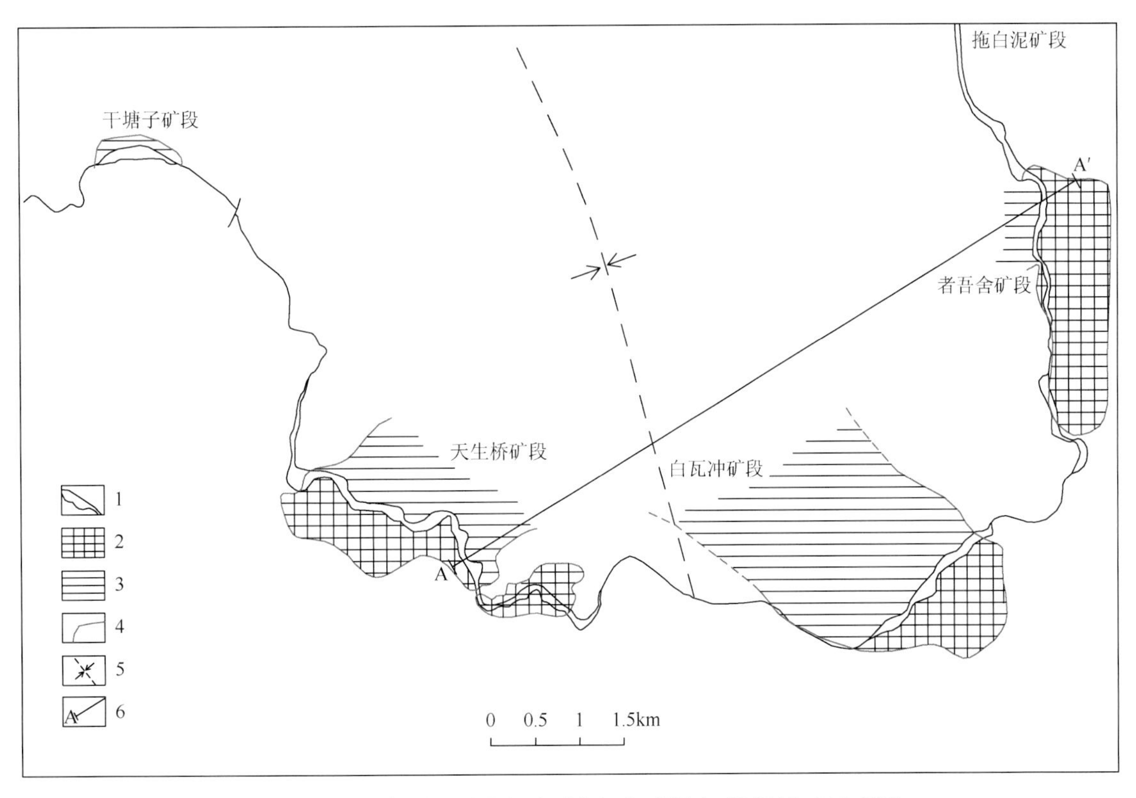

图 10-7　天生桥矿区堆积铝土矿与沉积型铝土矿平面分布示意图

1. 含铝土矿龙潭组露头；2. 堆积型铝土矿；3. 沉积型铝土矿；4. 已控制矿体边界；5. 向斜轴；6. 剖面线

干塘子矿段：位于天生桥向斜西翼，矿体呈透镜状产出，近东向延伸 500m，目前控制剖面上最大延伸 300m；倾向北，倾角 5°～20°；厚度 0.78～5.40m，Al_2O_3 品位 42.41%～67.44%，A/S 值为 1.52～14.77。

天生桥矿段：位于天生桥向斜西翼，有沉积型和堆积型 2 种类型。沉积型铝土矿呈层状、似层状分布，目前控制剖面上最大延伸 1000m；厚度 0.13～23.16m，Al_2O_3 品位 40.06%～69.27%，A/S 值为 1.60～28.29。

堆积型铝土矿分布于含矿层龙潭组的南部，赋存于石炭二叠系马平组灰岩的溶蚀洼地第四系残破积物中，矿体呈面形展布，产状主要受地形影响，与地表大致平行。矿体形态极不规则，呈港湾状展布。矿体绝大部分裸露地表，经浅井工程揭露，最小铅直厚度 0.9m，最大铅直厚度 7.0m，原矿含矿率最高 1012.09kg/m^3，最低 120.53kg/m^3，平均 446.23kg/m^3。矿体净矿石品位 Al_2O_3 含量为 35.39%～65.38%，平均 46.38%；SiO_2 含量平均 8.69%，Fe_2O_3 平均为 25.86%，铝硅比值平均为 5.34。

者五舍矿段：位于天生桥向斜东翼，有沉积型和堆积型 2 种类型，矿体长轴方向为南北向。沉积型铝土呈似层状、透镜状，走向断续延伸 3000m，目前控制剖面最大倾向延伸约 100m；倾向西，倾角 0°～56°；矿体厚度 0.5～11.42m，Al_2O_3 品位 43.90%～74.35%，A/S 值为 1.92～17.21。

堆积型铝土矿经浅井工程揭露，矿体主要分布于龙潭组含矿岩系以东，出露在东西宽 1km，南北长约 2km 的范围内。矿体主要赋存于泥盆系及石炭二叠系古侵蚀面上的第四系残坡积层中。矿体形态复杂，在平面上呈不规则几何状、具港湾状弯曲，在剖面上随基底起伏而起伏，呈舒缓波状、条带状、扁豆状、透镜状产出，矿体规模较小，分布零星。东西最大宽度 1050m，南北最大长度 1180m，面积约 0.225km^2，矿体形态不规则，外形极复杂。矿体绝大部分裸露地表，经浅（竖）井工程揭露，最小铅直厚度 0.6m，最大铅直厚度 13.95m，平均铅直厚度 8.10m。原矿含矿率最高 1243.76kg/m^3，最低 307.12kg/m^3，平均 713.959kg/m^3。矿体净矿石品位：Al_2O_3 含量为 42.87%～53.70%，平均 49.65%；SiO_2 含量为 5.51%～14.99%，平均 9.39%；Fe_2O_3 含量为 20.33%～31.05%，平均 17.31%；铝硅比值为 3.88～9.34，平均 5.30。

瓦白冲矿段：位于天生桥向斜南转折端，有沉积型和堆积型 2 种类型，矿体长轴方向为北西向。沉积铝土矿矿体呈层状、似层状；北东向延伸 2000m，目前控制剖面最大倾向延伸约 3000m；倾向北东，倾角 0°～45°；厚度 0.5～83.36m，Al_2O_3 品位 41.85%～62.82%，A/S 值为 2.25～14.10。

堆积型铝土矿体分布于龙潭组南侧的石炭二叠系马平组的溶蚀洼地之上，第四系残坡积物和冲积物中。经浅井工程揭露，该矿段有堆积型铝土矿体一个，形态受古地貌控制，在平面上呈不规则几何形态。矿体南北最大长度 1505m，东西最大宽度 1700m。矿体绝大部分裸露地表，最小铅直厚度 1.0m，最大铅直厚度 13.50m，平均铅直厚度 5.73m。原矿含矿率最高 790.53kg/m^3，最低 115.84kg/m^3，平均 371.97kg/m^3。矿体净矿石品位：Al_2O_3 含量为 36.20%～59.24%，平均 49.04%；SiO_2 含量平均 9.34%，Fe_2O_3 含量平均 24.11%，含矿率平均 371.97kg/m^3；铝硅比值平均 5.25。

拖白泥矿段：位于向斜东翼者吾舍矿段的北部延伸，通过初步地质调查工作，矿体走向延伸约 800m，厚度约 5m。露头处取样分析结果显示，Al_2O_3 含量平均 51.20%，A/S 值平均 5.4。

3. *成矿规律及控矿因素*

1）成矿规律

该区铝土矿矿床成因、控制因素与滇东南成矿区沉积型铝土矿基本一致，只是由于本区受特殊构造背景、成矿地质条件和古喀斯特地貌的控制，因而形成了规模较大、品质较好的铝土矿体（表 10-2）。

表 10-2　天生桥矿区沉积型铝土矿成矿规律简表

矿床类型		沉积型铝土矿 + 堆积型铝土矿
地质环境	构造背景	上扬子古陆块富宁—那坡被动陆缘
	基底地层	石炭二叠系马平组灰岩
	赋矿地层	二叠系上统龙潭组
	含矿岩系	铁—铝—煤组合
	岩相古地理	局限海湾、潟湖
	古地貌类型	喀斯特
	古气候	湿润炎热多雨气候区
	岩浆活动	峨眉山玄武岩
	物质来源	就地风化堆积红层及屏马古陆

续表

矿床类型		沉积型铝土矿＋堆积型铝土矿
矿床地质	矿体产状	层状、似层状、透镜状等
	矿物组合	一水硬铝石、三水软铝石、黄铁矿、赤铁矿、褐铁矿、高岭石、石英、绿泥石、绢云母等
	矿石结构	以泥质结构为主，部分团粒状、鲕状
	矿石构造	致密块状、蜂窝状、砂屑状
	矿石类型	高铁型、高铝型
	共生元素	Ga、Ti
控矿因素		二叠系上统龙潭组地层、向斜构造、古喀斯特地形、古沉积环境
成矿时代		晚二叠世

2）控矿因素

从铝土矿矿床地质特征和矿床空间位置展布特点来看，该矿床受下伏地层、古地理、沉积环境、沉积相和构造的控制；而堆积型矿主要是沿沉积型铝土矿出露界线就地坍塌、堆积而成。

（1）下伏地层控矿作用：区内铝土矿成矿物质主要源于下伏地层，而且成矿物质搬运距离不远，风化剥蚀后形成的成矿物质在新的沉积盆地中重新沉积下来，形成了龙潭组含铝岩系。

（2）古地理控矿作用：晚二叠世吴家坪期，天生桥地区在海侵作用之下，处于古陆边缘的滨海环境，大多数区域被海水淹没，但由于其沉积期间古地貌环境为喀斯特地貌，高低起伏，海水侵入之后隆起区域极易形成大量露出水面的岛弧，且多条岛弧互相作用形成的相对封闭或半封闭的潟湖、局限浅海，为铝土矿沉积提供了一个相对低能的水动力环境。

（3）沉积环境和沉积相控矿作用：区内含矿岩系从下至上为高铁铝土矿、铝土矿、铝土岩、煤层（线）。颜色呈紫红、灰色、浅红色。团粒、砂泥质结构为主，少量鲕粒结构，矿物颗粒普遍较小，推测沉积期间水动力环境较弱。经镜下鉴定显示，矿石具轻微交错层理，推测沉积期间受潮汐影响较大，为潟湖或者沼泽沉积环境。

（4）古岩溶控矿作用：沉积型铝土矿基底为石炭二叠系碳酸盐岩，在强烈化学风化作用下，形成了古岩溶，形成凹凸不平、高低起伏的岩溶地貌，隆起和洼陷控制了含矿岩系的厚度及矿体的分布，往往在狭小空间内含矿岩系及矿体厚度有很大变化。

（5）构造控矿作用：成矿后，天生桥向斜的形成，为含矿层避免风化剥蚀并得以保存起到了重要作用。

（6）沉积型铝土矿对堆积型铝土矿的控制作用：堆积型铝土矿是原生沉积铝土矿遭到风化剥蚀后的产物，沉积铝土矿是形成堆积型铝土矿的先决条件，堆积型铝土矿就位于原生沉积铝土矿层位以下的岩溶洼地及坡地上。

4. 找矿标志

1）直接找矿标志

（1）地层标志：铝土矿赋存部位为龙潭组下段含铝岩系，二叠系上统龙潭组含矿地层是直接的找矿标志。

（2）矿化露头：沿含矿地层分布的铝土矿、褐铁矿、赤铁矿露头是寻找铝土矿的又一标志。

（3）堆积铝土矿：沿含矿层附近分布的大小不一的堆积型铝土矿可以指示含矿地层及沉积铝土矿的存在，并且能根据堆积型铝土矿的品质大致推测沉积型铝土矿的品质情况。堆积铝土矿是沉积铝土矿找矿的重要标志。

2）间接找矿标志

（1）古侵蚀面：二叠系上统龙潭组底部古侵蚀面，是风化剥蚀及沉积铝土矿形成的基底，不整合面是间接找矿标志。

（2）褶皱构造：含矿岩系分布的褶皱区是形成岩溶矿的有利地段，天生桥向斜为矿体的保存提供了较好的条件。

（3）沉积间断：短间距的地层断续证明沉积期间局部存在古地形的隆起，该地形条件下部分古地理隆起可形成相对稳定、低能的局限浅海或者潟湖环境，有利于减少铝土矿物源的逸散，有利于形成相对优质的铝土矿。

5. 勘查靶区圈定

据二叠系上统龙潭组含矿地层、矿化露头、堆积型铝土矿分布区、天生桥向斜构造等综合找矿标志，以勘查深度1000m以浅，在天生桥矿区圈定3个勘查靶区（图9-1），分别为天生桥—瓦白冲深部勘查靶区、瓦白冲—者五舍深部勘查靶区和拖白泥勘查靶区。

（1）天生桥—瓦白冲深部勘查靶区：该区为天生桥和瓦白冲矿段含矿层龙潭组沿天生桥向斜向北隐伏延深的地区。结合天生桥矿段和瓦白冲矿段前期工程控制情况分析，天生桥矿段往北东方向，瓦白冲矿段往北西方向矿体均未封闭，结合矿体底板等高线和含矿地层等厚线图分析，两个矿段底板、厚度和谐一致，预测铝土矿层向该区域稳定延深，古地理环境可能为半封闭的低能浅海环境，是成矿条件最好的区域。

（2）瓦白冲—者五舍深部勘查靶区：该区主要是瓦白冲矿段与者五舍矿段之间绕过其中间隆起区域的连接带。瓦白冲矿段矿体在深部往者五舍方向未封闭，者五舍矿段北部往深部未封闭，两个矿段中间有一隆起，隆起边缘利于铝土矿的沉积。

（3）拖白泥勘查靶区：位于者五舍以北的拖白泥村附近，该区地表龙潭组断续分布，在拖白泥村北约500m处和南约1km处各见一铝土矿露头，沿不整合面断续有零星堆积矿块分布，含矿层局部有变薄或尖灭现象，预示沉积期水体较浅，可能为浅海潟湖或沼泽环境，有利于铝土矿的形成。

（三）靶区资源量预测

用含矿体地质体积法，对3个勘查靶区预测334资源量。估算公式为：

$$预测资源量=体积含矿率（典型矿床）\times 预测区含矿地质体体积$$

其中：

$$体积含矿率=\frac{典型矿床资源量}{含矿层平均厚度\times 含矿面积}$$

典型矿床资源量为前期工作各个矿段已估算的资源量（天生桥矿段838.88万t、瓦白冲矿段2447.10万t、者五舍矿段180.54万t）。

含矿面积：典型矿床已估算资源量的面积（天生桥矿段2101800m^2，瓦白冲矿段1373231m^2，者五舍矿段589600m^2）。

含矿层平均厚度：是由各矿段已有工程揭露的龙潭组含矿层厚度统计得出（其中天生桥和瓦白冲矿段35.5m，者五舍矿段24.3m，拖白泥矿段用者五舍厚度）。

运用上述含矿体地质体积法预测3个勘查靶区1000m以浅334资源量为1.37亿t（表10-3）。

表10-3　天生桥勘查靶区含矿体地质体积法资源量估算结果表

勘查靶区名称	体积含矿率	含矿面积/m^2	含矿层平均厚度/m	1000m以浅334资源量/万t	备注
天生桥—瓦白冲深部勘查靶区	0.2664	11047268	35.5	10448	含矿率为天生桥和瓦白冲两矿合计求出
瓦白冲—者五舍深部勘查靶区	0.1260	5650835	24.3	1730	含矿率为者五舍矿段数据
拖白泥勘查靶区	0.1260	5069954	24.3	1552	同上
合计	—	—	—	13730	—

二、靶区验证及成果

2015年，据对文山天生桥地区成矿规律的研究，结合前期勘查项目的进度情况，对天生桥—瓦白冲深部勘查靶区实施了钻探工程验证（图10-6、图10-8）。完成钻孔10个，完成钻探进尺4853.58m。10个钻孔均见含矿层并揭露矿体。矿体厚度0.91～7.10m，平均3.09m，Al_2O_3含量为35%～56.17%，平均44.94%。

验证区孔孔见矿，说明天生桥向斜内整个含矿层均不同程度赋存有沉积铝土矿，铝土矿资源潜力巨大，仅天生桥—瓦白冲深部勘查靶区铝土矿远景资源就可能达到1亿t，为后续勘查工作开展增强了信心。

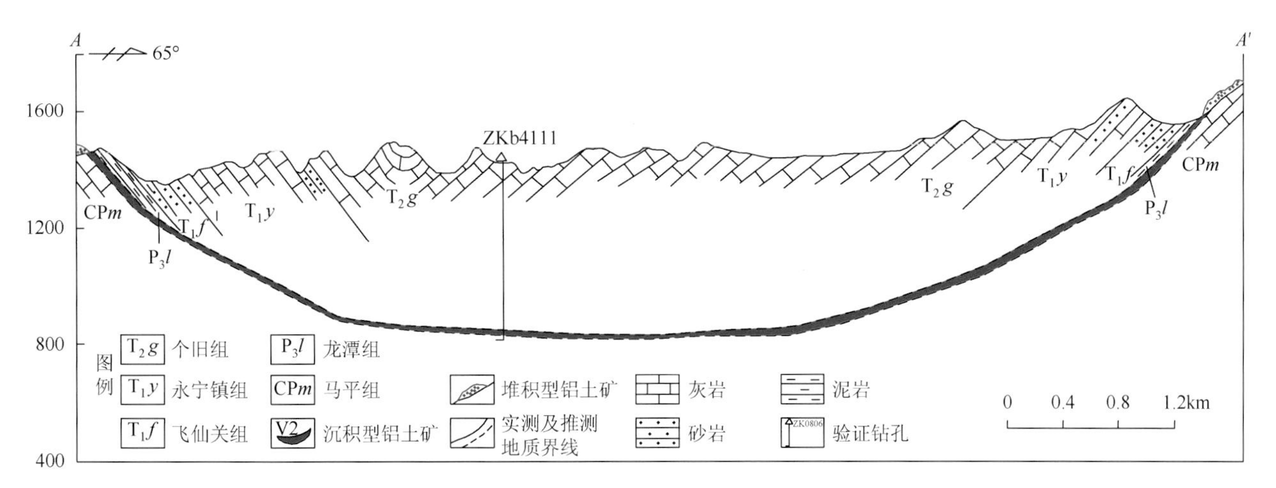

图10-8　天生桥矿区天生桥—者吾舍地质剖面图

该矿区至2017年8月，初步完成了天生桥、瓦白冲和者吾舍约28km^{2}面积，大致500m以浅的勘探工作，探获333以上铝土矿资源量约6000万t，达特大型矿床规模，实现了沉积型铝土矿找矿的重大突破。

总结文山天生桥铝土矿找矿勘查实践，可得到如下认识：

（1）运用铝土矿综合找矿方法技术组合，在天生桥地区形成了一个特大型的铝土矿勘查基地，说明本书总结的铝土矿找矿勘查评价体系及找矿模型是适宜的，可为云南铝土矿的找矿勘查提供技术支撑。

（2）运用就矿找矿理论即堆积矿找沉积矿的新认识和新方法，在天生桥地区实现了云南沉积型铝土矿找矿的重大突破，为云南铝土矿的找矿勘查提供了新思路和新的找矿方向。

（3）一个特大型铝土矿的发现，为文山铝业奠定了坚实的后备资源基础，增强了企业对铝土矿勘查投入的信心。

（4）云南除堆积型铝土矿外，沉积型铝土矿资源潜力巨大，应加强沉积型铝土矿的找矿勘查工作。

结　语

取得的主要研究成果如下：

（1）区域大地构造和岩相古地理特征分析结果显示：云南铝土矿主要集中分布于扬子陆块区的滇东被动陆缘、康滇基底断隆带、富宁—那坡被动陆缘和盐源—丽江被动陆缘等 4 个三级构造单元内。在上述 4 个构造单元中，沉积型铝土矿的产出层位分别是石炭二叠系陆表海沉积间断面上的梁山组、海陆交互相的宣威组、浅海陆棚碳酸盐岩台地沉积间断面上的吴家坪组和三叠系浅海碳酸盐岩台地沉积间断面上的中窝组。

（2）据区域构造展布特征及铝土矿分布时空关系，将云南省铝土矿成矿区划分为滇中、滇东北、滇西和滇东南 4 个成矿区，并详细阐述了各成矿区成矿地质背景和成矿特点。

（3）结合现有规范和近年勘查实践，系统划分了云南铝土矿矿床类型。将云南铝土矿成因类型划分为沉积型和堆积型 2 大类，其中沉积型又分为 2 个亚类（一是产于碳酸盐岩侵蚀面上的铝土矿，二是产于玄武岩侵蚀面上的铝土矿）、4 种矿床式（老煤山式、铁厂式、中窝式和朱家村式）；堆积型铝土矿划分为 1 个矿床式（卖酒坪式），并以典型矿床为例详细阐述了各式铝土矿矿床地质特征。

（4）对滇东南成矿区典型铝土矿开展了详细的岩石学、矿物学及地球化学研究，论述了矿（岩）石矿物特征，总结了其含量特征及变化规律。岩石学研究成果显示：铝土矿（岩）石按结构构造特点可分为豆鲕状、致密状、团块状、碎屑状和土状—半土状等主要自然类型。矿物组成显示：铝矿物主要为一水硬铝石、一水软铝石、三水铝石和胶铝石等；铁矿物及钛矿物主要为赤铁矿、针铁矿、黄铁矿和锐钛矿；黏土矿物主要为高岭石和绿泥石。地球化学成果显示：主量元素含量特征揭示了铝土矿去硅、铁，富 Al_2O_3 的成矿作用实质；微量、稀土元素含量特点及其配分曲线趋势特征，显示下伏玄武岩和灰岩对物源均有贡献，只是贡献比例不同。

（5）对各成矿区铝土矿（岩）开展的地球化学研究成果显示：滇中及滇东北成矿区“老煤山式”铝土矿成矿物质主要来源于以碳酸盐岩为主的古陆红土化风化壳和沉积古侵蚀基底碳酸盐岩，而滇东北成矿区“朱家村式”铝土矿成矿物质主要源自下伏峨眉山玄武岩及古陆；滇东南和滇西成矿区铝土矿的成矿物质主要来源于古陆变质岩和玄武岩，灰岩次之。

（6）对滇东南成矿区二叠系上统吴家坪组开展的精确岩相古地理和成矿作用研究，建立了 3 种沉积相模式，即：①低能泥质海岸缓坡模式；②具凹陷的低能泥质海岸模式；③具隆起的低能泥质海岸模式。提出了晚二叠世吴家坪早期属泥质低能海岸—局限浅海的沉积环境，发育有沼泽、潮坪、浅海 3 种亚相，其中潮下带—浅海顶部和潟湖为铝土矿形成的最有利环境。

（7）探讨了成矿机制，首次构建了云南铝土矿综合成矿模式。即：石炭纪末，滇中及滇东北地区，上扬子古陆块的云南境内普遍抬升，沉积间断开始发育，以碳酸盐岩为主的滇中古陆和牛头山古岛逐步上隆并遭受剥蚀和红土化作用，在中二叠世梁山组滨海沼泽相上沉积形成“老煤山式”沉积型铝土矿。晚二叠世吴家坪（龙潭）早期，在滇东南滨—浅海环境中沉积形成“铁厂式”铝土矿，在滇东北河湖相中的玄武岩基底上沉积形成“朱家村式”铝土矿。中三叠世末期，在滇西鹤庆地区稳定的局限浅海环境中形成“中窝式”沉积型铝土矿床。印支期及以后的构造运动，使地壳上升成陆，沉积铝土矿受到风化剥蚀，伴随风化、岩溶化作用的进行，在岩溶洼地处含铝岩系及沉积铝土矿经进一步去硅去硫，形成了“卖酒坪式”堆积型铝土矿。

（8）较全面地总结了云南铝土矿成矿规律和找矿标志。认为云南沉积型铝土矿受下伏地层、岩相古地理、沉积环境和沉积相的控制，而堆积型铝土矿不仅与现代地形地貌关系密切，而且与沉积型铝土矿具有亲缘因果联系。首次提出了运用堆积型铝土矿寻找沉积型铝土矿的新认识，并在文山天生桥地区实现了沉积型铝土矿找矿重大突破。

（9）提出了 4 个找矿远景区，并进行了资源潜力分析，预测可新增铝土矿资源量约 5.7 亿 t，为云南文山铝业有限公司已投产的 140 万 t/年氧化铝厂提供了资源基础，破解了云南省铝工业原料几乎全部依赖进口的困难局面。

（10）较系统地总结了云南铝土矿发现的基本途径、勘查方法、新技术与应用。首次提出了云南铝土矿勘查评价方法技术组合和评价指标体系［包括技术体系和指标体系两个方面，其中主要指标有：地层、岩相古地理、区域化探异常、矿化点及地形地貌（岩溶坡地、洼地、谷地）等；铝土矿勘查评价方法技术组合为：地质填图→勘查工程→取样化验→资源量估算→综合评价→勘查报告编制］和找矿模型（可概括为“找层、定相、寻貌”，具体是：利用1∶20万及1∶5万区调及矿产远景调查等地物化遥资料开展综合成矿预测、提出找矿远景区→综合含矿层、矿点、化学异常分布及古沉积环境圈定勘查靶区→地质填图、浅井、钻探、取样→圈定矿体、评价质量、估算资源量），这些对同类矿床及云南铝土矿进一步找矿勘查具有重要指导作用。

（11）依托《云南广南—丘北—砚山地区铝土矿整装勘查》项目，在滇东南成矿区堆积型铝土矿找矿取得重大进展、沉积型铝土矿找矿获得重要发现，新增332 + 333 + 334类铝土矿资源量2.03亿t，其中333类以上铝土矿资源量1.06亿t，新发现了2个大型（丘北大铁和文山杨柳井）、5个中型（砚山永和、文山天生桥、文山大石盆、文山铳卡和西畴木者—铁厂）铝土矿。

（12）云南铝土矿综合研究取得显著成效。提交了4份专题研究报告，在国内外专业核心期刊上发表了一批高质量论文，有效提升了云南铝土矿成矿理论研究水平，为整装勘查和今后区域找矿及科研提供了技术支撑。同时，也为国家培养了一批优秀专业技术人才，其中累计培养博士11名、硕士29名；云南省有色地质局依托项目已有36人晋升为高级工程师、6人晋升为教授级高级工程师。

主要参考文献

ГИ布申斯基，1984. 铝土矿地质学. 王恩孚，译. 北京：地质出版社.

鲍尔谢夫斯基，1976. 根据氧同位素数据讨论沉积铝土矿的红土性质，译自《ГЭОХНМНИЯ》，章振根译，陈爱珍校，载于《氧同位素地球化学》译文集. 北京：科学出版社.

陈君，王义刚，蔡辉，2010. 江苏沿海潮滩剖面研究. 海洋工程，28（4）：90-96.

陈平，柴东浩，1997. 山西地块石炭纪铝土矿沉积地球化学研究. 太原：山西科学出版社.

陈平，刘凯，1992. 拓宽找矿思路铝土矿储量翻番.中国地质，39（10）：17-18.

陈其英，兰文波，1991. 二叠纪平果铝土矿成矿物源问题. 广西地质，4：43-49.

陈潜德，陈刚，1990. 实用稀土元素地球化学. 北京：冶金工业出版社.

陈世益，周芳，何学锋，1994. 中国南方新生代主要岩类的红土化进程. 中国有色金属学报，4（3）：1-5.

陈廷臻，1985. 河南省铝土矿矿物组成及矿石工业类型. 河南国土资源，（4）：23-33.

陈廷臻，张天乐，廖士范，1989. 河南不同成因类型铝土矿的矿石特征. 矿物学报，9（1）：89-94，103-104.

陈旺，2009. 豫西石炭纪铝土矿成矿系统. 北京：中国地质大学（北京）.

陈阳，2012. 重庆大佛岩铝土矿沉积微相与岩相古地理研究. 北京：中国地质科学院.

陈元坤，杨功，李开毕，等，2015. 云南省地球物理地球化学图集. 北京：地质出版社.

陈元坤，杨功，李开毕，等，2016. 云南省重力磁测地质应用研究. 北京：地质出版社.

成功，杨震，黄壁，等，2010. 板茂铝土矿地质特征及成因分析. 轻金属，10：8-12.

崔滔，2013. 黔北地区铝土矿成矿环境分析. 武汉：中国地质大学（武汉）.

崔银亮，2009. 云南省铝土矿找矿行动工作方案. 昆明：云南省有色地质局.

崔银亮，徐恒，王根厚，等，2017. 云南丘北飞尺角矿区铝土矿（岩）地球化学及成因. 地球学报，38（3）：372-384.

邓军，2006. 桂中三水铝土矿地质特征及控矿因素浅析. 南方国土资源，（3）：21-23.

丁文江，1919. 扬子江之下游地质. 太湖流域水利季刊，1（2）：1-36.

董旭光，杨海林，2011. 云南鹤庆白水塘铝土矿地质特征及成因. 科学技术与工程，11（36）：8955-8960.

董云鹏，朱炳泉，常向阳，等，2000. 哀牢山缝合带中两类火山岩地球化学特征及其构造意义. 地球化学，29（1）：6-13.

杜大年，1995. 河南铝土矿的生成. 河南冶金，2（4）：5-15.

范法明，1989. 从贵县铝土矿的特征看豫西铝土矿的成因. 轻金属，23（3）：1-3.

范忠仁，1989. 河南翁中西部铝土矿微量元素比值特征及其成因意义. 地质与勘探，9（7）：23-27.

丰恺，1992. 河南铝土矿成因的一点认识. 轻金属，（7）：1-8.

冯晓宏，王臣兴，崔子良，等，2009. 滇东南铝土矿成矿物质来源探讨. 云南地质，28（3）：233-242.

高兰，王登红，熊晓云，等，2014. 中国铝土矿成矿规律概要.地质学报，88（12）：2284-2295.

高兰，王登红，熊晓云，等，2015. 中国铝土矿资源特征及潜力分析. 中国地质，（4）：853-863.

高抒，朱大奎，1988. 江苏淤泥质海岸剖面的初步研究. 南京大学学报，1（24）：76-84.

高泽培，徐自斌，任运华，2012. 云南省丘北县大铁矿区铝土矿床特征分析与找矿标志. 云南冶金，41（4）：1-6.

广西壮族自治区地质局，等，1965. 1∶100万凭祥幅地质图说明书. 北京：地质部地质研究所.

广西壮族自治区地质矿产勘查开发局，2010. 桂西铝土矿勘查与研究. 98-363.

贵州省地质局，等，1965. 1∶100万昆明幅地质图说明书. 北京：地质部地质研究所.

贵州省地质局108地质队六分队，1973. 1∶20万威信幅区域地质查报告.

贵州省地质局108地质队一分队，1973. 1∶20万水城幅区域地质查报告.

郭连红，金鑫光，熊代榜，2003. 长治市铝土矿地质特征及开发利用. 煤，12（4）：57-58，68.

郭艳霞，范代读，赵娟，2004. 潮坪层序的粒度特征与沉积相划分——以杭州湾庵东浅滩为例.海洋地质动态，20（5）：9-15.

国土资源部信息中心，2015. 世界矿产资源年评. 北京：地质出版社.

韩英，邹林，王京彬，等，2016. 贵州省务正道地区铝土矿地球化学特征及意义. 矿物岩石地球化学通报，35（4）：653-662，691.

韩忠华，吴波，翁申富，等，2016. 黔北务正道地区含铝岩系地球化学特征及地质意义. 地质与勘探，252（4）：678-687.

贺淑琴，郭建卫，胡云沪，2007. 河南省三门峡地区铝土矿矿床地质特征及找矿方向. 矿产与地质，21（2）：181-185.

洪金益，1994. 红土型铝土矿的矿化时间研究. 有色金属矿产与勘查，6（3）：141-145.

侯莹玲，何斌，钟玉婷，2014. 桂西二叠系喀斯特型铝土矿成矿物质来源的新认识：来自合山组碎屑岩地球化学证据. 大地构造与成矿学，38（1）：181-196.

侯正洪，李启津，1985. 山西孝义铝土矿矿石物质成分研究. 矿产与地质，（01）：26-34.

黄仁新，1992. 滇东南地区铝土矿床类型. 云南地质，11（2）：121-129.
黄苑龄，2013. 黔北某铝质岩系中稀土元素赋存状态研究. 贵阳：贵州大学.
黄智龙，金中国，向贤礼，等，2014. 黔北务正道铝土矿成矿理论及预测. 北京：科学出版社.
姬若生，1987. 河南省铝土矿找矿工作的回顾与展望. 地质与勘探，（3）：9-11.
焦扬，王训练，崔银亮，等，2014. 云南文山县天生桥铝土矿地球化学特征与物源分析. 现代地质，28（4）：731-742.
金中国，武国辉，黄智龙，等，2009. 贵州务川瓦厂坪铝土矿床地球化学特征. 矿物学报，29（4）：458-462.
金中国，向贤礼，黄智龙，等，2011. 黔北务川瓦厂坪铝土矿床元素迁移规律研究. 地质与勘探，47（6）：957-966.
金中国，黄智龙，刘玲，等，2013a. 黔北务正道地区铝土矿成矿规律研究. 北京：地质出版社.
金中国，周家喜，黄智龙，等，2013b. 贵州务—正—道地区铝土矿碎屑锆石 U-Pb 年龄及其地质意义. 地学前缘，20（6）：226-239.
雷阳艾，严健，杨海林，等，2013. 滇西鹤庆地区铝土矿床地质特征及找矿前景分析. 矿物学报，33（4）：478-484.
李昌年，1992. 火成岩微量元素岩石学. 武汉：中国地质大学出版社.
李从先，李萍，1982. 淤泥质海岸的沉积和砂体. 海洋与湖沼，1（13）：47-59.
李从先，韩昌甫，王平，1992. 低能海岸的垂直层序和风暴沉积. 沉积学报，10（4）：119-127.
李海光，1998. 孝义—霍州一带铝土矿形成的古地理环境及找矿前景. 华北地质矿产杂志，6（3）：46-53.
李建伟，蓝东良，杨心宜，等，2016. 云南省金矿成矿规律及资源潜力. 北京：地质出版社.
李静，段向东，2008. 云南省 1∶25 万景洪市幅区域地质调查报告. 昆明：云南省地质调查院.
李静，俞赛赢，2013. 云南省 1∶25 万腾冲县幅、潞西市幅区域地质调查报告. 昆明：云南省地质调查院.
李孟国，曹祖德，2009. 粉沙质海岸泥沙问题研究进展. 泥沙研究，（2）：72-80.
李沛刚，王登红，雷志远，等，2012. 贵州大竹园大型铝土矿稀土元素地球化学特征及其意义. 地球科学与环境学报，34（2）：31-40.
李普涛，张起钻，2008. 广西靖西县三合铝土矿稀土元素地球化学研究. 矿产与地质，22（6）：536-540.
李启津，1985. 山西孝义铝土矿矿石物质成分研究. 矿产地质研究院学报，（1）：26-34.
李启津，1987. 国内外岩溶型铝土矿矿物学的研究现状. 轻金属，21（9）：1-6.
李启津，侯正洪，吴成柳，1983. 我国一水硬铝石型铝土矿——一水硬铝石成因矿物学的研究. 矿物岩石，（2）：23-30，118.
李启津，杨国高，侯正洪，1994. 中国三水型铝土矿成矿地质条件探讨. 矿产与地质，8（1）：19-24.
李启津，杨国高，侯正洪，1996. 铝土矿床成矿理论研究中的几个问题. 矿产与地质，10（1）：22-26.
李艳丽，王世杰，孙承兴，等，2005. 碳酸盐岩红色风化壳 Ce 异常特征及形成机理. 矿物岩石，（4）：85-90.
李中明，赵建敏，王庆飞，等，2009. 豫西郁山铝土矿床沉积环境分析. 现代地质，15（3）：481-489.
梁秋原，刘文佳，王艳，2013. 滇中铝土矿床地质特征及成矿规律. 地球学报，34（增刊 1）：163-167.
廖士范，梁同荣，1991. 中国铝土矿地质学. 贵阳：贵州科技出版社.
林最近，2007. 平果岩溶堆积铝土矿空间分布特征及成因探讨：以教美矿区为例. 科技情报开发与经济，17（23）：156-158.
刘宝珺，许效松，1994. 中国南方岩相古地理图集（震旦纪-三叠纪）. 北京：科学出版社.
刘苍字，虞志英，陈德昌，1980. 江苏北部淤泥质潮滩沉积特征和沉积模式的探讨. 上海师范大学学报（自然科学版），4：78-91.
刘长龄，1985. 华北地台铝土矿床的物质来源. 轻金属，（8）：1-4.
刘长龄，1988. 中国石炭纪铝土矿的地质特征与成因. 沉积学报，6（3）：1-10.
刘长龄，1989. 云南广南县板茂矿区堆积型铝土矿的发现及其意义. 地质找矿论丛，4（1）：22-28.
刘长龄，1992. 论铝土矿的成因学说. 河北地质学院学报，15（2）：195-204.
刘长龄，1994. 中国的铝土矿. //冯增昭，王英华，刘焕杰，等. 中国沉积学. 北京：石油工业出版社.
刘长龄，2005. 论高岭石黏土和铝土矿研究的新进展. 沉积学报，32（3）：467-474.
刘长龄，时子祯，1985. 山西、河南高铝黏土铝土矿矿床矿物学研究. 沉积学报，（2）：18-36.
刘长龄，覃志安，1991. 某些铝土矿中稀土元素的地球化学特征. 地质与勘探，14（11）：49-53.
刘长龄，覃志安，1999. 论中国岩溶铝土矿的成因与生物和有机质的成矿作用.地质找矿论丛，14（4）：24-28.
刘汉和，2007. 云南砚山红舍克原生及堆积型铝土矿. 云南地质，26（1）：32-40.
刘平，1993. 三论贵州之铝土矿——贵州北部铝土矿成矿时代、物质来源及成矿模式. 贵州地质，10（2）：105-113.
刘平，2001. 八论贵州之铝土矿——黔中—渝南铝土矿成矿背景及成因探讨. 贵州地质，18（4）：238-243.
刘巽锋，王庆生，陈有能，1990. 黔北铝土矿成矿地质特征及成矿规律. 贵阳：贵阳人民出版社.
刘英俊，曹励明，1987. 元素地球化学导论. 北京：地质出版社：57-80.
刘中凡，2001. 世界铝土矿资源综述. 轻金属，（5）：7-12.
卢静文，彭晓蕾，徐丽杰，1997. 山西铝土矿成矿物质来源. 长春地质学院学报，27（2）：147-151.
吕夏，1988. 河南省中西部石炭系铝土矿中硬水铝石的矿物学特征研究. 地质论评，34（4）：293-301＋389-390.
罗君烈，1990. 滇西特提斯造山带的演化及基本特征. 云南地质，9（4）：247-290.

罗强，1989. 论广西平果铝土矿成因与沉积相的关系. 岩相古地理，(02)：11-18.
马既民，1988. 河南石炭纪铝土矿与岩溶. 中国岩溶，(S2)：82-85.
马既民，1991. 河南岩溶型铝土矿床的成矿过程. 河南地质，9（3）：15-20.
毛景文，张作衡，裴荣富，2012. 中国矿床模型概论. 北京：地质出版社.
梅冥相，高金汉，易定红，2004. 滇黔桂盆地及邻区二叠纪层序地层格架及古地理演化. 古地理学报，6（4）：401-418.
梅冥相，马永生，邓军，等，2007. 滇黔桂盆地及邻区二叠系乐平统层序地层格架及其古地理背景. 中国科学（D 辑：地球科学），37（5）：605-617.
孟健寅，王庆飞，刘学飞，等，2011. 山西交口县庞家庄铝土矿矿物学与地球化学研究. 地质与勘探，47（4）：593-604.
孟祥化，葛铭，肖增起，1987. 华北石炭纪含铝建造沉积学研究. 地质科学，（2）：182-197.
缪鹰，2009. 文山杨柳井铝土矿矿床成因及找矿标志. 云南地质，28（3）：291-294.
任美锷，1985. 中国淤泥质潮滩沉积研究的若干问题. 热带海洋，4（2）：6-15.
任明达，王乃梁，1985. 现代沉积环境概论. 北京：科学出版社.
任运华，徐自斌，郑国龙，等，2013. 云南省文山地区铝土矿矿床类型、成因及找矿标志. 矿物学报，33（4）：471-476.
申慧，2003. 世界铝土矿及氧化铝的发展趋势. 有色金属工业，（8）：24-28.
沈上越，魏启荣，程惠兰，莫宣学，1998. “三江”哀牢山—李仙江带火山岩构造岩浆类型. 矿物岩石，18（2）：18-24.
施和生，王冠龙，关尹文，1989. 豫西铝土矿沉积环境初探. 沉积学报，7（2）：89-97.
时钟，陈吉余，虞志英，1996. 中国淤泥质潮滩沉积研究的进展. 地球科学进展，11（6）：555-562.
仕竹焕，董家龙，杨松，2007. 云南砚山红舍克铝土矿床地质特征、找矿标志及资源潜力分析. 矿产与地质，21（3）：278-283.
孙思磊，2011. 山西宁武县宽草坪铝土矿床地质与地球化学特征研究. 北京：中国地质大学（北京）.
孙有斌，高抒，李军，2003. 边缘海陆源物质中环境敏感粒度组分的初步分析. 科学通报，48（1）：83-86.
王冬兵，王立全，尹福光，等，2012. 滇西北金沙江古特提斯洋早期演化时限及其性质：东竹林层状辉长岩锆石 U-Pb 年龄及 Hf 同位素约束. 岩石学报，28（5）：1542-1550.
王恩孚，1985. 云南某地区铝土矿地质特征及其成因. 轻金属，（5）：1-5.
王鸿祯，1941. 昆明附近滇越叙昆铁路沿线铝土矿初勘报告.
王鸿祯，1985. 中国古地理图集. 北京：地图出版社.
王力，龙永珍，彭省临，2004. 桂西铝土矿成矿物质来源的地质地球化学分析. 桂林工学院学报，24（1）：1-6.
王立亭，陆彦邦，赵时久，1994. 中国南方二叠纪岩相古地理与成矿作用. 北京：地质出版社.
王庆飞，邓军，刘学飞，等，2012. 铝土矿地质与成因研究进展. 地质与勘探，48（3）：430-448.
王绍龙，1992. 再论河南 G 层铝土矿的物质来源. 河南地质，10（1）：15-19.
王蔚，易邦进，赵志芳，等，2016. 云南省典型成矿区带遥感地质研究. 北京：地质出版社.
王行军，王根厚，周洁，等，2013. 滇东南文山市天生桥—者五舍铝土矿床地球化学特征研究. 矿物学报，33（4）：485-496.
王行军，王根厚，周洁，等，2015. 滇东南铝土矿床共生矿产及伴生矿产研究. 地质找矿论丛，30（2）：167-173.
王行军，王根厚，周洁，等，2015. 滇东南丘北县大铁铝土矿床微量元素特征与成矿环境. 地质找矿论丛，30（3）：313-320.
王艳红，张忍顺，吴德安，等，2003. 淤泥质海岸形态的演变及形成机制. 海洋工程，21（2）：65-70.
王益友，郭文莹，张国栋，1979. 几种地球化学标志在金湖凹陷阜宁群沉积环境中的应用.同济大学学报，（2）：51-60.
王颖，朱大奎，1990. 中国的潮滩. 第四纪研究，（4）：291-300.
王颖，朱大奎，曹桂云，2003. 潮滩沉积环境与岩相对比研究. 沉积学报，21（4）：539-546.
王正江，郭婷婷，俞赛赢，等，2016. 云南会泽大黑山铝土矿地球化学特征及其物源分析. 沉积与特提斯地质，36（1）：23-29.
王中刚，于学元，赵振华，1989. 稀土元素地球化学. 北京：科学出版社.
王卓卓，陈代钊，汪建国，2007. 广西南宁地区泥盆纪硅质岩稀土元素地球化学特征及沉积环境. 地质科学，42（3）：558-569.
温同想，1996. 河南石炭纪铝土矿地质特征. 华北地质矿产杂质，11（4）：491-579.
吴春娇，2013. 滇东南铝土矿成矿规律研究. 北京：中国地质大学（北京）.
吴春娇，张莉，王根厚，等，2014. 滇西北鹤庆松桂铝土矿地球化学特征. 地质与资源，23（4）：383-388.
吴国炎，1996. 河南铝土矿床. 北京：冶金工业出版社.
吴国炎，1997. 华北铝土矿的物质来源及成矿模式探讨. 河南地质，56（3）：2-7.
谢家荣，1941. 云南矿产概论. 地质论评，6（1-2）：1-42.
徐丽杰，卢静文，彭晓蕾，1997. 山西铝土矿床成矿物质来源. 长春地质学院学报，22（2）：147-151.
徐天仇，刘中凡，等，1999. 国外铝土矿资源开发现状研究. 沈阳铝镁设计研究院.
许志琴，李廷栋，嵇少丞，等，2008. 大陆动力学的过去、现在和未来：理论与应用.岩石学报，24（7）：1433-1444.
鄢明才，迟清华，1997. 中国东部地壳与岩石的化学组成. 北京：地质出版社.
杨冠群，顾志山，1985. 山西孝义铝土矿扫描电镜研究. 矿物学报，5（3）：285-288，295-296.
杨冠群，廖士范，1986. 我国几个主要铝土矿床矿物的扫描电镜研究. 矿物学报，6（4）：354-359，389-390.
杨卉芃，张亮，冯安生，等，2016. 全球铝土矿资源概况及供需分析. 矿产保护与利用，6：74-70.

杨艳飞，程云茂，杨智荣，等，2011. 滇东南地区铝土矿分布成因浅析. 矿产与地质，25（1）：59-62.
杨元根，刘丛强，袁可能，等，2000. 南方红土形成过程及其稀土元素地球化学. 第四纪研究，20（5）：469-480.
叶霖，程曾涛，潘自平，2007. 贵州修文小山坝铝土矿中稀土元素地球化学特征. 矿物岩石地球化学通报，126（3）：228-233.
殷子明，陈国达，1989. 黔中、豫西等地铝土矿的氢氧同位素地球化学. 地质评论，35（1）：21-29.
于蕾，侯恩刚，高亦文，2011. 中国铝土矿勘查研究进展. 资源与产业，13（3）：27-33.
于蕾，王训练，周洪瑞，等，2012. 云南丘北县大铁地区铝土矿地质特征及找矿标志. 地质与勘探，48（3）：518-525.
俞缙，李普涛，于航波，2009. 靖西三合铝土矿微量元素地球化学特征与成矿环境研究. 河南理工大学学报（自然科学版），28（3）：289-293.
云南省地矿局，1990. 云南省区域地质志. 北京：地质出版社.
云南省地质调查局，2015. 云南省铝矿地质志[编写稿]. 昆明：云南省地质调查局.
云南省地质调查院，2013. 云南省矿产资源潜力评价地质背景专题成果报告. 昆明：云南省地质调查院.
云南省地质局，1976. 1∶20 万镇雄幅区域地质调查报告. 14-17，73.
云南省地质局，1978. 1∶20 万昭通幅区域地质调查报告. 45-46.
云南省地质局第二区域地质测量大队二分队，1970. 1∶20 万个旧幅区域地质报告书.
云南省地质局第二区域地质测量大队二分队，1976. 1∶20 万马关幅区域地质报告书.
云南省地质局第二区域地质测量大队二分队，1978. 1∶20 万富宁幅区域地质报告书.
云南省地质局第二区域地质测量大队六分队，1969. 1∶20 万武定幅区域地质报告书.
云南省地质局第二区域地质测量大队六分队，1975. 1∶20 万弥勒幅区域地质报告书.
云南省地质局第二区域地质测量大队七分队，1969. 1∶20 万玉溪幅区域地质报告书.
云南省地质局第二区域地质测量大队一分队，1978. 1∶20 万鲁甸幅区域地质报告书.
云南省地质局第一区域地质测量人队二分队，1966. 1∶20 万鹤庆幅地质报告书.
云南省地质局区域地质测量大队八分队，1980. 1∶20 万东川幅区域地质报告书.
云南省地质矿产局，1993. 云南省区域矿产总结（内部资料）.
云南省地质矿产局，1995. 云南岩相古地理图集. 昆明：云南科技出版社.
云南省地质矿产局，1996. 云南省岩石地层. 武汉：中国地质大学出版社.
云南省地质矿产局第二地质大队，1989. 文山幅铝地球化学图.
云南省地质厅第九地质队，1959. 昆明附近铝土矿地质条件初步分析及找矿方向的意见.
云南省国土资源厅，2004. 云南国土资源遥感综合调查. 昆明：云南科技出版社.
云南省国土资源厅，2011. 云南省铝土矿资源利用现状调查成果汇总报告.
云南省国土资源厅，2013. 云南省成矿地质背景研究报告.
云南省国土资源厅，云南省地质调查局，2013. 云南省矿产资源潜力评价成果报告.
云南省区域地层表编写组，1978. 西南地区区域地层表（云南省分册）. 北京：地质出版社.
云南省有色地质 306 队，2009. 云南省昭通市铝土矿调查研究与勘查选区总结报告.
云南省有色地质局，2012. 云南鹤庆地区铝土矿成矿规律及找矿选区研究. 昆明：云南省有色地质局.
云南省有色地质局，2013. 云南省广南—丘北—砚山地区铝土矿整装勘查成果报告.
云南省有色地质局，中国地质大学（北京），2011. 云南铝土矿矿成矿规律与成矿预测研究报告.
云南省有色地质局，中国地质大学（北京），2011. 云南铝土矿主要成矿期岩相古地理和构造环境研究报告.
云南省有色地质局勘测设计院，2016. 云南省文山地区沉积型铝土矿成矿预测及靶区优选.
云南文山铝业有限公司，2005. 云南省砚山县红舍克铝土矿勘探报告.
云南文山铝业有限公司，2007. 文山州铝土矿勘查技术工作细则.
云南文山铝业有限公司，2008. 滇东南地区铝土矿成矿规律与找矿实践.
曾从盛，2000. 闽东南沿海老红砂的地球化学特征. 中国沙漠，20（3）：248-251.
翟裕生，姚书振，蔡克勤，2011. 矿床学. 3 版. 北京：地质出版社.
张旗，王焰，李承东，等，2006. 花岗岩的 Sr-Yb 分类及其地质意义. 岩石学报，22（9）：2249-2269.
张旗，张魁武，李达周，等，1988. 云南新平县双沟蛇绿岩的初步研究. 岩石学报，（4）：37-48.
张启明，秦建华，廖震文，等，2015. 滇东南晚二叠世铝土矿地球化学特征及物源分析. 现代地质，29（1）：32-44.
张起钻，1999. 桂西岩溶堆积型铝土矿床地质特征及成因. 有色金属矿产与勘查，（6）：486-489.
张玉兰，薛传东，杨海林，2012. 滇西鹤庆松桂铝土矿床地质特征及成因分析. 科学技术与工程，12（31）：8167-8174.
张源有，1982. 豫西铝土矿物质来源和化学沉积分异作用. 地质与勘探，10：1-8.
张正坤，1984. 中朝地块与扬子地块在古生代晚期是太平洋古陆的一部分. 地球学报，6（2）：45-54.
章柏盛，1984. 黔中石炭纪铝土矿矿床成因等若干问题的初步探讨. 地质论评，21（6）：553-560.
赵金科，1962. 中国的三叠系，全国地层会议学术报告汇编. 北京：科学出版社.
赵伦山，张本仁，1988. 地球化学. 北京：地质出版社，31-39.

赵社生，柴东浩，孛国良，2001. 山西地块G层铝土矿同位素年龄及其地质意义. 轻金属，（8）：5-9.
赵运发，柴东浩，2002. 山西铝土矿成矿因素探讨. 有色矿山，55（6）：1-5.
赵振华，1997. 微量元素地球化学原理. 北京：科学出版社.
甄秉钱，柴东浩，1986. 晋豫（西）本溪期铝土矿成矿富集规律及其沉积环境探讨. 沉积学报，4（3）：115-126.
中国产业研究报告网（http：//www.chinairr.org），2014. 2014-2019年中国勃姆石行业市场分析与投资前景预测报告.
中华人民共和国国土资源部，1991. 矿区水文地质工程地质勘探规范（GB/12719—1991）.
中华人民共和国国土资源部，2002. 固体矿产勘查/矿山闭坑地质报告编写规范（DZ/T0033—2002）.
中华人民共和国国土资源部，2003. 固体矿产地质勘查规范总则（GB/T13908—2002）.
中华人民共和国国土资源部，2003. 铝土矿、冶镁菱镁矿地质勘查规范（DZ/T0202—2002）.
中华人民共和国国土资源部，2015. 固体矿产勘查地质资料综合整理综合研究技术要求（DZ/T0078—2015）.
中华人民共和国国土资源部，2015. 固体矿产勘查原始地质编录规程（DZ/T0078—2015）.
周汝国，2005. 世界铝土矿资源. 中国金属通报，（25）：29-31.
Ahmad N，Jones R L，1969. Occurrence of aluminous lateritic soil（bauxite）in the Bahams and Cayman Island. Economic Geology，64（7）：804-808.
Allen V T，1952. Petrographic relations in some typical bauxite and diaspore deposits. Bulletion of the Geological Society of America，63：649-688.
Anthony E J，Gardel A，Gratiot N，et al.，2010. The Amazon-influenced muddy coast of South America：A review of mud-bank-shoreline interactions. Earth-Science Reviews，103：99-121.
Barbarin B，1996. Geneis of the two main types of peraluminous granitoids. Geology，24：295-298.
Bárdossy G，1982. Karst bauxites：bauxite deposits on carbonate rocks. Developments in Economic Geology，14：1-441.
Bárdossy G，1983. Network design for the spatial estimation of environmental variables. Applied Mathematics and Computation，12（3）：339-365.
Bárdossy G，Aleva G J J，1990. Lateritic Bauxites：Developments in Economic Geology. Amsterdam：Elsevier Scientific Publication.
Bárdossy G，Kovacs O，1995. Amultivariate statistical and geostatiscal study on the geochemistry if allochtonous karst bauxite deposit in Hungary. Natural Resources，4（2）：138-153.
Boldizsar T，1981. Bauxites más ásványgelek keletkezese colloid disperz rendszerkbol（Formation of bauxite and other mineral gels out of colloidal-disperse syetems）. Moscow：Bany. Koha. Lapok Budapest.
Braun J J，Pagel M，Muller J P，et al.，1990. Cerium anomalies in lateritic profiles. Geochimiea et Cosmoehimiea Acta，54：781-795.
Bushinsky G，1971. Geology of Bauxites. Moscow：Izd.Nedra Moscow.
Calagari A A，Abedini A，2007. Geochemical investigations on Permo-Triassic bauxite horizon at Kanisheeteh，east of Bukan，West-Azarbaidjan，Irans. Journal of Geochemical Exploration，94：1-18.
Combes P J，Oggiano G，Temussi I，1993. Geodynamique des bauxites sardes，typologie，génese et controle paleotectonique. Comptes Rendus de I' Académie des Sciences Sèrie II，316：403-409.
D'Argenio B，Mindszenty A，1995. Bauxites and related paleokarst：Tectonic and climatic event markers at regional unconformities. Eclogae geologica Helvetiae，88：453-499.
Dariush E，Rahimpour-Bonab H，Alikananian E A，2010. Petrography and geochemistry of the jajarm karst bauxite ore deposit，NE Iran：implications for source rock material and ore genesis. Turkish Journal of Earth Sciences，19：267-284.
Deng J，2009. Interfacial stressanalysis of RC beams strengthened hybrid CFS and GFS. Construction and Building Material，23（6）：2394-2401.
Deng J，Wang Q F，Yang S J，et al.，2010. Genetic relationship between the Emeishan plume an the bauxite deposits in western Guangxi，China：constraints from U-Pb and Lu-Hf isotopes of the detrital zircons in bauxite ores. Journal of Asian Earth Sciences，37（5-6）：412-424.
Elderfield H，Greaves M J，1982. The rare elements in seawater. Nature，296：214-219.
Esmaeily D，Rahimpour-Bonab H，Esna-Ashari A，Kananian A，2010. Petrography and geochemistry of the Jajarm karst bauxite ore deposit，NE Iran：Implications for source rock material and ore genesis. Turkish Journal of Earth Sciences，19（2）：267-284.
Evans A M，1993. Ore Geology and Industrial Minerals-An Introduction. Blackwell，London，389.
Fox C S，1932. Bauxite and Aluminous Laterite. London：The Technical Press Ltd.
Grubb P L C，1973. High-level and low-level bauxitization：a criterion for classification. Miner. Sci. Engin. Johannesburg，32（5）：219-31.
Haberfelner，1951. Zur Genesis der Bauxite in den Alpen and Dinariden. Berg and Huttenmann，36（6）：62-92.
Hallberg J A，1984. A geological aid to igneous rock type identification in deeply weathered terrain. Journal of Geochemical Exploration，20：1-8.

Hardee E C，1952. Examples of bauxite deposits illustrating variations in origin. AIMESymp. Problems of clay and laterite genesis，23（2）：35-64.

He B，Xu Y G，Wang Y M，Luo Z Y，2006. Sedimentation and lithofacies paleogeography in South Western China before and after the Emeishan Flood Volcanism：new insights into surface response to mantle plume activity. Journal of Geology，114：117-132.

Healy T，Wang Y，Healy J A，2002. Muddy Coasts of the World：Processes，Depositsand Function. Amsterdam：Elsevier.

Horbe A，Costa M，1999. Geochemical evolution of a lateritic Sn-Zr-Th-Nb-Y-REEbearing ore bodyderived from apogranite：the case of Pitinga，Amazonas-Brazil. Journal of Geochemical Exploration，66，339-351.

Jurkovic I，Sakac. 1963. Straugraphical，paragenetical and genetical characteristic of bauxites in Yugoslavia. Symp. Zagreb：Bauxites，Oxydes et Hydroxydes d'Aluminium，1-3.X：253-63.

Karadag-Muzaffer M，Küpeli S，Ary K F，et al.，2009. Rare earthelement（REE）geochemistry and genetic implications of the Mortas bauxite deposit（Seydis-ehir/Konya-SouthernTurkey）. Chemie der Erde，（69）：143-159.

Keller W D，1983. Karst-bauxites. Earth-Science Review，19（2）：166-167.

Keller W D，Clarke O M，1984. Resilication of bauxite at the Alabama Street Mine，Saline County，Arkansas，illustrated by scanning electron micrographs. Clays and Clay Minerals，32（2）：139-146.

Kirby R，1992. Effects of sea level rise on muddy coastal margins，dynamics and exchanges in estuaries and the coastal zone，Coastal and Estuarines Studies. American Geophysical Union，Washington D. C.：311-334.

Konta J，1958. Proposed classification and terminology of rocks in the series bauxite-clay-ironoxid ore. Sediment Petrol，28（4）：83-86.

Kurtz A C，Derry L A，Chadwick O A，et al.，2000. Refractory element mobility in volcanic soils. Geology，28（2）：683-686.

Lapparent J D E，1930. Les bauxites de la France meridionale. Mem. France Paris：Carte Geol.

Laskou M A，2003. Geochemical and mineralogical characteristics of the bauxite deposits of Western Greece. Mineral Exploration and Sustainable Development，77（1），93-96.

Laskou M，1991. Concentrations of rare earths in Greek bauxite. Acta Geologica Hungarica，34（4）：195-404.

Laukas T C，1983. Origin of bauxite at Eufaula Alabama. USA Clay Minerals，8：350-361.

Liaghat S，Hosseini M，Zarasvandi A，2003. Derermination of the origin and mass change geochemistry during bauxitization process at the Hangam deposit，SW Iran. Geochemical Journal，37：627-637.

Liu C I，1988. The genetic types of bauxite deposits in China. Science in China，Ser. B，23（8）：1010-1024.

Liu X F，Wang Q F，Deng J，et al.，2010. Mineralogical and geochemical investigations of the Dajia Salento-type bauxite deposits，western Guangxi，China. Journal of Geochemical Exploration，105（3）：137-152.

Maclean W H，1990. Mass change calculations in altered rock series. Mineralium Deposita，25：44-49.

Maclean W H，Barrett T J，1993. Lithogeochemical tech-niques using immobile elements. Geochemical Exploration，48：109-133.

Maclean W H，Bonavia F F，Sanna G，1997. Argillite debris converted to bauxite during karst weathering：evidence from immobile element geochemistry at the Olmedo Deposit，Sar-dinia. Mineralium Deposita，32（6）：607-616.

Maclean W H，Kranidiotis P，1987. Immobile elements as monitors of mass transfer in hydrothermal alteration：Phelps Dodge massive sulfide deposit，Matagami，Quebec. Eco-nomic Geology，82：951-962.

Mameli P，Mongelli G，Oggiano G，et al.，2007. Geological，geochemical and mineralogical features of some bauxite deposits from Nurra（Western Sardinia，Italy）：insights on conditions offormation and parental affinity. International Journal of Earth Science（Geological Rundsch），V96（5）：887-902.

Misch P，1947. Red beds and marine Triassic of Yunnan. Science Redcord Academic Sinian，2（1）.

Mongelli G，1997. Ce-anomalies in the textural components of Upper Cretaceous karst bauxites from the Apulian carbonate platform（Southern Italy）. Chemical Geology，140：69-79.

Mordberg L E，1996. Geochemistry of trace element in Paleozoic bauxite profiles in northern Russia. Journal of Geochemical Exploration，57（1-3）：187-199.

Muzaffer-Karadag M，Küpeli S，Aryk F，et al.，2009. Rare earthelement（REE）geochemistry and genetic implications of the Mortas bauxite deposit（Seydis-ehir/Konya-SouthernTurkey）. Chemie der Erde，69：143-159.

Nemecz E，Varju G Y，1967. Reletiongship between flintclay and bauxite formation in the Pilis Mountains. A model of bauxite formation. Acta Geology，11（2）：453-738.

Ozturk H，Hein J，Hanilci N，2002. Genesis of the Dogankuzu and Mortas Bauxite Deposits，Taurides，Turkey：Separation of Al，Fe，and Mn and Implications for Passive Margin Metallogeny. Economic Geology，97：1063-1077.

Panahi A，Young G M，Rainbird R H，2000. Behavior of major and trace elements（including REE）during Paleoproterozoic pedogenesis and diagenetic alteration of an Archean granite near Ville Marie，Quebec，Canada. Geochimica et Cosmochimica Acta，64（12）：2199-2220.

Peive A V，1947. Tectonics of the Northern Ural Bauxite Belt.Izd. Mosk.Ob-va Isp. Moscow：Prirody Moscow.

Retallack G J，2010. Lateritization and bauxitization events. Economic Geology，105：655-667.

Schellmann W，1982. Eine neue Lateritdefinition. Geo Jahrb Reihe，D（58）：31-47.

Schroll E，Sauer D，1968. Beitrag zur Geochemie von Titan，Chrom，Nikel，Cobalt，Vanadium undMolibdan in Bauxitischen gestermenund problem der stofflichen herkunft des Aluminiums. Travaux du ICSOBA，5：83-96.

Sun S S，McDonough W F，1989. Chemical and isotopic systematics of oceanic basalts：implications for mantle composition and processes. Saunders A D，Norry M J. Magmatism in Ocean Basins. London：Geol. Soc. Spec. Publ.

Taylor G，Eggleton R A，Foster L D，et al.，2008. Landscapes and regolith of Weipa，northern Australia. Australian Journal of Earth Sciences，55（S1）：S3-S16.

Taylor S R，1964. Abundance of chemical elements in the continental crust：a new table Geochim. Cosmochim. Acta，28：1273-1285.

Taylor S R，Mc Lennan S M，1985. The Continental Crust：Its Composition and Evolution. Oxford：Black well Scientific Publications.

Taylor S R，Mc Lennan S M，1995. The Geochemical Evolution of the Continental Crust. Reviews of Geophysics，33（2）：241-265.

Temur S，Kansun Ç，2006. Geology and petrography of the Masatdagi diasporic bauxites，Alanya，Antalya，Turkey. Journal of Asian Earth Sciences，27：512-522.

Valeton I，1972. Bauxites Development in Soil Science. Amsterdam：Elsevier.

Valeton I，Biermann M，Reche R，et al.，1987. Genesis of nickel Iaterites and bauxites in Greece during the Jurassic and Cretaceous，and their relation to ultrabasic parent rocks. Ore Geology Reviews，45（2）：359-404.

Weisse G D E，1932. Les bauxites de I'Europe Centrale. Mem Soc.. Vaudoise Sci. Nat.，58（9）：142-162.

Weisse G D E，1963. Bauxite lateritique et bauxite karstique. Symp. Bxuxites，Oxydes et Hydroxydes d'Aluminium，ZagrebiTrav，7-29.

Weisse G D E，1976. Bauxite Karstiques Sur Calcaries Recents. Zagreb：Trav.

Xu Y G，Luo Z Y，Huang X L，2008. Zircon U-Pb and Hf isotope constraints on crustal melting associated with the Emeishan mantle plume. Geochimica et Cosmochimica Acta，72：3084-3104.

Zarasvandi A，Charchi A，Carranza E，et al.，2008. Karst bauxite deposits in the Zagros Mountain Belt，Iran. Ore Geology Reviews，34（4）：521-532.

Zarasvandi A，Zamanian H，Hejazi E，2010. Immobile elements and mass changes geochemistry at Sar-Faryab bauxite deposit，Zagros Mountains，Iran. Journal of Geochemical Exploration，107（1）：77-85.

图版说明

图版Ⅰ—A：西畴县卖酒坪矿区溶丘—漏斗地貌特征，野外照片（云南省地质调查局，2014）

图版Ⅰ—B：西畴县卖酒坪铝土矿块中的植物化石，野外照片（云南省地质调查局，2015）

图版Ⅰ—C：西畴县卖酒坪矿区铝土矿条带状构造，野外照片（云南省地质矿产局，1993）

图版Ⅰ—D：丘北县大铁矿区地貌，野外照片

图版Ⅰ—E：丘北县大铁堆积铝土矿近景地貌，野外照片

图版Ⅰ—F：文山市大石盆堆积型铝土矿区地貌，野外照片

图版Ⅰ—G：麻栗坡县铁厂铝土矿层及交错层理，野外照片（云南省地质调查局，2015）

图版Ⅰ—H：麻栗坡县铁厂铝土矿层底部砾屑铝土矿，野外照片

图版Ⅰ—I：砚山县红舍克矿区残积土状铁质铝土矿石，手标本

图版Ⅰ—J：砚山县红舍克铝土矿团粒泥晶结构，正交偏光

图版Ⅰ—K：砚山县红舍克铝土矿碎屑结构，单偏光

图版Ⅰ—L：昆明呈贡马头山土状铝土矿石中具缩水龟裂鲕粒，裂纹被洁净的黏土矿物充填，单偏光（云南省地质矿产局，1993）

图版Ⅰ—M：昆明呈贡马头山含铝矿系下部黏土岩中的管状构造，管腔为显微质、显微隐晶质黏土矿物充填，单偏光（云南省地质矿产局，1993）

图版Ⅰ—N：安宁县街大红墙采场豆状矿石中具缩水龟裂鲕粒，裂纹被一水硬铝石充填，单偏光（云南省地质矿产局，1993）

图版Ⅰ—O：安宁县街大红墙采场豆状矿石中一水软铝石基质（灰白色部分）上发育起来的硬水铝石（灰黑色），单偏光（云南省地质矿产局，1993）

图版Ⅱ—A：广南县板茂铝土矿区近景地貌，铁铝岩（上方黑棕色）与灰岩（C_{2+3}下方灰色）不整合，野外照片（云南省地质调查局，2015）

图版Ⅱ—B：广南县板茂地区 P2-3 剖面 0-1 层间铁质岩与灰岩不整合面，野外照片

图版Ⅱ—C：广南县砂子塘矿区灰岩（P2-7）中见大量蜓类化石，野外照片

图版Ⅱ—D：广南县板茂地区钻孔 Zks-2 第 8 层碳质泥岩夹煤线，岩心照片

图版Ⅱ—E：广南县板茂地区 P2-3 剖面第 0 层黄龙组生物碎屑灰岩，野外照片

图版Ⅱ—F：广南县板茂地区 P2-3 剖面第 1 层致密块状铁质岩，野外照片

图版Ⅱ—G：广南县板茂地区 P2-3 剖面第 3 层杂色泥岩，野外照片

图版Ⅱ—H：广南县砂子塘地区 P2-1 剖面第 1 层薄—中层状铝质岩，野外照片

图版Ⅱ—I：广南县板茂地区 P2-3 剖面第 1 层致密块状铁质岩中厚层状结构，单偏光

图版Ⅱ—J：广南县砂子塘地区 P2-1 剖面第 1 层铝质岩砂屑结构，单偏光

图版Ⅱ—K：广南县砂子塘地区 P2-8 剖面第 2 层铝质岩豆鲕状结构，单偏光

图版Ⅱ—L：广南县砂子塘地区 P2-8 剖面第 2 层铝质岩豆鲕状结构，正交偏光

图版Ⅱ—M：广南县砂子塘地区 P2-7 剖面第 3 层铁铝质岩碎屑结构，单偏光

图版Ⅱ—N：广南县砂子塘地区 P2-7 剖面第 3 层铁铝质岩碎屑结构，正交偏光

图版Ⅱ—O：广南县砂子塘地区铝质岩（D23-b1）鲕粒、团块结构，单偏光

图版Ⅱ—P：广南县砂子塘地区铝质岩（D23-b2）鲕粒、团块结构，单偏光

图版Ⅲ—A：文山天生桥地区 D1-8 点中—厚层状铁质岩，野外照片

图版Ⅲ—B：文山天生桥地区 P1-1 剖面第 1 层致密块状铁铝质岩，野外照片

图版Ⅲ—C：文山天生桥地区 P1-1 剖面第 2 层致密块状铝质岩，野外照片

图版Ⅲ—D：文山天生桥地区 P1-2 剖面硅质岩夹灰岩透镜体，野外照片

图版Ⅲ—E：文山天生桥地区碳质灰岩，岩心照片

图版III—F：文山天生桥地区碳质灰岩，岩心照片
图版III—G：文山天生桥地区铁质岩（P1-10-1-b2）粒屑泥晶结构，单偏光
图版III—H：文山天生桥地区铁质岩（P1-10-1-b2）粒屑泥晶结构，正交偏光
图版III—I：文山天生桥地区铝土矿（P1-2-1-b2）豆鲕状结构，正交偏光
图版III—J：文山天生桥地区铝土矿（P1-2-1-b2）豆鲕状结构，单偏光
图版III—K：文山天生桥矿区黄铁矿（P1-1-1-b1）细粒状、浸染状结构，单偏光
图版III—L：文山天生桥矿区黄铁矿（P1-1-1-b1）细粒状、浸染状结构，正交偏光
图版III—M：文山天生桥地区铝质岩（P1-1-2-b2）粒屑结构，单偏光
图版III—N：文山天生桥地区致密状铝质岩（P1-1-2-b2）粒屑结构，正交偏光
图版III—O：文山天生桥地区铝质岩（P1-64-1-b1）粒屑结构，单偏光
图版III—P：文山天生桥地区铝质岩（P1-64-1-b1）粒屑结构，正交偏光
图版III—Q：文山天生桥地区铁铝岩（P1-40-3-b1）粒屑结构，单偏光
图版III—R：文山天生桥地区铁铝岩（P1-40-3-b1）粒屑结构，正交偏光
图版III—S：文山天生桥矿区 ZKb0803 铝土矿电镜扫描 Ga 元素分布图
图版III—T：文山天生桥矿区 ZKb0803 铝土矿电镜扫描 Ti 元素分布图
图版III—U：文山天生桥矿区 ZKb2701 铝土矿电镜扫描 Ti 元素分布图
图版III—V：文山天生桥矿区 ZKb0803 铝土矿电镜扫描 Ba 元素分布图
图版III—W：文山天生桥矿区 ZKb2701 铝土矿电镜扫描 Ba 元素分布图
图版III—X：文山天生桥矿区铝土矿一水硬铝石电子探针背散射图像
图版IV—A：丘北大铁龙嘎矿段 TC75201 探槽第 8 层龙潭组煤层，野外照片
图版IV—B：丘北大铁矿区 ZK5101 龙潭组致密块状铁铝岩，岩心照片
图版IV—C：丘北大铁古城矿段 TC1401-2 探槽第 3 层龙潭组致密块状铁质岩，野外照片
图版IV—D：丘北大铁架木格探槽龙潭组致密块状铝土岩，野外照片
图版IV—E：丘北古城矿区铝土矿（D29-b5）鲕粒结构，单偏光
图版IV—F：丘北古城矿区铝土矿（D31-b3-1）隐晶质、团块状结构，单偏光
图版IV—G：丘北古城矿区铝土矿（D29-b3）团块状结构，单偏光
图版IV—H：丘北古城矿区铝土矿（D29-b4）条纹、条带状结构，单偏光
图版IV—I：丘北古城矿区铝土矿（D29-b3-2）团块状结构，单偏光
图版IV—J：丘北古城矿区铝土矿（D29-b4-1）条纹、条带状结构，单偏光
图版IV—K：丘北龙戛矿区铝土矿（D35-b1）鲕粒结构，单偏光
图版IV—L：丘北龙戛矿区铁质岩（D35-b6-1）线纹状结构，单偏光
图版IV—M：丘北架木格矿区铝土矿（D27-b3）堆状、片状结构，单偏光
图版IV—N：丘北架木格矿区铁质岩（D28-b6）轻碎裂状结构，单偏光
图版IV—O：丘北架木格矿区铝质黏土岩（D26-b1）隐晶状、蠕虫状结构，正交偏光
图版IV—P：丘北架木格矿区铝质黏土岩（D28-b4）隐晶状、团块状、鲕粒状结构，单偏光
图版IV—Q：丘北大铁矿区矿石浸染构造，透射单偏光
图版IV—R：丘北大铁矿区矿石多孔状构造，透射正交偏光
图版IV—S：丘北大铁矿区褐铁矿、赤铁矿脉状—浸染状构造，反射单偏光
图版IV—T：丘北大铁矿区矿石条带状构造，透射正交偏光
图版IV—U：丘北大铁矿区矿石中锐钛矿、高岭石、玉髓隐—微晶结构，透射单偏光
图版IV—V：丘北大铁矿区矿石硬水铝石的半自形—他形粒状结构，透射单偏光
图版IV—W：丘北大铁矿区矿石中赤铁矿、褐铁矿呈现的包含结构，反射单偏光
图版IV—X：丘北大铁矿区矿石中锐钛矿包裹褐铁矿呈假象结构特征，反射正交偏光
图版V—A：丘北飞尺角矿区探槽第 3 层龙潭组致密块状铝土矿，野外照片
图版V—B：丘北飞尺角矿区铝土矿（D50-b2）鲕粒、团块结构，单偏光
图版V—C：丘北飞尺角矿区铝土矿（D52-b4）鲕粒结构，单偏光

图版Ⅴ—D：丘北飞尺角矿区铝土矿（D46-b1）柱粒状结构、团块状结构，单偏光
图版Ⅴ—E：丘北飞尺角矿区铝土矿（D52-b5）鲕粒团块结构，单偏光
图版Ⅴ—F：丘北飞尺角矿区铝土矿（D52-b2）团块状结构，隐晶状结构，具定向排列特征，单偏光
图版Ⅴ—G：丘北飞尺角矿区铝土矿（D52-b6）团块状结构、柱粒状—隐晶状结构，单偏光
图版Ⅴ—H：丘北飞尺角矿区铁质岩（D52-b1）隐晶状、团块状结构，单偏光
图版Ⅵ—A：鹤庆县白水塘矿区中窝组（$T_3\hat{z}^1$）含铝岩系上覆于北衙组古风化壳上，野外照片
图版Ⅵ—B：鹤庆地区中窝组（$T_3\hat{z}^2$）含铝岩系上部块状、层状高铝泥岩层，野外照片
图版Ⅵ—C：鹤庆地区中窝组（$T_3\hat{z}$）含铝岩系中部鲕状铝赤铁矿层，野外照片
图版Ⅵ—D：鹤庆地区中窝组（$T_3\hat{z}$）含铝岩系下部含铝赤铁矿层，野外照片
图版Ⅵ—E：鹤庆县白水塘矿区铝土矿豆、鲕粒结构，单偏光
图版Ⅵ—F：鹤庆县白水塘矿区铝土矿鲕粒之双重圈层结构，正交偏光
图版Ⅵ—G：鹤庆县白水塘矿区铝土矿鲕粒之压碎结构，单偏光
图版Ⅵ—H：鹤庆县白水塘矿区铝土矿鲕粒之压碎结构，正交偏光

图版 I

A

B

C

D

E

F

G

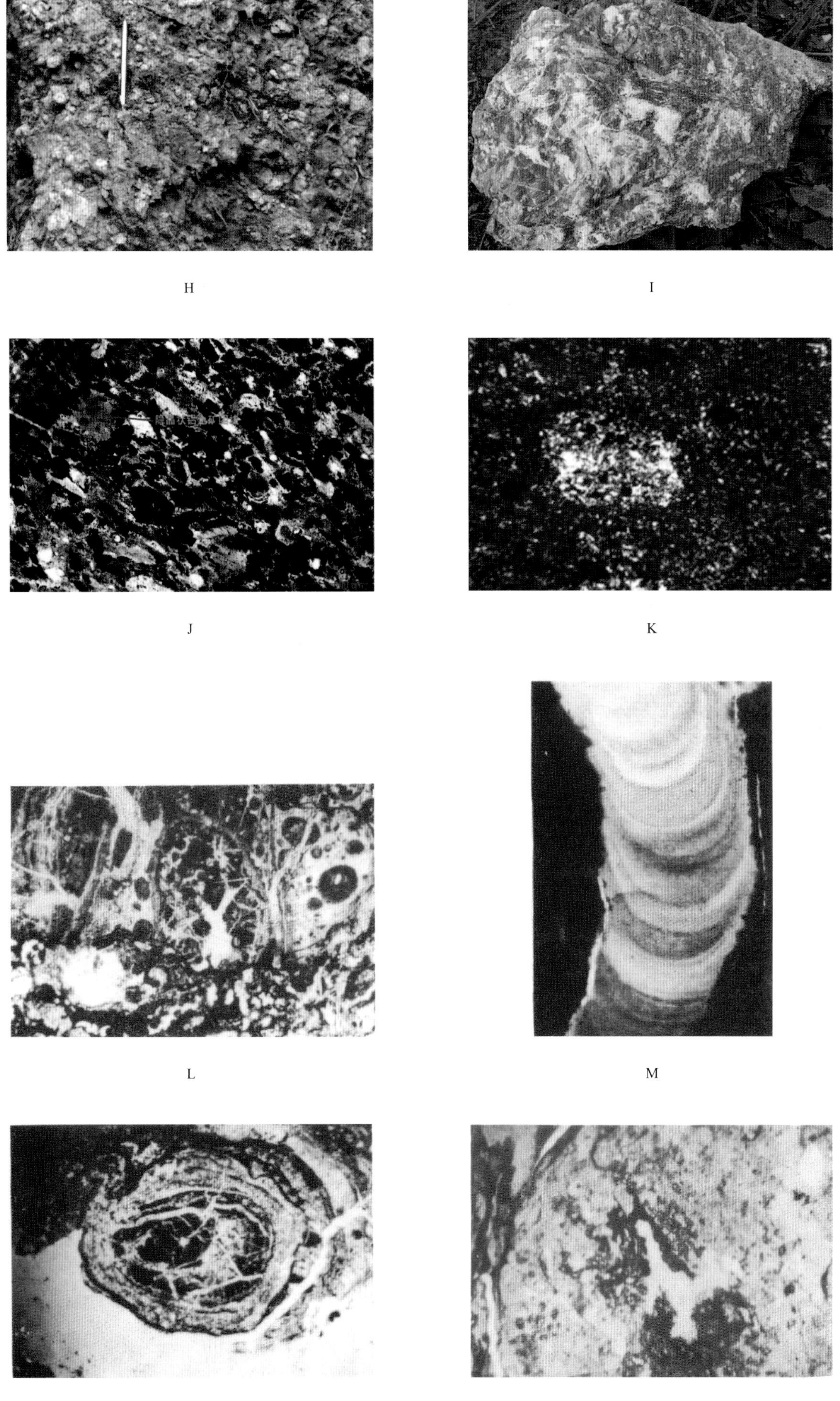

H I J K L M N O

图版Ⅱ

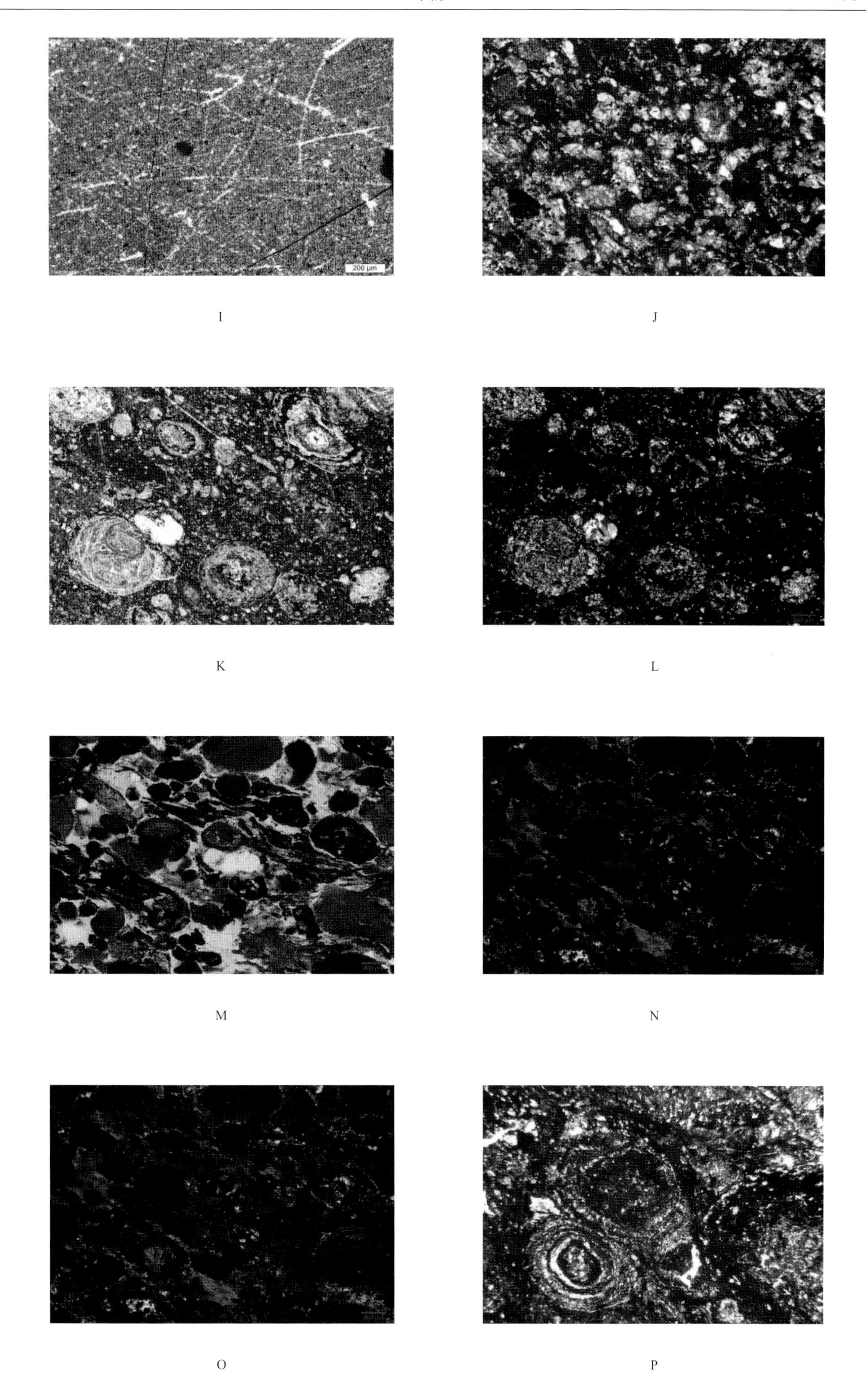
200 μm
I
J
K
L
M
N
O
P

图版Ⅲ

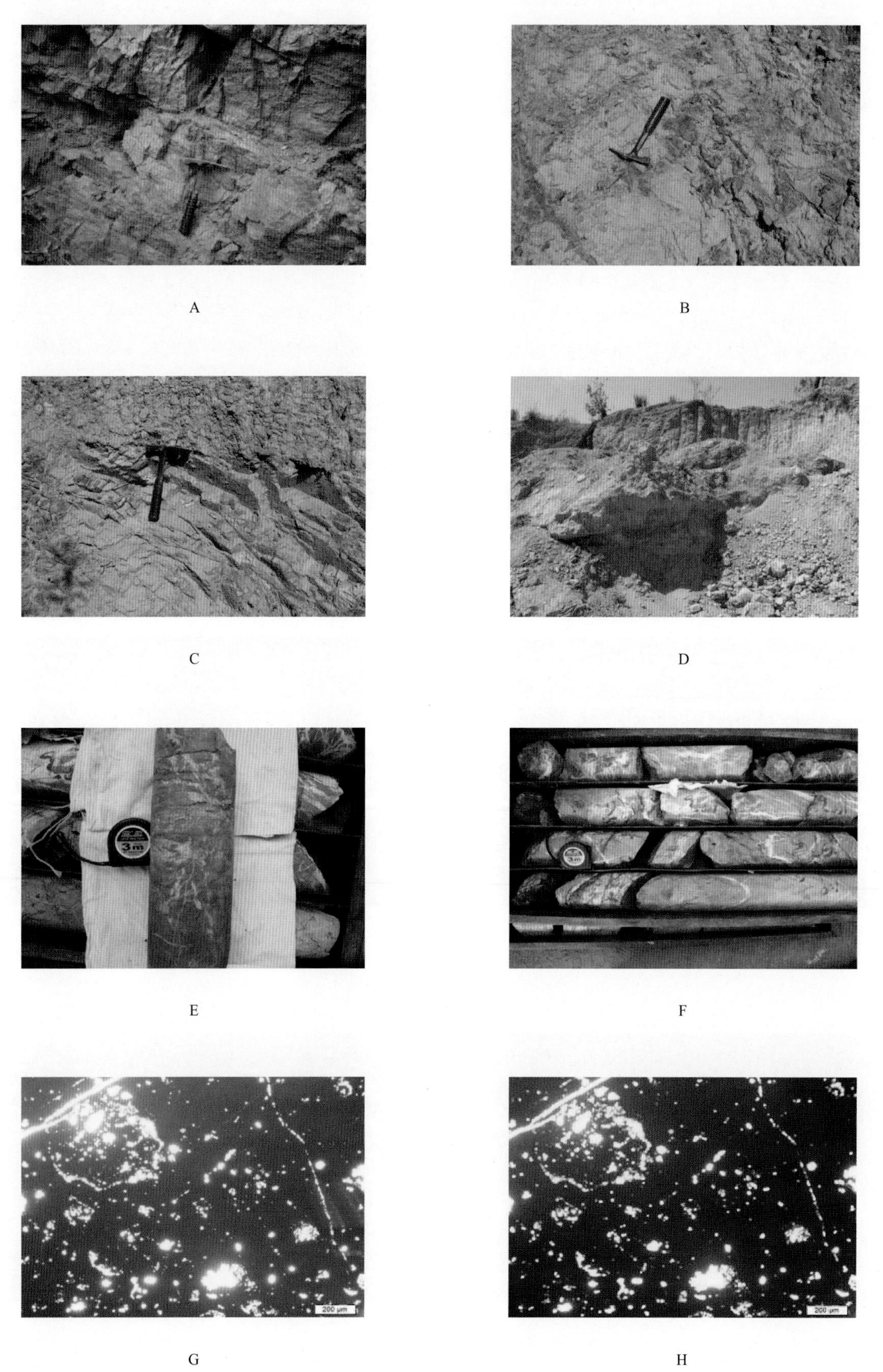

A B C D E F G H

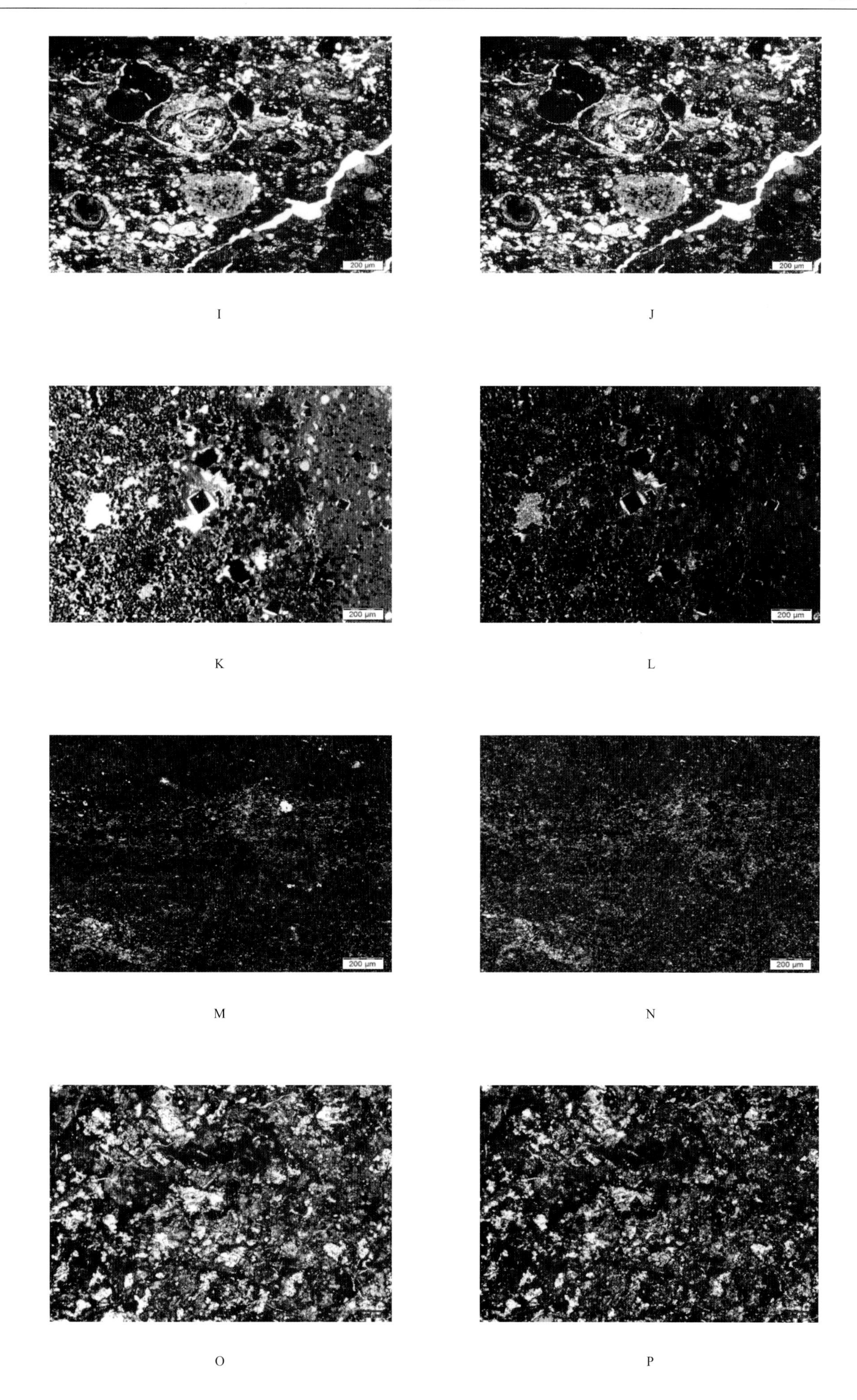

I J K L M N O P

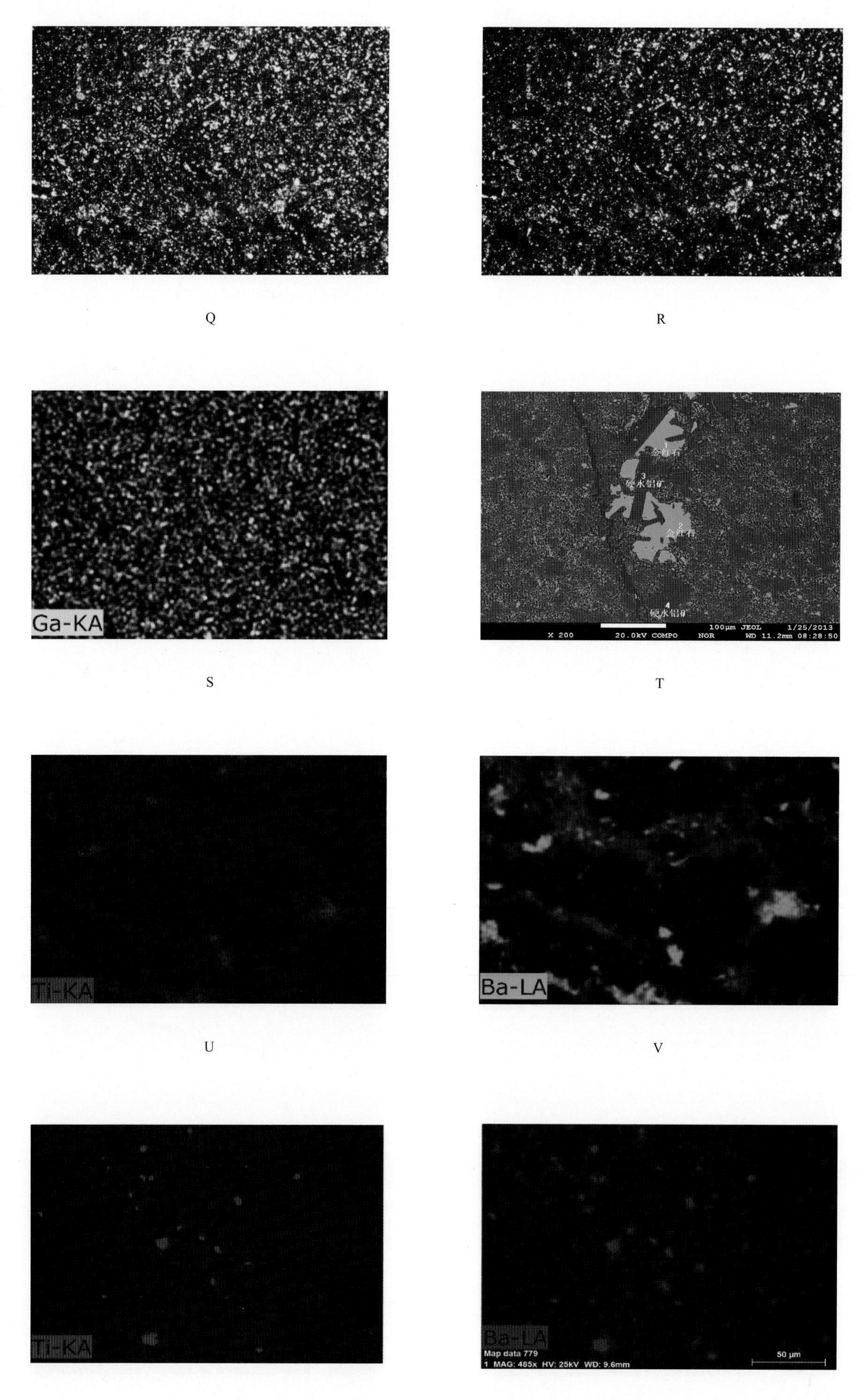
Q
R
Ga-KA
S
金红石
硬水铝矿
金红石
硬水铝矿
X 200　20.0kV COMPO　NOR　100μm JEOL　WD 11.2mm　1/25/2013 08:28:50
T
Ti-KA
U
Ba-LA
V
Ti-KA
Ba-LA
Map data 779
1 MAG: 485x HV: 25kV WD: 9.6mm
50 μm

W　X

图版Ⅳ

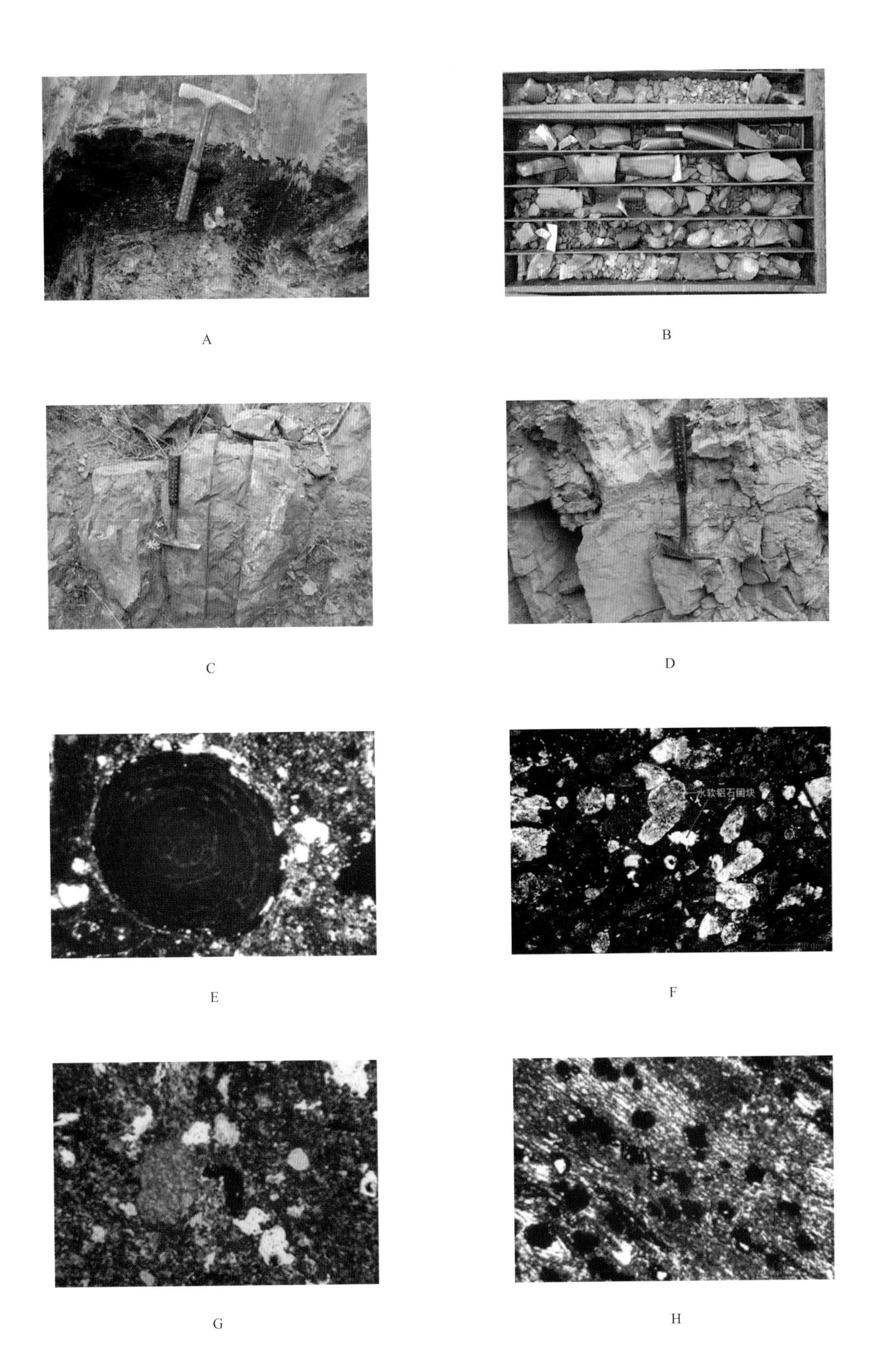

A

B

C

D

E

F

G

H

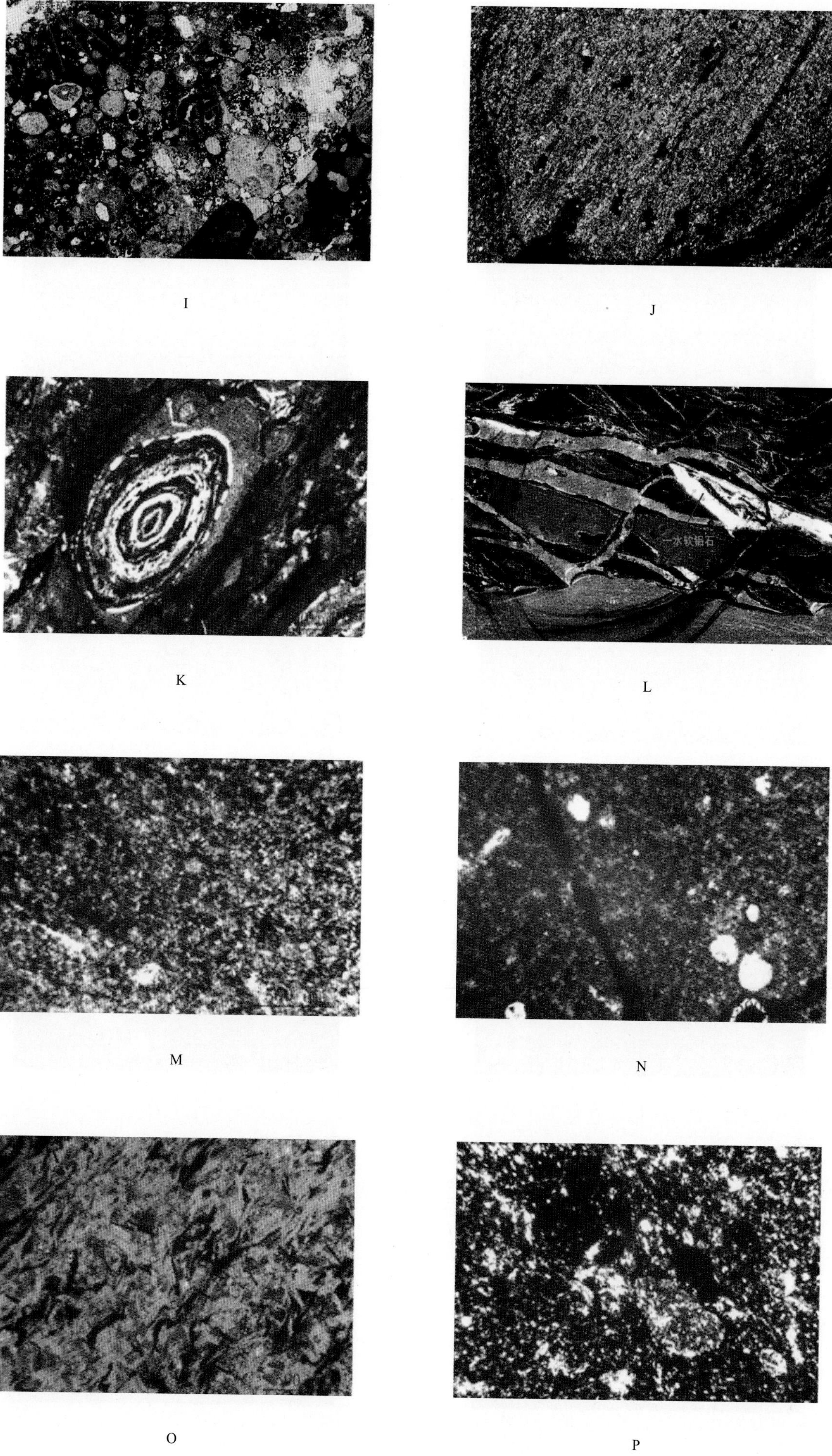

I　J

K　L

M　N

O　P

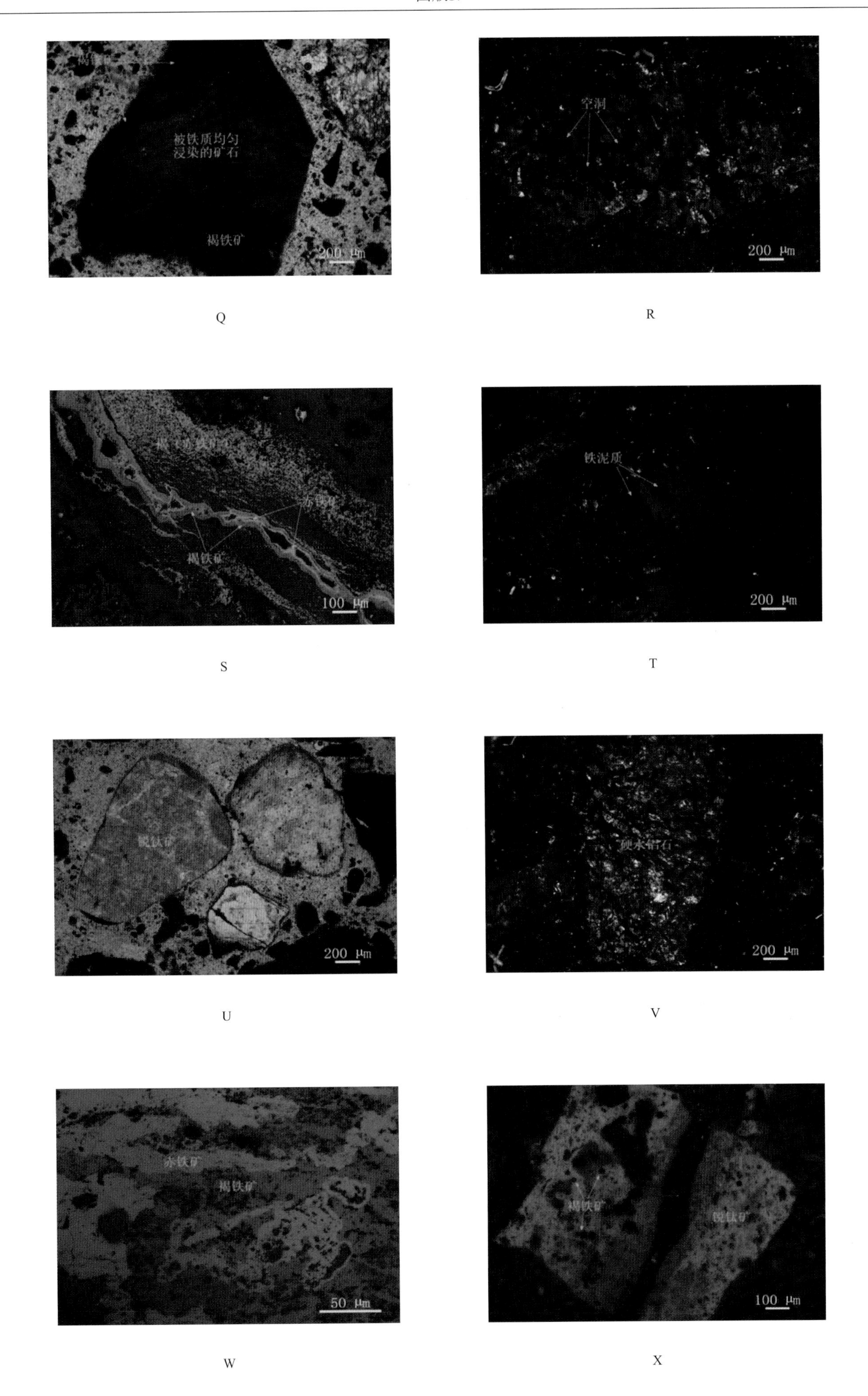
褐铁矿
被铁质均匀
浸染的矿石
褐铁矿
200 μm
空洞
200 μm
赤铁矿
褐铁矿
100 μm
铁泥质
200 μm
200 μm
硬水铝石
200 μm
赤铁矿
褐铁矿
50 μm
褐铁矿
锐钛矿
100 μm

Q R S T U V W X

图版V

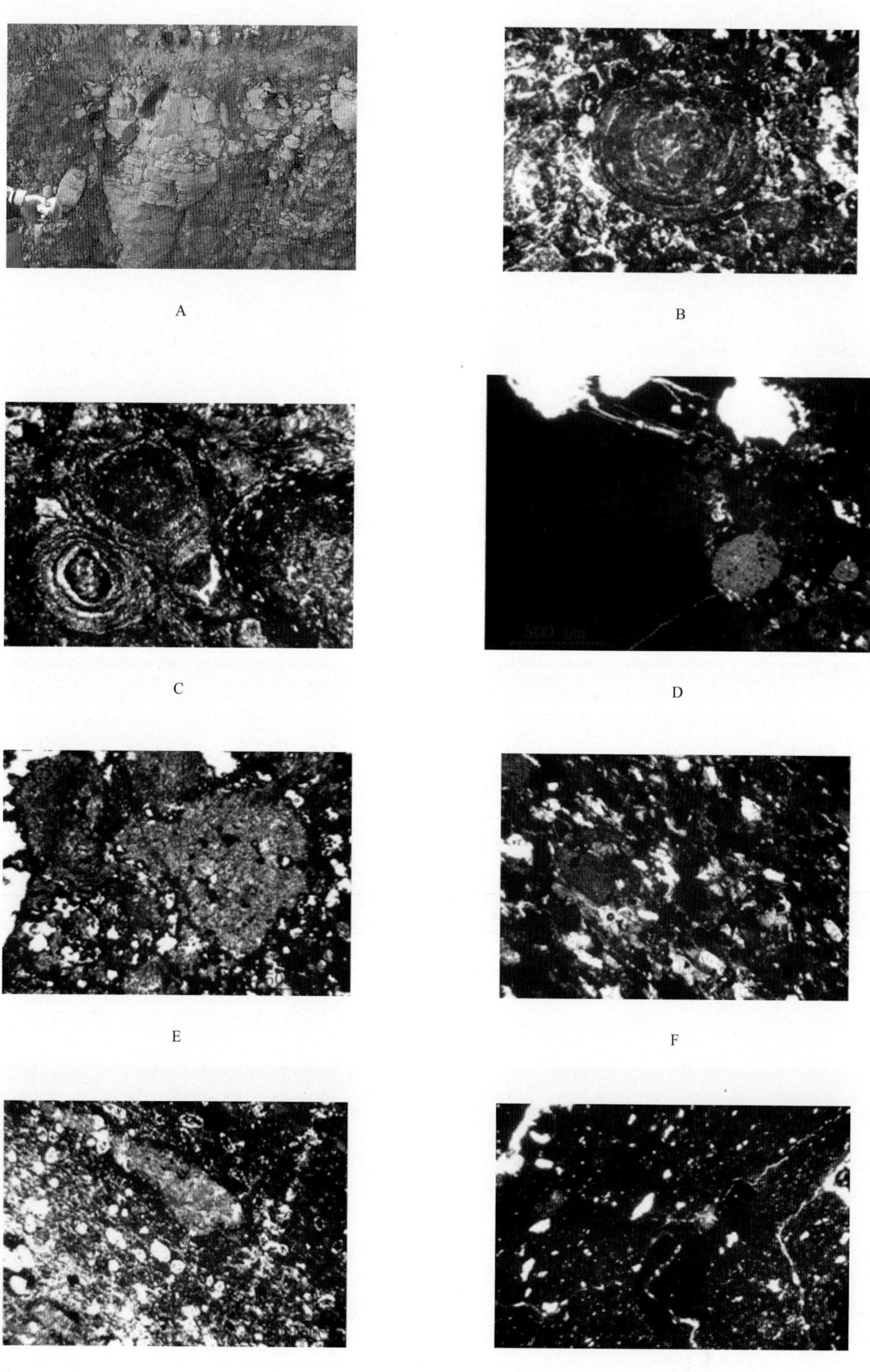

A B C D E F G H

图版VI

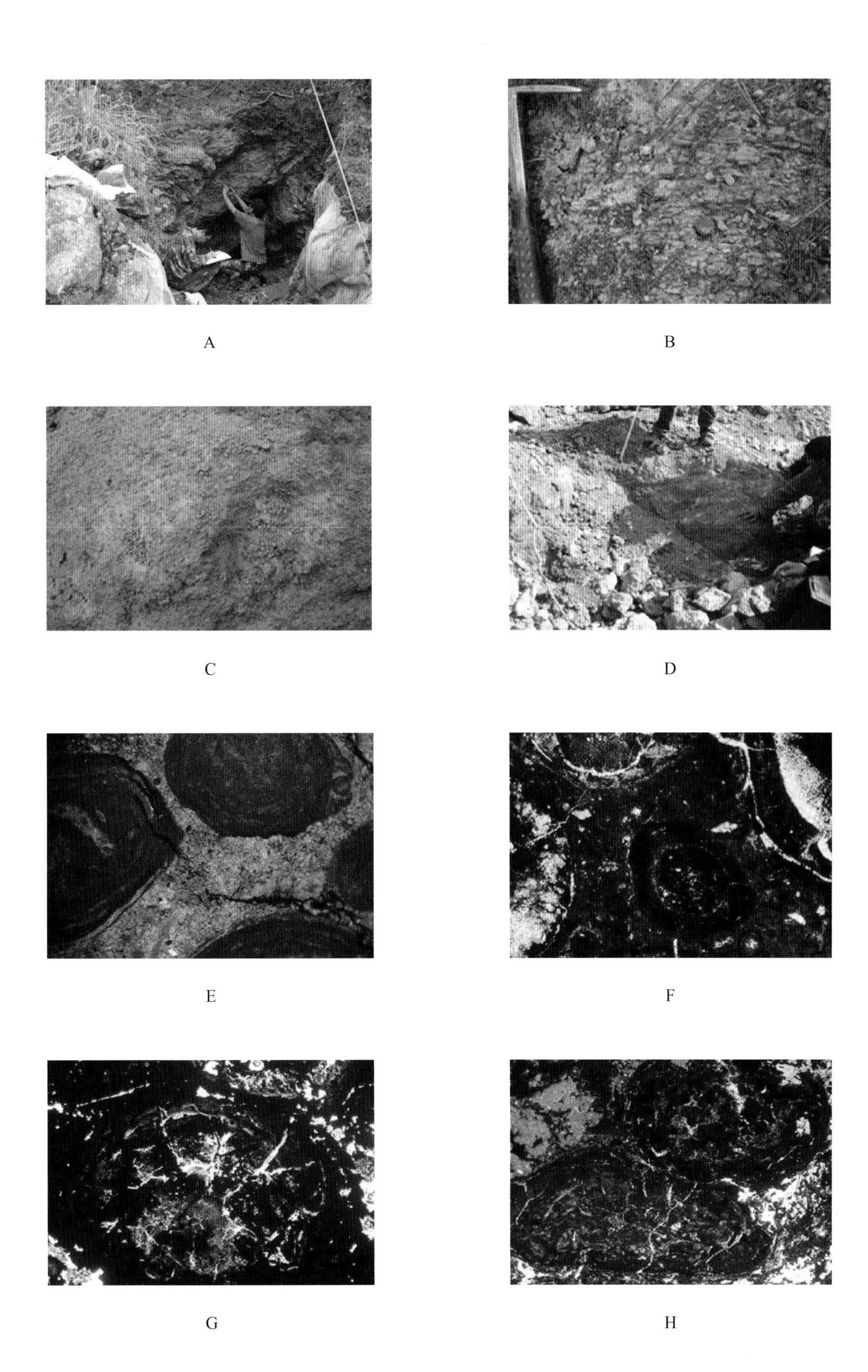

A B C D E F G H